KB134838

BUILDING
CONSTRUCTION

건축
시공학

최신 건축 기술 및
공법 중심의 실무서

6차
개정판

이찬식, 김선국, 김예상, 고성석, 손보식, 유정호, 김태완 지음

한솔아카데미
HANSOL ACADEMY

이 책은 2006년도에 처음 발간된 이후 대략 5년 주기로 전면적으로 수정 보완하고 있다. 일정한 간격의 전면 개정은 독자들에게 새로운 구법이나 공법, 시공 기술 등을 제때에 소개해야 한다는 저자들의 책임감에서 비롯되지만, 그로 인한 저자들의 자긍심이 크고 다른 책과 구별된다.

2021년 초에 4번째 전면 개정판을 발간하였는데, 당시 많은 내용을 짧은 기간에 집필하느라 빠진 내용이 일부 있었고, 몇 가지 오류도 확인되었다. 그러한 것들을 보완하고 그림, 표 등의 상태가 분명하지 못한 부분을 명확히 수정하여 이번에 5·6차 개정판으로 내어놓게 된 것이다. 특히, 국토교통부 국가건설기준센터(Korean Construction Standards Center)의 최근 개정내용을 재차 확인하여 반영하였고, 외래어 특히 일본어식 표현을 한국어 어법에 맞게 전반적으로 수정하였다.

책을 너무 두껍지 않게 한 권으로 만들어야 해서 온돌공사, 방화공사 등을 포함하지 못한 아쉬움이 있다. 다음 개정작업에서는 더욱 새롭고 알찬 내용으로 책의 완성도를 높여 나갈 것을 약속드리며, 수고하신 집필 교수님들과 한솔아카데미 관계자 여러분께 마음속 깊이 감사드린다.

2024년 9월
저자 일동

건축시공학에서 다루는 구조 재료, 마감 재료, 건축구법이나 공법, 시공 기술 등의 발전은 느린 편이다. 그 이유는 수학·물리학·화학·경제·경영·기계공학·컴퓨터공학·정보통신공학 등 인접 학문분야의 연구·개발 결과를 건축공사에 접목하는 데 시간이 걸리고, 건축물의 성능이나 기능 향상에 대한 사용자의 요구가 급격하게 변하지 않기 때문이다.

건축시공학 교재의 목표는 공사 과정에서 활용하는 기본적인 기술이나 공법(이하 '공법')에 대한 원리와 개념(이하 '개념')을 독자들이 정확히 이해하도록 돕는 일이다. 건설공사 현장에서 채택하는 다양한 공법도 기본적인 공법의 응용이나 변형이어서 기본적인 공법에 대한 이해는 매우 중요하다. 이 책은 기본 공법의 개념을 설명하는 데 초점을 맞추고 기술하였으며, 초판 이후 그러한 목표 달성을 위해 노력하고 있다.

2006년도에 초판을 발행한 이후 그동안 3차례에 걸쳐 전면 개정하였고, 또 5년이 경과되어 대폭 개정하게 된 것이다.

이번 4차 전면 개정판에서 중점적으로 수정 보완한 내용은 다음과 같다.
· 2016년 이후 매년 제·개정하고 있는 국토교통부 국가건설기준센터(korean construction standard center)의 최신 "건설공사 시공기준 및 표준시방서"와 대한건축학회의 "2019 건축공사표준시방서 선진화 연구" 결과를 최대한 반영하여, 개별 공사나 공종의 재료, 성능, 시험, 시공 등 관련 사항을 수정하였다.
· 4차산업혁명 기술로서 건설분야에서 활용이 증대되고 있는 "AR·VR 기술"을 새롭게 소개하고, BIM·모듈러 공법을 보완하였다.
· 건축공사의 대표적인 하자인 균열, 결로 관련 사항을 다루기 위해, 제8장 콘크리트공사에 "균열 원인 및 보수보강", 제14장 방수공사에 "단열공사"를 추가하였다.
· "해체공사"의 주요 사항을 제22장 리모델링 공사에 추가하였다.

이번 개정판에서도 미처 다루지 못한 온돌공사, 방화공사, 내화공사는 다음 개정판에서 다루기로 약속한다. 개정 작업에 헌신하신 집필 교수님들과 편집 작업으로 수고하신 한솔 아카데미 관계자 분들께 깊이 감사드린다.

2021년 2월
저자 일동

　건축생산은 사람들의 공간에 대한 요구에서 시작된다. 소요 공간의 용도와 기능, 형태와 규모, 그리고 재료와 공법 및 시스템을 결정해서 시공에 이르게 된다. 이 과정에서 건축시공학은 재료, 공법 및 시스템을 결정하는 것과 관련된 지식을 다루며, 구체적으로는 건축생산과 관련된 기술 및 공법을 탐구하는 학문으로서 재료 및 구조도 중요하게 다룬다.

　지금까지 건축시공학 분야에 관하여 수많은 교재가 소개되었지만, 개념과 원리 중심으로 건축기술과 공법을 설명한 책은 드물었다. 여러 가지 건축 공법들은 몇 몇 핵심 공법의 개념과 원리에 기반을 두고 발전되고 있으며 핵심 공법의 기본 개념과 원리를 잘 이해하면 다양한 프로젝트에 쉽게 응용할 수 있다. 본 서는 이러한 핵심 공법의 개념과 원리 중심의 실무서를 지향하여 2005년에 처음 발간되었으며, 상당한 호평을 받아 그동안 여러 대학에서 교재로 사용되고 실무 전문가들에게 크게 도움을 주었음은 다행한 일이다.

　이 책의 전면 개정판이라고 할 수 있는 제2판은 2010년도에 나왔다. 초판이 나온 이후 그리 길지 않은 시간이었지만 새로운 기술과 공법들에 대한 정보를 더 많이 제공하기 위해 집필진을 보강하고 내용을 보완 및 추가하여 제2판을 내놓았던 것이다. 그러나 제2판이 나온 지도 어느덧 6년여의 시간이 흘러, 그간의 사회적 변화와 기술적 진보를 반영할 수 있는 제3판의 발간 필요성이 제기되었다.

　이번 제3판에서 중점적으로 수정 보완한 내용은 다음과 같다.
- 건축 기술, 공법 및 구조의 이해에 필수적인 2013년도 표준시방서 개정 편제와 내용을 반영하고, 효과적이고 효율적인 공사수행을 위해 반드시 필요한 '시공계획' 사항을 추가하였다.
- 최근 진보된 흙막이 공법 등 신 공법과 관련한 내용을 추가하여 최신 기술지식이 반영되도록 하였고, 적용 빈도가 높아지고 있는 커튼월 공사와 관련된 내용을 보완하였다.
- 노후 건축물이 급증하고 있는 시대적 상황을 고려하여 '리모델링 공사'에 대한 내용을 추가하였으며, 건축물 생산과정의 혁신을 유도하고 있는 '모듈러 건축'에 대해서도 소개하였다.
- 지구 온난화와 에너지 이슈가 전 세계적인 관심 사항으로 부상하고 있는 가운데, 건축물 부문이 전체 에너지 소비량의 20% 이상을 차지한다는 점을 고려하여 '그린빌딩'에 관한 내용을 추가하였다.

· 건축생산과정의 혁신 단초를 제공하고 있는 최신 정보기술인 'BIM'(Building Information Modeling)을 소개하였다.

　개정판 발간을 앞두니 몇 가지 아쉬움이 남는다. 부족한 부분은 독자 여러분들의 지도 편달로 수정 보완해나갈 것을 약속드리며, 책 발간을 위한 자료 수집과 편집에 큰 도움을 준 인천대학교, 성균관대학교, 경희대학교, 남서울대학교, 전남대학교, 광운대학교 대학원생들과 한솔아카데미에 깊이 감사드린다.

2016년 2월
저자 일동

건축공사는 필요한 공간을 사용하고자 하는 사람들의 요구로 시작되어 소요 공간의 용도와 기능, 그리고 규모를 결정해서 생산과정에 이르게 된다. 건축시공학은 건축생산과 관련된 기술 및 공법을 탐구하는 학문이며, 재료 및 구조도 중요하게 다룬다.

지금까지 건축시공학 분야에 관한 수많은 교재가 소개되었지만, 개념과 원리 중심으로 건축 공법을 설명한 책은 드물었다. 여러 가지 건축 공법들은 몇 몇 핵심 공법의 개념과 원리에 기반을 두고 발전되고 있으며 핵심 공법의 기본 개념과 원리를 잘 이해하면 다양한 프로젝트에 쉽게 응용될 수 있다. 본서는 이러한 핵심적인 공법의 개념과 원리 중심의 실무서를 지향하여 2005년에 처음 발간되었으며, 상당한 호평을 받아 그동안 여러 대학에서 교재로 사용되고 실무 전문가들에게 크게 도움을 주었음은 다행한 일이다.

그러나 그리 길지 않은 시간이었지만 초판 발간이래 상당한 건설기술의 발전이 있어왔고 그동안 교수, 실무전문가, 학생들의 건설적인 비판과 지적이 제기되었기에 이를 반영하고, 새로운 기술과 공법들에 대한 정보를 제공하기 위해 이번에 전면 개정판을 내놓게 되었다.

보강된 집필진과 함께 이번 판에서 중점적으로 수정 보완한 내용은 다음과 같다.
· 각 장의 전반부에 해당 장을 학습하는데 반드시 알고 있어야 할 핵심 재료의 종류 및 특성을 추가하였다.
· 각 장의 학습에 필요한 전문용어를 선정하고, 국내외 시방서 등을 이해하는데 도움이 되도록 영문을 병행 표기하였다.
· 건축 기술, 공법 및 구조의 이해에 필수적인 표준시방서 개정 사항과 최근의 공사사진과 그림 및 표를 추가하였다.
· 몇 몇 장의 핵심 항목에 대해서 재료, 기술 또는 공법의 발전 과정이나 역사를 추가하였다.

개정판 발간을 앞두니 또다시 많은 아쉬움이 남는다. 부족한 부분은 독자 여러분들의 지도편달로 수정 보완해나갈 것을 약속드리며, 책 발간을 위한 자료 수집과 편집에 많은 도움을 준 인천대학교, 경희대학교, 성균관대학교, 남서울대학교 대학원생들과 한솔아카데미에 깊이 감사드린다.

2010년 2월
저자 일동

건설업체와 설계사무소 등에서 쌓은 15년여의 공사실무 경험은 대학에서 연구하고 강의하는 밑바탕이 되고 있다. 강의와 연구 과정에서 마땅한 참고 서적이 없어서 최신 공법과 기술 등에 관한 자료를 찾아 헤매고 그것을 정리하여 강의자료로 활용하는데 상당한 어려움을 겪었다. 칠, 팔년 전부터는 마음속으로 은퇴할 때까지 5년에 전공서적을 한 권씩 집필해야겠다는 야심 찬 계획을 세우게 되었다. 가장 우선시했던 것이 참고문헌이 부실한 건축구조 및 공법과 관련된 서적을 집필하는 것이었다. 손이 가는대로 건설공법, 기술, 재료, 구법 등과 관련된 자료를 모아 정리해 두었으며, 그것이 이 책을 쓰는데 큰 도움이 되었다.

이 책은 크게 두개의 주제에 대한 독자들의 이해를 증진시킬 목적으로 기술되었다. 하나는 건축물의 성능(building performance)이고 다른 하나는 건축물의 구조 및 시공(building construction)에 관한 것이다. 건축물의 성능은 화재, 기초의 침하·처짐·온습도의 변화에 기인한 팽창과 수축 등 건축물의 이동과 변형, 건축물을 통한 열의 흐름, 물이나 증기의 흡수 및 응축, 누수, 음향, 노후화, 청소, 건축물의 유지관리 등에 관한 것이다.

건축환경 분야와 관련된 전문적인 이론은 제외하고 건축물의 성능에 영향을 미치는 재료 및 구조적인 특성들은 가급적 자세히 언급하였다. 건축물의 구조 및 시공은 건설하는 과정에서 안전하게, 주어진 시간과 예산 내에서 그리고 요구되는 품질표준을 만족하면서 공사할 수 있는 기술, 공법, 재료 등과 관련되는 것으로 그것들의 선정 및 조합에 관한 내용이 그것이다. 건설기술자들은 그러한 내용들을 완벽하게 이해하여 설계 및 공사계획에 반영하여야 하는 것이다.

이 책은 최근에 편찬 작업을 완료한 건설교통부 제정 건축공사표준시방서(대한건축학회 편)의 편제를 따라서 전체 내용을 20개의 장으로 구분하였다. 2005년도에 개정한 표준시방서의 내용을 각 장에 반영하였으며, 현장 실무에서 자주 적용되는 새로운 공법, 기술 및 구조를 위주로 상세하게 기술하였다.

이 책은 대학에서 건축시공학 교재로, 기술고등고시·기술사·기사 시험을 위한 수험서로, 그리고 건축공학과 대학원 학생들의 학술연구의 기초 자료로 활용될 수 있을 것이다. 완벽하게 정리가 안 된 부분이 있을 것으로 생각하며 독자들의 지도편달을 바란다. 미흡한 내용은 수정 보완을 계속해 나갈 것이다.

이 책에 글이나 사진 또는 그림을 제공해 주신 분들께 깊이 감사드린다. 특히, 선행 연구자들의 성과와 헌신에 힘입어 졸저가 만들어 질 수 있었음을 감사드린다. 이 책을 쓰는 데 큰 도움을 준 인천대학교 건설관리연구실의 최경숙, 이은경, 고광일, 박기형에게 감사의 말을 전한다. 특히, 은경숙의 도움이 없었다면 이 책은 세상에 나오기가 힘들었을 것이다.

살아계셔서 늘 곁에 계시며 힘과 용기와 지혜를 주시고, 게으름을 피우지 않도록 채찍질하고 계신 하나님께 모든 영광을 돌려 드리고, 부족한 남편을 채우고 있는 사랑하는 아내에게 이 책을 바친다.

2006년 2월
이 찬 식

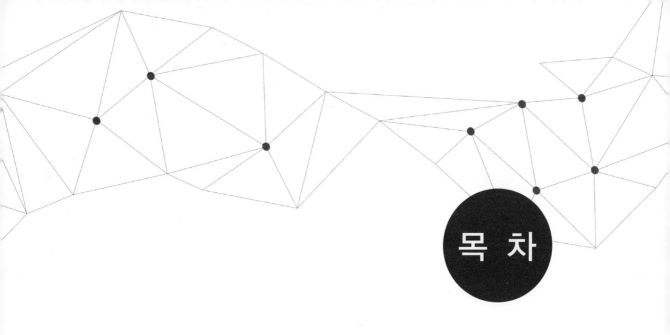

I. 총론

Ⅲ. 최신 건축기술

PART I

총 론

건축시공 개론

1.1 개요

건축물의 설계는 가족, 조직 또는 기업, 지역사회, 국가 등을 위하여 새롭고 다양한 거주공간을 갖고자 하는 생각으로부터 시작된다. 아무리 작은 건축물이라고 하더라도 발주자[1]가 해야 할 일은 직접 또는 건설사업관리자(Construction Manager, CM'er)의 도움으로 설계 전문가(이하 '설계자')의 서비스를 구하는 일이다.

---

[1] '발주자'(owner)는 건축물이나 도로, 공항, 철도 등의 시설물을 건설하기 위하여 건설사업을 발주하는 개인 또는 법인이나 공공기관, 정부기관 또는 국가로서, 건축 부문에서 흔히 사용하는 '건축주'나, 건설사업관리 분야에서 주로 사용하는 '사업주'와 동일한 개념으로 사용한다. 또한 정부나 공공기관 발주자를 칭하는 발주처나 발주청이라는 용어도 포함하여 사용한다. 관련 법에서는 건설공사를 건설사업자에게 도급하는 자로 발주자를 규정하고 있다.

설계자[2])는 새로운 건축물에 대한 발주자의 아이디어를 공고히 해서 건축물의 형태를 발전시키고, 건축구조 기술사·토질 기술사·건축기계설비·건축전기설비 기술사 등 엔지니어링 전문가(이하 '엔지니어')의 도움을 받아, 기초·구조 시스템·기계·전기·정보통신 설비의 개념을 설정하고 디테일을 만들어 나간다.

발주자와 함께 설계팀은 상세한 수준까지 계획을 전개한다. 건축물이 무엇으로 어떻게 지어지는가를 설명하는 설계도서인 설계도면(drawings)과 시방서(specification)가 설계자와 엔지니어에 의해 작성된다.

발주자가 설계자와 엔지니어의 도움으로 준비한 설계도면과 시방서를 인·허가를 담당하는 시청이나 군청 또는 구청에 제출하면 담당 공무원은 해당 설계도서가 건축법·소방법 등 관련 법령에 적합하게 작성되었는지를 검토·확인하여 건축공사허가증을 발급한다. 그 후 건설공사가 착수되고 건설사업관리자 또는 감리자(inspector), 설계자, 엔지니어링 컨설턴트 등은 건설공사가 설계도서대로 시행되고 있는지를 정기적으로 확인한다.

설계가 모두 완료되거나 기초부위의 설계가 완료되면 실제 공사를 수행할 시공자를 선정한다. 발주자가 협상 또는 경쟁방식에 의하여 선정한 시공자로서 건설업자(general contractor)는 철근콘크리트공사 등 30여개에 이르는 전문분야의 공사를 수행할 전문건설업자(subcontractors)를 선정하고 전문 건설업자와 협력(collaboration)하여 공사를 수행한다.

건설사업의 전체 생애주기(life cycle)와 참여주체를 살펴보면 그림 1-1 및 그림 1-2와 같고, 주요 단계의 업무 흐름은 그림 1-3과 같다.

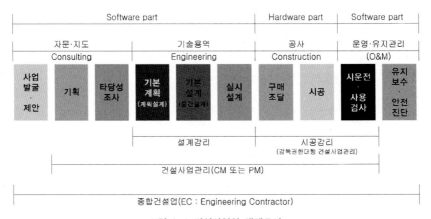

그림 1-1 건설사업의 생애주기

---

2) 이 책에서 '설계자'는 건축물을 설계하는 사람, 흔히 '건축가'(한국에서는 일정한 시험과 훈련 과정을 거쳐 자격을 가진 설계자를 '건축사'라고 부름)로 불리우며, Architect 또는 Building Designer를 가리킨다.

생애주기	참여주체	성과물	관련활동
사업기획(계획)	발주기관(국가기관, 지방자치단체 등)	사업계획보고서	
예비타당성 조사	기획재정부, 한국개발연구원(KDI) 등	평가보고서	
타당성 조사	발주기관		타당성조사
기본계획(계획설계)	기본계획(엔지니어링업체) 계획설계(건축설계사무소)	보고서 (설계도서)	기본계획수립
기본(중간)설계	엔지니어링업체, 건축설계사무소	설계도서	설계, 설계감리
실시설계			
시공	종합건설업체	시설물 또는 건축물 건설	공사관리
	전문건설업체		현장관리
감리	감리전문업체, 건축설계사무소	각종 보고서 작성	감리·감독
시험, 시운전	관련 업체	각종 보고서 작성	운전·관리
안전진단	시설안전기술공단, 안전진단업체	안전진단서	안전진단
유지보수	유지관리업체(전문건설업체)	보수, 보강, 개량 등	현장관리

그림 1-2 건설사업 추진단계별 참여주체 및 성과물

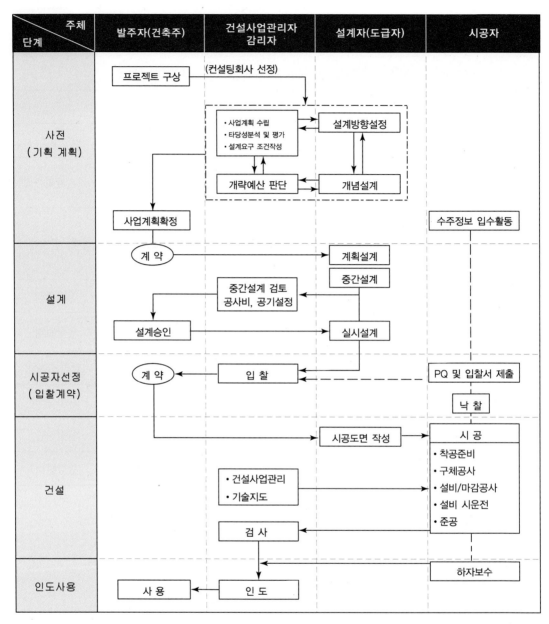

그림 1-3 건설사업 추진단계별 주요 업무 흐름

1.2 ● 건설 및 관련 용어

선사시대에 인류가 직립보행을 시작하면서 비나 바람, 맹수 등을 피하기 위해 만든 거처 (Shelter 등)는 쾌적하고 편의성 높은 주거시설로 발전하고, 기술 문명의 발달과 인구증가로 도시화가 진전되어 지금에 이르고 있다. 한국 건설산업은 1960년대 후반 급속한 경제성장 과정에서 중추적인 역할을 수행해 왔으며, 그 결과 OECD 37개국 가운데, GDP 규모 10위의 한국을 건설할 수 있었다. 그동안 산업화와 도시화 과정에서 건설산업은 공동주택, 고층 빌딩 등 건축물과 도로, 철도, 댐, 항만, 산업단지 등 사회기반시설3)들을 다수 구축하였으며, 척박한 여건 속에서도 1960년대 후반 해외시장을 개척하여 지금까지 막대한 외화를 벌어들이며 국가 경제발전에 기여하고 있다.

건설산업, 건설사업 및 건설공사와 관련된 용어 중에서 건축시공학 학습에 필요한 사항을 건설산업기본법 등 관계 법령에서 규정한 내용 위주로 간략히 소개한다.

"건설공사"는 건축공사, 토목공사, 산업설비공사, 조경공사, 환경시설공사, 시설물 설치·유지·보수 공사, 기계설비 공사, 해체공사 등을 말한다. "건설산업"이란 건설업과 건설용역업을 통칭(統稱)하며, "건설업"은 건설공사를 하는 업(業)이며 건설업을 하는 자를 "건설사업자", 흔히 "시공자"라 부른다. "건설용역업"이란 건설공사에 관한 조사, 설계, 감리, 사업관리, 유지관리 등 건설공사와 관련된 용역을 하는 업(業)으로 그 업을 하는 자를 "건설용역업자", "설계자"라 부른다.

"건설사업관리"란 건설공사에 관한 기획, 타당성 조사, 분석, 설계, 조달, 계약, 시공관리, 감리, 평가 또는 사후관리 등에 관한 관리를 수행하는 것을 말한다. 건설사업관리보다 관리 범위가 좁은 "시공책임형 건설사업관리"는 종합공사 업종을 등록한 건설사업자가 시공 이전 단계에서 건설사업관리 업무를 수행하고, 시공 단계에서 발주자와 시공 및 건설사업관리에 대한 별도의 계약을 통하여 종합적인 계획, 관리 및 조정을 하면서 미리 정한 공사금액과 공사기간 내에 시설물을 시공하는 것을 말한다. 건설사업관리에 관한 전문지식과 기술능력을 갖추고 발주자의 위탁으로 건설사업관리 업무를 수행하는 자를 "건설사업관리자"라고 한다.

건설산업기본법 규정에 따르면, "종합공사"란 종합적인 계획, 관리 및 조정을 하면서 시설물을 시공하는 건설공사를 말하며, "전문공사"란 시설물의 일부 또는 전문 분야에 관한 건설공사를 말한다. "도급"이란 원도급, 하도급, 위탁 등 건설공사를 완성할 것을 약정하고, 상대방(발주자 등)이 그 공사의 결과에 대하여 대가를 지급할 것을 약정하는 계약을 말한다. "하도급"이란 도급받은 건설공사의 전부 또는 일부를 다시 도급하기 위하여 수급인이 제3자와 체결하는 계약을 말한다. "수급인"이란 발주자로부터 건설공사를 도급받은 건설사업자를 말하고, 하도급의 경우 하도급하는 건설사업자를 포함한다. "하수급인"이란 수급인으로부터 건설공사를 하도급받은 자를 말한다.

---

3) 사회간접자본(SOC; social oerhead capital) 시설이라고도 한다.

1.3 ▸ 건축물 설계 및 공사과정

건축물을 짓는 과정은 보통 설계 이전의 사전 단계, 설계 단계, 시공자 선정 단계, 건설 단계 등 4개의 단계로 이루어진다. 각 단계에서는 어떠한 재료와 공법을 사용하여 건축물을 어떻게 지을 것인지를 결정한다.

시청, 군청, 구청 등 인·허가 기관은 국민의 건강과 안전을 보장하기 위하여 국가건설기준센터(korean construction standards center)에서 제정 관리하는 설계기준 및 표준시방서, 국토교통부의 건축법(building code), 지방자치단체의 조례 등을 인·허가 기준으로 삼는다. 표준시방서, 건축법 및 조례 등의 기준들은 재료의 품질·하중·허용응력·기계 및 전기 설비 그리고 화재 안전에 관한 최소한의 조건을 규정하고 있다.

건축물은 다양한 모양과 크기로 지어질 수 있지만, 공통적으로 다음과 같은 부위로 구성된다. 즉, 건축물을 지지하는 흙이나 암반에 건축물의 하중을 전달하기 위한 기초, 하중을 지지하고 기초에 전달하기 위한 구조 뼈대(structural frame), 기후변화 등으로부터 건축물을 보호할 수 있는 외피, 거주자의 생활환경을 향상(well-being)시킬 수 있는 내부마감 등이 그것이다. 건축물의 생애주기비용(life cycle cost)은 건축물의 주요 구성부위에 사용된 재료의 품질과 공법의 적합성에 좌우된다.

건축물을 짓고자 하는 요구나 바람은 많은 사람들이 참여하는 수많은 과정과 단계를 거쳐 구체화되며, 구체적인 내용은 다음과 같다.

1.3.1 사전 단계(preliminary phase)

건축물을 지으려는 발주자는 설계자나 엔지니어의 전문적인 서비스를 받아야 한다. 이 단계에서 설계자는 공사과정에서 필요한 자료나 정보를 모으고 조정한다. 발주자 자신이 이러한 정보를 제공하기도 하지만, 필요한 정보의 대부분은 제조업체나 그들의 기술조직·전문가 조직 그리고 다양한 법령 등으로부터 제공된다. 자재에 관한 정보는 반드시 제조업체나 그 대리인으로부터 얻어야 한다. 전문 컨설턴트는 프로젝트에 관련된 정보를 적시에 적절하게 제공해 줄 수 있다. 건축물 부지에 관한 정보는 등고선, 토질시험 결과, 지질평가 및 교통과 물의 이용 가능성 등이 있다.

이 단계에서는 대안과 비용을 포함한 경제적 타당성에 대한 평가를 하게 된다.

(1) 예비견적

예비견적은 상세한 도면과 시방서가 만들어지기 전에 개략적인 비용을 결정하기 위하여 수행된다. 견적작업은 발주자가 프로젝트를 성공적으로 완수하기 위하여 얼마나 많은 공사비(즉, 돈)를 조달하여야 하는지 알아보거나 계획된 시설물이 가용한 돈으로 완성될 수 있는지를 확인하기 위하여 수행된다.

예비견적은 흔히 단위기준당 금액으로 표시한다. 기본적인 방법은 계획하고 있는 건축물의 연면적에 과거의 실적자료나 유사한 건축물의 비용 자료를 토대로 산출한 면적당 단가를 곱하여 산출하는 것이다. 견적금액은 설계자의 경험이나 공표된 가격(물가정보, 거래실례가격 등)을 바탕으로 구한다.

다른 방법으로는 실적에 기반한 통계자료로부터 구한 체적당 단가에 건축물의 체적을 곱하여 전체 공사금액을 계산하기도 한다. 흔히 사용되는 또 다른 방법은 용량단가 방식(cost capacity method 또는 단위설비)이다. 즉, 학생 1인당 또는 학급당 학교시설 비용, 1병상 당 병원 공사금액, 1실당 호텔시설 비용 등이 그것이다.

(2) 환경 측면의 고려사항

건설프로젝트 수행 과정에서 발생하는 문제점이나 갈등을 최소화하기 위해서는 해당 프로젝트로 인한 교육·교통·환경 및 재해 영향평가를 실시하여 프로젝트에 반영해야 한다. 예전에는 온열·환기·위생 등 건축환경설비나 조명설비 등의 성능이 중요하게 인식되었지만, 최근에는 지구온난화로 인한 기후 위기 또는 기후재난을 극복하기 위하여, 재료 생산, 운반 및 공사 과정에서 발생하는 이산화탄소 감축, 소음·진동·비산 먼지의 저감과 건설폐기물 재활용 촉진 등 지구환경 보존을 위한 요구가 엄격해지고 있다.

건설사업 수행 시 지구환경을 악화시키지 않기 위해서는 건설 기간(공기)과 비용(사업비)이 증대될 수 있어서 특히, 건설사업 계획 시 지구환경에 미치는 영향이 무엇이고 얼마나 되느냐를 정확하게 파악하여 이를 설계 및 공사에 반영해야 한다.

(3) 개념설계(conceptual design)

사전(예비)단계에서 결정된 사항과 수집된 자료는 개념설계의 원천이 된다. 개념설계 도면들은 공간개념을 포함해서 모델뿐만 아니라 건축물의 평면, 입면, 투시도 등을 묘사하는 스케치 등을 모두 포함한다. 개념설계에 대한 승인으로 사전단계는 확정되고 본격적인 설계단계로 들어간다. 설계과정에서 발생하는 문제를 해결하기 위하여 관련된 자료는 지속적으로 수집될 필요가 있다.

1.3.2 설계 단계(design phase)

기계·전기·구조·조경·음향·토질·지반 등과 같은 다양한 분야의 전문 엔지니어들이 건설 프로젝트를 추진하는 과정에서 발생하는 다양한 문제의 해결 과정에 직접 참여한다. 엔지니어와 설계자들은 건설공사에 사용될 설계도면과 시방서를 작성한다. 설계도면은 건축법과 각종 표준/기준에 적합하게 작성된다. 시방서의 경우 국가건설기준센터의 건설공사 표준시방서 및 전문시방서에서 제시한 기준에 따라 작성되었는지 확인할 필요가 있다. 설계도면은 발주자의 요구 및 사업의 목표를 최우선적으로 반영하고 사업 자체 및 지역적 특성 등을 고려하여 공사에 바로 사용할 수 있는 도면(construction drawing 또는 working drawing)까지 단계적으로 구체화해 나간다.

설계는 일반적으로 계획설계 단계, 기본설계(우리나라에서는 '중간설계'라고도 함) 단계, 실시설계 단계로 진행된다. 계획설계 단계는 건설사업의 개요와 목표, 디자인 브리프(Design Brief)[4], 부지관련 자료 등을 분석하는 것으로부터 시작된다. 계획설계 단계는 개념설계(conceptual design) 단계와 기획설계(schematic design) 단계로 구분하기도 한다. 그 기준이 명확하지는 않지만 개념설계 단계에서는 보통 건축설계 위주의 작업이 이루어지고, 기획설계 단계에서는 구조, 기계, 전기, 소방, 조경 분야의 설계 작업이 병행된다.

기본설계 단계는 사업기본계획을 설계도서로 구체화하는 과정으로, 부지와 공간계획(space program)을 확정하고, 기초·구조·설비 방식을 결정한다. 이 단계에서는 구조부재의 크기를 확정하고, 방수 및 단열 방식과 자재를 선정한다. 핵심 공종에 대한 시공순서나 방법도 검토하고, 주요 자재의 디테일을 검토하며, 인·허가 업무에도 착수하게 된다. 실시설계 단계는 기본설계를 보다 구체화하는 단계로 공사에 필요한 상세도면, 시방서, 계산서 등이 작성된다. 이 단계에서는 건축, 기계 등의 분야별 설계도서간 불합치 사항을 파악, 제거하는 일이 중요하며, 벤더(vendor)나 제조업자(manufacturer)로부터 입수한 정보를 충실히 반영할 필요가 있다.

시방서는 설계도면과 동시에 준비된다. 시방서는 설계도면에 적절하게 기술되거나 표현되기 어렵지만 공사에는 필수적인 재료의 종류나 성능·품질, 시공 방법이나 절차, 색깔 등을 설명하는 것이다. 시방서는 내용과 범위의 관점에서 일반시방서, 전문시방서, 특별시방서 등으로 구분할 수 있다. 일반시방서는 대표적인 공사의 일반적인

---

4) Design Brief는 발주자의 요구와 기대를 문서로 정리한 것이다. 즉, 발주자가 해당 사업을 통하여 추구하는 내용(Wants)을 목록으로 만들어서, 반드시 달성해야 할 목표(needs)를 설정하는 것이고, 브리프가 상세할수록 사업의 요구사항을 이해하기 쉽고 사업의 목표에 대한 이해가 높아진다.

공종5)에 대하여 재료의 품질, 공법 등의 기준을 제시하고 있는 것으로 건설공사 표준시방서가 이에 해당된다. 전문시방서는 특정한 시설물에 일반적으로 포함되는 공종을 망라하여 시공기준을 제시하고 있는 것으로 LH(한국토지주택공사)의 공동주택건설 관련 시방서, 한국도로공사의 고속도로 건설 관련 시방서, 한국철도공사의 철도건설 관련 시방서 등이 여기에 해당된다. 특별시방서는 특정 공사에 적합한 시방서를 만들기 위하여, 일반시방서나 전문시방서의 내용을 보충하거나 삭제 또는 수정한 시방서를 말한다.

한편, 시방서는 시공방법을 중심으로 기술한 체계와 시설물의 결과 또는 성능을 중심으로 기술한 체계로 대별할 수 있다. 시공방법을 중심으로 서술하는 서술시방서 (descriptive specification 또는 materials & methods specification)는 가장 일반적인 유형으로 발주자나 설계자가 재료, 공법, 공사절차, 품질기준 등을 상세히 기술한다. 지정시방서(proprietary specification)는 재료, 제품 등의 제작, 생산업체, 모델명, 카달로그 번호 또는 특정 업체가 규정한 설치방법 등을 시방서에 명시하는 방법으로 미국 등 선진국에서 많이 활용된다. 이 경우에도 형식은 서술시방서나 성능시방서를 따르게 되고 한정된 소수의 재료나 제품만 지정하는 경우가 많다. 품질보증시방서(quality assurance specification)는 공사 책임자가 품질관리 업무를 수행하고 발주자는 공사과정에 걸쳐 그 수용여부를 판단하며, 최종적인 판단은 핵심 품질 특성의 품질 수준에 대하여 통계적인 샘플링을 통해 이루어지는 시방서를 말한다. 성능시방서(performance specification)는 최종 성과물에 대한 성능만을 요구하는 유형으로, 반드시 측정 가능한 성능으로 표시되어야 한다. 공사 책임자에게 장비, 자재, 공법 등의 선정권한을 부여하기 때문에 공사비 절감도 가능하다.

프로젝트의 성격과 복잡성에 따라 수많은 인·허가가 요구된다. 우리나라의 경우 각 자치단체가 인·허가 권한을 갖고 있으며, 건축법 적용 및 해석에 관하여 설계자 및 시공자 등 프로젝트 관계자들의 자문에 응하고 있다. 중앙정부나 광역자치단체의 인·허가를 받아야 하는 대형 복잡 프로젝트들은 프로젝트의 규모나 지역여건에 따라 내진 및 방화설비를 포함한 시설물의 안전성에 관하여 허가를 받아야 한다.
건설사업을 추진하는데 필요한 인·허가와 관련된 주요 대관(對官)업무는 그림 1-4와 같다.

---

5) 예컨대, 콘크리트공사(대표적인 공사)의 거푸집공사(일반적인공종)가 이에 해당된다. '거푸집공사'의 시방서는 거푸집널·동바리 등 자재의 품질과 '거푸집'의 설계·구조계산·가공 및 조립·검사·존치기간·동바리 바꾸어 세우기·해체 등 거푸집의 시공과 관련된 내용을 기술하고 있다.

구 분	관련기관	처리기간 및 내용
착공 신고	관할청 민원실 건축과/주택과/ 토목과	•착공 전까지(착공일 : 계약상 명기된 날짜)관공서에 착공신고서를 제출하여야 한다. •처리기간 : 계약서 명기일 이내
가설건축물 축조 신고	동사무소, 관할청	•가설물이 부지 내에 축조되도록 표시되어 있는 경우, 동사무소에 축조신고만 하면 된다. •건축 허가 상 부지 외에 축조되는 경우에는 관할청에서 가설건물축조 허가를 받아야 한다. •처리기간 : 즉시
가설수도 인입 신청	관할 청 수도공사과/관리과	•처리기간 : 약 1개월
가설전기 인입 신청	한전 해당 지점 영업부 및 배선부	•처리기간 : 약 15일
경계 측량	한국국토정보공사 (LX)의 해당 출장소	•처리기간 : 신청일로부터 약 7일
도로점용 허가	1년 이내 : 동사무소 1년 이상 : 관할청 건설관리과, 건축과	•처리기간 : 신청일로부터 약 15일 •특기사항 : 건축허가시 동시허가 사항이므로 건축허가서에 명시여부 확인
유해위험방지 계획서 제출	안전보건공단(KOSHA) 관할 지역본부 및 기술지도원	•제출시기 : 착공 30일전 까지 •대상사업 : – 높이 31m 이상 건축물, 공작물의 건설, 해체 – 깊이 10.5m 이상인 굴착공사 등
안전보건 총괄 책임자 및 안전관리자 선임 보고	관할 지방노동사무소	•제출시기 : 선임일로부터 7일 이내
무재해 개시 보고	안전보건공단 관할 기술지도원	•착공 후 14일 이내
산재보험대리인 선임 신고	관할 근로복지공단 지사	•제출시기 : 본사 인력관리부서에서 사업개시 신고 후

그림 1-4 인·허가 관련 주요 대관 업무

구 분	관련기관	처리기간 및 내용
고용보험대리인 선임 신고	관할 지방노동사무소	•대상사업 : 고용보험 적용 사업장 •제출시기 : 본사 인사부서에서 보험관계 성립 신고 후
고용보험피보험자 자격 취득 신고	관할 지방노동사무소	•제출시기 : 채용 후 채용일이 속한 달의 익월 14일 이내
지하수개발/ 이용 신고	관할 시도 환경과	•대상사업 : 지하수를 개발 이용하려는 현장 •제출시기 : 개발, 이용 15일 전까지 •처리기간 : 3일 •특기사항 : 지하수 채취허가와 병행하여야 함
수질검사	공인 검사기관	•지하수이용신고서 첨부서류

소음·진동 특정 공사 사전 신고	관할 시도 환경과	•대상사업 : 다음과 같은 공사를 소음, 진동, 규제 지역 내에서 실시하는 현장
		  - 항타기, 항발기 또는 항타항발기(압입식제외)를 사용하는 공사
		  - 착암기를 사용하는 공사(연속적으로 이동하는 작업은 1일간 최대거리 50m 이하의 경우)
		  - 공기압축기(공기토출량이 2.83m³/분 이상인 이동식에 한함)
		  - 강구를 사용하여 건축물을 파괴하는 공사
		  - 브레이커(휴대용제외)를 사용하는 공사
		  - 굴삭기를 사용하는 공사
		•제출시기 : 사업시행 7일전 까지
		•처리기간 : 즉시

비산먼지발생 사업 신고	관할 시도 환경과	•대상사업
		  - 건축공사 : 연건평 1,000m² 이상
		  - 굴착공사 : 총연장 200m 이상 또는 굴착토사량 200m³ 이상
		  - 조경공사 : 면적합계 5,000m² 이상
		  - 철거공사 : 연건평 3,000m² 이상
		•제출시기 : 사업시행 10일전 까지
		•처리기간 : 신고서 제출후 7일

사업장 폐기물 배출자 신고	관할 시, 군, 구 환경과 및 청소과	•대상사업 : 폐기물을 1톤/1회, 1주 이상 배출하는 현장 •제출시기 : 배출예정 7일전 까지 •처리기간 : 7일
건설 폐기물 재활용 계획서 제출	대한건설협회	•대상사업 : 건설폐기물(토사, 폐콘크리트, 폐아스콘)을 배출하는 현장 •제출시기 : 계약체결일로부터 1개월 이내

그림 1-4 인·허가 관련 주요 대관 업무_계속

1.3.3 시공자 선정 단계

계약조건은 발주자·설계자 및 시공자의 책임과 권한 등을 기술한 것이다. 입찰(bid)[6]과 계약은 발주자나 설계자 또는 시공자가 제공해야 하는 각종 보증을 포함한다. 즉, 발주자가 제시한 계약조건을 받아들일 것을 보증하는 입찰보증(bid bond), 계약조건에 따라서 성실하게 프로젝트를 수행할 것을 약속하는 이행보증(performance bond), 프로젝트에 사용된 재료와 노동에 대하여 정당한 대가를 지급할 것을 보증하는 지급보증(payment bond) 등이 그것이다. 일정한 자격을 가진 입찰 예정자는 계약조건·입찰유의서·설계도면·시방서 등의 계약서류들을 구입하여, 입찰조건을 확인하고 물량을 산출(quantity take-off)한 다음 재료·노무·장비 등에 관한 가격을 조사하여 견적서를 작성·제출한다. 특정 일자, 장소 및 시간에 입찰자의 입찰 내역이 공개되고 기록된다. 경쟁에서 성공한 입찰자는 입찰서를 제출하고 전술한 여러 가지 보증을 준비해야 한다.

이러한 방법으로 설계자 또는 시공자(contractor)를 선정하는 것을 설계시공 분리방식(Design-Bid-Build: 흔히 DBB라고 함. 그림 1-5 참조)이라고 한다. 발주자는 경쟁입찰 방식(competitive bidding)을 통하지 않고 계약자를 선정할 수도 있다. 여러 업체에게 입찰서 제출을 요구하는 대신 유능한 몇 명의 후보자(지명경쟁, nominated competition)나 하나의 후보자와 협상(수의 계약, a contract ad libitum)을 통하여 적정한 금액에 합의할 수도 있다. 발주자는 설계도서에 따라 주어진 예산과 기간 내에 건설 프로젝트를 완수한 경험이 있는 능력이 우수한 후보자와 계약하는 것이 유리하다는 것을 잘 알고 있기 때문이다.

이와는 다른 방식으로서 설계시공 일괄 방식(Design-Build: 흔히 DB라고 함. 그림 1-6 참조)이 있다. 이 방식은 하나의 주체(업체)가 설계와 시공을 전부 시행할 것을 발주자와 약속하는 것이다. 또 다른 유망한 방식은 건설사업관리 방식(Construction Management : 이하 CM) 방식이다. CM 방식은 CM 회사가 발주자를 대신하여 설계 과정에서 설계자를 지원하고 공사 과정에서 시공자를 지도·감독하는 것이다. 최근에 건설사업관리의 효율성 증진 목적에서 미국을 중심으로 활발하게 도입되고 있는 IPD(Integrated Project Delivery: 통합발주방식)도 있다[7].

공사비용 지불은 럼섬(lump sum) 방식이나 비용상환(cost reimburse 또는 cost plus fee)방식으로 이루어지는 것이 보통이다. 비용상환 방식은 실비(實費, 실제로 투입된 비용)에 수수료(fee)를 더한 값을 근거로 공사에 투입된 비용을 상환받는 것이다.

---

6) 어떤 건설 프로젝트의 설계나 시공에 참여하겠다는 의사 표시이다.

7) 기획, 설계, 시공, 유지관리 등의 단계를 분리 발주해 단계별로 다른 계약자가 수행하는 전통적인 분리방식 등에서 벗어나, 프로젝트 수행과 참여자 구성, 프로젝트 운영 등을 처음부터 통합 운영하는 방식이다. 최근 적용이 확대되고 있는 BIM 기술과 연계해 한국에서도 IPD 방식의 활용이 증가할 것으로 예상된다.

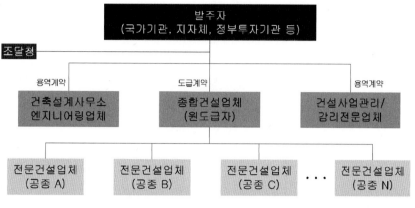

그림 1-5 설계시공 분리 방식

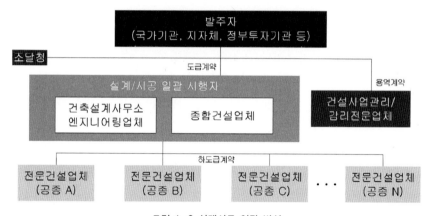

그림 1-6 설계시공 일괄 방식

1.3.4 건설 단계

기능인력·자재·장비를 공사현장에 투입함으로써 건설공사는 시작된다. 기능 인력은 거푸집·철근 콘크리트·방수 등 전문공종분야별(special trades) 하도급업체(subcontractor)를 통하여 조달한다. 재료나 자재는 설계도서에서 요구하는 품질이나 성능을 만족시킬 수 있도록 구입하고, 공사용 장비(equipment)는 공사기간과 비용을 고려하여 가능한 한 많은 공사에 사용되도록 장비 용량(capacity)과 대수를 산정해서 동원해야 한다. 측량사나 건축 엔지니어는 부지경계 측량을 실시하고 설계도면에 맞게 건축물 및 기초의 위치와 깊이를 정함으로써 공사가 착수된다. 흙파기(터파기)를 시행하여 기초를 축조하고 지하 부분 및 지상 부분의 구조체 공사를 완료하거나 실시하는 과정에서 커튼월공사를 포함한 마감공사가 진행된다. 이 과정에서 원도급업자(prime contractor)의 현장소장은 전체 프로젝트를 지휘·조정한다.

이 단계의 성공요인은 토공사, 철근콘크리트공사, 방수공사 등 여러 분야의 전문건설업체를 지휘하고 조정할 능력과 리더십을 가진 현장소장의 선임이라고 할 수 있다. 설계자나 건설사업관리자 또는 감리원은 기초 콘크리트 타설, 구조체 건립, 커튼월 설치 그리고 계약종료 시점 등 주요한 시기에 프로젝트를 감시·감독할 책임을 지며, 건설공사의 품질확보를 위한 감리(inspection)는 매일 또는 수시로 이루어진다.

1.4 건축물 정보분류체계

설계자와 엔지니어의 과업은 건설 자재·공법·기술 등에 관한 데이터나 정보를 생산하거나 보급하는 수많은 사람이나 조직의 지원을 받아 수행된다. 한국산업규격(KS)은 건설 자재 및 품질 시험 등에 관한 우리나라의 표준으로, 각종 시방서는 원칙적으로 KS Code를 적용하고 있다. 국토교통부는 건설사업의 제반 단계에서 발생하는 정보를 체계적으로 분류하는 기준을 정하여 정보의 상호 교류를 촉진할 목적으로 2001년도에 통합건설분류체계를 개발하였으며, 2006년도에는 건축과 토목 부문을 통합·세분화하였다.

기존의 통합건설분류체계를 발전시켜 국토교통부는 2018년도에 국가건설기준 코드체계를 구축하였다. 건설기술진흥법 제44조 및 동법 시행령 제65조제7항에 따라서 건설공사의 기술성·환경성 향상, 품질 확보, 적정한 공사 관리 및 데이터 등 건설정보 관리의 효율성을 증진시키기 위하여 건설공사 설계기준, 건설공사 시공기준 및 표준시방서 등 국가 '건설기준'을 제정. 운영하고 있다. 건설기준을 효과적으로 활용하고 관리하기 위하여 고유명칭과 식별번호를 부여하였으며 그 체계는 표 1-1과 같다.

■ 표 1-1 국가건설기준체계-설계기준, 시공기준

구분	설계기준		시공기준	
	코드	기준명	코드	기준명
공통편	KDS 10 00 00	공통 설계기준	KCS 10 00 00	공통 공사
	KDS 11 00 00	지반 설계기준	KCS 12 00 00	지반 공사
	KDS 14 00 00	구조 설계기준	KCS 14 00 00	구조재료 공사
	KDS 17 00 00	내진 설계기준		

시설물편	KDS 21 00 00	가시설물 설계기준	KCS 21 00 00	가설 공사
	KDS 24 00 00	교량 설계기준	KCS 24 00 00	교량 공사
	KDS 27 00 00	터널 설계기준	KCS 27 00 00	터널 공사
	KDS 31 00 00	설비 설계기준	KCS 31 00 00	설비 공사
	KDS 34 00 00	조경 설계기준	KCS 34 00 00	조경 공사
사업편	KDS 17 00 00	건축 설계기준	KCS 41 00 00	건축 공사
	KDS 17 00 00	도로 설계기준	KCS 44 00 00	도로 공사
	KDS 17 00 00	철도 설계기준	KCS 47 00 00	철도 공사
	KDS 17 00 00	하천 설계기준	KCS 51 00 00	하천 공사
	KDS 17 00 00	댐 설계기준	KCS 54 00 00	댐 공사
	KDS 17 00 00	상수도 설계기준	KCS 57 00 00	상수도 공사
	KDS 17 00 00	하수도 설계기준	KCS 61 00 00	하수도 공사
	KDS 17 00 00	항만 및 어항 설계기준	KCS 64 00 00	항만 및 어항 공사
	KDS 17 00 00	농업생산기반시설 설계기준	KCS 67 00 00	농업생산기반시설 공사

해외에서 활용되는 대표적인 분류체계로는 유럽, 아프리카, 중동지역에서 널리 쓰이는 CI/SfB(Construction Industry/Samarbet – kskommitten for Byggadfragor)와 북미지역의 UCI(Uniform Construction Index) 계열 정보분류체계가 있다. 두 체계는 구성과 활용 상 각기 독특한 성격을 가지고 있고, 활용 범위 또한 국제적인 성격을 띠고 있다.

CI/SfB는 미국의 UCI에 상당하는 영국판 건설분류체계로서 SfB 분류체계의 국제공인 분류표 3개에 새로 분류표 0(물리적 환경 분류표)과 분류표 4(활동, 요구조건 분류표)를 추가하여 제정된 것으로 그 내용은 다음과 같다.

① 분류표 0(물리적 환경 분류표) – UDC(Universal Decimal Classification) 중 건설에 관련된 부분을 재구성한 분류표

② 분류표 1(부위 분류표), 분류표 2(공종 분류표), 분류표 3(자원 분류표) – CIB 제정 SfB 기본 분류표를 응용분류표로 개발한 분류표

③ 분류표 4(활동, 요구조건 분류표) – 1972년 CIB 연구보고서 제18호로 발간된 CIB Master List를 재구성한 것으로 타 분류표를 구성하는 요소들에 관련되는 특성(폭, 경도 등), 자체 변환과정(열전도, 균열 등), 작업(굴삭 등), 작업의 매체(기구, 도구 등)를 포함한다.

CI/SfB 체계는 건축물의 부위, 공사, 자원 등의 정보를 주제별로 분류하는 파셋(facet) 분류법에 근거를 두고 작성되었으며, 분류표 간의 연결 관계는 분류표 0, 1, 2, 3 간에는 순서상의 선후관계가 전체와 부분의 관계를 가진다. 즉, 각 프로젝트는 설계의 개념에서 보면 건축물 부위로 구성되고, 이들 부위는 다시 세분된 공종들로 이루어지며, 각 공종은 여러 건설자원으로 이루어진다.

미국과 캐나다 등은 1960년대에 건설 자재나 구성 부재에 관한 정보를 체계화하기 위하여 UCI(Uniform Construction Index) 계열의 정보분류체계인 마스터 포멧(Masterformat)을 개발하였으며, 시방서 작성 및 분류, 자재·부품 등의 관리, 기술 자료의 분류 및 검색, 비용계획 및 관리 등의 용도로 활용되고 있다. 현재의 마스터포맷은 2004년도에 개정된 것으로 주제 항목을 확장하고 분류코드 번호를 세분화하였다. 이전의 16개의 분류체계(16 Divisions)가 50개의 분류체계(50 Divisions)로 확대되었다. 변경된 주요 내용은 이전Version의 Division 15 'Mechanical'과 Division 16 'Electrical'이 'Facility Services Subgroup'(Division 20~Division 29)으로, Division 2 'Site Work'이 'Site and Infrastructure Subgroup'(Division 30~Division 39)으로 확대 개편되었고, 'Process Equipment Subgroup'(Division 40~Division 49)이 새롭게 추가되었다. 2004년도에 발간된 마스터 포맷의 Division(장분류)은 표 1-3과 같다. 그 표의 건축공사 표준시방서 체계는 2019년에 대한건축학회에서 연구한 결과이다.

■ 표 1-2 건설정보분류체계 비교

건축공사 표준시방서 (대한건축학회)	Masterformat(미국)
01 총칙 02 가설공사 03 토공사 04 지정 및 기초공사 05 콘크리트공사 06 강구조공사 07 조적공사 08 석공사 09 타일공사 10 목공사 11 방수 및 방습공사 12 지붕공사 13 금속공사 14 외벽공사 15 미장공사 16 창호공사 17 도장공사 18 수장공사 19 단열 및 방·내화공사 20 온돌공사 21 조경공사 30 기타공사 40 해체 및 철거공사 50 특수건축공사	PROCUREMENT AND CONTRACTING REQUIREMENTS GROUP Division 00 Procurement and Contracting Requirements GENERAL REQUIREMENT SUBGROUP Division 01 General Requirements FACILITY CONSTRUCTION SUBGROUP Division 02 Existing Conditions Division 03 Concrete Division 04 Masonry Division 05 Metals Division 06 Wood, Plastics and Composites Division 07 Thermal and Moisture Protection Division 08 Openings Division 09 Finishes Division 10 Specialties Division 11 Equipment Division 12 Furnishings Division 13 Special Construction Division 14 Conveying Equipment Division 15~19 Reserved FACILITY SERVICES SUBGROUP Division 20 Reserved Division 21 Fire Suppression Division 22 Plumbing Division 23 Heating, Ventilating, and Air Conditioning Division 24 Reserved Division 25 Integrated Automation Division 26 Electrical Division 27 Communication Division 28 Electronic Safety and Security Division 29 Reserved SITE AND INFRASTRUCTURE SUBGROUP Division 30 Reserved Division 31 Earth Work Division 32 Exterior Improvements Division 33 Utilities Division 34 Transportation Division 35 Waterway and Marine Construction Division 36~39 Reserved PROCESS EQUIPMENT SUBGROUP Division 40 Process Integration Division 41 Material Processing and Handling Equipment Division 42 Process Heating, Cooling and Drying Equipment Division 43 Process Gas and Liquid handling, 　　　　　　　Purification, and Storage Equipment Division 44 Pollution Control Equipment Division 45 Industry-Specific Manufacturing Equipment Division 46~47 Reserved Division 48 Electrical Power Generation Division 49 Reserved

1.5 ● 건축물 시스템의 선정

1.5.1 제약조건

건축물은 설계도서에 의하여 추상적인 개념으로 시작되지만, 결론적으로 현실 세계에 지어지는 것이다. 설계자와 엔지니어 등은 무엇이 가능하고 불가능한지 알고서 일한다. 그들은 원하는 형태와 문양을 가진 건축물을 설계하기 위하여 수많은 종류의 재료 및 구조 시스템 중에서 몇 가지를 선택할 수 있는 반면, 불가피하게 몇 가지 물리적 제약조건에 구속된다. 즉, 부지면적, 지반이 지지할 수 있는 건축물의 중량, 구조적으로 가능한 경간(span)의 크기, 주어진 환경에서 가장 잘 순응하는 재료 등을 결정해야 한다. 건설사업 예산과 법령상 제약도 받는다. 건설분야에서 일하는 사람들은 노동인력, 기후, 건축물의 운전·건축물에 가용한 기술·법률적 제약과 같은 물리적 원칙 및 계약방식 등에 대한 광범위한 이해를 필요로 한다. 이 책은 건축물 구조 및 공법에 초점을 맞춰 기술되었다. 건축물을 구성하는 여러 가지 방법과 다양한 기술이나 공법의 개념, 건축물 부위를 구성하는 재료에는 무엇이 있고 어떻게 생산되는지, 그 성질은 어떻고, 어떻게 건축물에 적용되는지에 주안점을 두었다.

1.5.2 건축행위 규제 법령

건축행위를 규제하는 법령의 목적은 건축물의 설계, 시공 및 사용 과정에서 건축물 사용자들을 안전하게 보호하기 위한 것이다.

건설관련 법령은 건설공사의 종류, 시설물의 기능 및 용도, 건설재료의 품질, 하중, 허용응력, 기계 및 전기설비와 화재 안전 등에 관하여 특별히 강조해야 하는 사항에 관하여 기술한 것이다.

정부기관(시장·군수·구청장 등)이 제정·시행하고 있는 각종 기준(조례 등)도 건축법 등 상위법령과 유사하지만 지역의 특성을 고려하여 다른 예도 많다.

건설공사는 건축 행위를 규제하는 해당 지역의 법령의 규제를 받는다. 즉, 그 건축물에 필요한 최소한의 부지면적은 얼마인지, 건축물은 부지 경계선으로부터 얼마나 떨어져 있어야 하는지, 주차장은 얼마나 확보되어야 하는지, 그 부지에서 가능한 연면적(total floor area)은 얼마인지(이 사항은 1층 바닥면적의 크기와 전체 층수와 관련됨), 건축물의 높이는 얼마까지 가능한지 등을 고려해야 한다.

건축법 등 관련 법령은 일반 국민(공중, 公衆)의 건강과 안전을 지키기 위하여 건축물의 품질이나 성능에 관한 최소한의 기준을 정하고 있다. 우리나라에서는 페인트(도료)에 사용되는 신너(thinner) 등 용제, 나무나 합성수지 등 마감공사에 사용되는 여러 종류의 접착제로부터 실내 공기 중에 방출되어서 생활환경을 오염시키는 휘발성 유기화합물(VOC, Volatile Organic Compounds)의 총량을 규제함으로써 실내공기질을 양호한 상태로 유지하고자 노력하고 있다.

건축행위를 규제하는 우리나라의 주요 법령은 다음과 같다.
- 국가건설기준센터, 건설공사 표준시방서 및 전문시방서
- 건축법, 동법 시행령, 동법 시행규칙
- 건축물의 설비기준 등에 관한 규칙
- 주택건설기준 등에 관한 규칙
- 건축물의 피난·방화구조 등의 기준에 관한 규칙
- 소방법, 동법 시행령, 동법 시행규칙
- 소방기술기준에 관한 규칙
- 전기설비기술기준
- 전기통신설비의 기술기준에 관한 규칙
- 주차장법, 동법 시행령, 동법 시행규칙
- 에너지이용합리화법, 동법 시행령, 동법 시행규칙
- 도시가스사업법, 동법 시행령, 동법 시행규칙
- 산업안전보건법, 동법 시행령, 동법 시행규칙
- 환경정책기본법, 동법 시행령, 동법 시행규칙
- 수질 및 수생태계 보전에 관한 법, 동법 시행령, 동법 시행규칙
- 대기환경보전법, 동법 시행령, 동법 시행규칙
- 교육·교통·재해·환경 영향평가법, 동법 시행령, 동법 시행규칙
- 문화재보호법, 동법 시행령, 동법 시행규칙
- 각 시·도·군·구청 조례 등

우리나라는 2층 이상이거나 연면적 200m² 이상인 건축물은 지진에 견딜 수 있도록 내진(耐震)설계를 의무화하고 있다. 내진설계는 건축법에 따라 「건축물의 구조기준 등에 관한 규칙」 및 「내진설계 지침서 작성에 관한 연구」에 준하여 설계하도록 규정하고 있다.

1.5.3 건축물 시스템의 선정과 기술자의 역할

설계자 및 엔지니어 등은 설계하는 과정에서 지속적으로 다음과 같은 사항에 직면하며, 그 때마다 가장 바람직한 대안을 선택해야 한다.

① 요구되는 기능을 달성할 수 있는가?
② 미적으로 바람직한 결과를 가져다 줄 것인가?
③ 법률적으로 가능한가?
④ 경제적인가?

여기에 더하여 최근의 환경변화는 또 다른 질문에 대답하도록 강요하고 있다. 즉, 무엇이 환경에 가장 적합한가? 달리 표현하면, 어떤 재료가 지구환경을 가장 적게 오염 또는 훼손시키고, 자연계를 덜 파괴하는가? 화석 연료와 핵에너지와 같은 것을 덜 사용하려면 어떻게 설계하여야 할 것인가?

이 책은 첫 번째 질문에 초점을 맞추고 있다. 즉, 이 책은 구조시스템·지붕·외벽·기초·마감 등 각 부위의 구조·공법·재료에 관한 가능한 대안을 제시하고 있다. 어떤 하나의 시스템은 대안과 구별되는 특징을 갖고 있다. 어떤 시스템은 색깔이나 형상 등 눈에 보이는 품질에 의하여 주로 구분된다. 그러나 어떤 경우에는 표면적인 질감은 무시될 수 있다. 가령 어떤 설계자는 세장한 강구조의 가냘픈 외관보다는 조적구조 내력벽 건축물의 장중한 외양을 선호할 수 있으며, 또 다른 조건에서는 강구조를 선택할 수 있다. 순전히 기능적인 이유에서 레스토랑의 주방 바닥을 카펫이나 나무 대신 테라초(terrazzo)로 선택할 수 있다. 기술적인 이유로 철근콘크리트 구조보다는 포스트 텐션 방식에 의한 긴 경간(span)의 프리스트레스트 콘크리트 보를 선택할 수도 있다.

설계자는 법적인 제약으로 실용적인 선택을 강요당하기도 한다. 그러한 선택은 경제적인 이유에서 결정되는 경우가 많다. 어떤 하나의 시스템이 다른 시스템보다 초기 비용이 적다는 이유로 선택되기도 하고, 아주 복잡한 분석 과정을 통하여 적절한 시스템을 선택하기도 한다. 경쟁력이 있다고 판단되는 대안의 전체 생애비용(LCC : Life Cycle Cost) 즉, 초기비용·유지보수비용·에너지 비용 및 내구연한(내용연수), 시스템 교체비용, 이자율 등을 모두 고려하여 결정되기도 하는 것이다. 어떤 경우에는 현지 업체가 제시한 낮은 가격에 의해 시스템을 결정할 수도 있다. 설계자와 엔지니어들은 대상 재료의 느낌이 어떠하고, 건축물에 사용되면 어떻게 보일 것이고, 어떻게 제조해야 기능이나 성능을 제대로 발휘하고, 노후화되는가에 대하여 끊임없이 지식을 습득해야 한다. 설계자와 엔지니어들은 건축물 생산에 관계하는 사람이나 조직 즉, 재료 공급업자·시공자·하도급업자·작업자·감리자·건설사업관리자·발주자 등과 친숙해지고 그들의 선택한 내용이나 방법을 이해하려고 노력해야 한다.

이 책은 크게 두 개의 주제에 대한 이해를 증진시킬 것을 목표로 저술되었다. 하나는 건축물의 성능이고, 다른 하나는 건축물의 건설(시공)이다. 건축물의 성능은 모든 건축물이 직면하는 문제와 관련된다. 즉, 화재, 기초의 침하·구조적 처짐·온도 및 습도의 변화에 기인한 팽창과 수축 등 건축물의 이동과 변형, 건축물을 통한 열의 흐름, 물이나 증기의 흡수 및 응축, 누수, 음향, 노후화, 청소, 건축물 유지관리 등이 그것이다.

건축물의 시공은 건축물을 건설하는 과정에서 안전하고, 주어진 시간과 예산 내에서 그리고 요구되는 품질 표준을 만족하면서 공사하는 일과 관련된다. 즉, 공장과 현장의 역할 구분, 기능 인력의 적정 배분, 생산성을 최고로 높일 수 있는 작업 순서, 나쁜 기상조건의 극복, 구성 재료의 적절한 조합, 판별·시험·검사를 통한 건설 재료 및 부재의 품질보증 등을 기술자들은 충분히 이해하고 공사계획 시 고려하여야 한다.

건축물의 형태나 기능과 같은 중요하고 재미있는 주제와 비교할 때 이러한 일들이 덜 중요하게 보일지 모른다. 그러나 건축물의 성능이나 공사과정에 대한 관심과 이해 부족으로 실패를 경험한 많은 전문가는, 프로젝트가 착수하기 전에 그러한 것들을 반드시 검토·확인해야 할 중요한 대상으로 인식하고 있다.

【참고문헌】

1. 국가건설기준센터, 건설공사 표준시방서 및 전문시방서, 2020

2. 김예상, 건설제도 및 계약, 보문당, 2008

3. 김인호, 미래지향적 안목의 건설계획과 의사결정, 일간건설사, 1995

4. 대우건설, 건축기술지침, 공간예술사, 2017

5. 아이티엠코퍼레이션, 건설사업관리 용어사전, 2008

6. 이현수 외, 건설관리개론, 구미서관, 2020

7. 이태원 외, 2018 공사발주 가이드북, 한국조달연구원, 2018

8. 한미파슨스, Construction Management A To Z, 보문당, 2006

9. DL E&C(구 대림산업), 공동주택 착공관리 업무절차서, 2016

10. Donald C. Ellison, W. C. Huntington, Robert E. Mickadeit, Building Construction – Materials and Types of Construction, John Wiley & Sons. INC., 1987

11. Edward Allen, Fundamental of Building Construction – Materials and Methods, John Wiley & Sons. INC., 1999

시공계획

시공계획은 공사의 방법, 절차나 순서, 자재·인원·장비·자금 등 자원 동원, 시공 시 유의사항 등을 사전에 계획하는 것으로, 공사 목적물을 정해진 기간 내에 최소의 비용으로 건설하기 위하여 현장소장을 비롯한 부문별 책임 기술자가 협력하여 수립한다. 건축물의 품질, 안전 및 경제성 확보, 공기 준수, 환경훼손 최소화 등을 충족시키도록 계획해야 한다. 시공계획의 방침이 결정되면 주요 공종의 공사방법과 작업순서, 설비 등을 명확하게 지시하는 시공계획도를 작성하여 공사를 수행한다.

(1) 시공계획의 기본방침

시공계획은 공사의 최종 성과에 크게 영향을 미치기 때문에 신중히 검토하여 수립한다. 시공계획의 목표는 주어진 건축물을 지정된 공사기간 이내에 최소의 비용으로 안전하게 시공하기 위한 수단과 방법 등을 결정하는 것이며, 구체적인 내용은 다음과 같다.

① 계약조건 숙지
② 현장 여건 파악
③ 시공법과 시공 순서의 결정
④ 사용 기계, 재료, 노무 계획 수립
⑤ 가설계획 수립
⑥ 공사 일정계획 수립
⑦ 공사 원가계획 수립

시공계획의 기본방침을 결정할 때에는 다음과 같은 사항을 고려한다.
- 경험에만 의존하지 말고 해당 공사에 적용 가능한 신공법, 신기술 적용 가능성을 적극 검토한다. 경험에만 의존한 계획은 과소하게 되기 쉽고, 신공법 등에 의존할 때에는 과대한 계획이 되기 쉬우므로 주의한다.
- 계약상 공기가 반드시 최적공기라고 말할 수는 없기 때문에 공기단축 가능성을 검토한다.
- 하나의 계획안에만 몰입하지 말고 여러 가지 대안을 함께 검토하여 최적의 계획안이 작성되도록 노력한다.

2.2 사전조사

(1) 계약조건 검토

1) 계약조건 파악

계약서를 철저하게 검토하여 계약 공기, 품질 및 안전 관련 사항, 분쟁 및 클레임 조항, 물가변동이나 설계변경 등으로 인한 계약금액조정 등과 관련된 내용을 확인한다.

2) 설계도서 파악

설계도면, 구조 계산서, 토질조사서 등을 분석하여 그 내용을 정확하게 파악한다.

(2) 현장 조사

1) 대지주위 상황

대지 경계, 인접 건물, 도로 및 교통 상황, 인근 주민들의 성향 등을 파악하여 민원이 발생하지 않도록 주의한다.

2) 대지내의 지상 및 지하 상황 조사

대지의 고저, 장애물, 가설 건축물 용지 파악과 상하수도관, 전기·정보통신, 가스관 매설 유무 등을 조사한다.

3) 지반조사

건축물 기초와 토공사를 수행하기 위한 설계 및 시공 관련 데이터를 확보하기 위하여 실시한다. 보링(boring) 등으로 지반의 상태를 조사하고 시료를 채취하여 토질의 공학적 특성을 파악하고, 지반의 침하 및 균열 발생 가능성을 조사한다. 지반조사는 사전조사, 예비조사, 본조사 및 추가조사로 구분하여 계획을 수립한다.

4) 건설공해

소음, 진동, 분진, 악취 등으로 인한 민원 발생 가능성을 조사하고, 토공사 시행 시 발생할 수 있는 지하수 오염과 고갈 가능성을 조사한다.

5) 기상

계약조건을 확인하여 기온, 강수량 등으로 인한 해당 지역의 작업불가능 일수를 파악하고, 동절기에는 물을 사용하는 공사는 중지한다.

6) 관계 법규

도로상의 공공시설이 공사에 지장을 주는 경우 관계부처의 승인을 얻은 후 이설하고, 지중 매설물(상하수도, 가스, 전기, 전화선 등)을 조사하여 관계법규에 따라 처리한다.

2.3 ● 시공계획서 작성 항목 및 내용

(1) 공사관리계획서

1) 공정관리계획

설비/장비, 재료, 기능 인력 등의 동원 가능성과 생산성을 파악하여 정확한 일정계획을 수립한다. 계약상 지정된 공기를 준수하도록 계획하는 것이 무엇보다 중요하다.

2) 품질관리계획

공사 또는 단위 작업의 품질, 시험 및 검사 업무를 설계도서 및 계약조건에서 규정하고 있는 내용과 적합하게 수행할 수 있는 계획과 하자 또는 결함 방지계획을 수립한다. 또한 관련 법규에서 정한 건설공사에 대해서는 그 종류 및 규모에 따라 품질관리계획 또는 품질시험계획을 수립하고 이에 따라 품질관리, 품질시험 및 검사를 수행하여야 한다. 품질관리계획과 품질시험계획의 주요 내용은 다음 표와 같다.

■ 표 2-1 품질관리 및 품질시험 계획의 주요 내용

품질관리계획	품질시험계획
1. 건설공사 정보 2. 현장 품질방침 및 품질목표 관리절차 3. 책임 및 권한 4. 문서관리 5. 기록관리 6. 자원관리 7. 설계관리 8. 건설공사 수행 준비 9. 계약변경관리 10. 교육훈련관리 11. 의사소통관리 12. 기자재 구매관리 13. 지급자재의 관리 14. 하도급 관리 15. 공사 관리 16. 중점 품질관리 17. 식별 및 추적 관리 18. 기자재 및 공사 목적물의 보존 관리 19. 검사장비, 측정장비 및 시험장비의 관리 20. 검사 및 시험, 모니터링 관리 21. 부적합 공사의 관리 22. 데이터의 분석관리 23. 시정조치 및 예방조치 관리 24. 자체 품질점검 관리 25. 건설공사 운영성과의 검토 관리 26. 공사준공 및 인계 관리	1. 개요 　가. 공사명 　나. 시공자 　다. 현장대리인 2. 시험계획 　가. 공종 　나. 시험 종목 　다. 시험 계획물량 　라. 시험 빈도 　마. 시험 회수 　바. 그 밖의 사항 3. 시험시설 　가. 장비명 　나. 규격 　다. 단위 　라. 수량 　마. 시험실 배치 평면도 　바. 그 밖의 사항 4. 품질관리를 수행하는 건설기술자 배치계획 　가. 성명 　나. 등급 　다. 품질관이 업무 수행기간 　라. 기술자 자격 및 학력·경력 사항 　마. 그 밖의 사항

3) 원가관리계획

실행예산을 편성하고 현금 흐름 및 손익분기점 분석을 실시하여 전체 공사원가를 산정한다. VE 및 LCC 분석을 시행하여 원가절감 가능성을 검토하고, 실행예산 내에서 공사를 완수할 수 있도록 계획한다.

4) 안전관리계획

건설재해는 안전설비의 부족이나 안전의식 미흡 및 부실한 안전교육 등으로 발생되기 때문에 사전에 근로자를 대상으로 철저한 안전교육을 시행하고 공종별 또는 작업별로 필요한 안전설비를 갖추도록 계획한다. 무리한 공기단축도 안전사고의 원인이 되므로 돌관공사는 하지 않도록 계획 관리한다. 또한 관련 법규에서 정한 건설공사에 대해서는 그 종류에 따라 안전관리계획 또는 유해·위험방지계획[1]을 수립하고 이에 따라 안전관리를 수행하여야 한다. 안전관리계획의 주요 내용은 다음 표와 같다.

■ 표 2-2 안전관리계획의 주요 내용

안전관리계획	유해·위험방지계획
1. 건설공사의 개요 2. 안전관리조직 3. 공정별 안전점검계획 4. 공사장 주변 안전관리대책 5. 통행안전시설의 설치 및 교통소통계획 6. 안전관리비 집행계획 7. 안전교육계획 8. 비상시 긴급조치계획 ○ 공종별 세부 안전관리계획 　가. 가설공사 　나. 굴착공사 및 발파공사 　다. 콘크리트공사 　라. 강구조물공사 　마. 성토 및 절토 공사(흙댐공사 포함) 　바. 해체공사 　사. 건축설비공사 　－ 공종별 세부 내용 　　1) 공사개요 및 시공상세도면 　　2) 안전시공 절차 및 주의사항 　　3) 안전점검계획표 및 안전점검표 　　4) 안전성 계산서	1. 공사 개요 　가. 공사개요서 　나. 공사주변 현황(매설물포함) 　다. 건설물, 사용기계설비 등의 배치 도면 및 서류 　라. 전체공정표 　마. 신기술, 신공법 현황 2. 안전보건관리계획 　가. 산업안전보건관리비 사용계획 　나. 안전관리조직표, 안전보건교육계획 　다. 개인보호구 지급계획 　라. 재해발생위험시 연락 및 대피방법 3. 공사종류별 유해위험방지계획 　가. 가설공사 　나. 굴착 및 발파공사 　다. 구조물공사 　라. 강구조물공사 　마. 마감공사 　바. 해체공사 등 4. 작업환경 조성계획 　가. 분진 및 소음 발생공사 방호대책 　나. 위생시설물 설치 및 관리대책 　다. 근로자 건강진단 실시계획 　라. 조명시설물 설치계획 　마. 환기설비 설치계획 　바. 위험물질의 종류별 사용량과 저장·보관 및 사용 시의 안전작업계획

---

1) 안전관리계획과 통합하여 작성 가능

(2) 조달계획서

1) 노무 계획

공종별로 일정 수준 이상의 기능을 가진 인력을 동원하여 공사를 수행하도록 계획한다. 특정 시점에 인력이 과다하게 집중되면 불가피하게 작업을 진척시킬 수 없는 경우가 발생할 수 있는데, 작업간 충돌이 발생하지 않도록 과학적이고 효율적인 노무 동원계획을 수립한다.

2) 자재 계획

자재는 적기에 구입하여 현장에 공급되어야 한다. 가공에 시간이 많이 소요되는 재료는 사전에 주문 및 제작하여 공사 진행에 차질이 없도록 한다. 자재 수급계획은 주별 및 월별로 수립한다.

3) 장비 계획

최적의 기종, 용량 및 대수를 선정하여 적기에 사용하도록 계획한다. 경제성과 안전성 확보 및 가동률과 실 작업시간 향상, 그리고 적정 시공 기계나 장비의 선정 및 조합 등을 고려한다.

4) 자금 계획

현금 흐름을 파악하고 자금의 수입과 지출, 어음, 전도금 및 기성금 등을 계획한다.

5) 공법 계획

주어진 시공조건 내에서 품질, 안전, 경제성, 공기 및 위험성 등을 고려하여 최적화된 공법 계획을 수립한다.

(3) 가설계획서

1) 동력

전압(220V, 380V)의 선택과 전기 방식, 간선으로부터의 인입 위치, 배선 등을 파악한다.

2) 용수

상수도 또는 지하수 사용에 대한 경제성 분석과 수질의 적합성 등을 검토한다.

3) 수송계획

가설 장비/설비 및 차량의 기종, 용량 및 대수, 운반 방법 및 시기, 운반로, 보험, 송장 관리 등을 고려하여 수송계획을 수립한다. 장척재 및 중량재의 수송계획은 일반재료와 다르게 따로 수립할 필요가 있다.

4) 양중계획

타워크레인, 리프트 등 수직 운반 장비의 적정 용량 및 대수를 파악한다. 다양한 종류의 장비가 사용되므로 최적 조합을 계획하고, 자재 및 근로자 양중 시 안전사고를 방지하기 위한 계획을 함께 검토한다.

(4) 관리계획서

1) 협력업체 선정

협력업체(subcontractor) 선정은 공사 전체의 성과를 좌우하기 때문에 과거 실적과 평판을 바탕으로 믿을 만하고 책임감 있는 유능한 업체를 선정해야 한다. 협력업체가 수행하고 있는 현재의 작업물량(workload)을 조사하여 능력 이상의 일이 부과되지 않도록 한다.

2) 실행예산 편성

설계도서를 바탕으로 공사물량을 정확히 산출하여 공사원가를 산정하고, 현장 공사 관리의 기준과 손익 판단의 기준이 되도록 편성한다.

3) 현장원 편성

현장원은 관리부서(총무, 경리, 자재, 안전관리)와 기술부서(건축, 토목, 설비, 전기, 시험실)로 구분하여 적정 인원으로 편성하되, 담당 직무를 명확하게 설정한다.

4) 사무관리

현장사무는 공무 담당 기술자와 협의를 통해 간소화하며, 지체 없이 사무를 처리하고 정확하게 기록하고 유지관리 해야 한다.

5) 대외 업무관리

인허가, 근로자 안전보건 등 현장업무 수행과 밀접하게 관련되는 시청·구청/군청·동사무소·노동부·병원·경찰서 등 기관의 위치나 연락망을 작성 비치한다.

(5) 시공계획서

1) 가설공사

가설공사의 양부는 공사 전반에 크게 영향을 미치므로 가설 건축물과 가설설비 등의 규모나 용량을 합리적으로 계획하고 가능한 한 이동 설치하지 않도록 배치한다. 가설 재료나 설비는 초기 투자비가 더 소요되더라도 경량화, 프리패브화, 강재화, 표준화하여 재사용 횟수를 높일 수 있도록 계획한다.

2) 토공사

사전조사를 철저하게 시행하여 현장여건에 적합한 흙파기, 흙막이, 배수공법, 차수공법, 지반개량공법, 토사 운반방법 등을 결정한다. 도로 등 주변 지반의 침하나 인접 건축물의 균열을 주기적으로 조사 관리한다.

3) 기초공사

지반조사를 철저하게 시행한 후 그 결과를 바탕으로 직접기초 혹은 말뚝기초를 결정하고, 기성 콘크리트 말뚝을 관입 또는 타격방식으로 설치할 경우에는 소음·진동 발생이 최소화되도록 계획한다. 현장타설 콘크리트 말뚝의 경우 수직도, 규격 등이 적정 품질을 유지할 수 있도록 계획 관리한다.

4) 골조공사

골조공사는 전체 공기를 결정하는 주공정(critical path)상의 공사이므로, 거푸집 및 철근 조립·설치, 콘크리트 타설·양생, 강구조 설치 및 각종 재료시험 등의 계획을 철저하게 수립하여 공사 진행이 지체되지 않도록 한다.

5) 마감공사

타일공사와 미장공사 시 발생하기 쉬운 박리, 박락, 들뜸, 백화 등을 예방할 수 있도록 계획한다. 커튼월공사, 방수공사, 창호공사, 수장공사 등의 마감공사에서 흔히 발생할 수 있는 누수, 결로 등의 하자나 결함을 방지할 수 있도록 계획한다.

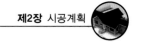

2.4 초고층 가설계획

초고층 건축물은 일반적으로 도심지에 위치함에 따라 지하구조물의 깊이(심도)가 깊고, 소요 물량 특히, 양중할 물량이 많다. 또, 시공계획 및 공사 시 높은 정밀도가 요구되며, 고소작업으로 인해 사람과 자재의 동선 및 양중 관리가 중요하기 때문에 가설공사, 진출입로, 야적장, 조립/제작 공간(work shop)등을 면밀하게 검토하여야 한다. 초고층 건축물의 가설계획 및 양중계획의 양부(良否)는 건설업체의 공사수행 능력을 좌우할 만큼 매우 중요하다.

가설계획의 목표는 다음과 같다.
- 인원 및 장비관리 효율 증대
- 공사 및 현장관리 지원
- 공정의 완급조정

(1) 개요

초고층 건설공사는 일반 건축물에 비하여 빠르게 진행된다. 초고층 건축물의 기준층 골조 공사가 3일 공정(3 day cycle)으로 추진될 정도로, 공사의 속도(시공속도)는 초고층 공사의 핵심적인 관리 요소라고 할 수 있다. 고속시공을 하기 위해서는 적정 공법에 대한 완벽한 검토와 물류(物流)가 원활해야 한다. 초고층 건축물은 공사기간이 3~7년 정도로 길기 때문에 공사의 제반 여건과 특성을 고려하여 가설계획을 수립하여야 한다.

다음은 초고층 가설계획 시 고려할 사항이다.
- 주공정선(Critical Path : Tower zone)을 중심으로 계획
- 공사 진행 속도에 적합한 계획
- 수직 양중작업이 무리 없이 진행되도록 해야 함
- 장기(長期) 공사 고려
- 가설재의 내구성 확보
- 가시설물 최소화
- 부지 내 물류의 효율화 및 간소화
- 효율적인 장비계획

초고층 공사의 가시설물은 장비 운용, 공기, 안전 등에 미치는 영향이 크다는 점을 고려할 때, 다음과 같은 사항을 고려하여 가시설물 설치를 최소화해야 한다.

1) 본 시설물의 조기( ) 활용 방안 강구

- 리프트 등을 조기 철거할 수 있도록 본 건축물에 설치할 엘리베이터 조기 설치 운용
- 내화피복 등 내부마감공사 보양을 위한 커튼월 조기 취부
- 데크 플레이트를 조기 설치하여 내부 안전망이나 작업발판 삭제
- 화장실 및 정화조 조기 가동
- 지하층 조명, 계단 핸드레일 설치 등

2) 가설자재 투입 최소화

- 타워크레인, 리프트 적정대수 산정
- 최상층에 리프트 접근방안 강구
- A.C.S 안전망(A.C.S Safety Net) 설치
- 가설램프 이용 토사 반출 및 자원 투입으로 지하층 작업구대 설치를 최소화
- 투입기간을 최소화하여 공기 단축
- 본 시설물 조기 활용

(2) 물류 및 동선계획

공사현장의 물류는 크게 대운반(생산공장에서 현장까지 물류)과 소운반(현장 야적장에서 작업 장소까지 물류)으로 구분할 수 있으며, 재료나 물품의 특성에 따라 적절한 장비와 운반 방법을 동시에 검토하여야 한다.

특수설비, 설치장비, 특수구조물, 철골 등 대형 중량물은 대운반과 소운반을 동시에 고려하여 작업완료 시까지의 전 과정에 대한 물류의 적정성을 검토하여야 한다. 콘크리트, 내화피복재 등 특수 양중물은 운반방법과 장비에 대한 별도의 검토가 필요하다. 일반적인 물품의 경우 현장 가용 장비 사용을 고려하여 현장반입 이전에 포장 및 반입 방법을 조율하는 것이 효율적이다.

물품의 종류, 형상, 크기, 중량 등에 따라 소요되는 시간, 장비, 방법 등이 다르므로 이를 고려하여 계획하여야 한다. 초고층 빌딩 건설공사의 수직 양중높이는 일반적인 공사의 2~5배에 해당하므로 예상하지 못한 여러 가지 자연환경적 조건을 극복하여야 하므로 이에 대한 장비, 포장방법, 양중 소요시간 등을 충분히 고려하여야 한다.

- 반복 작업에 대한 효율성 확보
- 수직 양중에 대한 고려
- 고층부의 이상 기상환경(강한 바람, 비 등) 고려
- 부지 내 물류 동선의 효율화 및 간소화

- 사용 가능한 양중장비의 제약
- 저스트 인 타임(just in time) 등을 도입하여 소운반을 최소화

① 현장진입계획

외부에서 부지 내부로 진입은 인접 도로상황의 영향을 많이 받으므로 진·출입구는 부지 외부의 상황은 물론 내부 공사진행 단계별 상황에 대응할 수 있도록 계획하여야 한다. 부지의 여러 방향으로 도로가 인접한 경우에는 차량통행이 많은 주도로와 혼잡한 골목길을 피하고 완화 및 가속차로를 확보할 수 있는 곳에 진·출입구를 배치하는 것이 유리하다. 인접도로가 작은 경우 진·출입구는 최소 2개소를 계획하여 진·출입을 분리하거나 혼잡을 최소화할 필요가 있으며, 입구에서 출구까지의 내부 이동거리가 불필요하게 길어지지 않도록 한다.

② 현장내부 동선계획

내부동선 계획은 현장 진·출입구에서 작업하는 곳까지 자재의 흐름을 원활하게 하기 위한 물류계획이다. 차량 등에 의한 1차 운반 후 양중장비에 의한 2차 운반으로 최종 작업장까지 자재를 운반할 수 있도록 계획한다. 이 때 차량 계 장비가 접근할 수 있는 이동경로를 기본적인 내부 동선으로 계획한다. 내부 동선은 본공사가 진행되는 곳은 물론 가설사무실 등과 같이 장기간 사용되는 가시설물과의 간섭을 피하고 야적장, 작업장, 양중장(lifting area)등과 연계되도록 계획한다.

(3) 단계별 가설계획

공사가 진행됨에 따라 현장조건은 변한다. 가설공사는 변경을 최소화할 수 있도록 계획하는 것이 바람직하지만, 현장여건 변화에 맞춰 가설계획도 변경해야 한다. 이와 같이 단계별로 필요한 가설계획을 수립하며, 주공정선(critical path)상의 작업에 초점을 맞추어 현장여건, 공법, 공정, 사용 장비 등을 종합적으로 검토하여 수립한다. 초고층공사는 전체 공기를 단축하기 위해 작업구간을 분할하는 조닝계획(zoning plan)에 따라 타워 존(tower zone)공사를 선행하는 경우가 보통이므로, 주공정선에 포함된 타워존의 작업이 원활하게 이루어질 수 있도록 계획한다.

단계별 가설계획은 공정 진행에 따라 ①토공사 단계, ②타워부 골조공사 단계, ③지하층 골조공사 단계, ④저층부 지상 골조공사 단계 ⑤마감공사 단계로 구분하여 검토한다. 단계별 계획은 전체 가설공사계획에 부합해야 하며, 현장 상황에 따라 단계를 통합하거나 추가하여 검토할 필요도 있다.

■ 표 2-3 공사 단계별 가설공사

공정진행단계	공사 진행상황	가설계획 관련 현장 상황
토공사	•지하 연속벽 공사 •파일 공사 •터파기 공사	•현장 전체에 대해 부위별로 공사 진행 •가설계획이 적음
타워부 골조공사	•타워부 골조공사 진행 •외장 및 마감공사 착수	•본격적인 초고층 골조공사 단계 •작업장으로 활용 가능한 여유 부지가 적음 •부지 내 물류계획이 중요함
지하층 골조공사	•타워 외 기초 및 지하층 골조공사	•현장부지 전체에 걸친 작업 •공정계획에 의해 고층부 공사를 선행 지원 •지하를 작업공간으로 활용 가능
저층부 지상 골조공사	•고층부 골조공사 진행 (선행) •지상층 Podium 골조 공사(후행)	•본격적인 골조공사 단계로 공사 범위가 가장 넓게 분포됨 •고층부 골조공사 지원을 위한 작업장 계획이 중요함 •작업장에 대한 여유가 적음
마감공사	•골조공사 완료 •외장 및 마감공사 진행 •토목 및 조경공사 진행	•T/C 해체, 리프트 및 본공사 용 엘리베 이터 운용 •각종 가시설물 철거

2.5 ● 초고층 양중계획

초고층 건축공사에서 수직적 물류는 전체 공사기간을 좌우할 정도로 중요하다. 리프트, 엘리베이터 등 초고층 공사 수행을 위한 양중 장비는 한번 설치하면 보완이나 변경이 어려우므로 계획단계에서부터 치밀하게 검토하여 선정한다.

(1) 리프트

골조공사가 일정 층 이상 진행되면 작업자나 자재의 수직 이동과 운반을 위한 설비를 갖추어야 한다. 리프트는 모든 작업 층에 접근 가능하도록 계획하는 것이 보통이지만, 승·하강층을 지정하여 운영할 수도 있다. 이때는 5개 층 이상을 걸어서 이동하지 않도록 계획하며, 현장 여건에 따라 호이스트를 설치하기도 한다.

리프트는 본 건축물용 엘리베이터를 조기에 설치하여 공사용으로 사용하는 시점까지 존치되는 시설이므로, 본 건축공사와 간섭이 적은 곳에 배치하여 리프트 해체 후 요구되는 공사를 최소화한다.

① 리프트의 선정과 배치는 자재 양중보다는 작업자를 빠른 시간 내에 작업위치까지 이동시키는 것에 초점을 맞추어 검토한다.

② 작업자 이동시간에는 모든 리프트 장비를 작업자 이동을 위하여 집중 운영하며, 작업자가 작업 전 이동에 30분 이상의 대기시간이 발생하지 않도록 계획한다.

③ 자재는 야간에 양중할 수 있도록 계획하여 리프트를 효율적으로 운용한다.

④ 코아선행 작업 등으로 리프트가 직접 도달하지 못하는 최상층은 별도의 운반계획을 수립한다.

⑤ 저층부 시공을 위한 리프트 설치는 별도로 계획한다.

⑥ 커튼월 등 대형 자재는 엘리베이터로 양중이 불가능하기 때문에, 사전에 리프트로 양중하도록 계획한다.

(2) 엘리베이터

초고층 건축공사는 일반 공사에 비하여 양중 량 및 양중 횟수가 큰 폭으로 증가하기 때문에, 제 때에 자재를 설치 장소로 운반하고 양중장비를 효율적으로 운영해야 한다. 엘리베이터는 골조공사가 완료된 이후에 설치하는 것이 보통이지만, 초고층공사에서는 공기를 단축하기 위해 골조공사 진행 중에 미리 설치하여 양중작업에 활용하는 분절공법을 많이 채용한다.

1) 엘리베이터를 이용한 양중

공사하는 과정에서 리프트를 철거해야 하는 시점이 다가오면 엘리베이터를 순차적으로 개통시켜서 양중을 부담하게 할 필요가 있다. 엘리베이터는 리프트보다 적재용량이 작으므로 엘리베이터에 적재할 수 없는 대형 자재는 리프트를 통해 미리 양중하도록 계획한다.

2) 엘리베이터 분절 공법

옥탑 기계실 완료 전 승강로에 임시 기계실을 설치하고 옥탑 기계실이 완료될 때까지 레일 및 출입구 설치작업을 선행하여 엘리베이터를 분절층까지 선 가동하는 공법이다[2].

---

2) 보통의 표준적인 공법은 옥탑 골조공사 및 엘리베이터 기계실 공사를 완료한 후, 레일과 승장물을 설치하고 카 조립 등의 순으로 엘리베이터를 설치하는 것임.

골조공사 진행 중에 엘리베이터를 미리 설치함으로써 리프트 카 등 수직 양중을 위한 설비의 조기 철거가 가능하다.

엘리베이터 분절 계획 및 시공 시에는 다음과 같은 사항에 유의한다.
• 분절공법의 효과를 높이기 위해서는 임시로 설치하는 기계실의 위치 선정이 중요하며, 1차 선 시공되는 엘리베이터 설치 시점과 골조공사 완료 시점이 같도록 분절 층을 설정한다.
• 골조공사가 완료된 분절 층의 작업을 가능하게 하기 위해 낙하물 방지시설을 설치하여야 한다. 낙하물 방지용 Deck는 낙하물 뿐만 아니라 우수의 침투를 방지할 수 있어야 한다. 낙하물 방지 Deck는 하부 작업을 위하여 반드시 필요하며, 설치 및 철거 시기는 엘리베이터 설치공사와 승강로 주위 마감공사에 영향을 미치므로 철저하게 검토하여 결정한다.
• 분절 층에 임시로 설치하는 기계실 내에는 분전함과 조명을 설치하고 전원을 공급하여야 한다.

3) 엘리베이터 운행 시스템

① 더블 데크(double deck) 엘리베이터

롯데 월드타워, 상하이 WFC, 말레이시아 Petronas Towers 등에 사용된 방법으로 한 개의 승강로에 엘리베이터 카 두 대가 서로 수직으로(상하로) 하나처럼 붙어 운행된다. 상하층 데크에서 동시에 승하차가 이루어짐으로써 일반 엘리베이터와 비교해 운송능력이 약 2배 높고 정지 층수 감소로 탑승객 대기시간이 줄어들어 효율성이 높다.

② 트윈(twin) 엘리베이터

하나의 승강로에 두 대의 엘리베이터 카가 독립적으로 운행되는 방식이다. 일반 승강기보다 수송 효율은 40% 정도 높고 승강로 면적은 25% 정도 절약할 수 있다. 더블데크 엘리베이터보다 대기 시간은 약 60% 단축되고 수송효율도 30% 정도 높다. 카 간의 충돌을 막기 위해 행선층 예약시스템이 적용되며 탑승 이전에 승강장에서 목적층을 선택하는 방식으로 운행된다.

【참고문헌】

1. 국가건설기준센터, 건설공사 표준시방서 및 전문시방서, 2020

2. 김상대, 문경선, 초고층의 이해_기술과 건축, 한국초고층도시건축학회, 2019

3. DL E&C(구 대림산업), 공동주택 착공관리 업무절차서, 2016

4. 대한건축학회, 건축기술지침, 2017

5. 대한건축학회, 건축공사표준시방서, 2019

6. 문승호, 현대건축시공, 2009

7. 삼성중공업, 초고층 요소기술, 2002

8. 송도헌, 초고층건축 시공, 2002

9. 조훈희, 초고층 건축공사의 양중계획 및 기술 발전 방향, 한국건설관리학회지, 11(1), 2010

10. 한국주택도시공사(LH), CONSTRUCTION WORK_SMART HANBOOK, 2019

11. 한충희 외 2명, 초고층 건축물 리프트카 양중계획수립을 위한 자원기반의 양중부하 산정 모형, 한국건설관리학회 논문집, 13(5), 2012

12. 한국산업안전보건공단, 초고층건설공사 안전-가설 및 양중작업, 2009

13. 한국초고층건설기술, 초고층 가설공사, 2009

14. 한미파슨스, Construction Management A To Z, 보문당, 2006

15. Donald C. Ellison, W. C. Huntington, Robert E. Mickadeit, Building Construction – Materials and Types of Construction, John Wiley & Sons. INC., 1987

16. Edward Allen, Fundamental of Building Construction – Materials and Methods, John Wiley & Sons. INC., 1999

PART II

공종별 시공

가설공사

3.1 개요

가설공사는 본 공사의 원활한 수행을 지원하기 위하여 임시로 설치하여 사용하다가, 공사가 완료되면 해체·철거하는 공사를 말한다.[1] 가설공사는 모든 공사와 관계되며 작업의 성과 및 안전의 확보에 큰 영향을 미친다. 가설공사는 건축물의 규모·구조·부지 상황·주변상황·공사기간 등을 고려하여 공사를 효율적으로 수행할 수 있도록 계획한다.

---

[1] 가설공사는 본 공사와 대비되는 용어로서 단순히 '공사' 또는 '~공사'라고 하면 '본 공사'를 의미한다. 즉, 본 공사는 건축물 등 시설물이 들어서는 장소를 정리(부지 정리, site grading)하는 일부 터, 건축물의 위치나 높이를 설정하기 위한 측량, 지반조사, 흙파기공사, 기초공사, 철근콘크리트공사, 마감공사 등을 포함하여 최종 건축물에 유형의 실체로 남아 있거나 직접 관련되는 공사이다.

가설공사는 일반적으로 설계도면에는 표시되지 않고 시방서에 간단하게 기술되어 있으며 시공자에게 일임(一任)된다.

준비작업과 각 공사에 공통적으로 사용되는 가설공사를 공통 가설공사라고 하며, 개별 공사에 사용되는 가설공사를 직접 가설공사라 한다. 공통 가설공사와 직접 가설공사의 주요 항목은 표 3-1과 같다.

■ 표 3-1 가설공사의 분류

구 분	공통가설공사	직접가설공사

항 목	① 일반가설설비
	   (가설건축물, 가설울타리, 안전방재설비,
	   보양설비, 정보·통신설비)
	② 비계설비
	③ 전력, 용수, 조명설비 등
	④ 양중설비
		① 흙막이설비
		② 굴착설비
		③ 차수·배수설비
		④ 콘크리트타설설비
		⑤ 철골세우기설비 등

3.2 가설건축물

공사기간동안 일시적으로 사용할 목적으로 설치하는 건축물로, 감독자나 감리원 사무소, 시공자 사무소, 자재 창고, 숙소, 경비실, 화장실, 샤워실 등의 시설물을 말한다. 공사 규모, 내용, 기간 등에 따라 그 규모와 정도가 달라지며 조립, 해체가 쉽고 반복 사용이 가능한 재료를 사용한다.

(1) 가설건축물의 계획

대지측량·줄쳐보기 등으로 건축물의 위치가 결정되면 가설 울타리, 출입문 및 통로, 재료 야적장, 가설물의 종류·규모·위치 등을 종합적으로 검토하여 가설건축물을 계획한다.

가설건축물이나 공사용 설비 등은 공사 중 비나 눈을 피할 수 있게 하고, 공사가 완료되면 해체·철거하는 것이므로 공사 중 사용에 지장이 없을 정도로 계획한다.

(2) 가설건축물의 종류

가설 건축물은 전용(轉用 : reuse)을 고려하여 경량 형강구조의 조립식으로 설치하는 경우가 많다.

1) 가설 울타리(fence)

공사현장에 관계자 이외의 출입을 금지하고 도난방지·위험방지 등을 목적으로 설치하는 가설 담장으로 현장 여건·공사 규모·존치기간 등에 따라 그 종류와 구조를 달리 설치한다. 미관을 고려하되, 풍하중에 충분한 강성을 발휘하도록 견고하게 설치해야 한다. 울타리에는 공사명·착공 일자·완공예정일·설계자·시공자·건설사업관리자/ 감리자 등 건축개요 현황판을 부착한다. 높이 1.8m 이상의 방진벽으로 설치하며, 공사장 부지 경계선으로부터 50m 이내에 주거시설이나 상가가 있으면 높이 3m 이상의 방진벽을 설치한다.

① 가설 울타리의 재료별 종류

부지 경계나 비산 먼지 방지용으로 많이 사용되는 것으로 설치가 간단한 일반 E.G.I. (electrolytic galvanized iron) 펜스, 완전 평면으로 기업의 C.I.나 이미지 등을 인쇄 가능한 RPP(recycling plastic panel)방음 펜스, 흡음성과 내구성이 우수한 Steel 방음 펜스, RPP와 스틸 펜스의 단점을 보완한 칼라강판 펜스 등이 있다.

② 주거밀집 지역이나 도심지 공사에 많이 사용되는 가설 방음벽의 종류에는 HCB 방음벽, 알루미늄 방음벽, Steel-PEB 방음벽, 특수 플라스틱(PEB) 방음벽 등이 있고, 이외에 이동식 방음벽, 에어 방음벽 등도 사용된다.

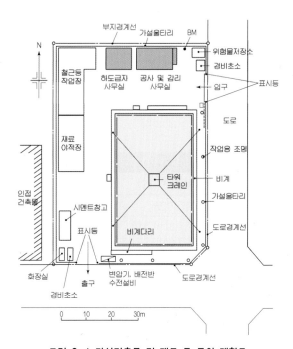

그림 3-1 가설건축물 및 재료 둘 곳의 계획도

③ 출입구, 출입문

최대 통과차량과 전면도로의 폭 및 도로규제 등을 고려하여 위치와 크기를 결정하고 개폐에 편리하도록 계획한다. 출입구는 출입이 편리하고, 인원 및 재료의 반 출입과 감시가 용이하며, 작업에 지장이 없는 곳에 설치한다. 대규모 공사장으로서 트럭 등의 출입이 빈번한 현장은 입구와 출구를 따로 두는 것이 좋다. 출입구는 차량 통행을 고려해서 폭 4m 이상, 높이 4~5m 정도의 양쪽으로 열 수 있는 구조로 한다.

2) 시멘트 창고

벽이나 천장은 기밀하게 하고 창은 채광용으로만 쓴다. 바닥은 습기가 없게 하며 마루높이는 지면에서 30cm 이상 높이고 빗물이 들어오지 않도록 한다. 반입구와 반출구를 따로 두어서 반입한 순서대로 먼저 사용할 수 있도록 통로를 배치한다.

3) 위험물 저장소

도료, 유류 등 인화성 재료의 저장고는 화재의 위험이 작은 장소에 방화구조로 만들어 소화기를 비치하고 위험물 표시를 한다.

4) 현장 사무소

공사 감독자나 시공자가 사무를 보는데 필요한 가설건축물로서 공사규모 및 내용, 입지조건 등에 따라서 그 규모를 결정한다. 위치는 현장 전체를 볼 수 있는 곳으로 작업자를 관리하기에 좋은 장소에 설치한다. 현장사무소 등의 면적은 표 3-2를 참고하여 결정한다.

■ 표 3-2 가설건축물 소요 면적 기준

		적 용 기 준	비 고
사 무 소		12m² / 직원 1인	도면실, 설계실, 탕비실, PC실 포함
시 험 실		50m², 100m²	공사비, 연면적 등 고려
창 고		4.3m² / 직원 1인	
화 장 실		0.9m² / 직원 1인	
식당	직 원	3m² / 직원 1인	평균 직원수
	기능직원	0.7m² / 직원 1인	35m² + 0.7m² / 기능직원 1인
숙소	직 원	13m² / 직원 1인	휴게실, 화장실 포함, 소장실 별도
	기능직원	5.5m² / 직원 1인	수용인원

5) 수전설비 및 변압기

전기선의 인입이 편리하고 긴급시 출입이 용이한 장소에 설치한다.

6) 작업장

철근 가공, 거푸집 제작, 목공 등의 작업장은 재료 야적장이나 창고에 가까운 곳에 설치한다. 공사가 진행됨에 따라 불필요하게 되므로 재사용을 고려하고 최소면적으로 계획한다.

7) 현장 숙소

숙소는 충분한 휴식을 취할 수 있도록 위생적인 구조와 설비를 하여야 한다. 화장실은 대·소변 및 남녀별로 구별하여 설치한다.

8) 세륜(洗輪) 시설

공사 현장에서 외부로 나가는 차량의 바퀴와 측면에 묻은 흙 등을 씻어 제거하기 위한 시설로, 대기환경보전법 시행규칙 제58조제4항관련 별표 14에 의거 설치 위치와 대수를 결정한다. 보통 하루 사토(捨土)처리량 1,800㎥당 1대의 자동식 세륜기를 설치한다. 세륜기 종류는 Roll Type, Grating Type, Road Type 등이 있으며, Roll Type은 세륜 성능이 가장 우수하고 도심지 공사에 많이 사용된다.

3.3 ● 줄치기 및 규준틀

건물의 위치를 정확하게 잡으려면 줄치기, 규준틀, 수평보기 등의 작업을 바르게 해야 한다. 이러한 작업을 수행하기 위해서는 설계도면, 측량도면, 공사시공 계획도 등을 정확하게 이해해야 한다.

(1) 기준점/수준점(bench mark)

공사하는 과정에서 높이 및 위치의 기준으로 삼고자 공사 착수와 동시에 설치하며 대개는 설계 시 또는 입찰 전 현장설명 시에 그 위치가 지정된다. 벤치마크를 설치할 때에는 다음과 같은 사항을 고려한다.

- 기준점은 공사에 지장이 없는 곳에 설정한다.
- 기준점은 G.L.(Ground Level, Grade Level)에서 0.5~1.0m 높이에 설치한다.
- 기준점은 공사기간 중에 이동될 우려가 없는 인접 건물의 벽이나 담장 등에 설치한다.

•기준점은 이동 등으로 훼손될 것을 고려하여 2개소 이상 설치한다.
•대지 주위에 적당한 건물이나 담장이 없을 때에는 나무말뚝이나 콘크리트말뚝으로 견고하게 설치하여 이동·침하가 없도록 깊게 매설한다.

(2) 줄쳐보기

배치도에 나타난 건물의 위치를 대지에 표시하여 대지경계선과 도로경계선 등을 확인하기 위한 것이다. 이것은 건물과 도로, 건물상호간격, 인접대지경계선 등의 관계를 명확히 하고 이것을 기초로 수평규준틀의 위치를 정한다.

(3) 수평규준틀

수평규준틀은 건물 각부의 위치 및 높이, 기초의 나비 등을 정확히 결정하기 위한 것으로 이동·변형이 없게 견고히 설치하여야 하며, 벽에서 1~2m 떨어지게 설치하여야 한다. 규준대는 상부가 수평이 되도록 규준틀 말뚝에 박고 여기에 중심선, 기둥 크기, 기초폭 등을 표시한다.

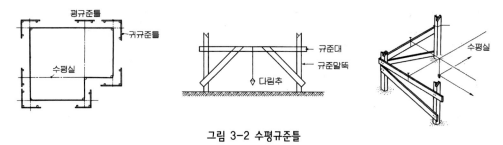

그림 3-2 수평규준틀

(4) 수직규준틀

벽돌·블록·돌쌓기 등의 고저 및 수직면의 규준으로 설치하는 것이다. 수직규준틀은 휘거나 뒤틀릴 우려가 없는 6cm 정도 폭의 곧은 각재를 사용하며 여기에 벽돌·블록의 줄눈 위치, 나무벽돌·앵커볼트·창문틀의 위치 등을 먹으로 표시한다.

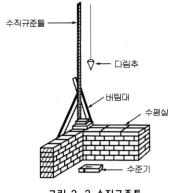

그림 3-3 수직규준틀

3.4 ● 비계설비(scaffolding)

높은 곳의 작업 및 통로로 이용하고자 설치하는 것이다. 비계는 작업자가 안전하게 작업할 수 있도록 견고하게 설치하고 그 유지 보존에 주의해야 한다. 비계공사 담당자는 건축물의 종류와 구조, 작업의 내용(종류), 공기, 비계에 가해지는 중량, 사용의 편리성, 비용 등을 고려하여 비계의 재료와 구조를 선정하고 비계다리 위치를 정해서 설치계획도를 작성하여 조립한다.

비계는 다음과 같은 사항들을 만족하도록 유의하여 설치한다.
• 작업 위치와 적당한 거리를 두고 작업에 편리한 높이와 넓이를 가질 것
• 작업자의 추락 및 재료 등의 낙하를 방지할 수 있도록 안전상 결함이 없을 것
• 작업용 재료와 공구 및 작업 중의 하중에 견딜 수 있는 강도를 가질 것
• 조립과 해체가 안전하고 용이하며 반복사용이 가능할 것
• 여러 작업에 이용할 수 있고 재료의 획득이 쉬울 것
• 조립·해체는 작업자 모두가 이해하게 주지시키고 위험을 최소화 할 것

비계는 구체공사용과 마감공사용으로 분류할 수 있으며, 설치장소에 따라 외부용 비계와 내부용 비계로 나뉜다. 또한 사용 재료에 따라 통나무비계와 강관비계 등으로 분류된다.

(1) 강관비계

1) 단관비계

단관비계용 강관과 전용부속 철물을 이용하여 간편하게 조립할 수 있는 비계로 스팬, 폭, 전체높이 등을 자유롭게 조절할 수 있다. 비계는 안전을 확보하는 것이 무엇보다 중요하며 산업안전보건법 산업안전기준에 관한 규칙에 따라 설치한다.

단관비계의 기둥간격은 띠장방향 1.5~1.8m, 장선방향 1.5m 이하로 띠장간격은 1.5m 내외로 설치하되 첫 번째 띠장은 지상에서 2m 이하의 위치에 설치한다.[2] 가새는 45° 각도로 교차되는 모든 비계기둥에 결속한다. 구조체와의 연결간격은 수직·수평방향 5m 이하로 한다.

---

2) 산업안전기준에 관한 규칙 제378조 제1조1항~2호

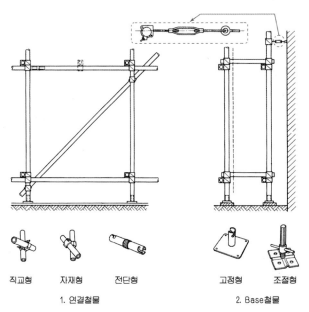

직교형　자재형　전단형　　고정형　조절형

1. 연결철물　　　　　　　　2. Base철물

그림 3-4 단관비계와 이음철물

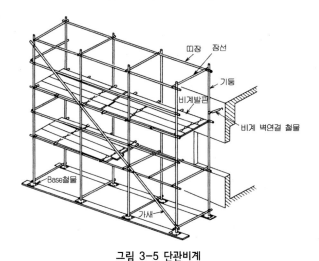

띠장　장선

기둥

비계발판

비계 벽연결 철물

Base철물

가새

그림 3-5 단관비계

2) 강관 틀비계

공장에서 비계의 구성부재를 생산하고 이것을 현장에서 조립하여 사용하는 비계 시스템이다. 최고높이는 45m 이내로 설치하는 것이 원칙이며 틀비계의 높이는 2m 이하로 하여 교차가새와 가로장선으로 보강한다. 높이가 20m를 초과하거나 중량물을 비계 위에 올려놓고 작업을 할 경우에는 주틀간의 간격은 1.8m 이하로 해야 한다. 구조체와의 연결간격은 수직방향 6m 이내, 수평방향 8m 이내로 하며 기둥의 밑둥에는 조절형 밑받침을 사용하여 틀비계의 수평·수직을 유지한다. 틀비계의 길이가 띠장방향으로 4m 이하이고 높이가 10m를 초과하는 경우에는 10m 이내마다 띠장방향으로 버팀기둥을 설치해야 한다.[3]

또한 연약지반에서는 하부의 접지면적을 확보하기 위해 깔판을 깐다.

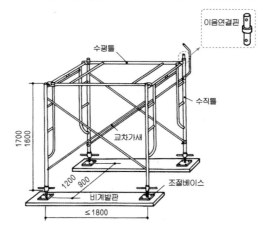

그림 3-6 강관 틀비계

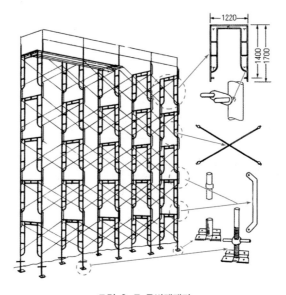

그림 3-7 틀비계매기

3) 비계다리

고소(高所)에 오르내림과 재료·공구를 운반하기 위한 통로로써 폭 90cm 이상, 경사는 30° 이내로서 17°(구배 4/10)를 표준으로 한다. 각 층마다 되돌음 또는 다리참을 두는데 층의 구분이 없을 경우에는 높이 7m 초과시 7m 이내마다 1개소 이상 설치한다. 비계다리에서 각층으로 출입할 수 있도록 연결하고 길이는 1.8m 이상으로 설치한다. 추락방지를 위해 75cm 이상의 높이에 난간을 설치한다.

---

3) 산업안전기준에 관한 규칙 제379조의2

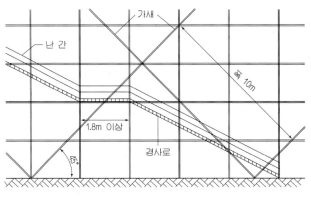

그림 3-8 비계다리

4) 비계의 벽이음 설치

벽이음은 비계기둥과 띠장의 교차부에서 비계 면에 대해 직각으로 한다. 폼 타이(form tie) 구멍에 고정하는 브라켓(bracket) 철물을 주로 이용하지만 다음과 같은 방법으로 벽에 고정하기도 한다.

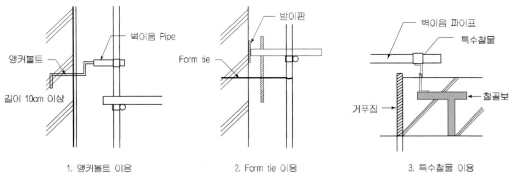

그림 3-9 벽이음 설치의 예

(2) 달비계

달비계는 철골공사용의 발판과 현장용접 및 도장 등에 쓰이고 건물 구체가 완성된 이후의 외부작업에도 쓰인다. 철골공사용은 철골보에 철근을 용접하거나 체인을 매어 만들고, 외부작업용은 구체에서 형강재를 내밀어 와이어로프로 달아 내리고 상하 이동 모터를 설치한다. 달비계의 작업발판은 40cm 이상의 폭으로 틈새가 없도록 설치하며, 작업발판의 재료는 뒤집히거나 떨어지지 아니하도록 비계의 보 등에 연결하거나 고정시킨다.

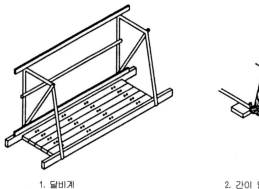
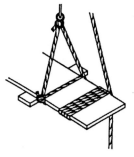

1. 달비계   2. 간이 달비계 마닐라 로프

그림 3-10 달비계

(3) 발돋움대

그림 3-11과 같은 모양으로 만들어 위에 발판을 걸쳐대고 3.6m 미만 높이의 경미한 내부공사에 사용되는 이동형 비계이다.

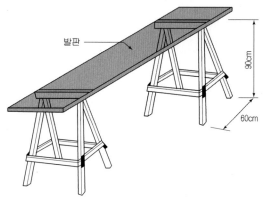

발판

90cm

60cm

그림 3-11 발돋움대

(4) 외부 비계용 브라켓(bracket)

외부비계용 브라켓은 2층 이상의 위치에 설치하여 비계를 받기 위한 설비로서 보통 철재로 만든다.

- 브라켓 설치 간격은 수평방향 1.5~1.8m 이내로 하여 용도별로 적절한 브라켓을 설치해야 하며, 지지보수대는 수직·수평 5m 이내의 간격으로 설치한다.
- 콘크리트가 충분히 양생된 후 설치해야 하며 수시로 앵커볼트, 지지마찰판의 조임 상태 등에 대한 점검을 해야 한다.
- 측벽부위의 브라켓은 작업대 설치가 가능한 제품을 사용하고, 브라켓의 고정을 위한 관통형 폼타이 구멍은 브라켓 철거 후 하자가 발생하지 않도록 코킹컴파운드를 시공후 시멘트 모르타르로 마감하여야 한다.

•15층 이하는 2층과 9층에 설치하고, 25층 이하는 2층, 10층, 18층에 설치한다.

■ 표 3-3 측벽용 브라켓 및 기준[4)]

L(mm)	H(mm)	그림	사진
900~1200	900 이상	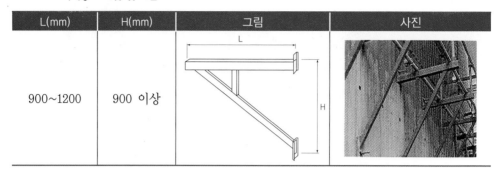	

1. 슬래브용 브라켓

2. 발코니용 브라켓

그림 3-12 사용위치에 따른 외부 브라켓의 종류

(5) 비계의 관리

비계나 비계발판은 시공 과정에서 중요한 역할을 하지만 가설 설비이기 때문에 소홀히 취급되기 쉬우며, 부주의하게 관리하면 매우 위험하므로 작업하중의 과대 여부, 결속의 이완, 변형 등을 정기적으로 점검하고 수시로 보강하여야 한다.

비계 설치 및 사용 시 주의 사항은 다음과 같다.

•정기적으로 점검하되 악천후 후에는 반드시 재점검한다.

•비계발판 위에 중량물을 올려놓을 때는 특히 주의해야 한다.

•강풍이 예상될 때에는 보강하고 강풍 시에는 사용하지 않아야 한다.

•적설, 결빙 시에 부득이 비계를 사용할 경우에는 모래나 톱밥 등을 뿌려 미끄러짐을 방지한다.

---

4) 한국산업안전보건공단, '건설용가설기자재 구성 및 규격' 기준

3.5 ▸ 안전 및 방재설비

(1) 낙하물 방지망

작업 도중 자재, 공구 등의 낙하로 인한 피해를 방지하기 위하여 개구부 및 비계 외부에 수평 방향으로 설치하는 그물 코 20mm 이하의 망(網, net)이다.

- 낙하물 방지망의 내민 길이는 비계 또는 개구부의 외측에서 수평거리 2 m 이상으로 하고, 수평면과의 경사 각도는 20° 이상 30° 이하로 설치하여야 한다.
- 낙하물 방지망의 설치높이는 지상에서 10m 이내 또는 3개 층마다 설치한다.
- 낙하물 방지망과 비계 또는 구조체와의 간격은 250mm 이하이어야 한다.
- 벽체와 비계 사이는 망 등을 설치하여 폐쇄한다. 외부공사를 위하여 벽과의 사이를 완전하게 폐쇄하기 어려운 경우에는 낙하물 방지망 하부에 걸침 띠를 설치하고 벽과의 간격을 250mm 이하로 한다.
- 낙하물 방지망의 이음은 150mm 이상의 겹침을 두어 망과 망 사이에 틈이 없도록 한다.
- 버팀대는 가로방향 1m 이내, 세로방향 1.8m 이내의 간격으로 강관(ϕ48.6, t : 2.4mm) 등을 이용하여 설치하고 전용철물로 고정한다.

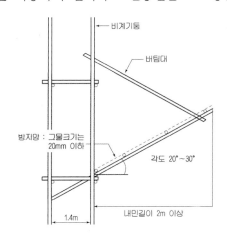

그림 3-13 낙하물 방지망 설치기준   그림 3-14 낙하물 방지망

(2) 방호선반

낙하물에 의한 재해를 방지하기 위해 주 출입구나 리프트 출입구 상부에 방호장치 자율안전기준에 적합하게 설치한 선반이나 15mm 이상의 판재를 말한다.

- 근로자, 보행자 및 차량 등의 통행이 빈번한 곳의 첫 단은 낙하물 방지망 대신에 방호 선반을 설치하여야 한다.
- 방호선반은 지상으로부터 10m 이내에 틈새가 없이 설치하고, 풍압, 진동 및 충격 등으로 탈락되지 않도록 모든 지지재에 견고하게 설치한다.

• 방호선반의 내민길이는 구조체의 최외측에서 수평거리 2m 이상으로 하고 수평면과의 경사각도는 20° 이상 30° 이하 정도로 설치한다. 다만, 낙하물이 외부로 튕겨 나가는 것을 방지할 수 있도록 방호 선반의 끝단에 수평면으로부터 높이 0.6m 이상의 방호벽을 설치하여야 한다.

• 방호선반 자체 하중이나 낙하물에 의해 방호선반 구조체나 비계가 전도되지 않도록 벽 연결재 등을 사용하여 충분히 보강하며, 비계에 설치된 방호선반 지지재의 연결부분에도 벽 연결재 등을 사용하여 충분히 보강하여야 한다.

• 방호선반 하부 및 양 옆에는 낙하물 방지망을 설치하여야 한다.

(3) 수직보호망

가설면의 바깥면에 설치하여 낙하물 및 먼지의 비산 등을 방지하기 위하여 수직으로 설치하는 보호망으로 난연성 또는 방염 가공한 합성섬유망을 비계 외측에 비계 기둥과 띠장 간격에 맞추어 빈 공간이 생기지 않도록 제작설치한다.

• 수직 보호망을 구조체에 고정할 경우에는 350mm 이하의 간격으로 긴결한다.

• 수직 보호망의 지지재는 수평간격 1.8m 이하로 설치한다. KDS 21 00 00에 따라 구조계산 및 시공상세도를 작성한 경우는 시공상세도에 따라 설치할 수 있다.

• 수직보호망의 고정 긴결재는 인장강도 981N 이상으로서 방청 처리된 것이어야 하며, 긴결 방법은 사용기간 동안 강풍 등 반복되는 외력에 견딜 수 있어야 하고, 긴결재로 케이블 타이와 같은 플라스틱 재료를 사용할 경우에는 동절기에도 끊어지거나 파손되지 않아야 한다.

• 수직 보호망의 설치나 이음은 수직 보호망의 금속고리구멍이나 테두리 부분에서 하여야 하며, 모든 금속고리 구멍에 대하여 쉽게 빠지지 않는 구조로 하여야 한다.

(4) 낙하물 투하설비

높이가 3m 이상인 장소에서 물체의 비산 등을 방지하며 안전하게 낙하시키기 위해 설치하는 설비이다.

• 투하설비와 구조물과의 연결은 분리되지 않도록 견고하게 설치하며, 이음부는 충분히 겹치게 설치하여 폐기물 등이 이음부에서 나오지 않도록 하여야 한다.

• 투하설비 최하부에는 표지판 및 울타리를 설치하여 관계자 이외 출입을 금지한다.

(5) 방화 및 소화설비

불을 사용하는 작업장 주위는 불연재료로 둘러치거나 기타 적절한 조치를 해야 한다. 소화 설비는 공사 규모에 따라 필요량의 소화전, 소화기, 모래포대, 소화용수 등을 준비하고 사용훈련을 하여 조기에 소화할 수 있도록 해야 한다.

(6) 위험방지 표시

배전실이나 웅덩이 등에는 울타리나 줄을 쳐서 야간에도 볼 수 있도록 위험표시를 하고, 특히 위험한 곳에는 감시원을 배치한다.

(7) 무인경비시스템

가설 건축물 내부나 외부에 무인경비시스템(CCTV)을 설치하여 공사용 자재, 물품 보호 등 방범 활동이나 민원발생 사전 예방, 과격 행동자에 대한 증거확보 수단 등으로 활용한다.

(8) 전자적 인력관리시스템(RFID: Radio Frequency IDentification)

근로자의 입출력관리, 근로내역 확인, 안전관리, SMS 문자발송 등에 활용하기 위하여, 리더기·콘트롤러·RF카드·전용서버 및 네트워크·출력관리 시스템 등으로 구성된 전자적 인력관리시스템(Radio Frequency IDentification)을 출입구 정문 등에 설치 운용한다. 근로자 인식 방식은 카드, 지문, 손혈관, 홍체 인식 중에서 가능한 방식을 선택 적용하며, 가설울타리 설치 시점부터 준공 시까지 운영하는 것이 보통이다.

3.6 ● 전력 및 용수설비

(1) 전력설비

1) 전력설비

공사전력은 공사용 기계를 동시에 사용하는 경우의 사용 전력량에 조명용 전력량을 추가하여 한국전력공사에 전력을 신청한다.

대규모 현장은 22,900V의 특별고압으로 송전한 것을 받아서 사용하는 경우가 많고 규모가 작은 현장은 380~220V의 저압 전력을 직접 받아 사용하기도 한다.

특별 고압전력을 받아 사용하는 경우 공사현장에 수전 설비를 설치해서 200~100V로 전압을 낮춰 필요한 개소로 전력을 공급한다. 특별고압수전설비로는 기기를 내장한 박스형 큐비클이 많이 사용된다. 공사현장에서는 고압수전설비의 규모에 상응한 자격을 가진 전기기술자를 선임해서 관리한다.

2) 조명설비

어두운 작업장과 야간작업 등을 위해서 필요한 설비로서 백열전등, 메탈 할라이드(halide)램프, 형광 램프 등이 있다. 공사 진행 과정에서 조명설비 배선의 교체는 최소화할 수 있도록 계획한다.

3) 정보 통신설비

공사현장내의 연락, 지시, 공사의 안전 확보 등을 위해서 필요한 설비이다. 그 내용은 공사의 규모에 따라 다르지만, 일반적으로 전화, 확성기, 무선전화, 게시판, 전등, 텔레비전, 디지털 카메라, Web Camera, CCTV 카메라 등을 설치한다.

(2) 용수설비

공사과정에서 필요한 물(용수)은 공사용, 식수용, 청소용 등을 포함해서 상당한 양이 필요하다. 급수설비는 공사착수 전에 미리 준비해야 하며, 용수량은 공사내용을 검토해서 공사물량에 적합한 수량을 개략적으로 계산한다. 일반적으로 지방자치단체의 상수도에 연결하여 공사현장내의 필요한 장소에 공급한다. 상층부로 급수할 경우에는 수압의 감소를 고려해서 압력탱크를 설치하거나 고가의 물탱크를 설치해서 펌프로 고가 탱크에 양수하여 사용한다. 배수(排水)는 공사과정에서 발생한 폐기물을 제거한 후 염화비닐관이나 호스 등을 이용하여 하수도로 방류하여야 한다.

3.7 양중(揚重)장비

양중장비란 자재를 상하 또는 좌우로 운반하고, 작업자를 건축물의 상하로 이동시키기 위하여 사용되는 장비를 말한다.

(1) 양중장비의 분류

양중의 대상에 따라 양중장비를 분류하면 표 3-4와 같다.

■ 표 3-4 양중장비의 분류

용 도		명 칭
자재 양중	고정식 크레인 (stationary crane)	타워 크레인 : T형 크레인(top slewing jib crane), 러핑 크레인(luffing jib crane)
	이동식 크레인 (mobile crane)	휠 크레인(wheel crane), 크롤러 크레인(crawler crane)
	기 타	가이 데릭(guy derrick), 스티프 레그 데릭(stiff leg derrick), 진 폴(gin pole), 윈치(winch), 체인 블록(chain block)
사람・자재양중		호이스트(hoist) / 리프트(lift)
콘크리트 타설 장비		CPB(Concrete Placing Boom)

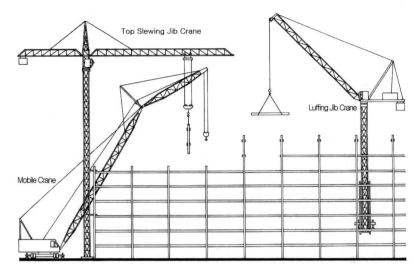

그림 3-15 크레인의 종류

(2) 타워 크레인

건설공사에 필요한 장비는 대형화 추세이며, 골조공사, HVAC장비, PC부재 등 대형 및 중량의 자재는 타워 크레인으로 양중된다. 타워 크레인의 설치, 운영, 해체 계획은 공사관리에서 매우 중요하다.

타워 크레인은 운전 과정, 마스트 상승 및 해체 시 사고가 자주 발생하며, 사고가 나면 대형사고로 이어질 가능성이 크므로 설치 과정에서 기초에 단단하게 고정하고 당김 줄의 상태가 견고한지 정기적으로 점검해야 한다.

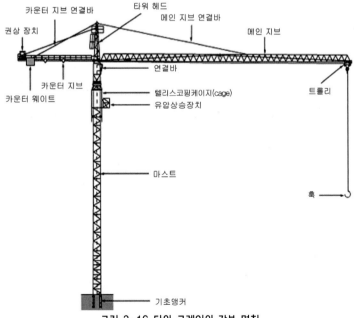

그림 3-16 타워 크레인의 각부 명칭

1) 타워 크레인의 설치계획

① 장비 선정시 검토사항

골조공사의 용량, 특히 철골부재의 용량을 반드시 검토해야 한다. 그 외에 중량설비(보일러, HVAC 등)의 최대용량 등을 검토하고 높이에 따른 셋 백(set back) 위치, 동선계획, 안전조건, 마스트 등의 상승방법, 구조체 보강방법 등을 고려하여 장비를 선정해야 한다.

② 크레인 상승방식(베이스 상승방식)

크레인 자체를 상승시키는 것으로, 초고층일 경우 적용하는 방식이다. 엘리베이터 코어 월(core wall)에 설치하며 외부마감과 간섭이 없고 구조보강이 용이하다. 상승에는 2일 정도가 소요되며, 골조공사의 진행에 따라 한번에 4개 층씩 클라이밍(climbing)한다.

③ 마스트 상승방식(베이스 고정방식)

건물 외주부에 설치하므로 코어 월이 없는 건물에 유리하나, 외벽 공사의 마감에 영향을 준다. 텔레스코핑 마스트 가이드(telescoping mast guide)를 이용하여 유압 잭(hydraulic jack)으로 상승시킨다.

2) 타워 크레인의 분류

① 설치방식에 의한 분류

고정식과 주행식이 있다. 고정식은 철근콘크리트 기초 또는 철골 등에 타워크레인을 고정하는 방식이고, 주행식은 레일을 설치하여 타워 크레인이 레일을 따라 이동할 수 있게 만든 방식이다.

② 상승(climbing)방식에 의한 분류

크레인 상승식과 마스트 상승식이 있다. 크레인 상승식은 크레인 본체와 마스트가 함께 상승하는 방식이고, 마스트 상승식은 마스트를 이어붙이고 유압잭으로 크레인 본체를 밀어 올려서 상승하는 방식이다.

③ 집(jib)의 형상에 의한 분류

경사 집 형(luffing jib type)과 수평 집 형(trolley jib type)이 있다. 경사 집 형은 집을 상하로 이동시키면서 회전반경을 조절하는 형식이고, 수평 집 형은 집은 수평으로 고정되어 있고 트롤리가 이동하면서 회전반경을 조절하는 형식이다.

3) 타워 크레인의 기초 및 보강

① 강말뚝 방식

강말뚝 방식은 탑 다운(top down) 공법을 채택하는 경우에 적용되며, 조기(早期)에 사용할 수 있다. 비교적 경제적이고 양생이 필요 없지만, 용접 품질 및 지지력 확보에 주의해야 하고 크레인이 흔들리기 쉽다.

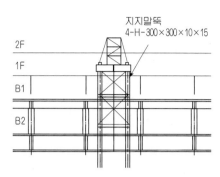

그림 3-17 강말뚝 방식

② 독립기초 방식

독립기초를 만들어 설치하는 방식으로 임의의 위치에 간단하게 설치할 수 있다. 부지에 여유가 있는 경우에 채택하며 안정적이고 튼튼한 방식이다.

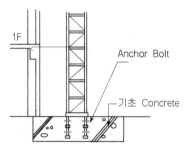

그림 3-18 독립기초 방식

③ 영구 구조체 이용방식

본 구조물에 설치하는 방식으로 도심지 공사에서 주로 채택된다. 콘크리트 강도가 적정치에 도달한 후에 설치해야 하므로 조기 사용이 어렵다.

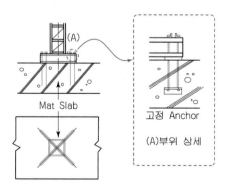

그림 3-19 영구 구조체 이용 방식

4) 타워 크레인의 설치

① 내부에 설치할 경우
- 건물 내의 작업반경이 크다.
- 기초로 본체 구조물을 이용한다.
- 해체가 불편하다.

② 외부에 설치할 경우
- 별도로 기초를 만들어야 한다.

③ 크레인 간의 레벨 차이를 둔다.

④ 회전시 이격 거리를 확보한다.

⑤ 작업구간이 회전반경 내에 있도록 하며, 공유 작업면적을 갖게 한다.

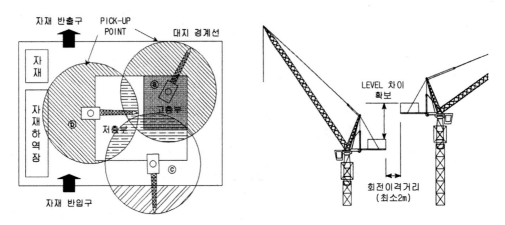

그림 3-20 타워 크레인의 설치

5) 타워크레인의 보강

타워 크레인이 강풍, 지진 등에 의해 넘어지지(전도顚倒) 않도록 벽체에 고정(wall bracing)하거나 와이어 로프로 지반 기초에 지지(wire bracing)하여 타워 크레인의 안전을 확보하는 것이다.

Wall bracing 시에는 bracing 지지점에서 슬래브 연단(椽端)까지의 거리 1,000mm는 모든 방향으로 확보하여야 한다. Bracing이 슬래브에 면외 힘을 유발하지 않아야 하므로 가능한 한 슬래브 면과 밀착되어 수직 이격거리가 최소화되도록 시공한다.

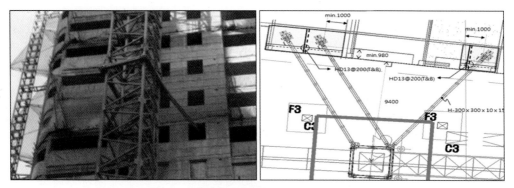

그림 3-21 Wall Bracing

Wire bracing 방법은 강풍 등으로 와이어가 느슨해져 안전성이 떨어질 수 있지만, 불가피하게 사용할 경우 지면과 와이어가 이루는 각도가 60° 이하가 되도록 고정한다. 와이어 로프가 정착되는 콘크리트 블록은 1개소에 최대 25tf 이상의 하중이 작용하므로 1개소 정착 블록에 2조 이상의 와이어를 정착하지 않도록 주의한다.

보강 간격 및 방법의 상세는 장비 매뉴얼에 따르며, 구조계산으로 안정성을 확인해야 한다.

6) 종류별 특징

① T형 크레인
- 보편적인 Type으로 작업반경 내에 장애물이 없을 때 주로 사용
- 암(arm)/지브(jib)가 수평이고 트롤리가 붐을 따라 앞뒤로 움직이며 작업 반경 조절(수평 회전만 가능)
- 안전성이 높고, 소비전력이 비교적 작음
- 작업성이 좋고, 월 사용료가 비교적 저렴

② 러핑(luffing) 크레인
- 상하 기복(起伏)형
- 이동식 크레인 처럼 Jib을 상하로 움직여 작업할 수 있어서(즉, 수평 및 수직방향 회전 가능) 작업성이 떨어지지만, 집(jib)의 회전으로 발생하는 지상권 침해를 예방할 수 있음
- 도심지 현장이나 협소한 공간에서 작업이 용이하며 인양능력은 작지만, 주위 장애물에 대한 적응성이 좋음
- T형에 비해 고가이며, 초고층 건물에서 많이 사용됨
- 기초 수직이동(베이스 상승) 방식은 기초에 걸리는 축력 및 모멘트가 크기 때문에 구조체 보강을 실시해야 함

7) 타워 크레인의 안전

타워크레인은 최초 건설기계 등록 이후 검사, 설치·사용, 해체 과정을 반복한다. 현장 반입 전에 마스트, 볼트·핀, 트롤리, 후크 등 부재, 부품, 안전장치 등을 육안(외관)검사하고 필요 시 비파괴검사를 시행한다. 신규등록 검사 후 사용 중 정기검사와 구조변경검사 등을 단계적으로 그리고 필요 시 실시한다. 설치 후 6개월마다 시행하는 정기검사에서는 안전장치 작동 여부, 볼트·핀 체결 상태, 하중 테스트, 등록중에 기재된 사항과 동일성 여부 등을 확인하여 기계, 장비, 부품 결함 등으로 인한 안전사고를 예방한다. 구조변경 시 실시하는 구조변경 검사는 와이어로프 등 구조변경 시 적정 규격 준수 여부 등을 검사하는 것이다. 장비의 노후화로 인한 안전사고를 예방하기 위하여 연식 15년 이상된 타워크레인은 현장설치 전 비파괴검사, 안전 검사 등 실시 여부를 반드시 확인하도록 하고 있다. 규칙적으로 장비를 점검하고 적정 인양 하중을 초과하지 않도록 하며, 운전 중 신호수를 배치한다.

순간풍속 10m/sec 이상, 강수량 1mm/hr 이상, 강설량 10mm/hr 이상 시 설치·인상·수리·점검·해체 작업을 중지하고, 순간풍속 15 m/sec 이상 시에는 운전 작업을 중지한다. 흔들리기 쉬운 자재는 가이드 로프를 사용하며, 집(jib) 및 후크(hook)의 위치가 제 위치에 있는지 수시로 확인한다.

타워크레인 설치·인상·해체 시 투입되는 작업자는 보통 3~5명으로 안전사고 발생 시 다수의 재해자가 발생하므로 주의하며 주요 재해유형 및 대책은 표 3-5와 같다.

■ 표 3-5 타워크레인의 재해 유형, 원인 및 대책

작업구분	재해 유형	원인	대책
설치	타워 기초 전도	−기초 앵커 지지력 부족	−제작매뉴얼 사전검토
텔레스코픽 (상승)	상부구조 무너짐	−연결핀(볼트) 해체 상태에서 크레인 작동 −균형상태 확인 미흡(균형 중량물 미사용 등)	−작업철차 준수 확인 −균형상태 확인
	텔레스코픽 케이지 떨어짐	−설비 유지관리 소홀(유압실린더 등) −고정상태 확인 미흡	−노후 부품 정품 교체 −실린더 슈 향상 개선 −안착상태 확인
	연장용 마스트에 깔림	−가이드레일 고정 불량 −안전시설 설치 미흡(작업발판 등)	−가이드 레일 안전시설 보완
사용	인양물에 맞음	−와이어 로프, 인양물 결속선 파단 −운반경로 하부 근로자 출입	−인양물 결속 확인 −근로자 출입 통제
	인양물에 깔림	−하역장소 근로자 출입 −신호 체계 미흡	−중량물 취급계획서 이행 철저
해체	케이지(마스트) 에서 떨어짐	−안전대 미착용 −작업발판, 안전난간 고정 불량	−안전대 착용 확인 −위험작업 지도, 감시
공통사항	근로자 떨어짐	−안전대 등 추락방지 조치 미흡	−위험작업 지도, 감시

8) 타워 크레인의 해체

Mast 상승 방식은 텔레스코픽 작업을 실시하여 마스트를 자체 해체 후 이동식 크레인으로 집 및 몸체를 해체 후 반출하며, 작업 공간이 필요하다. 크레인 상승(floor climbing) 방식의 경우에는 해체용 장비의 설치 및 반출계획을 사전에 충분히 검토 후 수립하여야 한다.

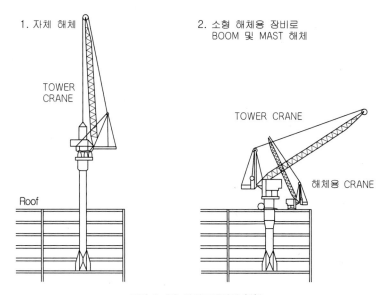

그림 3-22 타워크레인의 해체

거 중 기

우리나라에서 사용된 최초의 양중장비는 1796년에 수원성을 축조할 때 이용했던 거중기라고 할 수 있다. 거중기는 정약용이 고안한 기계로, 도르래의 원리를 이용하여 작은 힘으로 무거운 물건을 들어 올릴 수 있게 한 장치이다. 정약용은 정조가 중국에서 들여온 《기기도설(奇器圖說)》이란 책을 참고하여 거중기를 개발하였다.

거중기는 위에 네 개, 아래에 네 개의 도르래를 연결하고 아래 도르래 밑으로 물체를 달아매고, 위 도르래의 양쪽으로는 잡아당길 수 있는 끈을 연결한다. 그 끈을 물레에 감아 물레를 돌림에 따라 도르래에 연결된 끈을 통해 물체가 위로 들어 올려지도록 했다.

《화성성역의궤(華城城役儀軌)》에 완전히 조립된 모습의 전체 그림과 각 부분을 분해한 그림이 실려 있다. 그 책에는 수원성 즉, 화성공사를 위해 제작한 기구의 종류와 수량이 나와 있는데, 거중기는 1대가 사용되었으며 왕실에서 직접 제작하여 공사현장에 내려 보냈다고 전해진다.

아래 그림은 거중기의 모습을 복원한 것이며 경기도 박물관에 전시되어 있다.

(3) 리프트

가이드 레일을 따라 상하로 움직이는 운반구(cage)를 매달아 화물이나 사람을 운반하는 설비로, 호이스트(hoist)라고도 한다. 공사 현장의 매우 중요한 수직 운반 수단이므로 어떠한 규모나 속도의 리프트를 선정해야 사업관리의 효율성이 극대화되는지 크레인 등 다른 양중장비와 적정 조합을 검토한다.

리프트의 설치, 운전, 해체 시 다음 사항을 유의한다.

- 리프트는 신축할 건축물에 인접하여 가설기초 위에 설치하고, 철근콘크리트 구조체에 가새 등을 이용하여 고정시킨다.
- 마스트와 구조물을 연결하는 월타이(wall-tie) 고정볼트는 사전에 매입하는 엠베드(embed)방식을 원칙으로 하지만, 불가능할 경우 타공(打孔) 방식으로 한다.
- 마스트 지지는 최하층은 6m 이내에 설치하고 중간층은 18m 이내 마다 설치하며, 최상부층은 반드시 설치하여야 한다.
- 지상 방호울은 1.8m 높이까지 설치하여야 한다.
- 확실하게 접지하고 폭풍, 폭우 및 폭설 등의 악천후 시에는 작업을 중지한다.
- 순간 풍속이 10m/sec 초과 시에는 사고 방지를 위해 점검을 금지하고 15m/sec 초과시에는 운행을 해서는 안된다.
- 과부하방지 장치, 상·하한 리미트 스위치, 낙하방지 장치(governor) 등 안전장치[5]가 정상적으로 작동하는지 점검 확인한다. 운반구에 적재하중의 110% 이상 하중을 적재 시 경보음이 발생하고 리프트의 작동을 정지시키는 장치
  : 운반구가 정격속도를 초과하여 하강 시 기계적으로 정지하여 주는 장치

그림 3-23 리프트의 예

[5] 과부하방지 장치는 운반구에 적재하중의 110% 이상 적재 시 경보음이 발생하고 리프트의 작동을 정지. 운반구의 과 상승·과 하강 시 상·하한 리미트 스위치에 의해 자동 정지. 낙하방지 장치(governor)는 운반구가 정격속도를 초과하여 하강 시 기계적으로 정지시킴

1) 종류

① 저속 리프트
- 저속용(40m 이하/분) 장비로써 국내 인화물용 장비로 가장 널리 사용
- 자력으로 클라이밍이 가능

② 고속 리프트
- 초고층용 고속(90~100m/분)장비로 2.7ton까지 양중 가능
- 마스트 높이는 250m 정도
- 국내 보유대수가 많지 않아 장비가동 현황파악 필요

③ 장스팬 리프트
- 중소형 자재 양중장비로 타워크레인의 보조장비 기능을 함
- 자재양중 및 승용 겸용 가능

2) 리프트 설치

① 건물 외벽에 설치 시 : 마스트(mast)를 월 타이(wall tie)를 이용하여 슬래브에 앵커로 고정

② 가설 구대에 설치 시 : 마스트를 월 타이를 이용하여 철골 보(beam)에 용접하거나 고력볼트(high tension bolt)로 고정

③ 구조물에서 띄는(이격) 거리 : 10~20cm(표준 15cm)

(4) 기타 양중장비

1) 휠 크레인[6]

- 대형 차체에 크레인을 실은 것으로 조작이 쉬워 주로 항만·공장의 하역작업과 중·소규모의 건축공사와 플랜트공사 등에서 사용됨
- 크롤러 크레인의 무한궤도(crawler)를 고무타이어의 차량으로 바꾼 주행장치가 있음
- 상부 프레임에 엔진, 펌프, 붐 호이스트, 카운터 웨이트(counter weight), 운전석이 있으며, 하부 프레임에는 트럭이 장착되어 있음

그림 3-24 휠 크레인

---

6) 휠 크레인은 하이드로 크레인(hydraulic crane)이라고도 불리며, 그 종류로는 Truck Mounted Crane, Rough Terrain Crane, All Terrain Crane, Cargo Crane 등이 있다.

2) 크롤러 크레인

- 굴삭기 본체에 붐(boom)과 훅(hook)을 설치한 것으로서 붐 감아올림 로프와 하중 감아올림 로프, 훅 등으로 구성됨
- 아랫부분 구조가 무한궤도식(crawler type)으로 되어 있어서, 휠크레인과는 달리 일반도로를 주행할 수 없으나, 기계장치의 중심이 낮아 안정성이 매우 좋으며, 30% 경사진 곳에도 올라갈 수 있음
- 용량이 같을 경우 휠 크레인보다 경제적이며, 지반이 약한 곳이나 좁은 곳에서도 작업이 가능함

그림 3-25 크롤러 크레인

3) 가이 데릭

- 양중능력이 좋아 중량물의 장내 운반에도 쓰이며 모든 공사에 유효하게 사용됨
- 7.5톤 데릭의 1일 세우기 능력은 철골 15~20ton임
- 일반적으로 설치에 15일, 해체에 7일 정도 걸리고 자체가 대형의 중량물이므로 기초가 안전해야 함
- 붐의 길이는 마스트 보다 짧게 하며 당김 줄은 지면과 45° 이하가 되도록 함

4) 스티프 레그 데릭

- 가이 데릭은 수평 방향의 이동이 곤란하나, 스티프 레그 데릭은 삼각형 토대 밑에 바퀴가 있어 수평 이동이 가능
- 층수가 적고 긴 평면 건물에 적당하고 당김 줄을 마음대로 맬 수 없을 때 사용
- 붐의 길이가 마스트 보다 길며 회전범위는 270°, 작업범위는 180° 임

5) 진 폴

- 1개의 기둥을 세워 철골을 메달아 세우는 매우 간단한 장비임
- 소규모 또는 가이 데릭을 설치할 수 없는 펜트하우스(penthouse) 등의 돌출부 작업에 주로 사용됨
- 중량재를 달아 올리기에 적당함

 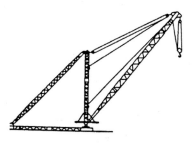 

그림 3-26 가이 데릭　　　그림 3-27 스티프 레그 데릭　　　그림 3-28 진 폴

6) 윈치

- 권양기라고도 하며 원통형의 드럼에 와이어 로프를 감아, 도르래를 이용해서 중량물을 옮기는데 사용함
- 드럼의 수에 따라 단동·복동·다동 윈치로 나뉨
- 기계공장 등에서 중량물 운반을 비롯하여, 건축·토목·선박·광산 등에서 사용됨

7) 체인 블록

- 도르래, 톱니바퀴, 쇠사슬 등을 조합하여 무거운 물건을 달아 올리는데 사용
- 조작용 체인을 손으로 잡아당기거나 체인 풀리[7]의 회전을 평기어로 감속하여, 훅(hook)이 달린 짐 올리기용 체인을 감는 구조로 되어 있음
- 소형이고 가벼우며, 또 값이 저렴하기 때문에 공장 내 또는 작업장 등에서 널리 사용됨

그림 3-29 윈치　　　　　　　그림 3-30 체인 블록

---

7) 체인 블록의 한 부분으로 체인치차, 체인차라고도 하며 체인을 걸은 이빨을 갖는 치차

8) CPB(Concrete Placing Boom)

- 초고층 건축물의 콘크리트 타설에 사용하는 장비
- 펌프 카의 붐을 분리하여 층고에 관계없이 클라이밍하면서 콘크리트 타설
- 콘크리트 펌프로 압송 후 CPB를 이용하여 타설하는 것이 보통임

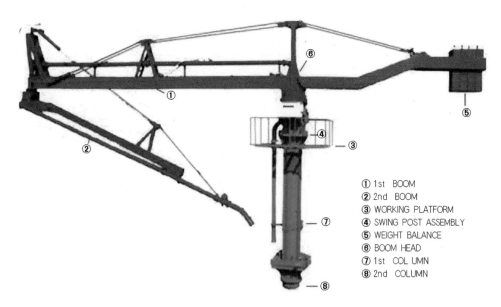

① 1st BOOM
② 2nd BOOM
③ WORKING PLATFORM
④ SWING POST ASSEMBLY
⑤ WEIGHT BALANCE
⑥ BOOM HEAD
⑦ 1st COL UMN
⑧ 2nd COLUMN

그림 3-31 CPB

【참고문헌】

1. 건축공학설계편찬위원회, 건축공학설계개론, 기문당, 2005

2. 강경인 외 6명, 건축시공학, 대가, 2005

3. 국가건설기준 KCS 2100 00 가설공사 일반사항, 2019

4. 국가건설기준 KCS 21 20 05 현장가설공급설비 및 가설시설물, 2019

5. 국가건설기준 KCS 21 20 10 건설지원장비, 2019

6. 국가건설기준 KCS 21 20 15 환경관리시설, 2016

7. 국가건설기준 KCS 21 21 60 비계공사 일반사항, 2019

8. 국가건설기준 KCS 21 60 10 비계, 2020

9. 국가건설기준 KCS 21 60 15 작업발판 및 통로, 2019

10. 국가건설기준 KCS 21 70 10 추락재해 방지시설, 2019

11. 국가건설기준센터, 건설공사 표준시방서 및 전문시방서, 2020

12. 남기천 외 5명, 토목시공학, 한솔아카데미, 2006

13. 대한건축학회, 건축기술지침, 2017

14. 대한건축학회, 건축공사표준시방서, 2019

15. 삼성중공업건설, 초고층 요소기술 시공 가이드북, 기문당, 2002

16. 삼성물산 건설부문, 건축기술 실무이야기, 공간예술사, 2001

17. 송도헌, 초고층건축 시공, 기문당, 2002

18. 한국산업안전보건공단, 초고층건설공사 안전 - 가설 및 양중작업, 2009

19. 한국주택도시공사(LH), CONSTRUCTION WORK_SMART HANBOOK, 2019

20. 大岸佐吉 외 1명, 建築生産(第3版), オーム社, 1998

21. 鈴木毅, 建築施工用語, オーム社, 1997

22. Donald C. Ellison, W. C. Huntington, Robert E. Mickadeit, Building Construction - Materials and Types of Construction, John Wiley & Sons. INC., 1987

23. Edward Allen, Fundamental of Building Construction - Materials and Methods, John Wiley & Sons, Inc., 1999

부지 및 지반조사

4.1 개요

설계도서는 부지 및 지반에 대한 정확한 조사를 바탕으로 작성된다. 공사계획을 수립할 경우에는 설계도서 뿐만 아니라 공사현장 부지와 주변상황을 철저하게 조사해야 한다. 우선, 부지 경계선을 확인하고 부지의 면적, 치수, 형상, 고저 차, 방위 등을 실측한다. 지상의 장애물, 매설물, 기존 건축물과 수목 등에 대하여 조사하고, 공사현장 주변을 안전하게 보전하는 방법을 마련하고 외부 비계나 가설건축물에 필요한 공간과 면적을 검토한다.

공사기계, 자재 등의 반·출입 계획을 세우기 위해서는 주변 도로상황과 교통 사정을 조사해야 한다. 부지에 접한 도로는 부지와의 고저 차를 확인하고, 지하에 매설된 급·배수관, 가스관 등은 해당 시설(utility) 운영관리 담당자와 협력해서 철저하게 조사해야 한다. 가공(架空) 선이 있을 경우에는 그것을 안전하게 보전한 채 공사를 실시할 것인지, 해체·이전한 후 할 것인지를 결정해야 한다.

인접한 건축물은 준공년도, 구조, 규모, 기초상태, 부지경계선으로부터 거리 등을 조사하고, 기울기와 균열 상태 등을 측정하여 사진 등으로 남겨두고, 건축물 각 부위의 노후도 상태를 진단·평가한 자료를 작성해 둔다. 연약지반인 경우에는 인접 건축물에 대한 기초의 보강(underpinning)도 고려할 필요가 있다.

4.2 측량

측량은 설계도서에 나타난 건축물의 부지 경계, 위치 및 건축물 각 부위의 수평 및 수직 위치 등을 공사하기 전이나 공사 진행 과정에서 확인하여, 정확한 시공이 이루어지게 하고, 완공된 건축물이 설계도서에 따라 정확히 시공되었는지 확인하는 준공검사 측량까지를 포함한다.

(1) 건축물 측량 순서

건축물 측량의 개략적인 순서와 내용은 다음과 같다.

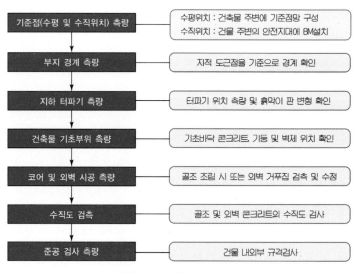

그림 4-1 건축물 측량 순서

(2) 거리 측량

거리의 측정은 측량에서 가장 기본적인 것이다. 측정 방법에 따라 오차가 있으므로 거리 측량의 오차는 신중하게 다룬다. 거리 측정은 직접법과 간접법으로 구분할 수 있다.

1) 직접 거리측량용 기구

① 강철 테이프(steel tape)

폭 10mm 정도의 강철에 mm단위로 눈금을 새긴 것이다. 온도의 변화로 신축하므로 온도에 따라 보정한다. 녹이 슬기 쉽고 무거워서 취급이 불편하며, 사용 도중 테이프가 꺾어지면 부러지기 쉽다.

② 인바[1] 테이프(invar tape)

거리를 정확하게 측정하기 위해서는 장력에 의한 신축도가 극히 작은 인바 테이프나 인바 와이어를 사용한다. 인바의 팽창계수는 강철 테이프의 1/30~1/60 정도이다.

③ 폴(pole)

폴은 대략적인 거리를 측정할 때 사용한다. 또한, 측점 위에 세우고 측점의 위치를 표시하는데 사용되는 것이다. 멀리서도 쉽게 알 수 있도록 20cm 마다 흰색과 붉은 색으로 표시되어 있다.

2) 간접 거리측정 방법

① 보측에 의한 측정

걷는 숫자(보수, 步數)로 거리를 개략 판단할 수 있다. 성인 남자의 1보는 보통 75cm 정도이다.

② 음속에 의한 측정

스톱 워치(stop watch)로 소리가 도달할 때까지의 시간을 재서 구하는 방법으로, 공기 중의 음속은 0℃ 기온에서 332m이며, 온도가 1℃ 높아짐에 따라 0.609m씩 증가한다.

③ 전자파 거리측정기(EDM, Electronic Distance Measurement Devices)

전자파 거리측정기는 사용하는 반송파의 종류에 따라 광파거리측정기(光波距離測定機, electro-optical instrument)와 전파거리측정기(電波距離測定機, radio wave instrument)로 구분한다. 광파측정기는 레이저(Laser)의 가시광선 대역 또는 적외선과 같은 비가시광선을 주로 사용하며 단거리 관측에 많이 사용한다. 적외선을 사용하는 경우는 보통 수 km, 레이저를 사용하는 경우는 보통 수 km 또는 수십 km까지 관측할 수 있다. 적외선은 비가시광선이기 때문에 빔이 나가는 경로를 전혀 볼 수 없으나 레이저의 경우는 나가는 경로와 레이저가 반사프리즘에 명중하였을 때 육안으

---

1) 철 63.5%에 니켈 36.5%를 첨가하여 만든 열팽창계수가 작은 합금이다. 정밀기계·광학기계의 부품, 시계 부품과 같이 온도의 변화로 치수가 변하면 오차가 발생하는 기계에 사용된다.

로 볼 수 있다는 장점이 있다.

전파거리측정기는 마이크로파의 파장대 등을 주로 사용하며 수십 km 등 중거리의 관측에 사용된다. 그러나 단파 또는 그 이하의 저주파 등을 사용하여 수백 km 또는 그 이상의 거리 관측을 목적으로 하는 전파거리측정기도 있으며 이는 주로 항공기 및 선박의 항로용으로 사용된다.

3) 경사지 거리측량 방법

① 강측법 : AB 사이의 수평거리를 높은 지점에서 낮은 지점으로 단계적으로 향하여 측정하는 방법으로 정밀도가 높다.

② 등측법 : 강측법과 반대로 AB 사이의 수평 거리를 단계적으로 낮은 지점에서 높은 지점으로 향하게 측정하는 방법이다.

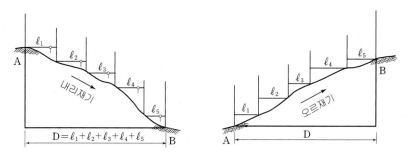

그림 4-2 경사지 거리 측량(강측법 및 등측법)

(3) 수준측량(leveling)

수준측량(고저측량)은 레벨(levels)을 사용하여 지표면상의 여러 점의 높이(표고)와 고저차를 측정하거나 건축물, 도로 등 각 점의 고저를 측정하는 것이다. 창호의 위치를 설정하거나 절토나 성토량을 계산하는 등, 건설공사의 기초가 되는 측량이다.

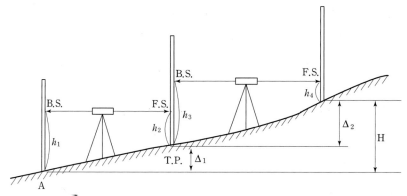

그림 4-3 수준측량의 원리

A와 B의 고저 차 H는 다음과 같이 구할 수 있다.

$$H = \Delta_1 + \Delta_2 = (h_1 - h_2) + (h_3 - h_4)$$

1) 수준측량 용어

① 전시(F.S. : Fore Sight)

표고를 알고자 하는 점, 즉 미지점에 세운 표척의 읽음 값을 말한다.

② 후시(B.S. : Back Sight)

표고를 알고 있는 점, 즉 기지점에 세운 표척의 읽음 값을 말한다.

③ 이기점(移基點, T.P. : Turning Point)

고저차를 구하는 두 점을 한 번에 시준할 수 없을 때에는 레벨을 이동하여 세워야 하는데, 레벨을 이동하여 세운 점을 말한다. 전시와 후시를 함께 취하는 점이고, 측량 결과에 매우 큰 영향을 미치므로 mm 단위까지 정밀하게 측정하여야 한다.

④ 기계고(H.I. : Height of Instrument)

기준면(평균해수면)에서 시준선까지의 높이를 말한다. 즉, 후시와 그 점의 표고의 합으로 표시한다.

⑤ 지반고(G.H. : Ground Height) = 표고(elevation)

각 점의 표고를 지반고라고도 하며, 수준기준면(인천만의 평균해면)으로부터 표척을 세운 지점까지의 연직거리이다.

2) 레벨의 종류 및 특징

① 미동(경독) 레벨(tilting level)

정밀 수준측량용으로 만들어진 것이며, 망원경 및 수준기와 수직축의 각도를 미동나사로 움직일 수 있게 되어 있다.

② 자동 레벨(auto level or self-leveling level)

원형 기포관 등으로 기계를 수평으로 세우면 망원경 속에 장치된 광학 장치에 의하여 자동적으로 시준선이 수평으로 되게 만들어진 레벨이다. 가격이 비교적 저렴하며 능률도 좋고 정밀도가 높아 많이 사용된다.

③ 레이저 레벨(laser level)

거리 100m에 약 ±10mm의 오차는 피할 수 없지만, 신속하기 때문에 토공량 측량 등에 많이 사용되는 레벨로, 원하는 지점에 레이저 빔(laser beam)을 전송하여 표척에 부착된 프리즘을 이용하여 고저차를 구한다.

④ 디지털 레벨(electronic digital level)

표척의 읽음이 보통 레벨에서와 같이 직접눈으로 읽는 것이 아니라 특별히 제작된 표척(바코드 수준척)레벨에 내장된 컴퓨터 영상분석장치에 의하여 수준척의 눈금이 정확히 읽어진다. 최대 100m까지 측정이 가능하다. 눈금의 읽음 값의 정밀도는 약 ±0.5mm이다.

그림 4-4 미동레벨(좌), 자동레벨(우)   그림 4-5 레이저 레벨

(4) 각도측량

트랜싯(transit)이나 데오드라이트(theodolite)를 사용하여 그림 4-8과 같은 방법으로 각도를 측정한다.

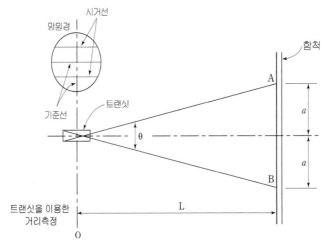

그림 4-6 트랜싯측량의 개념도

트랜싯을 수평으로 놓고 함척의 A, B를 보고 회전각 θ를 측정하면 다음과 같다.

$$L = a \cdot \cot \frac{\theta}{2}$$

(5) 각의 정의

측량의 기본 목적은 지구 위에 있는 모든 점들의 위치를 결정하는 것이라는 사실은 이미 설명한 바 있다. 이와 같이 어떤 점의 기하학적 위치를 결정하기 위해서는 각과 거리가 필요하게 된다. 대부분의 측량 작업은 그림 4-7과 같이 측정된 방향(또는 각)과 거리를 사용하여 어떤 점(P_1, P_2)들의 직각 좌표를 구하게 된다. 각은 두 측선의 방향의 차에 의하여 정의되며 각을 재는 기준면이 수평면인가 연직면인가에 따라 수평각과 연직각으로 구분된다.

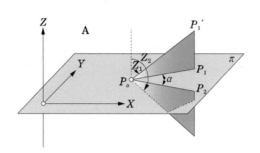

그림 4-7 수평각과 연직각

지금 그림 4-7에서 두 방향선 $\overline{P_0 P_1'}$, $\overline{P_0 P_2'}$가 수평면 π에 투영되었을 때 두 투영선 $\overline{P_0 P_1'}$, $\overline{P_0 P_2'}$가 만드는 각을 **수평각** α라 정의한다. 한편 P_o로부터 시작되는 두 방향선 $\overline{P_0 P_1'}$, $\overline{P_0 P_2'}$가 점 P_o를 통과하며 수평면 π에 수직인 연직면에 투영될 때 투영된 방향선 들의 천정각(天頂角)을 각각 Z_1, Z_2라 하면 각 $(90° - Z_1)$, $(90° - Z_2)$를 그 측선의 연직각이라 한다. 다시 말해서 이들 투영선이 연직면에서 수평면과 이루는 각이 연직각이 되는 것이다.

연직각은 수평면을 기준으로 하여 상방향에 있는 각을 (+) 또는 앙각(仰角, angle of elevation)이라 하고 하방향에 있는 각을 (−) 또는 부각(俯角, angle of depression)이라 부른다. 따라서 연직각의 범위는 +90° ~ −90°까지 표시된다. 연직각은 보통 천정방향을 기준으로 하여 측정한다. 지구의 중심을 중심으로 하고 반경이 무한대인 하나의 가상적인 공간구체를 천구(celestrial sphere)라 하고 지구상의 한 점에서의 무한한 연직 상방향 또는 연직선이 천구와 만나는 점을 **천정**(zenith)이라 하며 천정으로부터 측정한 각을 천정각(zenith angle) 또는 천정거리(zenith distance)라 한다.

1) 트랜싯(transit)

수준기가 붙어 있는 망원경과 정밀한 눈금반을 갖추고 있는 것으로, 배율이 작고 정밀도가 낮아 지금은 거의 사용하지 않는다.

2) 데오드라이트(theodolite)

망원경의 길이가 짧고 배율이 커서 트랜싯보다 훨씬 정밀하다. 측각은 10″, 5″, 1″ 까지 읽을 수 있다. 측정된 각이 액정화면에 수치로 표시되는 전자 데오드라이트가 주종을 이루고 있다.

3) 토탈 스테이션(total station)

공사현장에서 가장 많이 사용되는 측량기가 토탈 스테이션(total station)이다. 컴퓨터 시스템과 소프트웨어가 내장되어 있어서, 각도와 거리가 측정됨과 동시에 측점 (measuring point) 좌표까지도 신속하고 정확하게 계산한다. 기계가 수평축 방향과 시준축 방향에 경사지어 있다면 보정값을 연산하여 연직각과 수평각을 자동으로 보정하여 준다. 입력 자료를 저장할 수 있는 장치가 있고 컴퓨터에 의한 연산도 가능하여 공사측량, 노선측량, 트래버스측량, 지형측량, 세부측량 등을 신속 정확하게 할 수 있다.

그림 4-8 transit

그림 4-9 theodolite

그림 4-10 total station

(6) 스타디아(stadia) 측량

트랜싯의 스타디아 라인[2]을 이용하여 두 지점간의 수평거리와 고저차를 신속 간단하게 측정하는 것이다. 높은 정확도가 요구되지 않는 곳이나 경사가 심한 지형측량, 하천, 늪, 노선측량 등에 이용하면 능률적이다.

---

2) 스타디아 라인은 거리를 측정하는데 도움을 주는 일종의 거리측정용 보조 곡선으로, 조준기를 통해 보이는 목표물의 크기를 가지고 거리를 측정할 수 있도록 그려진 선이다.

1) 스타디아 측량의 장·단점

- 지형상태로 인한 영향을 적게 받고 작업속도가 다른 측량에 비하여 빠르다.
- 평판측량과 병행하는 세부측량 또는 단독측량에 적합하다.
- 기계기구가 간단하고 산지의 지형측량에 많이 이용된다.
- 높은 정도를 요하지 않는 트래버스측량, 수준측량 등 거리와 고저를 동시에 측정한다.
- 정밀한 측량에는 부적당하다.

2) 스타디아 측량의 원리

트랜싯의 망원경을 수평으로 하고 D 만큼 떨어진 곳에 세운 표척을 시준하여 스타디아선 사이에 낀 길이를 l, 대물경의 초점거리를 f, 스타디아선의 간격을 i 라 하면 다음과 같다.

$$i \;:\; f = l \;:\; L \qquad \therefore \; L = \frac{f}{i}l$$

c를 기계 중심과 대물경의 광심과의 거리라 하면,

$$D = L + (f + c) = \frac{f}{i}l + (f + c)$$

$f,\ i$는 기계에 따라 일정치이고, c도 거의 일정하므로 다음과 같다.

$$\frac{f}{i} = K,\ f + c = C 라 하면$$

$$D = Kl + C$$

단, K : 승정수

$\quad C$: 가정수

$\quad l$: 협장(협거)

그러나 최근에 만들어진 망원경에는 가정수 $C = 0$이 되게 하여 계산이 간편하다. C값이 있다 해도 소축척의 지형측량에서는 C값을 무시하고 계산하는 경우가 많다.

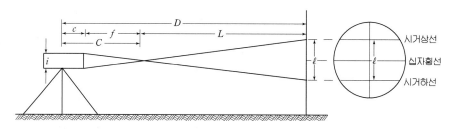

그림 4-11 스타디아 측량의 원리

(7) GNSS(global navigation satellite system) 측량

GNSS는 미국의 GPS(Global Positioning System)로 대표되지만, 러시아의 GLONASS, 유럽의 Galileo, 중국의 BeiDou, 일본의 QZSS, 인도의 IRNSS 위성 등 다양한 나라의 위성들이 있다. 인공위성을 이용한 범세계적 위치 결정 체계로 정확한 위치를 알고 있는 위성에서 발사한 전파 신호를 수신하여 관측점까지의 소요 시간을 측정함으로써 관측 지점의 3차원적 위치를 결정하는 방법이다.

1) GNSS 측량의 장·단점

- 고정밀 측량이 가능하고, 장거리 측량에 적합하다.
- 위성으로부터 전파를 수신하므로, 관측점 간의 시통이 필요치 않다.
- 강우나 강설 등 기상 조건의 영향을 적게 받으며, 야간 관측도 가능하기 때문에 전천후 관측을 할 수 있다.
- 정확한 위치를 결정하기 위해서는 위성의 궤도 정보(정밀력)가 필요함.
- 정확한 표고값을 얻기 위해서는 지오이드 모델(geoid model)이 필요.
- 광범위한 분야에서 활용이 가능하지만 GPS전파 신호가 차단되는 터널, 건축물 내, 산림, 도심지, 수중 등에서는 사용하기 어렵다.

2) GPS 위치 결정방법

GPS의 위치 결정방법은 절대 관측과 상대 관측으로 구분된다.

① 절대 관측(1점 측위, 단독 측위)

4대 이상의 위성으로부터 수신한 전파 신호 가운데 C/A-Code[3]를 이용하여 실시간으로 사용자의 위치를 결정하는 방법이다.

- 지구상에 있는 사용자의 위치를 관측
- 실시간으로 수신기의 위치를 계산
- 코드를 해석하므로 계산된 위치의 정확도가 낮음
- 주로 비행기, 선박 등의 항법에 이용

② 상대 관측

2점 간에 도달하는 전파의 시간적 지연을 측정하여 2점간의 거리를 측정하는 방식으로 스태틱(static) 측량과 키네매틱(kinematic) 측량으로 구분된다.

---

3) C/A-Code(Coarse Acquisition-Code) : GPS 위성에서 송신되는 코드로 PRN 코드와 같은 계열의 코드이다. 각각의 위성은 32개의 고유한 코드를 한개씩 나누어 가지고 있다. 각각의 코드는 1023 chips로 구성되어 초당, 1.023 메가비트의 속도로 전송된다.

■ 표 4-1 상대 관측의 구분

스태틱(static) 측량	키네매틱(kinematic) 측량
① 2대의 수신기를 각각 관측점에 고정 ② 4대 이상의 위성으로부터 동시에 30분 이상 전파 신호 수신 ③ 수신 완료 후 위치 및 거리 계산 ④ VLBI4)의 역할 수행 ⑤ 정확도가 높아 측지 측량에 이용	① 1대의 수신기는 고정국으로, 1대의 수신기는 이동국으로 함 ② 미지 측점을 이동하면서 수 분~수 초 전파 신호 수신 ③ 이동 차량 위치 결정

■ 표 4-2 GPS 활용 분야

분야	응용
측지 측량	정밀 3차원 측지망 구성, 기준점 측량, 중력측량, INS에 의한 항공촬영, 위성 영상획득, 각종 공사 측량
지구물리학	지각변동관측, 지질구조해석, 지구의 자전속도 및 극 운동 변화량 검출, 항공지구물리
항법 및 교통	지능형 교통시스템(ITS : 인프라관리), 차량항법, 선박항법(통행관리, 항구접안 및 항해), 항공기(비정밀 접근 및 착륙, 지상경계, CAT) 항법 시스템, 고속철도
GIS Mapping	지도제작, 주제도 제작, 수자원 관리, 삼림자원관리, INS(Inertial Navigation System)을 이용한 매핑 시스템
기상 및 해양	GPS 기상학, 해수면 감시, 시추공 위치결정, 해상중력측량, 해상탐색 및 구조, 준설작업, 해저지도 작성, 해양자원탐사
재난 및 레저	119, 소방, 재난, 미아 찾기, 등산, 여행, 탐사, 골프, 스키, 하이킹
우주(인공위성)	궤도결정, 자세결정

그림 4-12 GPS 측량기

---

4) VLBI(Very Long Baseline Interferometer): 서로 멀리 떨어져 있는 전파망원경을 이용하여 천체의 정확한 위치 및 화상을 얻는 전파간섭기술이다. 각각의 전파망원경이 수신한 전파신호를 특수한 자기테이프에 기록한 후 테이프를 한 곳에 모아 전파신호를 컴퓨터를 이용하여 간섭시킴으로써 천체의 위치와 화상을 얻는다.

③ Network RTK

RTK Network은 GPS(또는 GNSS) 수신기를 영구적으로 설치하여 24시간 연속적으로 관측한 위성 데이터를 중앙처리컴퓨터(서버)에 송신하는 수신기들로 구성된 망을 말한다. 중앙서버에서는 이들 RTK 망에서 송신된 위성 관측자료를 근거로 RTK 보정값(이동국에 대한 거리종속오차 모델)을 생성하고 이들을 이동국에 송신하여 정밀한 이동국의 위치를 실시간으로 결정한다. 이와 같은 측위법을 Network RTK라 부른다.

이와 같이 영구적으로 고정 설치하여 위성관측자료를 중앙서버에 송신하는 수신기를 상시관측소(CORS, continuously operating reference stations)라 부르며 중앙서버와 적절한 통신장치(이동통신, 인테넷, UHF 등)를 통하여 연결된다.

중앙서버에서는 거리종속오차와 망의 기하학적 불완전성으로 인한 오차 등에 관하여 예측모델을 생성하고 이를 근거로 각 이동국에 대한 RTK 보정값을 계산하여 이동국에 송신한다. RTK-Network 사용자는 자신의 기준국을 만드는 대신에 Network 운영자로부터 자신의 수신기에 대한 RTK 보정값을 실시간으로 제공받는다.

Network RTK에서 오차모델을 생성하는 방법은 가상기준점(VRS, Virtual reference stations)방법, 면보정계수(KFP, Fl chen korrecktur parameter)방법, MAC(Master Auxiliary Concept)방법, iMAC(Individualized MAC)방법 등이 있다.

측량의 역사

측량은 B.C 3000년경 시작되었다. 나일강 하류의 이집트에서 해마다 일어나는 대홍수로 말미암아 경작지의 경계선이 불분명하게 되자 이집트 사람들은 이 농토의 경계를 알기 위하여 간단한 거리측량을 하였다고 한다.

거대한 피라미드의 4변이 정확하게 동서남북을 나타내고 경사면과 밑면이 이루는 각이 모두 일정한 것은 놀랄만한 측량 결과라 할 수 있다.

근대적 측량은 1590년경에 프래토리우스(John Praetorius)가 평판측량기를 발명하면서 시작되었고, 네덜란드의 스넬리우스(Snellius)가 교회의 탑을 이용하여 1615년에 삼각측량법을 고안하였다. 1631년에는 프랑스의 피에르 베르니에(Pierr Vernier)가 버니어(vernier)를 고안하여 각도측량에 일대 혁명을 일으켰으며, 트랜싯과 같은 각도 측정기는 1752년에 제작되었다. 19세기 중엽에 프랑스의 로세다(Laussedate)에 의해 사진측량이 시작되고, 20세기에 들어와서 각종 정밀한 측량기가 발명되었다. 최근에는 각도 0.1″까지 측량이 가능하게 되었고, 거리 측정에는 수 km를 단 몇 초 사이에 측정할 수 있는 전파·광파 측량기뿐만 아니라 대륙붕의 해저 지형은 물론 인공위성을 이용하여 지구의 형상이나 대륙 간의 위치 관계를 정확히 파악할 수 있는 GPS(Global Positioning System)등 각종 장비가 등장하였다.

우리나라 측량의 역사는 1834년 작성된 청구도(靑邱圖)와 1861년 김정호 선생이 약 27년간에 걸쳐 전국 8도 각 지방을 순회하면서 대동여지도(大東輿地圖)를 만들면서 시작되었다. 광복 후 일제의 지도제작 성과를 미 군정청에서 인수하여 관리하다가 1962년 국토지리정보원(국립건설연구소)이 신설되면서 국토의 종합개발계획과 제1차 경제개발 5개년 계획에 힘입어 항공사진 기술을 도입하게 되었다. 또한 1981년부터 1985년 사이에 천문측량으로 우리나라 경·위도 원점을 설치하였으며 인공위성에 의한 GPS 측량을 하기에 이르렀다.

4.3 ● **지반조사**

지반조사는 건설공사 대상 지역의 지질구조, 지반 상태, 토질 등에 관한 정보를 얻을 목적으로 수행하는 일련의 행위로서, 그 결과는 토공사, 흙막이공사, 건축물 기초 설계·시공 등에 필요한 데이터나 정보이다. 계획단계에서 실시하는 예비조사와 설계단계에서 시행하는 본조사로 구성되며, 현장답사, 시추조사, 원위치(현장)시험, 실태시험 등의 방법으로 조사한다.

공사 추진에 영향을 크게 미치는 것이 지반을 구성하는 흙과 물로서 그 종류, 상태, 분포 등을 파악하는 것은 매우 중요하다.

4.3.1 지반조사 단계별 목적과 방법

(1) 예비조사

계획단계에서 대지선정, 건축물 위치 결정을 위해 넓은 범위를 대상으로 개략적인 지반 특성을 파악하고 본조사 실시방침을 결정하기 위해 수행한다. 기초자료조사, 현장답사, 주변구조물과 환경을 조사하는 방법으로 수행한다.

(2) 본조사

기본설계 단계의 개략 조사와 실시설계단계의 정밀조사로 구분할 수 있다. 대지나 건축물 위치 결정 후 지층의 분포, 공학적 특성 등 설계 정수 파악을 위해 수행한다. 지표지질 조사, 물리탐사, 시추조사, 표준관입시험 등 사운딩 방법으로 시행한다.

이 이외에 시공 단계에서 노출되는 지반을 관찰하여 시공 시 안전과 설계의 적정성을 검토하기 위하여 보완 조사를 할 수 있다. 건축물 유지관리 단계에서도 건축물 안전에 문제가 있다고 판단될 경우 원인 규명과 보수보강 대책 마련을 위해 건축물과 지반의 거동 특성 등을 조사해볼 수 있다.

4.3.2 흙의 성질

(1) 흙의 종류

건축물을 지탱하는 흙은 각기 다른 성질과 강도를 가진 암반, 돌, 실트(silt), 진흙(clay), 롬(loam) 등으로 구성되어 있는데, 혼합하여 층을 이루어 지반을 형성하고 있다. 지반이 모래질이 많은가 또는 점토질이 많은가에 따라서 지반의 지지력, 토압 등이 달라진다.

① 자갈(gravel) : 입경(粒徑)이 2mm~75mm인 흙으로, 그 이상은 코블(cobble), 통칭 옥석이라고 한다.

② 모래(sand) : 지름 0.074~2mm인 흙으로 천연 암석의 풍화작용 또는 침식작용에 의하여 생긴 세립(細粒)의 골재이다. 입경 0.42mm를 기준으로 가는 모래와 굵은 모래로 구분하기도 한다. 채취장소에 따라 강모래, 산모래, 바다모래(海砂)가 있다.

③ 실트(silt) : 지름이 0.005~0.074mm인 미세분을 말한다. 주로 모래와 같은 광물로 조성되어 있지만 때로는 규산 알루미늄, 알칼리성 흙, 산화철분을 다량으로 포함할 때가 있다.

④ 점토(clay) : 지름이 0.005mm 이하의 흙으로 모래와 달리 점착력은 있으나 내부마찰각은 0(zero)에 가깝다. 장기하중에 의하여 압밀현상을 일으킨다.

⑤ 롬(loam) : 화산재·화산모래와 점토와의 혼합물로서 바람에 운반되어 퇴적된 무층리의 황갈색 또는 적갈색의 토양이다. 모래, 실트, 점성토가 거의 균등하게 들어있다.

통상 사질토라고 할 때는 모래를 주체(50% 이상)로 하고, 자갈 또는 세립토를 포함한 흙을 말하며, 점성토는 실트 이하의 입경을 주체(50% 이상)로 하고 조립토를 포함한 흙을 말한다. 조립토는 0.075mm체에 50% 이상 남는 흙으로 주로 자갈이나 모래로 구성된 흙을 가르키며, 세립토는 0.075mm체를 50% 이상 통과하는 흙으로 주로 실트나 점토로 구성된 흙이다. 모래나 자갈층은 투수성이 양호하며, 점토나 실트층은 투수성이 상대적으로 불량하다.

(2) 흙의 구성

흙은 흙입자와 그 입자사이의 물과 공기로 구성되어 있고, 구성 요소의 체적과 중량에 따라 성질이 크게 달라진다. 흙의 구성요소 상호관계는 체적과 중량으로 나타내며, 체적관계는 간극비·간극률·포화도를 사용하며, 중량관계는 함수비·함수율을 사용하여 표시한다.

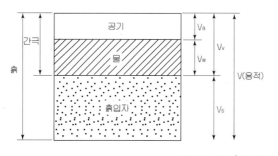

그림 4-13 흙의 구성

(3) 흙의 전단강도

흙의 성질은 물리적 성질과 역학적 성질로 구별할 수 있으며 역학적 성질로는 전
단강도, 압밀, 투수성 등이 있다. 전단강도는 흙의 가장 중요한 역학적 성질로서
기초의 하중이 그 흙의 전단강도 이상이 되면 흙은 붕괴되고 기초는 침하·전도
되므로 기초의 극한 지지력을 알 수 있다. 토질구조물에 파괴가 생기는 것은 외
력과 흙의 자중에 의해서 흙 내부의 각 점에 전단응력이 사면을 따라 생겨 활동
(滑動 : sliding)을 일으키기 때문이다. 전단응력의 증가로 변형이 증가됨에 따라
생긴 활동에 저항하는 힘을 전단저항(shearing resistance)이라고 한다. 전단저항
에는 어떠한 한계가 있으며, 이러한 전단저항의 한도를 전단강도(shear strength)
라고 한다.

흙의 전단강도(τ)

$$\tau = C + \sigma \tan \phi \quad \text{(Coulomb의 법칙)}$$

여기서, τ : 흙의 전단강도
C : 점착력(cohesion)
ϕ : 내부마찰각[5]
σ : 유효 수직응력(파괴 면에 수직인 힘)

(4) 흙의 압밀(consolidation)

일반적으로 모든 흙은 압축성을 가지고 있으며 이러한 흙이 하중을 받게 되면 체
적이 감소한다. 체적의 감소는 크게 두 가지 이유가 있는데, 첫째는 흙 입자 사
이의 간극을 차지하고 있는 공기가 배출되어 체적이 감소하는 현상으로 '압축'이
라 하고, 둘째는 간극 속에서 물이 빠져 나감으로 오랜 시간에 걸쳐 흙이 압축되
어 체적이 감소하는 현상으로 '압밀'이라 한다. 점토질(진흙질)지반은 함수비가
100% 이상, 많게는 300% 이상도 되는 경우가 있으며, 장기간에 걸쳐 압밀된다
(압밀현상).

---

5) 내부마찰각(angle of internal friction)은 흙 내부에 생기는 수직응력과 전단저항과의 관계 직선이
수직응력 축과 만드는 각도로서 흙 사이의 마찰각이다. 전단저항각이라고도 한다.

4.3.3 건축공사와 물

물은 지반을 구성하는 주요한 요소의 하나이며 가설공사, 토공사, 기초공사, 콘크리트공사, 외벽공사, 마감공사 등 대부분의 공사 과정에 미치는 영향이 매우 크므로 공사 과정 및 공종별로 치밀하게 계획하여 대응해야 한다.

(1) 물의 특성

- 인류의 생존과 산업발전의 기본적 요소로서 수요가 공급을 초과하고 있는 실정이다.
- 물은 동결하면 체적이 약 9% 팽창한다.
- 열용량(heat capacity)[6], 잠열(latent heat)[7]이 매우 크다.
- 우수한 용매(용제)이다.
- 표면장력이 있어서 접합부를 open joint로 설계할 수 있다.
- 물은 액체에서 기체나 고체로 그리고 다시 액체로 순환한다.

(2) 건설공사에 미치는 영향

- 토공사, 콘크리트공사, 미장공사 등을 수행하는 과정에서 수질오염, 토양오염, 대기오염 등 지구환경을 오염시키거나 훼손할 수 있다.
- 터파기공사, 흙막이공사, 콘크리트 타설 작업, 고소(高所) 작업 과정에서 지하수나 강우 등으로 인하여 작업이 중단되거나 공사의 안전이 저해될 수 있다.
- 보링(boring), 지반의 굴착 및 굴착공의 안정 등의 목적과 해체공사 시 워터 젯(water jet) 공법 등에 물은 광범위하게 이용된다.

(3) 토공사, 기초공사와 물

흙은 토립자, 물 및 공기로 구성되며, 지반조사 시 지층의 성상과 함께 그 구성비율 등을 파악해야 한다. 지하수로 인한 영향을 최소화하고 수압을 낮추기 위해서는 지하수위 저하공법(dewatering)을 사용해야 한다.

---

6) 열용량이란 비열(specific heat capacity)의 값으로 측정된다. 비열은 그 재료 1g의 온도를 1℃ 올리는데 필요한 열에너지의 양이다. 물은 대부분의 다른 물질보다 열용량이 높으므로 물은 열을 저장하는데 아주 좋은 재료이다. 지구의 온도도 바다에 저장된 어마어마한 열에너지에 의하여 안정되어진다.

7) 잠열이란 물질의 상태 변화 과정에서 온도의 변화 없이 흡수되거나 방출된 열에너지를 말한다. 예컨대 액체는 열이 공급되지 않더라도 증발에 의해 기체로 변화될 수 있다. 이러한 변화에 필요한 잠열은 그 주위로부터 얻게 되므로 중요한 냉각효과를 가져오게 된다. 다른 예로는 추운 겨울밤 방안의 물이 얼게 되면 융해 잠열을 방출하게 되어서 방안의 온도가 약간 높아지게 된다.

지반의 침하, 보일링(boiling), 액상화(liquefaction), 파이핑(piping) 및 히빙(heaving) 현상 등의 발생 가능성도 부지 및 지반조사 결과를 바탕으로 예측하여 공사계획에 반영해야 한다. 지하 슬래브나 기초보 등에 부력(uplifting forces)이 작용하여 파괴되는 사례가 많으므로 효과적으로 물을 처리할 수 있는 방법을 강구해야 한다. 지하수위가 높은 곳은 흙막이 벽에 토압 이외에 수압이 크게 작용하므로 흙막이 벽은 높은 차수성능을 가져야 하고, 흙파기 및 흙막이 공사 시 계측관리 등으로 흙막이 벽과 인접구조물이 안정상태를 유지하도록 대책을 수립해야 한다.

(4) 콘크리트공사, 마감공사와 물

콘크리트공사나 마감공사도 물과 직·간접적으로 관련되며, 다음과 같은 사항을 확인하여 공사(시공)계획을 수립해야 한다.

> 수화(hydration), 재료분리(segregation), 측압, 물시멘트비, 내구성(탄산, 균열, 염해, 부식, 동결융해, 표면노후화–박리, 박락, 파손, 철근노출 등), 수밀성(방수성), 혼화재료(감수제, AE감수제, 고성능감수제), 고성능 콘크리트(고강도콘크리트, 유동화콘크리트, 고유동콘크리트, 내구성콘크리트), 미장, 방수, 타일, 도장, 오픈 조인트(open joint), 실링(sealing)재, 단열, 백화(efflorescence), 결로(condensation), 품질관리, 양생 등

(5) 물 관련 기타 용어

위에서 기술한 것 이외에도 물과 관련된 다음과 같은 용어가 있다.

> 투수, 배수, 탈수, 누수, 차수, 지수, 수밀, 방수, 감수, 발수, 용수, 급수, 절수, 치수, 수화, 수성, 수위, 수압, 수량, 수질, 수자원, 정수, 우수, 오수, 폐수, 수리, 수로, 수해, 수마, 수문 등

4.3.4 현장답사

지반조사의 첫번째 단계는 현장답사로서 현장을 직접 방문하여 지형이나 지반 상태를 확인하고 인근지역 주민이나 공사관계자들의 청문을 통하여 과거의 지형변화 등에 대한 정보를 입수하여 현장 여건을 파악한다. 현장답사 시에는 삽 또는 핸드 오거 등의 간단한 조사 장비를 이용하여 개략적인 지반 조건을 우선 확인한다.

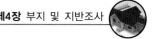

4.3.5 지하탐사 및 시추조사

지하탐사와 시추조사는 다음과 같이 시행한다.

(1) 지하탐사법

지하탐사법은 얕은 지층의 토질·지하수위 등을 조사하는 방법으로 짚어보기·터파보기·물리적 탐사법이 있다.

1) 짚어보기

직경 9mm 정도의 철봉을 이용하여 삽입하거나 때려 박아보고 저항 울림, 꽂히는 속도, 내리 박히는 느낌 등으로 지반의 단단함을 판단한다.

2) 터파보기

직접 파보는 방법으로 얕은 지층의 토질, 지하수위의 파악에 적용한다.

3) 물리적 탐사법

넓은 범위의 지질 및 지반상태를 파악하기 위하여 실시하는 것으로 현장 여건과 지반조건을 고려하여 탐사방법, 위치 및 빈도를 선정한다. 이 방법으로는 정확한 흙의 공학적 판별은 곤란하므로 Boring과 병용하면 효과적이다. 물리적 탐사법의 종류에는 탄성파 탐사, 전자기 탐사, 지하 레이더(GPR)탐사, 지오 토모그래피 탐사, 하향식 탄성파 탐사(downhole test), 비저항 토모그래피 탐사 방법 등이 있다. 시추공 내 물리검층(BHTV, BIPS, SPS, 밀도, 자연감마 등)을 수행할 때는 공내수의 혼탁, 공내수의 성분, 케이싱 재질 등으로 획득자료의 품질이 저하되지 않도록 해야 한다.

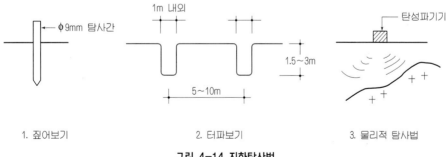

1. 짚어보기   2. 터파보기   3. 물리적 탐사법

그림 4-14 지하탐사법

(2) 시추조사(boring)

지반을 강관으로 천공(boring)하여 지층 구성 및 지하수위를 확인하고, 토사를 채취하여 여러 가지 시험을 시행하는 것이다. 보링에 의해 지반의 토질 분포·흙의 층상과 구성, 기초나 파일 지지층 심도(深度) 등을 알 수 있으며, 표준관입시험·베인 테스트(vane test) 등과 같은 원위치시험을 보링과 병행하는 경우가 많다.

시추는 NX(ϕ 3.0", 75mm) 규격 이상의 이중 코어 베럴(core barrel)을 사용하여 실시하며, 풍화대나 파쇄대 등의 연약 구간에서 코어의 회수율을 높이거나 원상태의 시료 채취가 필요한 경우에는 이와 동등 이상의 기능을 갖는 장비를 사용하여야 한다. 다만, 심도가 큰 경우는 NQ 규격도 사용할 수 있다. 시추공(bore hole)은 시공 중 지하수위 변화 등을 확인하기 위한 목적으로 활용할 수 있으며, 이러한 목적으로 사용하지 않는 시추공은 관련 법규에 의거 폐공하여야 한다.

보링의 간격과 깊이는 지층상태, 구조물의 형태와 기능에 따라 아래 사항을 참고하여 결정하며, 조사 위치는 주변의 지반 상태를 대표할 수 있는 곳이어야 한다.

1) 보링의 간격, 배치기준

보링 간격의 대략적인 기준은 다음과 같다. 아파트의 경우 주동(住棟) 부분은 보통 30m, 지하주차장 부분은 50m 간격으로 시추하며, 부지 내에서 3개소 이상 조사하는 것이 바람직하다.

■ 표 4-3 일반적인 보링 간격

조사 대상	보링(시추) 간격
건축물	사방 30~50m(최소한 2~3개소)
단지조성 매립지	절토구간 : 100~200m 성토구간 : 200~300m
지하철	개착구간 : 100m 터널구간 : 50~100m 고가 및 교량 : 교대 및 교각 위치마다 실시
도로 고속전철	절토구간 : 150~200m 성토구간 : 100~200m 교량 : 교대 및 교각 위치마다 실시

■ 표 4-4 건축물 기초구조 설계를 위한 보링간격 배치기준

대상 공사		보링간격 배치기준
건축물기초	연약층 분포지역	• 건축물 예상 위치에서 15~50m 간격 • 건축물 위치 확정 후 중간 지점에 추가 시추
	간격이 좁은 독립 기초의 대규모 구조물	• 각 방향으로 15m 간격으로 기초외벽, 기계실, elevator 실 등에 실시 • 효과적인 토층 단면을 얻을 수 있도록 배치하되 최소 3개소 이상 실시
	큰 면적에 하중이 적은 구조물	• 최소 네 모퉁이에 시추하고 토층 단면도 작성에 필요한 다수의 시추공을 내부 기초 위치에 추가
	면적 250~1,000m² 인 독립 강성기초	• 주변을 따라 최소 3개소의 boring을 실시한 후 그 결과에 따라 중간에 시추공을 추가
	면적 250m² 이하의 독립 강성기초	• 최소 대각의 모퉁이에 2개소, 중앙에 1개소의 시추를 실시한 후 그 결과에 따라 나머지 모퉁이에 시추공을 추가
광범위한 단지 조성 (공동주택, 공업단지 등)		• 예비조사 : 인접한 4개소의 boring hole을 잇는 면적이 현장 전체면적의 10% 정도가 되도록 배치 • 본조사 : 예비조사 결과 유효한 토층 단면을 얻을 수 있도록 추가 배치

2) 보링의 깊이

- 연약지반의 경우, 지지층 하부 1.5B (B: 기초의 폭) 깊이까지 조사.
- 보통지층 분포지역의 경우 기초 계획면 또는 깊은 기초의 하단에서 하부 1.5B까지 조사하고, 전면기초(mat 기초)의 경우는 암반층(연암층 이상) 하부 3m까지 확인한다. 또한 가설벽체 근입장 이상까지 확인한다.
- 깊은 기초의 경우 말뚝 선단에서 말뚝 직경의 5배 깊이까지 조사한다.
- 구조물 하중의 영향 범위 안에 기반암이 있을 경우에는 기반암으로부터 2m 깊이까지 조사한다.

(3) 보링의 종류

1) 오거 보링(auger boring)

나선형으로 된 송곳(auger)을 이용하여 간편하게 구멍을 뚫는 것으로 시료는 교란되며, 매우 연약한 점토 및 세립, 중립의 사질토에 적용한다.

2) 수세식 보링(wash boring)

경량 비트(bit)의 회전과 시추수의 분사로 굴진하며, 슬라임(slime)[9]은 순환수를 이용하여 지상으로 배출한다. 관입 또는 비트의 회전 저항과 순환 배제토(흙탕물)로 지층의 토질을 판정하는 방법으로 회전식과 병용하여 널리 이용된다. 일반 토사나 균열이 심한 암반(전석, 자갈층)에 적용하고, 연약 점토 및 느슨한 사질토는 부적당하다. 장치가 간단하고 경제적이다.

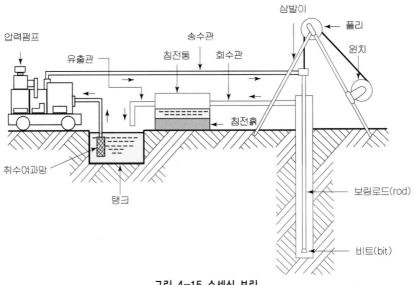

그림 4-15 수세식 보링

3) 충격식 보링(percussion boring)

충격 날(percussion bit)의 끝에 천공구를 부착하여 상하 작동에 의한 충격으로 천공한다. 거의 모든 지층에 적용 가능하고, 지하수 개발에 많이 이용한다.

4) 회전식 보링(rotary boring)

드릴 로드(drill rod)의 선단에 부착한 비트(bit)를 회전시켜 천공하는 방법이다. 드릴 로드를 통해 공급하는 안정액(泥水)을 사용하여 공벽(孔壁)을 안정시키고 슬라임은 순환 이수로 지상으로 배출한다. 지반교란이 적으며 암석 코어(core) 채취가 가능하고 속도가 비교적 빠르다. 공벽붕괴가 없는 얕은 지층, 연약하지 않은 점성토, 점착성이 다소 있는 토사층에 적용 가능하다.

---

9) 슬라임(slime)은 굴착토사 중에서 지상으로 배출되지 않고 굴착공 밑(공저 孔低) 부근에 남아 있다가 굴착 중지와 동시에 곧바로 침전된 것과 순환수 또는 공 내 수중에 떠 있던 미립자가 굴착 중지 후 시간이 경과 함에 따라 서서히 공저에 침전된 것이다. 슬라임은 말뚝이나 슬러리 월(slurry wall)의 지지력을 저하시키고, 침하를 야기한다. 말뚝이나 벽체 하부의 지수성을 저하시켜 보일링 현상을 발생시키기도 하고, 안정액의 물성을 저하시키므로 트레미(tremie) 관으로 흡입하여 제거하거나 air lift 방식으로 제거해야 한다.

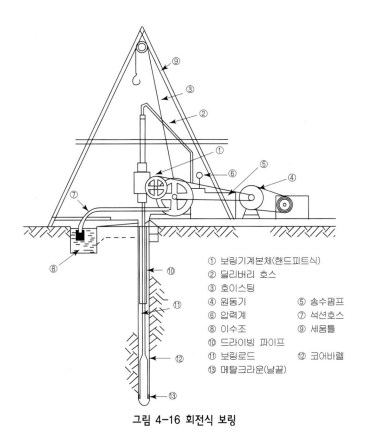

① 보링기계본체(핸드피트식)
② 딜리버리 호스
③ 호이스팅
④ 원동기　　　　　⑤ 송수펌프
⑥ 압력계　　　　　⑦ 석션호스
⑧ 이수조　　　　　⑨ 세움틀
⑩ 드라이빙 파이프
⑪ 보링로드　　　　⑫ 코어바렐
⑬ 메탈크라운(날끝)

그림 4-16 회전식 보링

(3) 현장시험(sounding)

로드(rod)의 선단에 부착한 저항체를 땅속에 삽입하여 관입·회전·인발 등에 대한 저항으로부터 토층의 성상을 탐사하는 시험이다. 사운딩은 보링과 병용하면 효과가 크다.

1) 표준관입시험(Standard Penetration Test : SPT)

미리 뚫어 놓은 시추공에 표준관입시험용 샘플러(sampler) [10]를 Rod의 선단에 부착하고 63.5kg의 추를 76cm의 낙하고로 자유 낙하시켜 30cm 관입시키는데 필요한 타격 횟수(N치)를 구하는 시험이다. 최대 2m 심도 간격으로 시추조사와 병행하여 실시하며, 대표성이 있는 곳이나 지층이 변하는 곳에서 실시하는 것을 원칙으로 한다. 시추공 내 수위는 최소 지하수위 이상으로 유지하여야 하며, 표준관입시험은 케이싱(casing) 하단에서 실시한다. 매 150mm 관입마다 3회 연속적으로 타격수를 기록하여야 하며, 슬라임(slime) 또는 시추공 벽의 붕괴 등으로 50mm 이상 차이가 났을 때에는 이를 제거한 후 시험을 실시한다.

---

10) 샘플러는 원통 분리형으로 그 크기는 바깥지름 50mm, 안지름 38.1mm, 길이 813mm.

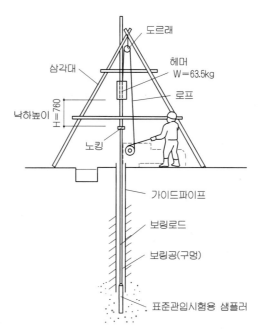

그림 4-17 표준관입시험

N치로부터 해당 지층의 상대밀도(사질토의 경우)나 전단강도(점성토의 경우)를 파악하여 흙의 지내력을 추정할 수 있다(표 4-5 및 표 4-6 및 쿨롱의 법칙 참조). 자갈층의 경우에는 N치로부터 판정하기 어렵다.

■ 표 4-5 사질토의 N치

N 치	흙의 상태	상대밀도	내부마찰각	현 장 관 찰
0~4	대단히 느슨	0.2 이하	30° 이하	D13 철근이 손으로 쉽게 관입
4~10	느슨	0.2~0.4	30°~35°	삽으로 굴착 가능
10~30	중간	0.4~0.6	35°~40°	D13 철근이 5파운드(약 2.27kg) 해머로 쉽게 관입
30~50	조밀	0.6~0.8	40°~45°	D13 철근이 5파운드 해머로 쳐서 30cm 정도 관입
50 이상	대단히 조밀	0.8 이상	45° 이상	D13 철근이 5파운드 해머로 쳐서 5~6cm 정도 관입, 굴착시 곡괭이가 필요하며 타입시 금속음 발생

■ 표 4-6 점성토의 N치

N 치	흙의 상태	전단강도	일축압축강도	현 장 관 찰
2 이하	대단히 무름	0.14 이하	0.25 이하	주먹이 10cm 정도 쉽게 관입
2~4	무름	0.14~0.25	0.25~0.5	엄지손가락이 10cm 정도 쉽게 관입
4~8	중간	0.25~0.5	0.5~1.0	노력하면 엄지손가락이 10cm 정도 쉽게 관입
8~15	단단	0.5~1.0	1.0~2.0	손가락으로 관입 곤란
15~30	대단히 단단	1.0~2.0	2.0~4.0	손톱으로 자국이 남
30 이상	딱딱	2.0 이상	4.0 이상	손톱으로 자국을 내기가 어려움

2) 현장 베인전단시험(vane shear test)

보링(boring) 구멍을 이용하여 50~100mm 크기의 베인(vane, +자형 날개)을 지중의 소요 깊이까지 넣은 후 회전시켜 회전력에 저항하는 모멘트를 측정한다. 연약 점성토질에 사용하며 10m 이상의 깊이가 되면 로드(rod)의 헛돌음 등이 있어 부정확하다.

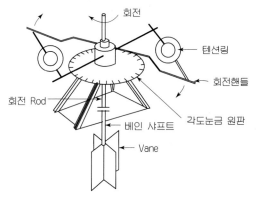

그림 4-18 vane test 장치

(4) 시추주상도(drill log)

보링과 표준관입시험 등으로 얻은 지층 구성, 지하수 위치, 지반의 단단하고 무른 정도(경연 : 硬軟) 등의 결과를 각각의 보링 위치에 대하여 하나의 시트로 정리한 것을 시추주상도(柱狀圖)라고 한다. 그림 4-19에서 알 수 있듯이 시추주상도에는 조사명, 조사번호, 조사위치, 좌표 및 지반고, 조사착수 및 종료일시, 토질 명 및 상태, 각 토층의 깊이 및 두께, 지하수위, 시료 채취 위치, 시료 번호 및 회수율, 원위치시험 종류, 위치 및 시험성과, 조사자 및 확인자 등을 명기한다.

시추 주상도로부터 검토 확인해야 할 사항과 요령은 다음과 같다.

•주요 위치의 시추 주상도를 연결하여 지층의 분포(지질 단면도)를 파악한다.(그림 4-20 참조)

•지하수위를 고려하여 차수 공법이나 배수 공법을 결정하고, 필요 시 현장투수시험을 실시하여 양수(揚水) 량을 산정한다.

•지층 별 N 값을 확인하여 사질토의 상대밀도, 점성토의 전단강도 등을 추정하고 지반의 지지력을 추정하며, 기초설계 및 기초의 안정성 여부를 확인한다.

•채취한 시료로 실내 토질시험을 실시하여 흙의 물리적, 역학적 성질을 확인한다.

(5) 지반조사보고서

공사현장 지반에 대한 답사, 탐사, 시추조사, 원위치시험 등을 수행한 후 최종적으로 지반조사보고서를 작성 제출한다. 지반조사보고서에는 조사 명, 조사 위치, 조사 목적 및 조사범위, 조사 기간, 조사 위치 평면도, 토질 종단도, 토질 주상도, 토질 시험성과표, 현장 조사 및 원위치시험 성과 등을 수록한다.

시 추 주 상 도
DRILL LOG

공 사 명 PROJECT	○○하수종말처리 (1차공사) 증설공사 중 지질조사	공 변 HOLE No.	BH-6	
위 치 LOCATION	X : 432497.504 Y : 170443.523	지표표고 ELEVATION	7.899	m
		지하수위 GROUND WATER	(GL-) 5.1	m
날 짜 DATE	2017년○월○일 ~ ○월○일	감 독 자 INSPECTOR		

(주) 시료채취방법의 기호 REMARKS
- ○ 자연시료 U.D. SAMPLE
- ◎ 표준관입시험에 의한시료 S.P.T. SAMPLE
- ● 코어시료 CORE SAMPLE
- ⊗ 흐트러진 시료 DISTURBED SAMPLE

표고 Elev. m	Scale m	심도 Depth m	층후 Thickness m	주상도 Columnar Section	지층명	지 층 설 명 Description	통일분류 USCS	시료번호	채취방법	채취심도	N치 (회/cm)	N blow 10 20 30 40 50
				△	매립층	★ 매 립 층 ★ - 심도 : 0.0 – 3.8m - 자갈 섞인 실트질 모래 - 황갈색 - 습윤상태 - 상대밀도 : 느슨	GM	S-1	◎	1.5	6/30	
								S-2	◎	3.0	7/30	
						- 심도 : 3.8 – 4.5m - 실트질 모래 섞인 전석 - 회갈색 - 굴진시 전석 코아 회수						
3.399		4.5	4.5					S-3	◎	4.5	5/30	
	5				퇴적층	★ 퇴 적 층 ★ - 심도 : 4.5 – 8.6m - 실트질 점토 - 암회색 - 습윤 내지 젖은 상태 - 연경도 : 보통	CL	S-4	◎	6.0	5/30	
								S-5	◎	7.5	7/30	
-0.701		8.6	4.1					S-6	◎	9.0	12/30	
	10				퇴적층	- 심도 : 8.6 – 11.5m - 실트질 모래 - 황갈색 - 습윤상태 - 상대밀도 : 중간 조밀	SM	S-7	◎	10.5	14/30	
-3.601		11.5	2.9					S-8	◎	12.0	35/30	
					풍화토	★ 풍 화 토 ★ - 심도 : 11.5 – 15.3m - 실트질 모래 - 황갈색 - 습윤상태 - 풍화정도 : 완전 풍화 - 상대밀도 : 조밀 – 매우 조밀	SM	S-9	◎	13.5	41/30	
-7.401	15	15.3	3.8					S-10	◎	15.0	50/15	
					풍화암	★ 풍 화 암 ★ - 심도 : 15.3 – 27.3m - 실트질 모래로 분리 - 회갈색 - 습윤상태 - 풍화정도 : 완전 – 심한 풍화 - 상대밀도 : 매우 조밀		S-11	◎	16.5	50/ 5	
								S-12	◎	18.0	50/ 4	
								S-13	◎	19.5	50/ 2	
								S-14	◎	21.0	50/ 2	
								S-15	◎	22.5	50/ 2	
	25											
-19.401		27.3	12.0									
					연암층	★ 연 암 ★ - 심도 : 27.3 – 29.0m - 편마암 - 회갈색 - 풍화정도 : 심한 – 보통 풍화 - 심한 균열 – 균열 - 약함 – 보통 강함 - 절리면 산화 - TCR : 56%, RQD : 0%						
-21.101		29.0	1.7			심도 29.0m에서 시추종료						
	30											

그림 4-19 시추주상도(drill log)

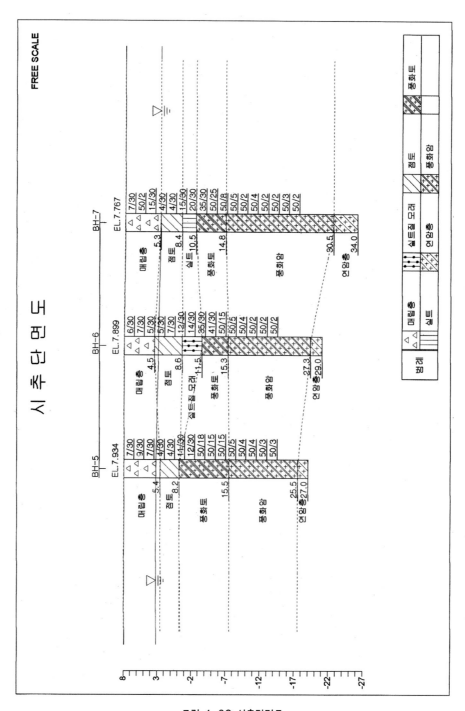

그림 4-20 시추단면도

(6) 시료채취(sampling)

지층의 판별 및 분류시험 등을 목적으로 시료를 채취하며, 채취 방법에는 흐트러진 시료의 채취와 흐트러지지 않은 시료의 채취가 있다. 채취한 시료는 시료병에 다져지지 않도록 넣은 다음 수분 증발을 방지할 수 있도록 왁스나 기타 밀봉 재료로 밀봉한다.

1) 흐트러진 시료채취(disturbed sampling)

토질이 흐트러진 상태로 시료를 채취하는 것을 말하며, 일반적으로 표준관입시험 시 SPT sampler로부터 얻는 방법이 가장 많이 사용된다. 동일 지층의 경우 1.0m 심도 간격으로 채취하며, 지층이 변할 때마다 추가로 채취한다.

2) 흐트러지지 않은 시료채취(undisturbed sampling)

토질이 자연 상태 그대로 흩어지지 않도록 채취하는 것으로 공학적으로 중요한 현장 계수를 얻기 위하여 보링(boring)과 병행·실시한다. 동일 지층의 경우 2.0m 심도 간격으로 채취한다. 샘플러(sampler)는 면적비가 15% 이하의 얇은 관(thin-walled tube)을 사용하며, 한 번 사용한 것은 재사용하지 않는다.

시료채취는 샘플러를 굴착구멍 저부에 충격이나 비틀림을 주지 않고 계속적이고 신속한 동작으로 흙 속에 관입시켜 시료의 흐트러짐을 최대한 방지하여야 하며, 시료채취 회수율(recovery ratio)을 90% 이상 유지하여야 한다. 샘플러는 관입 후 빼내기 전에 시료의 아랫 부분을 절단하기 위해 적어도 두 번 회전시킨다.

시료채취 샘플러는 빼낸 즉시 관입깊이와 시료 길이를 측정하고 양단의 흐트러진 시료를 완전히 제거한 후 밀봉 재료를 사용하여 밀봉한다. 시료는 동결되지 않도록 하고, 충격이나 진동 등으로 흐트러지지 않도록 방충재료를 사용하여 주의 깊게 운반한다.

(7) 토질 시험

1) 물리적 시험

흙의 물리적 성질을 판단하기 위한 시험으로 함수량, 비중, 입도, 액성한계, 소성한계, 단위체적 중량, 투수시험 등이 있다.

2) 역학적 시험

흙의 역학적 성질, 특히 전단강도를 판단하기 위한 중요한 시험이다.

- 직접전단시험(direct shear test) : 수직하중을 가해 대응하는 전단력을 측정하는 시험으로 시험절차가 간단하여 강도정수만을 목적으로 할 경우 많이 활용된다.
- 1축 압축시험(unconfirmed compression test) : 직접 하중을 가해 파괴 시험하는 방법으로 대기 중에서 시료가 허물어짐 없이 자립할 수 있어야 하므로 일반적으로 점토질 시료에 적용한다.
- 3축 압축시험(triaxial compression test) : 일정한 측압과 수직하중을 가해 공시체를 파괴 시험하는 것이다. 응력조건과 배수조건을 조절할 수 있으므로 현장지반 상태의 재현이 가능하여 신뢰성 있는 시험결과를 얻을 수 있지만, 시료의 제작과 실험과정이 다소 복잡하여 숙달된 실험자가 필요하다.

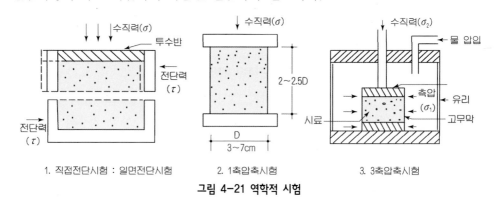

그림 4-21 역학적 시험

(8) 지내력 시험

지내력이란 지반이 상부의 하중을 지지하는 능력인 지지력과 허용 침하량을 만족시키는 지반의 내력을 말한다. 즉 허용지내력은 허용지지력과 허용침하를 동시에 만족시켜야 한다. 평판재하시험과 말뚝재하시험으로 최종 지반의 내력을 판정할 수 있는데 여기에서는 평판재하시험에 대해서 설명하고, 말뚝재하시험은 제7장 4.5절 '말뚝재하시험(pile load test)'에서 기술한다.

1) 평판재하시험(plate bearing test)

소규모의 저층 건축물 공사현장 등에서 지반의 지지력을 간단하게 구하는 방법으로 평판재하시험을 많이 이용한다. 구조물을 설치하는 지반에 재하판을 설치하고 그 위에 하중을 가한 후 하중-침하량의 관계로부터 지반의 지지력을 구하는 원위치시험의 하나이다. 재하판의 규모에 따라 시험범위가 제한되므로 지반의 성상이 깊이 방향에 따라 변화하거나 국부적으로 불규칙할 때는 사운딩이나 토질시험을 병용해야 한다. 지중 응력의 값이 접지압(P)의 0.1~0.2배 정도까지 감소하는 것은 기초 폭의 2.0~2.5배 깊이에 이르며, 이 범위를 하중의 영향 범위라고 하고 기초의 변형 성상에는 이 범위의 지층이 관계한다.

시험판의 크기가 지름 450mm의 원형 판인 경우 기초 판 바로 아래 지반 약 1m 깊이까지의 지지력을 구하기 위해서는 의미가 있으나 변형 성상에 대해서는 영향권 내의 지층 구성이 균일한 경우 이외에는 별로 의미가 없다. 더구나 지반의 허용내력은 허용지지력과 허용침하량(변형량)을 모두 감안하여 판정하는 것이므로 지층 구성이 복잡한 경우에는 지지력에만 의존한다는 것은 매우 위험하다. 이 방법은 온통기초나 독립기초인 경우에 채용할 수 있지만, 다른 지반조사 결과나 토질시험결과와 함께 종합적으로 판단하여야 한다.

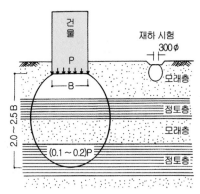

그림 4-22 하중의 영향범위

평판재하시험은 다음과 같은 방법으로 실시한다.

• 건축물을 설치하는 기초 저면(低面)까지 굴착한다. 시험을 실시하는 깊이에서의 굴착 폭은 재하판 크기의 4배 이상이 되어야 한다.

• 재하판에 하중을 가하고, 다이얼 게이지(dial gauge)로 침하를 측정한다. 예상 지지력의 1/5씩 단계적으로 하중을 증가시키며, 침하가 거의 정지하거나 1시간 이상 경과된 후에 다음 단계의 하중을 가한다.

• 파괴가 발생하거나 침하량이 25mm가 될 때까지 시험을 계속하고, 하중을 제거한 후 1시간 이상 탄성회복량(rebound)을 측정한다.

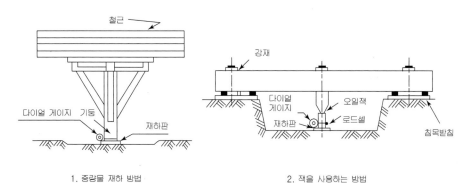

그림 4-23 중량물 재하 방법(좌), 잭을 사용하는 방법(우)

평판재하시험의 요령과 유의사항은 다음과 같다.

• 최소한 3개소를 선정하여 시험한다.

• 재하판은 지름 30, 45, 75cm의 원형 철판(두께 22mm 이상)을 표준으로 사용한다.

• 다이얼 게이지는 스트록(stroke, 측정범위) 50mm 이상으로서 0.01mm 이상의 정밀도를 가져야 한다.

• 잭(jack)은 유압 잭이나 기계식 잭으로서 충분한 용량(5~40톤)을 갖고 있어야 하며, 가해진 하중을 측정할 수 있도록 압력 게이지(pressure gauge)나 하중계(proving ring) 또는 하중변환기(load transducer)가 부착되어 있어야 한다.

• 재하판에 하중을 가하는 방식으로는 철근, PC판 등의 중량물을 이용하는 중력식과 어스앵커, 인장말뚝 등을 이용하는 반력식, 그리고 공사현장에서 트럭이나 굴착기 등 중장비를 사용하는 방법이 있다.

• 하중속도를 일정하게 유지하는 경우 계획 최대하중을 5~7단계로 나누어 재하한다.

• 재하단계에서 2, 4, 6, 8, 15, 30, 45, 60분, 그 후에는 15분마다 하중과 침하량을 측정한다.

• 침하량이 15분간 0.01mm보다 작아지면 다음 단계의 하중을 재하한다.

• 예상 최대하중을 초과하고 침하량이 15분간 0.01mm보다 작으면 침하정지로 간주한다.

• 허용지지력은 다음 값 중에서 작은 값을 택한다.
  − 항복하중의 1/2 이하
  − 극한하중의 1/3 이하
  − 상부 구조물에 따라 정한 허용 침하량에 상당하는 하중 이하

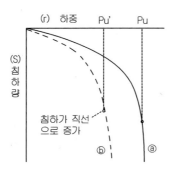

하중-침하곡선의 형태와 극한지지력

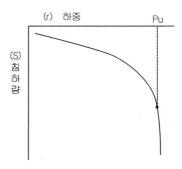

log P-S 곡선과 극한지지력

그림 4-24 하중-침하곡선

장기 허용지지력은 다음과 같이 산정한다.

$$q_a = q_t + \frac{1}{3}rD_f\,N_q$$

q_a : 장기허용 지지력

q_t : 항복하중의 1/2 또는 극한지지력의 1/3 중 작은 값

r : 지반의 평균 단위체적중량(t/m^2)

D_f : 근접한 최저 지반면에서 기초 밑면까지의 깊이(m)

N_q : 지지력 계수

【참고문헌】

1. 권호진 외 3명, 기초공학, 구미서관, 2007

2. 건축공학설계편찬위원회, 건축공학설계개론, 기문당, 2005

3. 국가건설기준센터, 건설공사 표준시방서 및 전문시방서, 2020

4. 국토교통부, 국가건설기준_표준시방서 KCS 10 20 20 지반조사, 2016

5. 국토교통부, 국가건설기준_표준시방서 KCS 10 30 05 시공측량, 2019

6. 국토교통부, 국가건설기준_표준시방서 KCS 11 00 00 지반공사, 2019

7. 국토교통부, 국가건설기준_표준시방서 KCS 11 10 10 시공중 지반조사, 2019

8. 국토교통부, 국가건설기준_표준시방서 KCS 11 10 15 시공중 지반계측, 2019

9. 국토교통부, 국가건설기준_표준시방서 KCS 11 30 05 시공 측량, 2019

10. 김명모, 토질역학, 문운당, 2000

11. 대한건축학회, 건축기술지침, 2017

12. 대한건축학회, 건축공사표준시방서, 2019

13. 조규진, 측량정보공학, 양서각, 2019

14. 한국주택도시공사(LH), CONSTRUCTION WORK_SMART HANBOOK, 2019

15. 大岸佐吉 외 1명, 建築生産(第3版), オ-ム社, 1998

16. Edward Allen, Fundamental of Building Construction - Materials and Methods, John Wiley & Sons, Inc., 1999

토공사

5.1 ● 개요

이 장에서는 토공사와 관련된 주요 공법, 기술 등을 다룬다. 토공사는 크게 토공사 계획 수립, 토공 장비(건설기계) 선정, 흙막이 공사, 흙파기 및 반출의 순서로 진행되며 이 과정에서 현장 상황에 따라 지하수 처리, 지반개량 등의 업무가 수행된다. 이 장의 끝 부분에서는 토공사 업무 전반에 걸친 흐름, 업무 단계별 발생 가능 문제점 및 대책도 소개하였다.

토공사는 대지조성 및 지하구조물 건축을 위한 터를 마련하기 위한 것으로 터 고르기 (grading), 절토(깎아내기), 굴토(터파기, 흙파기), 되메우기, 성토(흙돋우기), 다짐(흙다지기),

잔토처리 등을 포함한다.

흙파기 공사에서는 토질 상황을 철저하게 조사하여 공사계획을 수립해야 한다. 착공 전에 지반조사(또는 지질조사)를 했어도 지하수의 유출, 지하수위의 변경, 암반의 돌출 등 예상하지 못한 장애물과 기후의 영향으로 공기의 지연과 공사비의 증대를 초래할 수 있다.

흙파기 등으로 인접한 건축물에 균열·침하 등의 피해를 주지 않아야 하며 소음·진동 등의 건설공해에 대한 대비책을 강구해야 한다. 지하수 처리 및 토사붕괴 등에 대비해 서도 사전에 계획을 수립해야 한다. 토공사의 시공계획은 설계도서를 검토하여 표 5-1 과 같은 사항을 조사한 후 작성한다.

■ 표 5-1 토공사 계획 시 조사사항

조 사 항 목		조 사 내 용
부지 내	부지의 상황	인접대지 및 도로 경계선(굴착선과 경계선의 위치관계), 부지의 고저
	매설물	잔존 구조물(구 건축물의 지하실·기초·파일)의 위치, 매설물의 위치·치수
	공작물 등	연못·우물·수목 등의 위치
부지주변	교통상황	부지까지의 경로(도로 폭), 주변 도로의 상황(도로 폭, 교통량, 신호의 유무, 일방통행, 좌·우회전 금지), 잔토처리장까지의 경로(도로 폭, 높이제한, 평균소요시간), 교량·고가도로 등 통행제한
	매설물	상하수도관·가스관·통신케이블·공동구·지하철·맨홀 등의 위치·치수·형상
	공작물	전주·전화박스·소화전·화재탐지기·신호·교통표지·가로등·우편포스터·가로수·버스정류장 등(위치·출입구의 위치관계·치수, 이동설치의 가능성)
	인접구조물	건축물(부지경계선부터의 거리, 구조·기초형식·중량), 특수구조물(옹벽·호안 등의 위치, 구조·기초형식·중량 등)
지반조건	지반구성	지층 구성 : 순서, 각층 두께
	토질 성상	물리적 성상(단위용적중량·입도분포 등), 역학적 성상(점착력·내부마찰각·1축 압축강도·N값·압밀특성 등), 수리학적 성상(투수성·간극·수압)
	지하수	수위·수량·피압수
기 타	환경 조건	소음·진동 등 건설공해에 대한 환경기준 및 주민의 반응
	지형 조건	기상·하천·지반침하
	인근현장 적용공법	인근에서 수행한 지하공사의 시공법 등

건축물의 규모가 대형화·고층화되고 도심지에서는 주변 건축물에 근접하여 시공하는 경우가 많기 때문에 지하수위 저하, 흙막이 벽 붕괴 등으로 인근 건축물이나 도로의 침하나 균열 또는 땅꺼짐(sink hole 등) 사고를 일으킬 수 있다. 따라서 지하공사 특히, 토공사 계획은 유사 공사 경험과 공사주변 현황·환경 등을 고려하여 고도의 기술력과 치밀함으로 신중히 수립하여야 한다.

지하공사 계획을 세우기 위해서는 다음과 같은 내용을 조사해야 한다.

① 기초 설계조건

② 현장의 입지조건

③ 지반조건

④ 소음·진동 등의 시공조건

⑤ 법령 등의 규제조건

1.사전조사	주변조사, 지반조사, 토질조사, 관련법규 조사
2.굴착단면의 검토 (흙막이 필요성 검토)	지하수 상태, 주별 구조물/건물의 기초 상태
3.흙막이 공법의 선정	토질, 안정성, 차수성, 경제성, 공기 및 공해 검토
4.배수 계획	지하수위 조사, 양수량 측정, 하수관 배수능력 조사
5.굴착방법 검토	굴착순서, 굴착기계의 선정, 동선계획, 잔토반출장비의 선정
6.굴착토의 운반	잔토 운반로 계획, 잔토 매립지 반입방법
7.인접구조물 보양	언더피닝 공법, 지중·지상 시설물 조사, 웰포인트 공법
8.현장계측 계획	시공 공정표 작성, 계측장소 위치, 작업계획도 작성
9.토공사 계획	시공 공정표 작성, 장비투입 계획, 작업계획도 작성

그림 5-1 토공사의 일반 절차

이들 조사를 기초로 다음과 같은 내용을 포함하여 지하공사 계획을 작성한다.

① 각종 조사자료 : 부지 하부의 각종 공공설비(상하수도, 가스, 전기 등) 라인 조사, 부지 주변 건물 및 시설 조사, 지반 조사 등

② 굴착계획도 : 굴착단면, 굴착방법, 굴착기종, 동선계획, 잔토처분 등

③ 흙막이 계획도 : 흙막이 평면·단면, 건물과의 관계도, 상세도

④ 배수계획도 : 배수방법, 배수기계, 배수계통도, 이수(泥水)처리도

⑤ 관리계획도 : 주변건물 변형측정계획, 흙막이 계측설비

5.2 토공사 장비의 선정

(1) 토공사 장비의 선정조건

토공사용 기계/장비는 종류가 많고 각각 다른 특징을 갖고 있으므로 다음과 같은 외적 조건을 고려하여야 선정한다.

① 흙의 굴착 깊이 : 장비의 용량
② 굴착된 흙의 처리 : 임시 야적장과의 거리, 사토장까지 반출거리
③ 흙의 종류
④ 토공사 기간 : 장비의 유형 및 조합, 장비 성능, 장비 대수
⑤ 기상 조건 및 주위 환경

다음과 같은 특성까지 확인하여 토공 장비를 최종 선정한다.
① 성능이 안정된 것
② 신뢰성이 높은 것
③ 경제성이 높은 것
④ 타 장비와의 조합효율이 높은 것
⑤ 범용성이 좋은 것
⑥ 비교적 수월히 입수할 수 있는 것

(2) 토공사 장비의 종류 및 특징

1) 불도저(bulldozer)

흙의 표면을 밀면서 깎아 단거리 운반을 하거나 터 고르기, 절토, 집토, 정지작업을 하는 기계이다. 주행방식에 따라 무한궤도식 불도저와 타이어식 불도저가 있다. 중량은 8~20ton 정도이고 배토판은 상하로 움직일 수 있다. 운반거리는 최대 100m 이하이며 적정거리는 50~60m이다.

① 파일 드라이버
② 드래그 라인
③ 크레인
④ 클람셀
⑤ 파워쇼벨
⑥ 드래그 쇼벨(백호)

ⓐ 크롤러
ⓑ 트럭
ⓒ 휠

그림 5-2 토공사 장비의 종류

2) 앵글 도저(angle dozer)

배토판이 위, 아래 뿐 아니라 진행방향 좌우로 30°까지 좌우로 회전할 수 있는 점이 불도저와 다르다. 산허리 등을 깎아내리는 데 유효하다. 불도저와 앵글 도저는 토공사 초기에는 효율적이나 토공사의 깊이가 깊어질수록 그 효율성은 감소된다.

3) 로더(loader)

로더는 파헤쳐진 흙을 담아 올리거나 이동하는 데 사용되는 기계이다. 쇼벨, 버켓을 장착한 트랙터 또는 크롤러 형태가 있다. 트럭에 흙을 싣기 위한 용도와 도저와 같은 용도로 이용된다.

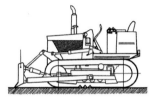
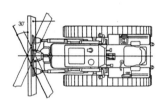
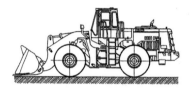

그림 5-3 불도저   그림 5-4 앵글도저   그림 5-5 로더

4) 파워쇼벨(power shovel)

지반보다 높은 곳(기계의 위치보다 높은 곳)의 굴착에 적합하며, 굴착높이는 1.5~3m가 적당하다. 버켓의 용량은 약 $0.6\sim1.0\text{m}^3$이다.

5) 스크레이퍼(carryall scraper)

스크레이퍼는 굴착, 상차, 운반, 정지 작업 등을 할 수 있는 기계로 대량의 토사를 고속으로 운반하는 데 적당하다.

6) 클람 셸(clamshell)

사질지반의 굴착과 좁은 곳의 수직 굴착(지하 연속벽 등)에 좋으며 토사 채취에도 사용된다. 굴착 깊이는 보통 8m이고 최대 18m까지 가능하다.

7) 드래그라인(dragline)

기계가 서있는 위치보다 낮은 곳의 굴착에 좋다. 넓은 면적을 팔 수 있으나 파는 힘은 강력하지 못하여 연질지반 굴착에 사용하며 모래 채취나 수중의 흙을 파 올리는 작업에 이용된다.

8) 백호(backhoe, excavator)

기계가 서 있는 위치보다 낮은 곳의 굴착에 좋다. 파는 힘이 강하여 경질지반의 굴착 뿐 아니라 수직 굴착도 가능하다. 이 장비는 굴착/굴삭 작업 뿐 만 아니라, 토사를 운반·적재하는 작업, 건물을 해체하는 파쇄작업, 지면을 정리하는 정지작업도 할 수 있다.

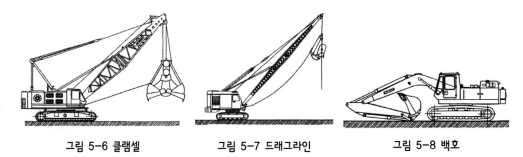

그림 5-6 클램셀   그림 5-7 드래그라인   그림 5-8 백호

9) 덤프트럭(dump truck)

기동성이 우수하여 도로상에서 자유롭게 왕복이 가능하다. 산지 등에서도 통행할 수 있어 어느 현장에서나 다양하게 사용된다.
① 덤프 형태에 따른 구분
  • 리어 덤프트럭(rear dump truck) : 적재함을 뒤로 들어올려 화물을 쏟아버리는 트럭
  • 보톰 덤프트럭(bottom dump truck) : 적재함 지면을 열어 화물을 쏟아버리는 트럭
② 용도에 따른 구분 : 일반토사 운반용, 암석 운반용 등

5.3 · 흙파기

(1) 흙파기 공법

건축물의 지하층이나 기초를 축조하기 위한 터파기 공사는 다양한 종류의 장비를 최적으로 조합하고 동선을 매끄럽게 처리하는 것이 핵심 사항이다.

1) 경사 오픈 컷(open cut) 공법

굴착 면을 경사지게 하여 흙막이 벽이나 가설 구조물이 없이 굴착하는 공법이다. 굴착면적에 비해 대지면적이 큰 경우에 사용된다. 점토질일 경우에는 경사면이 붕괴될 우려가 있다.

사면(斜面) 붕괴 방지의 요점은 사면부 특히 사면 상부에 물이 침투하지 않도록 하는 것이다. 오픈 컷 공법은 터파기 후 경사면의 수정이 어려우므로 굴토 전 관련 자료를 분석하여 적합한 굴토 시작선(경사각)[1]을 설정해야 한다. 이 공법은 상대적으로 비용이 덜 들고 공기 단축이 가능하지만, 굴착토량 및 되메우기 토량이 많아진다.

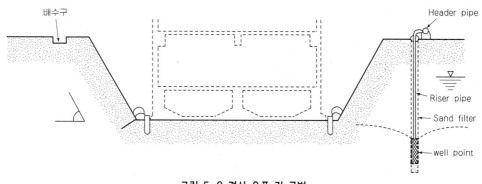

그림 5-9 경사 오픈 컷 공법

2) 자립식 흙막이 공법

토압을 흙막이 벽의 횡 저항으로 지지하며 흙막이 벽을 자립시켜 굴착하는 공법이다.

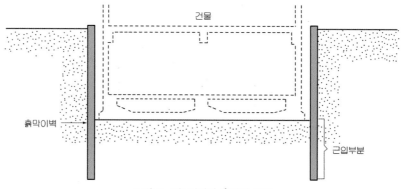

그림 5-10 자립식 흙막이 공법

3) 어스앵커(earth anchor) 공법

흙막이 벽의 뒷면에 어스앵커를 설치하고, 앵커의 인발력으로 토압에 저항하는 방법이다. 어스앵커를 인접 건축물의 대지 밑까지 설치해야 하는 경우가 많으므로 그 경우(근접시공)에는 적용이 불가능하거나 인접 건물주의 허락을 받아야 한다. 이러한 문제를 해결하기 위해서 앵커를 제거할 수 있도록 만들어(제거식 유턴(u-turn) 앵커)적용하는 현장이 늘고 있다. 연약층이 두꺼운 경우에는 어스앵커의 길이를 길게 해야 한다.

---

1) 안식각(angle of repose)에 대한 설명임. 자연 상태 경사면이 수평면과 이루는 각으로 미끄러져 내리지 않는 최대각임. 내부마찰각과 밀접하게 관련되며, 보통의 흙은 30°, 사질토는 35° 내외이다.

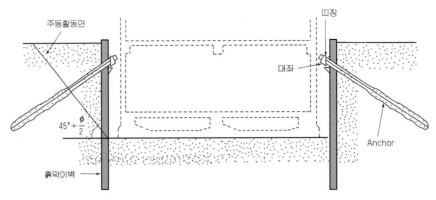

그림 5-11 어스앵커 공법

4) 아일랜드 컷(island cut) 공법

대지 주위에 흙막이 벽을 설치하고, 흙막이 벽에 접하여 경사면을 남겨두어 흙막이 벽을 지지하도록 한다. 이후 중앙부를 먼저 굴착하여 그 위치에 구조물을 축조한 후 남은 주변부를 굴착하여 주변부의 구조물을 완성시키는 공법이다.

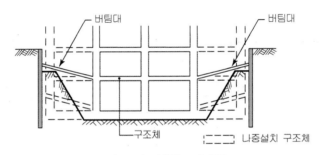

그림 5-12 아일랜드 컷 공법

5) 트렌치 컷(trench cut) 공법

측벽이나 주열선 부분을 먼저 파내고 그 부분에 구조물을 축조한 다음 중앙부의 나머지 부분을 파내어 지하구조물을 완성해 나가는 공법이다. 이 공법은 아일랜드 컷 공법과는 반대의 형식을 취하는 공법이다.

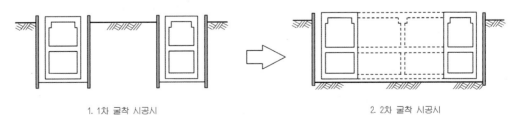

1. 1차 굴착 시공시   2. 2차 굴착 시공시

그림 5-13 트렌치 컷 공법

아일랜드 컷 공법과 트렌치 컷 공법은 공통적으로 다음과 같은 특징을 가지고 있다.
- 연약지반에 적용이 가능하다.
- 깊은 기초에는 부적합한 공법이다.
- 이중 작업으로 인해 공사기간이 연장된다.
- 아일랜드 컷 공법의 경우 경사버팀대의 변형이 우려된다.
- 트렌치 컷 공법의 경우 이중널 시공으로 인해 공사기간과 공사비가 상승할 수 있다.

6) 탑 다운(top down) 공법

흙막이 벽을 설치한 후 본체 구조의 1층 바닥을 축조하여 이것으로 흙막이 벽을 지지하면서 아래쪽으로 굴진하여 지하 각 층 바닥, 보를 축조하여 차례로 굴착해 가며 동시에 지상부의 구체 시공도 추진하는 공법이다. 1층 바닥(ground level)을 기준으로 상하 양방향으로 공사를 진행할 수 있어 공기가 대폭 단축되며, 주변 지반 및 인접 건축물에 미치는 영향이 타 공법에 비하여 훨씬 작고, 소음 및 진동이 적어 도심지 공사로 적합하다. 이 공법은 흙파기 방법의 하나이면서 도심지 공사에서 자주 활용되는 지하 및 지상 구조체 구축 공법이다.

탑 다운 공법 적용 시 1층 슬래브 공사는, 그 면적이 클 경우 한 번에 시공하는 것이 곤란하고 작업장으로 활용되면서 슬래브 중 일부는 토공 반출구로 사용되므로 몇 개의 zone으로 나눠 시공하는 것이 보통이다[2]. 탑 다운 공법은 어떤 방식이든 1층 슬래브를 타설한 후 지하 터파기 공사가 진행되므로 지하층 공사를 위한 환기설비와 조명설비를 완비하여야 한다.

탑다운 공법은 흙막이벽, 지하층 기둥(PRD, RCD 등 철골), 기초, 지상층 기둥(철골, RC), 굴토 공사 등의 순서에 따라 full top down, semi top down, up-up, down-up 공법 등으로 분류된다. 공기단축 효과는 보통 full top down이 가장 크고, down-up 방식이 가장 작다.

여기서는 대표적으로 top down 공법과 up-up 공법에 대하여 설명한다.

① top down 공법

  top down 공법은 다음과 같은 순서로 진행된다.

---

[2] 1개 zone의 크기는 보통 1,600~2,000㎡로 계획한다.

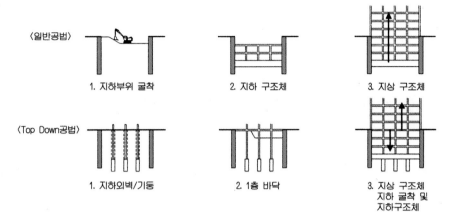

〈일반공법〉

1. 지하부위 굴착

2. 지하 구조체

3. 지상 구조체

〈Top Down공법〉

1. 지하외벽/기둥

2. 1층 바닥

3. 지상 구조체
   지하 굴착 및
   지하구조체

그림 5-14 Top Down 공법

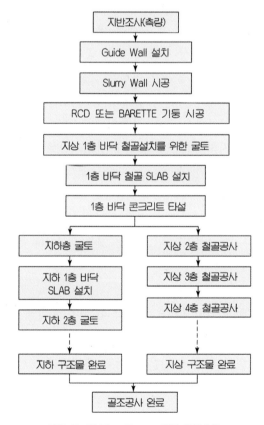

지반조사(측량)

Guide Wall 설치

Slurry Wall 시공

RCD 또는 BARETTE 기둥 시공

지상 1층 바닥 철골설치를 위한 굴토

1층 바닥 철골 SLAB 설치

1층 바닥 콘크리트 타설

지하층 굴토	지상 2층 철골공사
지하 1층 바닥 SLAB 설치	지상 3층 철골공사
지하 2층 굴토	지상 4층 철골공사
지하 구조물 완료	지상 구조물 완료

골조공사 완료

그림 5-15 Top Down 공법 시공순서

탑다운 공법의 특징은 다음과 같다.
- 초기에 상부 구조물의 시공이 가능하므로 공기 단축이 가능하지만, 공사추진이 다소 복잡하고 치밀한 계획이 필요하여 비용이 증대될 수 있음
- 부지의 형상에 제한을 받지 않음
- 지하 연속벽이 본 건축물 지하 외벽으로 사용되며, 직접 지하층 바닥 면에 지지되어 지반 침하 등 최소화됨
- 인접 지반 구조물 보호 및 연약지반의 안정성 확보
- 소음 진동 등 건설공해 발생이 비교적 작아서 민원 최소화
- 강제 급배기, 지하 조명 등 별도의 설비가 필요
- 지하 작업공간이 좁고 굴착과 본체공사가 교대로 이루어지므로 작업성이 떨어짐
- 토압 및 작업하중에 대한 철저한 철저한 계측 및 시공관리가 요구됨

탑 다운 공법의 적용 여부를 판단할 때 다음과 같은 사항을 고려한다.
- 사무실과 공지의 임대료가 비싼 도심지일수록, 지가(地價)가 높은 곳일수록 효과가 크다.
- 현장 내 여유 공지가 없는 현장일수록 효과가 크다.
- 지하층의 깊이가 깊을수록 효과가 크다.
- 공기를 단축함으로써 임대 수입이 늘어나는 곳일수록 효과가 크다.
- 주변의 건축물이나 구조물들이 부지 경계선에 근접할수록 효과가 크다.

② 업-업(up-up) 공법

건축구조물의 구체공사를 시공함에 있어서 지하층과 지상층의 두 지점에서 동시에 병행하여 추진하는 공법을 의미한다. 탑 다운 공법과 마찬가지로 1층 바닥 슬래브를 선 시공한 후 굴토 및 골조공사를 진행한다는 점에서 유사하지만 업-업 공법의 경우 순타(順打)시공으로 탑 다운 공법보다 시공이 용이하여 공기 단축 및 시공의 질 향상을 기대할 수 있다.

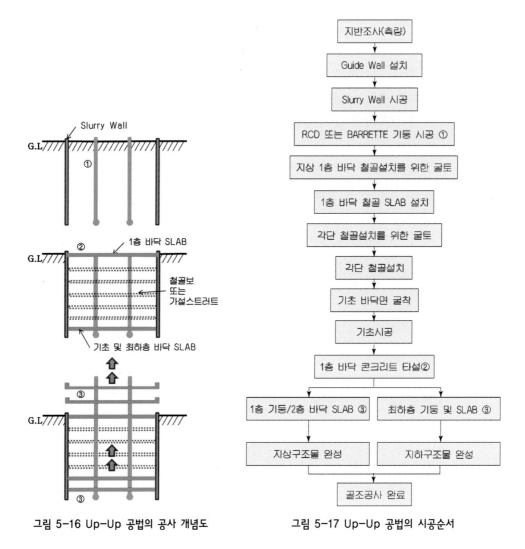

그림 5-16 Up-Up 공법의 공사 개념도　　　　그림 5-17 Up-Up 공법의 시공순서

(2) 되메우기 및 잔토처분

1) 되메우기와 다지기

흙파기에 의하여 생긴 흙은 건축물의 기초나 지하실 등의 구조체가 완성되면 되메울 흙만 남겨두고 그 이외의 흙은 공사장 밖으로 반출한다. 좁은 대지 내에서 되메울 흙을 공사장 내에 남겨두면 현장 작업에 지장이 되므로 공사장 밖으로 반출하고, 되메울 때 새 흙을 반입하거나 근처 빈터를 빌려 그곳에 되메울 흙을 보관하였다가 다시 쓴다.

되메우기에 쓰일 흙으로는 실적률이 크고 다지기 좋은 사질토가 바람직하다.

모래로 되메우기할 때는 충분한 물 다짐을 하고, 일반 되메우기는 두께 약 300mm 정도 메울 때마다 래머(rammer), 컴팩터(compactor), 롤러(roller)3)로 잘 다지거나 물 다짐한다. 다질 때 지하 매설물의 이동·침하·변형·파손이 없도록 주의해야 한다. 벽돌로 쌓은 줄기초 벽 부분은 벽돌을 쌓은 후 3~5일 경과 후 되메우기를 하며, 벽 안팎을 동시에 균일한 정도로 다져야 한다.

2) 잔토처분

흙은 파내면 부피가 증가되었다가 시간이 지남에 따라 약간 감소하지만 파내기 전의 상태로는 되지 않는다. 파낸 흙은 이를 고려하면서 되메우기에 필요한 흙만 남겨두고 나머지는 공사장 밖으로 반출한다. 잔토의 반출은 흙파기의 능률에 큰 영향을 주므로 흙파기와 반출은 서로 지장이 없도록 계획하여야 한다. 흙 버릴 장소(捨土場)를 미리 계획하지 않으면 비용과 시간이 추가로 소요될 수 있으므로 유의하여야 한다.

3) 한냉 기후에 대한 주의사항

기초 터파기 바닥 면은 동결되지 않도록 한다. 동결될 경우에는 공사감독이나 건설사업관리자와 협의하여 동결토를 제거하고 양질의 재료로 치환하는 등 지내력이 저하되지 않도록 조치한다. 되메우기/성토 및 땅고르기에는 동결 토사를 사용해서는 안 된다.

5.4 ● 지하수 처리

(1) 배수공법의 선정

흙파기공사를 안전하고 효율적으로 수행하기 위해서는 지반 내의 불필요한 지하수를 배수해야 한다.

1) 배수공법 선정과정

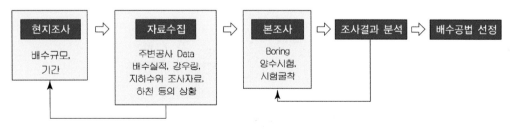

그림 5-18 배수공법의 선정과정

---

3) 점성토는 타이어 롤러, 사질토인 경우 전압진동 롤러로 다진다.

2) 배수공법 선정 시 고려사항

① 목적 : 지하수위 저하의 양이나 범위 등
② 토질 : 흙의 입도, 투수성에 따른 적절한 방법
③ 지하수의 상태, 기상조건 : 수량, 수압
④ 현장여건 : 인접구조물, 지하 매설물
⑤ 공사기간, 공사비 : 가설전기설비의 용량 및 유지·관리

(2) 배수공법의 종류

건축공사에 쓰이는 배수공법은 다음과 같다.

■ 표 5-2 배수공법의 종류와 특징

배수방법	공 법	원 리	적 용 지 반
중력배수	•집수정 공법 •깊은 우물 공법	지하수를 중력에 의해 집수하여 펌프를 사용, 지상으로 배수	자갈이나 왕모래 등, 입자가 거칠고 투수계수가 큰 지반
강제배수	•웰포인트 공법 •진공압밀 공법 •전기삼투 공법	지반을 진공상태로 만들거나 전기에너지를 가함으로써 강제적으로 지하수를 집수하여 배수	토립자가 작고 투수계수가 작아 중력만으로는 지하수의 이동이 느린 지반

1) 집수정 공법

공사에 지장이 없는 위치에 깊이 2~4m 정도로 굴착하여 집수통을 설치하고 여기에 모인 지하수를 펌프를 사용하여 외부로 배출시킨다. 펌프는 진동식 수중펌프, 다이어프램 펌프 등을 사용하고 호스의 끝에는 찌끼 등을 걸러주기 위하여 스트레이너 (Strainer)를 부착한다.

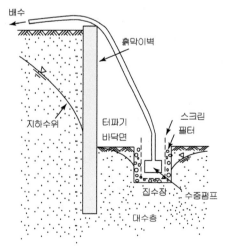

그림 5-19 집수정 공법

2) 깊은 우물(deep well) 공법

지하수위를 낮추고자 하는 구역의 주위에 지름 20~80cm 정도의 우물을 설치하고, 스트레이너를 부착한 파이프를 삽입하여 수중펌프로 양수하여 지하수위를 저하시키는 공법이다. 파이프와 우물벽과의 공간에는 필터재를 충전하여 스트레이너의 막힘을 방지한다.

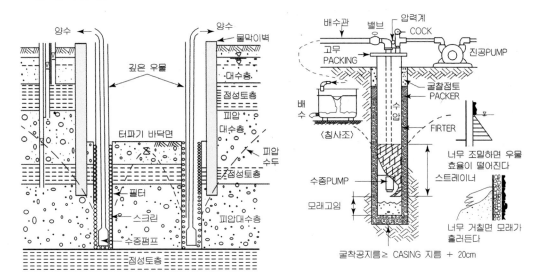

그림 5-20 깊은 우물 공법

3) 웰포인트(well point) 공법

흙파기할 때 모래층 또는 모래 섞인 자갈층에 도달하면 지하수가 많이 나오는 것이 보통이다. 지하수는 토질을 약화시키고 흙막이 벽에 대한 압력(수압)을 증대시켜 공사를 어렵게 만든다. 웰포인트 공법은 대표적인 강제 배수공법으로 흙막이벽과 인접 건축물 사이에 pipe(well point)를 삽입하여 지하수를 펌프로 배수하는 공법으로 지하수위가 저하된다(dewatering).

양수관(riser pipe)의 끝에 지름 6cm, 길이 약 1m의 흡수관(well point)을 붙여 1~1.5m 간격으로 대수층(帶水層)까지 관입시키고 지상의 집수정에 연결하여 지중의 물을 펌프로 배수한다. 투수성이 좋은 사질토 지반에 주로 이용되며, 점성토 지반은 투수성이 좋지 않기 때문에 적용하기 어렵다. 지하수위 저하에 따른 지반침하 등 주변 지반의 변동과 피해에 특히 유의해야 한다.

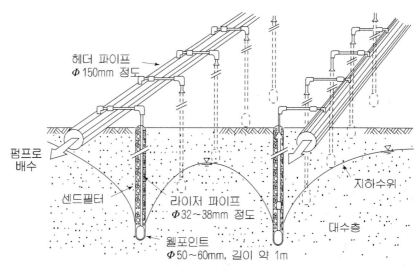

그림 5-21 웰포인트 공법

4) 영구(永久) 배수공법

건축물 지하로 유입된 물을, 펌프를 이용하여 외부로 강제 배수함으로써 지하 구조물에 작용하는 상향 수압인 양압력(uplift pressure)[4] 즉, 부력을 줄일 목적으로 시행한다. 지하벽체에 작용하는 수압을 줄이기 위한 외부배수 시스템과 기초슬래브 저면의 양압력 감소를 위한 영구배수 시스템이 있다. 외부배수 공법은 지하벽체 외부의 일정 심도에 배수층을 형성하고 유공관(有孔管)[5]을 통하여 집수정으로 지하수를 모은 후 펌프로 배수함으로써 지하 벽체에 작용하는 수압을 저감시킨다. 영구배수 시스템은 기초 슬래브 아래에 설치하는 내부 배수시스템으로 토공사 바닥 정지작업 후 바로 작업해야 하며, 트렌치 공법과 드레인 매트 배수시스템 등이 있다.

① 부분트렌치＋전단면 자갈공법

최하층 바닥 슬래브의 전(全) 단면에 자갈층을 형성하여 지하수를 트렌치까지 유도하고 유도된 지하수를 트렌치 내에 배수로 기능을 하는 다발관을 통하여 배수함으로써 지하수로 인한 상향 수압을 제거하는 방법이다.

---

4) 지하바닥 구조물에 작용하는 양압력(uplift pressure)은 슬래브 바닥면의 균열·누수·파괴나 건축물의 부상(浮上)까지 초래할 수 있으므로 Zero화, 최소화시켜야 한다. 지하수 배수로 양압력을 줄이는 방법 이외에, 다발강선(strand)의 앵커(rock anchor)를 하부 암반층까지 설치하는 방법도 고층 건물에 흔히 사용된다.

5) 측면에 많은 구멍이 나 있는 플라스틱 파이프로서 구멍에 흙이 들어가지 않게 부직포나 토목섬유 등으로 싼 후 설치

② 부분 트렌치 공법

전단면에 자갈층을 까는 대신에 트렌치 간격을 조밀하게 형성하여 지하수를 트렌치까지 유도하고 유도된 지하수를 트렌치 내 배수로 기능을 하는 다발관을 통하여 배수함으로써 지하수에 의한 상향 수압을 제거하는 공법이다.

③ 부분 트렌치+드레인 보드 공법

전 단면에 일정 간격으로 포설한 판형 배수재(drain board)를 통해 지하수를 부분 트렌치로 유도하여 집수정으로 모아 양수하는 방법이다. 이 방법은 부분 트렌치 공법만 적용했을 때보다 트렌치 간격을 다소 넓게 할 수 있다.

④ 드레인 매트 배수시스템 공법

드레인 매트 배수시스템 공법은 건축물 기초 바닥의 버림 콘크리트의 평면을 수리계산에 의하여 수개소의 시스템으로 분할하여 공간화 한 유도 수로(드레인 매트)와 시스템 배수로(다발관)를 일체화하여 지하수를 집수정으로 모아 배수함으로써 상향 수압을 제거하는 영구배수공법이다.

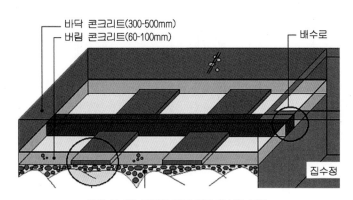

그림 5-22 드레인 매트 배수시스템 공법

(3) 차수공법

흙막이 벽체의 차수성능을 높이기 위해 흙막이벽 배면 부위에 그라우팅 등의 방법으로 차수벽을 형성하는 공법으로, 주입압력의 크기에 따라 저압주입공법과 고압주입공법으로 구분된다. 고압주입공법 채용 시에는 고압 분사로 인한 주변 지반의 융기, 지하 매설물이나 주변 구조물의 변형 등이 발생하지 않도록 유의해야 한다.

1) LW(Labiles Wasserglass)공법

LW는 불안정 물유리(규산소다)를 뜻하는 독일어이며, 물유리 용액과 시멘트 현탁액을 혼합하면 규산수화물을 생성하여 겔(gel)화하는 특성을 이용한 저압주입공법이다. 규산소다 용액과 시멘트 현탁액을 Y자관으로 모아 지반에 주입시켜 지반강화와 차수 목적을 얻기 위한 공법이다. 한국산 장비와 재료를 사용하므로 경제적이고 재천공없이 재주입 가능하여 많이 사용된다. 사질토에 주로 적용되지만, 투수계수 10^{-2}cm/sec 이하 세사층에는 적용이 어렵다.

장비가 소형이므로 협소한 공간에서도 시공이 가능하지만, 공극이 크거나 함수비가 높은 지층에는 효과가 불확실하다. 차수 및 지반 보강 효과가 높지 않고 물유리를 사용하므로 용탈현상(溶脫, leaching)[6]이 발생할 수 있다.

LW공법은 다음과 같은 순서로 수행한다.

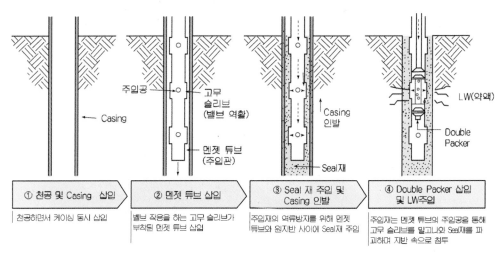

주입공 — 고무 슬리브(밸브 역활)

Casing

멘젯 튜브(주입관)

Casing 인발

Seal재

LW(약액)

Double Packer

① 천공 및 Casing 삽입
천공하면서 케이싱 동시 삽입

② 멘젯 튜브 삽입
밸브 작용을 하는 고무 슬리브가 부착된 멘젯 튜브 삽입

③ Seal 재 주입 및 Casing 인발
주입재의 역류방지를 위해 멘젯 튜브와 원지반 사이에 Seal재 주입

④ Double Packer 삽입 및 LW주입
주입재는 멘젯 튜브의 주입공을 통해 고무 슬리브를 밀고나와 Seal재를 파괴하며 지반 속으로 침투

그림 5-23 LW공법 시공순서

2) SGR(Soil Grouting Rocket) 공법

이중관(외관+내관) Rod에 특수 선단장치(rocket)를 부착시켜 대상 지반 중에 형성시킨 유도 공간을 통해 급결성과 완결성의 주입재를 저압으로 복합 주입하는 공법이다. 지름 40.5mm의 이중관 로드로 소정의 깊이까지 천공한 후 급결 주입재와 완결 주입재를 복합 주입하여 지반 내 공극을 충전하는 공법으로 다른 주입공법에 비해 차수 효과가 크다. 급결 주입재는 지반 내 대공극을 충전하여 2차로 주입하는 완결 주입재가 목적 범위 밖으로 유실되는 것을 방지하며 완결 주입재가 겔(gel)화 되기 전까지 액상을 유지하여 미충전 미세공극으로 침투된다. 특수 선단장치로 주입관 선단에 공간을 만들고 이 공간을 통해 저압으로 주입한다.

---

6) 물에 의해 토립자 광물 성분이 용해되거나 토립자 흡착수 농도가 감소되어 시간 경과에 따라 지반 강도가 저하되는 현상. 약액의 용질이 지하수에 의해 농도가 옅은 용매로 이동함에 기인

이 공법의 특징은 다음과 같다.

• 유도 공간을 형성하므로 균일한 작업효과 및 차수효과 기대

• 주입 압력이 적어 지반 교란이 적음

• 주입관의 회전이 없으므로 급결재의 Packing 효과로 인해 대상지반 내 주입 효과 우수

• 겔(gel) 타임 조정으로 약액 분사 범위 조절 가능

• 주입시간이 비교적 많이 소요

• 외력에 대한 저항력이 부족하므로 장기간의 차수 및 지반 보강용으로는 불리

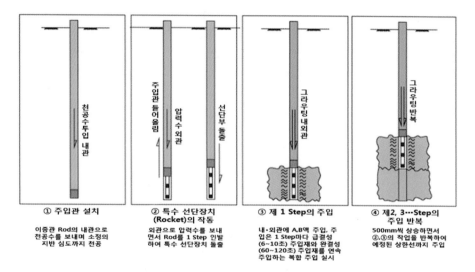

그림 5-24 SGR 공법의 시공순서

3) MSG(Micro Silica Grouting) 공법

지반을 천공한 후 지중에 이중관 Rod를 설치한 후 시멘트 현탁액의 침투성능을 향상시키기 위해 마이크로 실리카 졸을 사용한 저압 주입공법이다. 사질토, 실트질이 소량 함유된 실트질 모래지반 등에 적용된다. 소형장비를 사용하며 지하수·토양 등 오염이 작고 주입 효과가 우수하다. 고가의 재료인 실리카 졸 사용으로 경제성은 떨어진다.

4) JSP(Jumbo Special Pile) 공법

이중관 로드 선단에 부착된 제트노즐로 시멘트 밀크 경화제를 $200 \sim 400 \text{kg/cm}^2$의 압력으로 분사시켜 원지반을 교란·혼합하면서 로드를 회전 인발하여 지중(地中)에 원주상의 고결체를 형성시키는 강제 교반 방식의 고압 주입공법이다.

지반개량 강도가 매우 높고, 연약지반의 차수 및 지반강화가 우수하다는 점과 토사

층이 깊더라도 개량 효과가 우수하며, 장비가 소형이기 때문에 협소구간의 시공이 가능하다. 단점으로는 고압 주입에 의해 지반융기 가능성이 있으며, 다량의 슬라임 발생 및 암반층 적용이 불가능하다는 점 등이다.

JSP 공법 계열의 제트 그라우팅(jet grouting) 공법은 고압 분사를 통해 토사를 시멘트로 치환하는 개념으로 지반에 구애받지 않는다는 장점이 있으나 차수만을 목적으로 사용하기에는 고가(高價)이다.

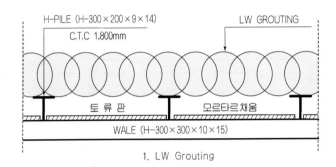

1. LW Grouting

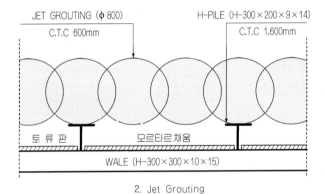

2. Jet Grouting

그림 5-25 LW 그라우팅과 제트 그라우팅 공법 평면

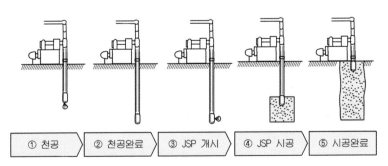

① 천공 ② 천공완료 ③ JSP 개시 ④ JSP 시공 ⑤ 시공완료

그림 5-26 JSP 공법 순서

5) CCP(Chemical Churning Pile) 공법

단관으로 천공 후 경화체를 고압으로 분사하여 지반을 절삭하고 절삭토와 경화재를 기계적으로 교반 혼합하여 지반 개량체를 조성하는 고압주입공법이다. 작업 및 기계설비가 간단하지만, 개량체의 유효직경이 다른 공법에 비해 작고, 고결재가 혼합되지 않은 부분이 발생할 수 있다. JSP공법, SIG공법과 마찬가지로 풍화토에 적용된다.

6) RJP(Rodin Jet Pile) 공법

초고압 분류체(초고압수, Air)가 갖고 있는 운동에너지를 이용하여 지반의 조직구성을 파쇄하여 파괴된 토립자와 경화재를 혼합 교반하여 초대형 원주고결재를 조성하는 공법으로 풍화암가지 적용 가능하다. 지반개량 효과가 우수하고 차수효과가 확실하지만, 슬라임 발생이 많아 별도의 처리비용이 발생하고, 지반 융기, 인접 구조물이 변형되지 않도록 유의해야 하고 공사비가 비싸다.

7) SIG(Super Injection Grout) 공법

3중관으로 천공 후 공기와 함께 초고압수를 지중에 회전 분사하여 지반을 절삭하고, 절삭토를 배출시켜 지중에 공동을 만들어 그 공간을 경화재로 충전시켜 원주상의 개량체를 조성하는 일종의 치환공법이다. 지반개량 효과가 우수하고 차수효과가 확실하지만, 슬라임 발생이 많아 별도의 처리비용이 발생하고 공사비가 비싸다. Plant 설치도 복잡하다.

5.5 ● 지반개량 공법

미세한 입자가 많이 포함되어 있는 지반으로 점성토에서는 N치가 4이하, 사질지반에서는 N치가 10이하인 지반을 연약지반이라 한다. 연약지반은 지반의 침하, 지내력의 부족 및 슬라이딩(sliding) 발생의 우려가 있어서 개량해야 한다. 지반개량 공법은 지반의 상태, 사용 가능한 장비/기계, 비용, 기간 등을 고려하여 선택한다.

(1) 점토지반 개량 공법

점성토지반은 함수율이 높고 압밀이 서서히 진행되므로 물을 강제로 배수시켜 압밀을 촉진하는 방법으로 개량한다.

1) 탈수(vertical drain) 공법

연약지반 속에 투수성이 좋은 수직의 드레인(drain)을 박아 지하수의 배수거리를 짧게 하고 재하성토에 의해 압밀을 촉진해서 지반을 개량하는 공법이다. 샌드 드레인(sand drain) 공법, 페이퍼 드레인(paper drain) 공법, 팩 드레인(pack drain) 공법 등이 있으며 연약지층이 두꺼울 경우에 적용한다.

① 샌드 드레인(sand drain) 공법

점토질 지반을 깊이 30m 정도까지 개량할 수 있는 공법으로 지름 40~50cm의 중공관(casing)을 간격 1.5~3m 정도로 설치한 후 모래를 채운다. 압밀을 촉진하기 위하여 프리로딩(preloading) 공법과 병용한다.

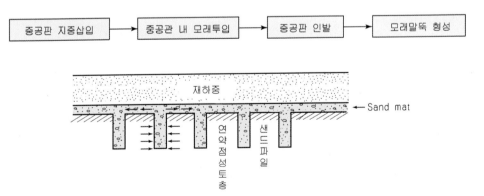

그림 5-27 샌드 드레인 공법

② 페이퍼 드레인(paper drain) 공법

샌드 드레인 공법과 원리는 같으나, 모래 대신 카드 보드(card board)를 연약지반에 압입하여 압밀을 촉진시키는 공법이다. 샌드 드레인 공법에 비해 시공속도가 빠르나, 장시간 사용 시는 배수효과가 감소한다.

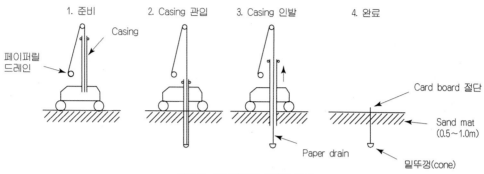

그림 5-28 페이퍼 드레인 공법

③ 팩 드레인(pack drain) 공법

샌드 드레인 공법의 샌드 파일(sand pile)이 절단되는 단점을 보완하기 위해 개발된 공법이다. 포대(pack)에 모래를 채워 드레인(drain)의 연속성 확보가 가능하다.

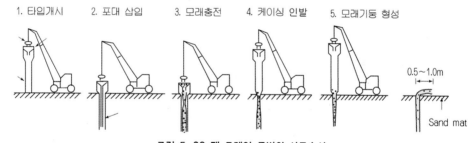

그림 5-29 팩 드레인 공법의 시공순서

2) 프리 로딩(preloading) 공법

압밀침하가 예상되는 지반에 미리 재하하여 압밀에 의한 침하를 조기에 발생시켜 구조물에 유해한 잔류침하를 제거하는 공법이다. 압밀에 의하여 점성토지반의 강도를 증가시켜 기초지반의 전단 파괴를 방지한다.

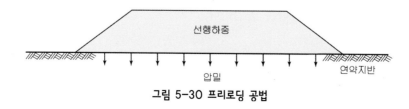

그림 5-30 프리로딩 공법

3) 치환공법

지반 표층부의 연약층 토사를 제거하고 양질의 재료로 치환하여 지반을 개량하는 공법이다. 방법에 따라 굴착치환, 강제치환, 폭파치환 등 3가지로 나뉜다. 연약층 깊이에 따라 전면치환과 부분치환 방법이 있다.

(2) 사질지반 개량 공법

모래는 점성토와는 달리 점착력이 낮으므로 진동·다짐 등의 공법을 사용하며 지반의 공극을 줄여 밀실한 지반으로 개량한다.

1) 샌드 컴팩션(sand compaction) 공법

특수 파이프를 관입하여 모래를 투입하고 이것을 해머(hammer)의 충격 또는 진동으로 케이싱 속 모래를 지반 속에 쳐놓고 다져서, 밀도가 높은 모래말뚝을 형성하고 주위지반을 압밀함으로써 강고한 지반을 구축하는 공법이다. 사질토와 같은 비점토성 연약지반개량과 점착성 연약지반의 개량에 적용된다.

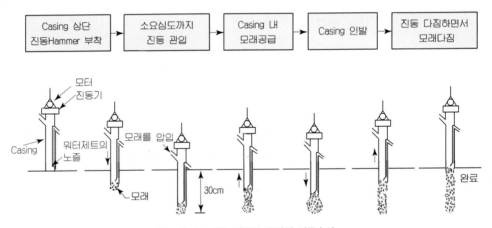

그림 5-31 샌드 컴팩션 공법의 시공순서

2) 바이브로 플로테이션(vibro flotation) 공법

바이브로 플로테이션 공법은 무른 모래지반에 막대기 모양의 진동기를 삽입해서 진동시키면서 물을 분사시켜 물과 진동으로 지반을 다지고 동시에 생긴 틈에 자갈을 충전하여 지반을 개량하는 공법이다.

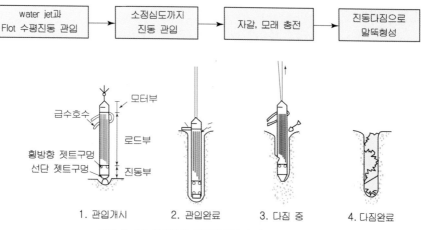

| water jet과 Flot 수평진동 관입 | → | 소정심도까지 진동 관입 | → | 자갈, 모래 충전 | → | 진동다짐으로 말뚝형성 |

```
모터부
급수호수
                    로드부
횡방향 젯트구멍
선단 젯트구멍        진동부
```

1. 관입개시   2. 관입완료   3. 다짐 중   4. 다짐완료

그림 5-32 바이브로 플로테이션 공법의 시공순서

3) 진동다짐 압밀(dynamic consolidation) 공법

개량하고자 하는 지반위에 무거운 물체를 낙하시키는 작업을 반복하여 지반의 다짐 효과를 얻는 방법으로 사질지반에 적합하고 사질이 포함된 점성토 지반에도 적용할 수 있다.

그림 5-33 진동다짐 압밀공법 시공 예

(3) 기타 공법

1) 생석회 파일(pile) 공법

연약한 점토층에 생석회 말뚝을 박아서 생석회가 흡수·팽창하는 원리를 이용하여 연약지반 중의 수분을 탈수하고 석회와 말뚝주변 점성토와의 포졸란 반응에 따라 지반을 개량하는 공법이다.

2) 동결공법

지중에 액화 질소 등 냉동가스를 주입하여 지중의 수분을 일시적으로 동결시켜 지반강도와 차수성을 높이는 지반개량 공법이다. 무공해 공법으로 각광을 받고 있지만 융해 시 지반 침하 문제가 발생된다.

5.6 ▸ 토공사 단계별 예상 문제점 및 대책

(1) 토공사의 단계(process)

토공사는 모든 건축공사에서 최초로 시작하는 공종으로 토공사 계획이 불량하거나 불완전한 경우에는 대형 사고로 이어지는 경우가 빈번하다. 토공사 계획의 일반적인 프로세스는 그림 5-1과 같으며, 공사수행 단계별 및 주체별로 구분하여 구체적으로 설명하면 그림 5-34와 같다. 토공사 관련 업무는 크게 착공 전(pre-construction) 단계와 현장시공 단계로 구분되며, 현장시공 단계는 준비, 흙막이, 굴토, 정리공사 순서로 진행된다. 각 단계별 업무는 시공업체(공사계획 및 관리업무 담당), 협력업체(상세도면 준비 및 공사수행), 발주처(감리 또는 CM 포함)가 관련된다.

착공 전 단계에서 시공업체는 도면 및 시방서 검토, 토공사 발주를 위한 현장 설명, 업체선정 및 시공도면 검토 등의 업무를 수행하며, 협력업체는 토공사 계획서 및 도면을 작성한다. 발주처에서는 작성, 검토된 계획서 및 도면을 최종 확인, 승인하는 업무를 담당한다. 현장시공 단계에서는 해당 부지에 대한 측량을 실시하여 부지 경계(site boundary)를 표시하고 이를 기반으로 흙막이 설계 및 공사를 착수한다. 흙막이 공사를 수행하는 협력업체(전문업체)는 원도급업체(흔히, 시공업체)와 함께 구조적 안전성 검토 및 계측관리를 수행하여야 한다.

굴토공사도 토공사 전문업체가 보통 수행하며, 공사과정에서 발생할 수 있는 안전사고, 건설공해, 민원 등과 같은 관련 사항은 시공업체와 협력하여 처리한다. 굴토공사에서는 토사토공[7]을 수행한 후 암반이 나타나면 시험발파를 통해 암(岩)의 특성을 파악한다. 이후 발파계획을 수립하여 발주처의 승인을 얻은 후 본 발파를 수행하고 암반 상단에 걸친 흙막이 하단의 보완 및 흙막이 관련 지지체(strut, support 등)를 설치한다. 굴토 완료 후에는 지반 및 기초공사를 위해 굴착 바닥면을 정리하고 측량을 통해 굴착깊이, 폭 등을 확인한 후 보고서로 작성하여 발주처의 승인을 득하면 굴토 공사는 완료된다. 토공사 과정에서 발생하는 안전사고는 대형참사로 이어지는 경우가 많으므로 매우 신중하고, 면밀하게 관리하여야 한다. 그림에서 원안에 A1, A2, …, E1로 표시된 것

---

7) 토사토공이란 굴토공사에서 암반이 나올 때까지 흙(토사)을 파내는 작업을 의미한다.

은 토공사 작업 단계별 발생 가능 문제점 및 대책을 수립하기 위한 식별번호로 이와 관련된 내용은 2절에 상세하게 기술하였다.

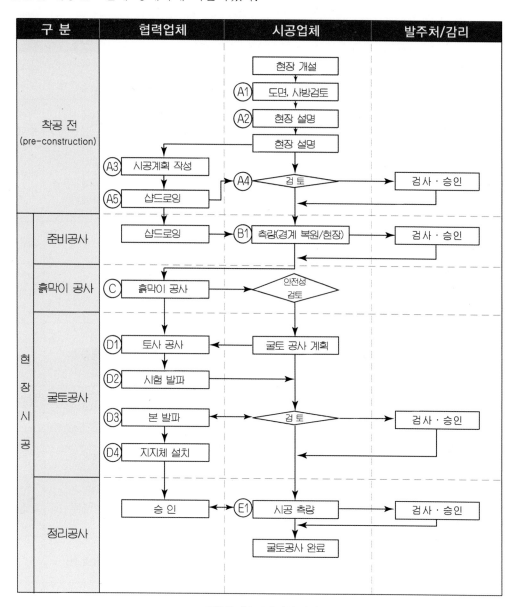

그림 5-34 토공사의 단계

(2) 토공사 단계별 대책

토공사 과정에서 발생할 수 있는 문제점은 매우 다양하나 그림 5-34에 열거한 토공사 단계별 주요 업무와 연계하여 살펴보면 표 5-3과 같다. 주요 단계별 문제점 발생 요인 및 대책을 제시하였으며, 대책 수행 시점과 이때 필요한 정보를 소개하였다.

■ 표 5-3 토공사 단계별 예상 문제점 및 대책

번호	단계	예상 문제점	대책	세부 대책	
				수행 시점	요구 정보
A1	도면, 시방검토	1. 설계오류, 구조결함, 도면/시방 누락	1. 설계도서 검토 및 설계 변경/보완	기본계획 수립단계	실시설계 도서
		2. 지반조사 항목 및 수량 부적절	2. 추가 지반조사 실시	기본계획 수립단계	지반조사 보고서
		3. 건축구조설계와의 불일치(양압력처리 등)	3. 설계 지하수위 확인 (구조설계내용) Dewatering 또는 Rock Anchor설계	종합시공 계획 수립 단계	지반조사 보고서
		4. 계측기 수량 및 설 치위치 적정성	4. 계측계획보완	착공직전	계측계획서
A2	현장설명	1. 소음, 진동 등 시공 관리기준 부적절 (누락)	1. 입지조건 및 공법에 부합하는 기준제시	착공후	지자체 조례
		2. 사토장 및 잔토반출 기준(퇴적토/경암)	2. 사토장 지정/폐기물에 준하는 퇴적토 처리기 준 및 암처리기준 제시	착공후	
A3	시공계획 작성	1. 시험시공계획 누락 (그라우팅, 발파 등)	1. 시험시공계획 작성 및 검토	착공전	시험시공 계획서
		2. 가설복공계획 부실 /누락(작업장 미확보)	2. 토공사 시공계획에 따라 복공설치	착공진	
		3. 가설 Ramp Way 불안정(직상차 조건)	3. 직상차 토사반출 조건 시 Ramp Way의 안정 성 검토 수행	착공후	가설계획
A4	(시공 계획) 검토	1. 공종별 체크리스트 부실	1. 체크리스트 보완 또는 시험시공	착공전	
		2. 인접구조물 및 매설 물 현황파악 부실	2. 인접구조물 및 매설물 현황 파악/관리(위치, 규모, 소유주, 연락처, 예상 리스크 등)	착공전	주변현황도

(A5)	시공도 (shop dwg) 검토	1. 지반조건을 고려하지 않은 시공계획(그라우팅, S.C.W., D/Wall, Sheet Pile 등)	1. 추가 지반조사의 내용을 포함하는 시공도면 작성/현장 주변현황 확인	착공전	실시설계 도서
		2. 가설 배수계획 부실 (하절기 풍수해 등)	2. 지표수 유입경로 확인 및 방호계획 수립(지형 조건상 유입집중이 예상될 경우, 펜스 내/외 측에 차수 및 배수로 설치)	착공후	기상자료 주변현황도
(B1)	측량 (경계복원 /현황)	1. 지적경계와 현황 상이	1. 흙막이 벽체 시공 여유 폭 확인(여유폭 미확보 시, 공법 또는 건축계획 변경검토)	착공전	현황 측량도 지적 측량도
		2. 도근점 보호 부실	2. 도근점 보호, 도근점 확인을 위한 보조 도근점 2개소 설치/보호	공사중	측량 계획서
(D1)	토사토공	1. 소단굴착 미준수 (폭>높이의 1.5배 이상)	1. 수동저항력을 고려한 소단형성	공사중	Check List
		2. 토류판 설치부실/ 지체시공	2. 토공사 시공계획에 따라 적기 설치	공사중	Check List
		3. Ramp계획의 안정성 부족	3. Ramp Way의 사면안정성 검토	공사중	Check List
		4. 편굴착 및 과굴착에 의한 구조 불안정	4. 균형굴착/지지체설치단 계별 굴착Level 유지	공사중	Check List
		5. 가설배수계획 미비	5. 가설 집수정, 침사조, 트 렌치, 펌프 등 계획점검 (설계상 우수유입량 검토) 펜스 내측에 방수턱 설치필요성 검토	공사중	가설 계획서
(D2)	시험발파	1. 적정 관리기준검토 미비(소음, 진동)	1. 체크리스트 보완 또는 시험시공	공사중	발파 계획서
		2. 관련 법규 미준수 (화약류 운반, 보관 등)	2. 인접구조물 및 매설물 현황 파악/관리(위치, 규모, 소유주, 연락처, 예상 리스크 등)	공사중	발파 계획서
		3. 방진, 방호대응 미비	3. 방호대응 수립	공사중	발파 계획서

제5장

D3	본발파	1. 관리기준 미준수	1. 발파공사 중, 진동 및 소음발생현황 수시 확인 (주 2~3회)	공사중	발파 계획서
		2. 작업시간 미준수	2. 작업시간 준수	공사중	발파 계획서
D4	지지체 설치	1. 설치지연 및 설치 위치 부적합	1. 시공관리	공사중	설치 계획서
		2. Strut-Wale 연결부 시공미비	2. 띠장-흙막이벽 간격채움, Stiffner, Stopper, 가새(bracing)등 설치	공사중	설치 계획서
		3. Strut 설치 중 안전관리대응 미비	3. 양중, 거치, 용접 과정에서의 작업지도	공사중	설치 계획서
		4. 그라우트 품질관리 미비	4. 자재관리, 배합, 교반시간, 혼화제 사용조건 등의 시방기준 준수	공사중	설치 계획서
		5. 지반천공방식 부적절	5. Casing 설치조건 및 지반조건에 맞는 천공장비 선정	공사중	설치 계획서
		6. 정착방식 부적절	6. 정착구-강선의 축선 정렬상태 확인, 인장기 종류에 따른 늘음량 확인, 앵커종류에 따라 인장기 형식 결정	공사중	설치 계획서
		7. 정착구 손상에 의한 긴장력 손실	7. 재긴장을 고려하여 여유강선길이 확보	공사중	설치 계획서
E1	시공측량	1. 도근점 망실	1. 착공단계에서 도근점 망실된 경우, 보조 도근점 이용	도근점 망실시	보조 도근점
		2. Level 측점 개소수 부족	2. Zone별로 Level 확인, 5점 이상 실시	굴착 완료단계	측량 계획서
		3. 지정공사/Dewatering 공사/Rock Anchor 공사에 따른 두께 불고려	3. 굴착설계도의 계획고 설정기준확인 Dewatering시 종점 Level 및 배수층 포설두께/Rock Anchor 하부 슬래브두께 확인	굴착 완료단계	측량 계획서

【참고문헌】

1. 국가건설기준센터, 건설공사 표준시방서 및 전문시방서, 2020
2. 국토교통부, 국가건설기준_표준시방서 KCS21 20 10 건설지원장비, 2019
3. 국토교통부, 국가건설기준_표준시방서 KCS21 20 15 터파기, 2018
4. 국토교통부, 국가건설기준_표준시방서 KCS21 20 25 되메우기 및 뒤채움, 2019
5. 대한건축학회, 건축기술지침, 2017
6. 대한건축학회, 건축공사표준시방서, 2019
7. [사]한국건설관리학회, Pre-construction 단계에서 건설 공정리스크 관리방안, 2004
8. 한국주택도시공사(LH), CONSTRUCTION WORK_SMART HANBOOK, 2019
9. 井上司郎, 建築施工入門, 実教出版, 2000
10. Edward Allen, Fundamental of Building Construction – Materials and Methods, John Wiley & Sons, Inc., 1999

CHAPTER

흙막이공사

6.1 • 개요

이 장에서는 흙파기 및 기초구조물 공사를 위해 시행하는 흙막이 공사에 관한 내용을 다룬다. 흙막이 공법의 종류와 특징을 알아본 후 흙막이 공법 선정 절차와 그 중요성을 다루었다. 흙막이공사의 특성상 철저한 안전관리가 선행되어야 하므로 안전 및 계측관리를 수록하였으며, 흙막이공사의 세부 업무와 공사 진행 중 발생 가능한 문제점과 대책을 제시하였다.

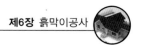

흙막이공사는 기초파기 등 굴착공사를 할 때 토압 및 수압에 의해 주위의 토사가 붕괴 또는 유출되는 것을 방지하고, 주변 지반 및 기존 구조물의 침하를 방지하기 위하여 흙막이벽을 가설하는 것을 말한다. 흙파기 깊이가 3m 이상일 경우에는 토질에 관계없이 위험 방지를 위하여 흙막이벽을 설치해야 한다. 흙파기를 휴식각에 가깝게 파는 것은 굴토량이 많아져서 비경제적이며, 대지의 여유가 없는 곳에서는 흙막이를 가설하여야 한다. 도심지 굴착공사에는 생활환경 보전 및 건설공해 저감을 위해서 저소음·저진동 공법을 사용할 필요가 있다.

흙막이공법 선정 시 검토할 사항은 다음과 같다.
• 굴착 심도 및 지반의 성상과 토질 상태
• 대지 및 주변의 지하 매설물 상태
• 지하수 및 차수공법(지하수위 및 피압수 상태)
• 굴착 공법의 적용성
• 공사기간 및 경제성
• 기초공사와의 관련성
• 소음, 진동 및 폐수 처리 문제 등
• 주변 지반의 침하에 따른 안전대책

6.2 흙막이 공법

흙막이 공법은 흙막이 벽체에 작용하는 토압과 수압에 대응하는 구조물을 구축하는 방법으로 지지방식과 구조방식에 따라 다음과 같이 구분할 수 있다.

(1) 흙막이 벽 지지방식

① 자립 방식 : 흙막이벽을 지중에 깊숙이 설치하여 흙막이 벽체만으로 토압, 수압에 저항하는 방식
② 버팀대(strut) 방식 : 버팀대로 저항, 수평 버팀대식과 경사 버팀대식(빗 버팀대식)이 있음
③ 어스 앵커(earth anchor) 방식 : 흙막이벽 뒷면(배면) 지반에 앵커(anchor)체를 설치하여 저항

(2) 구조방식

① H-pile + 토류판 공법
② 시트 파일(sheet pile) 공법
③ 지하 연속벽(slurry wall) 공법

6.2.1 자립식 흙막이 공법

널말뚝 및 엄지말뚝 등을 지중에 깊숙이 설치하여 흙막이 배면의 토압, 수압에 저항하는 방식이다.

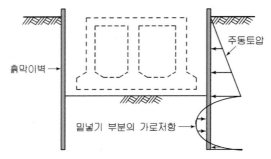

그림 6-1 자립식 흙막이 공법

6.2.2 버팀대식 흙막이 공법

굴착 하고자 하는 부지 외측에 흙막이벽을 설치하고 흙막이벽의 안쪽에 버팀대 (strut), 띠장(wale), 받침기둥(post pile)을 설치하여 토압·수압에 저항하면서 굴착하는 공법이다. 버팀대식 흙막이는 버팀대를 설치하는 방법에 따라 수평버팀대식 흙막이와 빗버팀대식 흙막이로 나뉜다. 이 방식은 1차 터파기 후 첫째 단 Strut와 띠장을 설치하고 Post Pile을 설치한 다음 2차 터파기 순으로 진행한다.

버팀대를 영구 구조물(SPS 및 MHS 공법)로 이용하는 공법도 단순한 스트러트 공법의 단점을 보완할 목적으로 최근에 많이 적용되고 있다. 참고로 MHS공법 및 그린 프레임(green frame)공법은 6.2.11절 기타 신공법의 (1), (2) 항에서 소개하였다.

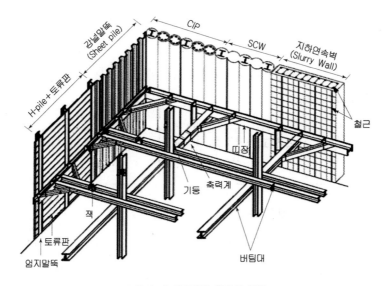

그림 6-2 버팀대식 흙막이 공법

이 방식의 특징은 다음과 같다.

- 대지 경계까지 굴착할 수 있다.
- 지하수위가 높은 지층과 연약지반에서도 사용할 수 있다.
- 굴착면적이 큰 경우 버팀보 자체의 뒤틀림과 이음 부분의 좌굴 등에 의해 흙막이 벽의 변형이 커질 수 있고 주변 지반의 침하가 발생할 수 있다.
- 버팀대 해체 시 상단 버팀대 및 흙막이 벽체의 응력이 커지므로 구조 안전성 검토를 철저하게 수행해야 한다.

(1) 수평 버팀대식 흙막이

좁은 면적에서 깊은 기초파기를 할 때, 파낸 지반이 연약한 경우에 적용하는 공법이다. 대지가 협소하여 버팀대 위에다 널 목공판 등을 깔고 다른 작업을 하거나 재료를 쌓아 두어야 할 경우에도 이용된다. 굴착 폭이 커서 버팀대가 길어지면 버팀대에 좌굴(buckling) 등이 발생하여 구조 안전성이 저하되므로, 중간에 Post Pile을 설치하여 보강해야 한다. 이 방식은 보통 직선구간 50m, 코너구간 30m로 사용이 제한된다.

1) 특징

① 대지 전체에 건물을 세울 수 있다.
② 굴착 심도가 깊어지면 버팀대의 설치 단수(段數)가 많아져 본 구조물 시공에 지장을 준다.

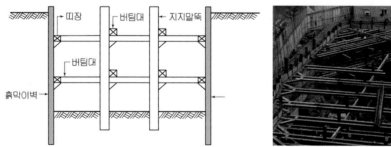

그림 6-3 수평버팀대식 흙막이 공법

(2) 빗 버팀대(raker)식 흙막이

흙막이벽 배면에 어스앵커, Soil Nailing 등 지보공을 설치할 수 없고 대경간이어서 Strut 설치가 어려울 때 불가피하게 사용하는 대안 공법으로 지지 블록(kicker block)이나 파일에 버팀대를 경사지게 설치하여 토압, 수압을 지지하는 방식이다. 굴착면적이 넓고, 굴착 깊이가 10m 내외로 얕을 때 유리하다.

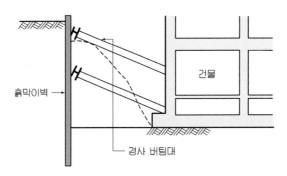

그림 6-4 빗버팀대식 흙막이 공법

(3) 영구스트러트(SPS : Strut as Permanent System) 공법

S.P.S(Strut as Permanent System) 공법은 흙막이를 지지하는 스트러트 기능(역할)을 가설재를 사용하지 않고 영구 구조물로서 철골 구조체(기둥·보)가 담당하게 함으로써, 흙파기 공사 중에는 토압을 지지하고 지하 부분 구조체 공사 완료 후에는 건물의 하중을 지지하게 하는 공법이다.

이 공법의 특징은 다음과 같다.
• 부분적으로 슬래브 콘크리트 타설이 가능하여 별도의 복공판이 불필요하고 작업 공간 확보 유리
• 가설 폐기물 발생 저감
• 지상 공사와 병행하면 공기단축 가능
• 토질 상태에 관계없이 적용 가능

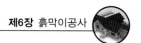

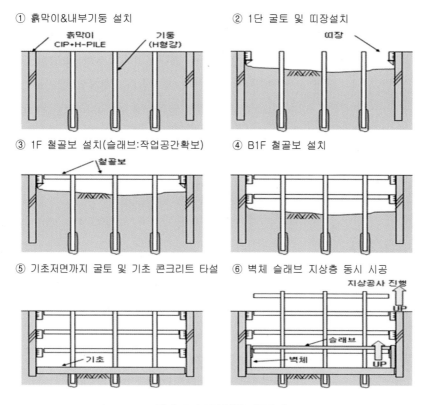

① 흙막이&내부기둥 설치

흙막이
CIP・H-PILE
기둥
(H형강)

② 1단 굴토 및 띠장설치

띠장

③ 1F 철골보 설치(슬래브:작업공간확보)

철골보

④ B1F 철골보 설치

⑤ 기초저면까지 굴토 및 기초 콘크리트 타설

기초

⑥ 벽체 슬래브 지상층 동시 시공

지상공사 진행
UP
슬래브
벽체
UP

그림 6-5 SPS공법의 시공순서

6.2.3 어스앵커(earth anchor) 공법

흙막이벽을 어스 드릴(earth drill)로 천공[1]한 후 그 속에 PC 강선 등 인장재를 넣고, 모르타르로 그라우팅(grouting)하여 경화시킨 후 PC 강선에 인장력을 가해 정착시켜 흙막이벽을 수평력에 저항시키는 공법이다.

(1) 분류

1) 용도에 의한 분류

① 가설용 앵커

흙막이 배면에 작용하는 토압이나 수압에 대응하기 위해 설치하는 앵커로 제거식 앵커와 비제거식 앵커가 있다. 지중에 설치된 앵커가 인접해서 시행되는 다른 구조물공사에 장애가 되기 때문에, 최근에는 공사 후에 앵커체를 제거하는 제거식

---

1) 천공은 지하 매설물, 주변 건축물 등을 조사한 후 현장 조건에 맞는 장비를 선택하여 천공한다. 일반적인 흙파기에서는 공압식(pneumatic) 즉, 압축공기를 이용한 드릴이 효과적이지만, 점성토 지반이나 느슨한 매립토 지반의 경우에는 유압식(hydraulic) 드릴을 이용하거나 앵커 전용 천공 장비를 이용한다. 비탈면에서는 천공 중 비탈면의 포화도가 증가되지 않도록 주의한다.

앵커가 흔히 사용되고 있다. 제거식 앵커는 언 본드(unbond) PS강선을 사용하여 빼낼 수 있게 하거나, 앵커체를 파괴 또는 취약하게 하거나, 앵커의 중심부에 공극을 만들고 PS강선을 공극 내에 박리시켜 빼내거나, 내하체(耐荷體)로부터 PS강선을 이탈시키는 방법 등을 사용하여 앵커를 제거한다. 제거식 앵커공법으로는 유턴(u-turn)앵커공법, 씨턴(c-turn)앵커공법, 슬라이딩 웻지(sliding wedge)공법 등이 있다.

② 영구용 앵커

건축물의 최하층 바닥 슬래브나 지중보 등이 부력으로 인한 양압력(uplifting force)에 저항할 수 있도록 할 목적 등으로 사용된다.

2) 지지방식별 분류

어스앵커는 지지방식에 따라 마찰형, 지압형, 복합형으로 구분할 수 있다.

| 1. 마찰형 지지방식 | 2. 지압형 지지방식 | 3. 복합형 지지방식 |

그림 6-6 어스앵커의 지지방식별 분류

① 마찰형 지지방식

일반적으로 널리 이용되는 지지방식으로 앵커체의 주면 마찰저항에 의해 인장력에 저항하는 방식

② 지압형 지지방식

앵커체 일부 또는 대부분을 국부적으로 크게 착공하여 앞쪽면의 수동토압 저항에 의해 인장력에 저항하는 형식

③ 복합형 지지방식

앵커체 앞면에 수동토압저항과 주면마찰저항의 합력으로 인장력에 저항하는 방식

(2) 특징

- 대형기계 사용이 용이하고 굴착공간을 넓게 활용할 수 있어 공기단축이 가능하다.
- 배면 지반에 프리 스트레스를 줌으로써 주변 지반의 변위를 감소시킨다.
- 작업 공간이 작은 곳에서도 시공이 가능하다.
- 시공 후 인장시험, 확인시험, 인발시험, 크리프 시험, 리프트 오프(lift-off) 시험 등을 시행해서 앵커력 등의 상태를 확인해야 하고, 앵커 홀의 누수 가능성이 크므로 방수 조치가 필요하다.
- 인접하여 건축물의 기초나 매설물이 있는 경우에는 부적합하다.

(3) 시공순서 및 유의사항

지질조사 결과로부터 구한 굴착 각도를 유지하면서 천공하고 PC 강선이 굴절되지 않도록 띠장과 대좌의 각도를 조정한다. 천공 지름은 앵커체 지름보다 25mm 정도 크게 하고 천공의 여유 길이도 0.3~0.7m 정도 확보한다. 천공 시 각도는 설계 각도의 ±2.5° 이내 이어야 한다. 그라우팅 재료는 PC 강선의 부식을 방지하고 방수 효과가 있는 것을 사용해야 한다. 천공 후 공벽 내의 슬라임을 제거하기 위해 모르타르를 우선 저압 주입한 후, 정착부 상단의 패커에 모르타르를 다시 고압 주입한 다음, 주입압력 0.5~1.0MPa 정도로 정착부에 주입하는 순으로 진행한다. 천공 후 방치하면 공벽이 붕괴될 수 있으므로 인장재 삽입과 그라우트재 주입은 연속적으로 신속히 시행한다. 주입재 강도가 15MPa 이상(그라우팅 후 7~8일 경과 시점) 되면 PC 강선을 인장할 수 있으며, 인장 시에는 Strand의 항복 변형이 일어나지 않도록 일정한 장력과 주기로 인장해야 한다. 인발시험, 1 Cycle 인장시험 등 어스앵커의 인장시험은 흙막이벽 안전성 판단의 핵심 자료이므로 시공된 모든 앵커에 대해 실시해야 한다.

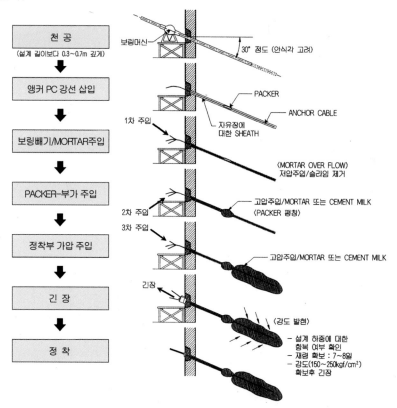

그림 6-7 흙막이벽의 앵커 시공순서

앵커체는 다음과 같은 순서로 조립하고 앵커 자유장 길이는 4m 이상 확보한다. 앵커체의 위치는 활동(滑動, sliding)면보다 깊게 설치한다.

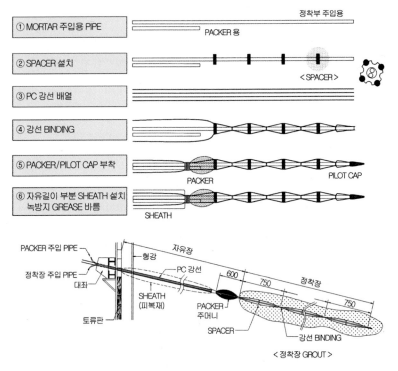

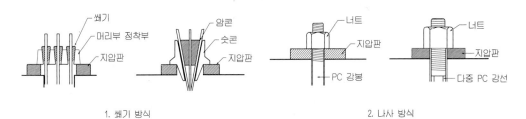

그림 6-8 앵커체의 조립

그림 6-9 PC 강선의 고정방식

그림 6-10 어스앵커 설치

6.2.4 H-Pile+토류판 공법

흙막이 배면에 작용하는 토압 등에 대한 응력 부담재로 H-Pile(엄지말뚝)과 토류판을 사용하는 방법이다. 일정한 간격으로 H-Pile을 설치한 후 백호우 등 건설기계로 굴착해 내려가면서, H-Pile 사이에 60~100mm(보통 80mm) 두께의 토류판을 끼워 나가는 공법이다.

(1) 특징

- 단단한 지반과 호박돌 층에도 시공이 가능하며 공사소요 기간이 짧다.
- 흙막이 벽체의 차수성능이 떨어지므로 그라우팅 등으로 보강해야 한다.
- 근입장 길이가 짧을 때는 히빙(heaving)현상이 발생할 수 있다.

(2) 시공순서

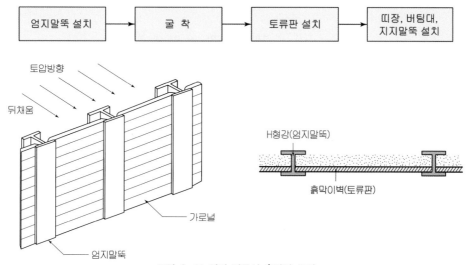

그림 6-11 엄지 말뚝식 흙막이 공법

(3) 시공시 유의사항

- 트랜싯 등 측량기기로 H-Pile의 수직도가 유지되는지 확인한다.
- 토류판은 H-Pile에 최소 40mm 이상 그리고 토류판 두께 이상 걸치게 설치한다.
- 배면 토사 및 지하수 유출을 방지하고 지반 침하를 방지하기 위하여 엄지말뚝과 토류판 사이의 틈새가 최소화 되도록 조치한다.
- 흙막이 배면의 뒷채움 및 토류판 미시공 부위의 터파기 높이를 1M 이하로 유지하여 과굴착을 방지해야 하며, 단계적 굴착, 토류판 삽입, 뒤채움 등의 과정을 반복 시행한다.

6.2.5 시트 파일(sheet pile) 공법

접속하여 연결 가능한 강재 널말뚝을 맞물려 연속 타입하거나 매립하여 수밀성 있는 흙막이벽을 만들고, 띠장·버팀대로 지지하는 공법이다. 용수가 많고 토압이 크며 기초가 깊을 때 사용되며, 이음 구조로 된 U형, Z형, I형 등의 강널말뚝을 연속하여 지중에 관입한다.

(1) Sheet pile의 종류

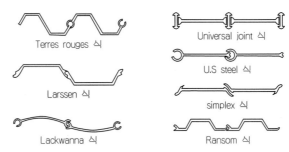

그림 6-12 Sheet Pile의 종류

(2) 특징

- 차수성이 우수하여 지하수위가 높은 연약지반에 적합하다.
- 바이브로 햄머 등의 직타로 인한 소음, 진동 등의 공해가 생긴다.
- 설치 간격이 너무 넓으면 수평 변형이 발생할 수 있다.

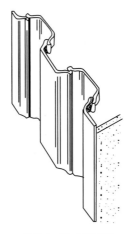

그림 6-13 시트파일

(3) 시공시 유의사항

- 타입용 가이드(규준대)를 설치하여 이음 부위의 어긋남과 비틀림을 방지한다.
- 강재 널말뚝은 차수 성능의 확보가 중요하므로 이음 불량이나 이음부의 어긋남이 없도록 겹침 타입의 시트 파일을 사용한다.
- 20장 정도를 1 세트로 병풍 모양으로 설치하는데, 양단 1~2장을 선행하여 소정의 깊이까지 타입하고, 중간 부분은 2~4회 나누어 타입한다.

6.2.6 지하연속벽(slurry wall)

클람 셀(clam shell), 하이드로 밀(hydro mill), BC Cutter, Hang Grab, Hydro Praise 등의 굴착 기계(장비)로 지반을 굴착하여 연속된 벽체를 형성하는 공법으로, 굴착 트렌치(trench)에 안정액(bentonite)[2]을 채우고 굴착하며 굴착 완료 후 철근망을 삽입하고 콘크리트를 타설하여 차수 벽을 만들어나간다.

(1) 공법의 종류

1) 벽식 공법

안정액을 이용하여 지하 굴착벽면의 붕괴를 막으면서 연속 벽체를 구축하는 공법으로 그림 6-14와 같은 순서로 진행한다. Hang Grab 또는 BC 커터 등 회전식 굴착기를 이용하여 굴착하며, 수직정밀도[3]가 불량하면 구조내력이 떨어지고 콘크리트가 추가 소요되므로 트랜싯으로 3방향에서 수직도를 확인 조정하면서 굴착한다.

---

2) 안정액은 벤토나이트(bentonite: 물에 녹으면 팽창하고 점성을 갖는 미세한 점토 광물로써 응회암·석영조면암 등의 유리질 부분이 풍화 분해된 진흙으로, 액체(sol)에서 준고체(gel)로 쉽게 전환하는 유동성(thixotropy)이 있어 공벽 침투 후 불투수막인 mud cake 형성), 증점제(풀과 같은 성질인 CMC-킬보키실메틸셀룰로이드-등 약품), 분산제(니트로프민산 소다 등) 등을 섞어 만든 것이다.
지하연속벽, 현장타설 말뚝 기초 공사 등에서 공벽의 붕괴를 방지할 목적으로 사용한다. 안정액을 지하수위보다 약 1.5~2.0m 정도 높게 유지하여 굴착 공내의 수압을 높이고 주변 흙에 안정액을 침투시켜 흙을 안정시키고, 안정액의 점토가 공벽 표면에 Mud Film을 형성함으로써 공벽 붕괴를 막는다. 안정액의 비중(적정치 굴착시 1.04~1.2, 슬라임처리시 1.04~1.1), 점성(500cc의 안정액이 깔대기를 흘러내리는 시간으로 적정치는 굴착시 22~40초, 슬라임처리시 22~35초), 모래분비율(굴착시 15% 이하, 슬라임처리시 5% 이하), 조벽성(造壁性, 진흙막 두께로 굴착시 3.0mm 이하, 슬라임처리시 1.0mm 이하), pH(적정치 7.5~10.5) 등을 적정한 범위로 유지, 관리하는 것이 매우 중요하다.
3) 건축공사 표준시방서는 최대수직 허용오차를 1/100 이하로 규정하고 있다.

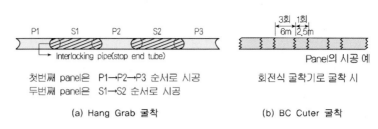

첫번째 panel은 P1→P2→P3 순서로 시공
두번째 panel은 S1→S2 순서로 시공

(a) Hang Grab 굴착

Panel의 시공 예

회전식 굴착기로 굴착 시

(b) BC Cuter 굴착

그림 6-14 벽식공법의 굴착 방식

2) 주열식 공법

Earth Auger 등으로 굴착하고 그 속에 모르타르를 타설한 후 철근망·H-pile 등을 삽입하여 주열식의 연속된 흙막이벽을 조성하는 공법으로, SCW(Soil Cement Wall) 공법이나 CIP(Cast In Place prepacked pile)공법 등이 해당된다.

접점(contact)배치

겹침형(over lap) 배치

어긋매김(zigzag) 배치

그림 6-15 주열의 배치방법

(2) 특징

- 건축물의 영구 구조(본체) 벽체로 활용할 수 있다.
- 시공 시 소음, 진동이 적다.
- 차수 성능이 좋고, 벽체 강성이 매우 높다.
- 벽체의 강성이 커서 다양한 지질조건에 적용할 수 있다.
- 다른 방식에 비하여 공사비가 많이 소요된다.
- 벽식 공법의 경우 굴착, 공벽 안정, 철근망 조립 및 콘크리트 타설, 슬라임 처리 등에 필요한 장비가 많고 다양해 넓은 작업장이 요구된다.
- 초음파 방식을 이용한 Koden 테스트 기기로 수직도 확보가 가능하다.

(3) 벽식공법 시공순서 및 유의사항

철근망 양중 시 철근망이 흔들리지 않도록 하단부를 로프로 잡아 조정하며, 건입 시에도 밸런스 프레임을 사용하여 결속 부위의 철근이 변형되지 않도록 주의한다. 시공완료 후에는 내외부 가이드 월을 철거하고, 슬라임이 섞여 있는 벽체 상단부분(頭部)을 파쇄하고 Level을 유지하여 슬러리 월 상부 Cap Beam 공사 추진에 차질 없도록 준비한다.

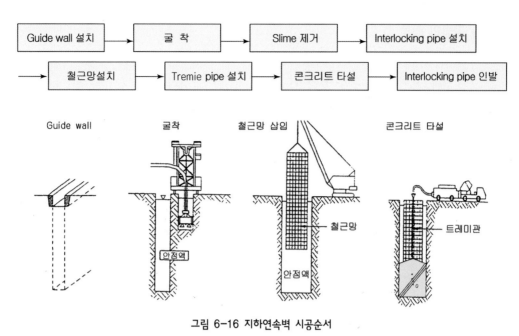

그림 6-16 지하연속벽 시공순서

6.2.7 주열식 지하 연속벽

(1) SCW(Soil Cement Wall) 공법

Auger[4] 교반축(파이프) 선단에 Cutter를 장치하고 굴착하며 파이프 선단에서 시멘트 밀크를 분출시켜, 흙과 시멘트 모르타르를 혼합하면서 오거를 빼내고 H-Pile을 압입하여 주열벽을 만드는 공법이다.

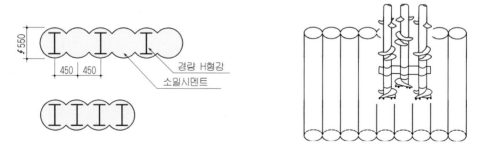

그림 6-17 SCW 주열벽

---

4) 단축 오거에서 6개의 축까지 가진 오거가 있으며, 연약지반에는 여러 개의 축을 가진 오거가 사용됨.

1) 공법의 종류

① 연속방식

3축 오거로 하나의 엘리먼트(element)를 조성하여 그 군(群, group)을 반복 시공함으로써 일련의 지중 연속벽을 구축하는 방식

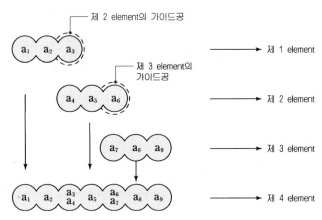

그림 6-18 SCW 공법의 연속방식

② 엘리먼트(element) 방식

3축 오거로 하나의 엘리먼트를 조성하여 1개공 간격을 두고 선행과 후행으로 반복 시공함으로써 지중 연속벽을 구축시키는 방식

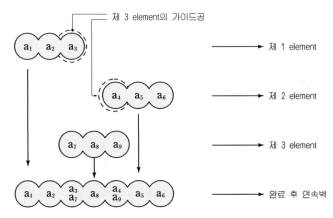

그림 6-19 SCW 공법의 Element 방식

③ 선행방식

단축(1축) 오거로 1개공 간격을 두고 선행 시공한 후, 엘리먼트 방식과 동일한 시공법으로 지중 연속벽을 구축시키는 방식

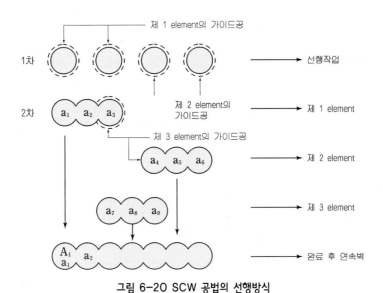

제 1 element의 가이드공

1차   → 선행작업

제 2 element의 가이드공

2차 a_1 a_2 a_3 → 제 1 element

제 3 element의 가이드공

a_4 a_5 a_6 → 제 2 element

a_7 a_8 a_9 → 제 3 element

A_1 a_1 a_2 → 완료 후 연속벽

그림 6-20 SCW 공법의 선행방식

2) 특징

- 저소음, 저진동 공법으로 차수성이 우수하다.
- 지하수위가 높고 높은 강성이 필요하지 않은 지반에 유리
- 공기단축 및 공사비가 저렴한 편이다.
- 가로방향 보강재인 띠장(wale) 등의 설치가 어려워 본체 구조물로는 사용이 어렵다.
- 사용 장비가 대형이어서 협소한 장소 시공 곤란
- N치 50 이하의 점성토 및 사질 지반에 적용하며, 자갈이나 암석층 사용 불가
- 시공속도가 빠르나 장비이동 및 설치에 많은 시간 소요

3) 시공순서

그림 6-21 SCW 공법의 시공순서

4) 시공 시 유의사항

- 이 공법은 원위치의 토사를 골재로 이용하기 때문에 혼입 시멘트의 양은 토질의 특성을 고려하여 결정한다.
- 시멘트 밀크의 Beeding을 방지하고, 초기경화를 지연시켜 H-Pile 등 심재 삽입을 용이하게 하기 위하여 벤토나이트를 사용할 수 있다.
- 시멘트 밀크는 5~10kgf/cm^2 정도의 압력으로 주입한다.

(2) CIP(Cast In Place Prepacked Pile) 공법

지반을 오거로 천공 후 철근망을 삽입하고 콘크리트를 타설하여 주열벽을 형성하는 공법이다. 지하수위가 높은 연약지반이나 전석층에는 공벽의 안전성 확보 및 시공성 향상을 위하여 Casing을 병용한다. 벽체 말뚝의 오버랩(overlap) 시공이 불가능하여 차수 성능이 떨어지므로 LW공법, JSP공법 등 차수 공법을 병용한다.

1) 특징

- 벽체 강성은 우수하지만 시공정밀도 확보가 어렵다.
- 장비가 소형이어서 협소한 장소에서도 시공이 가능하며, 비교적 저소음, 저진동 공법이다.
- H-Pile 토류판 공법, SCW 공법에 비해 강성이 커서 배면토의 수평변위를 억제할 수 있으므로 인접구조물에 미치는 영향을 최소화할 수 있다.
- 자갈, 암반을 제외한 대부분의 지반에 적용할 수 있다.

2) 시공순서

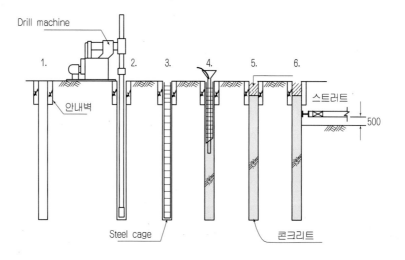

1. 안내벽 설치
2. Drill machine에 의한 천공
3. H-pile 및 Steel cage 건입
4. 타설 및 양생
5. 두부정리 및 Cap beam 설치
6. 단계별 굴착 및 지보공 설치

그림 6-22 CIP 공법 시공순서

그림 6-23 CIP 공법에서 H-pile 및 Steel Cage

3) 시공시 유의사항

- 철근의 피복두께(100~150mm)를 확보하기 위하여 철근망 외부에 스페이서(flat bar spacer)를 장착하고, 내부에도 보강근을 설치하여 철근망의 변형을 방지한다.
- 굴착을 깊게 할 경우 Balance Frame 등을 이용하여 철근망 건입 시 흔들림을 방지하고 트랜싯 등으로 확인하여 수직 정밀도를 확보한다.
- 천공 후 공내에 남은 침전물 또는 잔여 굴착토 등 슬라임(slime)은 에어 리프팅 (air lifting) 방법 등으로 제거해야 한다.

6.2.8 소일 네일링(soil nailing) 공법

흙과 보강재 사이의 마찰력·보강재의 인장응력과 전단응력 및 휨모멘트에 대한 저항력으로 흙과 네일(nail)을 일체화하여, 지반 및 흙막이벽의 안정을 유지하는 공법이다.

(1) 특징

① 원지반 자체를 벽체로 이용하기 때문에 안정성이 높은 옹벽을 구축할 수 있다.
② 소형기계로도 시공이 가능하기 때문에 좁은 장소나 경사가 급한 지형에도 적용성이 우수하다.
③ 지반조건이 변하더라도 시공패턴을 변경하여 현장조건에 쉽게 대응할 수 있다.
④ 시공 방법이 간편하고 작업시 소음, 진동이 적어 도심의 근접시공에 적용성이 높다.
⑤ 지진 등 주변 지반의 움직임에 대한 저항력이 크다.
⑥ 타공법에 비해 경제적이다.
  - 가시설 비용이 생략됨(파일, 띠장, 버팀, 앵글 등)
  - 비교적 저렴한 경량자재를 사용함(빔 & 앵커체 대신 이형 철근 사용)
  - 합벽시공이 가능함 - 가시설, 거푸집, 되메우기 등이 생략됨

(2) 시공순서

흙막이벽 설치 → 인강재 가공 및 조립 → 천 공 → 인장재 삽입 → Grouting 1차 주입

→ 양 생 → 인장시험 → 인장정착 → Grouting 2차 주입

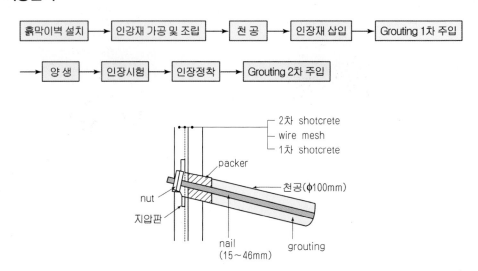

그림 6-24 소일 네일링 공법

(3) 시공시 유의사항

- 붕괴·낙석 방지를 위해 굴착 즉시 1차 숏크리트(shotcrete)를 실시한다.
- 충분한 양생기간 후에 부착력 확인시험을 실시한다.

그림 6-25 숏크리트

6.2.9 압력식 소일 네일링 공법

압력식 소일네일링 공법은 소일 네일링 두부에 급결성 발포우레탄 약액을 주입하여
패커(packer)를 형성하고, Soil Nailing 정착부를 일정 압력(0.5~1.0MPa)으로 그라
우팅 하여 유효 지름 및 인발 저항력을 증대시킨 공법이다.

(1) 특징

① 패커와 주변 지반의 밀폐성이 우수하여 압력 그라우팅이 가능하므로 그라우팅
품질이 우수함
② 압력 그라우팅을 1공에 1회만 실시하므로 시공 속도가 빠름
③ 압력 그라우팅으로 유효 지름이 약 20% 증가하므로 인발 저항력이 증가됨
④ 파쇄가 발달한 연암 및 풍화암의 경우에는 불연속면 충전으로 인발 저항력 증가
⑤ 인발 저항력이 커서 Nail의 소요 개수가 감소하므로 공사비가 감소하고 공기단
축이 가능함

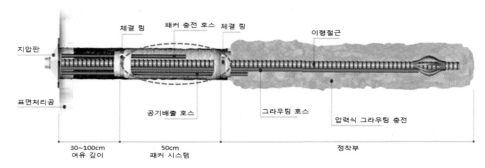

그림 6-26 압력식 소일네일링 개요도

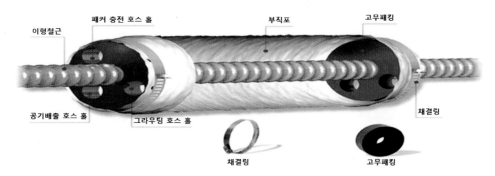

그림 6-27 발포우레탄 패커 상세도

6.2.10 CWS(Continuous Wall System) 공법

굴토공사 진행에 따라 매립형 철골 띠장, 보 및 슬래브를 선 시공하여 토압 및 수압을 슬래브의 강막작용(rigid diaphragm)으로 저항하게 하고, 굴토 공사 완료 후 지하 외벽을 연속 시공 할 수 있는 공법이다.

(1) 특징

① 철근콘크리트 테두리보(perimeter girder) 대신 철골 좌대에 의해 지지되는 매립형 철골 띠장을 설치함으로써 철골조로서의 공정 일원화 및 연속성을 확보 할 수 있음

② 지하 외벽 시공을 순타로 연속 타설 가능하도록 매립형 철골 띠장 상세를 채용함으로써 지하외벽 공사 시 발생할 수 있는 문제점 해결

③ 철골 단일 공정 및 접합이 최소화되어 공기단축 가능

④ 연속 배근 및 연속 타설로 경제성 및 품질확보 가능

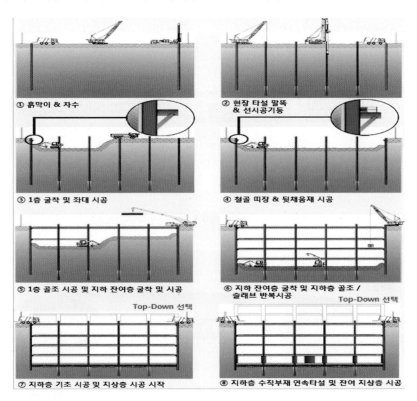

그림 6-28 CWS 공법 순서

6.2.11 기타 지하 흙막이 및 구조체 관련 신공법

(1) MHS(Modularized Hybrid System) 공법

1) 공법 개요

토압지지용 임시 스트러트 등의 가시설 없이 굴토 시 토압 지지 구조재로 지하 구조체를 활용한 후 굴토 후 영구 구조물의 일부로 사용하는 공법이다. SRC 보의 경제성, 철골보의 시공성 및 합성보의 효율성을 고려한 SRC 복합보를 이용한다. 지상구조물 시공시 보 춤의 감소와 횡 강성의 증대로 층고를 절감할 수 있다. 또한 건축물의 사용에 따른 처짐, 진동에 유리하며, 내화피복이 불필요하여 환경 친화적이다. 지상층과 동시에 지하구조물 축조시 층고 절감으로 인하여 굴토량이 감소한다.

철골의 하부 플랜지를 콘크리트에 매립하여 공장 제작하며, 현장에서 조립 후 슬래브와 일체로 타설함으로써 시공시 토압에 효과적으로 저항할 수 있다. 콘크리트와 H형강의 하이브리드(hybrid) 부재로 휨 응력에 대한 효과적인 대응이 가능하며 또한 공장 제작으로 인하여 품질 및 안전성 확보가 가능하다. MHS 공법에서 보-기둥 접합부는 다양한 형태로 조합이 가능한 동시에 모든 조합에서 철골 접합 방식으로 시공이 가능하다.

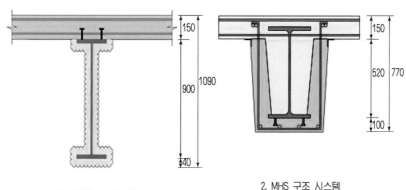

1. 기존 철골구조시스템

2. MHS 구조 시스템
(철골-콘크리트 층고절감 복합구조)

그림 6-29 MHS 공법과 기존 철골구조시스템과의 층고 비교

2) 특징

① 경제성 측면
- 공기단축 : 굴토 및 지하구조물 공사 동시진행 가능
- 공사비 절감 : 토공작업 연속성 및 굴토 효율성 확보로 인한 공사비 절감가능
- 슬래브가 PC 상부에 위치하여 층고절감과 굴토량 절감이 가능

② 환경성 측면

- 철골조보다 큰 강성확보가 가능하므로 소음 및 진동방지에 효과적
- 내화피복 불필요하여 환경 친화적 공법
- 현장 타설의 최소화로 인한 CO_2 배출량 저감 효과

③ 시공성 측면

- 조립식 모듈화 공법으로 공정의 단순화 및 다양화

④ 안정성 측면

- 공장제작에 따른 품질 및 안전성 확보
- 굴토 및 거푸집 조립 공사의 안정성 향상
- 가설재 투입 감소(약 90%) 및 출력 인원 감소(약 40%)로 인한 안전사고 저감효과

3) 모듈화 공법 사용에 따른 효과

- 공사비 절감효과
- 부재사이즈(보 춤) 감소 – 한 층당 약 20cm 정도의 보 춤 감소 가능, 터파기량 감소
- 공사기간 단축 가능 – 일반 RC공법에 비해 3~4일/cycle 절감
- 품질확보(균열저감) 가능 – 유지보수비 절감 효과
- 철골에 비해 처짐 및 진동에 유리 – 사용성 향상
- 주차 모듈 4대 가능 – 주차환경 개선 및 주차공간 증가
- 링크 빔(link beam) 사용 – 강성 증가에 따른 횡 변위 제어 및 벽체물량 감소
- 기존 RC 공법에 비해 CO_2 배출량 감소 등 최근 국제적 추세에 적합한 친환경 공법

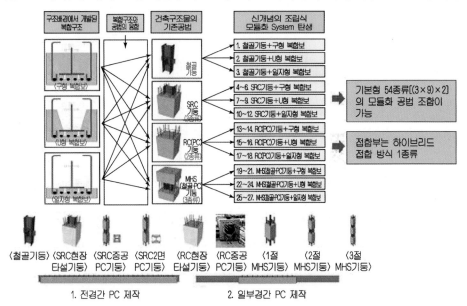

그림 6-30 MHS 공법의 모듈화 시스템

4) 시공순서

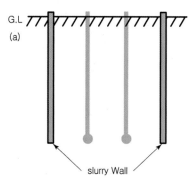

1. 슬러리월 및 RCD/PRD 시공

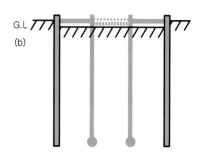

2. 지상1층 철골 설치 후 슬래브 부분시공

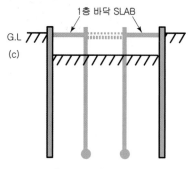

3. 각층 보 설치를 위한 굴토

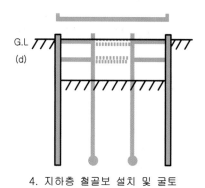

4. 지하층 철골보 설치 및 굴토

5. 최하층 바닥 슬래브 타설 및 지상 골조
   및 지하 슬래브 타설

그림 6-31 MHS 공법의 시공개념도(지하구조물의 경우)

1. 철골 기둥 설치

2. 보 설치 및 접합-1

3. 보 설치 및 접합-2

4. 데크 슬래브 설치

5. 상부철근 및 배력근 설치

6. 콘크리트 타설

그림 6-32 MHS 공법의 설치 순서(상부구조물의 경우)

(2) SPP(Strut as Permanent Props) 공법

1) 개요

지하 본 구조물용 철골 기둥과 보를 굴토공사의 진행에 따라 선 시공하여, 굴토공사 중에는 흙막이 지보공으로 사용하고 굴토공사 완료 후에는 해체 과정 없이 본 구조물로 사용하는 공법이다. 도심지 공사에서 대지 면적 최대한의 공간 확보와 대심도 굴착이 증가하는 추세에서 가장 이상적인 지하 굴착 공법이며, 다음과 같은 장·단점을 가지고 있다.

■ 표 6-1 SPP 공법의 장,단점

장 점	단 점
1) 공기단축 ■ 종래의 재래식 가설 STRUT의 설치 및 해체공정이 생략되므로 공기단축. 2) 공사비절감 ■ 가설 STRUT 공사비 절감 ■ 공기단축으로 인한 현장관리비, 금융비용 등의 간접비 절감 3) 안전성 확보 ■ STRUT 해체시의 흙막이벽의 응력불균형 등 위험요소배제 ■ STRUT 설치, 해체작업시의 위험요소 배제 4) 시공성 향상 ■ 지하본구조물과 가설POST PILE의 상호 간섭등의 배제로 시공성 향상 ■ 본 구조용 철골보의 간격이 가설 STRUT보다 넓어 굴토공사시 장비의 작업성 향상 5) 폐기물 발생 저감 ■ 가설 STRUT로 인해 발생하는 폐기물의 저감	1) 흙막이 지보공 병용 철골구조이므로 변형된 바닥형태의 구조물에 대응곤란 (경사 SLAB, LEVEL차가 있는 SLAB등) 2) 지하기둥 크기에 제한요소 발생 기둥천공 HOLE의 SIZE에 따른 구조적 제한요소 지하층 층고에 따른 좌굴장 고려 요구 1층에 재하되는 하중에 따른 기둥SIZE 결정 3) 품질관리의 어려움 지하기둥 HOLE 굴착 수직도 확보 곤란 지하철골기둥의 수직도 확인 곤란 지하철골보 시공시 현장에서의 부재가공 필요 4) 철골보 시공으로 인한 굴토공사의 작업단속 발생 5) 토공사, 철골공사, 철근콘크리트공사의 복합 공정이므로 현장관리의 어려움 6) 신공법이므로 시공경험이 있는 전문인력 및 전문협력업체 부족

2) SPP 공법 구성요소

SPP 공법을 구성하고 있는 요소는 다음 그림 6-30과 같으며, 각 Type별 세부사항은 다음 표와 같다.

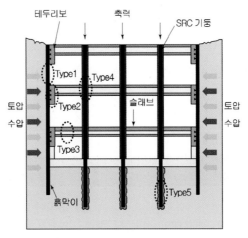

그림 6-33 SPP 공법의 구성요소

■ 표 6-2 SPP 공법 유형별 구성요소 및 세부사항

TYPE	구성 요소		세부 사항
Type 1.	흙막이벽체		■ D-Wall / CIP / H-Pile / Sheet-Pile / SCW 등 모두 적용 가능
Type 2.	P-Beam (RC 테두리보)	D-Wall	■ 1F은 Cap-Beam 대용, 지하층은 본드빔 형태로 역타 시 설치
		CIP	■ Wall Girder 형태로 흙막이벽체에 설치
Type 3.	철골 Girder&Beam		■ 철골보 + Deck SLAB
Type 4.	철골 Column		■ 굴토 시 Only Steel, 순타 시 SRC로 형성
Type 5.	Bored Pile		■ P.R.D, R.C.D, Barrette Pile 등 (공사방식 및 지질에 따라 선택적 사용)

3) SPP 공법 시공순서도 (UP-UP 적용시)

SPP 공법은 UP-UP 방식, Down-up 방식, P.R.D Top-down 방식, R.C.D Top-down 방식 등에 적용 가능하며, 이중 UP-UP 방식 적용 시 다음 그림과 같은 단계로 진행된다.

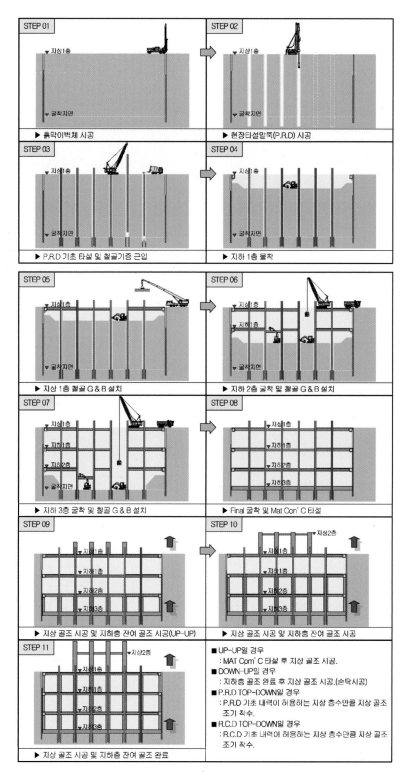

그림 6-34 UP-UP 적용 시 SPP공법 시공순서도

4) 재래식 공법과 시공순서 비교

SPP 공법과 기존의 H-Pile과 Strut를 이용한 공법의 프로세스를 비교해 보면 다음 그림 6-35와 같은 차이를 보인다.

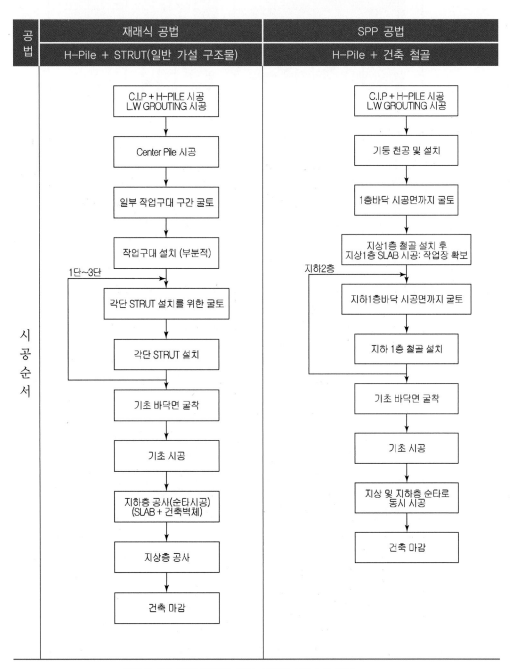

공법	재래식 공법	SPP 공법
	H-Pile + STRUT(일반 가설 구조물)	H-Pile + 건축 철골

시공순서

재래식 공법
- C.I.P + H-PILE 시공 L.W GROUTING 시공
- Center Pile 시공
- 일부 작업구대 구간 굴토
- 작업구대 설치 (부분적)
- 1단~3단 각단 STRUT 설치를 위한 굴토
- 각단 STRUT 설치
- 기초 바닥면 굴착
- 기초 시공
- 지하층 공사(순타시공) (SLAB + 건축벽체)
- 지상층 공사
- 건축 마감

SPP 공법
- C.I.P + H-PILE 시공 L.W GROUTING 시공
- 기둥 천공 및 설치
- 1층바닥 시공면까지 굴토
- 지상1층 철골 설치 후 지상1층 SLAB 시공: 작업장 확보
- 지하2층 지하1층바닥 시공면까지 굴토
- 지하 1층 철골 설치
- 기초 바닥면 굴착
- 기초 시공
- 지상 및 지하층 순타로 동시 시공
- 건축 마감

그림 6-35 재래식공법과 SPP 공법의 시공순서 비교

5) 가설 STRUT 공법과 SPP 공법의 장단점 비교

① 가설 STRUT 공법과 비교

가설 STRUT 공법	SPP 공법

가설지지체의 설치해체 및 순타시공	무해체 공정에 의한 본 구조 공사
■ PRE-BORING을 이용한 가설기둥설치 ■ 가설H-BEAM을 이용한 흙막이지지 ■ 브라켓 볼팅에 의한 가설 접합 ■ 복잡하고 어려운 시공공정 ■ 가시설의 해체 시 응력 불균형 발생 및 주변지반의 이완현상 유발 ■ 다량의 스트러트 폐자재화	■ 1,2차 케이싱을 이용한 기둥설치 ■ 지하구조물을 이용한 흙막이 지지 ■ 실측제작, 용접에 의한 보, 기둥 설치 ■ UP-UP, TOP-DOWN 공정가능 ■ 가시설 해체공정 불필요 ■ 폐기물 및 분진 발생이 적은 친환경공법

② RC SLAB 역타지지 (RC Top-down) 공법과 비교

RC SLAB 역타지지 공법	SPP 공법
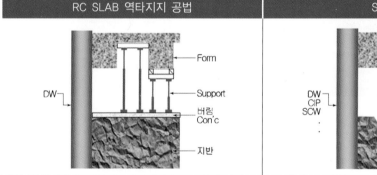	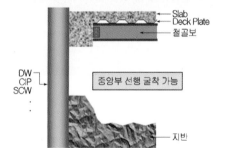
지하 RC구조물 역타시공	무지보 역타시공
■ 흙막이벽체 적용제약 있음(D-Wall만 가능) ■ 가설자재 필요(Support, 거푸집 등) ■ 환기조명 비용 증대 ■ RC 역타설에 의한 품질관리 어려움 ■ 지하 RC구조물 시공에 의한 굴착공사 지연 ■ 대구경 천공으로 공사비 증대 및 공기지연 ■ 지하 전체 RC구조물 시공으로 굴착여건 열악	■ 흙막이벽체 적용제약 없음(D-Wall, CIP, SCW등 가능) ■ 가설자재 불필요(Support, 거푸집 등) ■ 환기조명 비용 최소화 ■ 철골기둥+철골보 접합으로 품질관리 용이함 ■ 지하 철골구조물로서 상대적으로 굴착공사 단축 ■ 소구경 천공으로 공사비 절감 및 공기 단축 ■ 무지보 시공 및 상부 OPEN공간 확보로 굴착여건 좋음

(3) EPS(Excavation Props Suspended with Column Strip) 공법

1) 개요

① 종전 기술 개요

스트러트 공법은 슬래브 시공이 굴토 종료후 기초로부터 상방향으로 진행되는 반면, 다운 공법은 굴토와 슬래브 타설이 동시에 진행되면서 토압을 지탱하는 공법으로서 철골 다운과 RC다운으로 세분될 수 있다.

■ 표 6-3 EPS 공법 대비 종전기술과 EPS 공법 개요

철골 Down	장점	■ 건식시공으로 인한 빠른 공기 ■ 용이한 양중
	단점	■ 철골물량으로 인한 고가의 자재비 ■ 철골보의 춤으로 인한 굴토량의 증가
RC Down	장점	■ 상대적으로 저가인 콘크리트 사용
	단점	■ 현장 타설로 인한 공기소요

EPS 공법 특징	
Suspended 모듈화 Down 공법의 장점 활용	■ 지하 구조물 공사비 및 공기를 획기적으로 감소 ■ 신개념의 지하구조물의 구축공법
시공시 거푸집을 설치하고 해체하는 RC Down 공법의 개선	■ 주열대 만을 현수하는 모듈화 공법 ■ 주열대 사이 주간대는 One-way 슬래브로 시공

② EPS 공법 개요

지하 구조물 시공시 거푸집을 설치하고 해체하는 공정을 생략하는 TOP-DOWN 또는 Down공법으로 주열대(column strip) 부분의 거푸집만 현수(rope suspended)하는 모듈화 공법으로 주열대 사이 주간대(middle strip)는 One-way (Two-way 가능) 슬래브로 동바리가 필요 없는 데크를 사용하는 플랫 슬래브 공법이다. 참고로 기존 Top-down 공법의 많은 경우 플랫 슬래브 또는 플랫 플레이트 슬래브 구조로 설계되어 있다. 또한 EPS 공법 적용으로 인해 층고 저감 및 이에 따른 지하 흙막이 및 토공량 저감으로 원가절감 효과가 있으며 거푸집 모듈화 다운공법의 장점을 활용하여 지하 구조물의 공사비 및 공기를 획기적으로 감소시킬 수 있는 신개념 지하구조물 구축공법이다.

2) 시공 순서

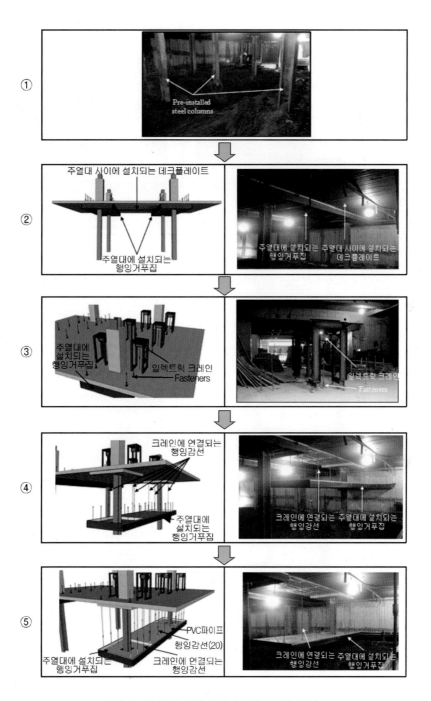

■ 그림 6-36 EPS 공법 시공 순서 (뒷 장에 계속)

■ 그림 6-36 EPS 공법 시공 순서 (앞 장과 이어짐)

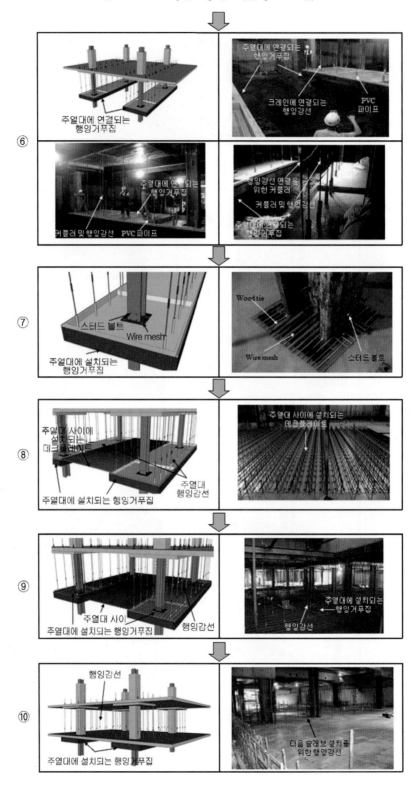

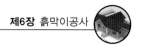

3) 특징

① 지상 및 지하부 공사 시 범용적으로 사용이 가능한 주열대용 Platform 시스템을 이용하여 지하 구조부 상세의 간결성을 확보하여 시공성 및 생산성을 제고함.

② 지하 흙막이 (슬러리 월, RC 옹벽 등)와 현장 타설 RC 구조로 연계한 경제적 Down 공법의 구현.

③ 주열대 부분 현수 시스템을 이용한 무지주 공법 실현 및 Hanging Load의 감소로 인한 시공성 향상. 각 Span 당 현수 로프 수는 Platform 구조, Hanging용 모터의 성능에 따라 다르지만 3~6 열의 로프 배치 가능

④ 지하 굴토 시 토압 지지용 가시설 불필요 → Top-down 공사 시 슬래브 하부 토공사 원활.

⑤ 현수에 사용되는 장비는 기존의 전동 모터를 이용하므로 주열대 설치 Platform 시스템의 해체, 재설치가 용이하므로 지하공사 공정의 단순화, 생산성 향상으로 공기 단축 및 공사비 절감 가능.

⑥ One-way 및 Two-way 플랫 슬래브 구조를 Deck Plate로 시공하므로 층고 절감형, 공기단축형 구조-시공 융합 시스템임.

⑦ 현수 Platform 거푸집의 내구성이 뛰어나고 반영구적인 재활용이 가능하기 때문에 재래식 공법에 비해 폐자재를 거의 발생시키지 않아 친환경적임.

⑧ 층고절감 효과 : 최대 350~550mm 층고 절감(SPP대비)에 따른 굴토량 감소로 공사비 및 공기절감. (EPS 공법 플랫슬래브 (200~250mm) ↔ SPP 공법 보+바닥 두께 (550~750mm)

4) EPS 공법과 SPP 공법의 비교

구분	SPP 공법	EPS 공법	비고
구조 형식	기둥-보 구조 → 철골보를 Strut로 활용	플랫슬래브 구조(보 없음) → 슬래브를 판형 Strut로 활용	
내화 피복	내화피복 필요	내화피복 불필요	지하층 무공해, 후속 작업진행 원활, 원가절감
지하 층고	550~750mm (바닥두께 150mm 가정)	200~250mm (바닥 포함)	350~550mm 층고 저감 → 흙막이, 토공량 저감
Strut 접합부	철골/월거더(wall girder) 접합부 방수문제 발생	RC 일체식 타설로 방수문제 없음	

배관 공사	지하 배관공사 시 보 간섭 발생	플랫슬래브구조이므로 간섭 없음	
지하 철골 양중	Top-down 시 지하층 Strut 철골 양중장비 필요	RC이므로 별도 양중장비 불필요	
공 기	12개월	11개월	Slurry-wall 제외 5일/ 층 단축 가능 → 총 20일
원 가	-	SPP 대비 5~10% 저감 ■ 층고저감에 따른 토공 사, 흙막이 공사비 절감 ■ 철골 없는 RC조 이므로 공사비 저감	■ 지하 4층의 경우 전체 1.4~2.2m 저감 ■ 철골, 내화피복 대신 RC구조 물량 일부 증가
품 질	Strut 철골 현장용접에 따른 하자발생 우려	슬래브 현장 타설로 품질 문제 없음	
안 전	지하 철골 양중/설치 시 안전사고 발생 우려	지하층 양중이 없는 안전한 공법	

(4) IPS(Innovative Prestressed Support) 공법

버팀보를 사용하지 않고(귀잡이보 일부 사용) IPS 띠장을 흙박이벽체에 설치한 뒤
PS강선에 인장력을 가하여 흙막이 벽체를 지지함으로써 토압에 저항하는 공법이다.
토압에 의한 등분포 하중을 지지하는 버팀보의 압축력을 PC강선의 프리 스트레싱에
의한 긴장재의 인장력으로 치환하여 지지하는 방식이다.

그림 6-37 IPS 공법 시공 사진

1) 특징

- 다수의 버팀대로 인한 작업공간의 침해 방지
- 굴착현장에서 중장비의 작업공간 확보로 작업효율 향상
- 본구조물 작업인 거푸집 및 철근 공사 용이
- 사용 강재의 회수율이 높아 경제적
- 가시설 설치 및 본구조물의 공기단축 가능
- 띠장의 인장휨 파괴 방지로 안정성 증대
- 강재량 및 작업 조인트(joint)수 절감

2) 시공순서

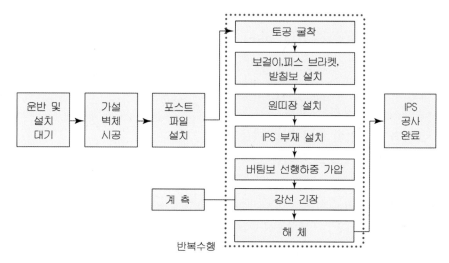

그림 6-38 IPS공법의 시공순서

(5) BRD(Bracket supported R/C Downward) 공법

BRD 와이드(wide) 거더 및 데크 슬래브를 사용하여 거푸집을 최소화하고 브라켓 및 거더 거푸집 지지틀을 설치하여 동바리 없이 무지보 시공이 가능한 공법이다. 콘크리트 양생 후 거푸집 지지틀을 현수(懸垂) 하강시켜 반복 사용함으로써 시공성 및 경제성이 향상된다.

그림 6-39 브라켓 설치

그림 6-40 브라켓 및 거푸집 지지틀 하강 후 재설치

1) 특징

- 역타공법을 적용함으로써 경제성과 시공성을 증대
- 가설 스트러트의 불필요로 안정성 확보
- 1층 바닥 선 시공에 따른 작업 공간 활용성 증대
- 소음, 진동, 분진이 적음
- 토질과 상관없이 공법 적용 가능
- 상황에 따라 최적의 공법을 적용할 수 있음
  (탑 다운(top-down)공법, 세미 탑 다운(semi top down)공법, 다운 업(down-up)
  공법, 업 업(up-up)공법)

2) 시공순서

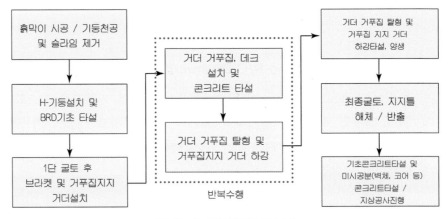
그림 6-41 BRD공법의 시공순서

6.3 ● 흙막이벽의 안전 및 계측관리

6.3.1 흙막이벽의 안전 및 토압 분포

흙막이벽은 토압과 수압에 충분히 견딜 수 있어야 한다. 흙파기의 깊이가 깊을 때에는 토압보다 수압이 훨씬 크므로 터파기를 한 저면 또는 하부 지반에서 물이 나오고 토사도 새어 나올 우려가 크고, 지하수위가 낮아지면 주변 지반의 침하가 불가피하므로 흙막이 뒷면의 배수에 유의해야 한다.

흙막이벽은 흙으로부터 수평압력을 받으며 이를 지지하는 역할을 한다. 흙막이벽을 올바르게 설계 및 시공하기 위해서는 흙막이벽에 작용하는 수평토압을 정확하게 평가해야 한다. 수평토압은 정지토압, 주동토압, 수동토압으로 나눌 수 있는데, 이는 지반내의 한 요소의 변위상태로 설명할 수 있다. 즉, 요소의 수평방향 변형이 없는 경우에 그 요소에 작용하는 수평응력을 정지토압이라고 하며, 수평방향으로 팽창 변형을 계속하여 파괴가 일어나는 순간에 요소에 작용하는 수평응력을 주동토압(active earth pressure, Pa)이라고 한다.

수평방향으로 압축변형을 계속 받아서 파괴가 일어나는 순간에 그 요소에 작용하는 수평응력을 수동토압(passive earth pressure, Pp)이라고 한다. 즉, 흙막이가 흙을 밀 때 생기는 압력으로 흙막이벽의 뒤채움이 압축되어 붕괴를 일으킬 때 작용하는 토압이다. 수평토압을 산정하기 위해서 토압계수(K)를 사용하는데 이는 수직응력에 대한 수평응력의 비, 즉 $K = \sigma_h / \sigma_v$이다.

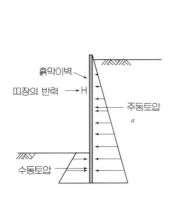

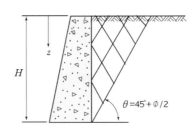

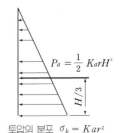

P_a : 주동토압 r : 흙의 단위용적중량

K_a : 주동토압 계수 z : 지표면의 높이

H : 높이

그림 6-42 토압 개념도   그림 6-43 주동토압의 분포와 합력의 위치

(1) 보일링(boiling) 현상

보일링 현상은 투수성이 좋은 사질지반에서 지하수가 얕게 있거나 흙파기 저면 부근에 피압수가 있을 때 흙파기 저면에 상승하는 유수로 말미암아 모래입자가 떠오르는 현상으로 저면 지반의 지지력이 없어지는 현상을 말한다. 이러한 현상을 방지하기 위해서는 수밀성의 흙막이를 불투수성 지층까지 밑둥 넣기를 하거나, 배수시설을 설치하여 굴착 저면의 수압을 낮춘다.

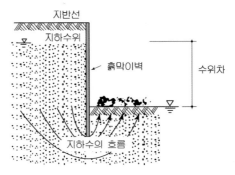

그림 6-44 보일링 현상

(2) 히빙(heaving) 현상

연약 점토 지반 굴착시 흙막이벽 내외의 흙의 중량차이에 의해 굴착저면이 부풀어오르는 현상이다. 이러한 현상을 방지하기 위해서는 강성이 큰 흙막이벽을 사용하거나 근입장(根入長)을 충분히 깊게 해야 한다. 시트 파일(sheet pile)이나 H-pile 전면에 중량이 부여되도록 아일랜드 컷(island cut) 공법을 적용하고 전면 굴착보다는 부분 굴착을 한다. 하부 지반 강도를 증가시키기 위해 지반개량을 한다.

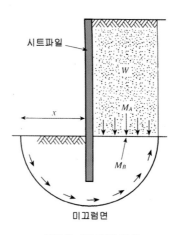

그림 6-45 히빙 현상

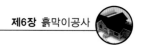

(3) 파이핑(piping) 현상

사질 지반에서 흙막이 배면의 토사가 누수로 인해 유실되는 현상이다. 파이핑 현상을 방지하기 위해서는 지수성이 높은 흙막이를 선정한다.

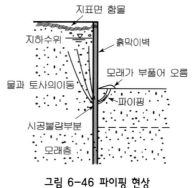

그림 6-46 파이핑 현상

(4) 히빙 현상과 보일링 현상의 방지대책

① 강성이 높은 흙막이 벽을 지반 깊숙이 박는다.
② 토질을 치환한다.
③ 지반개량공법을 사용하여 지반을 보강한다.
④ 지반 내 말뚝을 박는다.
⑤ 흙파기시 아일랜드 컷 공법을 사용한다.

6.3.2 계측관리

과학적인 정보에 의해 구조물 시공을 안전하고 합리적으로 추진하기 위하여 실시하는 것으로 스트러트나 인근 건축물 및 지반의 침하나 균열 등에 대비하고 흙막이 벽체의 변형을 미리 발견·조치하기 위하여 실시한다. 터파기공사 중 흙막이 벽 및 인접 지반의 거동을 측정한 계측 결과는 현재 상태와 흙막이 벽의 향후 거동과 안정성을 예측하는데 이용되며 다음 단계의 시공에 반영한다. 계측관리는 착공 시부터 준공시까지 계속 실시해야 하며 준공 후에도 일정 기간 계속하여 문제점이 발생하지 않도록 해야 한다.

(1) 계측 대상 및 방법

토공사 및 흙막이 공사 수행과정에서 필요한 계측 대상, 항목 및 방법은 다음 그림과 같다.

측정대상		측정항목	측정 방법
대지 내	토류벽	측압 및 수압	벽면 토압계, 벽면수압계
		응력	변형률계
		변형	경사계, 트랜싯, 변위계
	Strut Wale 엄지말뚝	Strut 축력	변형률계, 유압계, 로드셀
		Wale의 응력	변형률계
		Wale의 휨	변위계, 트랜싯
		H-Pile 침하 및 융기	Level
	굴착저면	흙의 융기	Level, 2중관식 침하계
		지하 수위	관측우물, 간극수압계
	기타	배수량	노치 탱크
대지 외	주변지반	침하 및 융기	Level, 이중관식 침하계
		수평이동	삽입식 경사계
	주변 구조물	침하 및 융기	Level, 이중관식 침하계
		경사	경사계, 수준기
		균열	크랙 게이지 (Crack Gauge)
	매설관	침하 및 융기	Level
	지하수	수위 (수압)	관측 우물, 간극수압계
	기타	소음	소음계
		진동	진동 Level기
		수질오염	수질시험

그림 6-47 계측항목 및 방법

(2) 계측 항목과 기기별 측정시기 및 빈도

계측기기별 측정 자료는 확인 후 바로 기입 관리하며, 장시간의 경과를 그래프화하여 표시하고 눈에 쉽게 띄는 곳에 게시한다.

계측기기별 측정 시기와 빈도는 다음 그림과 같다

계측항목	측정시기	측정빈도	비고
지하 수위계	설치 후 공사진행 중 공사완료 후	1회/일(1일간) 2회/주 2회/주	초기 값 선정 강우 1일 후 3일간 연속 측정
하중계	설치 후 공사진행 중 공사완료 후	3회/일(2일간) 2회/주 2회/주	초기 값 선정 다음 단 설치시 추가 측정 다음 단 해체시 추가 측정
변위계	설치 후 공사진행 중 공사완료 후	3회/일 3회/주 2회/주	초기의 값 선정 다음 단 설치시 추가 측정 다음 단 해체시 추가 측정
지중 경사계	그라우팅 완료 후 4일 공사진행 중 공사완료 후	1회/일(3일간) 2회/주(*) 2회/주(*)	초기 값 선정
건축물 경사계	설치후 1일 경과 공사진행 중 공사완료 후	1회/일(3일간) 2회/주(*) 2회/주(*)	초기 값 선정
지표 침하계	설치 후 1일 경과 후 공사진행 중 공사완료 후	1회/일(3일간) 2회/주(*) 2회/주(*)	초기의 값 선정

그림 6-48 계측기기별 측정시기 및 빈도

(3) 계측기 배치 원칙

- 인접한 위험 건축물, 깊은 곳, 우각부, 장변쪽에 우선적으로 배치하고, 가운데서 가장자리로 배치한다.
- 대표장소나 선행 시공부
- 지반조건이 충분히 파악된 곳
- 교통량 등 하중 증감이 많은 곳
- 구조물 또는 지반조건이 특수한 곳
- 위험하다고 예측된 곳
- 상호 관련된 계측기 근접 배치

(4) 계측기의 종류와 설치 목적

1) 지중 수평변위 측정계(inclinometer)

토류벽 또는 배면지반에 설치하며 굴착심도 보다 깊게 부동층까지 천공한다. 굴토 진행시 단계별로 인접지반의 수평 변위량과 위치, 방향 및 크기를 실측하여 토류 구조물 각 지점의 응력 상태를 판단한다.

2) 인접 건축물 기울기 측정계(tilt meter)

굴토공사 시 주변건물이나 옹벽 및 지반 등에 설치하여 측정 지점의 기울기 변화 상태를 측정한다.

3) 지하수위계(water level meter)

토류벽 배면지반에 설치하며 대수층(帶水層)까지 천공한다. 지하수위 변화를 실측하여 각종 계측자료로 이용하며, 지하수위의 변화 원인을 분석하고 대책을 수립한다.

4) 간극수압계(piezometer)

배면 연약지반에 설치하며 굴착에 따른 과잉 간극수압 변화를 측정하여 안전성을 판단한다.

4) 변형률계(strain gauge)

토류벽 심재, 스트러트, 띠장, 강재, 콘크리트 등에 설치하며 토류구조물 각 부재와 인근구조물의 각 지점 및 콘크리트 등의 응력변화를 측정하여 이상변형을 파악하고자 하는 것이다.

5) 하중측정계(load cell)

스트러트, 앵커 부위에 설치한다. 스트러트, 앵커 등의 축하중, 변화상태를 측정하여 부재의 안정상태를 파악하며 원인을 규명한다.

6) 지중 수직변위 측정계(extensometer)

토류벽 배면, 인접구조물 주변에 설치하여 인접 지층 지표면 침하량, 변동 상태 파악, 안정상태 예측 또는 보강대상 범위를 결정한다.

7) 진동, 소음측정기(vibration monitor)

굴착, 발파, 장비 작업에 따른 진동과 소음을 측정하는 것으로 구조물의 위험 예방 및 민원예방에 활용한다.

8) 균열계(crack meter)

인접 건축물의 균열 측정

9) 지표침하계(measuring settlement of surface)

토류벽 배면 상부 지표의 침하 측정

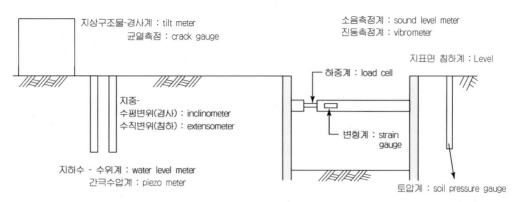

그림 6-49 계측기기의 종류

6.4 흙막이공사 단계별 예상 문제점 및 대책

6.4.1 흙막이 공사의 단계

흙막이공사는 토공사와 긴밀하게 관계된다. 그림 6-51과 같이 흙막이 공사 관련 업무는 크게 준비공사와 흙막이 공사로 구분되며, 흙막이 공사는 흙막이벽체 조성공사와 계측기 설치공사로 나뉜다.

흙막이 공사는 토공사를 전문적으로 수행하는 업체가 수행한다. 이 경우, 반드시 시공업체의 책임 하에 구조적 안전성 검토 및 계측관리를 수행하여야 한다. 다른 공사와 마찬가지로 측량 또는 시공계획이 철저하게 수행되지 않는다면 막대한 추가비용과 시간을 소비하게 되므로 신중한 계획과 관리가 필요하다.

흙막이 공사를 진행하기 전에 경계 복원이나 현황 파악 등을 포함하여 정밀한 측량을 하여야 한다. 벽체공사 조성을 위한 자재 반입 후 협력업체에 의해 시공측량이 실시되면 시공업체는 천공위치와 간격을 확인하여 공사를 진행한다. 이때 발주처는 시공업체가 진행하는 각 공사를 단계적으로 검사하는 업무를 맡는다.

계측기 설치 단계에서 협력업체는 시공업체가 공사한 내용을 기반으로 계측계획서를 작성하고 시공업체의 검토를 거쳐 발주처의 승인을 받는다. 계측기 설치, 운영 및 유지관리는 협력업체가 수행하며, 시공업체는 모든 사항을 검토한 후 발주자에게 통보하여 승인을 얻는다.

흙막이 공사과정에서 대형 사고로 이어지는 문제점으로는 저품질의 자재 반입, 천공 정밀도 저하, 계측관리 미흡 등이며, 흙막이 띠장 및 스트러트 등의 불완전한 시공으로 인한 안전사고가 많다.

그림 6-50의 원 안에 A1, A2, …, B2 등은 흙막이 공사에서 단계별 예상 문제점과 대책을 수립하기 위한 식별번호로 이와 관련된 내용은 6.5.2절에 상세하게 기술되었다.

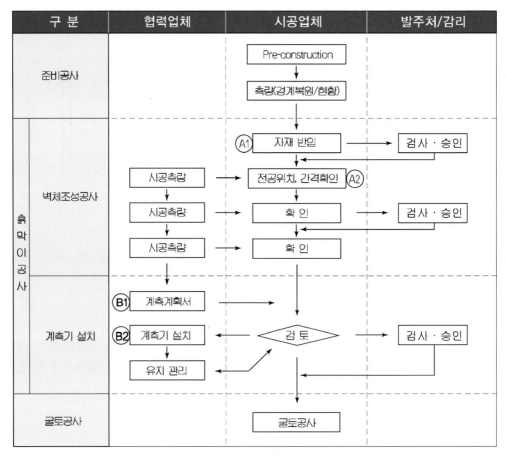

그림 6-50 흙막이공사 추진 단계

6.4.2 흙막이공사 단계별 문제점 및 대책

흙막이공사에서 발생하는 문제는 토공사와 연계하여 발생하는 경우가 많으므로 5장 토공사의 문제점과 함께 검토하여야 한다. 그림 6-50에 표기한 업무별 문제의 상세 및 대책은 표 6-4과 같다. 흙막이 공사에서 발생 가능한 문제는 '줄파기 공사 미준수', '수직도 관리 미비', '장비 전도방지 대응 미비', '소음/진동/비산먼지 관련 민원대응 부족', '강재 이음부 시공 미비', '강재 건입방향 부적절(강축, 약축 고려)', 'CIP 콘크리트 타설방법 미확인', 'H-Pile 뒷채움 미비', 'SCW 인발 및 교반속도 미준수', '보안구 조물 조사 및 안전진단 미실시', '계측관리기준 부적절', '계측빈도 부적절', '계측기의 정위치 및 정방향 설치 미준수', '계측기 보호 미비' 등 다양하며 표 6-4은 주요 문제점을 정리한 것이다.

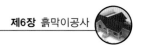

■ 표 6-4 흙막이공사 단계별 문제점 및 대책

번호	단계	문제점	대 책	세부 대책	
				수 행 시 점	요 구 정 보
A1	자재반입	1. 단면손실이 있는 고재 반입	1. 버팀보, 엄지말뚝 등 주요 자재 반입 검수	공사중	Check List
		2. 흙막이 배면의 자재 과적	2. 1.2ton f/m² 이상의 야적금지, 흙막이 벽에서 최소 2m 이상 이격(설계조건 검토)	공사중	가설계획
		3. 야적자재 보관 조건 부적절	3. 우수에 노출되지 않도록 적절하게 방호하는 등 작업지침에 맞게 조치	공사중	가설계획
A2	천공위치 / 간격확인	1. 줄파기 공사 미준수	1. 매설물도를 참고하여 줄파기 실시(매설물 확인시 유관기관 협의 하에 방호)	착공전	주변 현황도
		2. 수직도 관리 미비	2. 수직도 수시 관리/ 장비 정위치 확인	착공전	시공 계획서
		3. 천공장비 전도 방지 대응 미비	3. 공사중 Outrigger 고정판 설치/지반개량 당일 작업 종료 후, 리더(leader) 수평 유지	착공전	안전관리 계획서
		4. 작업중 안전사고	4. 수신호자 배치, 장비 이동 중 경보	착공전	안전관리 계획서
B1	계측 계획서	1. 보안구조물 조사 및 안전진단 미 실시	1. 보안구조물 안전진단 실시	착공전	주변 현황도
		2. 계측관리기준 부적절	2. 설계 및 주변조건을 고려한 기준설정	착공전	계측 계획서
		3. 계측빈도 부적절	3. 계측관리계획 보완	착공후	계측 계획서
		4. 계측기 수량 및 배치 적정성	4. 계측계획 보완/ 계측기기 집중배치	착공전	계측 계획서
B2	계측기 설치	1. 정위치, 정방향 설치	1. 계측기의 설치 위치/ 설치방향 확인	착공후	계측 계획서
		2. 계측기 보호 미비	2. 노출형 계측기는 반드시 방호방안 수립	착공후	계측 계획서

제6장

【참고문헌】

1. 국가건설기준센터, 건설공사 표준시방서 및 전문시방서, 2020
2. 국토교통부, 국가건설기준_표준시방서 KCS 11 10 10 시공중 지반조사, 2018
3. 국토교통부, 국가건설기준_표준시방서 KCS 11 10 15 시공중 지반계측, 2018
4. 국토교통부, 국가건설기준_표준시방서 KCS 11 30 05 연약지반개량공사 일반사항, 2018
5. 국토교통부, 국가건설기준_표준시방서 KCS 11 50 20 널말뚝, 2018
6. 국토교통부, 국가건설기준_표준시방서 KCS 11 60 00 앵커공사, 2020
7. 김명모, 토질역학, 문운당, 2000
8. 대우건설, 건축시공기술표준, 1998
9. 대한건축학회, 건축기술지침, 2017
10. 대한건축학회, 건축공사표준시방서, 2019
11. 신경재, 이도범, 건축 구조와 시공의 만남, 도서출판 건설도서, 2000
12. 주석중 외 3명, 새로운 건축구조, 기문당, 2003
13. 한국주택도시공사(LH), CONSTRUCTION WORK_SMART HANBOOK, 2019
14. 井上司郎, 建築施工入門, 実教出版, 2000
15. Edward Allen, Fundamental of Building Construction – Materials and Methods, John Wiley & Sons, Inc., 1999

CHAPTER 7

지정 및 기초공사

7.1 개요

기초(foundation, footing)란 건축물의 하중을 지반에 안전하게 전달시키는 구조 부분을 말하며, 지정은 기초를 안전하게 지지하기 위하여 기초를 보강하거나 지반의 내력을 보강하는 것을 말한다. 기초는 기초판과 지정으로 구성되며, 기초 형식은 상부 구조시스템, 지질, 지형, 공사의 난이도, 환경 등을 고려하여 결정한다.

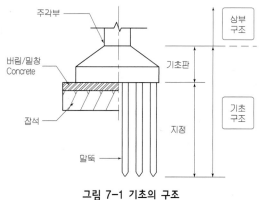

그림 7-1 기초의 구조

기초를 계획·설계 및 시공할 때에는 다음과 같은 사항에 유의한다.

• 부등침하를 일으키지 않도록 균형 있게 설계한다.

• 인장력 및 전단력에 저항하기 위해 철근으로 보강한다.

• 부력(uplift)에 의한 기초 판의 떠오름을 방지할 수 있는 대책을 세운다. Rock Anchor 를 기초 판에 설치하거나, 탈수공법(dewatering method)으로 기초 판 밑의 물을 배 수하여 부력을 최소화한다.

• 기초는 지반의 건조수축, 습윤팽창 등으로 인한 피해를 예방하기 위하여 동결심도 아 래의 깊이까지 내려가야 한다.

(1) 기초의 종류

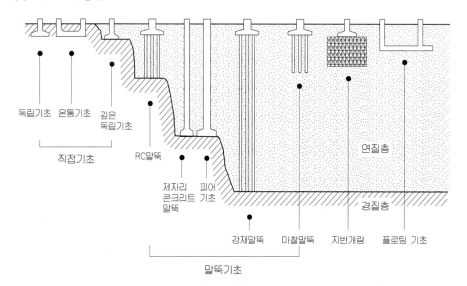

그림 7-2 기초의 종류

(2) 직접기초

상부구조의 하중을 말뚝을 사용하지 않고 기초 슬래브(slab)에서 지반에 직접 전달하는 형식이다.

1) 독립기초

기둥마다 별개의 독립된 기초판을 설치하는 것이다. 일체식 구조에서는 지중보를 설치하여 기초판의 부등침하를 방지하고 주각부의 휨 모멘트를 흡수하여 구조물 전체의 강성을 높인다.

2) 복합기초

기둥사이의 간격이 좁을 때에는 2개의 기둥을 하나의 기초판 위에 설치한다. 특히 부지 경계부분에서는 독립기초를 사용하더라도 기초의 중앙에 기둥을 세울 수 없어 편심이 발생한다. 편심을 피하기 위하여 내측 기둥의 기초와 일체화시킨 복합기초를 사용한다.

3) 연속기초

일정한 폭과 깊이를 가진 연속된 띠 형태의 기초로서 줄기초라고도 한다. 내력벽, 담장, 조적식 옹벽 등의 기초에 사용한다.

4) 온통기초(mat foundation)

일체식 철근콘크리트 기초판으로 축조하여 하중을 지지하게 하는 방법이다. 상부구조물의 하중이 매우 커서 독립기초 또는 줄기초 등으로는 필요한 기초판의 면적을 확보할 수 없거나 연약지반일 경우 사용한다.

(3) 지정의 종류

직접 기초의 지정에는 잡석지정, 모래지정, 콘크리트 지정 등이 있다.

1) 잡석 지정

기초 또는 밑창 콘크리트 밑에 막돌이나 호박돌 등을 옆 세워 깔고 사춤자갈, 모래 섞인 자갈로 틈을 채우고 Rammer, Vibro Compactor, Vibro Roller 등으로 다진다.

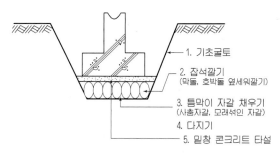

1. 기초굴토

2. 잡석깔기
(막돌, 호박돌 옆세워깔기)

3. 틈막이 자갈 채우기
(사춤자갈, 모래섞인 자갈)

4. 다지기

5. 밑창 콘크리트 타설

그림 7-3 잡석 지정

2) 모래 지정

기초 하부의 지반이 연약하고 그 하부 2m 이내에 굳은 지층이 있을 때는 말뚝을 박을 필요가 없으며 굳은 층까지 연약한 부분을 파내고 모래를 넣어 물을 주면서 다진다. 하중·지하수 등으로 인해 모래가 유실 되거나 분산되는 것을 방지해야 한다.

3) 자갈 지정

굳은 지반에 자갈을 얇게 펴고 다지는 것으로 밑창 콘크리트를 평평하게 하고, 기초 하부부분의 물을 배수하기 위해 쓰인다. 자갈 깔기를 하고 래머(rammer), 바이브로 래머(vibro rammer)등으로 다진 후 그 위에 밑창 콘크리트 또는 기초 콘크리트를 부어 넣는다.

4) 밑창 콘크리트(blind concrete) 지정

지반 다지기, 잡석지정 등을 보강하고, 기초(판) 철근 및 거푸집 작업을 용이하게 하며, 기초 저부에 먹매김을 하기 위하여 자갈지정, 잡석지정 등의 위에 두께 5~10cm 정도로 무근콘크리트를 타설하여 지정을 형성하는 것으로 버림콘크리트 지정이라고도 한다. 밑창 콘크리트의 강도는 10~13Mpa 정도로 작더라도 내력상 문제가 없다.

7.2 지지말뚝과 마찰말뚝

(1) 개요

말뚝은 항타, 천공 또는 다른 방법으로 주위의 지반을 배제하면서 지반 내부에 설치하는 부재로서, 상부 구조물의 하중을 지반에 전달하는 역할을 한다. 말뚝을 기능적으로 분류하면 지지말뚝, 마찰말뚝, 다짐말뚝 등으로 나눌 수 있다

말뚝의 전체 지지력은 주면(周面) 마찰력과 선단(先端) 지지력의 합으로 구성된다. 말뚝 선단이 풍화암 이상 지층에 근입되어 지지력의 대부분을 선단 지지력에 의존하는 경우에는 지지말뚝(bearing pile) 또는 선단지지말뚝이라 부르고, 말뚝 선단이 양호한 지지층[1]에 근입하기 어려워서 주면 마찰력에 주로 의존할 때는 마찰말뚝(friction pile)이라 한다. 그러나 어떤 말뚝의 경우에도 선단 지지력과 주면 마찰력의 분담은 하중의 크기, 재하속도 및 하중 전이(load transfer) 거동 등에 따라 변화한다. 따라서 하나의 말뚝이 지지말뚝과 마찰말뚝으로 동시에 기능하는 경우가 많다.

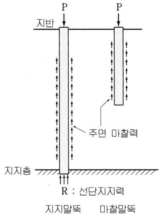

그림 7-4 말뚝의 지지 유형

(2) 부마찰력(negative friction)

지지말뚝은 선단 지지력과 주면 마찰력으로 상부 하중을 지지[2]하는데, 압밀침하 가능성이 있는 연약지반에서는 주면 마찰력이 하향으로 작용한다. 이때 작용하는 마찰력을 부마찰력이라고 하며, 부주면 마찰력이라고도 한다.

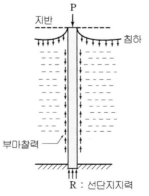

그림 7-5 부마찰력의 개념도

---

1) 사질토, 사력층의 경우 보통 N값 30이상, 점성토층 N값 20 이상
2) 말뚝 근입구간에 양호한 지지층이 있는 경우 주면마찰력으로 일부 지지

1) 발생 유형 또는 원인

- 말뚝 주위의 흙의 침하가 말뚝의 침하량보다 클 경우에 발생한다.
- 포화점토층에 타입된 선단지지말뚝에서 쉽게 발생한다.
- 압축성 토층 위에 상재하중이 가해질 때 발생한다.
- 지반자체의 무게로 인한 자중압밀로 발생한다.
- 지하수위의 하강시 발생한다.
- 인근의 공사로 발생할 수 있다.

2) 저감대책

- 말뚝을 아스팔트로 코팅한다.
- 케이싱 안에 말뚝을 박아서 말뚝과 지반을 분리한다.
- 말뚝직경보다 큰 구멍을 미리 만들고 말뚝을 설치한 다음 그 사이를 마찰특성이 작은 벤토나이트용액으로 채우는 방법을 사용한다.
- 표면적이 작은 말뚝(H형 강말뚝)을 사용한다.
- 전기삼투공법(electro-osmosis method)[3]을 이용하여 말뚝주변 점성토지반의 지하수를 배수하여 지반을 개량한다.
- 말뚝의 상부는 매끄러운 기성말뚝으로 하여 마찰력을 작게 하고 하부는 현장말뚝을 설치하여 지지력을 크게 하는 방법도 고려한다.

7.3 ● 현장타설 콘크리트 말뚝 공법

현장에서 소정의 위치에 구멍을 뚫고 그 속에 콘크리트 또는 철근 콘트리트를 충전하여 콘크리트 말뚝을 형성하는 방법이다. 현장타설 콘크리트 말뚝 공법은 그 종류가 많으며 주요 공법은 다음과 같다.

(1) 어스드릴(earth drill) 공법

회전식 Drilling bucket 또는 오거 형태의 굴착기로 굴착하고, 공 내에 철근망을 삽입하고 콘크리트를 타설하여 말뚝을 형성하는 공법이다.

---

3) 전기침투공법이라고도 하며 지반에 직류전기를 보내면 전위차에 의하여 지하수가 양극에서 음극으로 이동하는 현상을 이용하여 지하수를 배수하는 방법으로, 실트나 점토 지반에서 적용할 수 있으나 비용이 많이 소요된다.

케이싱(casing)이나 Standing pipe를 표층부에서 4~8m 깊이까지 설치하여 공벽의 붕괴를 방지하고, 파이프 하단 공벽 붕괴를 방지하기 위해 벤토나이트(bentonite) 안정액을 사용한다.

• 저소음·저진동의 시공이 가능하다.

• 지하수가 없는 점성토층에 적합하다.

• 장비가 비교적 소형이어서 좁은 장소에서 시공이 가능하고 굴착속도가 빠르다.

• 슬라임 처리를 철저히하여 지지력을 확보해야 한다.

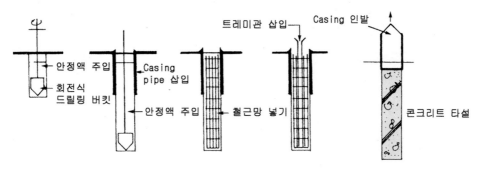

그림 7-6 어스드릴 공법 시공순서

2) RCD(Reverse Circulation Drill) 공법

Reverse Circulation Drill을 이용하여 대구경(大口徑, 0.8~3.0m)의 말뚝을 60m 이상의 깊은 심도까지도 시공할 수 있는 공법이다. 이 공법은 상부에 8~10m 정도의 stand pipe casing을 설치하고 그 이하는 지하수위 2m 이상의 정수압과 굴착 중에 발생되는 자연 이수에 의해 공벽을 유지하면서 굴착한다. 특수한 비트를 회전시켜 지반을 굴착하고 통상의 회전식 보링(rotary boring) 방법에서 물의 흐름과 반대로(reverse) 드릴 로드로 물과 굴착토사를 함께 지상으로 뽑아 올리면서 굴착을 진행한다.

배출된 순환수는 침전지에서 토사를 침전시킨 후 다시 굴착공으로 순환(circulation)시킨다. 복잡한 지층조건과 특수한 지반조건에서는 지하연속벽 공법에 사용하는 슬러리(slurry) 안정액을 사용하여 공벽을 유지하기도 한다. RCD장비는 케이싱에 세팅하므로 굴착공의 수직도 확보를 위해서는 케이싱의 수직도 유지가 중요하고, 케이싱 하단보다 Hammer Grab 등에 의한 굴착을 선행해서는 안된다. 공벽 붕괴 방지를 위해서는 시공 시 공벽 수압을 정수압 기준 0.02MPa 이상으로 유지해야 한다.

이 공법의 특징으로는

• 장비가 비교적 경량이고, 수상 작업도 가능하다.

• 세사층과 연암층·경암층도 무진동으로 굴착이 가능하고, 경사 시공도 가능하다.

• 큰 호박돌이나 자갈층이 있으면 굴착 불가능

• 다량의 물과 이수 순환설비 공간이 필요하고, 굴착토 및 이수처리가 어려워 현장이 더럽혀질 수 있다.

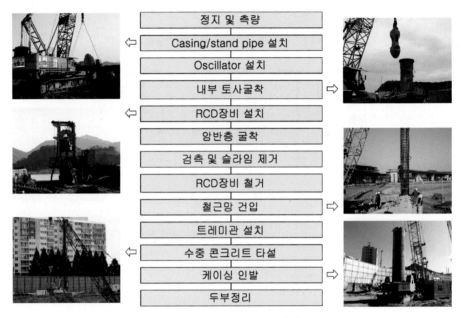

그림 7-7 RCD 공법 시공순서

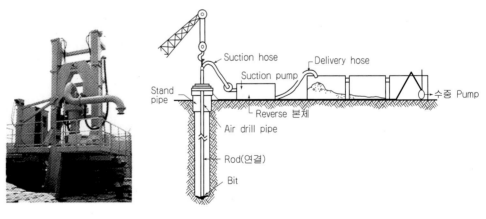

그림 7-8 RCD 공법

3) PRD(Percussion Rotary Drill) 공법

대구경 말뚝 굴착장비로 지반을 굴착한 후 철근망을 삽입하여 말뚝을 형성하는 공법으로 도심지 Top Down 공법 적용 현장의 기둥으로 흔히 사용된다. Pile Driver에 장착된 Hammer Bit를 압축공기로 타격(percussion) 하면서 케이싱을 회전시키며 지반을 굴착하고 공기를 이용하여 굴착토를 배출한다. 이 공법은 중심선 측량, 외부 케이싱(out-casing) 설치, 내부 케이싱(in-casing) 설치, 천공, 철근망 삽입, 기둥 철골 설치, 콘크리트 타설, 케이싱 인발 등의 순서로 공사가 진행된다.

• 굴진 속도가 빨라 시공효율이 높다.(풍화암15~20m/Hr, 연암 6~10m/Hr, 경암4~6m/Hr, 극경암 2~3m/Hr)
• 저압 및 저소음 장비를 사용하므로 민원발생이 적다.
• All Casing 공법으로 케이싱 내부의 토사를 공기를 이용 배출하므로 선단 지지층을 눈으로 확인할 수 있다.
• 장비 조립 완료 후 이동 시 복공판 설치를 하여야 하며 지반이 좋지 않을 경우 바닥 콘크리트를 두께 150mm 이상 타설하여야 한다.

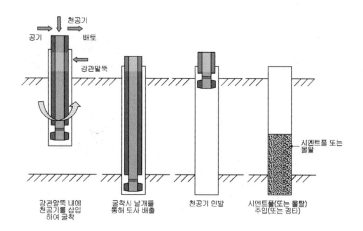

그림 7-9 PRD 공법 시공순서

4) Barrette 공법

Bentonite 이수를 이용하여 굴착공을 보호하며 슬러리 월 장비(hydromill, BC cutter 등)를 이용하여 굴착하는 공법이다. 지중에 시공되는 Pier 기초의 일종으로 보통 직사각형 형태로써 형성된다. 슬러리 월의 1개 Unit를 Pier 기초로 응용한 것으로 그 단면적은 횡 하중과 수직 하중에 저항하기 위하여 7㎡ 이상까지 확대될 수 있으며 지반 조건에 따라 50m 이상의 깊이까지 시공할 수 있다. 1개의 Barrette는 수 개의 말뚝(bored pile)을 대체할 수 있으므로 공사비와 공사 기간 측면에서 유리하고 신뢰할 수 있다. Barrette 공법은 Bentonite 이수 속에서 진행되므로 Casing이 필요 없고 휨 하중에 최대로 저항하게 배치할 수 있어서 원형 기초 보다 효율적이다. 이 공법은 슬러리 월 공사 장비를 그대로 활용할 수 있기 때문에, 지정 및 기초공사를 위한 추가공간을 확보할 수 없는 경우 채택된다.

즉, 단면적을 증가시키지 않고 Barrette의 방향을 조정함으로써 관성모멘트와 저항모멘트를 증대시킬 수 있다.

• 굴착기에 Inclinometer가 부착되어 수직도 확보가 가능함
• 장비가 대형으로 협소한 지역에는 부적합함
• 저소음, 저진동 공법임
• 연암층까지 굴착 가능하지만, 경암층에는 불가능함
• 직사각형, H형, 십자형 등 원하는 단면과 크기로 시공이 가능함
• RCD에 비해 Pier의 수직도 관리는 다소 불리함

그림 7-10 Barrette 공법 시공순서

5) All Casing 공법

요동압입장치(oscillator)나 유압식 Vibrator로 케이싱 튜브를 관입시킨 후, 그 내부를 해머 그랩(hammer grab)으로 굴착하고 공 내에 철근망을 설치한 후 콘크리트를 타설하면서 케이싱을 뽑아내어 현장타설 말뚝을 형성하는 공법이다. 직경 0.8~2.0m, 깊이 20~50m까지 시공이 가능하지만, 기계가 무거워서 지반 안정에 유의해야 한다.

- 전체 굴착 깊이에 케이싱을 사용하므로 공벽 붕괴 위험이 없고 주변 지반에 미치는 영향이 적어 근접시공이 가능하다.
- 굴착 속도가 느리지만, 암반을 제외하고 모든 토질에 적용할 수 있다.
- 비교적 저소음·저진동 공법이며 15° 정도의 경사말뚝 시공도 가능하다.
- 모래층이 두꺼울 때는 케이싱 인발이 불가능할 수도 있다.
- 해머 그랩의 낙하 충격으로 선단 지반이 약화될 우려가 있다.
- 사질토가 5m 이상으로 두껍거나 경질 점토층에서는 케이싱 인발이 어렵다.

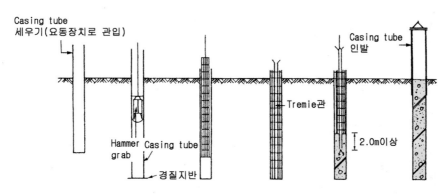

그림 7-11 All Casing 공법 시공순서

6) 마이크로 파일(micro pile) 공법

직경 300mm 이하의 구경으로 천공한 후 강봉(thread bar)을 삽입하여 말뚝을 형성하는 공법이다. 에폭시 코팅된 고강도의 나선형 강봉을 사용하므로 큰 하중을 전달할 수 있고, 인장력 및 압축력에 모두 저항할 수 있다.

신구(新舊) 구조물 사이의 부등침하 방지, 기존 구조물 보강을 위한 언더피닝(under pinning), 설비 등 증설로 인한 하중 증가에 대응한 국부적인 지반 보강, 부력에 저항하는 용도 등으로 사용된다.

이 공법의 특징은 다음과 같다.

- •연속적인 나선형 고강도 steel bar 사용으로 길이의 제한이 없음
- •고성능의 소형장비 사용으로 협소한 공간에서 작업이 가능하고 소구경 천공 가능
- •각도에 구애받지 않음
- •묶음으로 사용하여 기성말뚝에 비해 큰 하중(30~150ton) 지지 가능
- •최종 침하가 작아 정밀을 요하는 구조물 기초로 사용 가능
- •진동 및 소음이 적어 도심지 공사 가능
- •에폭시 코팅 처리된 고강도 나선형 강봉 사용으로 어떠한 지반 조건에도 사용 가능
- •그라우트제와 강봉의 주면마찰력에 의해 높은 지지력 확보 가능

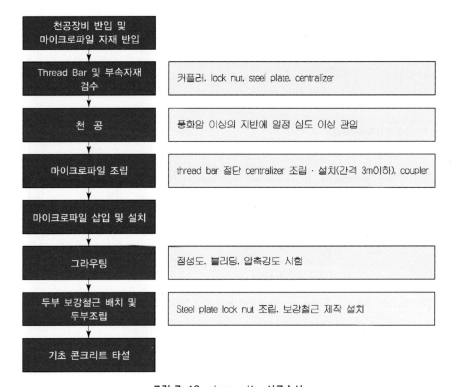

그림 7-12 micro pile 시공순서

7) CIP(Cast In Place Prepacked Pile) 공법

지중에 연속되게 시공하여 주열식 흙막이 벽체를 구성하는 현장타설 콘크리트 말뚝공법이다. 오거로 굴착하고 철근망(또는 H-beam)을 삽입한 후 모르타르 주입관을 설치하고 먼저 자갈을 채운 후 주입관을 통하여 모르타르를 주입하여 제자리 말뚝을 형성한다. 지하수가 없는 곳에 적용하며 말뚝 연결부위가 취약하다.

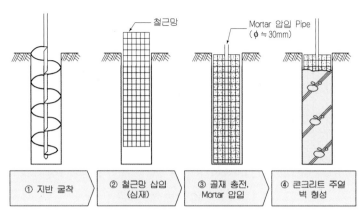

철근망

Mortar 압입 Pipe
(φ ≒ 30mm)

① 지반 굴착 ② 철근망 삽입
(심재) ③ 골재 충전,
Mortar 압입 ④ 콘크리트 주열
벽 형성

그림 7-13 CIP 공법 시공순서

8) PIP(Packed In place Pile) 공법

연속된 날개가 부착된 중공의 스크류 오거(screw auger)의 머리에 구동장치를 설치하여 소요 깊이까지 회전시키면서 굴착한 후, 흙과 오거를 빼올린 분량만큼의 프리팩트 모르타르를 오거의 속구멍을 통해 압출시키면서 제자리 말뚝을 형성하는 방법이다.

사질층 및 자갈층에 적용되며 오거만으로 굴착하므로 소음, 진동이 작다. 주열식 흙막이 지수벽으로 이용한다.

1. Screw auger삽입   2. 프리팩트 Mortar 주입   3. 철근망 또는 H형강 압입

그림 7-14 PIP 공법 시공순서

9) MIP(Mixed In place Pile) 공법

토사와 시멘트 페이스트를 혼합 교반하여 만드는 소일 콘크리트(soil concrete) 말뚝으로 Soil Cement Wall(SCW)을 형성한다. 오거의 회전축대가 중공관으로 되어 있고 축선단부에서 시멘트 페이스트를 분출시키면서 토사를 굴착한다. 오거를 뽑아낸 뒤에 필요에 따라 철근망을 삽입하기도 하며, 흙을 골재로 사용한다.

압축강도가 다른 공법에 비해 강해서 자체 토류벽으로 사용 가능하다. 연약지반이나 물이 많은 지역, 인접건물이 밀집되어 있는 지역에 유리하며 흙을 골재로 이용하므로 경제적이다.

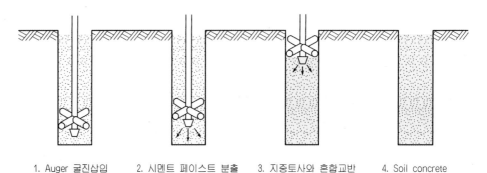

1. Auger 굴진삽입   2. 시멘트 페이스트 분출   3. 지중토사와 혼합교반   4. Soil concrete

그림 7-15 MIP 공법 시공순서

10) SIP(Soil cement Injected precast Pile) 공법

오거로 지반을 굴착한 후 공 내에 시멘트 밀크를 주입하면서 오거를 인발한 후 기성말뚝을 삽입하는 공법이다. 최종적으로 말뚝의 선단부 1~1.5m를 해머로 타입(경타)하여 말뚝 선단부의 지지력과 말뚝 주변의 마찰력을 증대시키고 말뚝의 침하량을 최소화시켜 상부하중을 지지한다. 프리 보링(preboring)과 시멘트 모르타르 주입 공법을 복합한 공법이다.

이 공법은 저소음·저진동 공법으로 도심지에서 작업이 가능하여 많이 사용되고 있으며, 시멘트 밀크와 말뚝의 부착력 강화가 중요하다. 오거 장비는 6축까지 사용할 수 있지만 선단 지층이 단단한 경우에는 단축 오거로 시공한다. 풍화암까지 시공이 가능하다.

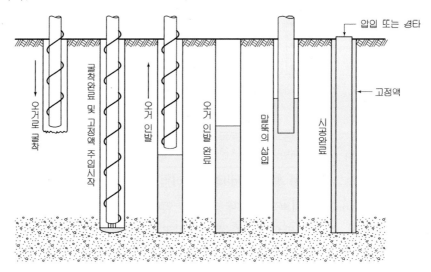

그림 7-16 SIP 공법 시공순서

11) DRA(Dual Respective Auger) 공법

DRA(Dual Respective Auger) 공법은 이중 오거 공법으로 SDA(Separated Doughnut Auger) 공법으로도 불린다. 이 공법은 굴착공벽 붕괴에 따른 말뚝 지지력 저감 문제와 선단 지지지반 확인 곤란 문제를 개선한 공법이다.

DRA 공법은 상부(내부) 오거와 말뚝 직경보다 50~100mm 정도 큰 하부(외부) 케이싱 스크류가 상호 역회전하며 동시에 굴진함으로써 굴진에 따른 반동 토크를 감소시킬 수 있다. 케이싱 스크류를 제외하면 SIP 공법과 거의 동일하며, 굴착시 공벽이 붕괴되기 쉬운 지반에 적용한다.

DRA 공법의 특징은 다음과 같다.
- 저소음, 저진동 공법으로 자갈층이나 전석층을 제외한 모든 지층에 적용 가능
- 공사비가 비교적 고가이다.
- 심도가 깊은 경우 선단부 토사의 완전 배토가 어렵고, 작업공정이 다소 복잡함

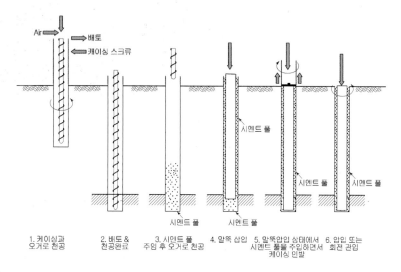

그림 7-17 DRA 공법의 시공순서

12) T-4 공법

T-4 공법은 어스 오거를 사용하며, Screw 하단에 장착된 T-4 해머 비트의 타격력으로 지반을 천공하고 그 안에 말뚝을 타설 하는 공법으로 천공경은 말뚝 외경보다 약간(5~10cm) 크다. 말뚝을 건입한 후 천공에 따른 주변 지반의 이완, 말뚝 본체와 지반과의 간극 등에 의한 말뚝의 지지력 저하를 방지하기 위하여 말뚝을 지지층에 항타하여 관입 시키고 그라우팅제를 주입하여 말뚝과 지반을 일체화 시키는 공법이다.

T-4 공법의 특징은 다음과 같다.

•무소음, 무진동 공법으로 도심지에서 작업 가능

•거의 모든 지층의 천공이 가능하여 설계지지력 이상의 지지력 확보가 가능함

•공기압으로 인한 슬라임의 배출이 용이함

•시멘트 밀크를 주입함으로써 지지력을 극대화할 수 있음

•연약지반 천공시 작업 효율이 저하됨

•천공시 비산먼지 및 소음이 발생되어 민원의 소지가 있음

•모래 자갈층 및 자갈층의 천공시에는 공벽이 무너짐

•공벽이 붕괴될 경우 케이싱을 사용하는 D.R.A + T4 공법을 사용할 수 있음

그림 7-18 T-4 해머

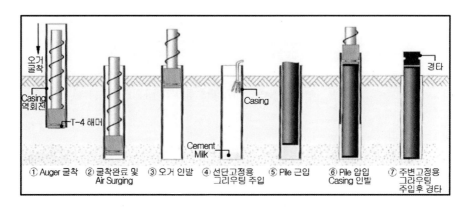

그림 7-19 T4 + 케이싱공법의 시공순서

13) 선단확장파일(S-PHC 파일)

선단확장파일(S-PHC 파일)은 기존 PHC 파일의 선단 확장을 통해 선단 지지력을 증가시킴으로써 파일 본 수 절감에 따른 경제성 향상 및 공기 단축이 가능하다. 콘크리트 일체식으로 파일의 구조적 성능이 우수하며, 소음 저감으로 환경성이 향상된다.

선단 확장파일 공법의 특징은 다음과 같다.
- 선단 지지력 증가에 따른 파일 성능 증대로 PHC 파일 수량 감소(30~40%)
- 파일 수량 감소에 따라 기초 크기를 줄일 수 있어 콘크리트 및 철근량 감소
- 천공 수 감소에 따른 공사비 감소 및 공기 단축, 환경성 향상(소음, 진동 저감)
- 공장 일체식 생산으로 제품 성능 우수
- 기존의 구조 설계 및 시공 방법으로 적용성 용이

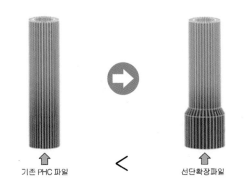

기존 PHC 파일   <   선단확장파일

그림 7-20 선단확장파일

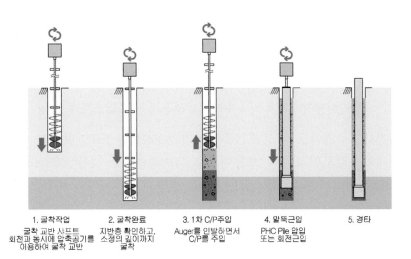

1. 굴착작업	2. 굴착완료	3. 1차 C/P주입	4. 말뚝근입	5. 경타
굴착 교반 샤프트 회전과 동시에 압축공기를 이용하여 굴착 교반	지반층 확인하고, 소정의 깊이까지 굴착	Auger를 인발하면서 C/P를 주입	PHC Pile 압입 또는 회전근입	

그림 7-21 선단확장파일 시공방법

7.4 ● **기성제 말뚝 공법**

기성 콘크리트 말뚝은 비교적 큰 내력을 필요로 하는 경우나 지하수위가 낮은 경우 많이 사용한다. 종류에는 원심력 RC 말뚝·PC(또는 PSC) 말뚝·PHC 말뚝, 강관말뚝 등이 있다.

(1) 원심력 철근콘크리트 말뚝(centrifugal reinforced concrete pile)

양생중에 원심력을 이용하여 콘크리트의 밀도 및 강도를 높인 말뚝으로 단면은 중공원통형이고 보통 RC 말뚝이라고 부르며, 기초말뚝에 쓰인다.

RC말뚝은 재료가 균질하고 강도가 크며 고강도로 지지말뚝에 적합하지만, 말뚝 박기시 항타로 인해 말뚝 본체에 균열이 생기기 쉽다.

(2) PHC 말뚝(Pre-tensioning centrifugal High strength Concrete pile)

프리텐션 방식에 의한 원심력을 응용하여 제조한 콘크리트 압축강도 80MPa 이상의 고강도 콘크리트 말뚝이다. PHC 말뚝에 사용하는 PC강재는 오토클레이브(autoclave) 양생 시 높은 온도에 의한 긴장력 감소를 방지하기 위해 이완 및 풀림이 작은 특수 PS 강선을 이용한다.

PHC 말뚝은 일반 PC(Prestressed Concrete) 말뚝(압축강도가 50MPa 내외)에 비하여 1.6배 정도 강도가 커서, 항타 시 타격에 대한 저항력이 크고 휨 모멘트에 대한 저항력도 크다. 재령 1일에 80MPa 이상의 조기 강도를 얻을 수 있으므로 크리프(creep)가 현저하게 감소하고 건조수축이 작다. PHC 파일에 사용되는 콘크리트의 설계기준강도는 80MPa로 커서 말뚝 타입 시공 시 내충격성이 높아 굳은 지반까지 타입이 가능하여 설계지지력을 높일 수 있다. 길이는 5m에서 15m까지 다양하게 제작 가능하다.

PHC 파일의 장기허용지지력은 다음과 같이 구한다.

장기허용지지력 = 허용응력도×단면적 − 프리스트레스 량

예컨대, 콘크리트의 설계기준강도가 80MPa인 PHC 말뚝의 경우 허용응력도는 설계기준강도의 1/4이 보통이므로 20MPa이고, 지름 400mm 파일의 단면적은 684cm²이고 프리스트레스량은 A종일 경우 40kg/cm²이므로(B종은 80kg/cm², C종은 100kg/cm²임)

장기허용지지력은 200×684 − 40×684 = 109.44ton/본이 된다.

(3) 강관 콘크리트 말뚝

프리스트레스로 보강된 콘크리트 말뚝이 강말뚝의 재료 특성에 미치지 못하는 점을 보완한 것으로, 강관과 콘크리트 말뚝이 복합적으로 보강된 합성 말뚝이다. 인장에 강한 강관과 압축에 강한 콘크리트를 일체화시켜 말뚝의 내력을 증가시킨다.

(4) 강 말뚝(steel pile)

강 말뚝은 부식의 우려가 있으므로 부식으로 예상되는 두께 감소분[4]만큼 두꺼운 강 말뚝을 선정하고, 콜타르와 수지계로 도장 피막을 형성하거나 전기부식방지 조치를 취해야 한다. 굳은 사(砂)층이나 역(礫, 조약돌)층에 설치할 경우에는 말뚝 선단부와 말뚝 머리를 보강한다. 강 말뚝의 종류는 다음과 같다.

① H형강 말뚝(H-pile) : 균질한 재료로 자중이 비교적 가벼워 운반 및 취급이 용이하지만, 부식하기 쉽다. 선단지지말뚝으로 많이 사용된다.

② 강관 말뚝(steel pipe pile) : 강판을 원통형으로 전기저항용접 또는 아크(arc)용접에 의하여 제조한 용접강관이 주로 쓰이며, 용접강관 중에서도 나선강관이 많이 쓰인다. 현장 용접에 의하여 이어 쓰며, 강관말뚝 타설에는 주로 디젤 해머를 사용한다.

제7장

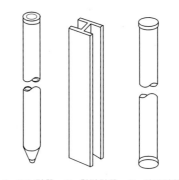

1. RC 말뚝   2. 형강말뚝   3. 강관말뚝

그림 7-22 기성말뚝

---

4) 보통 년간 0.02mm

7.5 ▶ 말뚝 설치공법

소음 및 진동을 최소화할 수 있는 무소음·무진동 공법인 압입 공법, 워터 젯(water jet) 공법, 프리보링(pre-boring) 공법, 중공굴착 공법 등이 최근에 많이 사용되고 있다.

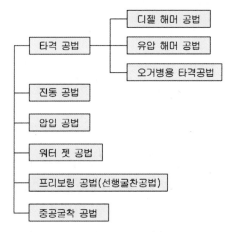

그림 7-23 말뚝 설치공법의 분류

(1) 타격 공법

항타기로 말뚝을 직접 타격하여 박는 공법으로 소음 진동이 크므로 최소화하기 위한 대책이 필요하며, 파일의 종류·지반 상태·공사장 위치·항타기 종류 등을 고려하여 적정 해머를 선정해야 한다.

1) 디젤 해머(diesel hammer, drop hammer) 공법

공이(ram)의 낙하에 의해 말뚝머리를 타격하는 순간에 내부 연소실의 발화 폭발력으로 공이가 원래의 높이까지 위로 오르는 반작용으로 말뚝을 박는 타격 공법이다.

① 구동방식
•단동식(single acting)
•복동식(double acting)

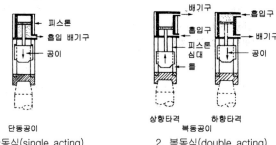

그림 7-24 디젤 해머 구동방식

② 특징
- 타격에너지가 커서 속도가 빠르지만 소음·진동이 크다.
- 운전이 간단하며 시공관리가 용이하다.
- 타격에너지가 크므로 말뚝이 파손될 우려가 있다.
- 연약지반에서는 발화되지 않으며 능률이 저하된다.

2) 유압 해머(pneumatic hammer) 공법

유압으로 피스톤 막대(piston rod)를 작동시키고 공이(ram)를 자유낙하 시켜 말뚝을 타입하는 공법이다. 공이의 낙하높이는 0.1~1.2m의 범위에서 지반조건에 따라 결정할 수 있다.
- 소음, 진동이 작다.
- 해머의 작동이 유압방식이기 때문에 비산이 발생되지 않는다.
- 말뚝 두부의 파손이 적다.

3) 오거병용 타격공법

오거로 일정 심도까지 프리 보링 후 말뚝을 세우고 타격하는 공법으로, 중·소구경, 경질의 중간층을 파는데 유효하고, 소음 진동이 줄어든다.

4) 항타 시 유의사항
- 말뚝머리 파손을 방지하기 위한 쿠션은 두꺼운 것일수록 효과가 크지만, 해머의 능률이 저하되므로 합판이나 가마니 등을 사용한다.
- 초기 타격은 서서히 하고 말뚝의 수직 정밀도를 확인하면서 가속 타입한다.
- 말뚝 시공 중에는 해머의 낙하 방향과 캡 및 말뚝의 축이 항상 동일 직선상에 오도록 주의한다.
- 1개의 말뚝을 박기 시작하면 중지하지 말고 그 말뚝의 타입을 끝낸다.
- 항타 작업 중 쿠션이 손상된 경우에는 즉시 교환한다.
- 침하량에 도달하면 더 이상 무리하게 박지 않는다.
- 기 설치된 말뚝에 근접하여 새로운 말뚝을 타입할 때는 인접말뚝의 융기현상을 유심히 살펴보고 융기가 일어난 말뚝은 재항타하여 원 상태로 복구한다.
- 최종 관입량은 말뚝 타입기록표 용지를 파일 면에 부착하고 고정된 지지대를 이용하여 검은색 싸인펜이나 연필 등으로 측정 기록하며 10회 타격시의 평균값으로 한다.

(2) 진동 공법

상하방향으로 진동하는 진동식 말뚝 타격기(vibro hammer)를 사용하여 말뚝을 박는 공법이다. 연약지반에 적합하고, 말뚝을 뽑아낼(인발할) 경우에도 사용한다.

1) 특징

- 정확한 위치로 타입할 수 있다.
- 타입 및 인발을 겸용할 수 있다.
- 경질지반에는 충분히 관입되기 어렵다.

2) 시공시 유의사항

- 사질지반에서는 진동에 의한 다짐으로 마찰저항이 증가하여 관입이 어려워진다.
- 경질지반에서 사용할 경우 오거나 워터 젯(water jet) 공법을 병용하여 주변마찰력을 감소시키면서 타입한다.

(3) 압입 공법

유압 기구(압입기계)를 갖춘 압입장치의 반력을 이용하여 말뚝을 압입하여 박는 공법이다. 일반적으로 프리보링(pre-boring) 공법, 중공굴착 공법, 워터 젯(water jet) 공법 등과 병용한다.

- 연약지반에 사용하며 소음, 진동이 작다.
- 말뚝 두부의 파손이 거의 없다.
- 큰 지지력이 필요한 말뚝에는 적당하지 않다.

(4) 워터젯 공법(water jet method, 水射法)

모래층, 모래 섞인 자갈층 또는 진흙 층 등에 고압으로 물을 분사시켜 수압에 의해 지반을 무르게 만든 다음 말뚝을 박는 공법이다. 단독으로는 말뚝의 관입이 어려워 압입 공법과 병용하여 사용하는 경우가 많다.

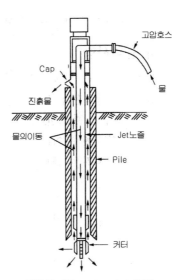

그림 7-25 water jet 공법

1) 특징

- 관입이 곤란한 사질지반에 효과적이다.
- 소음, 진동이 작다.
- 물러진 지반의 복구가 어려우므로 재하를 목적으로 하는 기초말뚝에는 사용할 수 없다.

2) 시공시 유의사항

- 말뚝의 선단을 무르게 하므로 최종지내력을 확인한다.
- 배출토사가 부지 내에 들어가지 않도록 침전설비를 한다.

(5) 프리보링 공법(pre-boring method, 선행굴착공법)

오거로 미리 구멍을 뚫어 기성말뚝을 삽입한 후 압입 또는 타격에 의해 말뚝을 설치하는 공법이다.

1) 특징

- 말뚝박기 시공 시 발생하는 소음, 진동이 작다.
- 타입이 어려운 전석(轉石 : 자갈)층도 시공이 가능하다.
- 말뚝머리 파손이 적다.
- 말뚝이 부러질 위험이 없다.

2) 시공순서

- 오거로 지지층까지 굴착한다.
- 오거를 인발한다.(공벽붕괴 방지를 위해 안정액 사용)
- 기성말뚝을 삽입한 후 압입이나 타격에 의해 말뚝을 설치한다.

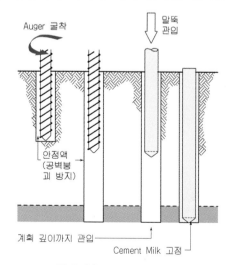

그림 7-26 pre-boring 공법

(6) 중공굴착 공법

말뚝의 중공(中空)부에 스파이럴 오거를 삽입하여 굴착하면서 말뚝을 관입하고 최종단계에서 말뚝선단부의 지지력을 크게 하기 위해 시멘트 밀크 등을 주입하는 공법이다.

1) 특징

- 대구경 말뚝에 적합한 공법이다.
- 배출토사를 통해 지질을 판단할 수 있다.
- 스파이럴 오거로 굴착하기 때문에 경질층 제거가 용이하다.

2) 시공순서

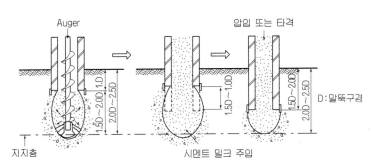

그림 7-27 중공굴착 공법

- 기계를 설치하고 2~3m 깊이로 터파기 한다.
- 보조 크레인으로 말뚝을 세운다.
- 말뚝의 중공부에 오거를 삽입하여 굴착하면서 말뚝을 관입한다.
- 지지층까지 굴착하여 시멘트 밀크 등을 주입한다.
- 압입장치 또는 타격에 의해 말뚝을 설치한다.

7.5.1 말뚝의 이음

요구되는 말뚝길이가 길 경우 다음과 같은 방법으로 잇는다.

(1) 충전식 이음

- 말뚝 이음부의 철근을 따내어 용접한 후 상하부 말뚝을 연결하는 철제 스리브(steel sleeve)를 설치하여 콘크리트로 충전하는 방법으로 일반적으로 많이 쓰인다.
- 압축 및 인장에 저항할 수 있으며, 내식성이 우수하다.
- 이음부 길이는 말뚝직경의 3배 이상이다.

(2) 볼트(bolt)식 이음

- 말뚝 이음부분을 볼트로 조여 시공하는 방법이다.
- 이음내력이 우수하나 다소 고가이다.
- 볼트의 내식성과 타격 시 변형의 우려가 있다.

(3) 용접식 이음

- 상하부 말뚝의 철근을 용접한 후 외부에 보강철판을 용접하여 이음하는 방법이다.
- 내력전달 측면에서 가장 좋은 방법으로 강성이 우수하다.
- 용접부분의 부식 우려가 있다.

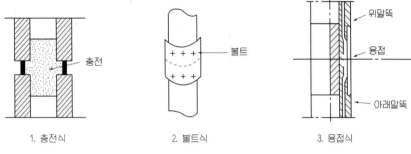

1. 충전식   2. 볼트식   3. 용접식

그림 7-28 말뚝의 이음

7.5.2 말뚝 두부정리 및 시공 시 문제점

(1) 두부정리

그림 7-29 말뚝 두부 절단면 정리 예

절단 위치의 하부를 철제 띠(steel band)로 체결하고 그 위 약 20cm 위치의 파일 둘레 수 개소에 구멍을 내고 해머로 조금씩 깨어 나가면서 밴드위치까지 절단한다. 손 해머로 조금씩 쳐서 파쇄해야 한다. PC 강재를 해머로 치면 두부 본체가 파손되거나 파일에 세로(종, 縱)균열을 야기하므로 피한다. 마무리 해머는 작은 것을 이용하고, PC 강재를 노출시킨 후 절단된 잔여 말뚝을 제거한다.

최근에는 외압식 파일 커터나 다이아몬드 블레이드를 이용하여 내부 강선까지 한 번에 절단한 후 파일 보강 철근 캡을 설치하는 One-Cutting 공법을 많이 사용한다. 기존 파쇄공법에 비하여 공정이 간단하고 시간과 비용이 절감되며, 절단면도 깨끗하다.

RC 말뚝과 강재 말뚝의 두부정리 방법은 각각 다음과 같다.

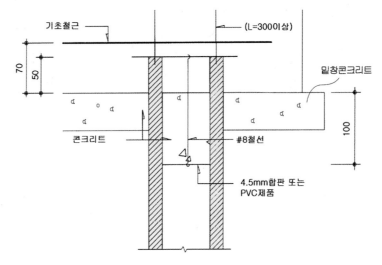

그림 7-30 RC 말뚝 두부정리

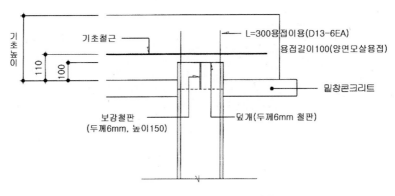

그림 7-31 강재 말뚝 두부정리

(2) PHC 말뚝 시공 시 문제점 및 대책

1) 말뚝 머리가 낮은 경우

말뚝 머리가 기초판의 저면보다 아래에 있는 경우로서 그 차이가 작은 경우에는 다음 그림과 같이 기초두께를 크게 한다.

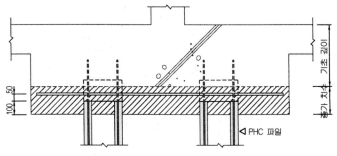

그림 7-32 기초 두께 증가(차이가 적은 경우)

말뚝 머리가 낮은 경우로서 그 차이가 큰 경우에는 다음 그림과 같이 내림기초로 시공한다. 이때는 슬래브 보강이 필요하므로 구조설계자와 사전에 협의해야 한다.

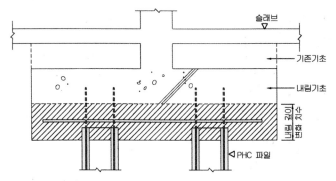

그림 7-33 내림기초(차이가 큰 경우)

2) 말뚝머리가 부분적으로 낮은 경우 또는 절단부위 하부에 균열이 발생한 경우

이때는 다음 그림과 같이 말뚝 두부를 보강한다.

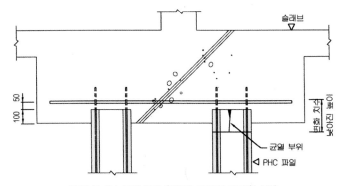

그림 7-34 절단부위 하부에 균열이 발생한 경우

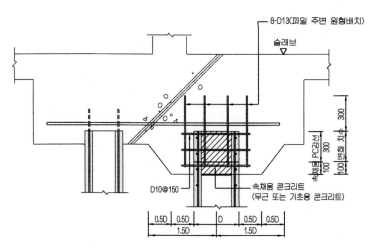

8-D13(파일 주변 원형배치)

슬래브

속채움 PC강선

300
300
100
100변화 치수 300

D10@150

속채움 콘크리트
(무근 또는 기초용 콘크리트)

0.5D | 0.5D | D | 0.5D | 0.5D
1.5D | | | 1.5D

그림 7-35 파일주위 보강 방법

3) 말뚝 위치가 150mm 이상 벗어난 경우

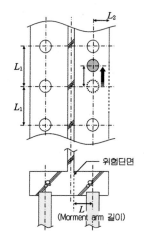

Morment arm 길이(L)의 변화가 없으므로
별도의 보강이 필요 없음

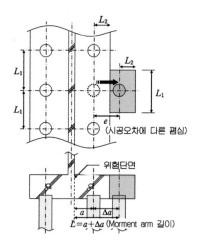

— Morment arm 길이(L)의 변화에 따라 추가되는
  Morment에 대해 말뚝의 내력 검토
— 인접 말뚝 간격(L_1)만큼 기초판을 확장하여
  보강(Edge길이 L_2 유지)

그림 7-36 말뚝 위치가 150mm 이상 벗어난 경우

7.5.3 말뚝 재하시험(pile load test)[2]

최근에는 매립지와 같이 연약한 지반에서의 공사나 초고층 건축물 공사가 증가하고 있어 말뚝기초가 널리 사용되고 있다.

말뚝기초를 설계하기 위해서는 지지력을 정확하게 예측하여야 하며, 예측된 지지력의 신뢰도에 따라 말뚝기초의 경제성 및 안정성이 좌우된다.

말뚝의 지지력을 구하는 방법 중 가장 신뢰할 수 있는 방법은 말뚝재하시험이다. 말뚝재하시험은 말뚝을 설계깊이까지 설치한 후 일련의 하중을 가하여 생기는 말뚝의 침하량을 측정하여 하중−침하량 곡선을 구하고, 말뚝의 극한하중이나 허용침하량 이내에서 지지할 수 있는 하중의 크기를 구하는 시험이다.

사질토지반에 타입한 말뚝의 재하시험은 말뚝 타입 후 3~4일 지나면 실시할 수 있으나, 점토지반에 타입한 말뚝의 재하시험은 말뚝타입 후 30~60일 이상 경과한 후에 실시해야 한다. 그 이유는 말뚝 타입 시 교란된 점토의 강도가 원래대로 회복되는 데 상당한 시간이 걸리기 때문이다. 점토지반에 타입한 말뚝의 지지력은 시간이 지남에 따라 증가하고, 사질토지반에 타입한 말뚝의 지지력은 시간경과와 관계없이 일정한 경향이 있는 것이 보통이나 시간 경과에 따라 지지력이 증가하는 사례도 있다.

말뚝재하시험은 현장을 대표할 수 있는 위치에서 실시해야 하며, 말뚝 250개 당 1회 이상 또는 건축물별로 1회 이상 실시하는 것이 좋으며, 지반이 불규칙하거나 말뚝의 종류가 바뀔 경우에는 추가로 실시한다. 시험말뚝의 길이, 직경, 설치방법 등은 실제로 시공될 말뚝과 같아야 한다. 동일한 지반에서도 말뚝의 압축지지력이 말뚝 시공 후 시간의 경과에 따라 변화하기도 하므로, 시공 직후 및 일정한 시간이 경과한 후에 두 차례 재하시험을 실시하여 시간경과 효과를 확인하여야 한다.

말뚝 재하시험에는 평판 재하시험과 같이 일정한 하중을 가하면서 시험을 실시하는 정재하 시험과 순간적인 타격을 가하여 말뚝의 거동을 파악하는 동재하 시험이 있으며, 정재하 시험이 신뢰성이 높다.

(1) 정재하 시험(static pile load test)[3]

말뚝에 하중을 가하여 말뚝의 침하 및 인발, 수평변위 양상을 분석함으로써 말뚝의 허용지지력을 도출하는 방법으로 신뢰성이 높다. 하중을 가하는 방법과 반력말뚝 또는 반력앵커의 인발저항을 이용하는 방법으로 크게 나뉜다.

---

2) 말뚝 재하시험에 관한 자세한 내용은 기초공학(권호진 외 3명 공저, 구미서관, 2007)등을 참고하기 바람.

3) KS F 2445(축하중에 의한 말뚝침하시험방법) 및 ASTM D 1143에 따라 시험을 실시하며, 가장 많이 사용하고 있는 방법으로는 완속재하시험방법, 급속재하시험방법, 일정침하율시험법, 반복하중재하시험법 등이 있다.

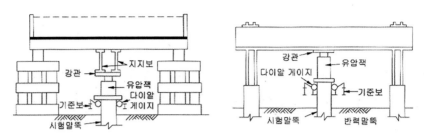

그림 7-37 고정하중을 이용한 재하방법(좌), 반력을 이용한 재하방법(우)

그림 7-38 고정하중을 이용한 재하방법(좌), 반력을 이용한 재하방법(우)의 예

시험하중의 재하에는 보통 유압 잭(jack)을 사용하며, 약 500ton까지 가능하다. 재하하중의 측정은 일반적으로 로드 셀(load cell)을 이용한다.

말뚝 정재하시험은 평판재하시험과 유사한 방법으로 수행한다. 우리나라나 북미 등에서 가장 일반적으로 사용하는 완속재하시험방법에서 하중을 재하하고 침하량을 측정하는 방법은 다음과 같다.

총 시험하중은 말뚝 설계하중의 2배 이상으로 하고, 단일 말뚝의 경우 설계하중의 25, 50, 75, 100, 125, 150, 175, 200%까지 단계별로 증가시키고, 무리(群)말뚝의 경우는 설계하중의 150%까지 하중을 재하한다. 각 하중단계에서 말뚝 두부의 침하율(rate of settlement)이 시간당 0.01"(0.25mm) 이하가 될 때까지, 단, 최대 2시간을 넘지 않도록 재하하중을 유지한다. 단(單)말뚝이나 군(群)말뚝이 재하하중의 최종단계에서 파괴되지 않았을 경우와 말뚝 두부의 시간당 침하량이 0.01"(0.25mm) 이하일 경우에는 12시간, 0.25mm 이상일 경우에는 24시간 동안 하중을 유지한다. 필요한 시간이 지난 후에 총 재하하중의 25%씩, 각 단계별로 1시간씩 간격을 두어 하중을 제거(除荷)한다. 시험도중 말뚝이 파괴된 경우 총 침하량이 말뚝 두부의 직경 또는 대각선 길이의 15%에 달할 때까지 재하를 계속한다. 200%의 재하하중에서도 말뚝이 파괴되지 않은 경우 이 말뚝의 파괴상황을 알고 싶다면 설계하중의 10%씩 각 단계별로 20분 간격으로 하중을 증가시킨다. 이 방법은 말뚝을 설치하기 이전에 현장조사 방법으로 사용되며, 소요시간이 길다(30~70시간 정도)는 단점이 있다.

최종단계에서 하중을 재하한 후 침하가 24시간 동안에 0.02mm 이하가 될 때까지 재하하중을 일정하게 유지시키면서 침하량을 측정한다. 최종단계 하중을 가한 후 하중을 재하하며 반발력을 측정한다. 각 단계별로 30분 이상의 간격을 유지하고 하중이 모두 제거된 후에도 24시간 방치한 후 최종 반발량을 다시 측정한다. 이후 하중의 75, 50, 25, 10% 순서로 제하(除荷)한다.

시험결과는 하중-침하곡선, 시간-침하곡선, 시간-하중곡선으로 작성한다.

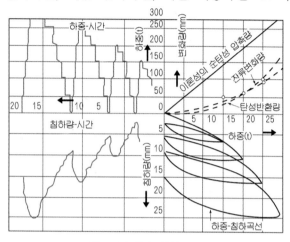

그림 7-39 하중-침하량 곡선

하중(P)-시간(t)-침하량(S)의 관계로 항복하중을 구하여 지지력을 판단할 수 있다. 항복지지력은 logP-logS 로 나타내어진 명확히 꺾이는 점의 하중을 말하며, 기타 P-ds/d(logt) 곡선법도 이용할 수 있다. 그림 7-40와 7-41에서 보면 항복하중이 약 460ton임을 알 수 있다.

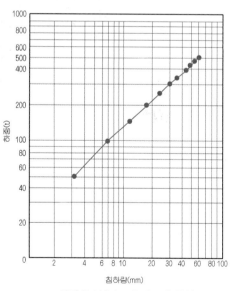

그림 7-40 logP-logS 곡선

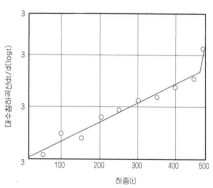

그림 7-41 P-ds/d(logt) 곡선

완속재하시험방법이 가장 많이 사용되지만 시험에 소요되는 시간이 30~70시간이나 되기 때문에 각 하중단계의 유지시간을 동일한 시간으로 단축시킨 것이 급속재하시험 방법으로 2~5시간 소요된다. 시험방법으로는 재하하중 단계를 설계하중의 10~15%로 정하고, 각 하중단계의 유지시간을 2.5~15분으로 하며 마지막 하중단계 즉 설계하중의 200%에서 2.5~15분간 하중을 유지한 후 제하한다.

(2) 동재하 시험(dynamic pile load test)

동재하 시험은 파동방정식을 근거로 개발된 방법으로, 그림 7-42에서 보는 바와 같이 말뚝머리 부근에 변형률계(strain transducer)와 가속도계(accelerometer)를 부착하고 말뚝항타분석기(Pile Driving Analyzer : PDA)를 이용하여 항타 중에 말뚝머리에 발생하는 응력과 변형 및 가속도를 측정하여 지지력을 추정하는 방법이다.

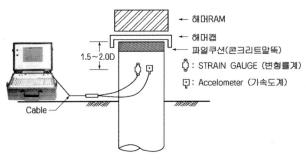

그림 7-42 동재하 시험

그림 7-43 동재하 시험의 예

동재하 시험은 건축물에 설치되는 말뚝 수가 80개 미만인 경우에는 2회, 160개 미만인 경우에는 3회, 160개 이상인 경우에는 4회 실시한다. 동재하 시험은 시간과 비용이 적게 들어서 많이 사용되지만 기술자의 자질에 따라 시험결과가 크게 달라질 수 있으므로, 시험말뚝을 시공하여 동재하 시험과 정재하 시험을 실시하고 그 결과를 비교 검증할 필요가 있다.

동재하 시험을 통하여 말뚝의 지지력 크기 뿐만 아니라 시간경과에 따른 지지력의 변화, 선단지지력과 마찰지지력의 크기 및 분포, 말뚝재료의 건전도[4], 항타 장비의 적합성, 지반조건의 특이성 등 다양한 정보를 파악할 수 있다.

말뚝 박기시험에는 낙하법과 타격법이 있으며 이를 시항타라고도 한다. 낙하법일 때에는 추에 의한 자연 낙하법으로 하고, 타격법일 경우에는 디젤해머나 단동 공기 추를 사용한다.

1) 시항타(試杭打)시 주의 사항

- 시험말뚝은 실제 사용 말뚝의 무게와 단면을 가진 본항타용 제품을 사용하며 실제 말뚝 박기에 적용할 타격에너지로 박는다.
- 시항타는 당초 설계된 길이보다 긴 말뚝을 사용한다. 시항타 위치는 이질 지층, 길이 변화가 예상되는 곳, 이상 지층 등 필히 확인할 필요가 있는 곳을 선정한다.
- 말뚝은 연속적으로 박되 휴식시간을 두지 않는다.
- 5회 타격 총관입량이 6mm 이하일 때는 거부현상으로 판단한다.

2) 동적 지지력 공식에 의한 항타 종료 판정

- 항타 종료판정을 위하여 가장 널리 사용되는 동적 지지력 공식은 다음과 같다.
- 이들 동적공식은 해머의 효율, 지지력의 시간경과 효과 등에 의해 그 신뢰도가 낮은 것으로 보고되고 있으므로 지지력 판정을 위한 간이방법으로 사용하고 정적 재하방법과 병용해야 한다.

Hiley 식 $$R_u = \frac{e_h \cdot W_r \cdot H}{S + (C_c + C_p + C_q)/2} \cdot \frac{W_r + n^2 W_p}{W_r + W_p}$$

ENR 식 $$R_u = \frac{W_r \cdot H}{S + 0.25}$$

일본 국토교통성 고시식 $$R_a = \frac{F}{5S + 0.1}$$

---

4) 말뚝재료의 건전도란 말뚝재료의 손상 여부나 용접 이음부의 상태를 말한다. 말뚝재료의 손상은 재료 자체의 불량, 지반조건의 특이성, 항타 장비의 부적합, 취급불량, 시공관리 기준의 부적합 등 여러 요인에 의해서 발생할 수 있다.

R_u : 극한지지력(ton) C_c : 말뚝머리 부착물의 탄성변형량(cm)

e_h : 해머효율 C_p : 말뚝재료의 탄성침하량(cm)

W_r : 램중량(ton) C_q : 지반의 탄성변형량(cm)

W_p : 말뚝중량+말뚝머리부착물 중량 n : 해머와 말뚝머리의 반발계수

H : 낙하고(cm) R_a : 허용지지력(ton)

S : 타격당 관입량(cm) F : 타격에너지(ton·m)

3) rebound check

• 말뚝이 50cm 관입할 때마다 측정한다.

• 말뚝이 약 3m이내 남았을 때는 말뚝 관입량 10cm마다 측정한다.

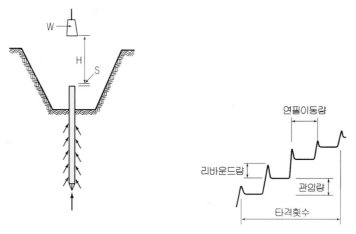

그림 7-44 시험말뚝박기와 관입량 기록의 예

(3) 기타 재하시험

정재하 시험과 동재하 시험 이외에도 최근에 개발된 정동재하 시험(statnamic test), 오스터버그 셀 시험(osterberg cell test), 간편 말뚝재하시험(simple pile loading test : SPLT), 유사 정적재하시험(pseudo static pile loading test : PSPLT) 등이 있다.

정동재하 시험은 말뚝머리에 고체연료를 이용한 폭발장치를 설치하고 그 위쪽에 반력체를 설치한 다음 폭발시키면서 그 반력으로 말뚝을 침하시키는 방법으로, 작은 하중을 사용하여 정재하 시험과 유사한 결과를 얻을 수 있다.

오스터버그 셀 시험은 현장타설 콘크리트말뚝에 적용하는 방법으로(그림 7-45 참조), 말뚝의 선단부에 유압잭을 설치하고 콘크리트를 타설한 후 콘크리트가 어느 정도 양생되면 유압잭에 압력을 가하면서 재하시험을 실시한다. 이 방법은 말뚝의 주면마찰력이 재하시험의 반력이 되기 때문에 고정하중이나 반력말뚝이 필요 없으므로 시험이 간단하고, 선단지지력과 주면마찰력을 분리하여 측정할 수 있다.

간편 말뚝재하시험은 강관말뚝에만 적용하는 방법으로(그림 7-46 참조), 강관말뚝 하부에 철제의 선단부를 설치하여 말뚝을 항타한 후 강관말뚝 중공부에 하중전달장치를 설치하고 주면마찰력을 반력으로 이용하여 재하시험을 실시한다. 선단저항이 주면마찰보다 큰 대부분의 경우에는 분리할 수 있는 선단부 내에 축소 선단부를 설치하여 시험을 수행한다. 축소 선단부의 전체선단부에 대한 면적비율은 말뚝의 길이, 지반조건에 따라 상이하나 1/4 또는 1/9의 규격을 사용할 수 있다.

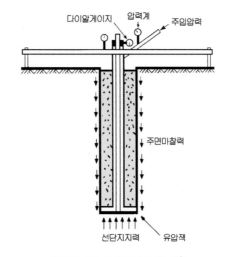

그림 7-45 오스터버그 셀 시험

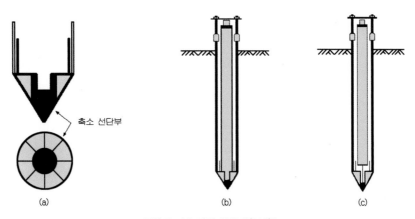

그림 7-46 간편 말뚝재하시험

기초의 침하

(1) 기초침하의 원인 및 종류

얕은 기초에서 침하는 일반적으로 지반의 압축 또는 압밀에 의해 발생되는 연직변위를 말한다. 구조물의 모든 부분의 침하가 같으면 균등침하라 한다. 균등침하가 발생되면 구조물에는 균열이 생기지 않고 연직위치만 달라진다. 구조물의 위치에 따라 침하의 크기가 다른 부등침하가 일어나면 구조물에 균열이 발생하거나 구조물이 기울어져 기능과 안전에 나쁜 영향을 미친다.

1) 기초침하의 원인

- 구조물 하중에 의한 지중응력의 증가
- 지하수위 강하에 따른 지반의 유효응력 증가
- 점성토 지반의 건조수축
- 지반의 기초파괴
- 지하공도나 지하매설관 등 지중공간의 함몰
- 동상 후의 지반연화에 의한 지반 지지력의 약화

2) 침하의 종류

- 탄성침하(elastic settlement) : 즉시 침하라고도 하며, 하중이 가해지면 즉시 침하가 발생하는 것으로 하중제거 시 원상태로 복구된다. 사질토 지반에서 나타난다.
- 압밀침하(consolidation settlement) : 시간이 지남에 따라 간극의 물이 빠져나가면서 지반의 체적이 감소되어 일어나는 현상이다. 장기침하로 하중이 제거되어도 남고, 점성토 지반에서 발생한다.
- 2차 압밀침하(creep settlement) : 점성토의 크리프 침하로 압밀침하 후 계속 침하가 발생되는 현상이며, 구조물의 균열을 야기한다.

3) 침하 방지대책

- 구조물이 길고 큰 경우 신축이음(expansion joint)을 둔다.
- 지중에 수평보를 두어 강성을 증대시킨다.
- 구조물의 형상과 중량을 침하에 유리하도록 배분한다.
- 말뚝, 피어, 케이슨을 지지 가능한 지반까지 깊게 설치한다.
- 연약지반을 개량한다.

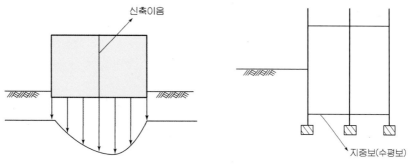

그림 7-47 신축이음과 지중보 설치

(2) 부등침하의 원인과 대책

부등침하는 상부구조에 강제 변형을 주게 되므로 인장응력과 압축응력이 생기고, 균열은 인장응력에 직각 방향으로, 침하가 적은 부분에서 침하가 많은 부분으로 빗 방향으로 생긴다.

1) 부등침하에 의한 영향

- 상부구조물 균열
- 지반의 침하
- 구조물 누수
- 단열 및 방습성능 저하

2) 부등침하의 원인

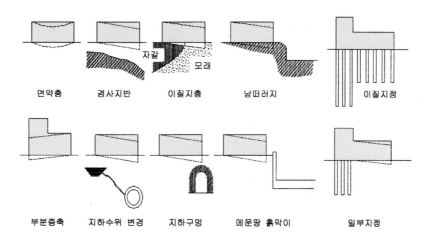

그림 7-48 부등침하의 원인

•연약지반 위에 기초시공
•연약지반의 분포 깊이가 다른 지반에 기초를 시공
•종류가 다른 지반에 기초시공
•서로 다른 기초의 복합시공
•토사의 붕괴
•지하수위 변동으로 인한 지하수위의 상승
•증축으로 인한 하중 불균형

3) 부등침하 대책

•연약지반 개량
•건축물의 경량화로 자중을 줄임
•상부구조물 강성 증대
•평면의 길이 단축
•건물의 하중 불균형 방지
•지하수위를 저하시켜 수압변화 방지
•건물의 형상 및 중량의 균등 배분
•이질지반이 분포할 경우 복합기초를 사용하여 지지력 확보
•동일지반에서는 기초를 통일하여 부등침하 방지

(3) 언더피닝(under pinning) 공법

언더피닝공법은 기존 건축물의 기초를 보강하거나 새로운 기초를 설치하거나 기초 하부에 약액을 주입하여 기존 건축물의 구조적 안전성을 향상시키는 것을 말하며, 다음과 같은 경우에 적용된다.
•건축물이 침하되거나 경사졌을 때 복원하는 경우
•건축물을 이동시킬 경우
•기존 구조물 밑에 지중구조물을 설치할 경우
•기존 구조물의 기초부분을 신설, 개축, 보강하는 경우 등

1) 이중 널말뚝 공법

흙막이 벽체 외측에 이중으로 흙막이 벽체를 시공하여 흙과 지하수의 이동을 방지 하는 공법으로 인접건물과 여유가 있을 때 적용하며 연약지반에 효과적이다.

2) 차단벽 설치 공법

상수면 보다 위에서 시공하는 경우에 사용되는 공법으로 인접 건물과 흙막이 사이에 콘크리트구조의 차단벽을 설치하여 공사 도중 건물 하부의 흙이 이동하는 것을 방지한다.

3) 현장타설 콘크리트말뚝 공법

인접 건축물 하부에 원통형 구멍을 파고 현장타설 콘크리트 말뚝을 형성하여 건축물의 침하를 방지하는 공법이다. 지지력이 약한 기초를 보강하는 공법으로 기둥, 기초 등의 직하(直下)에 시공이 어려울 경우에는 기초를 연장하여 시공한다.

4) 강재말뚝 공법

현장타설 콘크리트말뚝 공법에서 콘크리트말뚝 대신 강관말뚝을 사용하며, 기존의 기초 밑에 잭(jack)을 설치한 다음 강관말뚝을 용접이음 하여 압입하는 공법이다.

5) 모르타르 및 약액주입 공법[5]

사질토인 경우에 모르타르 또는 약액을 널말뚝 외부에 주입하거나 굴착 도중 널말뚝을 통해서 인접 건물의 기초 밑에 주입하여 지반을 고결시켜 건축물을 보호하는 공법이다.

제7장

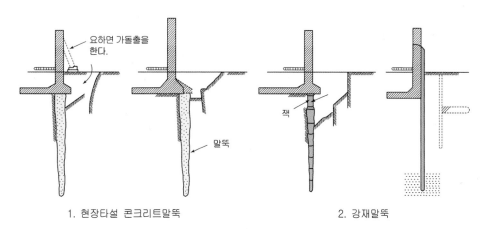

1. 현장타설 콘크리트말뚝 　　　2. 강재말뚝

그림 7-49 언더피닝 공법

---

5) 약액주입은 JSP, SGR 공법 등 5.4절의 차수공법과 동일한 방법으로 실시함

【참고문헌】

1. 국가건설기준센터, 건설공사 표준시방서 및 전문시방서, 2020
2. 국토교통부, 국가건설기준_표준시방서 KCS 11 50 05 얕은 기초, 2018
3. 국토교통부, 국가건설기준_표준시방서 KCS 11 50 10 현장타설콘크리트 말뚝, 2019
4. 국토교통부, 국가건설기준_표준시방서 KCS 11 50 15 기성말뚝, 2018
5. 국토교통부, 국가건설기준_표준시방서 KCS 11 50 20 널말뚝, 2018
6. 국토교통부, 국가건설기준_표준시방서 KCS 11 60 35 말뚝재하시험, 2020
7. 대한건축학회, 건축기술지침, 2017
8. 대한건축학회, 건축공사표준시방서, 2019
9. 한국주택도시공사(LH), CONSTRUCTION WORK_SMART HANBOOK, 2019
10. 현대산업개발, 철근콘크리트 배근 상세도, 2002
11. 井上司郎, 建築施工入問, 実教出版, 2000
12. Edward Allen, Fundamental of Building Construction - Materials and Methods, John Wiley & Sons, Inc., 1999

CHAPTER

8

콘크리트공사

이 장에서는 거푸집 공사의 주요 부재, 공법과 구조설계 내용과 과정을 소개하고, 철근 및 콘크리트의 특성과 시공방법 등에 관하여 기술하였다. 후반부에서는 콘크리트 균열의 발생 원인과 대책을 제시하고, 콘크리트공사의 업무 절차와 공사진행 과정에 발생 가능한 문제점과 대책을 제시하였다.

철근콘크리트(reinforced concrete)구조는 건축물의 구조를 형성하는 중요한 공사로서 철근과 콘크리트가 일체로 결합하여 콘크리트는 압축력에, 철근은 인장력에 유효하게 작용한다. 철근과 콘크리트는 온도에 대한 선팽창계수가 거의 같으며 철근에 대한 콘크리트의 부착강도가 크므로 합성재로서 효과가 높고 알칼리성인 콘크리트와 산성인

철근의 합성이므로 철근이 콘크리트 속에서 녹이 잘 슬지 않는다.

철근콘크리트는 내구성·내화성·내진성이 큰 일체식 구조, 즉 강접(剛接)구조로서 외력에 저항할 수 있으나 다른 구조에 비해 자중이 크며 균열이 발생되기 쉬운 단점이 있다.

콘크리트공사는 거푸집공사, 철근공사, 콘크리트공사를 포함한다. 콘크리트공사는 공사현장의 작업이 매우 중요하고 현장작업의 좋고 나쁨이 구조물의 품질을 좌우하는 요인이 된다. 따라서 신중하게 공사계획을 수립한 후 적절한 품질관리와 정확한 시공이 요구된다.

8.2 거푸집공사

거푸집이란 콘크리트를 타설한 이후부터 콘크리트 강도가 발현하여 경화할 때까지 굳지 않은 콘크리트를 지지하는 가설 구조물을 말한다. 거푸집은 콘크리트를 일정한 형상과 치수로 유지시켜주며 경화에 필요한 수분의 누출을 방지하고 외기의 영향을 차단하여 콘크리트가 적절하게 양생되도록 돕는 역할을 한다.

8.2.1 거푸집 공사의 중요성 및 발전방향

(1) 거푸집 공사의 중요성

1) 품질 측면

구조체의 규격(size), 형상, 강도 빛 수직·수평도는 거푸집의 시공정밀도에 크게 의존하므로, 콘크리트를 구조체 재료로 사용하는 시설물에서 거푸집의 품질은 시설물 전체의 품질에 크게 영향을 미친다.

거푸집이 구조체의 품질에 미치는 영향과 역할을 요약하면 다음과 같다.
- 콘크리트가 응결하기까지의 형상, 치수의 확보
- 콘크리트 수화반응의 진행 보조
- 콘크리트 구조체의 정밀도 확보
- 철근의 피복두께 확보
- 콘크리트의 표면 마감
- 굳지 않은 콘크리트의 수분 누출 방지 및 외기 영향 최소화

2) 안전 측면

콘크리트 공사 중 발생하는 안전사고는 콘크리트 타설 중 거푸집 및 거푸집 동바리(support) 시공불량으로 인한 붕괴사고가 대부분이다. 거푸집 공사는 가설비계, 가설발판 등을 주로 사용함으로써 안전사고의 발생 가능성이 매우 높고 거푸집 자체

가 중량물(重量物)이므로 안전에 취약하다. 거푸집은 콘크리트의 자중, 측압 등 고정하중뿐만 아니라 작업자의 이동, 각종 기자재 등의 적재에도 안전하도록 구조적으로 검토한 후 설치되어야 한다.

3) 공기 및 공사비 측면

거푸집 공사 기간은 전체 공사기간의 약 25%를 차지하는 공사이므로 공기단축의 가능성이 높고 그 효과도 크다.

거푸집 공사비는 철근콘크리트 공사비의 30~40%, 전체 공사비의 10% 정도를 차지하는데, 가설구조물로서는 상당히 높은 공사비이므로 공사비 절감의 여지가 매우 크다.

(2) 거푸집 공법의 발전방향

거푸집 공법과 기술은 건설 환경의 변화에 따라 발전을 거듭하고 있다. 기능인력 감소와 기능도 저하, 노무비의 상승, 자원절약, 공사규모의 대형화, 고층화 등에 따라 거푸집공사는 합리적인 공법으로 전환이 요구되며 주요 발전방향은 다음과 같다.
- 거푸집의 대형화
- 공장제작·조립(prefabrication)의 증대
- 설치의 단순화를 위한 유닛(unit)화
- 기계를 사용한 운반, 설치의 증대
- 부재의 경량화, 부재 단면설계의 효율화
- 전용(reuse) 회수 증대

8.2.2 거푸집의 주요 부재

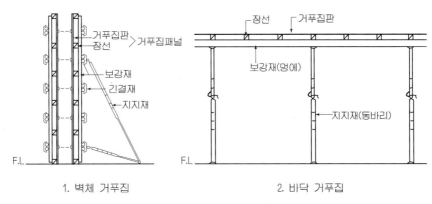

1. 벽체 거푸집
2. 바닥 거푸집

그림 8-1 거푸집 부재

(1) 거푸집 판(sheathing)

콘크리트와 직접 접촉하여 콘크리트 측압 등의 하중을 거푸집의 각 부재로 분산시키는 역할을 한다. 목재널, 합판, 합성수지판, 금속데크(metal deck), 하프PC(half PC), 섬유재(textile) 등 여러 가지가 있으며, 콘크리트의 표면을 특수한 형상으로 하기 위해 거푸집 판에 부착하여 사용하는 문양(文樣)판 등이 있다.

(2) 장선

거푸집 판을 지지하고 콘크리트의 측압력(側壓力)을 거푸집판에서 전달받아 보강재, 동바리, 긴결재에 전달시킨다. 재료로는 목재, 강재, 알루미늄재 등이 있다.

(3) 보강재

벽 또는 기둥 거푸집에서 거푸집 패널(거푸집판과 장선 등)을 지지하고 콘크리트 측압을 전달받아 변형이 되지 않도록 유지시켜 주는 수직 또는 수평부재이다. 바닥 거푸집에서는 거푸집 패널 중량, 콘크리트 중량, 작업하중, 충격하중 등을 동바리에 전달하는 매우 중요한 구성부재로 목재나 강재(파이프, C 형강)가 사용된다.

(4) 거푸집 동바리(shoring)

1) 철재 동바리(steel shoring)

바닥 거푸집에서 거푸집의 자중과 콘크리트 중량, 작업하중을 지지하여 바닥구조물이 안전하고 정확하게 시공되도록 하는 부재이다.

2) 시스템화 동바리(system shoring)

거푸집 동바리를 부품화·조립화·경량화·고강도화하여 시공이 간편하고 무거운 하중에도 견디도록 제작한 것이다.

(5) 긴결재

1) 긴장재(form tie)

콘크리트를 부어 넣을 때 거푸집이 벌어지거나 변형되지 않게 연결·고정하는 것으로 콘크리트의 측압을 최종적으로 지지하는 역할을 한다. 폼타이는 거푸집에 사용한 후 제거가 불가능한 매입형과 제거가 가능한 관통형이 있다.

2) 칼럼밴드(column band)

기둥 거푸집의 고정 및 측압 저항용으로 쓰이며, 주로 합판거푸집에 사용된다.

(6) 기타 부속재

1) 격리재(separator or spreader)

벽체 거푸집 설치시 거푸집 상호간에 일정한 간격(벽두께, 기둥 폭 등)을 유지하기 위한 것으로 철제 띠(strip), 각형(tube), 플라스틱 격리제 등이 쓰인다.

2) 박리제(form oil, form-release compound)

콘크리트를 부어 넣은 후 거푸집 판을 떼어내기 쉽게 하기 위해 미리 거푸집 판에 바르는 것이다. 콘크리트의 품질 및 표면 마감 재료에 나쁜 영향을 주지 않는 것으로써 보통 합성유를 사용하며, 왁스도 쓰인다.
박리제는 다음과 같은 성질을 가져야 한다.
•거푸집의 재질을 손상시키지 않아야 한다.
•콘크리트에 착색되지 않아야 한다.
•콘크리트의 성질을 변화시키지 않아야 한다.
•거푸집 해체 시에 완전히 박리되어야 한다.

제8장

3) 간격재(spacer)

간격재는 철근과 거푸집의 간격을 유지하기 위해 사용되며, 합성수지·철근·모르타르 등이 사용된다.

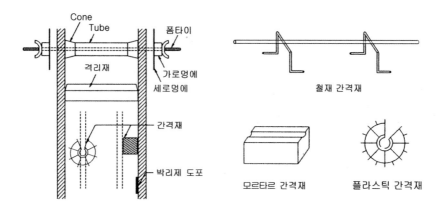

그림 8-2 거푸집 부속재

8.2.3 거푸집 공법

(1) 합판 거푸집 공법

슬래브 부위에 적용되며 판재(주로 내수 합판 또는 코팅 합판), 장선(각목), 멍에(각목), 거푸집 동바리(support)로 구성되어 있다. 구성재별 전용 횟수는 다음과 같다.

① 판재 : 내수합판은 전용횟수 약 3회, 코팅합판(두께 12mm의 경우)은 약 10회

② 장선 및 멍에 : 각목으로 된 장선 및 멍에는 약 20회

③ 거푸집 동바리 : 강재는 100회 이상

(2) 강제 거푸집 패널(metal form)공법

강철제 형틀에 맞추어 콘크리트를 타설하는 것으로, 거푸집의 전용성을 높이고, 공기단축과 시공의 정확성을 높일 수 있다. 옹벽, 기초, 보 등 형상이 단순하고 반복되는 곳이 많은 경우에 많이 적용된다. U자형 클램프(U clamp), 기둥 클램프(column clamp) 등을 이용하여 간편하게 조립하고 해체할 수 있다. 내구성과 수밀성이 우수하고, 콘크리트 타설 정밀도가 높다.

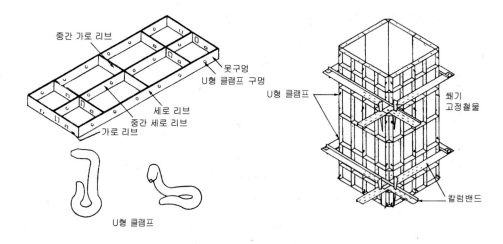

그림 8-3 메탈 폼

(3) 철재 패널폼(euro form)

유럽에서 개발된 모듈형 거푸집(modular form)으로 특수코팅 합판과 강제 틀로 구성되어 있다. 흔히 재래식 합판 거푸집과 혼용되며, 주로 벽체와 기둥에 사용된다. 기본 패널의 모듈은 600×1,200mm이며, 합판에 특수 코팅한 판재는 약 15~20회 전용가능하다.

일반 합판 거푸집에 비해 시공 정밀도가 높고, 타 거푸집 시스템과 조합이 쉽다. 장비가 필요 없지만, 인력이 많이 소요된다.

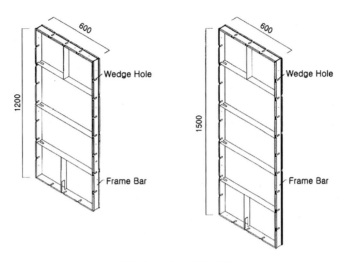

그림 8-4 유로 폼의 규격

■ 표 8-1 철제 패널 폼의 부속자재

부 재	형 태	부재종류	용 도
후크 (hook)		소형 후크	수평 보강재 고정
		대형 후크	수직 보강재 고정
플랫타이	벽두께	폭=19, 두께=4 길이 : 각종 타이의 실제길이 =벽두께+139	폼타이 역할 거푸집간격(벽두께) 유지 측압부담
웨지핀 (wedge pin)	L	L=60, 80	패널, 후크, 플랫타이 등 의 긴결

그림 8-5 유로 폼

(4) 알루미늄 거푸집

클립을 사용하여 조립하고 긴결 및 고정이 가능하며, 수평부재가 필요 없으므로 성력화(省力化, labor saving)가 가능하다. 경량이므로 취급이 용이하고, 30회 이상 사용할 수 있어 경제적이다. 목재에 비해 강성이 좋고, 콘크리트면의 마감 품질이 양호하다.

(5) 섬유재 거푸집

콘크리트 잉여수(剩余水)를 특수한 거푸집을 사용하여 흡수 또는 배수한다. 콘크리트 표층부의 물시멘트비가 작아지며, 표면강도가 증가하여 수밀성을 향상시켜 콘크리트를 밀실하게 한다. 거푸집에 부착하여 사용한다.

(6) 플라스틱 거푸집

유리섬유와 플라스틱의 복합재료로 이루어진 신소재로 내구성과 시공성이 뛰어나다. 투명판으로 하면 콘크리트 품질관리에 효율적이고, 내장 마감면으로 처리할 수도 있다. 50회 이상 재사용이 가능한 경제적인 거푸집이며, 반투명 제품으로 채광에 의해 작업환경을 밝게 유지할 수 있어 안정성 제고 및 정밀시공을 도모할 수 있다.

8.2.4 시스템화 대형 거푸집 공법

시스템화 거푸집은 거푸집 공사를 합리화(노무절감, 품질 및 생산성 향상)하기 위해 공사의 성격에 따라 특정 목적에 맞게 제작, 사용하는 거푸집을 말한다. 대형 거푸집공법은 판재와 각목 등을 이용하여 대형으로 조립한 재래식 거푸집이다. 벽의 외측, 엘리베이터실의 외측, 계단벽의 외측 등에 사용한다. 대형 거푸집의 특징은 다음과 같다.

- 조립, 해체가 용이하여 인력이 절감된다.
- 품질(시공 정밀도)이 향상된다.
- 유니트(unit)화로 인해 가설재료를 절약할 수 있다.
- 대형 양중장비가 필요하다.

(1) 갱 폼(gang form)

대형 패널에 작업발판과 버팀대를 부착·일체화시켜 한 번에 설치하고 해체하는 거푸집을 말하며 대형 패널 거푸집(panel form)이라 한다. 건물의 고층화 및 양중기계의 발달로 사용이 늘어나고 있으며, 재래식 공법에 비해 경제적이고 안전성이 높다. 주로 벽체에 사용한다.

1) 전용횟수

경제적인 전용횟수는 30~40회 정도

2) 특징

- 조립, 분해 과정 없이 설치하고 해체하므로 인력절감
- 콘크리트 이음부위(joint) 감소로 마감 단순화 및 비용 절감
- 제작 장소 및 해체 후 보관 장소 필요
- 대형 양중장비가 필요함
- 거푸집을 미리 조립하는 기간이 필요함
- 초기 투자비가 비교적 많이 듦

3) 시공 시 유의사항

- 양중장비를 고려한 판넬 제작
- 낙하 및 추락 방지를 위한 안전시설 점검
- 바람에 의한 안전성 검토
- 양중, 이동 시 변형되지 않도록 강성 확보

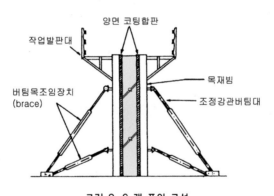

그림 8-6 갱 폼의 구성

그림 8-7 갱 폼

(2) 클라이밍 폼(climbing form)

벽체용 거푸집으로 갱폼에 거푸집 설치를 위한 비계틀과 기(既) 타설된 콘크리트의 마감작업용 비계를 일체로 제작한 거푸집을 말하며, 이들을 동시에 인양시켜 거푸집을 설치한다. 수직적으로 반복되거나 높이가 높은 건축물 또는 구조물에 적용되며, 거푸집을 인양하기 위한 레일 등을 설치하여 (반)자동화한 클라이밍 폼(auto climbing system)도 있다.

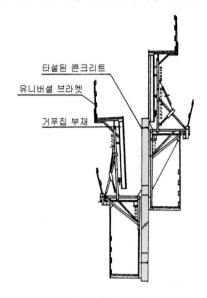

그림 8-8 클라이밍 폼

1) 전용횟수

거푸집을 제외한 클라이밍 시스템의 전용횟수는 80~100회 정도이다.

2) 특징

- 콘크리트면의 품질이 양호하다.
- 장비를 이용하여 설치, 해체하므로 인력이 절감되고 시공속도가 빠르다.
- 고소 작업 시 안전성이 높다.
- 거푸집 해체 시 콘크리트에 미치는 충격이 적다.
- 초기 투자비가 크다.
- 비계설치가 불필요하다.

3) 시공 시 유의사항

- 박리제 도포계획을 철저히 이행
- 낙하방지를 위한 안전시설 점검

- •바람에 의한 안전성 검토
- •양중 및 이동 시 변형되지 않도록 충분한 강성 확보

(3) 오토 클라이밍 폼(auto climbing form system)

클라이밍 폼에 거푸집을 인양하기 위한 레일 등을 설치하여 자동화한 시스템이다. 재래식 거푸집 공법이 부가적인 인양장비를 필요로 하는데 비하여 자체 인양 장비에 의해 외벽에 설치된 레일을 따라 자동으로 인양되게 한 시스템이다. 건축물의 초고층화에 따른 거푸집 작업의 효율성 및 안전성이 우수하며, 공기단축을 위해서도 자주 채용된다. 주로 수직방향의 장애물이 없는 엘리베이터 실 내부 벽체에 많이 사용된다.

1) 장점

- •자체 유압장치에 의한 인양으로 타워크레인 의존도가 적음
- •대형 폼 사용으로 인한 품질향상(수직도 관리 용이)
- •층당 3~6일 사이클(cycle) 공정이 가능하여 공기를 단축할 수 있음
- •자동화로 골조작업 인원 감소
- •작업발판이 거푸집과 일체화되어 있어 고층작업 시 작업자의 안전성 확보

2) 단점

- •다른 공법에 비하여 단가(單價)가 높아 전용회수가 많은 고층 또는 초고층에서 채용할 만함
- •시스템 운영을 위한 전문인력 필요
- •타이 홀(tie hole) 충진 필요

(4) 플라잉 폼(flying form)

바닥전용의 대형거푸집으로 거푸집판·장선·멍에·거푸집동바리를 일체화하여, 수평 및 수직으로 이동할 수 있다. 테이블 폼(table form)이라고도 한다. 테이블 폼은 바닥 거푸집과 거푸집 동바리를 일체화(unit화)하여 테이블 모양으로 만들어 슬래브 콘크리트를 타설한 후, 동일한 층의 다른 구역으로 수평 이동시켜 반복적으로 사용하는 거푸집이다.

1) 전용횟수

30~40회 이상

2) 특징

- 조립분해가 생략되므로 설치시간이 단축된다.
- 거푸집의 중량이 크다. (50kg 내외/m²)
- 갱 폼(gang form)과 조합하여 사용한다.

3) 시공 시 유의사항

- 조립·조정·고정·해체가 편리하도록 제작한다.
- 거푸집 중량 및 양중장비의 용량을 파악한다.
- 시공 계획 시 이동방식을 선정한다.
- 중량물의 이동에 따른 이동하중을 고려한다.
- 수평이동이 용이하도록 바닥 평활도를 유지한다.

그림 8-9 플라잉 폼

(5) 터널 폼(tunnel form)

벽식 철근콘크리트 구조를 시공할 때 벽과 바닥 콘크리트를 한번에 타설하기 위해, 벽체용 거푸집과 슬래브 거푸집을 일체로 제작하여 동시에 설치, 해체할 수 있다.

1) 터널 폼의 종류

① 트윈 쉘(twin shell)
- ㄱ자형의 2개의 거푸집을 맞대고 중간을 이음하는 방식
- 경간(span) 조정 가능
- 설치, 해체 용이
- 운반 간편
- 조인트 발생

② 모노 쉘(mono shell)

- 설계된 건물의 유니트에 맞춰 제작, 사용
- 모듈화 시공 용이
- 수평, 수직 조정 작업이 어려움
- 동일한 스팬의 구조체에 사용

2) 시공 시 유의사항

- 트윈 쉘의 조인트 부분의 응력 확보
- 양중장비의 용량, 거푸집의 형상 및 중량, 양중조건 등 파악
- 양중 시 거푸집의 변형에 유의
- 콘크리트 양생 방법·기간 검토

 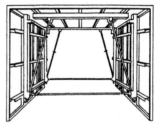

1. 트윈쉘형   2. 모노쉘형

그림 8-10 터널 폼의 종류

(6) 슬라이딩 폼(sliding form)

굴뚝, 사일로(silo) 등의 구조물을 시공이음 없이 균일한 형상으로 시공하기 위한 거푸집 공법이다. 일정한 속도(보통 시간당 3~5m)로 거푸집을 상승시키면서 연속하여 콘크리트를 타설하며 마감작업이 동시에 진행된다. 슬립 폼(slip form)이라고도 한다.

1) 특징

- 연속 콘크리트 타설로 인한 공기단축
- 거푸집 연속 사용으로 전용률 최대
- 시공 조인트 없는 수밀성, 차폐성 높은 구조물 시공 가능
- 연속 작업으로 인한 인원, 장비, 자재의 충분한 여유 확보
- 상승 속도에 따라 콘크리트의 품질 좌우

2) 시공 시 유의사항

- 콘크리트 공급 시 연속 공급능력 및 문제 발생 시 대처방안 모색
- 수평 및 연직 상태를 계속해서 확인
- 거푸집 탈형 시 콘크리트 손상 및 균열 예방

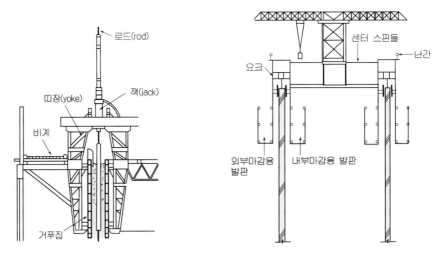

그림 8-11 슬라이딩 폼

(7) 트레블링 폼(traveling form)

트레블러라고 불리는 비계틀 또는 이동 프레임(movable frame)에 지지된 이동형 거푸집 공법으로, 한 구간의 콘크리트를 타설한 후 거푸집을 내려서(level down) 다음 콘크리트를 타설하는 구간까지 구조물을 따라 거푸집을 이동시키면서 콘크리트를 연속적으로 타설하며, 수평적으로 연속된 구조물에 적용한다.

공기단축이 가능하고, 시공정밀도가 우수하다. 초기 투자비는 많이 들지만, 자재를 절약할 수 있고 원가를 절감할 수 있다. 시공관리가 용이하며, 이동·해체 시 장비가 필요하다.

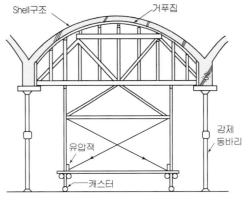

그림 8-12 트레블링 폼

(8) Bow Beam

하층의 작업공간을 확보하기 위하여 설치한 철골트러스와 유사한 경량의 가설 보를 말한다. 층고가 높고 큰 스팬에 적용할 수 있으며, 구조적으로 안전하다. 지주가 없어 하부를 작업공간으로 활용할 수 있다. 설치 시 소형 인양장비가 필요하며, 철골 공사에 적용된다.(그림 8-13 참조)

(9) Pecco Beam

Bow Beam과 같이 하층의 작업공간을 확보하기 위한 무지주공법이다. 안보(inner beam)가 있어 스팬 조절이 가능하다. 공기를 단축할 수 있고, 철골 보 간격이 복잡한 경우 작업이 가능하다. 설치·해체 시 작업발판이 필요하며, 중앙부가 처질 우려가 있다. (그림 8-13 및 그림 8-14 참조)

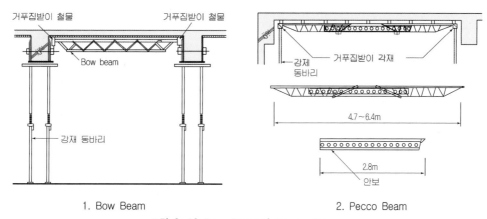

그림 8-13 Bow Beam과 Pecco Beam

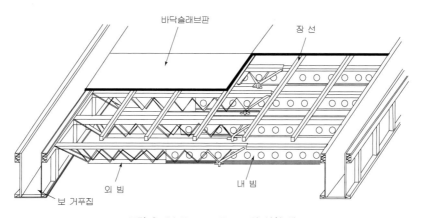

그림 8-14 Pecco Beam의 설치 예

(10) 데크 플레이트(corrugated steel decking, form deck)

강성을 키우기 위해서 철판을 요철 가공한 것으로 철골보 위에 걸쳐서 거푸집판 등으로 이용하고 필요할 경우 철근을 배근한 후 콘크리트를 타설한다. 동바리가 없기 때문에 하층의 작업이 용이하며, 거푸집의 해체공정이 줄어들어 노무절감과 공기를 단축할 수 있다. 데크 플레이트가 밑창 거푸집으로 사용될 경우의 특징은 다음과 같고, 데크 플레이트가 구조체로 사용되는 경우는 8장 철골공사의 8절을 참조한다.

1) 거푸집용 데크 플레이트(form deck) 공법의 특징 및 시공시 유의사항

- 데크 플레이트를 거푸집 대용으로 사용하며, 하중은 상부 콘크리트와 보강철근이 부담함
- 데크 플레이트가 매설되므로 거푸집 해체공정이 생략됨
- 자중 및 작업하중을 고려한 단면설계 및 바닥 중앙의 휨보강을 검토해야 함
- 보와 접합되는 단부에서 콘크리트 누설을 방지해야 함

(11) 와플 폼(waffle form)

거푸집의 모양이 격자같이 생겼으며, 작은 보가 없이 큰 스팬의 공간을 확보할 수 있고 층고를 낮출 수 있으며, 미관상 유리하다. 특수형태의 거푸집이므로 전용성이 적으며, 철근 배근이 용이하다.

8.2.5 거푸집 측압

콘크리트 타설 시 거푸집의 수직 부재는 콘크리트의 유동성으로 수평 방향의 압력(측압)을 받지만, 응결·경화 과정에서 그 크기는 감소한다. 측압은 경화되지 않은 콘크리트의 윗면으로부터 거리(m)와 단위 중량(kN/m^3)의 곱으로 표시한다. 콘크리트의 측압은 사용재료, 배합, 타설속도, 타설높이, 다짐방법, 타설할 때 콘크리트의 온도, 혼화제의 종류, 부재 단면 치수, 철근량 등의 영향을 받아서 결정된다. 거푸집 설계용 콘크리트의 측압은 표 8-2와 같다.

(1) 콘크리트 헤드(concrete head)

콘크리트 타설 윗면에서부터 최대 측압이 생기는 지점까지의 거리를 말한다. 타설속도·타설높이 등에 따라 콘크리트 헤드의 높이와 측압이 변화된다. 타설 시작에서 완료까지 콘크리트 헤드의 변화는 그림 8-15와 같다.

■ 표 8-2 거푸집 설계용 콘크리트의 측압(단위 : kN/m²)

구 분			콘크리트 측압 $P(\mathrm{kN/m^2})$	비고
일반 콘크리트			$P = W \cdot H$	• W : 생 Concrete 단위중량 $(\mathrm{kN/m^3})$ • H : Concrete 타설 높이(m) • R : Concrete 타설 속도(m/h) • T : 타설되는 Concrete의 온도(℃) • C_w : 단위중량 계수$\left(0.8 \sim \dfrac{W}{23},\right.$ 단위중량이 $22.5 \sim 24\mathrm{kN/m^3}$ 인 경우 1.0) • C_c : 화학 첨가물 계수 $(1.0 \sim 1.4,$ 지연제를 사용하지 않은 1, 2, 3종 시멘트의 경우 1.0)
• 슬럼프 175mm 이하이고, 1.2m 깊이 이하의 일반적인 내부 진동 다짐 • $30\,C_w \leq P$ $\leq W \cdot H$		기둥	$P = C_w\,C_c\left[7.2 + \dfrac{790R}{T+18}\right]$	
	벽체	$R \leq 2.1$ 및 $H < 4.2$	$P = C_w\,C_c\left[7.2 + \dfrac{790R}{T+18}\right]$	
		$R \leq 2.1$ 및 $H \geq 4.2,$ $2.1 \leq R \leq 4.5$	$P = C_w\,C_c\left[7.2 + \dfrac{1,160 + 240R}{T+18}\right]$	

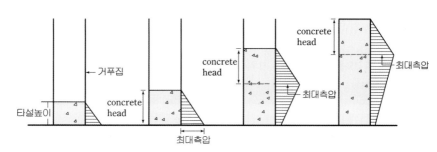

1. 타설시작   2. 콘크리트 헤드 도달   3. 콘크리트 헤드 초과   4. 타설완료

그림 8-15 콘크리트 헤드

(2) 거푸집 측압의 영향요소

•슬럼프가 클수록 측압이 크다.
•배합을 오래 할수록 측압이 크다.
•콘크리트의 비중이 클수록 측압이 크다.
•타설 속도가 빠를수록 측압이 크다.
•습도가 높을수록 측압이 크다.
•온도가 낮을수록 측압이 크다.
•다짐 시간이 길수록 측압이 크다.
•거푸집의 강성이 클수록 측압이 크다.
•철골 또는 철근량이 적을수록 측압이 크다.

•타설 시 높은 곳에서 많은 양을 낙하시킬 경우 측압이 크다.

•거푸집 표면이 평활하면 타설 시 마찰계수가 적게 되어 측압이 크다.

•거푸집의 수밀성이 좋을수록 측압이 커진다.

•응결이 빠른 시멘트를 사용할 경우 측압이 작아진다.

8.2.6 거푸집 존치기간

거푸집은 콘크리트를 담는 틀(mold)이고, 강도가 충분하게 발현될 때까지 보양하는 역할을 하므로, 콘크리트가 외력 또는 자중에 견딜 수 있는 소요강도를 확보할 때까지 존치해야 한다. 존치기간은 시멘트의 종류, 기상 조건, 하중, 양생 상태 등에 따라 다르므로 경과시간 동안 조건을 엄밀히 조사·기록한다. 콘크리트의 압축강도를 시험할 경우에는 확대기초, 보, 기둥 등의 측면은 5MPa 이상, 슬래브 및 보의 밑면, 아치 내면은, 다층구조의 경우 설계기준 압축강도 이상, 필러 동바리 구조를 이용할 경우라도 최소 14MPa 이상, 단층구조의 경우에는 설계기준압축강도의 ⅔ 이상 및 최소 14MPa될 때 까지 거푸집 널을 존치한다. 표 8-3은 콘크리트의 압축강도를 시험하지 않을 경우 거푸집널의 해체 시기이다.

■ 표 8-3 압축강도를 시험하지 않은 경우 기초, 보, 기둥 및 벽의 측면 거푸집널의 해체 시기 (일)

부 위 시멘트의 종류 평균기온	조강 포틀랜드 시멘트	기초, 보 옆, 기둥 및 벽	
		보통 포틀랜드시멘트 고로슬래그 시멘트(1종) 포틀랜드 포졸란 시멘트(1종) 플라이애시 시멘트(1종)	고로슬래그 시멘트(2종) 포틀랜드 포졸란 시멘트(2종) 플라이애시 시멘트 (2종)
20℃ 이상	2	4	5
20℃ 미만 10℃ 이상	3	6	8

보, 슬래브 및 아치 하부의 거푸집널은 원칙적으로 동바리를 해체한 후에 해체한다. 동바리는 침하를 방지하고 각부가 움직이지 않도록 볼트나 클램프 등의 전용철물을 사용하여 견고하게 설치하여야 한다. 강관 동바리는 2개 이상을 연결하여 사용하지 말아야 하며, 높이가 3.5m 이상인 경우에는 높이 2m 이내 마다 수평 연결재를 2개 방향으로 설치하고 수평연결재의 변위가 일어나지 않도록 이음 부분은 견고하게 연결한다.

8.2.7 거푸집의 구조설계

슬래브 거푸집에는 콘크리트의 중량, 콘크리트 타설 작업 하중, 충격하중 등이 작용하고, 벽과 기둥 거푸집에는 측압이 작용한다. 이러한 하중과 반복 사용에 의한 손상과 마모에 안전하고 경제적인 거푸집을 설계해야 하며, 특히 층고가 높은 건물, 장(長) 스팬(long span)의 건물의 거푸집은 강도를 계산하여 설계에 반영해야 한다. 거푸집을 설계할 때 정확하게 검토해야 할 사항은 부재에 작용하는 휨 모멘트(bending moment)와 처짐(deflection)이다.

(1) 거푸집에 작용하는 외력

1) 연직 하중은 고정하중 및 공사 중 발생하는 활하중을 모두 고려하되, 최소 5.0 kN/m^2 이상(다만, 전동 카트를 사용할 경우는 최소 $6.25kN/m^2$ 이상)을 거푸집 및 동바리 설계에 반영한다.

① 고정 하중은 철근콘크리트와 거푸집의 중량을 합한 하중이다. 콘크리트의 단위 중량은 철근 중량을 포함하여 보통 콘크리트 $24kN/m^3$, 제1종 경량골재 콘크리트 $20kN/m^3$, 제2종 경량골재 콘크리트 $17kN/m^3$을 적용한다. 거푸집 하중은 최소 $0.4kN/m^2$ 이상을 적용한다.

② 활 하중은 구조물의 수평 투영 면적(연직방향으로 투영시킨 수평면적)당 최소 $2.5kN/m^2$ 이상으로 하며, 전동식 카트 장비를 이용하여 콘크리트를 타설할 경우는 $3.75kN/m^2$의 활하중을 고려하여 설계한다.

2) 수평방향 하중

동바리에 작용하는 수평하중으로는 고정하중의 2% 이상 또는 동바리 상단의 수평방향 단위 길이 당 1.5kN/m 이상 중에서 큰 쪽의 하중이 동바리 머리 부분에 수평방향으로 작용하는 것으로 가정하여 가새 설치 여부를 검토한다. 벽체 거푸집의 경우에는 거푸집 측면에 대하여 0.5 kN/m^2 이상의 수평방향 하중이 작용하는 것으로 본다.

3) 콘트리트의 측압

기둥, 벽체 및 보의 옆 판 거푸집을 설계할 때 고려하는 콘크리트 측압은 다음과 같은 요인의 영향을 받는다. (8.2.5절 참조)
• 콘크리트 타설 속도, 타설높이, 타설 방법(펌프 카 혹은 버켓), 타설 순서
• 콘크리트 경화 속도(기온, 습도, 콘크리트 온도, 콘크리트 슬럼프), 철근량 등

(2) 거푸집 재료의 허용응력도

거푸집 패널 재료는 합판, 목재 널판, 강재 등이 있으며, 두께 12~15mm 합판이 널리 쓰인다. 합판이나 목재 널판은 섬유방향에 따라 강도나 영계수가 다음 표와 같이 크게 변하므로 강도 계산은 물론 실제 시공 시에도 주의해야 한다.

목재는 함수율이 1% 늘면 강도와 영계수가 3% 정도 저하되므로 콘크리트 타설 후나 강우 등으로 흡수량이 클 때에는 이상 변형에 주의하여야 한다.

■ 표 8-4 합판 두께별 허용 휨 응력도 및 탄성계수

구 분	허용휨응력도 (Mpa)	탄성계수(Mpa)				
		두께 12mm	15mm	18mm	21mm	24mm
섬유 방향	24	7,000	6,500	6,000	5,500	5,000
섬유직각방향	12	2,000	2,500	3,000	3,500	4,000

■ 표 8-5 구조용 목재의 허용응력도

섬유방향의 허용응력도 (Mpa)	수 종	장기응력에 대한 값			단기응력에 대한 값	영계수(10Mpa)	
		압축	인장·휨	전단		E(길이방향)	E(직각방향)
	육송·삼송·아카시아	5	6	0.4	장기응력에 대한 값의 1.5배	7	0.25

■ 표 8-6 강재의 허용응력도(단위 : Mpa)

재료		응력종별						단기
		장기						
		인장	압축	휨	전단	측압	접촉	
구조용 압연 강재	SS 400, SM 400A	160	160	160	90	300	460	장기응력에 대한 값의 1.5배
	SS 490	200	200	200	120	380	580	
	SM 490A	220	220	220	130	410	630	

(3) 허용 처짐량

변형보다는 구조안정성 측면의 강도 확보가 중요한 일반 가설물과는 달리 거푸집은 강도보다는 변형량(허용 처짐량)에 의해 거푸집 부재의 단면이나 구성이 결정되는 경우가 많다. 거푸집의 허용 처짐량은 절대 처짐으로 최대 3mm를 기본으로 한다.

(4) 거푸집 구조해석 및 계산

거푸집 패널의 강도를 검토할 때, 구조상 부분적으로 양단 고정보 및 연속보의 요소가 있다고 하더라도 실제로 단부 구속 상태 및 전용(轉用)에 의한 강도저하 요인이 있으므로, 금속제 거푸집을 제외하면 강도 계산상 불리한 단순보로 취급한다.

장선, 멍에 등의 보강재는 경우에 따라 단순보와 양단 고정보의 중간인 연속보로 취급할 수도 있다.

(5) 슬래브 및 보 거푸집 설계

1) 설계방식

슬래브 거푸집의 구조를 설계하는 방법으로는 2가지 방법이 있다.

① 거푸집 보강재의 배치를 가정한 후 그것을 계산으로 확인하는 방법
② 허용 처짐량, 허용 강도 등으로부터 한계 배치간격을 산정하는 방법

①의 경우는 과다하게 설계할 우려가 있으며 ②의 경우는 허용한계에 가까우므로 시공에서 주의하여야 한다. 보통 허용 처짐량으로 거푸집의 배치나 단면을 결정하기 때문에 ②의 경우가 보다 편리하다.

2) 설계 예

거푸집 구조 설계의 예는 이 책의 범위를 넘으므로 생략한다. 거푸집 및 동바리 설계와 그 구조적 안전성을 보다 상세하게 검토해 보고자 하는 엔지니어들은 '건축기술지침-건축Ⅰ'(대한건축학회, pp. 442-453)을 참고하기 바란다.

제8장

8.3 ▸ 철근공사

철근은 인장력을 부담하는 부재로서 KS D 3504(철근콘크리트용 봉강) 또는 KS D 3527(철근콘크리트용 재생봉강)의 규격에 합격한 것이어야 한다.

8.3.1 철근의 종류 및 특성

철근이란 이형(異形)철근을 포함하여 용접철망(welded wire fabric) 및 PC강선 등 콘크리트를 보강할 목적으로 사용되는 모든 보강재(reinforcement)를 말한다.

(1) 원형철근(round steel bar)

단면이 원형인 철근으로 품질은 이형철근과 같지만, 그림 8-16에서 보는 바와 같이 표면에 리브(rib, 축 방향 돌기)나 마디 등의 돌기가 없는 미끈한 형상이다. 이형철근에 비하여 콘크리트와 부착력이 작기 때문에 최근에는 거의 사용되지 않고 있다. 원형철근의 지름은 ϕ로 표시한다.

(2) 이형철근(deformed steel bar)

콘크리트와 부착강도를 높이기 위하여 표면에 마디와 리브를 붙인 철근으로 이형철근의 지름은 공칭지름 D로 표시한다. 이형철근은 원형철근보다 부착력이 40% 이상 증가되고, 정착 길이를 짧게 할 수 있으며 후크(hook) 가공을 하지 않아도 된다.

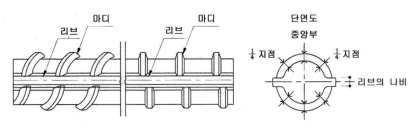

그림 8-16 이형철근의 모양

■ 표 8-7 철근의 종류와 역학적 성질

종류	기호	항복강도(Mpa)	인장강도(Mpa)	용 도	양 단면 색깔
원형철근	SR 240	240	390~530	일 반	청 색
	SR 300	300	450~610		녹 색
이형철근	SD 300	300~400	450 이상	일 반	녹 색
	SD 350	350~450	500 이상		적 색
	SD 400	400~520	570 이상		황 색
	SD 500	500~640	630 이상		흑 색
	SD 400W	400~520	570 이상	용 접	백 색
	SD 500W	500~640	630 이상		분홍색

주) KS D 3504 : 철근 콘크리트용 봉강

■ 표 8-8 이형철근의 규격

호칭명	단위무게(kg/m)	공칭지름 d(mm)	공칭단면적 s(mm²)	공칭둘레 ℓ(mm)
D6	0.249	6.35	31.67	20
D10	0.560	9.53	71.33	30
D13	0.995	12.7	126.7	40
D16	1.56	15.9	198.6	50
D19	2.25	19.1	286.5	60
D22	3.04	22.2	387.1	70
D25	3.98	25.4	506.7	80
D29	5.04	28.6	642.4	90
D32	6.23	31.8	794.2	100
D35	7.51	34.9	956.6	110
D38	8.95	38.1	1140	120
D41	10.5	41.3	1340	130
D51	15.9	50.8	2027	160

(3) 고장력 이형철근(high tensile deformed bar)

특수강을 재료로 한 고강도 철근으로 보통 철근보다 인장력이 크다. 이것을 사용할 때는 고강도의 콘크리트를 사용해야 하며, 철근의 강도가 크므로 철근의 사용량을 줄일 수 있다. 최근에는 초고층, 장대 구조물의 부재 단면을 줄이기 위해 800 MPa 의 강도를 보유한 HSA800의 초고강도 철근의 사용이 빈번하다.

(4) 용접철망(WWF : Welded Wire Fabric)

용접철망은 철선을 간격 100~150mm 정도로 직교하여 배치하고 각 교차점에서 용접하여 유닛화하여 제작한 것이다. 최하층 바닥 슬래브(slab)나 도로포장에 주로 사용된다.

(5) 피아노선

프리스트레스트 콘크리트(prestressed concrete)에 사용하며, 보통 원형철근의 4~6 배 정도의 고강도이다.

8.3.2 철근의 가공

철근은 현장에서 가공하는 경우가 많지만, 최근에는 작업의 효율성을 높이기 위해서 공장에서 생산·가공 후 현장에 반입하여 설치(prefab화)하는 작업형태로 전환되고 있다. 철근의 가공은 절단, 구부리기, 조립으로 구분된다.

(1) 철근 절단

필요한 크기로 철근을 자르는 것으로 절단하기 전에 설계도에 의거하여 정확한 현 치도 및 가공도를 작성하고 이에 명시된 치수 및 형상에 맞추어 절단기(bar cutter 또는 shear cutter)로 절단한다.

(2) 철근 구부리기

굴곡기(bar bender)를 사용하며 지름 25mm 이하는 상온에서, 지름 28mm 이상은 가열하여 구부린다.

① 원형철근 말단부에는 반드시 갈고리를 설치한다.
② 이형철근은 부착력이 크므로 말단의 갈고리를 생략할 수 있지만 보 및 기둥의 단부, 대근(hoop) 및 늑근(stirrup), 굴뚝의 주근에는 갈고리를 설치한다.

■ 표 8-9 철근 중간부의 구부림 형상 및 치수

구부림 각도	그림	철근 사용 개소의 호칭	철근의 종류	철근지름	구부림 안치수(D)
90° 이하		띠철근 스터럽 나선철근 슬래브근 벽근	SR240	16mm 이하	3d 이상
			SR300	D16 이하	4d 이상
			SD300	19mm 이하	
			SD350	D19 이하	
			SD400 SD400W		
		기둥, 보, 벽, 슬래브, 기초보 등의 주근	SD300	D16 이하	4d 이상
			SD350	D19~D25	6d 이상
			SD400 SD400W	D29~D41	8d 이상
			SD400	D51	10d 이상

■ 표 8-10 철근 단부의 구부림 형상 및 치수

구부림각도	그림	종류	지름	구부림 안치수(D)
180°	여장 4d이상	SR240	16mm 이하	3d 이상[1]
		SR300 SD300 SD350	16mm 이하 D16 이하	3d 이상
			19mm 이하 D19~D38	4d 이상
			D41	5d 이상
135°	여장 6d이상	SD400 SD400W		5d 이상
		SD500 SD500W		5d 이상
90°	여장 8d이상	SR240		3d 이상
		SR300 SD300 SD350	D41 이하	4d 이상
		SD350	D51	5d 이상

(3) 철근 프리패브(prefabrication) 공법

골조공사에 사용하는 철근을 기둥, 보, 바닥, 벽 등 사용 부위별로 미리 공장에서 제작하여 운반 후 현장에서 접합하는 공법이다. 현장작업 감소로 공기가 단축되며 공업화 생산으로 공장에서 관리가 용이하나 제품의 규격화가 필요하다.

1) 기둥 및 보 철근의 프리패브화

① 철근 선 조립 공법

철근 유닛을 공장이나 현장내 가공장에서 미리 조립하고 이를 거푸집 공사에 선행하여 기둥이나 보 등 부재별로 소요 위치에 설치하는 방법으로, 공사기간이나 배근정밀도 측면에서 양질의 시공을 기대 할 수 있다.

② 철근 후 조립 공법

거푸집 시공 후 철근 유닛을 조립하는 공법으로 재래식 공법과 유사하며 철근 선 조립의 장점을 살린 공법으로 선 조립 철근을 거푸집 안에 내려놓는 방법이다.

---

1) d는 원형철근에서는 지름, 이형철근에서는 호칭을 이용한 수치로 한다.

이 두 가지 공법 적용의 효율성을 높이기 위해서는 다음과 같은 사항에 유의하여야 한다.

- 부재를 표준화 하여 거푸집의 전용, 작업의 표준화, 자재의 전용 등을 높인다.
- 주근의 지름을 크게 하고, 고강도화 하여 이음부의 수를 감소시킨다.
- 철근 유닛을 현장에서 가공하는 경우에는 철근의 저장, 조립장소와 조립 후 저장 장소가 필요하며, 공장조립의 경우에는 운반 시 부피가 커지는 것을 고려해야 한 다. 그리고 철근 유닛이 운반, 양중 과정에서 변형되지 않도록 강성을 검사한다.
- 철근 유닛을 설치하기 위해서는 대형 양중장비가 필요하므로 가설공사와 거푸집 공사, 철골공사 등을 포함하여 양중장비의 효율성을 높일 수 있도록 계획한다.

2) 벽 및 바닥 철근의 프리패브화

철근이나 철선을 미리 격자형태로 조립한 용접철망을 슬래브 또는 벽과 같은 평면 부재의 소요 위치에 배근하는 공법이다. 용접망은 소재에 따라 철근격자망과 용접철 망(welded wire mesh)으로 구분되며, 주로 철선으로 구성된 용접철망을 이용한다. 철근 프리패브화의 장점은 다음과 같다.

- 선 조립된 용접철망 시트를 현장에 설치하므로 기존 배근공사에 비해 시간과 현장 노무량이 절감된다.
- 숙련된 철근공이 필요하지 않으므로 인건비가 절감된다.
- 배근간격과 위치가 정확하여 시공품질이 향상된다.
- 배근완료 후 수행되는 부대작업(전기, 기계설비 공사)이나 콘크리트 타설 시 배근 의 흐트러짐이 적다.

8.3.3 철근의 이음 및 정착

(1) 철근의 이음

철근은 콘크리트와 일체가 되어 구조체의 뼈대 역할을 하게 되므로 철근의 끊어짐이 없이 연결되어 있는 상태가 구조안전성 측면에서 가장 좋다. 그러나 철근은 생산·운반· 시공의 편의상 적정한 크기로 절단하여 운반·조립되므로 이음이 발생한다. 철근의 이음 부위는 구조적으로 취약하므로 이음 위치 결정과 이음 방법 선택은 매우 중요하다. 철근의 이음 시 다음과 같은 사항에 유의한다.

- 이음의 위치는 응력이 큰 곳을 피하고 엇갈리게 잇는다.
- 동일한 곳에 철근 수의 반 이상을 이어서는 안 된다.
- 주근의 이음은 인장력이 가장 작은 곳에 두어야 한다.
- 지름이 다른 주근을 잇는 경우에는 작은 주근의 지름을 기준으로 한다.

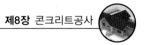

(2) 철근 이음의 종류

철근의 이음 방법은 겹침 이음, 용접 이음, 기계식 이음 등이 있다. 겹침 이음은 D25 이하의 철근에 사용되며, 그 이상의 것은 용접이음이나 기계식 이음을 사용한다.

1) 겹침 이음

철근의 단부를 겹치는 방법으로 응력은 주변 콘크리트와의 마찰력에 의해서 발생하며, 파단 시는 주변의 콘크리트에서 철근이 미끄러지는 현상이 발생한다. 겹침 이음의 강도는 주변 콘크리트의 성질에 크게 영향을 받으므로, 콘크리트의 품질관리가 매우 중요하다. 이음길이는 갈고리 중심간 길이이며 이음부는 18~20번(#18~20) 철선으로 2개소 이상 묶는다. D29 이상의 철근은 겹침이음을 하지 않는다.

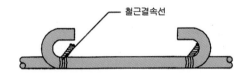

그림 8-17 겹침 이음

2) 기계식 이음

① 나사식 이음

이형철근의 마디가 나사형태로 제작된 나사 마디 철근을 사용하는 방법과 이형철근에 직접 나사를 가공하여 접합하는 방법으로 구분된다.

나사 마디 철근을 사용한 이음 방법에서는 그 표면이 나사형태로 마무리되어 있으므로 이음 시 내부면이 나사 가공된 커플러(coupler)를 회전시켜 체결 접합한다.

나사 가공에 의한 이음 방법은 연결할 철근의 양쪽 단부를 나사 가공하여 수 나사부를 만들고, 암 나사 가공된 커플러를 회전시켜 체결한다.

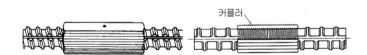

1. 나사마디철근이음   2. 나사가공이음

그림 8-18 나사식 이음

② 슬리브 압착 이음

원형 슬리브(sleeve) 내에 이형철근을 삽입하고 이 강관을 상온에서 압착 가공함으로써 이형철근의 마디와 밀착되게 하는 방법으로 힘의 전달이 이형철근의 마디와 강관의 맞물림 작용으로 이루어지는 방법이다.

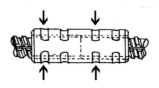

그림 8-19 슬리브 압착 이음

③ 슬리브 충전 이음

이음용 슬리브와 철근 사이에 고강도 무 수축성 모르타르를 충전하여 철근을 잇는 방법이다. 이 방법은 신축이 없으므로 프리캐스트 콘크리트 부재 철근의 접합에 사용된다.

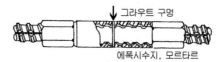

그림 8-20 슬리브 충전 이음

3) 용접이음

철근의 용접이음은 철근을 녹여 접합하는 방법이다.

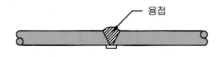

그림 8-21 용접이음 모양

① 아크 용접(arc welding)

용접봉과 철근에 전류를 통하게 하여 용접봉의 끝부분을 녹여 철근에 용착한다.

② 플러시 버트 용접(flush butt welding)

전류를 통한 철근을 강압하여 맞댐면의 전기저항에 의하여 접촉부가 적열(赤熱)되고 용융상태로 되어 용접된다.

③ 가스압접

산소·아세틸렌 가스 등을 이용하여 철근을 가열하면서 압력을 가함으로써 철근의 접촉부가 부풀어 올라 철근이 접합되는 일체식 이음이다. 모재와 동등한 기계적 강도를 가지며 조직과 성분의 변화가 적고 접합강도가 큰 접합방식이다. 겹침이음이 아니므로 콘크리트를 부어넣기가 용이하다.

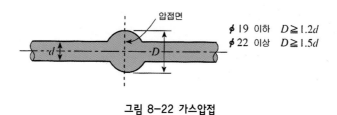

ϕ 19 이하 $D \geqq 1.2d$
ϕ 22 이상 $D \geqq 1.5d$

그림 8-22 가스압접

4) cad welding

철근에 슬리브(sleeve)를 끼워 연결하고, 철근과 슬리브 사이의 공간에 순간 폭발을 발생시켜 합금을 녹여 흘러 보내 충전하여 잇는 방법이다. 기후의 영향을 적게 받으며 용접이음에 걸리는 시간이 짧으나 잇는 철근의 규격이 다른 경우 사용할 수 없다.

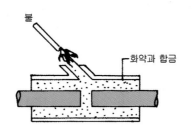

그림 8-23 cad welding

5) G-loc splice

G-loc sleeve와 Reducer insert를 이용하여 철근을 이음 하는 것으로 철근의 규격이 서로 다른 경우에도 사용이 가능하다.

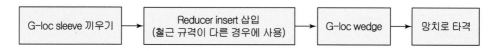

G-loc sleeve 끼우기 → Reducer insert 삽입 (철근 규격이 다른 경우에 사용) → G-loc wedge → 망치로 타격

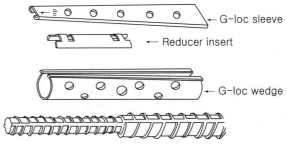

그림 8-24 G-loc splice

(3) 이음위치

철근콘크리트 부재나 부위에 따라 철근을 이을 수 있는 위치는 다음과 같다.

1) 기둥

기둥은 중앙 부위가 휨 응력이 작으므로 그림 8-25의 빗금 친 부분에서 잇는다.

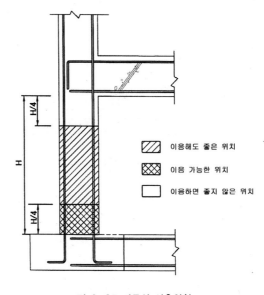

그림 8-25 기둥의 이음위치

2) 보

보의 경우 단부에서는 상부가 인장력을 부담하고 경간의 중앙부분에서는 인장력을 하부가 부담하므로, 상부주근의 경우는 보의 중앙부분에서 하부주근의 경우는 보의 단부에서 잇는다.

① 일반보

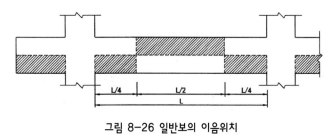

그림 8-26 일반보의 이음위치

② 수압을 받지 않는 지중보(자중 〉수압)

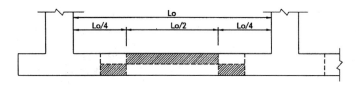

그림 8-27 수압을 받지 않는 지중보의 이음위치

③ 수압을 받는 지중보(자중 〈 수압)

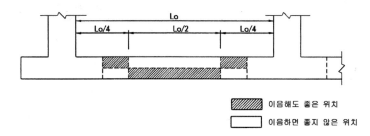

| 이음해도 좋은 위치 |
| 이음하면 좋지 않은 위치 |

그림 8-28 수압을 받는 지중보의 이음위치

(4) 철근의 정착

철근콘크리트 구조체가 큰 외력을 받게 되면 철근과 콘크리트는 분리될 수 있다. 철근을 콘크리트로부터 쉽게 분리되지 않도록 철근을 충분한 깊이(길이)로 정착해야 한다.

1) 철근의 정착길이

① 큰 인장력을 받는 곳의 정착길이는 철근 지름의 40배 이상, 압축철근 및 작은 인장력을 받는 곳의 정착길이는 철근지름의 25배 이상으로 한다.

② 정착길이는 후크(hook) 중심간의 거리로 하며, 후크의 길이는 정착길이에 포함하지 않는다.

③ 철근의 정착은 기둥이나 보의 중심을 벗어난 위치에 둔다.

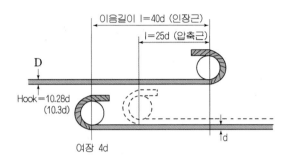

그림 8-29 철근의 이음 및 정착길이

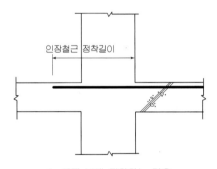

1. 인접 보에 정착하는 경우

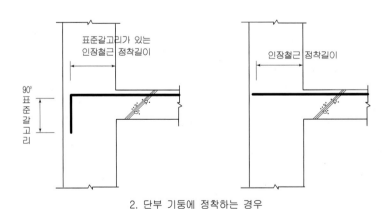

2. 단부 기둥에 정착하는 경우

그림 8-30 정착길이 취하는 방법

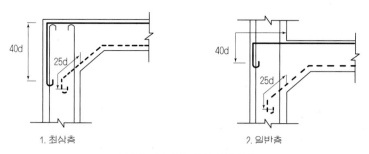

1. 최상층   2. 일반층

그림 8-31 보의 단부 정착길이

2) 철근의 정착위치

- 기둥의 주근은 기초에 정착한다.
- 보의 주근은 기둥에 정착한다.
- 작은 보(beam)의 주근은 큰 보(girder)에 정착한다.
- 직교하는 단부 보 밑에 기둥이 없을 때에는 보 상호간에 정착한다.
- 지중보의 주근은 기초 또는 기둥에 정착한다.
- 벽 철근은 기둥, 보, 기초 또는 바닥판에 정착한다.
- 바닥 철근은 보 또는 벽체에 정착한다.

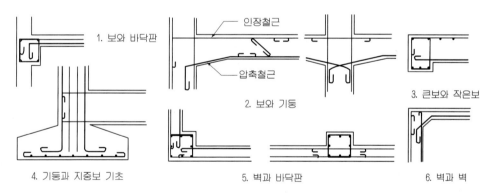

1. 보와 바닥판   인장철근   압축철근   3. 큰보와 작은보

2. 보와 기둥

4. 기둥과 지중보 기초   5. 벽과 바닥판   6. 벽과 벽

그림 8-32 기둥·보·철근의 정착 및 이음

(5) 철근의 피복두께

철근의 피복두께는 철근의 외면과 콘크리트 표면과의 거리를 말한다. 철근콘크리트 부재가 구조성능을 발휘하고 콘크리트 타설시 유동성을 확보하기 위해서는 적정한 피복두께를 확보해야 한다. 철근의 피복두께가 너무 작으면 부재내부 응력에 의해 균열이 발생하며, 대기 중의 습기 및 콘크리트 중성화에 의한 철근의 부식, 화재 시 가열로 인한 강도 저하 등으로 철근콘크리트 구조체의 물리적 수명이 단축된다.

1) 철근 피복두께 확보 목적

- 내화성능 유지
- 콘크리트와의 부착력 증대
- 콘크리트 타설시 유동성 확보(굵은 골재의 유동성 유지)
- 철근의 방청 및 내구성능 유지

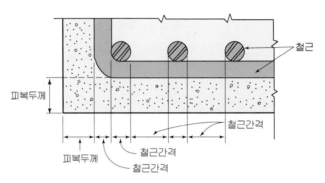

그림 8-33 철근의 피복두께

■ 표 8-11 철근의 최소피복두께

부위 및 철근 크기			최소피복두께(mm)
수중에서 타설하는 콘크리트			100
흙에 접하여 콘크리트 타설 후 영구히 흙에 묻혀 있는 콘크리트			80
흙에 접하거나 옥외 공기에 직접 노출되는 콘크리트		D29 이상의 철근	60
		D25 이하의 철근	50
		D16 이하의 철근, 지름 16mm 이하의 철선	40
옥외의 공기나 흙에 직접 접하지 않는 콘크리트	슬래브, 벽체, 장선	D35 초과하는 철근	40
		D35 이하인 철근	20
	보, 기둥		40

* 피복두께의 시공 허용오차는 10mm 이내로 한다.

2) 철근의 간격(아래 ①, ②, ③ 중 큰 값)

① 철근 지름의 1.5배 이상

② 2.5cm 이상

③ 굵은 골재 지름의 1.25배 이상

8.3.4 철근 배근

철근콘크리트 구조물을 만들기 위하여 거푸집의 내부나 거푸집판 위에 철근을 배치하는 것을 배근(配筋)이라 한다. 건축도면과 구조도면(structural drawing)을 근거로 철근을 배근하기 위한 시공 상세도면(rebar shop drawing)을 작성하고 철근 가공 스케줄(bar bending schedule)를 정리한다. 시공 상세도면은 철근의 가공·조립·배치 등을 위한 것으로 보통 다음과 같은 내용을 도해하고 설명한다.

- 철근을 가공하고 배근하는데 필요한 가공 형상별 소요 길이와 본수, 정착 위치와 길이, 이음위치와 방법
- 대표적인 철근 가공 형태
- 철근 고임재(bar support) 및 간격재(spacer)
- 철근과 철근 고임재 및 간격재의 배치계획

그림 8-34 각종 간격재 설치 모습(벽철근 spacer, 슬래브철근 spacer)

바 리스트는 철근의 수량산출서(bill of material)로서, 단가(unit price)가 다른 모든 철근에 대하여 그 규격, 인장강도, 형상 등을 구분 표시한 목록이라고 할 수 있다.

(1) 배근의 원칙

부재에 발생하는 응력을 충분히 부담할 수 있도록 구조도면에 제시된 철근의 단면적을 확보하고 철근의 위치가 정확한지 확인한다. 슬래브나 캔틸레버 보의 상부철근은 공사 중 작업자들의 이동으로 그 위치가 내려갈 수 있으므로 주의하고, 특히 캔틸레버 보의 경우 상부근이 주근이므로 배근 작업이나 콘크리트 타설 과정에서 절대 원래 위치에서 밑으로 내려가지 않도록 한다.

1) 주근(主筋)의 위치

철근은 대부분 인장응력을 보강할 목적으로 배근하기 때문에 그림 8-35과 같이 인장 측에 배치하는 것이 원칙이다. 그러나 기둥이나 보에서는 조립 가공 시 작업성과 장기처짐을 고려하여 압축 측에도 철근을 배근하는 경우가 많다.

이 경우 압축 측의 철근은 콘크리트의 강도를 보강해 주는 역할을 하며, 콘크리트는 철근이 좌굴하는 것을 방지하는 기능을 한다. 이와 같이 축 방향력이나 휨 모멘트를 부담하며, 설계하중에 의하여 그 단면적이 정해지는 철근을 주철근 또는 주근(主筋, main bar)이라고 한다.

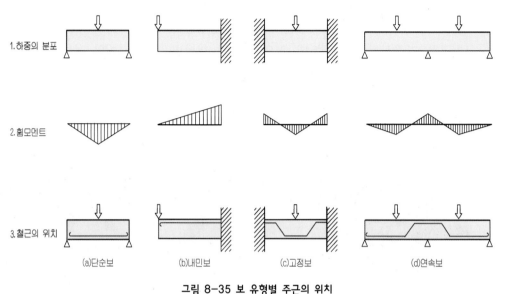

그림 8-35 보 유형별 주근의 위치

(2) 각부 배근 상세

1) 기초

기초는 상부 하중이 지반에 충분히 전달될 수 있도록 배근하되, 다른 구조 부재/부위와 달리 기초판 하부에서 상부 방향으로 하중 또는 부력이 작용할 수 있다.

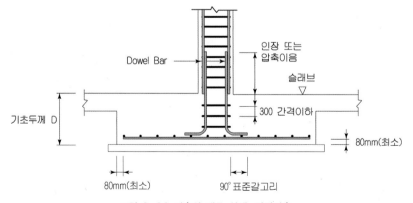

그림 8-36 기초의 배근 상세-직접기초

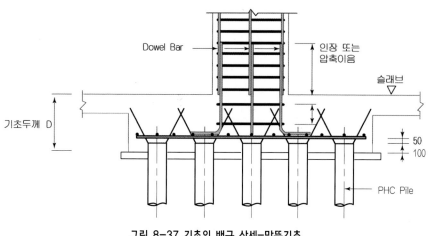

그림 8-37 기초의 배근 상세-말뚝기초

2) 기둥

기둥의 단면 형태는 정방형, 장방형, 원형과 같은 대칭형이 주로 사용되며, 주근도 중심축을 기준으로 대칭으로 배치한다. 10층 이하 중층 건축물의 기둥 한 변의 크기는 1층의 경우 스팬의 1/10, 최상층은 스팬의 1/12 정도로 한다. 최상층의 기둥 크기를 500mm 각으로 하고 2개층 내려갈 때 마다 50mm 정도씩 늘려주는 방법도 흔히 사용된다.

기초공사에 이어 기둥의 철근을 배근할 때는 주근의 위치가 정확한지 확인한다. 기둥 주근이 제 위치에 있지 아니하고 먹매김 위치로부터 벗어나 있을 때에는 완만하게 구부려 올린다. 기둥의 주철근은 4개 이상으로 하고, 철근 단면적은 그 콘크리트 단면적의 0.8% 이상으로 한다. 띠철근(hoop, 帶筋)은 미리 주근 하부에 끼워두고 상부 주근을 하부 주근에 이은 다음 순서대로 정해진 위치에 끌어올려 조립한다. 띠철근은 기둥에 작용하는 전단력이 클수록 촘촘하게 설치하는데, 그 간격은 300mm 이하, 종방향 철근 지름의 16배 이하, 띠철근이나 철선 지름의 48배 이하로 한다. 원형기둥에 사용되는 나선철근은 띠철근에 비하여 철근이 더 소요되고, 가공에 품이 많이 든다.

띠철근의 역할은 다음과 같다.

- 전단력에 저항한다.
- 주근의 위치를 고정한다.
- 기둥을 감싸는 테두리 역할로 횡 방향 변형을 억제하여 기둥의 좌굴을 방지한다.

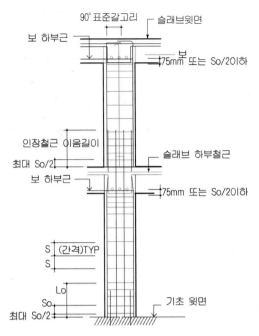

그림 8-38 기둥의 배근 상세-내진배근

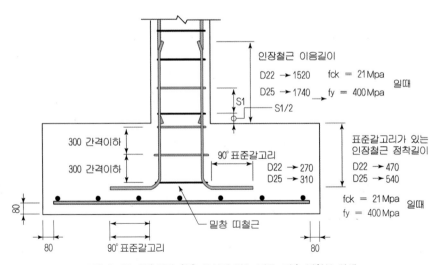

그림 8-39 압축력과 휨을 동시에 받는 기둥-기초 접합부 상세

그림 8-40 기둥철근과 기초판철근 배근모습

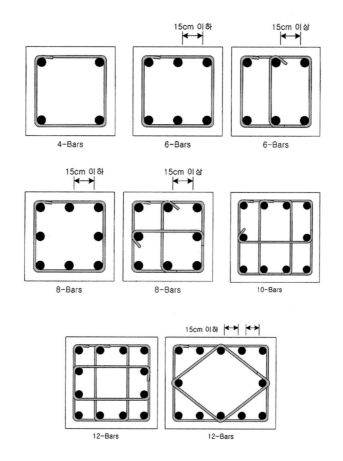

그림 8-41 기둥 띠철근 배근 상세

3) 보

보의 단면형태는 장방형이 보통이며, 6~7층 건물의 경우 1층 보의 춤은 스팬의 1/8~1/10, 폭은 춤의 1/2로 한다. 응력이 작은 최상층 또는 저층 건축물의 경우에는 보의 춤을 스팬의 1/10~1/12로 하며, 폭은 춤의 1/2로 한다.[2]

건축물의 외주부에 있는 보의 경우 벽체와 일체화시켜 강성을 높이기도 한다. 이를 테두리보(wall girder)라고 부르며, 테두리 보의 크기는 개구부의 형태에 따라 결정되는 것이 보통이지만, 춤은 1200mm 전후, 폭은 200~400mm로 한다.

보의 응력은 기둥과 접합되는 보의 단부에서 가장 크게 된다. 이 경우 단부 응력을 기준으로 보 전체를 설계하는 것은 비경제적이므로 헌치(hunch)를 두어 단부를 보강한다.

등분포하중을 받는 단부(端部)가 고정된 보에 발생하는 휨모멘트의 분포는 그림 8-42와 같다. 그림에서 알 수 있는 것처럼, 보의 인장응력은 중앙에서는 하측, 단부에서는 상측에 발생한다. 따라서 보의 주근을 배근 할 때는 중앙부의 하부근 일부를 스팬의 1/4부근에서 구부려 올려 단부에서 상부근이 되도록 한다. 이것을 절곡근(折曲筋, bent bar)이라 한다. 늑근(肋筋, stirrup)은 보에 설치하는 전단 보강근으로서 사인장력(斜引張力, diagonal tension)에 의한 전단파괴에 저항하기 위하여 설치된다.

큰 보(girder)와 작은 보(beam), 큰 보와 큰 보가 교차되는 부분은 보의 유효 깊이를 크게 하기 위하여 인장력을 받는 철근을 최외단부에 배근한다.

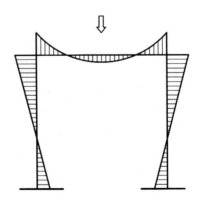

그림 8-42 휨모멘트 분포

---

2) 주석중 외, 새로운 건축구조, pp. 84-85.

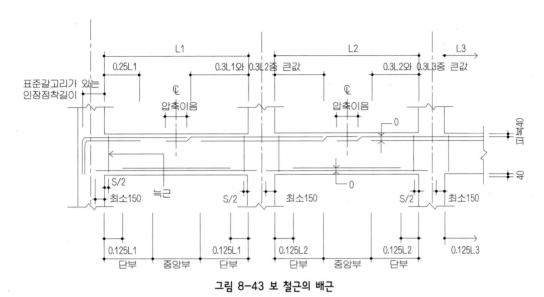

그림 8-43 보 철근의 배근

폐쇄형 스터럽은 전단과 비틀림을 동시에 받는 보나 내진설계 적용대상인 경우에 사용한다. 개방형 스터럽은 덮개 철근(cap tie)이 필요 없거나 비틀림의 영향이 없고 전단에 의하여 배근이 되는 보 또는 내진설계 대상이 아닌 경우에 적용한다.

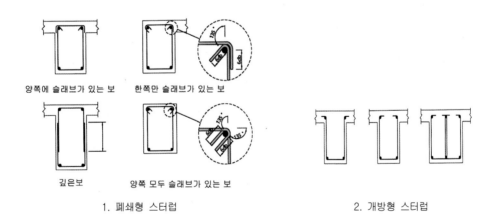

| 1. 폐쇄형 스터럽 | 2. 개방형 스터럽 |

그림 8-44 스터럽의 형태

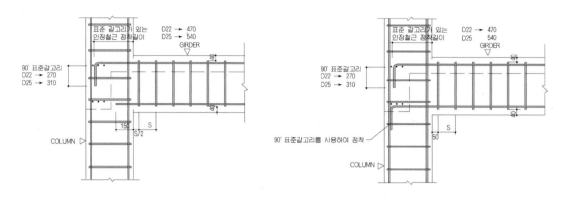

1. 일반배근   2. 내진배근

그림 8-45 기둥과 보 접합부 상세도-일반층

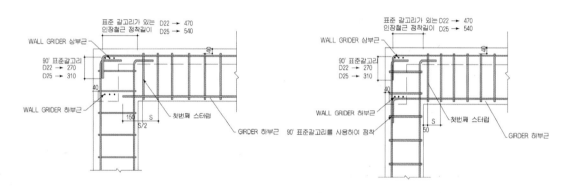

1. 일반배근   2. 내진배근

그림 8-46 기둥과 보 접합부 상세도-최상층

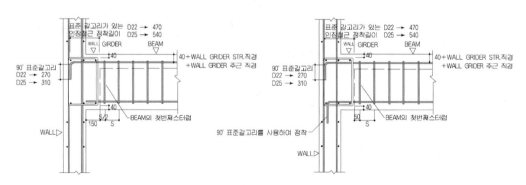

그림 8-47 기둥과 벽 접합부 상세도-일반층

4) 슬래브

바닥은 상부의 적재물을 지탱하는 기능 이외에 수평하중을 기둥, 보에 전달하는 역할을 담당한다. 4변이 큰 보 또는 작은 보로 둘러싸여 고정되는 4변지지 슬래브 구조가 많으며[3], 1방향 슬래브와 2방향 슬래브가 있다[4]. 슬래브의 배근은 x, y축의 각 방향에 대하여 춤이 작은 보로 가정하여 배근한다. 단변방향의 철근은 주근(主筋), 장변방향의 철근은 배력근(配力筋) 또는 부근(副筋)이라 부른다.[5] 슬래브의 유효 깊이를 크게 하기 위하여 단변방향의 철근을 바깥쪽으로 배근한다. 사무소 건축물의 바닥 슬래브 구조로 많이 계획되는 1방향 슬래브는 장변방향의 횡 인장 철근을 배근할 필요가 없지만, 건조수축 및 온도변화에 의한 균열을 방지하기 위하여 배력근을 배근한다.

4변 고정 슬래브의 두께는 80mm 이상으로서 단변방향 스팬의 1/40 이상이어야 한다. 그러나 균열이나 피로 또는 진동 등을 고려하면 120~150mm 두께가 필요하며, 최근에 벽식구조 아파트의 경우 중량 충격음에 의한 소음을 차단할 목적으로 바닥판의 두께를 180mm 이상으로 하도록 강화하였다.

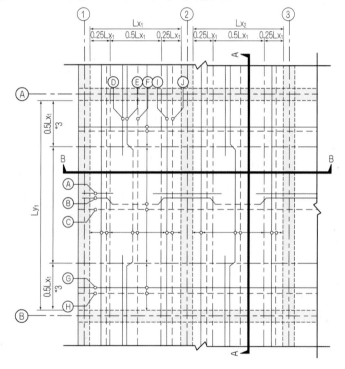

---

3) 4변지지 슬래브 이외에, 보와 주두 및 지판이 사용되지 않고 슬래브가 직접 기둥에 지지되는 플랫 플레이트(flat plate) 구조와 기둥 주위의 지판(drop panel)이나 주두(column capital)로 지지되는 플랫 슬래브(flat slab)구조가 있으며, 최근에 리모델링의 용이성을 증대시키기 위하여 플랫 플레이트 구조에 대한 연구가 많이 진행되고 있다.

4) 1방향 슬래브는 긴 변이 짧은 변의 2배 이상 되는 슬래브로서 슬래브 하중의 90% 이상이 짧은 변 방향으로 전달되며, 2방향 슬래브는 긴 변이 짧은 변의 2배 미만인 슬래브로서 하중이 양방향으로 전달된다.

5) 단변방향은 단변에 평행한 방향을 가리킨다. 즉, 장변에 직각 방향이다.

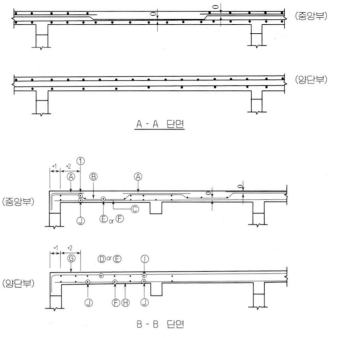

A - A 단면

(중앙부)

(양단부)

B - B 단면

그림 8-48 1방향 슬래브 철근의 배근

그림 8-49 슬래브 철근 배근모습

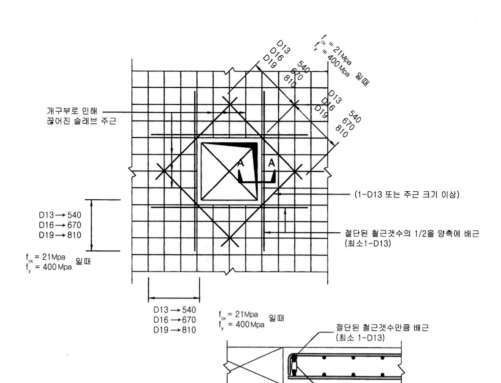

그림 8-50 슬래브 개구부 보강

그림 8-51 슬래브 개구부 보강 모습

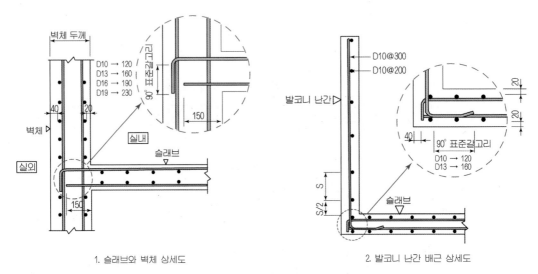

1. 슬래브와 벽체 상세도　　　2. 발코니 난간 배근 상세도

그림 8-52 슬래브와 벽체 접합 상세도

5) 벽

벽은 내력벽(bearing wall)과 비내력벽(nonbearing wall)으로 대별된다. 내력벽은 연직하중이나 수평하중을 지지하는 것을 말하며, 특히 수평하중에만 저항하는 벽을 지진에 저항한다는 의미로 내진벽(耐震壁, shear wall)이라고 한다. 비내력벽의 경우 두께는 120~150mm가 표준이나 내력벽 또는 지하실 외벽은 150~210mm로 한다. 철근은 D10, D13을 주로 사용하고 두께가 150mm 이하일 때는 홑근(單筋)으로 배근하고 150mm 이상인 경우에는 복근(複筋)으로 배근한다. 철근의 간격은 150~250mm로 하며, 내진벽에 개구부를 설치해야 하는 경우는 그림 8-53과 같이 개구부 주위뿐만 아니라 45° 방향으로 보강근을 배치하여 응력 집중으로 인한 균열을 방지한다.

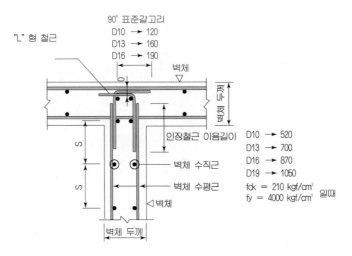

그림 8-53 벽체 상세도

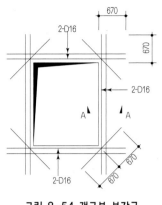

그림 8-54 개구부 보강근

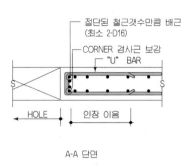

A-A 단면

그림 8-55 벽체의 개구부 보강

8.4 ● 콘크리트 공사

콘크리트 공사는 철근콘크리트 구조물을 형성하는 콘크리트를 배치 플랜트(batch plant) 등에서 생산하여 현장까지 운반·타설하고, 이를 관리하는 모든 과정을 일컫는다. 콘크리트 공사는 시설물의 구조적인 안전과 밀접하게 관련되므로 소요의 강도·내구성·수밀성 및 강재를 보호하는 성능을 가져야 한다. 콘크리트는 재시공이 거의 불가능하며 해체 및 보수가 어려우므로 계획을 면밀하게 세워서 철저한 품질관리를 해야 한다. 콘크리트 공사의 시공순서는 다음과 같다.

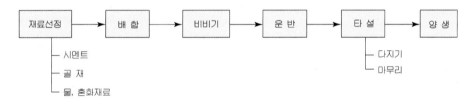

그림 8-56 콘크리트 공사의 시공순서

8.4.1 콘크리트의 재료

콘크리트 생산에 필요한 재료는 시멘트, 골재(굵은 골재, 잔골재), 물, 혼화재료(혼화재, 혼화제) 등이다. 콘크리트의 품질은 구성 재료의 영향을 많이 받기 때문에 재료의 품질이 좋아야 한다.

(1) 시멘트

포틀랜드 시멘트는 석회석(CaO, $MgCO_3$, $CaCO_3$)과 점토(SiO_2, Al_2O_3)를 약 4 : 1로 혼합하여 가열·소성시켜 만든 클링커(clinker)에 석고를 첨가(3% 이하)하여 미세한 분말로 만든 것이다. 시멘트의 성질은 구성 성분의 비율에 따라 달라지며, 혼화재료의 첨가에 따라서 변한다.

1) 포틀랜드 시멘트

① 1종 보통 포틀랜드 시멘트

가장 많이 사용되는 시멘트로 혼화재료를 첨가하여 성능을 여러 가지로 변화시킬 수 있다.

② 2종 중용열 포틀랜드 시멘트

응결·경화과정에서 발열량과 체적의 변화가 적어 건조수축으로 인한 균열이 적게 발생하고 콘크리트의 장기 강도가 우수하다. 화합물 조성은 석회·알루미나·마그네시아의 양이 적고, 실리카·산화철의 양이 많다.

③ 3종 조강 포틀랜드 시멘트

초기 발현 강도가 커서 한중콘크리트 공사나 긴급 공사에 많이 사용한다. 발열량이 커서 건조수축으로 인한 균열이 많다.

④ 4종 저열 시멘트

수화열이 낮아 온도균열 제어에 탁월하고 고유동성, 우수한 고강도를 나타내는 시멘트로서 LNG 지하저장 탱크, 지중 연속벽을 비롯한 대형 건축물, 매스콘크리트(mass concrete) 공사에 이용된다.

⑤ 5종 내황산염 시멘트

시멘트 성분가운데 산에 약한 성분을 최소화하여 황산염에 대한 저항성이 크며 화학적으로 매우 안정되고 강도 발현이 우수한 시멘트이다. 황산염을 많이 함유한 토양이나 지하수 또는 하천가 접한 구조물, 공장 폐수시설, 원자로, 항만공사, 해양공사 등에 이용된다.

2) 혼합시멘트

① 고로슬래그 시멘트

보통 포틀랜드 시멘트에 고로슬래그를 혼합하여 만든 것으로 발열량이 적어 수축균열이 적고, 저온·해수에 대한 영향이 적어 댐공사, 해안공사에 사용된다.

② 플라이 애시 시멘트

보통 포틀랜드 시멘트에 플라이애시(fly ash)를 혼합하여 만든 것으로 고로슬래그 시멘트와 그 특성이 거의 유사하다.

③ 포틀랜드 포졸란 시멘트

보통 포틀랜드 시멘트에 포졸란을 첨가하여 만든 것으로 블리딩이 감소하여 백화현상이 적어진다. 화학적 저항력이 향상되며 콘크리트 내의 공극 충전 효과가 크고 투수성이 작아진다.

3) 특수 시멘트

① 알루미나 시멘트
알루민산 석회를 주광물로 사용한 시멘트로 초기강도가 크다. 화약약품, 염류, 해수에 대한 저항력이 크며 긴급공사, 해안공사, 한중콘크리트에 사용한다.

② 초속경 시멘트
타설 후 1~2시간 내에 압축강도가 10MPa에 도달할 정도로 초기강도가 큰 것으로 긴급 보수공사나 뿜칠콘크리트(shotcrete) 등에 사용한다.

③ 팽창 시멘트
물과 반응하여 경화하면서 팽창하는 시멘트로 콘크리트의 건조수축 등에 의하여 필연적으로 발생하는 균열을 팽창력으로 감소시켜 균열발생을 줄일 수 있다.

④ 백색포틀랜드 시멘트
보통 포틀랜드 시멘트에서 철분의 함량을 줄여 석회석의 색깔인 백색을 띄게 한 시멘트로 타일공사나 돌공사의 줄눈 충전 등에 사용된다.

시멘트에 물을 가하면 시멘트 중의 수경성 화합물이 물과 반응하여 유동성을 잃게 되어 응고하게 되는데 이를 응결이라 하며, 그 이후에 조직이 점차 치밀해 지고 강도가 증가하는 현상을 경화라 한다. 이러한 응결·경화의 과정을 수화반응이라 하며 그 대표적인 반응식은 다음과 같다.

$$3CaO \cdot SiO_2 + 4H_2O \rightarrow 3CaO \cdot 2SiO_2 \cdot 3H_2O + Ca(OH)_2$$

■ 표 8-12 화학적 성질에 따른 시멘트 분류

시멘트	수경성	단미 시멘트	포틀랜드 시멘트	1종 보통 시멘트
				2종 중용열 시멘트
				3종 조강시멘트
				4종 저열 시멘트
				5종 내황산염 시멘트
			수경성 석회	
			천연 시멘트	
			로만 시멘트	
		혼합 시멘트	고로슬래그 시멘트	
			플라이애시 시멘트	
			포틀랜드 포졸란 시멘트	
		특수 시멘트	백색포틀랜드 시멘트	
			팽창 시멘트	
			초속경 시멘트	
			알루미나 시멘트	
	기경성	석회		
		석고		
		마그네시아 시멘트		
		고로질 석회		

■ 표 8-13 시멘트의 종류와 특성

종 류		원 료	성 질	용 도
포틀랜드 시멘트(PC)		석회석 점토 실리카 알루미나	비중 : 3.05 이상(3.05~3.15) 중량 : 1,300~2,000kg/m³ 분말도 : 표준체공경 0.88mm로 　　　　 쳐서 잔량의 10% 미만 시결 : 1시간 이후 종결 : 10시간 이내 강도 : 25MPa(온도 20℃, 습도 　　　　 80%, 재령 28일)	일반적으로 가장 많이 사용하여 마무리용으로 쓰인다.
특수 포틀랜드 시멘트	조강 PC	위와 같으나 석회석의 비율이 높다	조기강도가 크다. 수화열이 많으며 수축이 크다. 저온에서도 강도 저하율이 낮다. 비중 3.12 이상(3.10~3.15)	긴급공사 한중공사 프리스트레스트 콘크리트 등에 사용
	중용열 PC	위와 같으나 철분이 작은 점토 사용	내식성이 있다. 발열량이 적다. 수축률이 작다. 비중 3.20(3.18~3.23)	대단면 구조재, 댐 등 두 꺼운 구조체, 도로포장 방사선 차폐용
	백색 PC	위와 같으나 (철분이 작은 점토) 석회석이 흰색	석탄 대신 중유를 연료로 사용 한다. 제조할 때 산화철분이 들어가지 않도록 주의를 요한다. 조기강도가 높다. 각종 안료를 넣으면 착색 시멘 트를 만들 수 있다.	미장재, 장식용, 채광용 인조석, 대리석 제조용
혼합 시멘트	고로슬래그 시멘트	PC + 고로 슬래그	단기강도가 약간 낮으나 장기강 도는 크다. 수화열이 적고 수축균열이 적다. 저온도의 영향이 크다. 해수에 저항이 크다.	대단면의 매스콘크리트용 해안, 공장, 폐수 등 지중 구조물, 하수구 구조용
	실리카 시멘트	PC + 실리카질 혼화재	고로시멘트와 유사 수밀성, 내구성, 워커빌리티 향상	고로시멘트와 같다. 구조용, 미장용
	플라이애시 시멘트	PC + 플라이애시	고로시멘트와 유사 화학적 저항이 큼 수밀성이 높고 건조 수축이 적음	고로시멘트와 같다. 건축, 토목공사에 널리 사용
특수 시멘트	알루미나 시멘트	석회석 보크사이트	발열량이 큼 조기에 강도 발현 염류, 해수 저항성 큼	긴급공사 한중공사 해안공사

(2) 골재

콘크리트를 제조할 때 시멘트와 물에 의해 일체로 굳어지는 불활성(不活性) 고체인 모래, 자갈, 부순돌(crushed stone, 쇄석) 등을 골재라 한다. 콘크리트에서 골재가 차지하는 양은 전체 용적의 약 65~85%로 골재의 성질이 콘크리트의 품질에 큰 영향을 미친다.

골재는 입자의 크기, 중량, 생산지에 따라 구분할 수 있다.

1) 입자 크기에 따른 분류[6]

① 잔 골재

10mm체를 전부 통과하고 5mm체는 85% 정도 통과하는 입도를 가진 골재이다.

② 굵은 골재

5mm체에 거의 다 남는 골재로서 85% 이상 잔류하는 입도를 가진 골재이다.

2) 중량에 따른 분류

① 경량골재

절건 비중이 잔골재의 경우 1.8 미만, 굵은 골재의 경우는 1.5 미만인 것이다.

② 중량골재

비중이 3.0 이상인 골재이다.

3) 생산지에 따른 분류

① 천연골재

원석이 풍화, 침식, 운반 등의 자연현상에 의해 그 크기나 모양이 변화된 골재로써 생산지에 따라 강자갈, 강모래, 바다자갈, 바다모래, 산자갈, 산모래 등으로 구분된다. 염분, 불순물 등이 있으므로 깨끗한 물로 잘 씻어서 사용해야 한다.

② 인공골재

원석을 부수어 만든 깬모래와 쇄석, 그리고 슬래그를 부수어 만든 골재가 있으며 혈암이나 플라이애시 등을 소성 팽창시킨 인공경량골재가 있다.

4) 골재의 요구성능

콘크리트용 골재는 굳기 전에 콘크리트 공사의 작업성을 좋게 하고, 굳은 후에는 시멘트 페이스트와 완전히 밀착하여 구조물의 강도, 내구성, 수밀성을 보전시켜야 한다.

---

6) 한국산업규격(KS F 2526)

제8장

① 강도

콘크리트의 강도는 시멘트 페이스트의 강도에 의해 결정된다. 따라서 골재의 강도는 시멘트 페이스트 강도 이상이 되어야 한다.

② 비중

골재의 비중은 암의 종류, 공극률[7), 함수량에 따라 달라지며 비중이 클수록 단단하다. 다른 조건이 같을 경우 비중이 클수록 단위용적중량이 크다.

③ 입도

골재의 크고 작은 입자가 혼합되어 있는 정도를 입도라고 한다. 골재의 치수가 크면 비비기 및 다지기가 곤란하고, 재료분리가 일어난다. 그러나 적당한 입도를 가진 골재를 사용하면 내구성과 작업성이 좋은 콘크리트를 생산할 수 있다.

④ 입형

입형이란 골재의 모양을 말하는 것으로 좋은 입형의 골재는 공극률이 작아서 정육면체나 구형에 가깝다. 입형이 좋으면 콘크리트의 유동성이나 충전성이 향상된다.

⑤ 흡수율

골재의 흡수율은 배합 시 물시멘트비에 영향을 미친다. 따라서 사전에 골재가 어느 정도의 물을 가지고 있는지(함수량 등)를 정확히 파악해야 한다. 잔골재의 부피는 흡수율(함수량)에 따라서 달라진다.

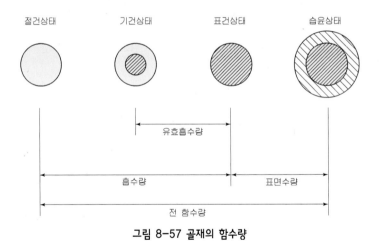

그림 8-57 골재의 함수량

⑥ 유해물 함유량

골재에 함유된 먼지, 진흙(점토 덩어리), 염화물 등 유해물은 콘크리트의 품질을 저하시킨다. 이러한 유해물은 어느 한도 이상 포함되지 않도록 관리하여야 한다.

---

7) 단위 용적 중량에서 골재가 실제로 차지하는 용적비율을 제외한 공극(물, 공기)의 용적 비율

⑦ 내구성

골재는 온도, 습도의 변화와 동결·융해작용 등 기상작용에 대해 체적(부피)이 변하지 않고 안정되어야 한다. 또한, 골재를 둘러싸고 있는 시멘트는 강알칼리성 물질이므로 이것에 대해 안정하여야 한다. 이 밖에 콘크리트에 작용할 수 있는 대기중의 탄산가스, 아황산가스 등 각종 화학물질에 대해서도 안정성을 가져야 한다.

(3) 물(배합수)

콘크리트에 사용되는 배합수는 기름, 산, 유기불순물, 혼탁물 등 콘크리트나 강재(철근, 철골 또는 PC강선 등)의 품질에 나쁜 영향을 미치는 유해물질을 포함하지 않아야 한다. 해수는 강재(철근, 철골 또는 PC강선 등)를 부식시킬 우려가 있으므로 강재가 포함되는 콘크리트(철근콘크리트, 철골철근콘크리트, PC 등)에 사용해서는 안 된다. 배합수로는 수돗물, 하천수, 지하수 등을 이용하며 수질시험을 하여 품질을 확인한다.

(4) 혼화재료(admixtures)

콘크리트의 성능을 개선하기 위해 시멘트, 골재, 물 이외에 콘크리트에 첨가하는 재료를 혼화재료라고 한다. 혼화재료는 시멘트나 골재의 품질, 배합 등에 따라 성능이 달라지므로 사용하기 전에 품질 검사를 해야 한다. 혼화재료는 사용량에 따라 혼화재와 혼화제로 구분되지만 그 기능은 거의 유사하다.

1) 혼화제

물리적, 화학적 작용에 의해 경화 전후의 콘크리트 및 경화중의 콘크리트 성질을 개선하거나 경제성 향상 등의 목적으로 사용된다. 혼화제는 콘크리트의 시공연도(workability)와 내구성을 개선하고 블리딩 현상이나 수화열을 억제시키는 작용을 한다. 혼화제는 콘크리트 제조 시 소량 첨가(시멘트량의 1% 이하)되므로 배합설계 시 용적에 계산하지 않는다.

① AE제(air entraining admixtures)

콘크리트 속에 미세한 기포(입경 10~100μm)를 발생시켜 시공연도를 향상시키고 단위수량을 감소시킨다. 증가된 공기의 공극이 완충작용을 하여 동결융해에 대한 저항성이 커진다. 공기량이 6% 이상이 되면 강도저하가 크므로 3~6% 정도가 적정 공기량 범위이다. 대량으로 사용되면 단열성능을 가진 경량 콘크리트도 만들 수 있다.

② 감수제(water reducing admixtures)

응집된 시멘트 입자를 전기적으로 반발·분산시켜 시멘트가 물과 잘 혼합되어 시공연도를 향상시키고 단위수량을 감소시킨다. 동일한 시공연도를 가지면서 배합수의 양을 줄임으로써 고강도 콘크리트를 만들 수 있다.

③ 고성능 감수제, 유동화제(superplasticizers)

고성능 감수제는 감수제의 성능을 더욱 향상시킨 것으로 단위수량을 줄이는데 목적이 있다. 유동화제는 고성능 감수제를 단위수량을 감소시키는데 사용하지 않고 작업성(시공연도)만 향상시키기 위해 사용하는 경우를 말한다.

④ 지연제(retarding admixtures)

서중 콘크리트, 매스 콘크리트 등에 석고를 혼합하여 응결을 지연시킨다.

⑤ 촉진제(accelerating admixtures)

염화칼슘을 혼합하여 응결을 촉진시켜 조기강도를 크게 한다.

⑥ 기포제, 발포제

거품의 작용으로 충전성을 개선하거나 경량화를 도모한다.

⑦ 방청제

콘크리트에 함유된 염화물 이온에 의해 철근이 부식되는 것을 막기 위해 사용한다.

2) 혼화재

콘크리트의 시공연도 향상, 수화열 저감, 건조수축 저감 등의 목적으로 사용하는 재료로서 시멘트 중량의 5% 이상을 사용한다. 시멘트와 같이 접착력이 있는 재료로서 흔히 결합재(binder)라고 하며, 콘크리트 배합설계시 그 양을 용적에 계산한다.

① 포졸란(pozzolan)

경화전 콘크리트(fresh or wet concrete)에서 수산화칼슘과 반응하여 시멘트 복합재(cementing compounds)를 형성하는 화산재 등의 천연 또는 인공재료를 일컫는다. 수화열을 감소시키거나 유해물질과 반응을 억제하고 워커빌리티를 개선할 목적으로 사용된다. 수밀성을 증진시키고 건조수축을 줄이는 효과가 있다.

② 플라이 애시(fly ash)

화력발전소 등의 연소보일러에서 배출되는 석탄재로서 집진기에 의해 회수된 미세한 입상의 분말을 말한다. 콘크리트의 작업성을 개선(볼베어링 효과)시키며 단위수량 및 블리딩을 감소시킨다. 초기강도는 작지만 수화반응에 의한 온도 상승에 따라 포졸란 반응[8]이 증가되면서 장기강도가 증가된다.

---

8) 포졸란 반응이란 그 자체로는 물과 반응하지 않고 재료에 함유되어 있는 가용성 규산성분이 시멘트가 수화할 때 생기는 수산화칼슘과 화합하여 안정한 규산칼슘을 생성하는 반응이다.

③ 실리카 흄(silica fume, microsilica)

주성분이 이산화규소로서 포틀랜드시멘트 보다 100배 가량 미세한 분말이다. 전자침 제조 과정의 부산물이며 매우 낮은 투수성(permeability)을 가진 초고강도 콘크리트를 만들 수 있다.

④ 고로 슬래그

제철공장에서 선철과 함께 배출되는 용융상태의 슬래그를 물, 공기 등으로 냉각하여 입상화시킨 것이다. 응결을 지연시키는 효과가 있어서 서중 콘크리트나 대량으로 연속적으로 타설해야 할 때 이용한다.

⑤ 팽창재

수화반응에 따라 에트링가이트 또는 수산화칼슘 등을 생성시켜 모르타르나 콘크리트를 팽창시키는 작용을 한다. 경화 과정에서 콘크리트가 팽창하여 건조수축을 억제시킴으로써 균열을 저감시킬 수 있다.

8.4.2 콘크리트의 특성

콘크리트 공사를 올바르게 수행하기 위해서는 콘크리트가 가지고 있는 특성을 정확하게 이해하고 있어야 한다. 콘크리트는 유동성이 있는 반죽상태에서 거푸집에 부어 넣게 되고, 시멘트의 수화반응에 의해 경화된다. 따라서 굳지 않은 콘크리트와 경화된 콘크리트에 요구되는 특성이 각각 다르다.

(1) 굳지 않은 콘크리트

굳지 않은 콘크리트란 비비기 직후로부터 응결과정을 거쳐 소정의 강도를 나타낼 때까지의 콘크리트를 말한다. 굳지 않은 콘크리트에 요구되는 성능은 다음과 같다.

• 운반, 타설, 다짐 등의 작업을 용이하게 할 수 있어야 한다.
• 콘크리트를 타설 전과 타설할 때 재료분리가 적어야 한다.
• 타설 후 균열발생이 없어야 한다.

1) 시공연도(workability)

균일하고 밀실한 콘크리트를 만들기 위해서는 콘크리트가 운반, 타설, 다지기, 마무리 등의 작업에 적합하고 구성 재료가 분리되지 않아야 한다. 이러한 성질을 종합적으로 워커빌리티라고 하고, 굳지 않은 콘크리트의 작업 난이도를 말한다.

워커빌리티는 복잡한 개념으로 좋고 나쁨을 판단하기가 매우 어렵다. 예를 들면, 반죽질기(컨시스턴스)가 묽을수록 워커빌리티가 좋다고 할 수도 있으나 반죽질기가 묽어서 재료분리가 많이 일어나게 되면 워커빌리티가 좋다고 할 수 없다. 워커빌리티는 정량적으로 측정하는 방법이 아직 확립되어 있지 않다. 다만, 반죽질기, 재료분리 등을 종합적으로 고려하여 경험적으로 판단하여야 한다.

① 컨시스턴스(consistency)

콘크리트에서 컨시스턴스는 물의 양이 많고 적음에 따른 반죽의 질기를 나타낸다. 컨시스턴스는 일반적으로 슬럼프시험에 의한 슬럼프 값으로 표시한다.

② 압송성능(pumpability)

굳지 않은 콘크리트는 펌프에 의한 압송 작업에 적합하여야 하며 그 작업의 용이성 정도를 압송성능이라 한다. 일반적으로 압송성능은 수평관 1m당 관내의 압력손실로 정할 수 있다. 수평관 1m당 관내 압력손실에 수평 환산거리를 곱한 값이 콘크리트 펌프의 최대 이론 토출압력의 80% 이하가 되도록 계획한다.

2) 성형성(plasticity)

플라스티시티는 거푸집에 쉽게 다져 넣을 수 있고, 거푸집을 제거하면 천천히 형상이 변하기는 하지만 허물어지거나 재료가 분리되지 않는 상태이면서 굳지 않은 콘크리트의 성질을 말한다. 일반적으로 플라스티시티에 관한 측정은 슬럼프시험 후 콘크리트의 무너진 모양이나 형태의 변화를 관찰하여 판단한다.

① 재료분리(segregation)

콘크리트의 재료분리란 균일하게 비벼진 콘크리트가 비비기, 운반, 타설 도중 균질성을 잃고 시멘트, 물, 골재 등이 분리되는 현상이다. 재료분리는 콘크리트의 강도 저하, 내구성 및 수밀성을 저하시키고 압송관 막힘이나 타설 후 곰보(honeycomb) 등을 발생시키므로 철저한 품질관리로 최소화시켜야 한다.

재료분리는 굵은 골재가 분리되는 경우와 시멘트 페이스트가 분리되는 경우로 구분할 수 있다.

- 굵은 골재가 분리되는 원인은 굵은 골재의 최대치수가 지나치게 크거나, 입자가 거친 잔골재를 사용할 경우, 잔골재량 또는 단위수량이 많은 경우, 혼화재료의 사용이 부적절한 경우, 운반이나 다짐 시 심한 진동을 가하였을 경우 등이 있다.
- 시멘트 페이스트가 분리되는 원인으로는 블리딩 현상이 있다.

② 블리딩(bleeding), 레이턴스(laitance)

블리딩이란 콘크리트를 타설한 후 시멘트, 골재 등 콘크리트 입자의 침하에 따라 물이 분리 상승되어 표면으로 떠오르는 현상을 말한다. 블리딩에 의해 콘크리트 표면에 배합수와 함께 떠오른 부유물질 또는 녹아있던 알칼리성 물질 등이 침전한 미세한 물질 즉, 콘크리트 표면에 얇은 층으로 형성된 것을 레이턴스라 한다. 블리딩을 감소시키기 위해서는 단위수량을 적게 하여야 하며 입도가 적당한 골재를 사용하여야 한다. 레이턴스는 콘크리트의 강도와 접착력을 감소시키므로 반드시 제거하여야 한다.

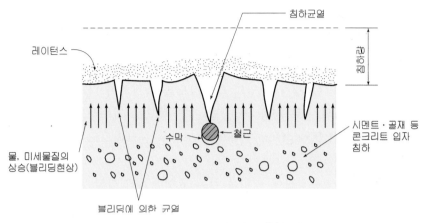

그림 8-58 블리딩, 레이턴스, 침하균열

③ 초기균열

콘크리트를 타설한 후 경화할 때까지 발생하는 균열을 초기균열이라 한다. 초기
균열은 침하균열, 플라스틱 수축균열(초기건조균열), 외부의 충격(거푸집 변형,
외력작용)으로 인한 균열로 나눌 수 있다.

• 침하균열

콘크리트 타설 후에 블리딩 현상에 의해 콘크리트가 침하할 때 철근이 배근된
부분은 철근에 의해 침하가 방해되면서 철근배근을 따라 격자형의 균열이 발생
하게 되는데 이를 침하균열이라고 한다. 침하균열을 방지하기 위해서는 블리딩
현상을 줄여야 한다.

• 플라스틱 수축균열(초기건조균열)

굳지 않은 콘크리트에서 고온 건조한 외기에 콘크리트의 표면이 노출되면 콘크
리트의 표면에서 물의 증발속도가 블리딩에 의한 물의 상승속도보다 빠르게 된
다. 이때 급속한 수분증발이 일어나게 되어 콘크리트의 표면에 가늘고 얇은 균
열이 불규칙하게 발생하게 된다. 플라스틱 수축균열을 방지하기 위해서는 급격
한 수분의 증발을 방지해야 한다.

(2) 경화된 콘크리트

경화된 콘크리트의 주요 특성은 강도, 변형, 중량, 체적변화, 수밀성, 내화성, 내구
성 등의 관점에서 살펴볼 수 있다.

1) 강도

① 압축강도

콘크리트의 강도라고 할 때는 보통 압축강도를 의미한다. 콘크리트의 압축강도는 표준양생[9]을 한 재령 28일의 압축강도를 측정하여 나타낸다. 콘크리트의 압축강도는 고품질의 재료 사용 및 공법 개발 등으로 지속적으로 향상되고 있으며 현재는 100MPa(1,000kgf/cm²) 내외의 고강도 콘크리트도 초고층 건축물에 사용되고 있다.

콘크리트의 압축강도에 영향을 주는 요인에는 경화된 콘크리트 내의 공극의 크기와 양, 물시멘트비 등이 있으며 콘크리트 압축강도를 높이기 위해서는 물시멘트비를 최소화하여 수화반응에 필요한 최소한의 물만 사용하며, 콘크리트 타설 시 다짐을 철저히 하여 공극을 최소화해야 한다.

② 인장강도

콘크리트의 인장강도는 압축강도에 비해서 매우 작다. 콘크리트의 건조수축 및 온도변화 등에 의한 균열발생을 줄이기 위해서는 인장강도가 큰 것이 좋다. 콘크리트를 건조시키면 습윤한 콘크리트보다 인장강도가 저하된다.

③ 휨강도

콘크리트의 휨강도는 압축강도의 1/5~1/8 정도이고, 인장강도의 2.3~2.5배이다.

④ 전단강도

콘크리트의 전단강도는 압축강도의 1/4~1/6 정도이고, 인장강도의 2.3~2.5배이다.

⑤ 부착강도

콘크리트의 부착강도는 철근콘크리트구조에서 철근과 콘크리트의 부착의 정도를 말하는 것으로 부착강도는 압축강도의 1/10 정도로 압축강도가 증가함에 따라 증가한다. 처음에는 시멘트 페이스트와 철근과의 부착력에 의해 발생하고 콘크리트의 경화수축에 의한 철근 표면에의 압력 및 철근 표면의 상태에 따른 콘크리트와 철근과의 마찰력에 의해 발생한다. 부착강도는 철근의 종류 및 지름, 콘크리트중의 철근의 위치 및 방향, 묻힌 길이, 콘크리트의 피복두께, 콘크리트의 품질 등에 따라 달라진다.

⑥ 지압강도

콘크리트 부재의 일부분에 국부하중을 받을 때 콘크리트의 압축강도를 지압강도라 한다.

---

9) 20±3℃의 수중 또는 포화 습기 중에서 이루어지는 콘크리트 공시체의 양생을 말한다.

2) 변형

① 응력-변형률 곡선

콘크리트에 외력이 작용하면 그 힘의 정도에 따라 콘크리트가 변형하게 된다. 응력-변형률 곡선은 콘크리트가 변형되는 비율을 그래프로 나타낸 것이다. 응력-변형률은 응력이 작은 범위에서는 거의 직선이지만 응력이 커짐에 따라 비선형을 나타내며 최대 응력점을 초과하면 곡선은 아래로 향하여 파괴된다.

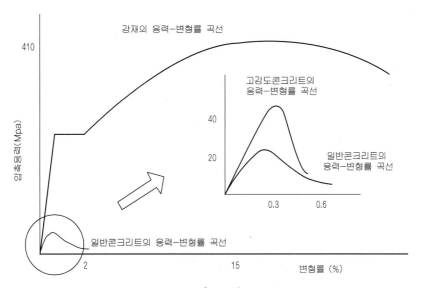

그림 8-59 응력-변형률 곡선

- 응력-변형률 곡선에서 비교적 작은 하중을 가하더라도 잔류변형[10]이 생기는데 그 크기를 소성변형률이라 한다. 응력(하중)을 가하였을 경우에는 변형이 일어나지만, 하중을 제거하게 되면 원래대로 회복되는 변형률을 탄성변형률[11]이라 한다.
- 프와송 비(poisson's ratio)
  콘크리트 공시체에 압축력 또는 인장력을 가하면 공시체의 축방향 변형과 축의 직각방향 변형이 일어난다. 이때 축방향 변형률과 축의 직각방향 변형률과의 비를 프와송 비라 한다.

---

10) 응력(하중)을 가한 후 제거하였을 경우에도 여전히 남아있는 변형

11) 전변형률 - 잔류변형률 = 탄성변형률

• 크리프(creep)

콘크리트에 일정한 하중이 가해진 후 하중의 증가가 없는데도 시간이 지나면서 콘크리트의 변형이 증가하는 현상을 크리프라고 하며, 이때 일어난 변형을 크리프변형이라고 한다.

크리프 변형은 탄성변형보다 크며, 지속응력의 크기가 정적 강도의 80% 이상이 되면 파괴현상이 발생하는데 이것을 크리프 파괴라고 한다. 크리프 변형은 재하기간 3개월에 전체의 50%, 1년에 약 80%가 발생하며, 크리프 변형이 나타나면 처짐, 균열의 폭이 시간이 경과함에 따라 증가한다. 크리프 변형은 일반적으로 응력이 클수록, 물시멘트비가 클수록, 단위 시멘트량이 많을수록, 온도가 높을수록, 습도가 낮을수록, 부재의 치수가 작을수록 크게 발생한다.

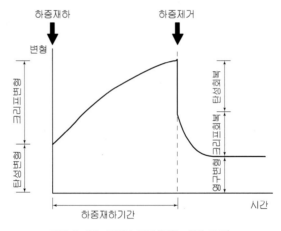

그림 8-60 크리프 곡선(변형-시간 곡선)

3) 중량

콘크리트의 중량은 골재의 비중 및 단위 골재량에 의해서 결정된다. 보통콘크리트의 중량은 약 2,300kg/m³이고, 철근콘크리트의 중량은 약 2,400kg/m³이다. 보통콘크리트보다 무거운 것을 중량콘크리트라고 하며 중량골재를 사용하고, 보통콘크리트보다 가벼운 것을 경량콘크리트라고 하며 경량골재를 사용하고 중량은 약 2,000kg/m³ 이하이다.

4) 체적변화

콘크리트는 기온 및 습도의 변화에 따라 체적의 변화가 일어난다. 체적변화는 콘크리트의 품질에 나쁜 영향을 미치므로 철저히 관리하여야 한다.

① 건조수축(drying shrinkage)에 의한 체적변화

콘크리트는 습기를 흡수하면 팽창하고, 건조하면 수축한다. 습윤상태에 있는 콘크리트가 건조하여 수축하는 현상을 건조수축이라 한다. 콘크리트의 건조수축은 초기에 급격하게 진행되어 전체 수축량의 80%가 초기(재령 1년~12년)에 나타나며, 시간이 경과함에 따라 서서히 일어나게 된다.

콘크리트의 건조수축을 크게 하는 요인은 다음과 같다.

• 분말도가 큰(즉, 분말이 미세한) 시멘트 사용

• 흡수량이 많은 골재

• 온도가 높을 경우, 습도가 낮을 경우

• 부재의 단면치수가 작을 때

② 온도변화에 의한 체적변화

온도변화에 의한 콘크리트의 체적변화는 사용된 골재의 암질에 의해 일어난다. 골재의 암질이 석영질일 경우 최대이고, 사암, 화강암, 현무암, 석회암의 순으로 작아진다.

5) 수밀성(watertightness)

콘크리트는 물에 접하면 흡수하고, 압력수가 작용하면 투수하게 되며 흡수 또는 투수의 원인이 되는 것은 콘크리트에 발생한 균열이나 콘크리트 내부의 공극이다. 콘크리트의 수밀성이 좋다는 것은 흡수성·투수성(permeability)이 작은 것이며, 수밀성이 좋으면 물에 의한 콘크리트의 성능저하가 작아지므로 내구성이 향상된다.

콘크리트의 투수 원인은 대부분 시공불량에 의한 것이므로, 수밀성을 확보하기 위해서는 적절한 배합의 콘크리트로 양질의 시공을 해야 한다. 콘크리트의 수밀성은 물시멘트비가 작을수록, 굵은 골재 최대치수가 작을수록, 다짐이 충분할수록, 양질의 혼화재료(감수제, AE제, 유동화제)를 적절하게 사용할수록 향상된다.

6) 내화성

콘크리트는 구조재료 중 가장 내화성이 우수한 재료이다. 그러나 장시간 고온에 노출될 경우 강도·탄성의 저하가 현저히 나타나고, 철근과 콘크리트의 부착력도 감소한다. 콘크리트가 고온에 노출되면 시멘트 페이스트와 골재의 열팽창 값의 차이에 의해 조직이 물러지고 시멘트 페이스트의 결합수가 소실되어 강도가 저하된다.

500℃에서 콘크리트의 강도는 상온에서 강도의 약 40% 이하로 저하되므로 500℃ 이상으로 가열된 것을 구조재료로 재사용하는 것은 매우 위험하다.

7) 내구성(durability)

콘크리트의 내구성은 콘크리트의 품질에 대한 변화가 작아서 요구된 성능을 지속하려는 정도를 말한다. 콘크리트의 내구성에 영향을 미치는 요인은 기상조건, 침식작용 등 물리적 요인, 화학적 요인 등이 있다.

① 콘크리트의 중성화에 대한 내구성

시멘트와 물의 수화반응으로 생긴 수산화칼슘은 강한 알카리성을 가지고 있어, 콘크리트 내의 철근의 부식을 막아준다. 시간의 경과에 따라 공기중의 이산화탄소의 작용으로 수산화칼슘이 서서히 탄산칼슘으로 변하여 알카리성을 잃어 가는 중성화 현상이 발생한다.

$$Ca(OH)_2 + CO_2 = CaCO_3 + H_2O$$

콘크리트 중성화가 표면에서 내부로 진행되어 철근이 배근된 곳까지 중성화가 진행되면 철근은 산화철이 되어 녹이 슬고, 철근의 체적이 팽창하여 콘크리트가 파괴된다. 콘크리트의 중성화는 철근콘크리트 구조물의 내구성을 저하시키는 매우 심각한 문제이다.

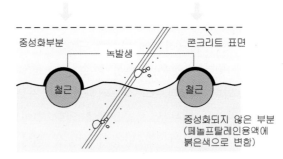

그림 8-61 콘크리트 중성화

㉮ 중성화의 영향 및 진행과정
  • 콘크리트가 중성화되면 강재는 녹이 발생
  • 강재의 녹 발생에 따라 체적 팽창
  • 체적 팽창에 따라 피복 콘크리트 파괴
  • 파괴된 부분으로 H_2O, CO_2가 침입하여 강재의 부식 가속화
  • 자체의 인장강도가 약해져 철근콘크리트 구조물의 내력과 내구성 저하
㉯ 중성화 측정방법
  • 치핑(chipping)법 : 콘크리트 코어의 측면이나 치핑 구멍의 윗면에 1%의 페놀프탈레인 용액을 주사기로 분무하면, 알칼리성 부분은 홍색으로 변하고, 중성화된 부분은 변색하지 않는다. pH 10정도 이하를 중성화로 볼 수 있다.

•코어 채취법 : 지름 25~50mm의 코어를 채취하여 물로 씻고 건조시킨 다음 치핑법과 동일한 방법으로 시험한다.

② 동결·융해에 대한 내구성

콘크리트의 내구성에 영향을 주는 기상작용으로는 동결·융해작용, 물의 침식작용, 온도변화, 탄산가스의 작용 등이 있으며 동결·융해에 의한 작용이 가장 크게 영향을 준다.

경화된 콘크리트의 내부에 있는 수분이 동결하면 체적팽창이 일어나 콘크리트에 팽창압으로 작용하게 된다. 온도차이가 큰 곳에서는 이러한 동결융해가 지속적으로 반복하게 되어 그로 인하여 균열, 박리 등이 발생한다.

동결융해에 따른 내구성을 확보하기 위해서는 AE제 등을 사용하여 콘크리트에 기포를 발생시켜 동결로 인한 팽창압을 흡수해야 하며, 물시멘트비를 작게 하고 수밀한 콘크리트로 만들어야 한다.

③ 해수 및 화학작용에 대한 내구성

•해수작용

콘크리트가 해양환경에 장시간 노출되면 해수에 포함되어 있는 황산염의 화학적 작용으로 침식된다. 또 해수는 철근을 부식시켜 철근콘크리트 구조물의 내구성을 저하시킨다.

•화학적 작용

콘크리트 중의 황산·염산·질산 등의 무기산이 시멘트 수화물의 석회·규산·알루미나 등을 융해시켜 콘크리트가 침식된다. 이밖에 초산, 유산 등의 유기산도 무기산보다는 약하지만 콘크리트를 침식시킨다.

제8장

8.4.3 콘크리트 배합

콘크리트로서 필요한 강도, 내구성, 워커빌리티를 만족시키기 위해서는 시멘트, 물, 잔골재, 굵은 골재를 적당한 비율로 배합하는 것이 중요하다. 요구하는 성능의 콘크리트를 얻기 위해 콘크리트 배합 설계 시 공기량 및 혼화재료의 비율도 고려한다.

같은 배합이어도 사용 재료가 다르면 강도, 내구성, 워커빌리티 등이 변화하므로 실제로 사용할 재료에 대하여 시험하여 그 결과를 바탕으로 배합을 결정하여야 한다.

1회 타설할 수 있는 콘크리트의 단면형상, 치수 및 강재의 배치, 콘크리트의 다지기 방법 등에 따라 워커빌리티가 달라지므로 거푸집 구석구석까지 콘크리트가 충분히 채워지도록 하고, 다지는 작업이 용이하면서 재료가 분리되지 않도록 콘크리트의 배합을 정하여야 한다.

최근에는 레디믹스트 콘크리트(ready mixed concrete)를 주로 사용하기 때문에 콘크리트의 배합 설계를 현장에서 직접 시행하는 경우는 거의 없다.

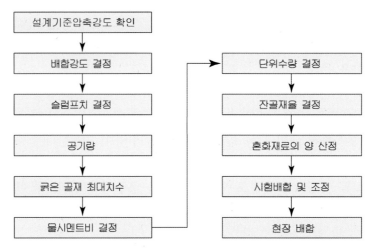

그림 8-62 콘크리트 배합설계 순서

(1) 설계기준압축강도(f_{ck})

콘크리트의 구조설계에서 기준이 되는 콘크리트 압축강도로서, 실무에서 일반적으로 사용하는 용어인 설계기준강도(specified concrete strength)와 동일하다.

(2) 배합강도(f_{cr}, required average concrete strength)

콘크리트의 배합을 정하는 경우 목표로 하는 압축강도이다. 현장 콘크리트의 품질 변동을 고려하여 구조계산에서 정한 설계기준압축강도(f_{ck})와 내구성 설계를 반영한 내구성 기준 압축강도(f_{cd}) 중에서 큰 값으로 결정된 품질기준강도(f_{cq})보다 크게 배합강도를 정한다.

$$f_{cq} = \max(f_{ck},\ f_{cd})\,(\mathrm{MPa})$$

배합강도는 품질기준강도 범위를 35MPa 기준으로 분류한 다음의 계산식 중 큰 값으로 정하고, 이 때 품질기준강도는 기온보정강도 값을 더하여 구한다.

$f_{cq} \leq 35\,\mathrm{MPa}$인 경우

① $f_{cr} = f_{cq} + 1.34s\,(\mathrm{MPa})$

② $f_{cr} = (f_{cq} - 3.5) + 2.33s\,(\mathrm{MPa})$

$f_{cq} > 35\,\mathrm{MPa}$인 경우

$$① \quad f_{cr} = f_{cq} + 1.34s\,(\mathrm{MPa})$$
$$② \quad f_{cr} = 0.9f_{cq} + 2.33s\,(\mathrm{MPa})$$

여기서, s : 압축강도의 표준편차(MPa)

레디믹스트 콘크리트의 경우에는 배합강도(f_{cr})를 호칭강도(f_{cn})[12]보다 크게 정하며, 기온보정강도(T_n)를 더하여 생산자에게 호칭강도로 주문하여야 한다.
$(f_{cn} = f_{cq} + T_n)$

(3) 슬럼프(Slump)

콘크리트의 슬럼프 값은 운반·타설·다지기 등의 작업에 알맞은 범위 내에서 될 수 있는 대로 작아야 한다. 단위수량이 큰 콘트리트는 건조수축, 블리딩 및 타설 후의 침하가 크고, 내구성이 떨어진다.

펌프압송을 원활하게 하기 위해서 공사시방서에서 제시한 값보다 슬럼프 값을 크게 하여 타설 할 경우에는 유동화제를 첨가하여 단위수량을 크게 하지 않고 유동성을 높인 유동화콘크리트로 시공하는 사례가 많다. 국가건설기준(KCS 14 20 10)에서는 일반적인 경우 콘크리트의 슬럼프를 80~150mm로 규정하고 있다.

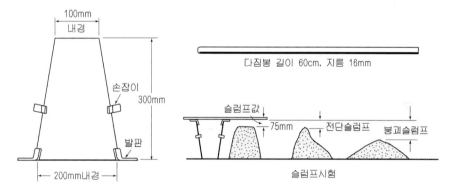

그림 8-63 슬럼프 시험

(4) 공기량

AE제, AE감수제 및 고성능 AE감수제를 사용하는 콘크리트의 공기량은 3~6% 정도이며 공사시방서에 따라 정한다.

---

12) 레디믹스트 콘크리트 주문 시 사용되는 콘크리트 강도로서, 구조물 설계 시 사용되는 설계기준압축강도나 배합설계 시 사용되는 배합강도와 구분되며, 기온, 습도, 양생 등 공사에 미치는 영향요소를 고려하여 보정값을 가감하여 주문한 강도이다. nominal strength

(5) 굵은 골재의 최대치수

굵은 골재의 입도가 좋은 경우 치수가 큰 것을 사용하면 좋은 품질의 콘크리트를 만들 수 있다. 그러나 골재가 크면 콘크리트 비비기·다지기가 곤란하고 골재가 분리되기 쉬우므로 굵은 골재의 최대치수는 구조물의 종류와 부재의 최소치수·철근의 최소간격 등을 고려하여 결정하여야 한다.

굵은 골재의 최대치수는 부재 최소치수의 1/5, 철근피복 및 철근의 최소 순간격의 4/5를 초과해서는 안 된다.

(6) 물시멘트비(water cement ratio, W/C)

물시멘트비는 시멘트 페이스트(cement paste)의 농도, 즉 물과 시멘트의 중량비를 말하며, 필요한 강도, 내구성, 수밀성 및 균열저항성 등을 고려하여 결정하고 요구사항을 만족하는 값들 중에서 가장 작은 값을 선택한다. 콘크리트의 압축강도를 기준으로 물시멘트비를 정하는 경우에는 시험에 의하여 정하는 것을 원칙으로 한다.

물시멘트비는 기건상태의 골재를 기준으로 산정하지만 실제의 골재는 물을 함유하고 있으므로 배합 시 이를 고려하여 추가 수량(水量)을 결정한다. 일반적으로 물시멘트비가 작아지면 콘크리트의 압축강도는 커진다.(그림 8-64 참조)

1) 물시멘트비의 범위

- 건축공사에서 사용되는 콘크리트의 물시멘트비는 보통 40~65% 정도이다.
- 콘크리트가 황산염에 노출되는 환경조건에서는 황산염의 노출정도, 토양 내의 수용성 황산염 질량, 물속의 황산염, 시멘트 종류에 따라서 45~50%로 정한다.
- 제빙 화학제가 사용되는 콘크리트의 물시멘트비는 45% 이하로 한다.
- 콘크리트의 수밀성을 확보하기 위해서는 물시멘트비를 50% 이하로 한다.
- 콘크리트의 중성화를 억제하고자 하는 경우 물시멘트비는 55% 이하로 한다.

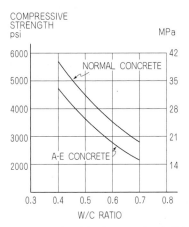

그림 8-64 물시멘트비에 따른 콘크리트의 압축강도

(7) 단위수량

단위수량은 콘크리트 1m³에 들어가는 물의 중량을 말하며 기대하는 워커빌리티를 얻을 수 있는 범위 내에서 가능한 적게 되도록 시험을 통해 결정한다. 단위수량은 굵은 골재의 최대치수, 골재의 입도와 입형, 혼화재료의 종류, 공기량 등에 따라 다르므로 실제 배합에 사용되는 재료를 사용하여 시험을 실시한 다음 결정한다. 단위수량은 185kg/m³ 이하로 계획한다. AE감수제, 유동화제 등을 사용하면 단위수량의 저감이 가능하다. 단위수량이 많아지면 슬럼프 값이 증가하고 강도가 저하되며 건조수축이 커져서 내구성과 수밀성이 저하된다. 수화반응에 필요한 이론적인 수량은 약 40%[13] 정도이다.

(8) 단위 시멘트량

단위 시멘트량은 콘크리트 1m³에 들어가는 시멘트의 중량을 말하며 단위수량과 물시멘트비로부터 결정된다. 단위 시멘트량은 소요의 강도, 내구성, 수밀성, 균열저항성, 강재를 보호하는 성능 등을 갖는 콘크리트가 얻어지도록 시험에 의해 결정한다. 단위 시멘트량이 많아지면 강도와 수밀성이 커져 내구성이 증대되나 수화열이 증가하므로 큰 부재에서는 시멘트량을 줄이는 것이 좋다.

$$단위\ 시멘트량(kg/m^3) = 단위수량(kg/m^3)\ /\ 물시멘트비(\%) \times 100$$

(9) 단위 골재량

단위 골재량은 콘크리트 1m³에 들어가는 골재의 중량을 말하며 골재의 절대용적으로부터 구한다. 골재의 절대용적은 시멘트의 절대용적, 물의 절대용적, 공기량의 절대용적으로 구할 수 있다.

$$단위\ 골재량(kg/m^3) = 골재의\ 절대용적(\ell/m^3)\ \times\ 골재의\ 비중(kg/\ell)$$

(10) 잔골재율

잔골재율은 콘크리트 속의 골재의 절대용적에서 잔골재의 절대용적이 차지하는 비율이다.

$$잔골재율(\%) = 잔골재의\ 절대용적\ /\ 골재의\ 절대용적 \times 100$$

---

13) 수화반응 시 시멘트와 결합하는 물의 양(25% 정도) + 수화물 고착 필요한 량(15% 정도)

골재의 절대용적은 잔골재의 절대용적과 굵은 골재의 절대용적을 합한 값이다. 잔골재율은 사용하는 잔골재의 입도, 공기량, 단위 시멘트량, 혼화재료의 종류 등에 따라 달라지므로 시험에 의해 결정한다. 잔골재율은 재료분리와 관련된 점성문제와 경제적인 배합과 관계가 많다. 일반적으로 잔골재율이 커질수록 점성이 증가하여 슬럼프 값이 적어지므로 필요한 워커빌리티를 얻기 위해서는 단위수량을 증가시켜야 하며, 이 경우 단위 시멘트량도 증가하게 되어 비경제적인 배합이 된다.

따라서 잔골재율은 필요한 콘크리트의 품질을 얻을 수 있는 범위 내에서 최소가 되도록 시험에 의해 결정한다. 적정한 잔골재율은 보통 35~50% 범위이다.

(11) 혼화재료의 단위량

혼화재료의 사용량은 시멘트의 분말도, 단위수량, 단위 시멘트량, 골재의 입도, 비비기시간, 슬럼프값, 콘크리트의 온도, 운반시간 등 여러 가지 조건에 따라서 달라지므로 시험에 의해서 결정한다. 혼화재료를 과도하게 사용하는 경우 콘크리트의 응결지연, 강도저하 및 경제성 면에서 불리할 수도 있으므로 주의한다.

(12) 시험배합과 조정, 현장배합

1) 시험배합

배합설계가 완료되면 현장여건을 감안하여 시험 배합한다. 이는 여러 가지 재료의 단위량(단위수량, 단위시멘트량, 단위골재량 등)이 현장의 여건으로 배합설계 시점의 조건과 달라질 수 있기 때문이다. 예를 들면 골재의 함수상태를 절건(絕乾) 상태로 간주하고 계산하였지만 실제로 사용하는 골재의 함수상태는 다르기 때문에 보정해야 하는 것이다. 콘크리트의 시험배합은 통상 KS 규격의 실험실에서 콘크리트의 제작방법에 준하여 실시한다.

2) 배합의 조정

시험배합의 결과 필요한 콘크리트의 성능이 얻어지지 않으면 배합을 조정한다. 시험배합한 결과를 참고하여 각 재료의 단위량을 보정하여 최종적으로 배합을 결정한다.

3) 현장배합

콘크리트를 만드는데 계량이 부정확하고 비비기가 불충분하면 필요한 성능의 콘크리트를 생산할 수 없다. 현장에서 계량하여 콘크리트를 생산하는 방법을 표준배합에 대한 현장배합이라고 한다.

현장배합은 배치배합이라고도 하며, 시멘트 1포대당 또는 배치(batch) 1회당 비벼내기에 필요한 각 재료의 양을 중량 또는 현장계량 용적으로 표시하는 것을 말한다. 예전에는 용적계량을 주로 하였으나 지금은 중량계량을 주로 택하고 있다.

시험배합을 현장배합으로 고칠 경우에는 골재의 함수상태, 잔골재중 5mm체에 남는 굵은골재량, 굵은 골재 중에서 5mm체를 통과하는 잔골재량 및 혼화제를 희석시킨 희석수량 등을 고려한다.

(13) 배합의 표시법

배합의 표시방법은 일반적으로 표 8-14를 따른다.

■ 표 8-14 배합의 표시방법 예

굵은 골재의 최대 치수 (mm)	슬럼프 범위 (mm)	공기량 범위 (%)	물-결합재 비 W/B (%)	잔골 재율 S/a (%)	단위질량(kg/m³)					
									혼화재료	
					물	시멘트	잔골재	굵은 골재	혼화재	혼화제

콘크리트의 발전

콘크리트의 변신이 놀랍다. 초고인성 콘크리트, 투명 콘크리트, 자기 치유 콘크리트가 개발되고 있고, 미국에서는 매년 '물에 뜨는 콘크리트(경량콘크리트)'로 만든 카누 경주 대회도 열리고 있다.

투수 콘크리트 위에서는 나무와 풀이 자란다. 도시를 덮은 콘크리트 위에서 숲이 자라면, 도시를 위협하는 대홍수의 공포에서 해방될 수도 있다.

다음 그림은 투수콘크리트 포장 블록(좌)과 투수콘크리트(우)의 예이다.

 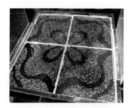

초고인성 콘크리트는 시멘트와 규사, 혼화재가 섞인 모르타르에 유기섬유를 혼합해 외력에 쉽게 파괴되지 않고 늘어나는 성질인 '인성'을 강화한 특수콘크리트이다.

투명 콘크리트는 콘크리트 제조 시 다량의 광센서를 미리 매설하여 빛이 투과하게 만든 콘크리트이다. 일반 콘크리트처럼 단단하여 벽과 바닥은 물론 조각작품 등에도 사용할 수 있다.

다음은 초고인성 콘크리트의 인장강도 시험 장면(좌)과, 투명 콘크리트(우)의 예이다.

자기치유 콘크리트는 바이오 기술(미생물)과 접목하여 균열발생 부위를 스스로 치유하는 콘크리트를 말한다. 구조물에 균열이 생겼을 경우 균열 내부에 수분이 침투하면 특수 혼화재와 반응해 탄산 화합물을 생성하여 균열 부분을 보수하는 것이다.

 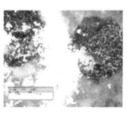

1. 균열 발생 직후   2. 균열 자기 치유 후

8.4.4 콘크리트 시공

콘크리트 공사는 건축물의 구조체를 형성하는 공사로서 매우 중요한 과정이다. 콘크리트 공사에는 많은 시간과 비용이 소요되기 때문에 품질이 좋은 공사를 하기 위해서는 비비기, 운반, 타설, 이음, 양생의 전 과정에서 주도면밀한 계획을 수립하고 철저하게 품질관리 하여야 한다.

(1) 콘크리트 시공계획

1) 사전조사사항

콘크리트 시공은 현장여건에 따라 시공계획을 달리 수립해야 하므로 사전에 충분한 조사를 해야 한다.
① 설계도서(설계도면 및 시방서) 확인
② 주변 현황 조사(인접 건축물, 진입로, 주변의 교통상황 등)
③ 전체 공사기간 및 콘크리트 시공기간
④ 레디믹스트 콘크리트 공장 현황(생산능력, 품질관리능력 등)
⑤ 레디믹스트 콘크리트 운반거리, 경로 및 운반시간

2) 콘크리트 공사 시공계획

① 콘크리트 조달계획
② 타설장비 계획
③ 타설방법 계획
④ 신축줄눈 설치 계획
⑤ 양생 계획
⑥ 품질관리 계획
⑦ 기타 : 동절기 보양 계획 등

(2) 콘크리트 비비기

콘크리트를 비비는 방법은 손비비기와 기계비비기가 있는데, 근래에는 거의 믹서를 이용하여 기계 비비기 한다.

1) 재료의 투입

필요한 성능을 얻기 위해서 반죽된 콘크리트가 균질하게 될 때까지 콘크리트 구성재료를 충분히 비벼야 한다. 재료를 믹서에 투입하는 순서는 믹서의 형식, 비비기 시간, 골재의 종류 및 입도, 단위수량, 단위시멘트량 등에 따라 다르므로 시험결과 또는 기존의 실적을 참조해서 결정한다.

2) 비비기 시간

비비기 시간은 시험에 의해 결정하는 것이 원칙이나 일반적으로 1~2분 정도로 한다. 비비기는 미리 정해둔 비비기 시간의 3배 이상 계속해서는 안 된다.

3) 배치 플랜트(batch plant)

콘크리트 배합을 할 수 있도록 각 재료(물, 시멘트, 골재 등)를 정확하고 능률적으로 계량하는 기계로 1회 비비기분의 재료를 넣은 설비를 말하고, 배치 플랜트에 비비기 설비를 한 것을 믹싱 플랜트(mixing plant)라 한다. 배치 플랜트는 재료 저장조·재료 공급장치·재료 계량장치·재료 배출장치·집합 hopper·chute 등으로 구성된다. 건축공사에 사용되는 레디믹스트 콘크리트는 믹싱 플랜트에서 생산된다.
비비기와 운반에 따라 콘크리트를 다음과 같이 구분할 수 있다.
① 센트럴 믹스트 콘크리트(central mixed concrete) : 믹싱 플랜트에서 완전히 비빈 후 운반차량으로 운반하는 콘크리트
② 슈링크 믹스트 콘크리트(shrink mixed concrete) : 믹싱 플랜트에서 어느 정도 비빈 다음 운반차량에 실어 운반차량에서 완전히 비비는 콘크리트
③ 트랜시트 믹스트 콘크리트(transit mixed concrete) : 운반차량에 모든 재료를 공급받아 운반도중 완전히 비비는 콘크리트

(3) 콘크리트 운반

콘크리트는 공사시방서에 특별히 정해진 경우를 제외하고는 콘크리트 펌프, 버켓, 슈트 및 손수레 등으로 운반하고, 운반에 의한 콘크리트의 품질변화가 작은 운반기기를 선정해야 한다. 운반용 기구는 사용하기 전에 내부에 부착된 콘크리트와 이물질 등을 제거하고 충분히 정비·점검한 후 사용하며, 콘크리트 공사를 시작하기 전에 콘크리트 운반에 대해 철저한 계획을 수립한다.

1) 운반시간

콘크리트 비비기에서부터 타설이 끝나기까지의 시간은 외기 온도가 25℃ 이상일 경우에는 90분, 25℃ 미만일 경우에는 120분을 넘지 않도록 한다.[14] 콘크리트의 온도를 낮추거나 지연제 등을 사용하여 응결을 지연시키는 등의 특별한 경우에는 콘크리트의 품질 변동이 없는 범위 내에서 책임기술자의 승인을 받아 제한시간을 변경할 수 있다.

---

14) 대한건축학회 건축공사 표준시방서

2) 운반 시 주의 사항

- 운반 시 콘크리트에 가수(加水)해서는 안 된다.
- 운반 시 재료분리가 일어나지 않도록 한다.
- 운반 도중 슬럼프 저하나 강도 저하가 발생하지 않도록 천천히 비비면서 운반한다.
- 운반경로, 교통상황, 배차 등을 고려하여 운반계획을 철저히 수립하여 운반시간을 준수한다.
- 현장 도착시간 및 타설 완료시간을 기록하여 관리한다.

(4) 콘크리트 타설

콘크리트 타설에서 가장 중요한 사항은 콘크리트의 운반, 타설 및 다지기가 연속된 작업으로 이루어지고 콘크리트가 거푸집 속에 밀실하게 채워져서 결함없는 콘크리트 구조물을 만드는 것이다.

1) 콘크리트 타설계획

콘크리트 공장(batcher plant, batching plant)의 생산 및 공급 능력, 펌프 카 등에 의한 압송과 타설 능력, 다짐 능력 등을 고려하여 타설계획을 세우며, 콘크리트 생산 공장과 긴밀히 연락하여 타설 도중에 콘크리트 공급이 중단되지 않도록 한다.

- 운반 및 타설 방법과 타설 다지기 기구의 선정
- 타설 담당자의 결정, 타설 인원 및 기구의 배치
- 1일의 타설량, 시간당 타설량 설정
- 타설 구획의 설정, 이어붓기 부분의 처리방법 결정
- 타설 순서의 설정, 이에 따른 인원·기구의 이동지 설정

2) 콘크리트 타설 전의 확인 사항

- 철근이 제대로 배근 되었는지, 거푸집 및 거푸집 동바리 등이 설계도서에 정해진 대로 배치되었는지 확인한다.
- 거푸집의 청소상태, 박리제 사용여부, 조립상태 및 이음부위, 동바리 간격 및 고정 상태 등을 검토한다.
- 타설 장비를 설치하고 운송배관 등을 조립한다.
- 타설 인원을 배치하고 타설 순서를 결정한다.
- 타설 구획 및 이음부분을 확인한다.

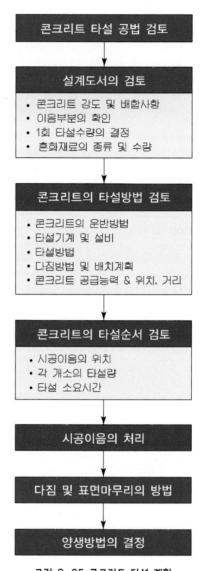

그림 8-65 콘크리트 타설 계획

3) 타설구획 결정

타설구획을 정할 때는 레미콘 공장의 1일 공급능력을 고려해야 하며, 단위 시간당 타설량은 다짐 작업자, 운반기기의 능력 및 대수 등에 좌우되기 때문에 펌프 압송량만을 근거로 타설계획을 세워서는 안된다. 콘크리트를 타설할 때는 타설구획, 타설순서, 타설속도가 시공계획서에 따라 실시되고 있는 지를 확인해야 한다.

타설구획이 많을수록 적은 인원과 적은 장비로 타설이 가능하나 시공이음과 공기가 증가하게 되고, 타설구획이 적으면 공정관리와 품질관리가 용이하다.

그림 8-66 콘크리트 타설구획 결정

4) 콘크리트 타설장비

콘크리트 타설을 위한 장비는 콘크리트를 압송[15]하는 장비와 콘크리트를 타설하는 장비로 구분할 수 있으며, 압송하는 장치와 타설하는 장치가 일체화된 장비도 있다.

그림 8-67 버켓 타설

그림 8-68 펌프카 타설

① 버켓

버켓을 타워 크레인에 연결하여 버켓에 콘크리트를 담아서 타설하는 방법이다. 근래에도 적은 양의 콘크리트를 타설할 때 사용하고 있다.

② 트럭 일체형 펌프카

트럭 일체형 펌프카는 콘크리트 압송펌프, 압송배관과 트럭이 일체형으로 되어 있어서 이동이 간편하여 가장 많이 사용되는 타설장비이다. 그러나 콘크리트 압송거리에 한계가 있어서 10층 이하의 건축물에 많이 적용된다. 콘크리트 압송거리는 장비의 종류에 따라 다르지만 일반적으로 수평 및 수직거리 20~50m까지 가능하다.

---

15) 콘크리트의 압송은 현장까지 운반된 콘크리트를 콘크리트가 뿜어져나와 타설되는 곳까지 현장내에서 운반하는 것을 말한다.

③ 트럭 견인형 펌프(stationary pump)

트럭 견인형 펌프는 콘크리트 압송장비를 트럭으로 견인해서 이동하는 형태의 타설장비이다. 압송을 위한 배관을 별도로 설치해야 하는 번거러움이 있으나 배관의 길이를 길게 할 수 있어서 트럭 일체형 펌프카로 타설이 불가능한 10층 이상의 건축물에 많이 사용된다.

고압용장비와 배관을 사용할 경우 수직높이 500m까지 가능하여 초고층건물의 공사에 사용된다.

④ 트럭형 펌프(truck mounted pump)

콘크리트 압송펌프와 트럭이 일체형으로 되어있어서 이동성이 좋다. 그러나 트럭형 펌프는 트럭 견인형 펌프와 마찬가지로 압송을 위한 배관을 별도로 설치해야 하는 번거러움이 없다. 트럭에 연결된 배관의 길이만큼 타설할 수 있어서 10층 이상의 건축물에는 사용이 어렵다.

| 그림 8-69 트럭 견인형 펌프 | 그림 8-70 트럭형 펌프카 |

⑤ 주름관(flexible hose)

트럭 견인형 펌프나 트럭형 펌프처럼 압송하여 콘크리트를 타설하기 위해서는 철제 배관 끝에 러버 호스(rubber hose)로 만든 주름관이 필요하다. 한 번의 배관작업으로 넓은 구간의 콘크리트를 타설하기 위해 일정구역의 콘크리트 타설이 끝나면 다음 타설구역으로 주름관을 이동한다. 주름관은 가장 보편적인 타설 기구이며, 초기투자 비용이 적게 든다. 그러나 콘크리트 타설 시 무거운 주름관을 인력으로 계속 끌어야 하므로 작업효율이 떨어지고, 주름관을 끌 때 배근된 철근이 휘어지거나 고임재(bar chair 등)가 파손되어 구조적인 성능이 저하될 우려가 있다.

⑥ 콘크리트 분배기(concrete distributor)

철근배근에 영향을 주지 않고 콘크리트를 타설할 수 있도록 만든 콘크리트 타설 장비이다. 타설 부위에 철제로 된 레일을 깔고 콘크리트 분배기를 설치한 후 일정구역을 타설한 다음 레일을 이용하여 분배기를 이동하면서 콘크리트를 타설한다. 콘크리트 분배기의 레일은 철근배근에 영향을 주지 않기 위해서 하부에 받침을 설치하여 바닥에서 약 200~300mm 높게 설치한다.

콘크리트 분배기는 주름관에 비해 적은 인원을 가지고 타설 할 수 있다. 그러나 콘크리트 분배기를 이동시키기 위해서는 타워 크레인의 용량을 사전에 검토해야 하며, 장비를 구입해야 하므로 초기투자비가 증가한다.

그림 8-71 콘크리트 분배기(좌), 타설 모습(우)

⑦ CPB(Concrete Placing Boom)

초고층 건축물은 고강도 콘크리트를 타설 하는데 층당 소요되는 공기를 최소화하고, 품질관리를 용이하게 하기 위해서 CPB를 채용하는 경우가 많다.

CPB는 마스트에 타설 붐을 연결하여 콘크리트를 타설 하므로 수직상승을 위해 마스트를 별도로 설치한다. CPB는 철근배근에 전혀 영향을 주지 않고 매우 적은 인원으로 빠르게 콘크리트를 타설할 수 있으나 장비구입비, 임대비가 매우 고가여서 규모가 작은 현장에서는 경제적이지 못하다.

그림 8-72 Concrete Placing Boom

CPB는 이동이 불가능 하므로 건물전체가 붐이 미치는 작업반경안에 들어오는 위치에 설치해야 한다. 붐의 길이는 20~50m로 다양하지만 붐의 길이가 길어지면 타워 크레인과 간섭이 생길 수 있으므로 주의한다.

5) 콘크리트 펌프 배관

트럭 일체형 펌프를 제외하고는 콘크리트를 타설하기 위해서는 콘크리트 압송을 위한 배관을 설치해야 한다. 콘크리트와 콘크리트 배관과의 윤활작용을 위하여 윤활용 모르타르 $1{\sim}2m^3$를 먼저 압송한다. 윤활용 모르타르는 구조체에 타설되지 않도록 별도로 수거한다.

콘크리트 배관은 콘크리트 압송장비의 압송능력에 따라 저압배관과 고압배관으로 구분된다. 또한 배관의 방향에 따라 수평배관과 수직배관으로 구분할 수 있고 수직배관은 압송장비의 위치에 따라 상향수직배관과 하향수직배관으로 구분할 수 있다.

① 저압배관

일반적으로 사용되고 있는 배관으로 하나의 길이가 3m, 직경 125mm, 두께 4mm의 배관이다.

② 고압배관

초고층건물과 같이 배관이 길어지는 경우에는 고압의 압송장비를 사용하므로 일반 배관을 사용할 경우 배관이 파손될 수 있으므로 배관의 두께가 7.1mm 이상인 고압배관을 사용한다.

③ 상향수직배관

배관은 가급적 직선형태로 설치하여 배관압력의 증가를 막아야 한다. 수직배관에 인장력이 발생하면 모르타르 누수 및 배관 내 압력의 감소로 배관이 막힐 염려가 있으므로 인장력이 발생하지 않도록 배관해야 하며 콘크리트 압송장비가 콘크리트를 압송할 때 압송배관에 맥동(pulsation)[16]이 발생하므로 이를 줄이기 위한 조치를 취해야 한다. 수직관 하부에 콘크리트 회수를 위한 차단밸브(shut-off valve)를 설치하여 잔류 콘크리트량을 줄인다.

④ 하향수직배관

지하층 타설처럼 하향압송배관일 경우 콘크리트의 자유낙하로 인해 재료분리가 일어나 배관이 막히는 경우가 자주 발생하므로 자유낙하하는 콘크리트량보다 더 많은 양의 콘크리트를 압송할 수 있는 압송장비를 선정한다.

타설 도중 콘크리트가 중단되면 토출구의 콘크리트가 아래로 흘러내려 배관에 공간이 발생하고 다시 콘크리트를 압송할 때 배관이 막히게 된다.

---

16) 콘크리트 압송장비가 콘크리트를 압송하기 위해 강한 압력으로 콘크리트를 밀 때 실린더의 펌핑작용에 의한 힘이 배관에 전달되어 압송진행방향으로 배관이 움직이는 것

이럴 경우 콘크리트가 흘러내리지 못하도록 배관의 끝부분에 차단밸브를 설치해야 하며 배관내에 생긴 공기층을 제거해야 한다. 하향배관에서는 하중방향과 콘크리트 압송압력의 방향이 같아 상향배관보다 맥동이 크게 발생하므로 맥동을 줄이기 위한 조치를 취한다.

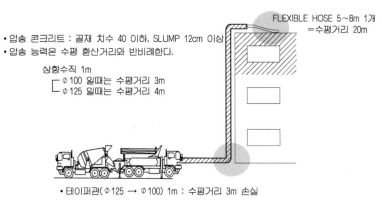

• 압송 콘크리트 : 골재 치수 40 이하, SLUMP 12cm 이상
• 압송 능력은 수평 환산거리와 반비례한다.

상향수직 1m
 ┌ Φ 100 일때는 수평거리 3m
 └ Φ 125 일때는 수평거리 4m

FLEXIBLE HOSE 5~8m 1개
=수평거리 20m

• 테이퍼관(Φ 125 → Φ 100) 1m : 수평거리 3m 손실
• 90°의 굴곡 : 수평거리 6m 손실에 해당

그림 8-73 콘크리트 압송거리

■ 표 8-15 굵은 골재의 최대 치수와 압송관의 호칭 치수

굵은 골재의 최대치수(mm)	압송관의 호칭치수(mm)
20	100 이상
25	100 이상
40	125 이상

6) 콘크리트 타설 순서의 결정

콘크리트는 생산과정보다 시공과정에서 품질의 결함이 생기기 쉬우므로 콘크리트의 타설시 특히 주의해야 한다. 콘크리트의 타설은 시공이음이 적은 순서로, 처짐/변위가 큰 부위부터, 모멘트가 큰 곳부터, 선(先) 타설된 콘크리트에 진동전달이 안 되는 순서로 시작한다.

7) 콘크리트 타설 방법

• 타설 개소는 되도록 수직으로 접근시켜서 타설하며, 가급적 가로로 흘러서는 안 된다.
• 타설 이음 시에는 타설 이음부에 다짐불량이나 블리딩 후 발생하는 물의 집중으로 인한 취약부가 생기지 않도록 한다.

•1회에 타설하도록 계획된 구획 내에서는 콘크리트가 일체가 되도록 연속하여 타설한다.

•콘크리트의 워커빌리티, 타설장소의 시공조건 등에 따라 양호한 다짐이 되도록 타설속도를 정한다.

•1개소에 대량 타설하지 말고 표면을 수평으로 거의 같은 높이가 되도록 타설한다.

•계속 타설 중의 이어붓기 시간 간격의 한도는 외기온이 25℃ 미만일 때는 150분, 25℃ 이상에서는 120분으로 한다. 다만, 연속 부어넣기 부위에 결함이 생기지 않도록 특별한 방법을 강구한 경우에는 감리원의 승인을 받아 시간 간격을 조정할 수 있다.

•콘크리트 타설 높이는 슬래브 타설시 1.5m 이하, 벽·기둥에 타설시는 4m 이하로 한다.

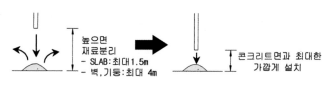

그림 8-74 콘크리트 타설높이

•콘크리트 타설 시 철근, 거푸집, 간격재 및 철근 고임재 등을 이동시킴으로써 피복두께가 부족하지 않도록 한다. 특히 슬래브 상부 철근을 직접 발로 밟아서 철근이 밑으로 처지지 않도록 주의한다.

•콘크리트를 2층 이상으로 나누어 타설할 경우 상층의 콘크리트는 하층의 콘크리트가 굳기 시작하기 전에 타설해서 상층과 하층의 콘크리트가 일체가 되게 함으로써 콜드 조인트(cold joint)[17]가 발생하지 않도록 한다.

(5) 콘크리트 다지기

콘크리트는 타설 직후 진동기를 사용하여 충분히 다져 철근 및 매설물 등의 주위와 거푸집의 구석까지 잘 채워 밀실한 콘크리트로 만든다. 콘크리트를 잘 다져야만 철근과의 부착성이 증대되고 거푸집 구석까지 콘크리트가 잘 충전되어 콘크리트의 내구성이 증대된다.

---

17) 콘크리트 타설중에 이어치기 허용시간이 지난 후 이어치기를 하여 약간 굳은 상태로 된 이후에 연이어 콘크리트가 타설 되어 서로 일체화되지 않아 발생하는 시공불량 조인트를 말하며 누수의 원인이 되고, 강도상 취약한 부분이다.

1) 진동기

콘크리트 다지기는 진동기를 사용하며 진동기에는 봉형 진동기, 거푸집 진동기, 표면 진동기 등이 있다.

① 봉형 진동기

콘크리트 내부에 진동기를 삽입·진동시켜 콘크리트를 다지는 진동기이다.(그림 8-75 참조)

② 표면 진동기

표면 진동기는 진폭이 큰 진동판으로 되어있는 것으로 콘크리트 슬래브나 포장과 같이 얇아서 내부 진동기를 사용할 수 없을 때 표면에 진동을 주어 다지는 진동기이다. 두꺼운 포장이나 슬래브에서는 내부 진동기와 병행하여 사용한다.(그림 8-76 참조)

그림 8-75 봉형 진동기

그림 8-76 표면 진동기 사용 모습

③ 거푸집 진동기

거푸집에 진동기를 부착하여 거푸집을 진동시킴으로써 콘크리트를 다지는 효과를 얻는 것으로 내부 진동기를 사용할 수 없는 얇은 벽이나, 철근 및 매설물이 너무 조밀하게 배치되어 있는 구조물에 적용한다. 거푸집 진동기를 사용하여 콘크리트를 다지면 거푸집과 맞닿아 있는 콘크리트의 표면의 상태가 양호해 진다.

그림 8-77 거푸집 진동기

2) 진동기 사용방법

- 진동기는 철근·철골에 직접 접촉시키지 않고 세퍼레이터, 스페이서 등이 진동으로 인하여 떨어지지 않도록 한다.
- 진동기를 사용할 때 거푸집과 철근에 직접 닿지 않도록 해야 하는데 진동기가 거푸집에 닿을 경우 동바리·거푸집의 변형을 발생시키며, 철근에 닿을 경우 철근 아래에 공극을 발생시켜 부착력이 저하된다.
- 내부 진동기는 부어넣는 각 층마다 사용하고, 그 하층에 진동기의 선단이 들어갈 수 있도록 수직으로 세워 삽입한다. 삽입 간격은 500mm 이하로 하고, 진동을 가하는 시간은 30~40초 또는 콘크리트의 윗면에 페이스트가 엷게 떠오를 때까지로 한다.
- 거푸집 진동기는 거푸집에 단단히 고정시켜 움직이지 않도록 해야 한다.
- 거푸집 진동기는 타설 높이와 속도에 따라 콘크리트가 밀실하게 되도록 순서를 정하여 진동을 가한다.
- 거푸집 구석까지 콘크리트를 채우고 표면을 평평하게 만들며, 굳기 시작하면 두드리지 않는다.
- 콘크리트 타설 도중 진동에 의해 물이 과도하게 떠올라 표면에 고인 경우에는 물을 제거한 후 그 표면 위에 콘크리트를 타설해야 한다.

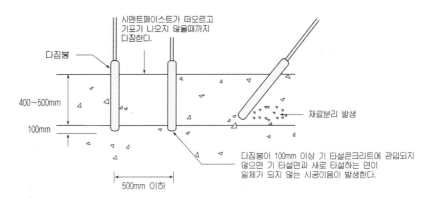

그림 8-78 내부 진동기 사용방법

(6) 콘크리트 표면 마무리

콘크리트를 타설하고, 다지기 한 후에 콘크리트 표면으로서 요구되는 정밀도와 물매에 따라 평활하게 표면 마무리한다. 기둥·벽 등 수직부재의 수평이음부위 표면은 거칠게 마감하여 상층의 콘크리트와 부착이 잘 되도록 한다.

1) 콘크리트 부재의 위치 및 단면치수의 허용차

콘크리트 부재의 위치 및 단면치수 정밀도를 확보하기 위해서 시공자는 먹매김작업의 관리 및 먹줄정밀도의 확인, 거푸집의 조립 및 건립정밀도의 관리와 확인, 철근 가공·조립 및 건립정밀도의 관리와 확인을 해야 한다.

타설이 끝난 콘크리트 부재는 구조설계도서에 나타난 소정의 위치에 있어야 하고, 소정의 단면치수를 확보해야 한다. 콘크리트 부재의 위치 및 단면치수의 허용차는 공사시방서를 따른다.

■ 표 8-16 콘크리트 부재의 위치 및 단면치수 허용차

항 목		허용차(mm)
위 치	설계도에 표시된 위치에 대한 각 부재의 위치	±20
단면치수	기둥, 보, 벽의 단면치수 및 바닥슬래브, 지붕슬래브의 두께	−5 +20
	기초의 단면치수	−10 +50

2) 콘크리트 표면의 마무리 상태

콘크리트 표면의 마무리 상태 및 표면마무리 방법, 요구성능은 공사 시방서를 따른다.

① 거푸집 판에 접하지 않는 면

목재 줄눈대, 레이저 수준기(laser level) 등을 이용하여 초벌 고르기를 하고 철근 상부의 균열과 소성균열을 방지하기 위해 탬핑(tamping)[18]을 실시한다.

② 거푸집 판에 접하는 면

콘크리트의 요구단면과 평탄도 유지는 표 8-17을 참조하여 실시한다. 이음매의 줄, 곰보, 홈이 생기지 않도록 하며 부실한 부분은 쪼아내고 탬핑한다.

■ 표 8-17 콘크리트 마무리의 평탄도 표준값

콘크리트의 내·외장 마감	평탄도(mm)	참 고	
		기둥, 벽의 경우	바닥의 경우
마감두께가 7mm 이상인 경우 또는 바탕의 영향을 많이 받지 않는 경우	1 m당 10 이하	바름벽 띠장바탕	바름바닥 이중바닥
마감두께가 7mm 미만인 경우 그 외의 상당히 양호한 평탄함이 필요한 경우	3 m당 10 이하	뿜칠 타일압착	타일붙임 융단깔기 방수
콘크리트가 제물치장 마감이거나 마감두께가 매우 얇을 때, 그 외의 양호한 표면상태가 필요할 때	3 m당 7 이하	제물치장콘크리트 도장 천붙임	수지바름바닥 내마모바닥 쇠흙손마감바닥

---

18) 콘크리트 표면의 일부분이 굳기 시작하여 물빛이 사라질 무렵 나무흙손 등으로 표면에 나타난 균열을 두드려 없애는 것이다.

③ 마모를 받는 면의 마무리

배수로, 기계설비관계실, 공장바닥 등과 같은 곳은 양질의 골재를 사용하고 물시멘트비를 작게 하고(55% 이하), 밀실하게 균질의 콘크리트를 충분하게 다짐하고 양생해야 한다. 철분, 철립, 골재나 수지계의 특수 마감 시 제작사의 시방서를 따른다.

④ 특수마무리

• 갈아내기

콘크리트 바닥 양생(3~4일)후 전동식 연석 갈아내기를 실시한다.

• 씻어내기

콘크리트 벽의 거푸집을 해체(3~4일)한 후 표면에 굵은 골재가 드러나도록 와이어 브러싱(wire brushing)과 물로 씻어내는 것이다.

• 쪼아내기

콘크리트 면(시공이음)을 정과 망치를 이용하여 쪼아내는 것으로 오래된 콘크리트와 새 콘크리트의 접착성을 위해 실시한다.

• 모래뿜기(sand blasting)

경화된 콘크리트 면에 압축공기를 이용하여 건조모래를 뿜어내는 것으로, 골재가 표면에 나타나 오톨도톨하게 된다.

• 모르타르 바르기

미관을 위하여 거푸집을 해체한 노출 면에 2~3cm 두께의 된 모르타르를 바른다.

• 모르타르 뿜기

풍화 및 침식방지, 미관을 위하여 거친 콘크리트면에 시멘트 페이스트, 시멘트 모르타르, 콘크리트, 숏크리트(shotcrete) 등을 압축공기를 이용하여 뿜칠한다.

• 라이닝(lining)

콘크리트 면이 산·알칼리염·폐수·오물·오염가스 등으로부터 침식되지 않도록 아연도금 철판, 합성수지판, 동판 입히기를 한다.

• 코팅(coating)

미관, 침식 방지를 위해 페인트, 에폭시(방수·방식)를 얇게 칠한다.

(7) 콘크리트 양생

콘크리트는 타설이 끝난 직후로부터 시멘트의 수화 및 콘크리트의 경화가 충분히 진행하기까지 사이에 급격한 건조, 과도한 고온 또는 저온에 노출, 급격한 온도변화, 진동 및 외력의 영향을 받지 않도록 양생하여야 한다.
구조물의 종류, 시멘트 종류, 시공조건, 환경조건 등에 따라 적절한 양생방법과 양생기간을 정하여 시행한다.

1) 양생방법

① 습윤양생

습윤양생은 양생용 매트, 모포 등을 적셔서 덮거나 살수하여 습윤상태를 유지하는 방법으로 강도발현을 돕고 균열을 최소화하기 위한 가장 좋은 양생방법이다. 거푸집이 건조될 우려가 있는 경우에는 거푸집에도 살수하여 습윤상태를 유지한다. 습윤상태로 유지해야 하는 기간은 표 8-18을 따른다.

■ 표 8-18 습윤양생 기간의 표준

일평균기온	보통포틀랜드 시멘트	고로 슬래그 시멘트 2종 플라이 애시 시멘트 2종	조강포틀랜드 시멘트
15℃ 이상	5일	7일	3일
10℃ 이상	7일	9일	4일
5℃ 이상	9일	12일	5일

② 피막양생

양생재(curing compound)를 뿌려 콘크리트 표면에 수밀한 막을 만들어 수분증발을 방지하는 양생방법이다. 피막 양생재는 콘크리트 타설 후 블리딩 수(水)가 없어진 시점에 살포하며 건조된 콘크리트면은 살수하여 습윤상태가 된 후 살포한다. 분무기를 이용하여 살포하며 방향을 바꾸어 2회 이상 실시하고 양생재가 시공이음 및 철근에 닿지 않도록 주의한다.

③ 증기양생

콘크리트 타설 후 거푸집을 조기에 제거하고 소요강도를 짧은 기간 내에 얻기 위해 고온이나 고압증기로 양생하는 방법이다. 프리캐스트 콘크리트(Precast Concrete, PC)제품을 생산할 때 많이 사용된다. 특히 고온·고압의 포화증기를 이용하여 양생하는 방법을 오토클레이브(autoclave)양생이라고 한다.

④ 온도의 제어

콘크리트 경화가 충분히 진행될 때까지 경화에 필요한 온도조건을 유지하여 저온, 고온, 급격한 온도변화, 콘크리트 내·외부 온도차이 등에 의한 영향을 받지 않도록 온도를 제어하는 양생방법이다. 온도제어방법, 양생기간, 관리방법 등은 콘크리트의 종류, 구조물의 형상 및 치수, 시공방법, 환경조건을 종합적으로 고려하여 선택해야 한다.

• 온도가 0℃ 이하일 경우에는 초기 동해를 입을 수 있으므로 보온 및 가열을 해야 한다. (한중콘크리트의 양생)

• 온도가 25℃ 이상일 경우에는 급격한 수분 증발로 건조수축이 심화되므로 거푸집을 탈형한 이후까지 습윤양생을 해야 한다. (서중콘크리트의 양생)

제8장

•부재가 클 경우 내·외부 온도차에 의해 균열이 발생할 수 있으므로 pipe cooling 이나 표면 보온을 해야 한다.

⑤ 급열양생

현장에서 인위적으로 콘크리트의 표면이나 콘크리트 주변의 공기에 열을 가하여 양생하는 방법이다.

⑥ 전기양생

콘크리트에 저압교류를 흐르게 하여 전기저항에 의해 발생하는 열을 이용하여 양생하는 방법이다.

2) 양생 시 주의사항

•직사광선, 풍우, 눈 등에 대해서 노출면을 보호한다.

•콘크리트를 부어넣은 후 시멘트의 수화열에 의하여 부재단면 중심부의 온도가 외기 온도보다 25 ℃ 이상 높아질 염려가 있는 경우에는 거푸집을 장기간 존치하여 중심부의 온도와 표면부의 온도 차이를 될 수 있는 대로 적게 해야 한다.

•콘크리트가 충분히 경화할 때까지 충격 및 하중을 가하지 않도록 보호한다. (타설 후 3일간 진동 방지, 24시간 내에는 하중 부과 방지)

•콘크리트는 초기 양생이 부족하면 균열이 발생할 우려가 있으므로 타설후 24시간 이내의 초기 양생기간에는 반드시 습윤상태를 유지해야 한다.

•우천시에는 시멘트가 유실되거나 물이 첨가되어 물시멘트비가 높아져 강도저하가 우려되므로 마무리되는 부분부터 비닐로 덮어야 한다.

(8) 현장 품질관리 및 검사

1) 검사계획

콘크리트 시공계획에 맞추어서 검사할 항목을 선정하고, 필요한 인원을 배치하며, 시험 및 검사의 방법·시기 및 횟수 등을 설정한다. 검사는 공사의 종류 및 규모, 공사기간, 재료나 적용공법의 신뢰성 및 숙련도, 시공의 시기, 후속공정에 대한 영향, 효율 등을 고려한다.

2) 굳지 않은 콘크리트의 품질 검사

건설 현장에서 사용하는 대부분의 콘크리트는 레디믹스트 콘크리트이므로 레디믹스트 콘크리트를 중심으로 품질검사 계획을 수립한다.

① 레디믹스트 콘크리트의 발주

레디믹스트 콘크리트는 골재의 최대 치수, 강도, 슬럼프 순으로 주문하며, 수량, 타설일시, 장소를 정확히 전달한다. 레디믹스트 콘크리트 공장을 선정 할 때는 운반거리, 운반시간, 대기 예상시간 및 타설 시간을 사전에 충분히 검토하여 선정한다.

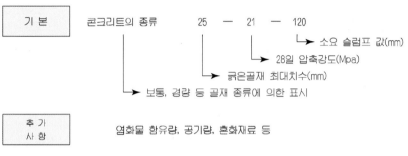

그림 8-79 레디믹스트 콘크리트의 발주 방법

② 콘크리트의 현장 도착시 품질검사

현장에 도착한 콘크리트는 타설하기 전에 레디믹스트 콘크리트의 송장을 확인한 후 품질검사를 하여야 한다.

그림 8-80 레디믹스트 콘크리트 현장도착시 확인사항

■ 표 8-19 콘크리트의 받아들이기 품질 검사

항목		시험 · 검사 방법	시기 및 횟수	판정기준
굳지 않은 콘크리트의 상태		외관 관찰	콘크리트 타설 개시 및 타설 중 수시로 함	워커빌리티가 좋고, 품질이 균질하며 안정할 것
슬럼프		KS F 2402의 방법	압축강도 시험용 공시체 채취 시 및 타설 중에 품질변화가 인정될 때	KS F 4009의 슬럼프 허용오차 이내
슬럼프 플로		KS F 2594의 방법		KS F 4009의 슬럼프 플로 허용오차 이내
공기량		KS F 2409의 방법 KS F 2421의 방법 KS F 2449의 방법		허용오차 : ±1.5%
온도		온도측정		정해진 조건에 적합할 것
단위용적질량		KS F 2409의 방법	필요한 경우 별도로 정함	정해진 조건에 적합할 것
염화물 함유량		KS F 4009의 방법 A의 방법	바닷모래를 사용할 경우 2회/일	KS F 4009의 방법
배함	단위 수량	굳지 않은 콘크리트의 단위수량시험으로부터 구하는 방법	필요한 경우 별도로 정함	참고 자료로 활용함
		골재의 표면수율과 단위수량의 계량치로부터 구하는 방법	전 배치	KS F 4009의 재료 계량 오차 이내
	단위 결합재량	결합재의 계량치	전 배치	KS F 4009의 재료 계량 오차 이내
	물-결합 재비	굳지 않은 콘크리트의 단위수량과 단위결합재의 계량치로부터 구하는 방법	필요한 경우 별도로 정함	KS F 4009의 재료 계량 오차 이내
		골재의 표면수율과 콘크리트 재료의 계량치로부터 구하는 방법	전 배치	KS F 4009의 재료 계량 오차 이내
	기타, 콘크리트 재료의 단위량	콘크리트 재료의 계량치	전 배치	KS F 4009의 재료 계량 오차 이내
펌퍼빌리티		펌프에 걸리는 최대 압송 부하의 확인	펌프 압송시	콘트리트 펌프의 최대 이론 토출압력에 대한 최대 압송부하의 비율이 80% 이하

- 운반시간은 현장에 도착한 시간 기준이 아니라 타설된 시간을 기준으로 해야 한다.
- 콘크리트 워커빌리티 검사는 굵은 골재 최대치수 및 슬럼프가 계획치를 만족하는지 확인하고 재료분리 저항성을 외관 관찰에 의해 확인해야 한다.
- 강도검사에서 불합격한 경우가 발생하면 기 타설된 콘크리트 구조물에 대하여 콘크리트 강도검사를 실시해야 한다.
- 내구성검사는 공기량과 염화물이온량을 측정하는 것으로 한다.
- 검사결과 불합격된 콘크리트는 사용해서는 안 된다.

③ 콘크리트의 시공검사

콘크리트를 타설·양생할 때 검사계획에 따라 적절한 검사를 실시한다. 검사결과, 타설 및 양생이 적절하지 못하다고 판단된 경우에는 설비, 인원배치, 공법개선 등 원하는 품질의 콘크리트 공사를 할 수 있도록 적절한 조치를 취해야 한다.
거푸집 존치기간을 변경하거나, 조기에 재하하는 등 안전성 여부를 판단해야 할 필요가 있는 경우 현장에 타설한 콘크리트와 동일한 상태에서 양생한 시험체를 사용하여 압축강도시험을 실시하는 것이 좋다.

3) 콘크리트 구조물의 품질검사

콘크리트 구조물이 완성된 후에는 구조물이 제 기능을 발휘할 수 있는지 검사를 실시해야 한다.

① 재하시험

콘크리트 구조물의 안전에 의심이 생기는 경우, 현장에서 채취한 콘크리트 공시체의 압축강도 시험을 통해 강도에 문제가 있다고 판단한 경우 구조물의 성능을 확인하기 위하여 재하시험을 실시한다.

- 재하시험방법

강도가 의심스러운 구조물의 위험단면에서 최대응력과 처짐이 발생하도록 하중을 배치하고 재하할 시험하중은 설계하중의 85% 이상이 되도록 한다. 시험하중은 4회 이상 균등하게 나눈다.

- 재하기준

처짐, 균열폭 등 기준이 되는 영점은 시험하중을 재하하기 1시간 전에 측정한다.

- 측정

시험하중이 가해진 직후, 시험하중이 24시간 이상 존치된 후 측정값을 읽어야 하고, 최종 잔류측정값은 시험하중을 제거한지 24시간이 지난 후 측정한다.

- 허용기준

측정된 값이 허용기준을 만족하지 못하면 보강하거나 제한된 낮은 내력 범위 내에서만 구조물을 사용한다.

② 코어채취[19] 콘크리트 압축강도시험

현장에서 코어를 채취하여 KS F 2422 기준에 따라 코어의 압축강도 시험을 실시한다. 3개의 코어를 채취하여 압축강도의 평균값이 설계기준강도의 85% 이상이고, 각각의 강도가 설계기준강도의 75% 이상이면 구조적으로 적합하다.

③ 비파괴 검사

이미 완성된 콘크리트 구조물의 압축강도를 추정하거나, 내구성 진단, 균열의 위치, 철근피복두께 검사 등을 구조체의 손상 없이 검사하는 것이다.

• 반발경도법(타격법, 슈미트 해머법)

콘크리트 표면의 경도를 측정하여 그 결과로부터 콘크리트의 압축강도를 판정하는 방법이다. 반발경도법은 타격법 중의 하나이며 특히, 반발경도를 구할 때 슈미트 해머를 가장 많이 사용하므로 슈미트 해머법이라고도 한다.

슈미트 해머 시험방법은 다음과 같다.

㉮ 측정이 쉬운 곳을 선정한다.

㉯ 콘크리트 표면의 모르타르나 마감재를 제거한다.

㉰ 타격점은 최소 20군데를 선정하며 상호 간격은 3cm 이상으로 한다.

㉱ 타격면에 직각으로 타격하며 수직유지가 어려운 경우에는 보정계수를 적용한다.

㉲ 측정치는 정수값으로 읽는다.

㉳ 측정결과가 평균치보다 ±20% 이상인 경우 해당 값을 버리고, 측정을 다시 하여 최소한 20점의 측정치를 확인한다.

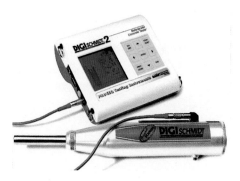

그림 8-81 슈미트 해머

그림 8-82 슈미트 해머로 측정하는 모습

---

19) 회전식 시추장비로 암석이나 콘크리트에 원통형으로 구멍을 뚫어 시험편을 얻는 것

•초음파법

콘크리트 속을 통과하는 초음파의 속도로 동적특성이나 강도를 추정하는 방법
이다.

•방사선법

방사선을 콘크리트 내부로 투과시켜 내부형상을 필름으로 촬영하여 콘크리트 구
조물을 검사하는 방법이다. 방사선은 위험물질이므로 안전관리에 주의해야 한다.

•인발법

콘크리트에 매립된 앵커나 볼트를 인발하여 인발할 때의 하중으로부터 강도를
구하는 방법으로 콘크리트의 초기강도 판정에 사용한다.

8.4.5 콘크리트 줄눈

기온의 변화, 지진 및 바람, 건조수축 등에 의해 콘크리트 구조물은 균열이 발생하기
쉽다. 건축물에서 균열은 구조적·미관적으로 좋지 않으므로 줄눈(joint)을 설치하여
방지해야 한다.

(1) 시공성 줄눈

1) 시공줄눈(construction joint)

제8장

콘크리트 시공상 필요에 의해서 콘크리트 타설을 중단하는 위치에 설치하는 이음이
다. 콘크리트는 한꺼번에 타설하는 것이 가장 바람직하지만 악천후, 기계고장, 거푸
집의 전용, 콘크리트 1일 타설 능력 등에 의해 연속작업이 불가능 한 경우 이어치기
를 해야 한다. 콘크리트 이음 면은 구조·강도상 취약 부위가 되고, 누수 및 균열의
원인이 되므로 될 수 있는 한 생기지 않도록 하는 것이 좋다.

① 시공줄눈의 설치 위치

시공이음(줄눈)은 전단력이 작은 위치에 설치하고 압축력이 작용하는 방향과 직
각되게 해야 하지만, 콘크리트 타설량, 철근배근 상황 등을 고려하여 끊어치기가
용이한 곳에 설치한다.

•슬래브나 보의 시공이음은 스팬(span)의 중앙 부근에 두어야 한다.

•기둥·벽의 시공이음은 바닥판(슬래브, 보)과의 경계에 두어야 한다.

•전단력이 큰 위치에 부득이하게 설치해야 할 때는 요철 홈을 파거나 철근으로
보강한다.

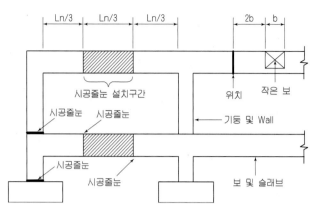

그림 8-83 시공줄눈의 설치 위치

② 시공줄눈 설치시 유의 사항

- 이미 타설된 콘크리트 표면은 레이턴스나 이물질을 완전히 제거하여 새로 타설하는 콘크리트와 일체가 되도록 한다.
- 시공이음 부위는 콘크리트 경화가 시작될 때 표면을 거칠게 만든 후 습윤양생을 해야 한다.
- 시공이음 부위는 밀실하게 막아 콘크리트가 흘러내리지 않게 해야 한다.
- 지하 부위에 시공이음을 설치할 경우에는 지수판(water stop)[20]을 설치하여 누수를 방지한다.(그림 8-85 참조)

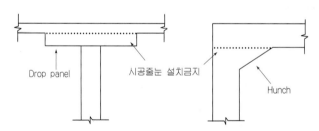

그림 8-84 시공줄눈 설치 금지 위치

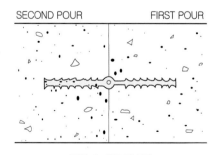

그림 8-85 지수판

---

20) 콘크리트 이음부분에 누수가 발생하지 않도록 물을 차단하기 위해 설치하는 것이다.

2) 지연줄눈(delay joint, shrinkage strip)

공사중에 한시적으로 설치하는 줄눈으로서 구조물의 일부분을 일정 폭으로 남겨 두고 인접 부위의 콘크리트를 먼저 타설하여 초기 건조수축을 어느 정도 진행 시킨 후 해당 스트립(strip)부분을 마지막으로 타설하여 일체화 시킨다. 콘크리트는 타설 4주 경과 후 전체 수축량의 약 50%의 건조수축이 일어나며, 이로 인해 발생된 균열은 콘크리트 구조물의 구조적 취약점으로 작용한다.

① 지연줄눈의 특징
- 면적이 넓은 구조물에 유리하며, 팽창줄눈과 같은 2중 기둥이 필요 없다.
- 구조체의 일부가 후속 공정이 되며, 거푸집 존치기간이 길어질 수 있다.
- 한시적인 조인트이므로 특수한 방수마감은 필요 없다.

② 지연줄눈의 설치 위치 및 유의사항
- 지연줄눈 부분의 콘크리트 타설은 인접 콘크리트를 타설하고 4주 후에 실시한다.
- 지연줄눈의 폭은 60~90cm 정도이며, 간격은 30~50m 정도로 한다.
- 줄눈의 설치 위치는 시공줄눈과 같이 전단력이 작은 곳에 둔다.
- 줄눈의 폭이 60~90cm일 경우는 보통 콘크리트를 사용하지만, 폭이 더 넓을 경우에는 무수축 콘크리트를 사용한다.

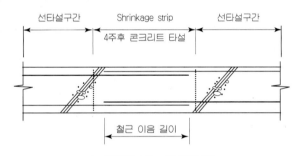

1. 겹침을 두는 경우(단면)

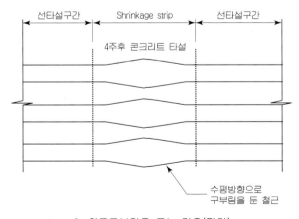

2. 철근구부림을 두는 경우(평면)

그림 8-86 지연줄눈 위치/상태

(2) 기능성 줄눈

1) 신축/팽창줄눈(isolation joint, expansion joint)

온도변화에 따른 구조체의 팽창·수축을 흡수하고, 부등침하·횡변위 차이·진동 등에 의한 균열 발생을 방지하기 위한 영구 줄눈이다. 하나의 건물을 2개 이상의 매스(mass)로 분리 시공하여 생긴 줄눈으로 설계단계에서부터 계획한다.

① 신축/팽창줄눈의 설치 위치 및 방법

- 건물의 형태가 비정형 구조물(L, T, Y, U형)일 때는 건물 방향이 바뀌는 곳에 설치한다.
- 단면의 차이가 많은 곳이나 외기에 직접 면하는 면적이 넓은 경우에 설치한다.
- 고층부에 일부 저층부가 붙을 때 설치한다.
- 신축/팽창줄눈은 60m 간격, 30~60mm의 폭으로 설치한다.

② 신축/팽창줄눈의 설치시 유의사항

- 줄눈 위치의 마무리가 제대로 되지 않으면 누수가 발생한다.
- 신축/팽창줄눈은 기초의 부동침하, 진동, 기타 구조물의 형태 등을 고려하여 위치 및 구조를 정해야 하며 표준을 정하기는 어렵다.
- 고층부와 저층부가 만나는 위치에 신축/팽창 줄눈을 설치할 경우 지진하중을 고려하여 두 건축물의 충돌을 피하기 위해 200~500mm 정도 띄어야 한다.

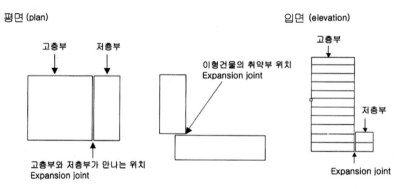

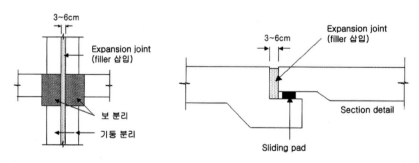

그림 8-87 팽창줄눈 위치/상세

2) 조절줄눈(control joint)

콘크리트 경화 시 수축에 의한 균열을 방지하고 슬래브에서 발생하는 수평 움직임을 조절하기 위하여 설치한다. 벽과 슬래브, 외기에 접하는 부분 등 균열이 예상되는 위치에 약한 부분(홈, 줄눈)을 인위적으로 만들어 다른 부분의 균열을 억제하는 방법이다.

조절줄눈은 10m 간격, 6~10mm의 폭으로 설치하며 줄눈의 홈 깊이는 두께의 1/4~1/5 정도로 한다.

(3) 특수 줄눈

1) 슬라이딩 조인트(sliding joint)

슬래브나 보를 단순지지로 하고자 설치하는 줄눈으로 크립(creep), 수축, 온도 저하로 인한 콘크리트의 변화를 흡수한다.

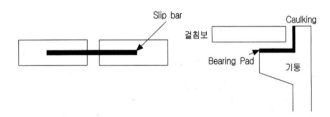

그림 8-88 sliding joint

2) 슬립 조인트(slip joint)

조적벽과 철근 콘크리트조 슬래브 사이의 자유로운 거동을 유도하여 균열을 방지하는 줄눈으로 이질부재가 맞닿는 면에 설치한다. 서로 다른 부재는 열적·물리적(부피) 팽창량이 달라 부재 각각의 움직임이 다르게 되며 이로 인해 균열이 발생한다.

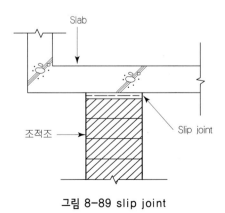

그림 8-89 slip joint

8.4.6 특수 콘크리트 시공

특수 콘크리트는 구조물의 특성, 환경조건, 구조형식, 크기 등 여러 가지 조건에 따라 콘크리트의 성능 중 특별한 하나를 선택하여 그 성능을 최대로 발휘 할 수 있도록 만든 콘크리트이다.

건축물이 대형화, 초고층화 되면서 고강도 콘크리트·고내구성 콘크리트·고유동성 콘크리트 등 고성능 콘크리트를 요구하고 있고, 공기단축 요구가 증대되면서 열악한 온도 조건에서 콘크리트공사를 시행할 경우가 많아서 해당 요구조건에 적합한 콘크리트가 필요하게 된다.

(1) 경량콘크리트(lightweight concrete) 공사

구조물을 경량화 할 수 있고 열차단에 유리한 콘크리트로서 보통 골재보다 중량이 가벼운 경량골재를 사용하거나 기포를 혼입하여 만든다.

1) 경량콘크리트의 특성

- 경량콘크리트의 절건비중은 2.0 이하이고, 단위중량은 1,400~2,000kg/m³ 정도이다.
- 경량콘크리트는 자중이 작아서 건축물의 무게를 줄일 수 있고 콘크리트 운반·타설 노력이 절감된다.
- 경량콘크리트는 공극이 많아 열전도율이 낮고 내화성 및 방음효과가 크지만 보통 콘크리트 보다 강도가 낮고 건조수축이 크다.
- 흡수성이 크므로 동해에 대한 저항성이 낮고 다공질이어서 투수성·중성화 속도가 빠르다.

2) 경량콘크리트 시공 시 유의사항

- 경량콘크리트는 안정될 때까지 침하량이 비교적 크므로 보와 바닥의 콘크리트는 기둥 및 벽체의 콘크리트가 충분히 안정된 다음에 부어 넣는다.
- 콘크리트 표면에 떠오르는 경량 굵은 골재는 탬핑(tamping)하거나 흙손을 이용하여 내부로 눌러 넣어 콘크리트 표면이 평탄하게 한다.

3) 경량콘크리트의 종류

① 보통 경량콘크리트 : 경량골재를 사용한 콘크리트
② 기포콘크리트 : 콘크리트 중에 무수한 기포를 함유한 콘크리트

③ 다공질콘크리트 : 공극이 많아 물이 자유롭게 통과할 수 있도록 만든 콘크리트로 수로에서 배수를 목적으로 할 때 사용한다.

④ 톱밥콘크리트 : 톱밥을 골재로 한 콘크리트로 못을 박을 수 있다.

(2) 한중콘크리트 공사

하루의 평균기온이 4℃ 이하가 예상되는 기상조건에서 타설하는 콘크리트로 응결반응이 늦어져 콘크리트가 동결할 우려가 있다.[21]

한중콘크리트를 시공할 때는 콘크리트가 동결되지 않고 요구되는 품질을 얻을 수 있도록 콘크리트 타설 및 보양에 적절한 대책이 필요하다.

1) 한중콘크리트 생산 시 유의사항

• 동결된 골재나 눈·얼음이 포함된 골재는 사용해서는 안된다.

• 재료를 가열할 경우 시멘트는 절대로 가열해서는 안되며, 물과 골재는 혼합 전에 가열하고 가열 시 직접 불꽃에 대어서는 안된다.

• 타설시 콘크리트의 온도는 10~20℃가 되어야 한다. 부재 두께가 얇거나 기온이 낮은 경우에는 10℃ 이상이 되게 한다.

• 시멘트는 믹서 내 재료(골재, 물)의 온도가 40℃ 이하가 될 때 투입한다.

• AE제, AE감수제 등을 사용하고 공기량을 크게 하여 필요한 워커빌리티를 얻는 데 소요되는 단위수량을 줄이고, 콘크리트 중 물의 동결에 의한 피해를 적게 한다.

• 콘크리트의 강도는 수화반응의 영향을 많이 받는데 수화반응은 콘크리트 양생 과정 중의 온도와 재령의 영향을 받는다. 콘크리트의 양생 온도와 양생 시간이 미치는 영향과의 관계를 함수로 표시한 것이 적산온도이며 이를 통해 콘크리트 강도 증진에 관한 예측이 가능하다.

$$M(^\circ D \cdot D) = \sum_{Z=1}^{n} (\theta_z + 10)$$

여기서 M : 적산온도($^\circ D + D$ 또는 $^\circ D \times$ 日)

z : 재령(일)

n : 구조체 콘크리트의 강도 관리 재령(일)

θ_z : 재령 z에 있어서 콘크리트의 일평균 양생온도(℃)

---

21) 콘크리트의 동결은 콘크리트에 포함된 물이 어는 것이다. 이때 부피가 팽창하여 굳기 시작하는 콘크리트에 인장력을 가해 콘크리트에 균열이 생길 수 있다.

다만, θ_2는 가열 보온양생 혹은 단열 보온양생을 하는 기간에서는 콘크리트의 예상 일평균 양생온도로 하며, 보온양생을 하지 않는 기간에 있어서는 예상 일평균기온으로 한다. 양생온도를 높이면 수화반응을 촉진시켜 콘크리트 조기 강도발현에 유리하다.

2) 한중콘크리트 시공 시 유의사항

- 콘크리트 운반과 타설 시간은 가능한 짧게 하여 콘크리트 열손실을 최소화 한다.
- 콘크리트를 타설할 때 철근 및 거푸집에 부착되어 있는 눈, 얼음 등은 모두 제거한다.
- 연속 타설할 수 있도록 콘크리트의 운반시간 간격과 타설 속도, 수량(水量)을 조절하여 타설한다.
- 콘크리트 타설 후 초기 동해를 받지 않도록 양생을 실시하며 초기양생의 방법 및 기간은 기온, 배합, 구조물의 크기 등을 고려하여 결정한다.
- 콘크리트 타설 후 압축강도 5MPa를 얻기 전까지는 콘크리트 구조물의 온도를 5℃ 이상으로 유지해야 하며, 초기 2일간은 구조물의 어느 부분도 0℃ 이하가 되어서는 안 된다.

3) 한중콘크리트 보온 양생방법

열풍기, 가설 천막, 보온재, 갈탄 난로 등을 이용·양생하여 초기 동해에 저항할 수 있는 강도를 얻고 소요강도를 얻을 때까지 양생한다.

① 단열보온양생

콘크리트의 수화열을 이용하는 보온 양생 방법으로 콘크리트 주위에 보온재를 덮어 외부의 차가운 공기를 차단한다.

② 가열보온양생

보온만으로 동결온도 이상을 유지하지 못할 때 보온양생과 조합하여 콘크리트나 콘크리트 주변의 공기에 열을 가하여 보온 양생하는 방법이다. 콘크리트가 계획한 양생 온도를 유지하면서 균등히 가열되도록 하고, 온도가 높아지지 않도록 관리해야 한다.

가열 중에는 콘크리트가 갑자기 건조해지지 않도록 살수·피막처리 등을 하여 습윤상태를 유지해야 한다.

(3) 서중콘크리트 공사

하루의 평균기온이 25℃를 초과하거나 하루 최고 기온이 30℃ 이상으로 예측되는 기상조건에서 타설하는 콘크리트 공사이다. 콘크리트는 온도가 높을 경우 시멘트의 수화반응을 과도하게 촉진시켜 장기강도가 저하되며, 빠른 응결로 콜드 조인트(Cold Joint)가 발생하고 슬럼프가 저하된다. 서중 콘크리트 공사는 될 수 있는 대로 콘크리트의 온도를 낮게 하여 생산·시공해야 한다.

1) 서중콘크리트 생산 시 주의사항

- 기온 10℃ 상승에 단위수량은 2~5% 증가하며 단위수량이 증가하면 단위 시멘트량도 증가하여 수화열이 증가하므로 온도균열이 발생할 수 있다.
- 콘크리트 배합은 필요한 강도, 워커빌리티를 얻을 수 있는 범위 내에서 단위수량 및 단위 시멘트량을 적게 해야 한다.
- 재료의 온도를 되도록 낮게 하여 콘크리트 타설 시 콘크리트의 온도가 35℃ 이하가 되도록 한다.

2) 서중콘크리트 시공 시 유의사항

- 콘크리트는 운반도중 가열되거나 슬럼프가 저하되지 않도록 빨리 운반한다.
- 콘크리트 타설 전에 거푸집, 철근, 기 타설한 콘크리트 등에 물을 뿌려 콘크리트로부터 물을 흡수하지 않도록 한다.
- 서중콘크리트는 경화가 빨라 콜드 조인트가 발생하기 쉬우므로 연속적인 타설로 콜드 조인트를 방지하며 콘크리트 비빔에서 타설 종료까지 90분 이내에 마치도록 한다.
- 콘크리트 타설 후 경화 전에 수분의 급격한 증발로 플라스틱 수축균열(초기건조균열)이 발생하기 쉬우므로 타설 후 24시간은 노출면이 건조하지 않게 습윤상태를 유지하며 탬핑, 재 진동으로 인한 균열발생을 방지한다.

3) 서중콘크리트 양생 방법

서중콘크리트는 직사광선에 의한 온도상승을 막고 습윤상태를 유지하면서 최소 7일 이상 양생해야 한다.

① 습윤양생

타설 전 거푸집에 살수하여 건조를 방지하며, 덮개(sheet)를 덮어 수분 증발을 막는다. 콘크리트 타설 후 7일 정도 실시한다.

② 피막양생

콘크리트 표면에 피막양생제를 뿌려 콘크리트의 수분증발을 방지하는 방법이다.

③ 파이프 쿨링(pipe cooling)

콘크리트 타설 전에 파이프를 수평으로 배치하여 냉각수를 통과시킨다. 냉각 파이프는 타설전에 누수검사를 실시하고 파이프 쿨링 완료 후 파이프 내는 그라우팅한다.

(4) 매스콘크리트 공사

부재의 단면이 커서 시멘트의 수화열로 인해 온도균열이 생길 가능성이 큰 구조물에 타설하는 콘크리트이다. 부재의 두께가 800mm 이상이거나 하단이 구속된 경우에는 두께 500mm 이상의 벽체 등에 타설하는 콘크리트로서, 온도균열을 제어하는 것이 중요하다. 최근에 콘크리트 강도가 커지고 부재의 크기가 커져 수화열에 의한 온도균열 발생 가능성이 점점 높아지고 있다.

1) 매스콘크리트의 온도균열

시멘트 수화열에 의한 매스콘크리트의 온도균열 발생 원리는 크게 내부구속과 외부구속으로 구분할 수 있다.

① 내부구속

콘크리트에 포함된 시멘트는 물과 수화반응을 하여 수화열을 발생시킨다. 콘크리트 표면에서는 수화열이 외부로 방출되고, 콘크리트 내부에서는 수화열이 방출되지 못하여 온도차이가 크게 난다. 온도차이는 콘크리트 내·외부의 팽창·수축 정도를 다르게 하여 콘크리트에 온도균열을 발생시킨다.

② 외부구속

수화열에 의한 온도가 최고점에서 하강할 때 팽창했던 콘크리트가 다시 수축하게 된다. 이때 거푸집이나 이미 타설된 콘크리트 등이 외부 구속요인으로 작용하여 균열을 발생시킨다. 외부구속은 콘크리트를 타설 후 5일 정도 지나서 나타나게 된다.

2) 온도균열 방지 대책

① 설계 측면
- 온도철근을 설치하여 콘크리트의 인장력을 보강한다.
- 외부구속을 많이 받는 벽체의 균열발생을 방지하기 위해 균열유발 줄눈을 설치한다.
- 매스콘크리트의 타설구획 크기와 이음의 위치 및 구조의 결정 시 온도균열을 고려한다.

② 콘크리트 생산(재료 및 배합) 측면
- 재료의 선정단계에서부터 수화열을 줄일 수 있는 대책을 세워야 한다.
- 시멘트는 수화열이 적은 중용열 포틀랜드시멘트, 고로슬래그시멘트, 플라이애시 시멘트 등을 사용한다.
- 골재는 굵은 골재의 최대치수를 크게 하거나 잔골재율을 감소시켜 굵은 골재량을 증가시킨다. 온도팽창이 적은 석회석과 같은 골재를 선정하며 골재를 미리 냉각시키기도 한다.
- 콘크리트 배합시 얼음 등을 혼합한 차가운 물을 사용한다.
- 플라이애시, 고로슬래그, 실리카흄 등 포졸란계 혼화재를 시멘트 대체제로 사용하여 단위시멘트량을 줄임으로써 수화열을 감소시킨다.

③ 콘크리트 시공 측면
- 콘크리트를 한번에 타설하지 않고 적정 크기로 나누어서 타설한다. 이때 이음이 생긴 부위는 구조적으로 취약하므로 사전에 그 위치를 검토한다.
- 수화열에 의한 온도균열을 방지하기 위해 콘크리트의 표면온도가 천천히 감소하도록 양생방법 및 양생기간을 검토한다.
- 파이프 쿨링 실시("3) 서중콘크리트 양생방법" 참조)

(5) 고강도콘크리트 공사

설계기준강도가 보통 콘크리트는 40MPa 이상, 경량 콘크리트는 27MPa 이상의 콘크리트로 강도·내구성·수밀성이 우수한 고품질의 콘크리트이다. 고강도 콘크리트는 단면의 축소 및 경량화가 가능하고, 화학적 작용에 강하며, 고성능 감수제의 사용으로 시공성이 좋다.

1) 고강도콘크리트 생산 시 유의사항

- 물시멘트비를 감소시키기 위해 고성능 감수제를 사용한다.
- 콘크리트 내부의 공극률을 감소시키기 위해 플라이애시, 실리카흄, 고로슬래그 미분말 등의 혼화재를 사용한다.
- 굵은골재는 콘크리트 강도 및 워커빌리티에 미치는 영향이 크므로 대소의 입자가 고르게 포함되고 공극률이 작은 것을 사용한다.
- 물시멘트비는 50% 이하로 한다.
- 단위수량, 단위시멘트량, 잔골재율은 소요 워커빌리티 및 강도를 얻을 수 있는 범위 내에서 가능한 한 적게 한다.
- 슬럼프 값은 150mm 이하로 한다.

2) 고강도콘크리트 시공 시 유의사항

- 재료가 분리되거나 슬럼프가 저하되지 않도록 최대한 빨리 운반한다.
- 콘크리트 타설시 낙하높이를 1m 이하로 하여 재료분리가 발생하지 않도록 한다.
- 고강도 콘크리트는 점성이 크므로 타설장비 선정 시 고려한다.
- 고강도콘크리트는 초기강도 발현이 중요하므로 양생 시 진동·충격 등을 받지 않도록 한다.
- 고강도콘크리트는 물시멘트비가 낮으므로 반드시 습윤양생한다.
- 부어넣기 후 경화할 때까지 직사광선이나 바람에 의해 수분이 증발하지 않도록 조치한다.

(6) 유동화콘크리트 공사

단위수량이 적은 콘크리트에 유동화제를 첨가하여 유동성을 크게 한 콘크리트이다. 유동화콘크리트는 단위수량은 적지만 시공성이 좋은 콘크리트 타설이 가능하므로 건조수축에 의한 균열을 줄일 수 있다. 유동화제를 첨가한 후에도 필요한 품질을 읽을 수 있도록 배합, 타설, 양생 등에 주의해야 한다.

유동화 콘크리트의 배합강도는 베이스콘크리트[22]의 압축강도에 따라 정해지며 슬럼프의 최대치는 표 8-20과 같다.

■ 표 8-20 유동화콘크리트의 슬럼프

콘크리트의 종류	베이스 콘크리트	유동화 콘크리트
보통콘크리트	150mm 이하	210mm 이하
경량콘크리트	180mm 이하	210mm 이하

유동화콘크리트의 재유동화는 원칙적으로 하지 못하며 부득이한 경우 책임기술자의 승인을 받아 1회에 한해 재유동화 할 수 있다. 유동화콘크리트의 비비기부터 타설 완료까지의 시간은 보통 콘크리트와 같다.

---

22) 유동화콘크리트 제조 시 유동화제를 첨가하기 전의 기본배합의 콘크리트를 말한다.

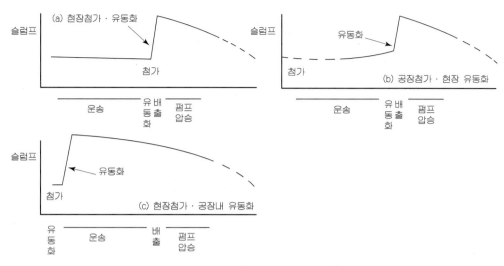

그림 8-90 유동화 콘크리트의 제조방법

(7) 고내구성 콘크리트 공사

높은 내구성을 필요로 하는 건축물에 사용하는 콘크리트로서 파손·노후·균열 등이 생기지 않고 오랜기간 동안 사용성능을 유지한다. 콘크리트의 내구성은 염해(鹽害), 중성화(中性化), 알칼리 골재반응, 동결융해, 온도변화, 건조수축(drying shrinkage) 등에 의해 저하되므로 배합설계 및 시공 과정에서 철저한 품질관리가 필요하다.

설계기준강도는 보통 콘크리트에서는 21~40MPa, 경량 콘크리트에서는 21~27MPa 정도로 정한다. 슬럼프값은 120mm 이하, 유동화제를 사용할 경우는 180mm 이하(베이스콘크리트 120mm)로 하며 물시멘트비의 최대 값은 표 8-21과 같이 설정한다.

■ 표 8-21 물시멘트비의 최대값

시멘트의 종류 〉 콘크리트의 종류	보통 콘크리트(%)	경량 콘크리트(%)
포틀랜드 시멘트 고로 슬래그 시멘트 특급 실리카 시멘트 A종 플라이 애시 시멘트 A종	60	55
고로 슬래그 시멘트 1급 실리카 시멘트 B종 플라이 애시 시멘트 B종	55	55

고내구성콘크리트의 비비기 시작부터 타설 종료까지 시간 한도는 외기 온도가 25℃ 미만일 때는 90분, 25℃ 이상일 때는 60분으로 한다.

(8) 수밀콘크리트 공사

수영장, 저수조, 지하실 등 압력수가 작용하는 구조물로서 특별히 수밀성을 필요로 하는 곳에 시공하는 콘크리트이다.

- 콘크리트는 이음부가 누수의 원인이 되는 경우가 많으므로 이음부의 수밀성 확보가 중요하다.
- 수밀성을 향상시키기 위해 물시멘트비(55% 이하), 슬럼프(180mm 이하), 공기량 (4% 이하)을 적게 하고 단위 굵은 골재량은 많게 한다.
- 콘크리트의 다짐을 충분히 하며 가급적 이어치기 하지 않는다.
- 연직시공 이음에는 지수판을 설치하여 누수를 방지한다.

(9) 수중콘크리트 공사

현장타설 콘크리트 말뚝, 지하연속벽 등 물 속 또는 안정액 속에서 시공하는 콘크리트 공사이다. 수중콘크리트는 수중에서 시공하므로 수중 분리저항성[23]을 가져야 한다. 수중콘크리트의 물시멘트비, 단위시멘트량, 슬럼프 값은 표 8-22를 원칙으로 한다.

■ 표 8-22 수중콘크리트의 물시멘트비, 단위시멘트량, 슬럼프 값

항 목	일반 수중콘크리트	현장타설 콘크리트 말뚝	지하연속벽
물시멘트비	50% 이하	60% 이하	55% 이하
단위시멘트량	$370kg/m^3$ 이하	$300kg/m^3$ 이하	$350kg/m^3$ 이하
슬럼프 값	180mm 이하	210mm 이하	210mm 이하

- 수중에서 콘크리트를 낙하시키면 재료분리가 일어나므로 낙하시켜서는 안 된다.
- 수중콘크리트 타설 시 시멘트가 물에 씻겨나가지 않도록 트레미관이나 펌프카를 이용하여 타설한다.
- 트레미관의 선단은 콘크리트 면보다 2m 아래로 넣어 타설한다.

(10) 프리스트레스트 콘크리트(prestressed concrete) 공사

주어진 하중에 의해 부재에 일어나는 응력의 크기와 분포를 가상하여, 부재에 하중이 가해지기 전에 이를 상쇄할 수 있는 힘을 미리 인공적으로 준 콘크리트로, 콘크리트 속에 철근 대신 강도가 높은 PS(prestressing)강재를 삽입하여 프리스트레싱한다. 콘크리트의 인장력이 생기는 부분에 프리스트레스를 주어 콘크리트의 인장강도를 증가시킨다. 하중에 대한 균열, 수축에 의한 균열이 적고 탄력성 및 복원성이 크며 장스팬 대형 보에 많이 사용한다.

---

23) 콘크리트의 점성을 증가시켜 물속에서도 재료분리가 일어나지 않게 하는 성질

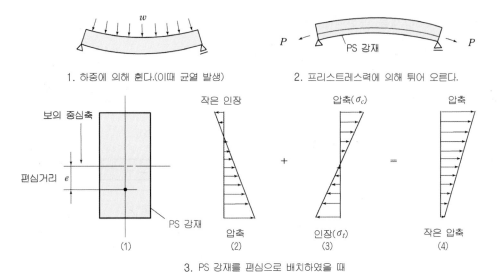

1. 하중에 의해 휜다.(이때 균열 발생)　　2. 프리스트레스력에 의해 튀어 오른다.

3. PS 강재를 편심으로 배치하였을 때

그림 8-91 프리스트레스트 콘크리트의 원리

1) 프리스트레스트 콘크리트 공사 시 유의사항

- PS강재에는 PS강선, PS강봉, PS스트렌드, 피아노선 등이 있는데 KS 규정에 적합한 것을 사용해야 하며 열의 영향을 받은 것은 사용해서는 안 된다.
- 콘크리트를 타설할 때 시스(sheath)[24]의 내부에 시멘트 페이스트가 들어가 막히지 않도록 주의한다.
- 정착장치의 지압면은 긴장재와 수직이 되도록 하며 이를 위해 정착장치 부근의 긴장재는 일부 직선부를 두는 것이 좋다.
- 덕트 내에 PS 그라우트를 주입할 때 빈틈이 없이 잘 충전해야 한다.

2) 프리스트레싱 방법

프리스트레스트 콘크리트에 프리스트레스를 가하는 방법은 다음과 같다.

① 프리텐션(pretension) 공법

- PS강재에 미리 인장력을 가한 후 주위에 콘크리트를 타설하여 경화시킨다. 콘크리트가 경화한 후 PS강재의 인장력을 풀어서 미리 주어둔 인장력이 PS강재와 콘크리트의 부착력에 의해서 콘크리트에 전달하는 방법이다.
- 소형 건축부품을 공장에서 생산할 경우에 많이 사용된다.
- 인장력이 PS 강재와 콘크리트의 부착력에 의해 전달되므로 시스 및 접착장치 등이 필요 없다.

---

24) 콘크리트를 타설한 후 PS강재를 삽입할 수 있도록 미리 콘크리트에 설치한 얇은 관

•PS강재를 곡선형태로 배치하기가 곤란하여 대형부재 제작이 어렵다.

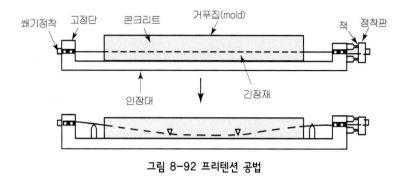

그림 8-92 프리텐션 공법

② 포스트텐션(post tensioning) 공법

•콘크리트를 타설하기 전에 미리 얇은 관(시스)을 설치하고, 콘크리트를 타설하여 경화되면 PS강재를 삽입한 후 PS강재를 당겨서 인장력을 준 후 양쪽 단부의 정착장치에 고정시키면 그 반력으로 콘크리트에 강한 압축력이 전달되는 방식이다.

•PS강재를 넣은 구멍 속에 모르타르를 그라우팅 한다.

•주로 대형 부재(보, 기둥)의 생산에 사용되고, 현장제작도 가능하다.

•주입 모르타르는 유동성이 크고 응결시간이 길어서 쉽게 유출될 수 있으므로 새는 곳이 없도록 한다.

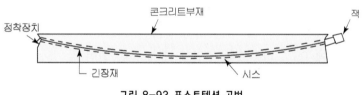

그림 8-93 포스트텐션 공법

(11) 프리팩트콘크리트 공사

거푸집 속에 미리 굵은 골재를 채워 넣은 후, 그 속에 유동성이 좋은 특수 모르타르를 적당한 압력으로 주입하여 타설한 콘크리트이다. 프리팩트콘크리트는 기존 구조물의 보수·보강 공사에 사용하며 기초공사 및 주열식의 현장타설 흙막이 공사에 사용한다. 거푸집의 강도는 주입 모르타르의 측압을 견뎌야 하며, 이음부에서 시멘트 페이스트의 유출이 없도록 한다. 프리팩트콘크리트는 일반 콘크리트와 비교하여 콘크리트의 품질을 확인하기가 어려우므로 필요한 품질이 확실히 얻어질 수 있도록 모르타르의 배합을 결정하고 시공방법을 정한다.

(12) 해양콘크리트 공사

해양콘크리트는 바다속이나 바다와 가까워 염해를 받기 쉬운 곳에 시공하는 콘크리트이다. 해양콘크리트는 염해에 의해 콘크리트가 노후되고 강재의 부식이 일어나기 쉬우므로 피복두께를 크게 하고 균열이 적게 발생하도록 시공한다.

(13) 팽창콘크리트 공사

경화과정에서 팽창하는 성질을 가진 시멘트나 혼화재료를 사용하여 만든 콘크리트이다. 팽창재를 혼화재로 첨가하여 건조수축으로 인한 체적감소를 억제시키고 균열을 방지한다. 팽창콘크리트는 균열부분의 보수공사, 그라우트, 장 스팬의 구조물 공사에 사용한다.

(14) 섬유보강콘크리트 공사

보통콘크리트 보다 인장과 균열에 대한 저항성을 크게 하기 위해서 섬유(강섬유, 유리섬유, 탄소섬유, 비닐론 섬유)를 보강한 것으로 콘크리트에 직경 0.1mm 이하의 섬유를 분산시켜 시공하는 콘크리트이다. 비빔중의 분산상태가 타설·다짐 중에도 유지되도록 해야 하며 섬유가 분산되지 않고 모여서 파이버 볼(fiber ball)을 형성하면 강도가 떨어진다.

(15) 방사선 차폐용콘크리트 공사

원자로 관련시설, 의료용 조사실(照射室) 등에 사용되는 감마선과 중성자선 등의 방사선을 차폐하여 생체를 방호할 목적으로 시공하는 콘크리트이다. 슬럼프는 15cm 이하로 하고 물시멘트비는 50% 이하를 원칙으로 한다. 시공 시 이음부에서 최대한 기밀이 유지되도록 하며, 차폐검사를 통해 콘크리트의 품질을 확인한다.

(16) 진공콘크리트 공사

콘크리트가 경화하기 전에 진공매트 등으로 콘크리트 표면을 덮고 펌프 등으로 물과 공기를 흡입(suction)하고 대기압에 의해 콘크리트에 압력이 가해지도록 시공하는 콘크리트이다. 조기강도, 내구성, 마모성이 커지고 건조수축이 적어 콘크리트 공장제품을 만드는데 사용된다.

(17) 노출콘크리트 공사

콘크리트에 모르타르를 바르거나 다른 마감재를 부착하지 않고 콘크리트 자체를 노출시켜 마감한 콘크리트이다. 노출콘크리트는 마감이 없으므로 마감비용이 절약되고, 자중이 감소하며, 공정이 줄어 공사기간이 단축된다. 시공이 잘못되었을 경우 보수하기가 매우 어려우므로 정확한 형상과 깨끗한 표면으로 시공해야 한다.

제8장

8.4.7 PC(Precast Concrete)공사

기둥, 벽, 보 및 바닥 철근 콘크리트 부재를 공장에서 제작하고, 현장에서 양중장비를 이용하여 조립하는 공사로 공업화 공법의 하나이다. 건설 수요의 급증으로 인하여 대량생산이 필요해지면서 적용되고 있는 공사이다.

(1) PC공법의 특징

1) PC공법의 장점

- 기후의 영향을 받지 않아 동절기 시공이 가능하고, 공사기간을 단축할 수 있다.
- 현장작업이 감소되고, 생산성이 향상되어 인력절감이 가능하다.
- 공장 제작이므로 콘크리트 양생시 최적 조건으로 양질의 제품생산이 가능하여 장기 처짐이 작고 균열이 덜 발생된다.
- 현장작업이 감소되어 현장소음과 폐재료가 적어져, 민원과 건설공해를 줄일 수 있다.

2) PC공법의 단점

- 현장타설 콘크리트 공법처럼 자유롭게 형상을 만들지 못하므로 설계상 제약이 따른다.
- PC생산 공장에서 현장까지 운반해야 하므로 운반비가 상승한다.
- PC생산 공장이 필요하므로 초기 시설투자비가 많이 든다.
- PC부재가 중량이고 장비 위주의 작업이 많기 때문에 장비비가 많이 든다.
- PC부재와 부재 사이 또는 PC부재와 본 구조체의 완전한 일체화 시공이 힘들다.

(2) PC공법의 종류

PC구조는 부재의 형태 및 조립방식에 따라 구분할 수 있다.

1) 기둥-보 구조

기둥-보 구조(column & beam system)는 기둥은 PC부재로 하여 하부 기둥과 슬래브를 이용하여 주근의 접합을 하고, 보는 슬래브와 접하는 부분은 현장에서 타설하는 PC합성보로 하며, 슬래브는 PC판 또는 하부만 PC인 Half-PC[25] 바닥판을 사용하고 상부를 현장타설 콘크리트로 하는 구조이다.

---

25) 바닥판 하부는 공장에서 생산된 PC판을 사용하고, 상부 부분은 현장타설 콘크리트로 일체화하여 바닥 슬래브를 구축하는 공법

접합부(기둥-기둥, 기둥-보, 큰 보-작은 보, 보-슬래브) 및 바닥판 상부(Half-PC 바닥판인 경우)는 PC부재 조립 후 철근배근과 거푸집 조립을 한 뒤 현장타설 콘크리트에 의해 일체화 한다.

그림 8-94 PC beam 설치

2) 판식구조

판식구조(panel system)는 벽은 PC부재로 하여 하부 벽과 슬래브를 이용하여 철근 주근의 접합을 하고, 바닥은 PC판 또는 하부만 PC인 Half-PC 바닥판을 사용하고 상부를 현장타설 콘크리트로 하는 구조이다. 벽과 바닥판 모두 판식(panel)으로 되어 있어서 판식구조라 한다.

접합부(벽-벽, 벽-슬래브) 및 바닥판 상부(Half-PC 바닥판인 경우)는 PC부재 조립 후 철근배근과 거푸집조립을 한 뒤 현장타설 콘크리트에 의해 일체화한다.

그림 8-95 PC 슬래브 설치   그림 8-96 PC 벽체 설치

제8장

3) 박스 시스템

공장에서 생산된 상자형의 스페이스 유니트(space unit)를 현장에서 쌓거나 연결하면서 건축물을 구축하는 방법이다.

4) 복합시스템

복합시스템은 RC공법과 PC공법을 병행하는 공법이다. 각 부재마다 RC공법과 PC공법의 혼용 방법에 따라 여러 가지 종류가 있다.
① RC 벽 + PC 바닥판
② PC 벽 + RC 바닥판
③ RC 벽 + Half PC 바닥판
④ RC 기둥-보 + Half PC 바닥판

그림 8-97 PC 기둥·보·Half Slab

그림 8-98 PC 기둥·보 접합부

(3) PC공법과 RC공법의 비교

PC공법, RC공법 및 복합화공법 등은 각기 장단점을 가지고 있다. 건축물의 종류, 현장여건, 공사기간, 경제성 등 여러 가지를 검토하여 공법을 선정해야 한다.

■ 표 8-23 RC공법과 PC공법의 상대적 비교

비교대상	RC공법	PC공법
가격	저가	고가
품질	낮다	높다
공기	길다	짧다
일체성 확보	유리	불리
시공의 유연성	좋다	나쁘다
차폐성능(물/음/열)	좋다	나쁘다
생산방식	주문생산(디자인 다양)	소품종 대량생산
안전성	낮다	높다
공사규모	소규모	대규모

(4) PC공사 시공계획

PC공사의 시공계획은 충분한 사전조사와 PC부재의 생산방식, PC부재의 조립방법 및 현장여건 등을 모두 고려하여 효율적이고 경제적인 시공이 되도록 한다.

특히 PC생산은 PC공장에서 이루어지고 PC조립은 공사현장에서 이루어지므로 공장과 현장과의 긴밀한 협조가 매우 중요하다.

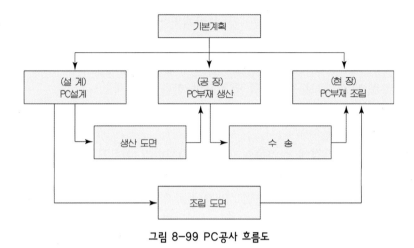

그림 8-99 PC공사 흐름도

(5) PC부재 생산

PC생산 시 유의할 사항은 다음과 같다.

- 몰드는 거푸집과 같은 역할을 하므로 이물질을 제거하고 청소해야 하며 휘거나 손상되지 않도록 한다.
- 철근의 피복두께가 정확히 유지되도록 한다.
- PC부재는 저장 시점에도 양생이 되므로 주의하고, 판형 부재는 수직으로 세워 보관한다.
- 운반 시 부재의 변형을 방지하기 위해 2점 지지로 운반하고, 부재의 길이가 긴 경우는 2점 이상 지지한 상태에서 운반한다.

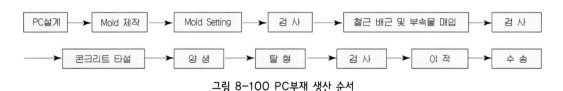

그림 8-100 PC부재 생산 순서

(6) PC부재 현장조립

PC부재의 현장조립은 구조적 안전성에 영향을 미치는 중요한 작업으로 부재의 접합 공법과 현장여건 등을 고려해야 한다. PC부재의 현장조립 시 주의해야 할 사항은 다음과 같다.

- PC부재는 대형, 중량이어서 대형 운반차량을 사용하므로 운반로를 확보한다.
- PC부재를 조립하기 위해서는 운반된 PC부재를 야적하기 위한 공간이 필요하며 PC 야적 공간이 부족하면 운반 및 조립계획에 어려움이 많으므로 충분한 야적공간을 확보한다.
- 야적장의 위치를 정할 때는 양중장비의 능력을 고려한다.
- PC부재의 조립 시 정밀도를 유지해야 한다.
- PC접합부에서 균열, 누수, 결로 등 많은 문제점이 나타나므로 접합부의 시공에 많 은 주의를 기울여야 한다.
- PC접합부는 단열에 취약하여 결로가 발생하기 쉬우므로 결로 방지대책을 수립하여 시공해야 한다.
- PC부재 양중 시 중량물이므로 안전에 주의한다.

(7) 접합공법

공장에서 부재별로 생산한 PC부재를 현장에서 조립하므로 PC부재와 PC부재 사이 에 접합부가 발생하게 된다. 접합부는 PC공사에서 가장 중요한 부분으로 구조적 안 전성·수밀성·기밀성 등을 확보하며 정밀도를 유지해야 한다.

1) PC접합부의 요구성능

PC접합부는 조립 시 발생하는 각종 변위를 흡수해야 하며, 시공이 용이해야 한다. 또한 구조적으로 취약한 곳이므로 안전하게 시공해야 하며 지진하중이나 풍하중과 같은 횡하중에 대해서 안전성을 확보해야 한다. 접합부는 균열이나 누수가 발생하 기 쉬우므로 밀실하게 시공하도록 하며 차음에 유의한다.

2) 접합의 종류

① 습식접합(wet joint)

접합부를 모르타르나 콘크리트로 충전하여 접합하는 방식으로 가장 많이 사용하 는 방법이다. 습식접합은 모르타르나 콘크리트가 새어나오지 않도록 거푸집을 설 치하고, 보강용 철근을 배근해야 하므로 시공이 번거로우나 조립 시 발생하는 변 위를 조정하기 쉽다.

습식접합은 벽판과 벽판의 수직이음, 기둥과 보와의 접합, PC복합보 상부와 바 닥판과의 접합 등에 많이 사용된다.

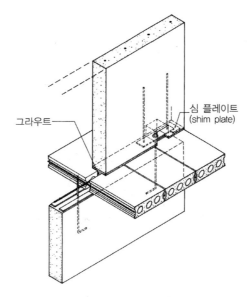

그림 8-101 습식접합

② 건식접합(dry joint)

모르타르나 콘크리트를 사용하지 않고 용접, 볼트(bolt), 인서트(insert) 등으로 접합하는 방식이다. 습식접합에 비해 시공은 간단하나 조립 시 발생한 변위를 조정하기 어렵다. 건식 접합부는 불에 약하며 부식될 우려가 있으므로 내화 및 방청의 목적으로 피복 모르타르 또는 콘크리트를 타설한다.

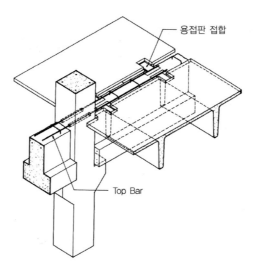

그림 8-102 건식접합

8.4.8 보수 및 보강 공법

보수는 손상된 구조물의 내구성, 안정성, 미관 등 내하력 이 외의 기능을 설계 당시 수준으로 회복시키는 것이고, 보강은 손상에 의해 저하된 구조물의 내하력을 설계 당시의 수준 또는 그 이상으로 회복시키는 것을 말한다.

(1) 보수 및 보강의 목적

- 현재 상태의 안정성, 내구성, 기능성 등의 성능을 유지하기 위하여 열화, 손상의 진행을 억제하기 위함
- 열화, 손상된 구조물 또는 그러한 가능성이 있는 구조물에 대하여 실용상 지장이 없는 소요의 성능까지 회복시키기 위함

(2) 보수 및 보강은 다음과 같은 구조물의 내구성 저하요인이 존재하므로 필요하다.
- 콘크리트 중성화
- 동결/융해 작용
- 알칼리 골재반응
- 강재의 부식

8.5 ● 콘크리트 균열의 원인과 대책

콘크리트 균열의 원인은 다양한 기준으로 구분된다. 가장 기본적인 것은 콘크리트의 물리적 변형에 의해 발생하는 균열이며, 재료적, 시공적, 환경적 측면에서 균열의 발생 원인을 구분하기도 한다. (8.4.2절의 균열 관련 내용도 참조 바람)

8.5.1 콘크리트의 변형과 균열

공학적으로 해석할 때 콘크리트 균열은 콘크리트의 변형 때문에 발생한다. 다시 말해서 콘크리트 부재가 변형을 일으켜 균열이 발생된 것이다. 따라서 다음과 같이 콘크리트 변형을 발생시키는 3가지 원인에 대하여 이해할 필요가 있다. (이와 관련하여 "8.4.2 콘크리트의 특성"에서 "(2) 경화된 콘크리트"의 "2) 변형"을 참조하기 바람)

(1) 탄성변형

탄성변형은 콘크리트 부재에 하중이 가해지면 변형, 제거하면 변형이 없어져 원래대로 복귀되는 현상을 의미한다. 콘크리트 부재는 그림 8-103과 같이 탄성 변형이 일어난다. 콘크리트가 탄성변형 한계를 넘으면 균열로 발전하게 된다. 즉, 콘크리트 균열이 발생한다. 이와 관련하여 보다 자세한 내용은 참고문헌[12]를 참고한다.

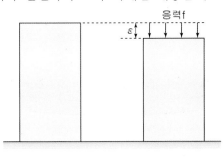

(a) 초기 부재   (b) 탄성변형

그림 8-103 탄성변형

(2) 건조수축 변형

건조수축 변형은 그림 8-104와 같이 수화된 시멘트에 흡착되었던 수분이 증발하여 건조되는 과정에 콘크리트의 체적이 줄어드는 것을 의미한다. 이 과정에서 그림 8-104(A)와 같이 창문이나 문 또는 기둥의 모서리에서 균열이 발생한다. 이러한 균열을 방지하기 위해서는 그림 8-104(C)와 같이 균열 방향의 직각으로 45도 경사철근(diagonal bar)를 각기 2대씩 설치한다. 참고로 건조수축 변형은 콘크리트와 주위 상대습도의 차이에 의해 발생하게 된다. 이와 관련하여 보다 자세한 내용은 참고문헌[13,14]를 참고한다.

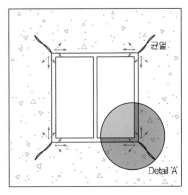
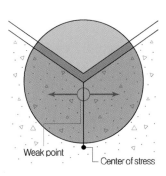
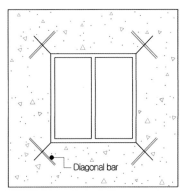

(a) 개구부 사인장 균열   (b) Detail 'A'   (c) Diagonal bar 설치

그림 8-104 건조수축 변형

(3) 크리프(creep) 변형

크리프 변형은 그림 8-105와 같이 지속 하중에 의해 시간의 경과와 함께 증대하는 변형을 의미한다. 즉, 철근콘크리트 구조가 완성된 후 사용한계를 넘은 시간 (예를 들어, 100년)이 경과하면, 장기 재하에 따른 피로에 의해 변형이 발생하며, 그 결과 균열이 발생한다. 이것을 크리프 변형에 의한 균열이라 한다. 이와 관련하여 보다 자세한 내용은 참고문헌[15]를 참고한다.

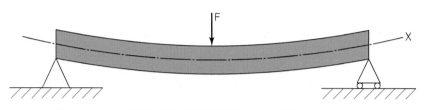

그림 8-105 보의 크리프(creep) 변형

8.5.2 균열의 원인별 구분

(1) 재료적 측면의 콘크리트 균열

재료적 측면에서 콘크리트의 균열은 굳지 않은 상태에서의 균열과 굳은 후 발생하는 균열이 있다.
- 시멘트의 이상 응결 - 폭이 크고, 짧은 균열, 불규칙하며 신속히 발생
- 시멘트의 이상 팽창 - 방사형의 그물모양 균열
- 콘크리트의 침하 및 Bleeding - 타설 1~2시간 후 철근 상부와 벽, Slab 경계부에 불연속적으로 발생
- 골재에 포함된 토분 - 콘크리트 표면의 건조에 따라 불규칙적으로 망상균열이 발생
- 시멘트의 수화열 - 단면이 큰 콘크리트에서 1~2주 후 직선상 등간격, 규칙적으로 부재 표면 혹은 관통 균열이 발생
- 콘크리트 경화 및 건조수축 - 2~3개월 후에 개구부, Corner부에 경사균열, Slab, 보 등에 세장한 등간격 균열 발생
- 반응성 골재와 풍화암 사용 - 콘크리트 내부로부터 볼록볼록하게 폭열된 모양으로 발생

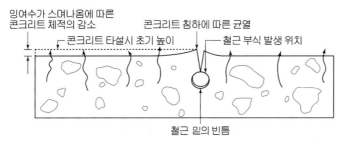

잉여수가 스며나옴에 따른
콘크리트 체적의 감소

콘크리트 침하에 따른 균열

콘크리트 타설시 초기 높이

철근 부식 발생 위치

철근 밑의 빈틈

그림 8-106 콘크리트 침하 및 Bleeding

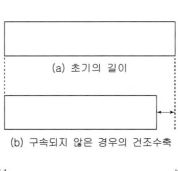

(a) 초기의 길이

(b) 구속되지 않은 경우의 건조수축

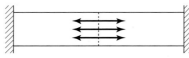

(c) 구속된 건조수축에서의 인장영역

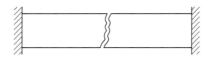

(d) 인장응력이 인장강도보다
큰 경우 균열발생

그림 8-107 콘크리트 경화 및 건조수축

(2) 시공 과정에서 발생하는 균열

- •혼화제의 불균일 분산 – 전면에 망상 또는 길이가 짧은 불규칙한 균열 발생
- •장시간 비비기 – 전체 면에서 망상 균열과 길이가 짧은 불규칙한 균열 발생
- •시멘트량과 물의 증가 – 콘크리트의 침하 및 블리딩에 의한 균열, 또는 콘크리트 경화, 건조수축에 의한 균열의 원인이 됨
- •철근 피복두께의 감소 – 바닥에서는 주변을 따라 원형(circle)으로 발생하며, 철근, 배관이 설치된 표면에 연하게 발생
- •급속한 타설 – 표면곰보, 균열 발생의 기점이 되기 쉬움
- •불충분한 다짐 – 바닥 주변 배근, 배관 설치 표면에 균열 발생
- •거푸집의 변형 – 바닥판과 보 단부의 상부, 중앙부의 하단에 균열 발생
- •거푸집 지지공의 침하 – 강도 부족에 의해 균열 발생
- •시공 이음(construction joint) 처리의 불량 – 콘크리트 시공이음 장소나 콜드조인트(cold joint)가 균열로 발생
- •경화 전의 진동과 재하 – 타설 직후 표면의 각 부분에 짧고 불규칙한 균열 발생
- •초기 양생의 불량 – ①급격한 건조: 가느다란 균열, 거푸집을 제거하면 Concrete가 하얗게 됨, ②초기동결: 건조수축 및 경화 균열과 유사하며, 습도의 변화에 따라 변동

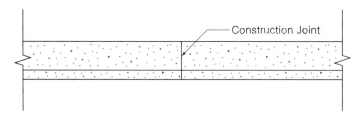

그림 8-108 시공 이음(construction joint) 처리의 불량

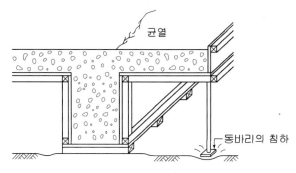

그림 8-109 거푸집 동바리의 침하

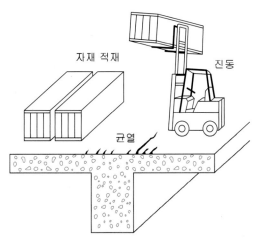

그림 8-110 경화 전 진동과 재하로 인한 균열

(3) 환경적 측면에서 발생하는 균열

- 온도, 습도의 변화 – 콘크리트 경화, 건조수축에 의한 균열과 유사하며, 발생된 균열은 온도, 습도의 변화에 따라 변동
- 부재 양면의 온도, 습도의 차이 – 저온측 또는 저습측의 표면에 휨방향과 직각으로 발생
- 동결융해의 반복 – 표면이 부풀어 올라서 부슬부슬 떨어지게 됨
- 화재, 표면의 가열 – 표면전체에 거북 등 모양의 균열이 발생
- 내부 철근의 녹 – 철근에 따라 균열 발생, 피복 콘크리트 박락, 녹의 유출
- 산, 염류의 화학작용 – 표면이 침식되고 팽창성 물질이 형성되어 전면에 균열이 발생

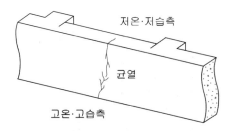

그림 8-111 부재 양면의 온도 및 습도 차이에 의한 균열

8.5.3 균열의 검사 및 평가

(1) 육안 검사

균열이 생긴 부위를 육안으로 검사하여 균열 폭과 길이, 방향, 발전 경로 등을 조사하여 구조체에 표시하고 그 부위를 스케치와 함께 사진을 찍어둔다. 균열 폭의 측정에는 그림 8-112와 같은 균열 측정용 스케일이나 휴대용 균열폭 측정기를 사용하면 0.0025~0.05mm의 균열 폭까지 측정할 수 있다.

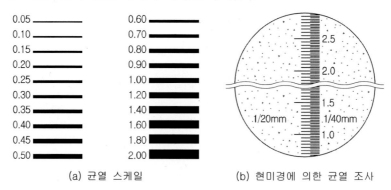

(a) 균열 스케일   (b) 현미경에 의한 균열 조사

그림 8-112 균열 검사 및 평가

(2) 비파괴 검사

콘크리트 균열 조사에는 초음파 탐사법이 많이 사용되고 있다. 이러한 방법으로 많이 사용되는 것은 공진법(resonance method), 펄스 반사법(pulse reflection method) 및 음향 방사법(acoustic emission method) 등이 있다. 이러한 방법에 사용되는 기기들은 비교적 설치가 간단하여 사용하기가 편리하나, 정확한 판단을 위해서는 경험을 필요로 한다. 이밖에 방사선이 물체를 통과하는 성질을 이용한 방사선 탐사법이 있다. (8.4.4절의 (8) 현장 품질관리, 3) 콘크리트 구조물의 품질검사 참조)

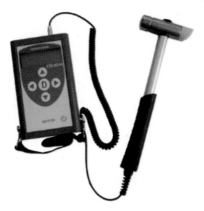

그림 8-113 비파괴 콘크리트 테스터

(3) 코아 검사(core test)

코아 검사는 의심이 가는 부분의 코아를 채취하여 결함을 알아내거나 균열의 크기 및 깊이 등을 비교적 정확하게 조사할 수 있다. 콘크리트 균열조사 뿐 아니라 콘크리트 강도, 피복두께, 철근 배근 상태, 콘크리트 중성화 두께 등을 조사하는데 가장 신뢰도가 높은 조사방법이다.

8.5.4 균열의 보수 및 보강

균열 보수의 목적은 균열에 의한 콘크리트 구조물의 기능저하나 내구성 저하를 회복시키는 것이다. 그러기 위해서는 균열조사의 결과를 토대로 균열의 상황을 충분히 파악하고 보수의 목적에 가장 적합한 보수방법을 선정하는 것이 중요하다.

(1) 표면처리 공법

표면처리 공법은 미세한 균열(일반적으로 폭 0.2mm 이하) 위에 도막을 구성하여 방수성, 내구성을 향상시킬 목적으로 행하는 공법으로, 균열부분만을 피복하는 방법이다. 표면처리 공법은 균열 내부의 처치를 할 수 없다는 점이나 균열이 활성화 될 시에는 균열이 지속적으로 진행되는 점 등의 결점이 있다. 표면처리 공법에 쓰이는 재료는 보수목적이나 그 구조물의 환경에 따라 다른데, 일반적으로는 도막탄성 방수재, 폴리머 시멘트 풀, 시멘트 필러 등이 이용된다. 이와 관련하여 보다 자세한 내용은 참고문헌[16]을 참고한다.

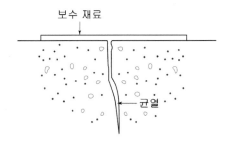

그림 8-114 표면처리 공법

(2) 주입 공법

주입 공법은 균열에 수지계 혹은 시멘트계의 재료를 주입하여 방수성, 내구성을 향상시키는 것이다. 주입 공법의 주류는 에폭시수지 주입공법으로 종래에는 수동이나 발로 밟는 식의 기계주입방식으로 행하였다. 그러나 이러한 방식은 주입량이 확인이 되지 않는다는 점, 관통하지 않는 균열에서는 재료 속 깊이 주입하기가 어렵다

는 점 및 주입압력이 너무 높으면 균열을 확대시킨다는 점 등의 문제가 있어 최근에는 저압 저속의 주입공법이 다양하게 고안되고 있다. 이와 관련하여 보다 자세한 내용은 참고문헌[16]을 참고한다.

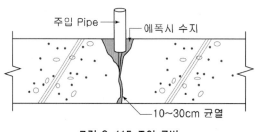

그림 8-115 주입 공법

(3) 충전 공법

충전 공법은 0.5mm 이상의 비교적 큰 폭의 균열 보수에 적당한 공법으로, 균열을 따라 콘크리트를 절단하고, 그 부분에 보수재를 충전하는 방법이다. 이러한 방식은 철근이 부식되지 않은 경우와 철근이 부식된 경우의 보수방법이 다르다.

• 철근이 부식되지 않은 경우 – 균열을 따라 약 10mm 폭으로 콘크리트를 U 또는 V 형으로 절단한 부분에 그림 8-116과 같이 실링재, 가소성 에폭시 수지 및 폴리머 시멘트 모르터 등을 충전해 균열을 보수한다.

그림 8-116 철근이 부식되지 않은 경우의 충전 공법

• 철근이 부식된 경우 – 그림 8-117과 같이 철근이 부식된 부분을 충분히 처리할 수 있을 정도로 콘크리트를 떼어내어 철근 녹을 제거한 다음 철근의 녹 방지처리와 콘크리트에 프라이머의 도포를 행한 후 폴리머 시멘트 모르터나 에폭시 수지 모르터 등의 재료를 충전한다.

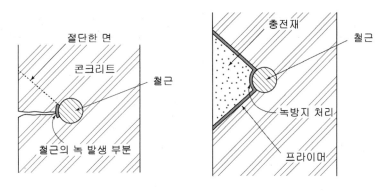

그림 8-117 철근이 부식된 경우의 충전 공법

8.6 • 콘크리트공사 단계별 예상문제점 및 대책

8.6.1 콘크리트공사의 단계

콘크리트 공사는 그림 8-103과 같이 크게 착공 전(pre-construction) 단계와 현장시공 단계로 구분되며, 시공업체, 전문 건설업체 등과 같은 협력업체, 발주처(감리 또는 CM 포함)가 관련되어 있다.

착공 전 단계에서 시공업체는 설계도서를 검토한 후 현장설명 계획서를 작성하여 현장설명을 실시한다. 협력업체는 현장설명을 통해 입수한 정보와 자료를 근거로 입찰에 참가한다. 시공업체는 입찰에 참여한 협력업체 중에서 공사금액 등의 조건에 맞는 업체와 계약하고, 자재공급원을 선정함으로써 착공을 위한 준비가 끝나게 된다.

현장시공 단계에서는 착공 전 단계에서 선정한 자재 공급원을 통해 자재를 납품받는다. 이후의 철근콘크리트공사는 협력업체가 맡게 되며, 자재의 양중과 현장 내 소운반 등을 통해 필요한 자재를 설치 위치에 운반한다. 이후 거푸집을 설치하기 위한 먹매김(marking)을 실시한 후 철근과 거푸집을 설치하고 콘크리트를 타설한다.

콘크리트 공사에서 발생 가능한 문제점과 대책 대응방안은 7.5.2절에 기술하였으며, 그림 8-118에서 원안에 A1, A2, …, B6으로 기술된 것은 표 8-24와 같이 콘크리트공사의 각 단계에서 예상되는 문제점과 대책 수립하기 위한 식별번호이다.

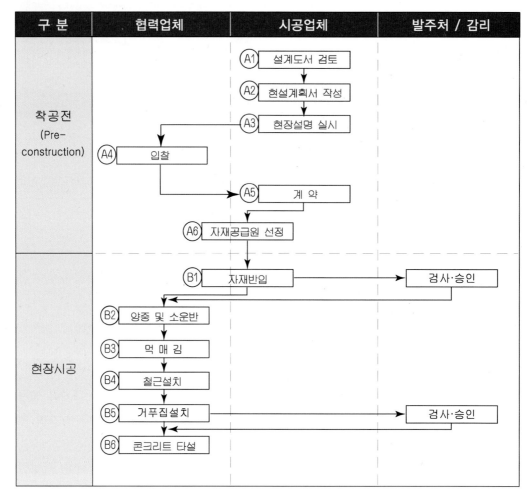

그림 8-118 콘크리트공사의 주요 단계

8.6.2 콘크리트공사 단계별 문제점과 대책

콘크리트공사에서 발생하는 문제는 그림 8-118과 같이 '설계도서 검토'에서 '콘크리트 타설' 단계에 이르기까지 모든 과정에서 발생한다. 예를 들어, 설계도서 검토 단계에서는 표 8-24와 같이 '골조와 마감도면의 불일치', '부적절한 공법 설계' 등의 문제가 있으며 이러한 문제의 대책으로는 '마감공사 협력업체와 도면 크로스 체크(cross check)' 및 '도급계약 시 설계변경 사유에 포함' 등이 있다. 이러한 대책은 현장개설 후 1개월 이내 및 계약 전에 마련하여 조치하는 것이 바람직하다. 콘크리트 공사 추진 과정에서 발생하는 주요 문제와 대책을 정리하면 표 8-24와 같다.

■ 표 8-24 콘크리트공사 단계별 문제점 및 대책

번호	단 계	문제점	대책	세부대책	
				수 행 시 점	요 구 정 보
A1	설계도서 검토	1. 골조와 마감도면 불일치	1. 마감공사 협력업체와 도면 크로스 체크 (cross check) - 개구부 및 전체치수 / 마감확인	현장개설 후 1개월 이내	설계도면 시방서
		2. 부적절한 공법 설계	2. 도급계약 시 설계변경 사유에 포함	계약 전	설계도면 시방서
A2	현장설명	1. 공사범위 누락	1. 도급내역과 별개로 내 역세분화 작성	현장설명 전	
		2. 정확한 공정 미반영	2. 유사 현장비교	현장설명 전	실적자료
A3	시공 계획서 작성	1. 부적격 업체 참여 - 품질, 안전, 공정 문제 발생	1. 정기적인 협력업체 현 황파악 F/B - 참가업체 선정시 업체 기평가 내용반영	현장설명 전	업체 평가서
A4	입찰	1. 실행예산 초과로 재입찰	1. 적정금액 산정	개설 후~ 현장설명 전	공법검토서
		2. 현장내용 이해 불충분 - 저가수주로 인한 문제	2. 현장 참여시 대표자외 실무 소장 혹은 반장 참여 명문화하여 현장 파악 충실화	현장설명 전	업체별 수행능력 평가서
A5	계약	1. 업체 부도로 인한 계약 불가 - 업체 재선정 - 중간 부도시	1. 입찰시 차순위 업체도 검토하여 대비 - 업체평가에 의한 부실 업체 참가배제 - 공사 중 부도시 프로세 스 수립	현장설명~ 입찰	업체 평가서
A6	자재업체 선정	1. 자재시황에 의한 수급 문제	1. 사전 수급현황 조사 F/B	현장개설~ 골조착수전	자재시황 보고서
		2. 레미콘 납품사와 현장간 의 거리, 교통상황	2. 긴급시 현장선정권 부여 - 레미콘의 경우	골조착수전	업체 조사서
B1	현장반입	1. 불량자재 반입 - 규격미달 및 불량품	1. 철근 : 규격 및 고강도 근 여부확인 거푸집 : 업체 반입이 보통 이므로, 현설시 기준 제시 레미콘 : 규격확인 담당자 지정	자재반입 ~착수전 현장설명 후~ 착수전	반입자재 리스트 도면 및 시방서

B2	양중 및 소운반	1. 장비사용율 저하	1. 장비사용 계획 작성 (공종별 시간) - 공종별 확인 및 공유	공사착수전	공종별시공 계획서
		2. 장비 용량 부적합	2. 가설계획 수립시 1차 및 착공전 2차 검토실시	시공계획 수립~착공전	시공계획서 장비검토서
B3	먹매김	1. 오류로 인한 문제 - 법적 문제 혹은 철거, 재시공	1. 다단계 먹메김 확인절 차 수립 - 먹반장, 협력사책임자, 담당자, 공사과장 확인	착공~ 거푸집 설치전	시공도(shop drawing) 작업 절차서
B4	철근설치	1. 과도한 검측	1. 사전 검측 절차 및 기 준협의 - 감독관, 감리자, 협력사 포함	공종 착수전 ~골조착수전	
		2. 선 공정에 의한 철근절 단 및 재시공	2. 시공도작성 후 관련 공종 책임자에게 배포 크로스 체크 후 공종 별 현설에 반영	시공도작성 ~ 골조착수전	선공종 인수인계서
		3. 재시공		착수전	검측 결과서
B5	거푸집 설치	1. 부정확한 거푸집 설치로 추가작업 - 마감시 할석부분 발생	1. 시공도 작업시 코너부 보강확인 - 복잡한 위치 Mock-up 실시	Mock-up ~착수전	시공도
		2. 동바리 붕괴	2. 동바리설계 Program 적용 실시	시공도 작성시	동바리 검토서 시공도
		3. 작업인원 부족	3. 현설시 절대공기제시 및 입찰시 투입인원 지시 이행 조항 명시 - 인원동원 지시이행 확인	현설~ 계약전	협력사 인원현황서 /타현장수 행검토서
B6	콘크리트 타설	1. 교통상황에 의한 지연 (도심지)	1. 일별, 시간별 교통상황 을 고려하여 Zoning별 타설일시 및 레미콘 공 급사 복수 준비	현장개설 ~ 골조착수전	타설 계획서
		2. 다짐불량 및 철근 밀집 으로 인한 공극발생	2. 공급사 선정시 시설확 인 및 타설 12시간 전 점검	~착수전	시공도
		3. 배처 플랜트 고장	3. 수직부재 철근 적정이 음 시공도 반영 및 소 형 진동기 준비	~착수전	장비보유 현황서
		4. 장비 및 배관 문제발생	4. 현장 설명 시 소요 진 동기 수량 명시	~착수전	장비 계획서

【참고문헌】

1. 국토교통부, 국가건설기준_표준시방서 KCS 14 20 10 콘크리트공사 일반사항, 2021

2. 국토교통부, 국가건설기준_표준시방서 KCS 14 20 12 거푸집 및 동바리, 2021

3. 대한건축학회, 건축기술지침, 2017

4. 대한건축학회, 건축공사표준시방서, 2019

5. 삼성중공업건설, 초고층 요소기술 시공가이드북, 기문당, 2002

6. 삼성물산 건설부문, 건축기술 실무이야기, 공간예술사, 2001

7. 한국건설관리학회, Pre-construction 단계에서 건설 공정리스크 관리방안, 2004

8. 한국주택도시공사(LH), CONSTRUCTION WORK_SMART HANBOOK, 2019

9. 한국콘크리트학회, 콘크리트 건설 제요령, 2000

10. 현대산업개발, 철근콘크리트 배근 상세도, 2002

11. Edward Allen, Fundamental of Building Construction – Materials and Methods, John Wiley & Sons, Inc., 1999

12. 장일영, 박훈규, & 윤영수. (1996). 국내의 실험자료를 이용한 고강도 및 초고강도 콘크리트의 탄성계수식 제안. 콘크리트학회 논문집, 8(6), 213-222. https://doi.org/10.22636/MKCI.1996.8.6.213

13. 송용식, 이동훈, 이성호, & 김선국. (2011). 공동주택 바닥미장 균열차단막의 메커니즘 분석. 한국건축시공학회지 (JKIBC), 11(4), 333-344. http://kiss.kstudy.com/thesis/thesis-view.asp?key=3439621

14. 김진근, 양은익, & 권극헌. (1988). 콘크리트 건조 수축에 관한 실험과 통계적 예측 (The Experimental and Statistical Predictions of Concrete Shrinkage). 대한건축학회 논문집, 4(2), 131-138. http://www.dbpia.co.kr/journal/articleDetail?nodeId=NODE00358375

15. 이창수, & 김현겸. (2006). 콘크리트 크리프 변형 예측을 위한 비선형 4-매개변수 모델의 제안. 대한토목학회논문집 A, 26(1A), 45-54. http://www.dbpia.co.kr/journal/articleDetail?nodeId=NODE01224836

16. Kim, Y. J. (1995). 콘크리트 구조물의 보수(하). Journal of the Korea Construction Safety Engineering Association, 25-30. https://www.koreascience.or.kr/article/JAKO199574552824920.page

17. 박성우, & 윤성훈. (2002). 콘크리트 균열 보수성능에 관한 비교 연구. 한국콘크리트학회 학술대회 논문집, 817-822. https://www.koreascience.or.kr/article/CFKO200211922763789.page

제8장

9

CHAPTER

강구조공사

9.1 ● 개요

본 장에서는 강구조공사에 관한 전반적인 내용을 다룬다. 강구조공사 계획 시 검토사
항과 각 단계의 사전 계획에 관해 알아보고 강구조의 공장제작과 강구조 부재의 접합
공법의 종류와 특징에 대하여 기술하였다. 강구조 세우기의 순서와 단계 별 특징과 내
화피복공사, 데크 플레이트 및 스페이스 프레임에 관한 내용을 수록하였다. 또한 마지
막으로 강구조공사의 업무 절차와 공사 진행 중 발생 가능한 리스크 인자의 분석과 대
응방안을 정리하여 체계적인 리스크관리가 이루어질 수 있도록 구성하였다.

강구조란 각종 형강과 강판을 볼트·리벳·고력볼트·용접 등의 접합방법으로 조립하여 건물의 뼈대를 구성하는 방식으로 철골구조라고도 한다. 강구조공사는 순철골구조의 강구조공사와 철골철근콘크리트 구조중의 강구조공사로 분류된다. 강구조작업은 부재를 가공하는 공장작업과 그것을 현장에서 조립하는 현장작업으로 분류된다. 공장가공은 운반·현장반입·세우기에 지장이 없는 한 거의 완성품에 가깝게 제작하여 발송하고, 현장에서는 적절한 가설설비·기계설비를 하여 세우기·바로잡기·고력볼트 조임 또는 용접으로 공사를 완성한다.

강구조의 장·단점은 다음과 같다.

(1) 장점

① 강재는 재질이 균등하며, 철근콘크리트에 비해 자중이 가볍다.
② 공법이 자유롭고 장대재를 이용할 수 있어 스팬(span)이 큰 구조물이나 고층 건축물을 축조할 수 있다.
③ 콘크리트는 인성(toughness)이 작지만, 강재는 인성이 크다.
④ 공장에서 가공하여 현장에서 조립하므로 현장 작업기간을 단축할 수 있다.
⑤ 강구조는 리모델링이나 증·개축이 매우 유리하며, 건물수명이 다했을 경우 고철로 재활용되어 다른 소재에 비해 친환경적이다.

(2) 단점

① 불에 약하므로 설계 및 시공 시 적절한 내화피복 방법을 강구해야 한다.
② 각 부재는 가공 및 조립을 정밀하게 하지 않으면 조립 또는 사용이 불가능하게 된다.
③ 단면에 비하여 부재의 길이가 길고 두께가 얇아 좌굴되기 쉽다.
④ 재료비가 다소 비싸다.

9.2 • 강구조 재료

(1) 강재

1) 형강(section steel shapes)

형강은 여러 가지 단면형이 있으며 건축구조에서 가장 많이 쓰이는 것은 L형강, I형강, H형강 등이다.

■ 표 9-1 강구조 형상별 부재 분류표

종류	형 상	단면의 모양	특 징
형강	C형강(channel)	$\sqsubset - H \times B \times t_1 \times t_2$	•뒤틀림 가능성 있음 •조립 및 접합 편리
	H형강(H shape steel)	$H - H \times B \times t_1 \times t_2$	•구조적 단면성능 우수 •구조용으로 적합
	I형강(I-beam)	$I - H \times B \times t_1 \times t_2$	•H형강보다 단면효율이 낮아 구조적으로 사용이 적음
	L형강(angle)	$\llcorner - A \times B \times t$	•주로 트러스, 띠장, 철탑 부재로 사용 •두 변이 직각으로 된 압연형강
	T형강(T cut)	$T - H \times B \times t_1 \times t_2$	•H형강을 절단하여 제작 •주로 트러스 부재로 사용

강 관	각형강관 (square pipe)	바깥치수(A) 바깥치수(B) 바깥치수(B) □ - A×B×t	• 이음매 없이 열간압연 하거나 용접하여 제작 • 건축구조물의 기둥, 교 량 등에 사용
	원형강관 (round pipe)	강관두께 t 외경 φ - 외경×t	• 이음매 없이 열간압연 하거나 용접하여 제작 • 건축구조물의 기둥 또 는 송유관, 가스관 등 에 사용
봉 강	각강 (square steel bar)	B t 사각형 PL - B×t	
	원형강 (round steel bar)	d 원형 φ - d	
	6각강 (hexagonal steel bar) 8각강 (octagonal steel bar)	다각형	
기 타	강판(steel plate)	t PL - t 강판	
	데크 플레이트 (deck plate)	아연도금 Embossment Dove Tail Locking Rip	• 바닥거푸집 생략으로 시공용이 • 품질관리용이

2) 경량 형강

경량형강 생산에 사용되는 원판은 열간압연강판, 냉간압연강판, 그리고 이들 강판을
방청처리한 아연도금 강판들이 주로 사용된다.

열간압연강판의 경우 두께는 1.2~6.0mm, 냉간압연강판은 0.5~3.2mm, 그리고 아연
도금강판은 0.5~6.0mm두께의 제품들이 주로 생산되며 강판을 상온에서 롤러나
프레스로 성형하는 방식으로 생산된다.

① 롤성형(roll-forming)

강판을 여러 개의 롤에 통과시켜 원하는 형상으로 만들어 내는 방법으로 조금씩
성형해 나가기 때문에 형상이 복잡할수록 사용되는 롤러의 수가 증가한다. 단순
형상의 경우 6개 정도의 롤을 사용하나 복잡한 경우 15~20개의 롤을 사용한다.
롤러성형의 장점은 코일 형태로 원판이 성형기에 투입되고 연속적으로 성형되기
때문에 가공속도가 빠르며 설비에 따라 자동적으로 원하는 길이로 절단하거나 천
공할 수 있다는 점이다. 따라서 자재의 대량생산이 필요한 경우 주로 사용된다.
그러나 초기 투자 비용이 크기 때문에 한 가지 단면형상에 대해 10,000m 이상을
생산하여야 경제성이 있는 것으로 판단된다.

② 프레스 성형(press-brake forming)

프레스로 짧은 길이의 원판을 절곡하여 생산해내는 방법이다. 주로 짧은 길이(길
이 4m 이하)의 단순한 단면들을 성형할 때 사용되며 소요량이 적은 특수형상의
자재를 생산하는데도 이용한다.

3) 봉강(steel bar)

봉강은 단면이 둥근 원형강, 반원형강, 8각강, 6각강, 각강, 평강 등이 있다. 봉강
을 원형강 또는 철근(鐵筋 : reinforced steel bar)이라고 하며 그 표면에 두드러진
마디를 붙인 이형철근과 표면을 평활하게 갈아 만든 마강재(磨鋼材)가 있다.

4) 강판(steel plate)

두께 3mm 이하의 것을 얇은 강판(박판 : steel sheet), 3.0~6.0mm의 것을 중강판
(middle plate), 6mm 이상의 것을 두꺼운 강판(후판 : steel plate)이라 하며, 강판
표면에 두드러진 무늬를 놓은 무늬 강판(checkered steel plate)과 좁은 나비로 된
평강(flat bar) 등이 있다.

(2) 접합 재료

1) 리벳

머리 형상에 따라 둥근머리 리벳(round head rivet), 민머리 리벳(counter sunk rivet), 평머리 리벳(pan head rivet) 등이 있으며, 둥근머리 리벳을 주로 사용한다.

2) 볼트

소규모의 건축물에서만 사용된다.

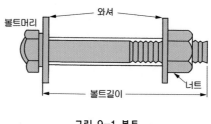

그림 9-1 볼트

3) 고력볼트

볼트를 조임으로써 부재 사이에 생기는 마찰력으로 응력을 전달하는 것이다. 대부분의 철골조 건물에서 일반적으로 사용된다.

(3) 구조용 강재의 구분

강재는 모두 형상이 바르고 직선으로 되어 있으며, 해로운 흠, 심한 녹이 없는 것으로써 공사의 정도에 따라 다음 표 9-2에 의한 특기 시방서에서 정하는 바에 따른다. 특기 시방서에서 정하는 바가 없을 때에는 A종 1류급으로 한다.

■ 표 9-2 구조용 강재의 구분

구분	A종	B종
1류	KS D 3503(일반구조용 압연강재)에 정한 제2종(SS41)의 규격품	KS D 3503(일반구조용 압연강재)에 정하는 제2종(SS41)의 적합한 것
2류	KS D 3503(일반구조용 압연강재)에 정한 제3종(SS50)의 규격품	KS D 3503(일반구조용 압연강재)에 정하는 제3종(SS50)의 적합한 것
3류	KS D 3515(용접구조용 압연강재)의 규격품	

제9장

구조용 강재의 KS규격품은 다음과 같다.

■ 표 9-3 구조용 강재의 KS규격품

규격	명칭 및 종류
KS D 3503	일반구조용 압연강재(SS400, SS490, SS540)
KS D 3515	용접구조용 압연강재 (SM400A/B/C, SM490A/B/C/TMC, SM490YA/YB, SM520B/C/TMC, SM570TMC)
KS D 3529	용접구조용 내후성 열간압연강재 (SMA400A/B/C, SMA490A/B/C, SMA570)
KS D 3530	일반구조용 경량형강(SSC400)
KS D 3501	열간압연강판 및 강대(SHP1, SHP2, SHP3)
KS D 3566	일반 구조용 탄소강관 (STK290, STK400, STK490, STK500, STK540)
KS D 3558	일반구조용 용접경량 H형강(SWH400, SHW400L)
KS D 3568	일반구조용 각형강관(SPSR400, SPSR490)
KS D 3632	건축구조용 탄소강관(STKN400B, STKN490B)
KS D 3861	건축구조용 압연강재(SN400A/B/C, SN490B/C)
KS D 3864	내진 건축구조용 냉간성형 각형강관 (SPAR295, SPAP235, SPAP325)
KS B 1010	마찰 접합용 고장력 6각볼트, 6각 너트, 평와셔 세트 (볼트 : F8T, F10T / 너트 : F10 / 와셔 : F35

(주) 명칭 설명 예시 : SMA400B
- 첫 번째 문자 S : Steel
- 두 번째 문자열 : 제품의 형상이나 용도 및 강종
- 세 번째 문자 A : 충격흡수에너지에 의한 강재의 품질
- 숫자 : 최저인장강도(N/mm^2, MPa) 또는 재료의 종류, 번호의 숫자 등
- 마지막 문자열 : 용접성을 나타내는 것으로 A보다는 C가 용접성이 양호한 고품질의 강을 의미한다.

9.3 강구조공사 계획

강구조공사의 계획은 공장에서 부재를 가공·조립하는 공장작업과 공사현장에서 부재를 조립 및 설치하는 현장작업으로 분류하여 작성한다. 공사 계획은 공사의 규모, 전체 공기, 다른 공사와의 관련성, 자재반입 계획, 설치용 장비계획, 안전 및 공해대책 등을 종합적으로 검토하여 수립한다.

강구조공사는 그림 9-2와 같은 순서로 진행된다.

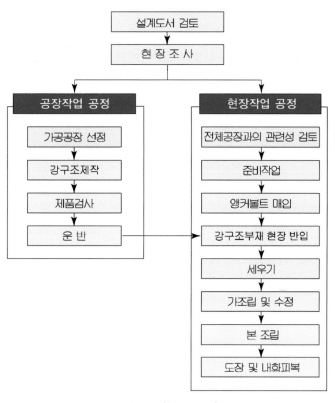

그림 9-2 철골공사 계획

9.3.1 공사계획 시 검토사항

(1) 설계도서 검토 및 내용 파악

1) 도면·시방서·구조계산서 등을 파악하고 전체 공정과의 관련성을 검토한다.
  - 마감 및 구조도면과 일치 여부(강구조 부재와 마감재의 중심선 일치)
  - 강구조 부재와 세부 마감재료와의 관계

- 덕트, 배관류 관통구멍 위치 및 보강 유무
- 각종 설비·장비의 위치와 강구조 부재와의 관계
- 운반 및 설치 시 부재의 변형 등으로 부재의 강도 저하가 생길 수도 있으며 구조 계산서에 의한 하중, 허용응력도 등의 가정, 단면 성능 등을 확인

2) 강구조 수량·운반·조립계획 등을 검토한다.
3) 가설공사·구체공사·마감공사 등 후속공사와의 관련성을 검토한다.

(2) 현장조사

1) 부지 조건과 인접 건축물의 상황을 파악한다.
- 양중장비로 인한 인근 대지 및 건물에 대한 지장 여부
- 수송 장비의 이동 가능 여부
- 대지 내 반입 부재의 야적장(stock yard) 유무
- 지하매설물(상하수도, 전기, 전화, 가스 등)과 지상에 가설되어 있는 전주, 전선, 전화선 등 양중 및 자재반입에 지장을 줄 수 있는 공중(空中) 시설물의 유무

2) 현장 진입 도로의 조건, 즉 도로 폭과 도로의 굽은 정도를 파악하고, 교통량 등 교통 상황을 파악한다.
- 진입도로 유무
- 인접도로 및 진입도로의 폭
- 통행 규제 여부

3) 공사장에서 발생하는 소음, 진동, 분진 등의 공해가 기준을 초과하는지 여부를 검토한다.

9.3.2 공정계획

강구조공사의 공정계획은 다음과 같은 사항을 상세하게 검토하여 수립한다.
① 기본이 되는 공정을 표준시공 속도로 설정한다.
② 세우기 공정에 지장이 없도록 공장제작 공기를 설정한다. 이때 토공사나 기초공사 등 강구조공사를 수행하기 위하여 필요한 선행 공정의 완료시점을 검토해야 한다. 또한 강구조관련 자재의 조달, 공장제작도면(shop drawing)의 일정도 공장제작 공기에 포함한다.

③ 기준층 공정을 기본으로 강우의 영향을 받는 부분과 보양을 필요로 하는 마감공사 부분을 구분한다.

④ 크레인의 양중능력과 기둥의 중량을 고려하여 기준층 2~3개 층을 1개 절로 계획한다. 작은 보(beam)와 큰 보(girder)의 부재 수와 중량 등을 고려하여 양중회수가 최소로 되도록 계획을 세운다.

⑤ 1 cycle의 예

- 1 cycle time : 와이어 체결(5분) + 양중(5분) + 조립(15분) + 크레인 복귀(5분) = 30분/회
- 1일 양중회수 : (8시간/일×60분/시간) / (30분/회) = 16회

9.3.3 공장작업 계획

강구조 부재는 공장에서 완성품에 가깝도록 가공하여 현장에서는 세우기 작업만 할 수 있도록 계획한다.

(1) 가공 공장의 선정

- 제작능력과 관리능력을 구분하여 판단한다.
- 공작기계의 보유상태를 파악한다.
- 기술자의 보유상태를 파악한다.
- 제작경험 등을 확인한다.
- 좋은 품질을 보장할 수 있는 품질보증·경영 시스템이 구축되어 있는지 파악한다.
- 가공공장과 현장과의 운반거리를 확인한다.
- 현장작업에 지장이 없도록 공장에 적치장소가 확보되어 있는지 확인한다.

(2) 공장제작 계획

- 가능한 한 완성품에 가깝게 제작하여 납품한다.
- 현장의 세우기 계획에 따라 가공 순서를 정한다.
- 장대물·중량물은 운반과 세우기가 가능하도록 분할 가공한다.
- 동일한 부재는 연속 가공하여 작업능률을 향상시킨다.
- 가공을 마친 부재는 반출이 용이하도록 보관한다.

9.3.4 운반계획

운반계획을 수립할 때 검토할 사항은 다음과 같다.
- 운반로의 폭, 교량 등의 치수 및 중량상의 제한

•주간대, 야간대 또는 혼잡 등 시간대의 제한
•운반차량에 적재 시 용적·중량·길이·폭 등의 제한

9.3.5 현장작업 계획

(1) 반입 계획

•도로에서 직접 반입할 경우 교통안전을 배려한다.
•운반차가 세우기용 기계 밑에 있을 때는 직접 달아 올리는 방법을 강구한다.
•소형 부재의 하치장을 선정하고, 보·기둥 등의 세우는 장소를 마련한다.
•발판을 설치할 때는 하중·장력 등에 안전하도록 계획한다.
•공장과 현장 간 긴밀한 연락 및 협조 체계를 수립한다.
•작업의 공정상 여유를 두어 자재를 반입한다.

(2) 세우기 계획

1) 세우기 및 조립 기계 선정

① 건물의 규모, 형상, 부재 중량을 고려하여 선정한다.
② 강구조 부재 하나의 형상 및 중량을 산정하고 양중기계의 능력과 비교·검토한다.
③ 강구조 부재의 반입, 주변 도로 및 건물 상황 등 입지조건을 고려한다.
④ 터파기 및 콘크리트 타설 등 다른 공사와 관련성을 검토하여 선정한다.
⑤ 공기나 기계 사용료 등을 고려한다.

2) 세우기 작업 순서 검토

① 기초 앵커볼트 매입
② 기초 상부 고름질
③ 강구조 세우기
④ 가조립
⑤ 변형 바로잡기
⑥ 본조립

(3) 안전관리 계획

강구조공사는 중량물의 취급 및 고층화로 안전사고가 발생할 경우에는 인명·재산 등의 손실이 크므로 다음 사항을 고려하여 안전관리 계획을 세운다.
•조립 기계·장비의 안전성 확보

•소음·진동 저감
•작업자에 대한 안전교육과 안전시설 설치
•인접 건축물로부터 민원 예방

9.4 강구조 공장제작

강구조의 공장가공은 다음과 같은 순서로 진행된다.

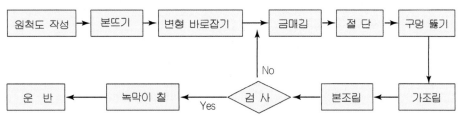

그림 9-3 철골의 공장가공 순서

9.4.1 원척도(공작도) 작성

설계도 및 시방서에 따라 원척공이 철판 또는 검정 색칠한 합판 등으로 된 원척도 바닥 위에 각부 상세 및 부재의 길이 등을 원척으로 그린다.

원척도의 작도가 끝나면 담당원의 검사를 받고 본판, 그림쇠 등을 제작한다. 원척도 제작시 주의할 점은 다음과 같다.

•층 높이, 기둥 높이, 기둥 중심간의 거리, 보 사이 거리, 보와 바닥 마무리재의 치수 등을 정확히 한다.
•강재의 형상, 치수, 물매, 구부림 정도를 확인한다.
•리벳의 피치, 개수, 게이지 라인, 클리어런스(clearance)를 점검한다.
•파이프, 철근 등의 관통 개소, 보 밑 치켜 올리기(간 사이의 1/1,000 정도)를 확인한다.
•잣대(steel tape rule), 그림쇠 등의 공장용과 현장용을 대조·확인한다.

9.4.2 본뜨기

원척도가 설계·감리자에 의해 승인되면 얇은 강판으로 원척도에서 본판을 정밀하게 작성하며, 본판은 절단용, 구멍 뚫기용 두 가지를 만든다. 본뜨기 할 때 주의할 점은 다음과 같다.

- 이음판(gusset plate), 베이스 플레이트(base plate) 등의 본은 원척에 맞추어 자르고, 게이지 라인, 리벳 위치에는 작은 구멍자리를 만든다.
- 강재의 절단길이, 리벳피치 등은 평강, 각재의 장척을 쓴다.
- 원척도에서 따낸 본판 또는 장치는 절단 공장 또는 금긋기에 회송되어 본뜨기에 관하여 세밀하게 검토할 필요가 있다.
- 각 본판에는 용재의 두께, 장수, 부호, 기타 주의 사항을 기입하여 둔다.

9.4.3 변형 바로잡기

금매김 전에 강재의 변형을 바로 잡아야 금매김의 정확성을 유지할 수 있다. 변형 바로잡기 기계기구는 다음과 같다.

① 강판의 변형 : 플레이트 스트레이닝 롤(plate straining roll)
② 형강의 변형 : 프릭션 프레스(friction press),
　　　　　　　 스트레이트닝 머신(straightening machine),
　　　　　　　 파워프레스(power press), 짐 크로(jim craw)
③ 경미한 단척 : 모루(anvil) 위에 놓고 해머치기

9.4.4 금매김

공작도·원척·본판 및 그림쇠 등을 사용하여 강재면에 강필로 볼트 구멍위치·절단 개소 등의 필요한 지시사항을 그려 넣는 것을 말하며 원척도와 일치되고 가공조립에 지장이 없도록 정확·명료하게 금매김해야 한다.

9.4.5 절단 및 가공

(1) 절단

전단절단, 톱절단, 가스절단의 3가지 방법이 있으며 도면 또는 공사 시방서에 특별히 규정되어 있지 않으면 재축에 직각이 되게 절단한다.

1) 전단절단

전단력을 이용하여 자르는 방법으로 강판의 절단(판두께 13mm 이하)에 주로 쓰이며 기계로는 쉬어링 머신(shearing machine), 플레이트 쉬어링 머신(plate shearing machine) 등이 있다.

2) 톱절단

H형강, I형강, C형강, 그리고 두꺼운 판 등 정밀을 요하는 절단에 사용하며 절단 톱은 앵글 커터(angle cutter), 핵 소(hack saw), 프릭션 소우(friction saw) 등이 있다.

3) 가스절단

가스의 화염으로 강재를 녹여 자르는 방법으로 절단면이 거칠지만 절단이 쉽다. 자동 가스절단기, 철판 가스절단기, 반자동 가스절단기 등이 쓰인다.

(2) 가공

휘기 및 구부리기 가공이 필요한 부재는 상온가공 또는 가열가공으로 한다. 가열가공의 경우는 800~900℃의 적열상태에서 하고, 청열취성역(200~400℃)에서 가공해서는 안된다.

9.4.6 구멍뚫기

리벳 구멍뚫기는 펀칭(punching), 드릴 뚫기(drilling)로 하고, 조립할 때 구멍이 잘 맞도록 리머(reamer)로 다듬기한다.

리벳, 볼트, 고력볼트의 지름은 각각의 직경보다 크게 하며, 그 크기 정도는 표 9-4와 같다.

■ 표 9-4 구멍 지름의 허용치

명 칭	공칭축 직경(d)	구멍지름(D)
고력볼트	27mm 미만	d+2.0mm
	27mm 이상	d+3.0mm
볼 트	보통 볼트	d+0.5mm
	앵커 볼트	d+5.0mm
리 벳	20mm 미만	d+1.0mm
	20mm 이상	d+1.5mm

(1) 펀칭(punching)

- 부재의 두께 12mm 이하, 리벳지름 9mm 이하에 쓰인다.
- 펀칭은 드릴 뚫기에 비해 속도가 빠르나 뚫린 구멍 주위에 구멍지름의 2.5배까지 변형이 생기고, 부재 조립 시 밀착에 지장을 준다.

•펀칭머신·모루의 구멍은 뚫을 구멍의 지름보다 1.0mm 이상 커서는 안되며, 구멍의 중심선은 강재면에 수직이 되도록 한다. 구멍 주위에 생긴 변형, 거치렁이는 그라인더(grinder) 또는 망치로 수정한다.

(2) 드릴 뚫기(drilling)

•부재의 두께가 13mm 이상일 때, 또는 13mm 미만이라도 주철재일 때 쓰인다.
•물탱크나 기름탱크, 주요 구조부의 정밀가공이 필요할 때 쓰인다.
•펀칭에 비하여 속도가 느리므로 한 대로 많은 구멍을 뚫을 수 있는 장치로 된 것을 이용한다.

(3) 구멍 마무리(reaming)

•구멍 뚫린 부재를 조립할 때는 각 소재의 볼트구멍 지름은 다소 차이가 있을 수 있으므로 구멍을 맞추기 위하여 리머로 구멍을 마무리하여 수정한다.
•수정할 수 있는 최대 편심거리는 1.5mm 이하로 하며, 수정한 구멍은 원형이 되게 한다.
•구멍 크기를 규정대로 뚫고 조립 시 맞지 않는 부분을 수정하는 것이 대부분이지만, 정밀을 요하는 부분은 다소 작게 뚫었다가 조립할 때에 확대 조정하기도 한다.

9.4.7 가조립

결합부는 미리 볼트 또는 핀으로 충분히 긴결하여 가조립한 다음 볼드로 본조립을 하는데, 가조립 시 다음 사항들에 주의하여 작업한다.
•뒤틀림이 생기지 않게 한다.
•각 부재는 1~2개의 볼트 또는 핀으로 가조립하고, 드리프트 핀(drift pin)으로 부재구멍을 맞춘다.
•가조립 볼트는 전 볼트수의 1/2~1/3 이상 또는 2개 이상으로 한다.
•가볼트 조임은 임팩트 렌치(impact wrench)나 토크 렌치(torque wrench)를 사용한다. (그림 9-4, 그림 9-5 참조)

그림 9-4 임팩트 렌치

그림 9-5 토크 렌치

9.4.8 본조립

접합방법으로는 리벳접합, 고력볼트 접합, 용접접합 등이 있다. 공장접합은 현장접합보다 능률이 좋고 품질관리가 쉬우므로 수송, 양중에 지장이 없는 한 공장작업으로 한다.

9.4.9 검사

강구조 부재가 설계도서에서 요구하는 품질을 확보하였는지 검사하는 것으로 부재의 치수, 각도, 접합 상태, 맞춤 및 이음 등을 중점적으로 검사한다.

1) 치수 검사

부재치수, 층고, 폭, 브라켓(bracket) 길이, 홈 등의 치수를 측정하고 공작도와 대조하여 확인한다.

2) 외관 검사

부재나 용접부 표면의 결함을 육단 및 기구를 사용해서 검사한다. 부재의 표면검사는 표면의 홈 등을 주로 찾아내는 것이며, 용접부 표면검사는 균열, 언더컷(undercut), 다리길이 등을 육안 측정한다.

3) 비파괴 검사

육안으로 실시하는 외관검사만으로는 용접내부에 생긴 결함까지 검출할 수 없기 때문에 필요에 따라 초음파 탐상검사, 방사선 투과검사 등을 실시하여 내부 결함의 유무를 검사한다.

4) 고력볼트 조임 검사

토크 테스트(torque test), 너트 회전법 등의 방법으로 고력볼트의 조임 상태를 검사한다.

9.4.10 녹막이칠

공장에서 가공 또는 조립을 완료한 부재는 현장으로 운반하기 전에 밀 스케일(mill scale) · 슬래그(slag) · 스패터(spatter) · 기름 · 녹 · 오염 등을 제거한 후 강재면에 녹막이칠을 1회 하고, 녹슬기 쉬운 곳은 2회 칠한다. 콘크리트로 피복될 부분은 녹막이칠을 하지 않는 것을 원칙으로 하나 피복될 때까지 장기간 저장될 때에는 그래파이트 페인트(graphite paint)를 칠하기도 한다. 운반 · 용접 등으로 손상된 부분은 사포로 청소하고 재손질 칠을 한다.

공사 시방서에 특별히 규정되어 있지 않을 때 녹막이 칠을 제외하는 부분은 다음과 같다.

• 현장용접을 하는 부위 및 그곳에 인접하는 양측 100mm 이내, 그리고 초음파 탐상 검사에 지장을 미치는 범위

• 고력볼트 마찰접합부의 마찰면

• 콘크리트에 밀착 또는 매립되는 부분

• 조립에 의해 서로 밀착되는 면

• 핀, 롤러 등 밀착 또는 회전시키기 위한 기계깎기 마무리면, 다만 이 면에는 원칙적으로 그리스(grease) 칠을 한다.

• 폐쇄형 단면을 한 부재의 밀폐된 내면

9.4.11 운반

공장에서 검사가 완료되고 칠이 건조되면 현장조립 순서를 고려하여 공사현장으로 운반한다. 이때, 조립부호도(組立符號圖)에 따라 부재의 번호·접합 부호 등을 기입하고, 부재표를 작성하여 부재의 번호·수량 등의 대조 및 검수가 용이하도록 한다.

강구조 부재는 중량물이어서 운반·상하차·적재 등의 취급이 소홀하면 손상되기 쉬우므로 주의하며, 특히 기둥이음·얇은 판(slice plate) 등은 손상이나 변형이 생기기 쉬우므로 가설재로 보양하여 운반한다. 볼트 및 고력볼트 등 작은 것은 분실되거나 사용개소가 불분명해질 우려가 크므로 기호·수량 등을 명기하고 포장(packing)하여 운반한다.

9.5 강구조 접합공법

강구조공사의 접합방법은 절점(節點)에서 힘이 전달되는 방식에 따라서 롤러(roller)지지, 핀(pin)접합, 강접합으로 구분된다. 강접합은 연직 및 수평방향의 힘을 지탱함과 동시에 회전에 저항하는 접합으로서 이동 및 회전이 불가능하다. 강접합에는 리벳접합, 볼트접합, 용접, 고력볼트 접합이 있으며, 근래에는 대부분 고력볼트 접합이나 용접접합을 이용하고 있다.

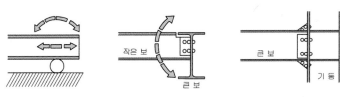

1. 롤러지지   2. 핀접합 - 웨브만 접합   3. 강접합 - 플랜지도 접합

그림 9-6 철골구조의 접합형식

9.5.1 리벳접합

미리 부재에 구멍을 뚫고, 가열된 리벳을 조 리벳터(joe riveter), 뉴매틱 리벳터 (pneumatic riveter)로 충격을 주어 접합하는 방법이다. 과거에는 강재접합의 주류를 이루던 방법이었으나 인건비가 많이 들고 타설시 소음과 화재의 위험, 리벳치기 후의 정밀한 검사 등 다른 접합방법보다 효율이 낮아 최근에는 거의 사용되지 않고 있다. 리벳은 1,100℃를 넘지 않도록 가열하고, 600℃ 이하로 식지 않게 하여 사용한다. 800℃ 정도로 가열한 것이 좋으며, 일단 백열색이 되게 가열된 것은 부적당하다. 리벳치기 후의 검사에서 불량리벳으로 지적되는 것은 다음과 같다.

① 헐거운 것
② 리벳머리가 갈라진 것
③ 모양이 부정한 것
④ 리벳머리가 판에 밀착되지 않는 것
⑤ 리벳머리와 중심선이 일치되지 않는 것

리벳의 관련 용어와 도시 부호는 다음과 같다.

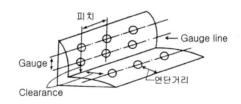

그림 9-7 리벳의 관련 용어

① 피치(pitch) : 게이지 라인상의 리벳의 간격으로, 최소 피치 2.5d, 표준 피치 4.0d이고 최대 피치는 인장재 12d, 30t 이하, 압축재 8d, 15t 이하로 한다.(d : 리벳지름, t : 재(材) 두께)
② 게이지 라인(gauge line) : 리벳의 중심 축선을 연결하는 선
③ 게이지(gauge) : 게이지 라인 상호의 간격 또는 게이지 라인과 재면과의 거리
④ 클리어런스(clearance) : 리벳과 타재면과의 거리
⑤ 그립(grip) : 리벳으로 접합하는 재의 총 두께
⑥ 연단거리 : 게이지 라인에서 재의 연단까지의 거리

9.5.2 볼트접합

강재에 볼트 구멍을 뚫고 볼트를 조여서 접합하는 공법으로 리벳접합과는 달리 시공과 해체가 용이하며 소음이 적다는 이점이 있다.

그러나 시간이 지남에 따라 볼트가 이완(弛緩)되거나, 볼트구멍과 볼트사이의 틈새에 의한 초기변형이 일어나기 쉽다. 볼트접합은 가설건축물 등에 제한적으로 사용되며, 높은 강성이 요구되는 주요 구조부분에는 사용하지 않는다.

볼트의 종류에는 흑볼트, 중볼트, 상볼트 등이 있으며 흑볼트는 가조립용, 중볼트는 구조 내력용, 상볼트는 핀으로 사용된다.

볼트의 이완을 방지하기 위해서는 너트를 2중으로 체결하거나 스프링 와셔(spring washer)로 충분히 죄어야 하며 필요한 경우에는 너트를 용접하거나 콘크리트에 매립한다.

9.5.3 고력볼트 접합

리벳이나 볼트접합이 전단내력에 의한 접합방식임에 비해, 고력볼트 접합은 인장내력이 매우 큰 고력볼트로 강재를 서로 강하게 밀착시켜줌에 따라 발생하는 마찰력(摩擦力)을 이용하는 방법이다.

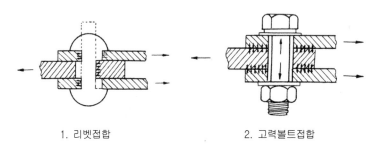

1. 리벳접합   2. 고력볼트접합

그림 9-8 리벳과 고력볼트의 차이점

고력볼트 접합은 리벳접합에 비해 시공이 확실하며 소음이 작다. 반면에 보통 볼트접합의 경우와 마찬가지로 구멍에 의한 단면결손이 발생하고 덧판 등의 접합재가 필요하다. 고력볼트 접합의 특징은 다음과 같다.

- 접합부의 강성이 크다.
- 소음이 작고 경제적이다.
- 불량개소의 수정이 용이하다.
- 현장시공 설비가 간단하다.
- 공기가 단축되고 노동력이 절약된다.

(1) 고력볼트의 종류

1) TC(Tension Control) 고력볼트

6각형의 핀테일(pintail)과 브레이크 넥(break neck)의 회전 방해력으로 조이는 방법이다. 핀테일은 너트를 조일 때 전동 조임기구에 생기는 반력에 의한 회전을 방지하도록 작용하며, 브레이크 넥의 부분에서 조임 토크가 정해진 값이 되었을 때 파단되는 구조를 갖고 있다. 이러한 유형의 고력볼트는 토크 쉬어 볼트(Torque Shear(T.S.) bolt)라고도 한다.

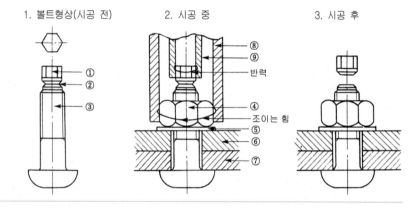

① 핀테일(pintail)	④ 너트(nut)	⑦ 조임판(부재)
② 브레이크 넥(break neck)	⑤ 와셔(washer)	⑧ Out Socket
③ 볼트 나사부	⑥ 조임판(부재)	⑨ Socket

그림 9-9 TC 고력볼트의 조임

2) PI 너트식 고력볼트(hack bolt, lock bolt)

표준 너트와 짧은 너트가 브레이크 넥으로 결합되어 있는 것으로 두 겹 너트 같은 모양을 하고 있다. 특수한 소켓을 사용하여 얇은 너트 쪽에 수동에 의해 조임 토크(torque)를 부여하여 브레이크 넥이 파손되어 상하의 너트가 틈이 생겼을 때 조임이 끝나게 되어 있다.

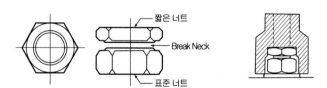

그림 9-10 PI 너트와 특수조임용 소켓

3) 고력 그립 볼트(grip bolt)

볼트를 조임 건(gun)으로 물어 당겨 강판을 압착시키는 유압식 공법이다. 큰 인장 홈을 가진 테일(tail)과 브레이크 넥이 있고, 물림 홈은 나선모양의 나사가 아니라 바퀴모양의 것으로서, 보통의 나사가 있는 볼트와 다르다. 너트에 상당한 부분을 조임공정 중에 소성가공 되도록 고안되어 있다. 조임은 유압기계를 사용하여 소음이 적으며, 조임이 확실하고, 조임 후의 검사가 용이한 특징이 있다.

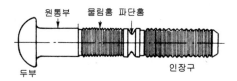

그림 9-11 그립 볼트

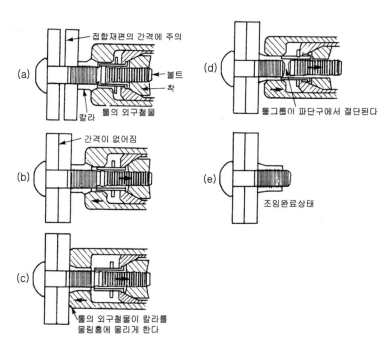

그림 9-12 그립볼트 조임 공정

4) 지압형 볼트(high strength bearing bolt)

볼트의 나사부분보다 축부(shank)가 굵게 되어 있어서, 좁은 볼트구멍에 때려 박아 넣음으로써 볼트구멍에 빈틈이 남지 않도록 고안된 볼트로 조임이 끝나면 리벳과 같은 작용을 하게 된다. 고장력보디볼트(high strength body bolt)라고도 한다.

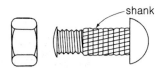

그림 9-13 지압형 고력볼트

(2) 고력볼트 조이기

1) 1차 조임

① 표준 볼트장력의 80% 정도의 값이 나오도록 임팩트 렌치(impact wrench)로 조인다.

② 표준 볼트장력에 의해 토크 값을 산정한다.

$$T = k \times d \times N$$

T : 토크 값(N·m)

k : 토크 계수(한국, 미국 0.2, 일본 0.17)

d : 볼트 직경(mm, cm)

N : 표준 볼트 장력(tonf, kgf)

③ 원칙적으로 계산에 의해 토크 값을 구하여야 하나 현장에서는 건축공사표준시방서에 규정된 1차 조임 토크 값으로 검사한다.

■ 표 9-5 표준 볼트 장력과 1차 조임 토크 값

Bolt 호칭	표준 Bolt 장력(tonf)	1차 조임 토크값(N·m)
M 12	6.26	50
M 16	11.7	100
M 20	18.2	150
M 22	22.6	150
M 24	26.2	200
M 27	34.1	300
M 34	41.7	400

④ 임팩트 렌치로 조임 후, 축력계를 붙인 토크 미터(torque meter)가 달린 토크 렌치로 표준 볼트장력의 80%에 해당하는 토크 값 도달 여부를 검사한다.
⑤ 덜 조여진 볼트는 규정 토크 값까지 추가로 임팩트 렌치로 조인다.

2) 금매김

- 1차 조임 후, 모든 볼트는 금매김을 한다.
- 금매김은 볼트, 너트, 와셔 및 부재를 지나도록 한다.
- 아연 도금된 고력볼트에는 붉은 색, 일반 고력볼트에는 흰색의 금매김을 한다.

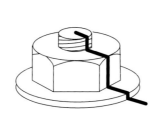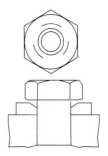

그림 9-14 금매김

3) 본조임

① 토크관리법
표준 볼트장력의 100% 값이 얻어질 수 있도록 임팩트 렌치로 조인다. 토크 렌치로 표준 볼트 장력의 100%에 해당하는 토크 값을 산정하여 표준 볼트장력 100% 여부를 검사하여야 하나, 시방서에 값이 제시된 경우에는 그 값을 이용한다.

② 너트회전법
1차 조임 후 금매김을 기점으로 너트를 120°(M12는 60°) 회전시킨다. 너트가 120° 회전 시 표준 볼트장력의 100% 값과 거의 동일하다.

(3) 고력볼트 조임 검사

1) 토크관리법

모든 볼트에 대해서 1차 조임 완료 후 표시한 금매김의 어긋남에 의한 동시회전의 유무, 너트회전량 및 너트여장의 과부족을 육안 검사하여 이상이 없는 것을 합격으로 한다. 일반적인 경우는 샘플로 한 개의 볼트 군(群)의 10% 이상 또는 1개 이상을 검사하고 너트의 회전량이 현저하게 차이가 나는 볼트군은 전체 볼트에 대해서 검사를 실시한다.

규정 토크 값의 ±10% 이내의 것을 합격으로 하고 토크치가 범위를 넘어서 조여진 볼트는 교체한다. 조임 부족으로 인정된 볼트군은 모든 볼트를 검사하고 동시에 소요 토크 값까지 추가로 조인다.

2) 너트회전법

모든 볼트에 대해서 1차 조임 후 금매김에 대한 소요 너트 회전량을 육안 검사하여 1차 조임 후에 너트의 회전량이 $120°±30°$(M12는 $60\sim90°$) 범위의 것을 합격으로 한다. 회전량이 부족한 경우에는 소요 너트회전량까지 추가로 조이고 범위를 넘어서 과도하게 조여진 경우는 교체한다.

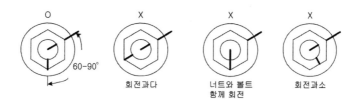

그림 9-15 너트회전법 확인

9.5.4 용접접합

용접이란 접합하고자 하는 두 개 이상의 물체(주로 금속)의 접합부분에 존재하는 방해물질을 제거하여 결합시키는 과정이라고 할 수 있는데 주로 열로 두 금속을 용융시켜 이 작업을 수행하게 된다.

용접작업에 필요한 구성요소는 용접의 종류에 따라 다소 차이가 있으나 용접대상이 되는 재료(모재), 열원(가스열이나 전기에너지가 주로 사용되고 화학반응열, 기계에너지, 전자파에너지 사용), 용재(융합에 필요한 용접봉이나 납 등), 용접기와 용접기구(용접용 케이블, 홀더, 토치 등) 등이 필요하다.

용접접합의 장·단점은 다음과 같다.

1) 장점

- 강재가 절약된다.
- 건물 중량이 감소되고 구조가 간단하다
- 단면 처리 및 이음이 쉽다.
- 응력 전달이 확실하며 소음공해가 없다.
- 의장적으로 미려하고 공사비가 싸다.
- 일체성 및 수밀성을 확보할 수 있다.
- 강성이 크고, 접합판이 두꺼워도 용접이 가능하다.

2) 단점

- 용접공의 숙련도에 품질이 좌우되므로 유능한 용접공에 의해서 수행되어야 한다.
- 검사 및 확인 방법이 확실하지 않다.
- 용접재 재질의 영향이 크며 용접열에 의한 변형이 생기기 쉽다.
- 응력 집중에 민감하다.

(1) 용접의 분류

용접 시 금속의 상태(고체, 액체) 또는 가압 여부에 따라 융접(融接 : fusion welding), 압접(壓接 : pressure welding) 및 납접(brazing and soldering)으로 분류한다.

용접은 접합하려는 두 금속재료 즉 모재(母材 : base metal)의 접합부를 가열하여 용융 또는 반용융상태로 하여 모재만으로 또는 모재와 용가재(溶加材 : filler metal)를 융합하여 접합하는 방법이다.

압접은 이음부를 융점 이하로 가열하고 기계적인 압력을 가하여 큰 소성변성을 주어 접합하는 방법으로 동종 및 이종 금속간의 접합에 주로 이용되며, 냉간압접, 폭발용접 등이 있다.

납접은 모재를 용융하지 않고 모재보다도 용융점이 낮은 금속(납의 일종)을 삽입하여 접합하는 방법으로 접합면 사이에 표면장력의 흡인력이 작용되어 접합되며, 땜납이 용융점이 450℃ 이하 일 때를 연납(soft solder)이라 하고 450℃ 이상일 때를 경납(hard solder)이라 한다.

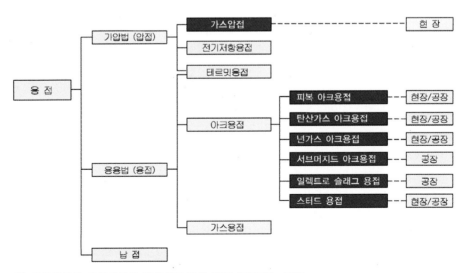

주) 음영처리된 용접방법은 건축현장에서 자주 적용되는 것임.

그림 9-16 용접의 분류

1) 아크용접(arc welding)

용접봉(특수 금속으로 된 심선과 플럭스(flux)라 불리는 피복재로 구성)과 모재 사이에 아크를 발생시켜 모재와 용접봉을 녹여서 용착시키는 방법이다. 이때 피복재인 플럭스는 슬래그로서 녹은 금속표면에 보호층을 형성하여, 녹은 금속이 공기와 접촉함으로써 산화 또는 질화하여 변질하는 것을 방지해 주는 역할을 한다.

운봉은 용접할 때 용접봉을 움직여 보내는 행위를 말하며, 용접봉의 용융 속도와 용접선에 맞추어 적절한 속도로 용접봉을 움직임으로써 용접부를 형성하게 된다. 운봉방식에 따라 다음과 같이 분류한다.
• 수동 용접 : 용접봉의 송급(送給)과 아크의 이동을 수동으로 하는 것
• 반자동 용접 : 용접봉의 송급만을 자동으로 하는 것
• 자동 용접 : 용접봉의 송급과 아크의 이동 모두 기계를 사용하여 자동으로 하는 것

① 탄산가스(CO_2) 아크용접

플럭스를 사용하여 용접금속의 산화 또는 질화 등을 방지하는 대신에 탄산가스를 뿌려줌으로써 용접금속의 변질을 방지하는 방법으로 일종의 반자동 아크용접이다. 바람이 부는 날은 탄산가스가 날리지 않게 텐트로 둘러막는 등 방풍설비를 해주어야 한다.

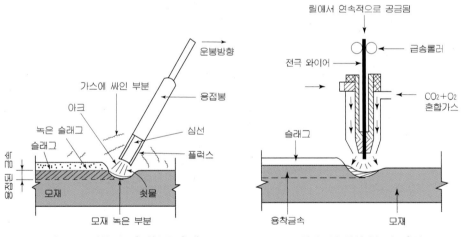

그림 9-17 피복 아크용접(수동 용접)　　　그림 9-18 탄산가스 아크용접

② 넌가스 아크용접(nongas arc welding)

플럭스를 속에 넣어서 만든 특수 와이어를 사용하여 플럭스에서 발생하는 가스를 이용하여 실드(shield)하고 용접하는 방식이다. 플럭스 속에는 가스발생제 외에 탈산제, 질소고정제, 아크안정제, 합금제 등이 섞여 있다.

③ 서브머지드 아크용접(submerged arc welding)

잠호 용접 또는 유니언멜트(union melt) 용접이라고도 하며, 플럭스나 와이어의 송급 장치의 이동을 자동화한 자동 금속아크 용접법이다. 용접될 부분의 표면이 미세한 과립상의 플럭스로 덮여 아크는 플럭스에 덮인 심선과 모재 사이에서 일어나므로 용접작업 시 아크가 보이지 않는다. 플럭스는 아크와 함께 불똥이 튀는 것을 막아 주어 작업능률을 높이고, 녹은 쇳물이 대기와 접촉하는 것을 차단하여 용접되는 금속의 화학성분을 개선시키는 역할을 하게 된다.

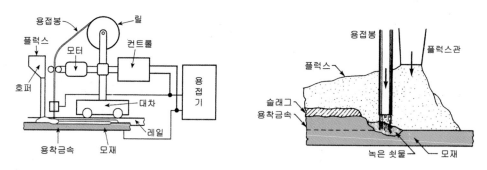

그림 9-19 서브머지드 아크용접

④ 일렉트로 슬래그 용접(electro slag welding)

두꺼운 강판을 용접하는데 사용하는 수식 용접법이다. 용접될 두 판재를 20~30mm 간격으로 놓고 양 옆에 물로 냉각되는 동판을 붙여 녹은 쇳물이나 슬래그가 새어 나가지 않게 한 후 부재 사이에 용접봉의 녹은 쇳물을 투입하면서 수직으로 용접하여 올라간다. 용접을 시작할 때에는 전기아크를 사용하나 용접이 시작되어 플럭스가 녹으면 슬래그의 전기 저항열로 모재와 용접봉을 녹여 순차적으로 용접을 진행한다.

⑤ 스터드 용접(stud welding)

강재 못이나 스터드를 모재에 용접하는 방법으로서 일종의 자동 아크용접이다.

2) 가스용접(gas welding)

가스연료를 연소시켜 얻은 열로 용접봉을 녹여 용접하는 방법이다.

3) 가스압접

주로 철근을 용접으로 이을 때 사용하는 방식이며, 용접하고자 하는 2개의 철근을 산소 아세틸렌 불로 가열하고, 적당한 온도에서 두 철근을 가압하여 압착시키는 용접방법을 말한다.(8장 철근콘크리트공사의 8.3.3절 참조)

4) 전기저항용접(electric resistance welding)

용접하려고 하는 부재를 맞대어 놓고 전류를 보내어 그 접촉면에 생기는 전기 저항 열로 접합부의 온도를 높여서 그 부위가 녹으면 압력을 가하여 접합하는 방법이다.

5) 가우징(gouging)

가우징은 두 물체를 결합하는 용접의 종류가 아니고 용접이 잘못된 부분을 수정하기 위해 사용되는 방법으로 에어 아크 가우징(air arc gouging)은 탄소와 흑연으로 된 카본 가우징 로드(carbon gouging rod)를 전극으로 사용하며 이 전극과 모재 사이에 발생하는 아크의 고온열로 모재를 순간적으로 녹이고 동시에 압축공기의 강한 바람으로 용해된 금속을 불어낸다.

(2) 용접이음의 종류

1) 맞댐용접(butt welding)

맞댐용접은 접합재를 동일 평면으로 유지하며 그 끝을 적당한 모양 또는 각도로 가공하여 용접살을 개선부(groove)에 채워 넣는 용접방식이다. 맞댐용접에는 부재 단면 전체를 녹여 용접하는 완전 녹임 용접과 부분 녹임 용접이 있다.

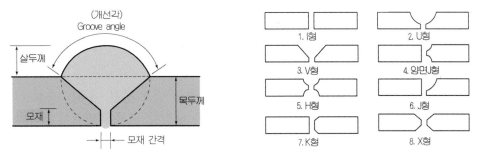

그림 9-20 맞댐용접의 명칭과 단면형상

2) 모살용접(fillet welding)

부재의 끝을 깎아내지 않고 부재와 부재의 교차선을 따라 등변 또는 부등변 삼각형 모양으로 용접살을 덧붙여서 용접하는 방식이다. 모살용접은 공장용접에서 많이 쓰이는 용접으로 모재를 가공하지 않고 용접이 가능한 방법이다.

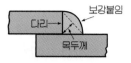

그림 9-21 모살용접의 명칭

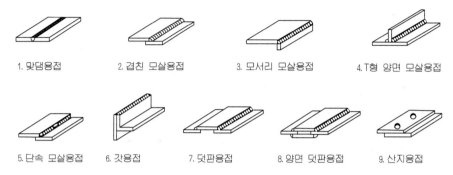

1. 맞댐용접 2. 겹친 모살용접 3. 모서리 모살용접 4. T형 양면 모살용접

5. 단속 모살용접 6. 갓용접 7. 덧판용접 8. 양면 덧판용접 9. 산지용접

그림 9-21 모살용접의 형상

(3) 용접접합 시 주의사항

• 용접할 금속 표면에 있는 슬래그, 녹, 기름, 수분, 페인트 같은 불순물을 제거한다.
• 용접봉 교환시나 용접완료시에 슬래그(slag)와 스패터(spatter)를 제거한다.
• 용접할 모재는 수축변형 또는 마무리 작업을 고려하여 치수에 여유를 둔다.
• 바람이 강한 날은 바람막이를 하고 용접한다. 비가 올 때 특히 습도가 높은 때는 비록 실내라도 모재의 표면 및 밑면 부근에 수분이 남아있지 않은 것을 확인한 후 용접한다.
• 주위의 기온이 −5℃ 이하일 경우에는 용접을 하면 안된다. 주위의 기온이 −5℃ ~5℃인 경우에는 접합부로부터 100mm 범위의 모재 부분을 적절하게 가열하여 용접할 수 있다.

(4) 용접 자세

용접의 질은 용접작업의 기능도에 크게 영향을 받고 용접 자세는 용접 작업의 능률과 품질에 영향을 미친다. 대부분의 용접은 편리한 위치에 맞춰서 할 수 있으나 경우에 따라서는 위치에 제한이 따른다. 용접의 위치는 하향, 상향, 수평 및 수직의 네 가지로 나눌 수 있다.

네 가지 방법 중 가장 좋은 용접위치는 하향이며 상향용접에 비하여 4배 정도 빨리 할 수 있다. 용접의 품질은 자세와 직접 관련되므로 가급적 가장 편한 하향자세로 용접하는 것이 좋다.

■ 표 9-6 용접 자세별 명칭

F	O	H	V
하향자세 (flat position)	상향자세 (overhead position)	수평자세 (horizontal position)	수직자세 (vertical position)

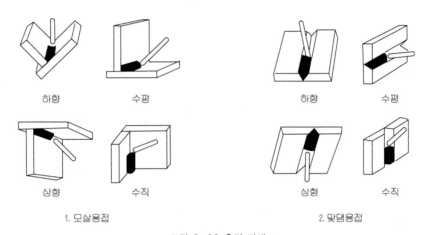

1. 모살용접   2. 맞댐용접

그림 9-22 용접 자세

(5) 용접기호

용접의 종류, 치수 등에 관한 도면상의 표시방법 및 사용 예는 다음과 같다.

■ 표 9-7 용접기호의 예

실제 모양	도면 표시	
		•V형 맞댐용접 •판두께 19mm, 홈깊이 16mm, 　홈각도 60°, 루트간격 2mm
		•X형 홈용접 •홈깊이 화살쪽 16mm, 화살과 반 　대쪽 9mm, 홈각도 화살쪽 60°, 　화살과 반대쪽 90°, 루트간격 3mm
		•∨형 홈용접 •T이음, 뒤 덧판사용 홈각도 45°, 　루트간격 6.4mm
		•모살용접 •양쪽다리길이가 틀린 경우
		•병렬단속 모살용접 •다리길이 13mm, 용접길이 50mm, 　피치 150mm
		•엇모용접 •전면다리길이 6mm, 후면다리길이 　9mm, 용접길이 50mm, 피치 300mm

(6) 용접부의 결함

1) 용접결함의 종류

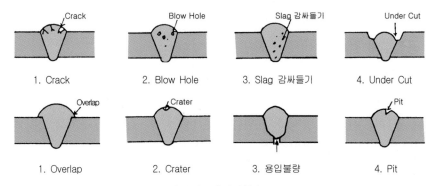

그림 9-23 용접결함의 종류

① 크랙(crack) : 용접 후 급랭 시에 생기는 균열로서 용접결함의 대표적인 결함
② 공기구멍(blow hole) : 용융금속이 응고할 때 방출가스가 남아서 생긴 길쭉하게 된 구멍이 혼입되어 있는 현상
③ 슬래그(slag) 감싸들기 : 용접봉의 피복재 심선과 모재가 변하여 생긴 슬래그가 용착금속 내에 혼입되는 현상
④ 언더컷(under cut) : 과대전류 혹은 용입불량으로 모재가 녹아 용착금속이 채워지지 않고 홈으로 남게 된 부분
⑤ 오버랩(overlap) : 용접금속과 모재가 융합되지 않고 단순히 겹쳐지는 것
⑥ 크레이터(crater) : 용접 시 비드(bead) 끝에 항아리 모양처럼 오목하게 파인 현상
⑦ 용입불량 : 용입깊이가 불량하거나 모재와의 융합이 불량한 것
⑧ 피트(pit) : 작은 구멍이 용접부 표면에 생기는 현상

2) 용접결함의 원인

① 용접 시 전류가 고르지 못할 경우
② 용접속도가 일정하지 못하고, 용접공의 기능이 미숙할 경우
③ 부적절한 용접봉과 용접봉의 관리 보관이 불량할 경우
④ 용접부의 개선 정밀도, 청소상태가 불량할 경우
⑤ 용접방법, 순서에 의한 변형이 생길 경우

3) 용접결함의 방지대책

① 용접봉은 저수소계 제품을 건조한 상태에서 사용한다.
② 전류의 과도한 흐름을 막기 위하여 과전류 방지기를 설치한다.

③ 일정한 속도로 운봉하되 용접방향이 서로 엇갈리게 용접한다.

④ 빠른 운봉속도는 용입불량이 발생할 우려가 있으므로 적정속도를 유지한다.

⑤ 용접부위를 예열(豫熱)하여 응력에 의한 변형을 방지한다.

(7) 용접부의 검사

철골용접 검사는 용접 전, 용접 중, 용접 후 검사로 구분되며, 용접 전 검사에서는 용접부재의 적합성 여부를 파악하고, 용접 중 검사는 사용재료 및 장비에서 발생하는 결함을 사전에 방지하기 위함이며, 용접 후 검사는 구조적으로 충분한 내력을 확보하고 있는지를 파악하고자 시행한다.

1) 공정별 검사항목

① 용접 전 검사

트임새 모양, 모아대기법, 구속법, 용접자세의 적부

② 용접 중 검사

용접봉, 운봉, 정격전류 등

③ 용접 후 검사

외관검사, 절단검사, 비파괴 검사(방사선 투과법, 초음파 탐상법, 자기분말 탐상법, 침투 탐상법) 등

2) 비파괴 검사

① 방사선 투과법(radiographic test)

가장 널리 사용되는 검사방법으로 X선, γ선을 용접부에 투과하고, 그 상태를 필름에 담아 내부결함을 검출하는 방법이다. 이 방법으로 블로우 홀(blow hole), 용입불량, 슬래그 감싸들기, 융합불량 등의 검출이 가능하며 그 특징은 다음과 같다.

• 검사 장소에 제한

• 검사한 상태를 기록으로 보존 가능

• 두꺼운 부재의 검사 가능

• 방사선은 인체 유해

• 검사관의 기량에 판정 의존

② 초음파 탐상법(ultrasonic test)

용접부위에 초음파를 투입하면 브라운관 화면에 용접상태가 형상으로 나타나며 결함의 종류, 위치, 범위 등을 검출하는 방법이다.

현장에서 주로 사용하는 검사법으로 그 특징은 다음과 같다.

•넓은 면을 판단할 수 있으므로 빠르고, 경제적

•T형 접합부 검사는 가능하나, 복잡한 형상의 검사는 불가능

•기록성이 없음

•검사관의 기량에 판정 의존

1. 초음파 탐상장치   2. 원리

그림 9-24 초음파 탐상법

③ 자기분말 탐상법(magnetic particle test)

용접부에 자력선을 통과하여 결함에 생기는 자장에 의해 결함을 발견하는 방법이다. 용접부위 표면이나 표면 주변의 결함, 표면 직하의 결함 검출이 가능하며 그 특징은 다음과 같다.

•육안으로 외관검사 시 나타나지 않은 균열, 흠집을 검출 가능

•용접부위의 깊은 내부 결함분석 미흡

•검사 결과의 신뢰성 양호

그림 9-25 자기분말 탐상법

④ 침투 탐상법(penetration test)

용접부위에 침투액을 도포하여 결함부위에 침투를 유도하고, 표면을 닦아낸 후 검사액을 도포하여 검출하는 방법이다.

• 검사가 간단하며, 1회에 넓은 범위를 검사할 수 있음
• 비철금속 가능
• 표면결함의 분석 용이

9.6 ● 강구조 세우기

9.6.1 현장 세우기 공정의 흐름

공사현장의 강구조 세우기는 입지 조건, 공사 규모, 높이 등에 따라 전체 공정에 크게 영향을 미치므로 철저한 계획과 검토가 필요하다. 대부분의 공정이 기계에 의해 이루어지기 때문에 안전계획이 무엇보다도 중요하며, 다음과 같은 순서로 이루어진다.

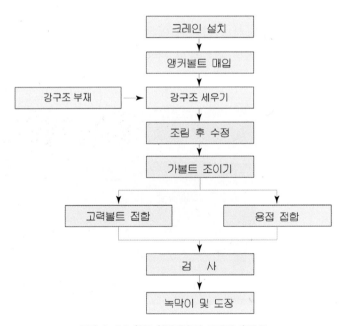

그림 9-26 철골 현장세우기 공정의 흐름도

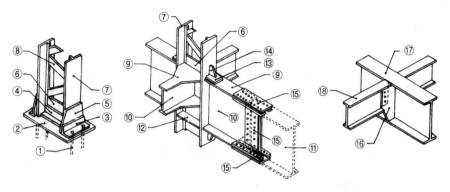

① 앵커볼트(anchor bolt)　　　⑦ 기둥 플랜지(flange)　　　　　⑬ 커버 플레이트(cover plate)
② 베이스 플레이트(base plate)　⑧ 래티스(lattice)　　　　　　　⑭ 리브 플레이트(rib plate)
③ 사이드 앵글(side angle)　　　⑨ 보 플랜지 플레이트(flange plate)　⑮ 스플라이스 플레이트(splice plate)
④ 클립 앵글(clip angle)　　　　⑩ 보 웨브 플레이트(web plate)　　⑯ 거세트 플레이트(gusset plate)
⑤ 윙 플레이트(wing plate)　　　⑪ 보(Girder)　　　　　　　　　⑰ 거더(girder)
⑥ 웨브 플레이트(web plate)　　⑫ 스티프너(stiffener)　　　　　　⑱ 빔(beam)

그림 9-27 강구조 부재의 각부 명칭

9.6.2 기초 앵커볼트 매입

주각은 기둥이 기초에 접합되는 부분으로 기둥의 축방향력, 전단력, 휨 모멘트를 안전하게 기초에 전달할 수 있어야 한다. 기초와 기둥의 접합을 위해서 페디스탈(pedestal)에 앵커볼트(anchor bolt)를 매입하여 베이스 플레이트(base plate)를 고정한다. 앵커볼트는 기초콘크리트에 매입되어 주각부의 이동을 방지하는 역할을 한다. 기초와 강구조 부재의 중심 위치를 정확히 먹매김한 뒤 앵커볼트를 매입하고, 주각부는 편평하게 하여 수평을 유지해야 한다. 앵커볼트 매입방법에는 고정 매입공법, 가동 매입공법, 나중 매입공법이 있다.

(1) 고정 매입공법

기초 콘크리트 속에 앵커볼트를 정확하게 매입하여 설치하는 방법으로 구조적으로 안전한 공법이나 시공의 정밀도가 요구되며 대규모의 중요한 공사에 사용된다.

(2) 가동 매입공법

앵커볼트 상부를 나중에 위치 조정이 가능하도록 깔대기 모양으로 슬리브를 미리 매설하여 설치하는 공법으로 중규모의 공사에 사용한다.

(3) 나중 매입공법

콘크리트 타설 전에 앵커볼트를 매입할 자리를 미리 만들어 두거나 타설 후 코어 (core) 장비로 천공하여 앵커볼트를 매입하고 그라우팅으로 고정하는 방법을 말하며 경미한 공사에 사용된다.

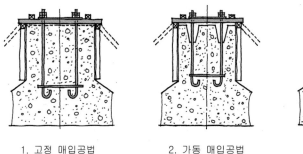
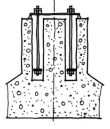

| 1. 고정 매입공법 | 2. 가동 매입공법 | 3. 나중 매입공법 |

그림 9-28 기초 앵커볼트 매입공법

9.6.3 기초 상부 고름질

기초 상부는 베이스 플레이트를 완전 수평으로 밀착시키기 위해 30~50mm 두께로 모르타르를 펴 발라서 철골의 하중을 기초에 잘 전달할 수 있게 한다.

(1) 전면 바름 마무리법

기둥 저면의 주위보다 30mm 이상 넓게 하고, 높이(level)를 점검(check)한 후에 된비빔 1:2 모르타르로 마무리하는 방법이다.

(2) 나중 채워넣기 중심 바름법

기둥 저면 중심부만 지정높이만큼 수평으로 모르타르를 바르고, 기둥을 세운 후 잔 여부분을 채워넣기 하는 방법이다.

(3) 나중 채워넣기 십자(十) 바름법

기둥 저면에서 대각선 방향十자형으로 지정높이만큼 모르타르를 바르고, 기둥을 세운 후 그 주위를 채워넣기 하는 방법이다.

(4) 나중 채워넣기법

베이스 플레이트(base plate) 중앙에 구멍을 내고, 4귀에 쐐기 받침대(rider) 등을 괴어 수평조절을 하고 기둥을 세운 후 베이스 플레이트 중앙부 구멍으로 모르타르를 주입하는 방법이다.

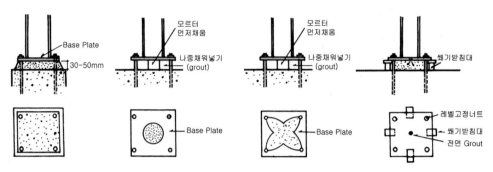

1. 전면 바름 마무리법   2. 나중 채워넣기 중심 바름법   3. 나중 채워넣기 십자 바름법   4. 나중 채워넣기법

그림 9-29 기초 상부 고름질 공법

그림 9-30 베이스 플레이트 수평잡기

제9장

9.6.4 세우기

(1) 세우기용 기계·장비의 선정

세우기용 장비는 기계가 갖는 능력, 현장의 여건, 강구조공사의 내용, 공정, 안전대책 등을 충분히 검토하여 선정한다. 장비를 잘못 선정하면 공정의 지연, 공사비의 증대를 초래할 뿐만 아니라 작업자의 안전에도 나쁜 영향을 줄 수 있기 때문에 주의해야 한다.

세우기용 장비는 "3.7절 양중장비"를 참고하라.

(2) 세우기공법의 종류[1]

1) 티어(tier) 공법(재래식 공법)

기둥의 이음위치를 3~4개층 1개 절로 하여 동일한 층에서 집단으로 연결하는 공법으로 작업자들에게 가장 익숙한 방법이다.

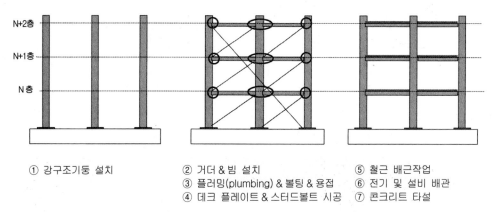

① 강구조기둥 설치　　② 거더 & 빔 설치　　　　　　　　⑤ 철근 배근작업
　　　　　　　　　　　③ 플러밍(plumbing) & 볼팅 & 용접　⑥ 전기 및 설비 배관
　　　　　　　　　　　④ 데크 플레이트 & 스터드볼트 시공　⑦ 콘크리트 타설

그림 9-31 Tier 공법 설치순서

2) N 공법

기둥의 이음위치를 층별로 분산하여 용접, 수지도 조정 등이 용이하도록 하고 층단위로 설치하는 공법이다. 작업량 분산으로 인원감소 효과와 주기 공정으로 연속적인 작업이 가능한 공법이다.

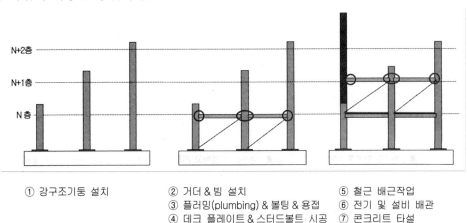

① 강구조기둥 설치　　② 거더 & 빔 설치　　　　　　　　⑤ 철근 배근작업
　　　　　　　　　　　③ 플러밍(plumbing) & 볼팅 & 용접　⑥ 전기 및 설비 배관
　　　　　　　　　　　④ 데크 플레이트 & 스터드볼트 시공　⑦ 콘크리트 타설

그림 9-32 N 공법 설치순서

---

1) 삼성중공업건설, 초고층 요소기술, 기문당, 2002

3) 미국식 공법

강구조 부재 설치작업이 완료된 후에 연이어 다음 절의 강구조 부재 설치작업을 진행시키며 조정 및 본체결작업이 진행되는 바로 밑의 절에서 같은 속도로 진행된다. 즉 국내에서는 1개절에서 이루어지는 모든 작업이 2개 절에서 동시에 이루어지는 공법이다.

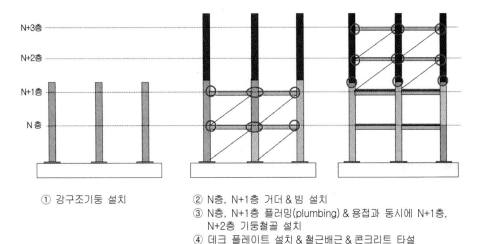

① 강구조기둥 설치

② N층, N+1층 거더 & 빔 설치
③ N층, N+1층 플러밍(plumbing) & 용접과 동시에 N+1층,
   N+2층 기둥철골 설치
④ 데크 플레이트 설치 & 철근배근 & 콘크리트 타설

그림 9-33 미국식 공법 설치순서

4) D-SEM 공법(Digital & Spiral Erection Method)

코어부는 선행하며 외주부는 구역별로 조닝(zoning)하여 N 공법과 유닛 플로어 공법을 병행 시행하는 공법이다.

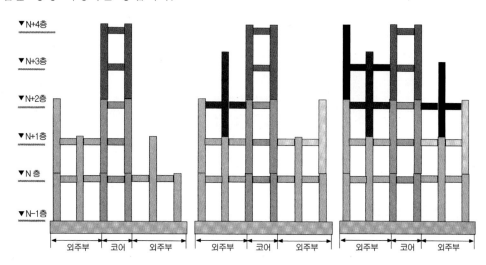

① N+2층 완료 후 1개 절
   (N+3/N+4층)코어 진행

② 코어는 선행하고 기둥과 거더 & 빔은 Zone 별로 N공법으로
   철골 설치 진행, 데크는 유닛 플로어 공법 적용

그림 9-34 D-SEM 공법

5) 유닛 플로어 공법

유닛 플로어 공법은 안전한 지상 저층(1, 2층)에 조립장을 설치하고 그 상하부에 설비 시설(공조, 위생, 냉·난방, 자동화, IBS(Intelligent Building System), 소화, 조명) 및 안전시설물을 설치하고 대형 장비로 양중하여 조립 설치하는 공법이다.

(3) 가조립

① 기둥을 세우면 바로 보를 걸쳐 안정시킨다.

② 세우기가 끝난 부재는 본조임 볼트 수의 1/3~1/2 또는 2개 이상 가볼트 조임을 한다.

③ 운반시는 충돌이나 변형을 방지해야 한다.

④ 용접접합에서 이렉션 피스(erection piece) 등에 사용하는 가볼트는 고력볼트를 사용하여 모두 조인다.

⑤ 가볼트로 조립되어 있는 경우가 가장 위험한 시기이므로 다음과 같은 사항에 주의해야 한다.
- 가조립 구조물 위에 임시 적재를 금지한다.
- 해안가 등 바람이 많은 지역과 바닥 면적당 철골량이 50kg보다 적은 경우는 보강을 고려한다.
- 건물 폭(D)에 비해 높이(H)가 높은 구조물(H/D ≥ 4)은 주의한다.
- 가조임 상태로 고층까지 세우지 않는다.
- 보강 와이어 로프(wire rope)를 세우기 수정 작업과 겸용하고 본조임이 완료되기 전까지 풀지 않는다.

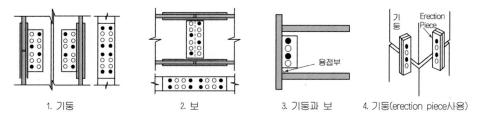

그림 9-35 가조임 볼트의 예

(4) 변형 바로잡기

① 조립 공정은 매 절마다 수정하고 다음 작업을 진행한다.

② 수직도는 다림추로 점검하여 수정하면서 세우기를 진행한다.

③ 수평, 수직의 고정은 와이어 로프나 턴버클(turn buckle)로 한다.

④ 기둥의 수직 정밀도는 1/500 이하가 되도록 한다.

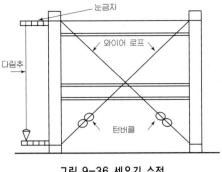

그림 9-36 세우기 수정

(5) 본조립

본조립에서 현장접합은 고력볼트 접합이나 용접접합 등을 사용한다. 하나의 접합부에서 고력볼트 접합과 용접접합을 모두 쓰는 경우에는 용접 전에 고력볼트를 체결하여 허용 내력을 둘이 부담하도록 한다. 용접 후에 체결된 고력볼트는 용접열에 의한 접합부의 변형 때문에 접합면이 밀착되지 않아 고력볼트에 내력을 부담시키기 어렵다. 용접 전에 고력볼트를 체결하여도 용접하는 부위가 고력볼트에 인접해 있으면 용접열이 조인 볼트에 영향을 미치기 때문에 두 가지 접합방법의 사용을 피한다.

1) 고력볼트 접합

① 고력볼트의 반입 : 고력볼트는 완전히 포장된 것을 미개봉 상태로 반입한다.

② 고력볼트 반입 검사

•검사성적표 확인 : 제작자에게 검사성적표를 제출받아 조건에 만족하는지 확인한다.

•볼트장력의 확인 : 토크관리법을 이용하여 고력볼트의 장력을 확인·검사한다.

③ 볼트구멍 처리

•볼트 상호간의 중심 간 거리는 그 지름의 2.5배 이상으로 한다.

•볼트 간에 볼트 구멍이 어긋날 경우 : 어긋남이 2mm 이하인 경우는 리머로 수정하고, 어긋남이 2mm를 초과하는 경우는 접합부의 안전성을 검토한다.

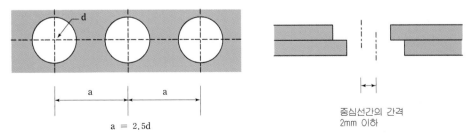

그림 9-37 볼트구멍의 처리

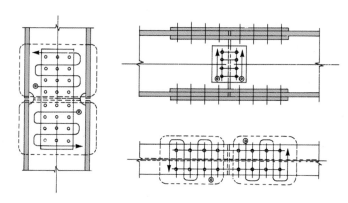

① ⟨⎓⎓⟩ 조임시공용 볼트의 군

② ━━━━ 조이는 순서

③ 볼트군마다 이음의 중앙부에서 판 단부쪽으로 조여간다.

그림 9-38 고력볼트 조임순서

그림 9-39 고력볼트 조이기

2) 용접접합

① 용접순서 결정 방법

용접부에는 용접수축이 발생하여 구조물의 변형이나 잔류응력을 유발한다. 잔류
응력은 부재의 내력을 저하시켜 피로를 가중시키므로 잔류응력 발생이 작게 용접
순서를 결정한다.

② 용접순서

• 건물평면에서 볼 때 용접은 가운데에서 바깥방향으로 대칭적으로 진행한다.

• 기둥은 양쪽에서 2인이 동시에 용접하면 변형이 적다.

• 보 용접의 경우 해당 절의 최상부, 최하부 중 어느 쪽에서부터 용접을 해도 무방하다. 그러나 상부에서부터 용접을 수행하는 것이 다음 절의 조립을 빨리하는데 유리하다.

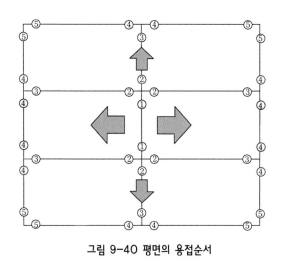

그림 9-40 평면의 용접순서

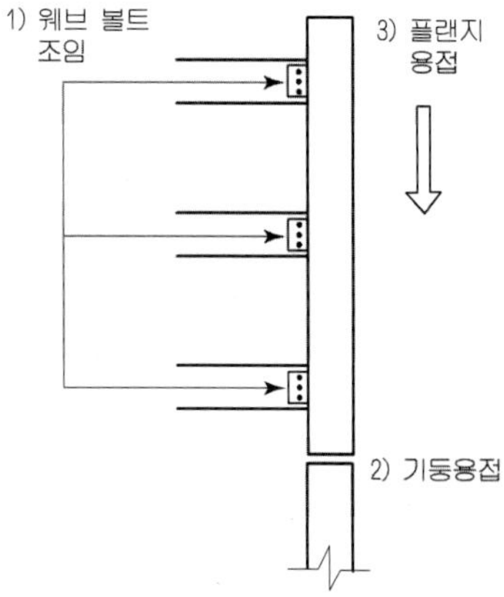

그림 9-41 볼트 조임과 용접

9.6.5 부재 각부의 접합

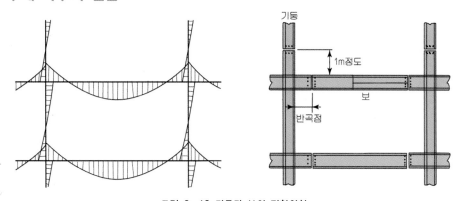

그림 9-42 기둥과 보의 접합위치

(1) 기둥과 기둥의 접합

기둥과 기둥의 수직방향의 이음은 H형강의 단일재를 사용한 경우, 각층 바닥에서 1.0~1.5m 높이로 하는 것이 반곡점(反曲點)에 가까워서 휨응력도 적고 작업하기도 쉽다. 이음방법은 고력볼트를 사용하는 경우가 가장 많으며, 간혹 용접도 한다.

상·하 기둥의 치수가 같을 경우 기둥 마구리는 기계가공을 하여 완전밀착되어 힘을 전달할 수 있게 한다.[2] 윗기둥과 아랫기둥의 크기가 서로 다를 때에는 끼움판(filler plate)을 설치하지만 크기의 차가 많으면 내력판(bearing plate)을 마구리에 깔고 웨브에도 앵글을 붙인다. 용접접합 중에서 볼트구멍은 현장용접하는 동안 임시로 붙잡아 고정시키기 위한 것이다.

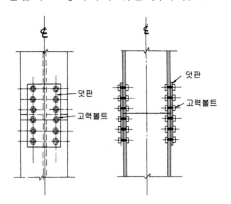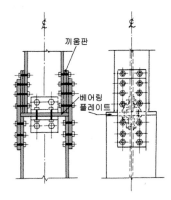

1. 상하기둥의 치수가 동일한 경우　　　2. 상하기둥의 치수가 서로 다른 경우

그림 9-43 기둥과 기둥의 고력볼트 접합

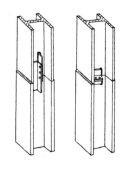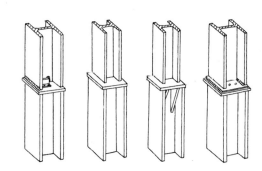

1. 상하기둥의 치수가 동일한 경우　　　2. 상하기둥의 치수가 서로 다른 경우

그림 9-44 기둥과 기둥의 용접접합

(2) 보와 보의 접합

1) 동일 치수의 보와 보의 접합

H형강보 상호간의 연결은 덧판을 붙여서 고력볼트로 잇는 경우가 많다.

덧판과 모재 사이는 1mm 이상의 간격이 생기지 않도록 밀착시켜야 하며, 두 모재는 조립을 용이하게 하기 위하여 5~10mm의 간격을 두도록 한다.

---

2) Metal Touch : 강구조 건물에서 기둥의 이음시 외력에 의한 축력과 휨모멘트, 전단력이 충분히 전달되고 응력집중현상이 생기지 않도록 하기 위한 이음을 말한다. 이음부를 정밀 가공하여 상하부 기둥을 밀착시켜서 축력의 25%까지 하부 기둥 밀착면에 직접 전달시킨다.

2) 큰 보와 작은 보의 접합

큰 보와 작은 보의 연결은 단순지지의 경우가 많으므로, 이때의 접합부는 클립앵글 등을 사용하여 웨브만을 상호 접합한다. 작은 보를 연속보로 하고자 할 때에는 플렌지에는 덧판을 대고 웨브는 밀착시키는 것이 좋다.

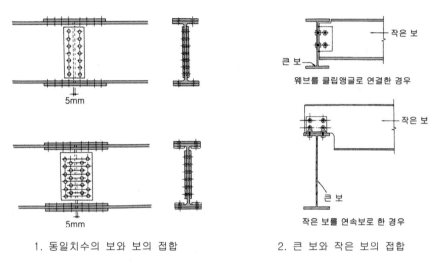

1. 동일치수의 보와 보의 접합   2. 큰 보와 작은 보의 접합

그림 9-45 보와 보의 접합

(3) 기둥과 보의 접합

1) 브라켓(bracket)형 접합

H형강의 기둥과 보의 접합은 복잡하고 기둥이 약간만 기울어도 오차가 생길 염려가 많다. 보는 반곡점 근처의 휨모멘트가 작은 곳에서 좌우 두 곳을 고력볼트를 사용하여 현장접합하고, 보를 기둥에 접합한 브라켓 부분은 공장용접으로 하여 현장에 반입함으로써 공기를 단축시킨다. 스팬이 크지 않으면 보 중앙의 한 장소에서 접합하기도 하지만, 이때는 브라켓이 너무 길어서 현장까지 운반이 곤란한 경우가 많다.

2) 현장 용접접합(브라켓이 없는 경우)

보가 접합되는 부분의 기둥웨브 부분은 특히 전단력이 크게 작용하는 부분이며 이 부분에는 스티프너와 보강판을 용접하여 보강한다. 기둥과 보의 용접은 평면상에서 본 건물 전체의 중앙에서부터 좌우 가장자리 외부를 향하여 대칭으로 용접을 함으로써 용접에 따른 수축오차의 누적을 줄인다.

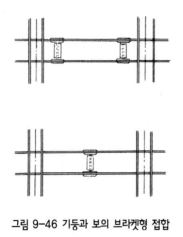

그림 9-46 기둥과 보의 브라켓형 접합

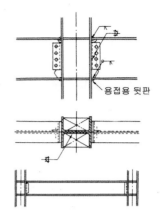

그림 9-47 기둥과 보의 현장 용접접합

3) 현장 볼트접합

보를 기둥에 현장에서 볼트로 직접 접합할 때에는 스플릿 T(split tee) 또는 톱 앵글(top angle) 등의 부속철물을 사용하는 것이 편리하다.

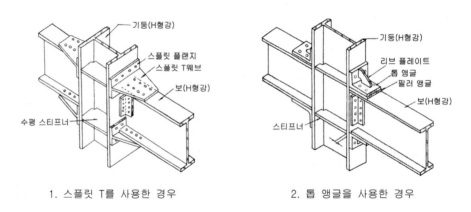

1. 스플릿 T를 사용한 경우   2. 톱 앵글을 사용한 경우

그림 9-48 기둥과 보의 현장 볼트접합

9.6.6 강구조접합 검사

① 부재의 변형 여부 및 건립 정밀도를 확인한다.
② 접합부 응력 여부를 판단하기 위한 육안 검사 및 비파괴 검사를 실시한다.

9.7 내화피복공사

강구조용 강재의 융점은 1,500℃로 온도가 500~600℃가 되면 응력이 50%로 저하되고, 800℃이상이면 응력이 제로(0) 상태가 된다. 강구조를 화재나 열로부터 보호하여 강재의 온도 상승을 막아 내력 저하를 허용한계 이내로 할 목적으로 강구조에 내화피복을 한다. 강재의 허용온도는 표 9-8과 같다.

■ 표 9-8 강재의 허용온도

	기둥·보	바닥·지붕·벽
최고온도	450℃ 이하	500℃ 이하
평균온도	350℃ 이하	400℃ 이하

화재시 건물내부에 있는 사람들이 대피할 수 있는 시간이 필요하므로 일정시간 동안 강구조 부재의 온도가 상승하지 않게 강구조 부재에 적절한 방법으로 내화피복을 하도록 규정하고 있다.[3] 내화성능은 1시간 내화, 2시간 내화가 있으며 층수 및 구조 부위에 따라서 내화시간이 정해져 있다.

■ 표 9-9 내화구조의 성능기준 (단위 : 시간)

용도		구성 부재	벽						보·기둥	바닥	지붕
			외벽			내벽					
				비 내 력			비 내 력				
용도구분	용도 규모 층수/최고높이(m)		내력벽	연소우려가 있는 부분	연소우려가 없는 부분	내력벽	칸막이벽	샤프트실 구획벽			
일반시설	12/50	초과	3	1	1/2	3	2	2	3	2	1
		이하	2	1	1/2	2	1 1/2	1 1/2	2	2	1/2
	4/20	이하	1	1	1/2	1	1	1	1	1	1/2
주거시설	12/50	초과	2	1	1/2	2	2	2	3	2	1
		이하	2	1	1/2	2	1	1	2	2	1/2
	4/20	이하	1	1	1/2	1	1	1	1	1	1/2
산업시설	12/50	초과	2	1 1/2	1/2	2	1 1/2	1 1/2	3	2	1
		이하	2	1	1/2	2	1	1	2	2	1/2
	4/20	이하	1	1	1/2	1	1	1	1	1	1/2

---

3) 건축법 제50조, 동법 시행령 제56조, 건축물의 피난·방화구조 등의 기준에 관한 규칙 제3조 등

내화피복공법에는 습식공법, 건식공법, 합성공법, 복합공법 등이 있으며 표 9-9의 내화구조의 성능기준, 건축물의 용도 등에 맞는 공법을 선정한다.

(1) 습식공법

1) 타설공법

강구조 부재 주위에 거푸집을 설치하고, 경량콘크리트나 모르타르 등을 타설하는 공법을 말한다. 까다로운 접합부가 없을 경우 시공이 용이하고 안전도가 높지만 타설과 양생에 시간이 걸리고 균열이 발생하기 쉽다.

2) 뿜칠공법

강재 표면에 접착제를 도포한 후 질석(vermiculite), 암면 등의 내화재를 도포하는 공법이다. 가격이 싸고, 복잡하거나 부정형한 형태에 적용할 수 있으나 피복두께 및 밀도의 관리가 어렵다. 또한 뿜칠재의 비산은 공해의 원인이 된다.

그림 9-49 뿜칠공사

3) 미장공법

강구조 부재에 메탈 라스(metal lath)나 용접철망을 부착하여 단열 모르타르로 미장하는 공법을 말한다. 비교적 신뢰성이 높지만 작업 소요기간이 길고 넓은 면적의 시공이 곤란하다.

4) 조적공법

콘크리트 블록, 벽돌, 석재 등을 조적하는 방법으로 충격에 비교적 강하고 박리의 우려가 없지만 시공기간이 길다.

(2) 건식공법(성형판 붙임공법)

PC판, ALC(Autoclaved Lightweight Concrete)판, 규산칼슘판, 석면성형판 등 내화·단열성능이 우수한 경량의 성형판을 접착제나 연결철물을 이용하여 부착하는 공법을 말한다. 작업능률이 좋고 품질관리도 용이하나, 시공도중 재료의 파손이나 절단 가능성이 높다.

(3) 합성공법

이종재료의 적층이나 이질재료의 접합으로 일체화하여 내화성능을 발휘하는 공법을 말한다.

1) 이종재료 적층공법

건식, 습식 공법의 단점을 보완하여 바탕에 규산칼슘판을 부착하고, 상부에 질석 플라스터(plaster)로 마무리한다.

2) 이질재료 접합공법

초고층 건물의 외벽공사를 경량화할 목적으로 공업화 제품을 사용하여 내부 마감제품과 이질재료를 접합하는 공법을 말한다.

(4) 복합공법

하나의 제품으로 2개의 기능을 충족시키는 공법으로 마감재(커튼월, 천장공사)와 내화피복기능을 모두 충족할 수 있다.
① 외벽 ALC 패널 : 외벽 마감과 내화피복 성능
② 천장 멤브레인 공법 : 흡음성과 내화피복 성능

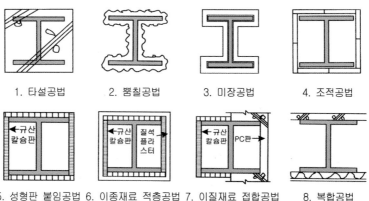

1. 타설공법　2. 뿜칠공법　3. 미장공법　4. 조적공법
5. 성형판 붙임공법　6. 이종재료 적층공법　7. 이질재료 접합공법　8. 복합공법

그림 9-50 내화피복공법의 종류

9.8 ▶ 데크 플레이트 및 스페이스 프레임

9.8.1 데크 플레이트

강구조 바닥판 시공방법에는 데크 플레이트(deck plate)를 깔고 철근배근 또는 용접 철망을 깐 후 콘크리트를 타설하는 법, PC 콘크리트 슬래브 판을 까는 법, 거푸집을 대고 콘크리트를 치는 법 등이 있다. 최근에는 데크 플레이트를 이용한 시공법이 보편화되고 있다.

데크 플레이트는 합판 거푸집에 비해 경량이므로 다루기 쉽고 설치가 용이하며 장스 팬의 슬래브 시공을 위한 서포트가 필요하지 않아 공기단축과 공사비 절감이 가능하 다. 또한 시공이 용이하며 깨끗한 공사환경을 유지할 수 있어 안전사고를 줄일 수 있다. 데크 플레이트를 설치할 경우에는 내화피복, 구조적 강성 확보, 배근 방법 등 에 대하여 신중하게 검토해야 한다.

(1) 데크 플레이트 분류

1) 거푸집용 데크 플레이트(form deck plate)

데크 플레이트가 굳지 않은 상태의 콘크리트와 철근 및 작업하중을 지지하는 거푸집 의 역할만을 하며, 콘크리트 경화 후에는 데크 플레이트와 바닥 콘크리트가 합성구조 를 이루지 않기 때문에 건물의 모든 하중(고정하중, 활하중)은 콘크리트가 전담한다.

2) 구조용 데크 플레이트(composite deck plate)

데크 플레이트가 구조적 기능을 발휘하도록 설계·제작된 것으로 굳지 않은 상태의 콘크리트와 철근 및 작업하중을 지지하는 거푸집의 역할을 하며, 콘크리트가 경화 된 후에는 합성 슬래브의 인장보강근 역할을 한다.

① 철근트러스형 데크 플레이트 : 데크 플레이트와 주근이 일체화되어 제작된 것으 로 내화피복이 불필요하다.

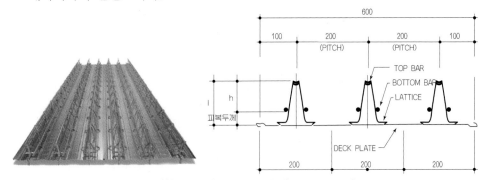

그림 9-51 철근트러스형 데크 플레이트(super deck)

② 합성 데크 플레이트 : 데크 플레이트와 콘크리트가 요철(shear connector 역할)에 의한 부착력 강화로 일체화된 구조로, 주근 설치가 불필요하며 트러스형 와이어 메시를 사용한다.

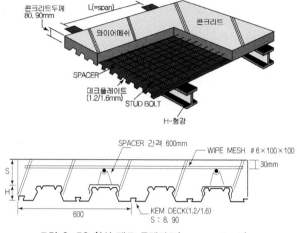

그림 9-52 합성 데크 플레이트(super deck)

(2) 데크 플레이트 시공순서

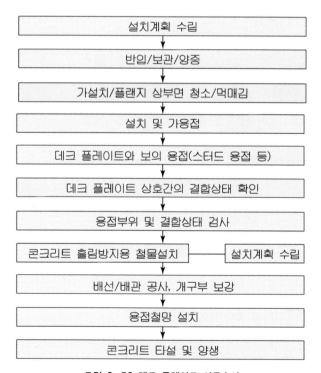

그림 9-53 데크 플레이트 시공순서

1. 데크 플레이트 깔기작업

2. Stud Bolt 용접

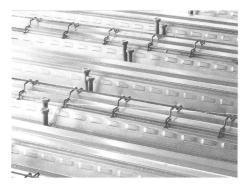

3. Spacer 시공

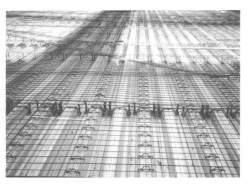

4. Wire Mesh 시공

5. Stud 용접부 인장시험

6. 콘크리트 치기

그림 9-54 데크 플레이트 시공

(3) 쉬어 커넥터(shear connector)

쉬어 커넥터는 철골보와 콘크리트 바닥판을 일체화시키기 위한 고정 앵커 철물을 말하며 종류에는 스터드 볼트, 하트형 형강, 이형철근 구부리기 등이 있다.

스터드 볼트는 데크 플레이트 이음 사이에 강구조보에 직접 용접하기도 하며, 데크 플레이트를 관통하여 강구조보에 용접하기도 한다. 스터드 볼트에 대한 용접은 일종의 자동 아크용접으로서 스터드 건을 이용한다. 스터드 건에 용접될 스터드를 꽂은 후 모재와 약간 사이를 두고 전류를 통하면 스터드가 용접봉과 같은 역할을 하여 스터드 끝과 모재 사이에서 전기아크가 발생하면서 스터드를 모재에 용접하는 방법이다.

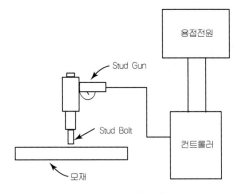

그림 9-55 스터드 용접

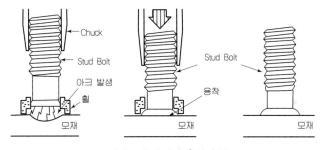

그림 9-56 스터드 용접 순서

9.8.2 스페이스 프레임

스페이스 프레임(space frame)이란 절점을 기준으로 여러 개의 동일한 파이프(pipe)가 연결된 형태의 구조물을 말하며 대공간, 집회장, 경기장, 현관 돌출부 등에 사용된다. 스페이스 프레임은 일반 구조형식과 비교하여 다음과 같은 특징이 있다.

(1) 특징

- 설치작업이 용이하고 외력에 대한 저항성이 크다.
- 약 25%의 강재 절감이 가능하다.
- 트러스 높이를 보통보다 1/2 정도 낮게 할 수 있다.
- 대공간, 장경간 구조물에 설치 가능하다.

(2) 종류

① 구형 스페이스 프레임(rectangular space frame)

분기형 이음이 구형으로 제작된 트러스

② 3각형 스페이스 프레임(triangular space frame)

60°로 경사진 트러스를 종횡으로 설치하여 3각형으로 구성된 트러스

③ 6각형 스페이스 프레임(hexagonal space frame)

6각형으로 구성된 입체 트러스

④ 파이프(pipe) 구조

강관 파이프에 의해 제작된 입체 트러스

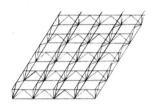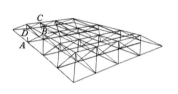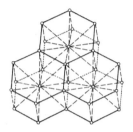

1. 구형 스페이스 프레임   2. 3각형 스페이스 프레임   3. 6각형 스페이스 프레임

그림 9-57 스페이스 프레임의 종류

9.9 강구조공사의 단계별 문제점 및 대책

9.9.1 강구조공사의 단계

강구조공사 관련 업무는 그림 9-58와 같이 크게 착공 전 단계와 공장가공 단계, 현장시공 단계로 구분되며, 각 단계별 업무는 시공업체, 협력업체, 발주처(감리 또는 CM 포함)가 관련되어 있다.

착공 전 단계에서 시공업체는 현장을 개설 후 도면과 시방서를 검토하여 현장 설명회를 개최한다. 이후 협력업체가 선정되면 해당 업체가 시공 계획서와 제작도면(shop drawing)을 작성하며 이 과정에서 작성된 시공계획서와 제작도면은 검토를 거쳐 발주자의 승인을 득해야 한다.

공장가공 단계에서 협력업체는 발주처의 승인을 받은 시공도를 기반으로 시공업체와 발주처의 검수를 마친 자재를 반입하여 절단, 취부, 조립/용접을 수행하여 자체 검사를 통해 도장하여 현장으로 반출한다.

협력업체가 자재의 가공을 수행하는 동안 현장에서 시공업체는 먹매김 및 앵커볼트를 설치한 후 발주처로부터 정밀도 검사를 받는다.[4] 이후 협력업체가 준비한 자재를 현장에 반입하고 설치하며, 이 과정에서 반입된 자재는 발주처로부터 반입검사를 받게 된다.

현장 시공 단계에서 시공업체는 공장가공을 마친 자재의 반입 후 기둥을 설치하고 거더와 빔을 설치 후 가조립(temporary erection)을 하게 된다. 가조립 후 수직도 검사(plumbing)을 하여 발주자로부터 수직/수평검사를 받는다. 이후 볼트조임과 용접작업을 하여 본 조립을 수행하며 각 단계는 발주처로부터 검사를 받고, 자체 검사 후 성과표를 제출하여야 한다. 이후 데크 플레이트(deck plate) 및 스터드 볼트(stud bolt)를 설치한 후 철근을 배근하는데, 이때 협력업체에 의해 전기공사와 설비공사가 병행하여 이루어지며 그 결과에 대하여 발주처로부터 검사를 받는다. 발주처의 철근 배근 검사 후 콘크리트를 타설하고 내화피복공사를 진행하면 강구조공사가 마무리된다.

이러한 강구조공사 과정에서 발생 가능한 문제점 및 대책은 9.9.2절에 열거하였으며, 참고로 그림 9-59에서 원안에 A1, A2, …, C7로 표현된 것은 강구조공사 작업 각 단계별 발생예상 문제점 및 대책을 수립하기 위한 식별번호이다.

---

4) 강구조공사에서 공장제작 및 현장설치를 단일 또는 서로 다른 협력업체가 수행하는 경우가 있다.

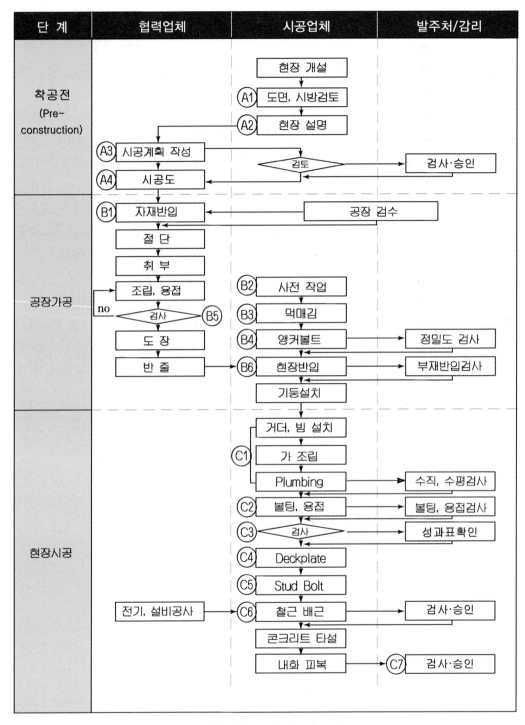

그림 9-59 철골공사의 세부 단계

9.9.2 강구조공사의 단계별 문제점 및 대책

강구조공사에서 발생하는 문제점은 그림 9-58와 같이 도면 및 시방검토에서 내화피복에 이르기까지 거의 모든 업무에서 발생한다. 예를 들어, 설계도서 검토단계에서는 도면 및 시방검토 누락, 설계오류에 따른 구조적 결함, 수급가능 자재검토 오류 등의 문제점이 있으며 이들을 위한 대책은 각기 기본계획 T/F팀의 사전 검토, 현장직원 적기투입 및 검토기간 확보, 현장직원의 도면, 시방서 검토능력 배양 등의 조치를 취할 수 있다. 또한 이러한 대책들은 현장개설 직후에 실시하며 이때 필요한 정보는 각기 도면 및 시방서 그리고 소요자재 리스트이다. 이러한 방법으로 강구조공사의 각 업무별 문제점, 대책, 세부 대책과 요구정보를 열거하면 표 9-10과 같다.

■ 표 9-10 강구조공사 리스크 별 대응방안

번호	단 계	문제점	대책	세부대응	
				수 행 시 점	요 구 정 보
A1	도면,시방 검토	1. 도면, 시방검토 누락	1. 기본계획 T/F팀의 사전 검토	개설 직후	도면/시방서
		2. 설계오류, 구조적 결함	2. 현장직원 적기투입 및 검토기간 확보	개설 직후	도면
		3. 수급가능 자재검토 오류	3. 현장직원의 도면 및 시방 검토능력 배양	개설 직후	소요자재 리스트
A2	현장설명	1. 발주항목 누락	1. 명확한 계약체결, 사전 준비	개설 초기	발주 내역서
		2. 저가 낙찰	2. 업체현황 면밀히 조사	개설 초기	업체현황 조사서
A3	시공계획 작성	1. 공법선정 오류	1. 타 현장 시공사례 분석 자료 활용	공사 착공전	유사실적 분석서
		2. 시공순서, 공정계획 오류	2. 협력업체 스스로 작성 능력 향상	공사 착공전	공정표 실적사례
		3. 가설, 장비계획 오류	3. 현장직원 자체 시공계획 작성능력향상	공사 착공전	가설계획도 장비제원표
		4. 인원, 자재투입계획 오류	4. 본사 담당자 검토, 지원 시스템 활용	공사 착공전	인원투입 계획서 자재투입 계획서

		문제점	대책	시기	관련자료
A4	도면작성	1. Shop Dwg 누락, 기입 오류	1. 본사 담당자에 의한 Shop Dwg 검토	공사 착공전	Shop Dwg
		2. Shop Dwg 제출, 승인 지연	2. 현장직원 검토능력 향상 교육	공사 착공전	교육자료
B1	현장 자재반입	1. 자재수급의 차질	1. 공장검수시 필수 Check 항목 리스트	착공 직전	수급자재리스트 Check List
		2. 불량자재반입, 자재보관 불량	2. 반입자재의 적절성 확인, 보관상태 확인	착공 직전	반입자재 Check List
		3. 자재비 급상승	3. 본사 구매팀을 활용한 자재시황 예측	착공 직전	주요자재 시황분석 자료
B2	강구조부재 제작	1. 선 작업 공기지연	1. 강구조부재반입 일정을 고려한 공정관리	강구조 제작	공정표 선작업 일정표
		2. 선 작업 정밀도 불량	2. 이중, 삼중 Check 확인	강구조 제작	Check List
B3	먹매김	1. 먹매김 정밀도 오류	1. 먹매김 정밀도 현장직원 직접확인 필수	강구조 제작	도면 측량 자료
B4	앵커볼트 검사	1. 앵커볼트 매립위치 불량	1. 앵커볼트 매립 후 현장직원 재확인	강구조 제작	Shop Dwg
		2. 앵커볼트 선정오류 (길이 등)	2. Shop Dwg 검토 시 명확히 확인	강구조 제작	Shop Dwg
B5	검사	1. 강구조업체에 검사 일괄발주	1. 비파괴검사 분리발주 실시	강구조 제작	분리발주 계획서
		2. 불성실한 검사 (검사누락)	2. UT : 100%, MT : 10% 규정준수 - Shop Dwg에 검사부위 명확히 표현	강구조 제작	Shop Dwg 시방서
		3. 재제작으로 인한 납기 지연	3. 지속적인 품질관리로 불량률 저감유도	강구조 제작	검사 보고서
B6	현장반입	1. JIT 미준수, 제작순서 미준수	1. 제작순서에 대한 사전 명확한 협의	강구조 제작	시공 계획서
		2. 오제작 자재반입	2. 품질관리 요원을 활용한 공장검수	강구조 제작	자재 검수표

C1	현장설치	1. 보관미흡으로 자재파손	1. 자재보관 계획 사전 명확히 수립	현장 설치	시공 계획서
		2. 자재보관 및 이동계획 오류	2. 부재 이동 및 조립 계획 명확히 수립	현장 설치	가설 계획서
		3. 오제작-산소절단, 과도한 휨	3. 사전검수 철저로 오제작 방지	현장 설치	검수 계획서
		4. 작업자의 숙련도 부족	4. 작업자 이력 및 경력 사전확인	현장 설치	작업자 경력 확인서
		5. 악천후로 인한 작업 중단	5. 사전 기상확인, 적절한 조치계획수립	현장 설치	일일 기상현황
		6. 오시공으로 인한 재작업	6. 지속적인 현장확인, 일일미팅 활성화	현장 설치	일일품질 안전미팅
C1	현장설치	7. 공기지연	7. 리스크 요인 사전도출, 디테일 공정표	현장 설치	공정표
		8. 작업중 안전사고	8. 사전 안전시설물 Shop Dwg 반영	현장 설치	안전관리 계획서
		9. 소음 등으로 인한 민원	9. 소음정도 사전확인, 부분 방음시설 활용	현장 설치	환경관리 계획서
		10. 감독, 감리의 지나친 관여	10. 정확한 품질관리, 본사 담당자 활용	현장 설치	품질관리 계획서
C2	볼팅, 용접	1. 용접사기능 부족, 원칙 미준수	1. 용접사 기량 테스트, 표준활용 교육	현장 설치	용접사 관리서
		2. 볼트자재불량, 취급 불량	2. 볼트검사, 볼트저장방법 사전계획	현장 설치	볼트관리 계획서
C3	검사	1. 불성실한 검사	1. 분리발주에 의한 명확한 검사	현장 설치	분리발주 계획서
C4	Deck 설치	1. 적절하지 않은 Deck 선정	1. 현장에 적합한 Deck 사전조사	현장 설치	Deck종류 조사
C5	Stud Bolt 설치	1. 시공불량, 재시공으로 인한 콘크리트 타설일정 지연	2. Stud Bolt 시공방법 사전계획 철저 - 시공중 중간검사 실시, 사전조치	현장 설치	스터드 볼트 시공계획
C6	철근배근	1. 철근배근 불량	1. 철근배근도 작업자 사전주지	현장 설치	철근 배근도
		2. 결속불량	2. 결속방법, 정도 사전확인, 주지	현장 설치	철근 배근도

제9장

		1. 시공 후 탈락 (동절기공사)	1. 내화피복, 표준준수, 적정공법 검토	현장 설치	내화피복 시공 계획서
C7	내화피복	2. 분진, 비산으로 작업 환경 저하	2. 사전보양대응, 타공종 간 섭영향 사전확인	현장 설치	보양 계획서

9.10 철골철근 합성구조(SMART Frame)

(1) 개요

SMART 프레임(Sustainable, Measurable, Attainable, Reliable, Timely Frame) 공법은 그림 9-59과 같이 철근콘크리트와 강구조구조의 장점을 활용한 SRPC (Steel + Reinforced Precast Concrete) 골조 시스템이다. 이는 철근 콘크리트 구조의 경제성과 강구조의 시공성을 갖는 구조시스템으로 기존의 현장타설 RC, PC 구조 및 강구조구조의 장점을 계승하고, 단점을 개선하여 생산성 및 구조품질향상, 원가절감, 공기단축, 골조자원 저감에 따른 CO_2 발생량 저감, 현장 폐기물 저감 등의 목적으로 개발되었다. SMART 프레임 공법은 아파트, 업무용 빌딩, 공장, 주차장, 창고형 건물 등 다양한 건축물 뿐 아니라 그림 9-60과 같이 플랜트의 Pipe Rack에도 적용될 수 있다.

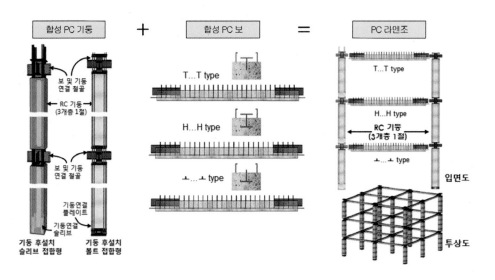

그림 9-59 SMART Frame 공법의 구성

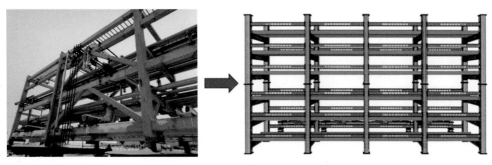

그림 9-60 SMART Frame을 활용한 Pipe-Rack의 설계

(2) 특징

SMART Frame은 그림 9-59과 같이 연결부에만 강구조를 이용할 수도 있고, 필요 시 그림 9-60과 같이 전 경간을 SRPC로 구성할 수도 있다. SRPC 기둥과 보의 접합부처리 방식은 바닥과 함께 콘크리트를 타설하여 일체화하는 경우와 기둥과 보의 접합부를 플레이트 및 볼트 접합 건식형으로 구성하여 바닥과 함께 콘크리트 타설하여 일체화하는 경우로 구분할 수 있다.

기존 PC 공법과 달리 SMART Frame은 강구조와 유사한 구조적 안정성과 시공성을 보유하며, 강구조의 내화피복 시공을 생략한다. SMART Frame은 아파트 신축 뿐만 아니라 리모델링 증축의 경우에도 적합한 공법으로서[5], 기존 아파트 층고(2.9~3.0m)를 동일하게 지키면서 천정고를 2.3m 이상 확보할 수 있다. 그리고 기존 벽식 구조보다 구조적 강성이 크고 리모델링이 용이한 공법이다[6]. SMART Frame을 기존 라멘조에 적용할 경우 층고를 저감하는 효과가 있다. 그림 9-61는 실제 적용사례로 18층의 주상복합 건물에서 각층 236mm를 줄여 19층으로 층수를 늘렸지만, 총 건물높이는 오히려 1.24m 줄었다.

---

5) 이 경우 건축법 제8조에 의해 용적률과 높이 완화를 최대 20%까지 완화 받을 수 있음.

6) 이 기술을 공동주택에 적용하는 경우 가변형 평면 구성이 용이하게 이루어져 재건축대신 리모델링이 가능해진다. 기존 공동주택은 대부분 벽식구조로 이루어져 시설노화 및 세대구조 변화에 따른 리모델링이 어려워 재건축을 해야 하지만, 본 기술이 적용된 공동주택은 구조변경 리모델링이 원활하여 재건축에 비해 사회적 비용 발생을 저감할 수 있다.

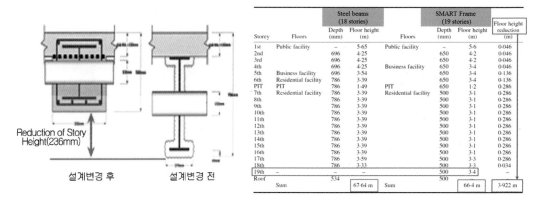

Storey	Floors	Steel beams (18 stories)			Floors	SMART Frame (19 stories)			Floor height reduction (m)
		Depth (mm)	Floor height (m)				Depth (mm)	Floor height (m)	
1st	Public facility	–	5·65		Public facility	–	5·6	0·046
2nd		696	4·25			650	4·2	0·046
3rd		696	4·25			650	4·2	0·046
4th		696	4·25		Business facility	650	3·4	0·046
5th	Business facility	696	3·54			650	3·4	0·136
6th	Residential facility	786	3·39			650	3·4	0·136
PIT	PIT	786	1·49		PIT	650	1·2	0·286
7th	Residential facility	786	3·39		Residential facility	500	3·1	0·286
8th		786	3·39			500	3·1	0·286
9th		786	3·39			500	3·1	0·286
10th		786	3·39			500	3·1	0·286
11th		786	3·39			500	3·1	0·286
12th		786	3·39			500	3·1	0·286
13th		786	3·39			500	3·1	0·286
14th		786	3·39			500	3·1	0·286
15th		786	3·39			500	3·1	0·286
16th		786	3·39			500	3·1	0·286
17th		786	3·59			500	3·3	0·286
18th		786	3·33			500	3·3	0·034
19th		–	–			500	3·4	
Roof		534				500		
Sum			67·64 m		Sum			66·4 m	3·922 m

그림 9-61 SMART Frame을 활용한 층고 절감형 고층 건물의 설계

(3) 시공순서

SMART Frame 공법을 이용한 구조체 시공 순서는 아래 그림 9-62과 같다(지하구조물은 생략). 우선 매트 기초 등 기초부를 시공한다. 둘째, SF 기둥을 설치한다. 셋째, SF beam/girder를 설치한다. 넷째, 슬래브 콘크리트를 타설한다. 이와 같은 순서로 반복적으로 작업이 수행되며, 기둥의 경우 3개층이 한 절로 시공될 수 있다.

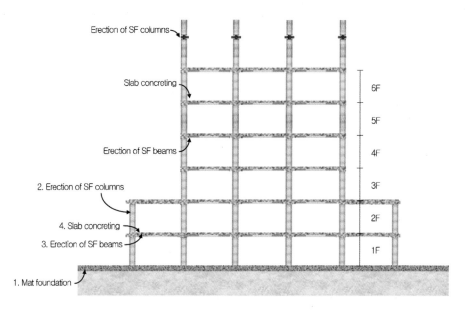

그림 9-62 SMART Frame 공법 시공순서

아래 그림 9-63는 SMART Frame 공법 실제 시공 사례를 보여주고 있다.

그림 9-63 SMART Frame의 실제 시공 사례

제9장

강구조의 역사

철을 구조물에 최초로 사용한 것은 영국의 세번(Severn)강에 1779년 가설한 주철제 철교(iron bridge)가 처음이다. 19세기초 영국의 철도산업이 급속히 성장함에 따라 철재 트러스 구조의 역사(驛舍)와 교량이 많이 건설되었는데, 당시의 대표적인 철 구조물은 런던박람회의 전시관으로 건설된 수정궁(London Crystal Palace, 1851~1936, 1936년 소실)이었다. 1889년에는 파리박람회를 위한 스팬 115m, 높이 45m, 보 방향 420m 크기의 기계관과 에펠탑이 철재로 건설되었다.

강재가 일반화된 것은 1856년 베세머(Henry Bessemer)가 전로법(轉爐法)을 발명하여 구조재로서 성능이 연철보다 훨씬 우수한 강철을 단시간에 대량으로 공급할 수 있게 됨으로써 이루어졌다. 그 후 영국을 비롯한 세계 여러 나라의 철강업이 급속히 발전하여 1900년에는 세계의 연간생산량이 약 2,800만 톤에 이르렀다. 계속하여 종래 소형 연철 I형 단면재 대신에 대형 압연 I형강이 등장하여 건축재료로서 강재의 사용이 더욱 많아졌다.

미국 최초의 고층건물로 1893년 제니(William Le Baron Jenney)에 의해 시카고에 10층인 홈 인슈어런스 빌딩(Home Insurance Building)이 건설되었으며, 102층인 엠파이어 스테이트 빌딩(Empire State Building, 뉴욕, 1931), 110층인 세계무역센터(World Trade Center, 뉴욕, 1970, 2001년 비행기 테러로 소멸), 높이 435m인 시어즈 타워(Sears Tower, 시카고, 1973) 등이 강구조로 건설되었다.

【참고문헌】

1. 국가건설기준센터, 건설공사 표준시방서 및 전문시방서, 2020

2. 국가건설기준센터, 건설기준코드, 표준시방서, 2019

3. 김성일, 최신 건축시공학, 도서출판 서우, 2004

4. 대한건축학회, 건축기술지침, 2017

5. 대한건축학회, 건축공사표준시방서, 2019

6. [사]한국건설관리학회, Pre-construction 단계에서 건설 공정리스크 관리방안, 2004

7. 안재봉 외 1명, 경제적 철골제작·설치 및 공기단축 사례분석연구, 한국건설관리학회 논문집, 제5권 제5호, 2004. 10, pp.183~192

8. 한국주택도시공사(LH), CONSTRUCTION WORK_SMART HANBOOK, 2019

9. Edward Allen, Fundamental of Building Construction - Materials and Methods, John Wiley & Sons, Inc., 1999

제9장

CHAPTER

조적공사

개요

조적구조는 건물의 기초·벽체·기둥 등의 주요 구조부를 벽돌, 석재, 블록, ALC 등과 같은 조적재와 결합재인 모르타르로 쌓아 올려 일체화한 구조이다. 조적재는 압축강도가 크고 인장강도는 거의 없으며 중량이 무겁기 때문에 기둥·벽·아치·볼트·돔과 같이 내력이 압축력인 구조부분에 사용된다. 조적구조는 풍압력이나 지진력 등의 횡력에 약하며, 층수가 높아지면 저층부의 벽 두께가 두꺼워져 실내 유효면적이 감소하므로 고층 건축물에는 적합하지 않다.

조적재는 내화성·내구성이 좋고 구조나 시공법이 간단하며, 돌이나 벽돌의 색감·질감이 우수하여 다양한 의장 표현이 가능하다.

조적벽체의 경우 구조적으로는 내력벽·비내력벽, 시공 형태상으로는 중공벽·단일벽 등으로 구분된다.

- 내력벽(bearing wall)

  벽체·바닥·지붕 등의 수직하중과 활하중(live load), 수평하중을 받아 기초에 전달하는 벽체이며, 조적조 주택의 내·외벽은 내력벽으로 한다.

- 비내력벽

  상부의 하중을 받지 않고 벽체 자체의 하중만을 받는 벽으로 구조적 역할을 하지 않으며 자립하는 벽으로 칸막이벽(장막벽)이라고도 한다. 철근콘크리트 라멘조와 철골조의 벽체로 사용한다.

- 중공벽(hollow wall, cavity wall)

  외벽을 만들 때 쓰이며 이중벽이라고도 한다. 2중으로 벽을 쌓아 벽체 내부에 공간을 형성시키고 이 공간에 단열재를 채워 보온·방습(결로방지)·차음을 목적으로 하는 벽체이다.

- 단일벽(solid wall)

  단열재를 채우는 공간이 없이 한 겹으로 쌓은 벽으로 내벽을 만들 때 사용한다.

(1) 조적공사의 기본개념

- 조적재는 기본적으로 압축재이다.

  따라서, 쌓는 높이에 따라 하단부지지(인방, pad, bracket)와 모르타르 물성, 횡력긴결 등을 고려해야 한다.

- 조적구조의 가장 심각한 하자는 균열이다.

  온도, 습도, 하중에 의한 탄성변형, 건조수축, 크리프, 부동침하 등의 내부응력에 따른 균열이 있다.

- 조적조는 각종 거동을 흡수하여 균열을 방지하기 위한 장치를 마련해야 한다.

  신축줄눈, 본드 브레이크(bond break), 플렉시블 앵커(flexible anchor), 조인트 비드(joint bead)등이 있다.

- 외벽벽돌의 백화현상은 재료의 흡수율과 줄눈관리의 미비 때문이다.

  백화현상을 방지하기 위해서 벽돌은 흡수율이 낮은 제품을 사용하고 줄눈을 밀실 시공하며, 내력벽 모르타르와 치장 벽돌의 연결을 방지하고 벽면의 방수, 배수, 통풍이 원활히 한다. 또한, 시공후 실리콘계 발수제를 도포해야 한다.

- 조적조 시스템공법은 균열 및 백화등의 문제를 체계적으로 해결하기 위한 것이다.

조적시스템공법은 연결 보강재, 지지턱, 통기관등을 일체의 시스템으로 구성한 것이다.
- 부실한 벽돌쌓기는 후속공정의 하자와 연결된다.

미장, 타일, 벽지, 방수 등 공사의 모체가 되는 부분이므로 품질관리를 철저히 하여야 한다.

10.2 벽돌 및 블록의 물리적 성질

벽돌의 종류는 콘크리트벽돌과 점토벽돌이 있으며 강도는 벽돌 구성재료와 그 품질, 배합비, 양생온도, 재령 등에 따라 다르며, 압축강도가 크고 흡수율이 작을수록 좋다. 가마에서 갓 꺼낸 점토벽돌은 대기 속의 습기를 흡수하여 0.1~0.2% 영구 팽창한다. 영구 팽창은 오랫동안 계속되므로 점토벽돌 벽은 길이 12m마다 팽창줄눈을 두어야 한다. 갓 만든 콘크리트 벽돌은 대기 중의 건조과정에서 약 0.03%가 영구 수축되고 그 후 습도가 변함에 따라 0.04~0.06% 신축된다. 즉 젖으면 팽창하고 마르면 수축한다. 일반적으로 벽돌의 열전도율은 무거운 것이나 젖어 있을수록 커진다.

벽돌의 특성은 다음과 같다.
- 다양한 디자인이 가능하다.
- 구조재 겸 치장재의 기능을 한다.
- 불연재로서 내구성이 강하며 영구적이다.
- 다른 재료에 비해 유지관리가 용이하다.
- 방음, 방습, 단열효과가 있다.
- 온도 및 습도를 조절할 수 있다.
- 벽돌 자체의 균열은 적다.

(1) 콘크리트 벽돌

콘크리트 벽돌은 시멘트와 모래를 1 : 3의 비율로 배합하여 건조 성형시킨 제품이다. 콘크리트 벽돌의 품질 기준은 KS F 4004에 규정되어 있으며, 표 10-1과 같다.

■ 표 10-1 콘크리트 벽돌의 품질기준

구분		기건 비중	압축 강도(N/mm²)	흡수율(%)
A종 벽돌		1.7 미만	8 이상	–
B종 벽돌		1.9 미만	12 이상	–
C종 벽돌	1급	–	16 이상	7 이하
	2급	–	8 이상	10 이하

(2) 점토 벽돌

점토 벽돌은 불순물이 많은 비교적 저급 점토를 사용하며 필요에 따라 탈점제로서 강모래를 첨가하거나 색조를 조절하기 위하여 석회를 가하여 원토를 조절한다. 점토 벽돌이 적색 또는 적갈색을 띠고 있는 것은 원료 점토 중에 포함되어 있는 산화철에 기인한다. 제조 공정은 원토조정-혼합-원료배합-성형-건조-소성의 순서로 이루어진다. 점토 벽돌의 품질 기준은 KS L 4201에 규정되어 있으며, 주요 내용은 표 10-2와 같다.

■ 표 10-2 점토 벽돌의 품질기준

품질 \ 종류	1종	2종	3종
흡수율(%)	10 이하	13 이하	15 이하
압축 강도(N/mm²)	22.54 이상	20.59 이상	10.78 이상

(3) 콘크리트 블록

시멘트와 골재를 1 : 5 ~ 1 : 7의 비율로 혼합한 잔자갈의 콘크리트, 또는 굵은 모래의 모르타르를 몰드(mould)에 채운 다음, 진동·가압하여 성형한 것이다.

콘크리트 블록은 보강 콘크리트 블록, 거푸집 콘크리트 블록, 벽붙임 콘크리트 블록 등으로 분류할 수 있다. 콘크리트 블록의 품질 규격은 KS F 4002에 규정되어 있으며, 주요 내용은 표 10-3과 같다.

제10장

■ 표 10-3 콘크리트 블록의 품질기준

종류	기건비중	전단면적에 대한 압축강도(N/mm²)	흡수율(%)	투수성(mℓ/m²·h)
A종	1.7 미만	4 이상	–	–
B종	1.9 미만	6 이상	–	–
C종	–	8 이상	10 이하	300 이하

(4) 내화 벽돌

일반적으로 1,580℃ 이상의 열에 견디는 벽돌을 내화 벽돌(fire brick)이라고 한다. 내화 벽돌은 시멘트, 도자기 등을 만드는 가마나 철강 등을 만드는 노(爐)의 내부에 사용된다. 내화 벽돌의 품질 기준은 KS L 3201에 규정되어 있으며, 주요 내용은 표 10-4와 같다.

■ 표 10-4 내화 벽돌의 품질기준

종 류	비 중	내화도[1]	압축강도(N/mm²)		급열급랭저항
			20℃	1300℃	
샤모트벽돌	2.7	27~35	12~32	7~36	아주 강함
규석 벽돌	2.8	33~36	15~35	6~16	적열이하는 약함
탄소 벽돌	3.0	42 이상	11~33	100	아주 강함
고토 벽돌	3.6	35~42	26~45	7~12	약함
크롬 연와	4.0	31~42	26~80	0.6~22	약함
보크사이트벽돌	4.0	36~39	7~11	6~74	약함

10.3 벽돌공사

벽돌에는 보통벽돌·내화벽돌·이형벽돌·경량벽돌(공동벽돌) 등이 있고, 벽돌 벽의 두께는 한장 두께(1.0B), 반장 두께(0.5B) 등으로 표시한다.

(1) 벽돌의 종류와 형태

건축물공사에 많이 사용되는 벽돌의 종류는 그림 10-1과 같다.

---

[1] 내화물에 열을 가했을 때, 초기 상태를 유지할 수 있는 내열성의 한계를 나타내는 정도이다. 흔히 SK 번호로 나타낸다.

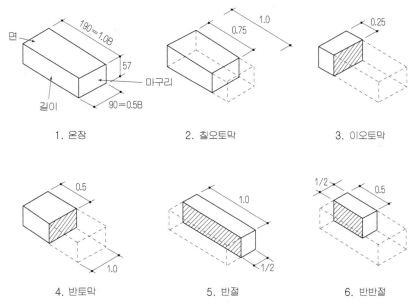

1. 온장　　　　　2. 칠오토막　　　　　3. 이오토막

4. 반토막　　　　　5. 반절　　　　　6. 반반절

그림 10-1 벽돌의 마름질

(2) 벽돌의 표준치수

벽돌의 표준치수는 표 10-5 ~ 표 10-7과 같다.

■ **표 10-5 콘크리트 벽돌의 치수 및 허용오차** (단위 : mm)

종류	치수			허용오차
	길이	너비	두께	
기존형	210	100	60	±3
표준형	190	90	57	
유공벽돌	190	90	90	

■ **표 10-6 점토 벽돌의 치수 및 허용오차** (단위 : mm)

구분 항목	길이	너비	두께
치수	190	90	57
허용오차	±5.0	±3.0	±2.5

■ **표 10-7 내화 벽돌의 치수** (단위 : mm)

종류	길이	너비	두께
표준형	230	114	65

(3) 벽돌쌓기 방법(brick bonding, masonry)

기본적인 쌓기 방법으로 길이쌓기·마구리쌓기·옆세워쌓기·세워쌓기가 있으며, 벽돌
의 배열형태에 따라 영식쌓기·미식쌓기·화란식쌓기·불식쌓기가 있다.

1) 길이쌓기·마구리쌓기

길이쌓기(stretching bond)는 벽면에 벽돌의 길이가 보이도록 쌓는 것으로 0.5B 두
께의 벽이 된다. 마구리쌓기(heading bond)는 벽면에 마구리가 보이게 쌓는 것을
말하며 1.0B 이상 두께의 쌓기에 쓰이고, 마구리를 세워 쌓는 것을 옆세워쌓기, 길
이를 세워 쌓는 것을 세워쌓기라고 한다.

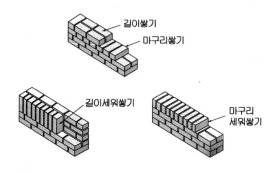

그림 10-2 기본적 쌓기방법

2) 영식쌓기(English bond)

입면상으로 한 켜는 길이쌓기로 하고 다음 켜는 마구리쌓기로 벽체를 쌓는 방식으
로 벽의 모서리나 끝을 쌓을 때는 반절이나 이오토막(1/4토막)이 필요하다. 통줄눈[2]
이 최소화되어 벽돌쌓기 중 가장 튼튼한 방법이며 내력벽에 많이 사용된다.

---

2) 통줄눈(straight joint)이란 벽돌이나 블록을 쌓을 때 모르타르 줄눈의 위·아래가 연속적으로 이어진
형태로써, 하중의 집중현상이 일어나 균열이 생기는 등 구조적 약점과 습기가 발생하기 쉬워 내력벽
일 경우에는 피하는 것이 좋다.

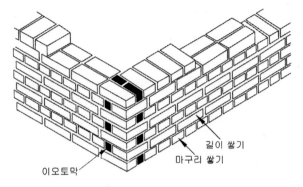

길이 쌓기
마구리 쌓기
이오토막

그림 10-3 영식쌓기

3) 화란식쌓기(Dutch bond)

한 켜는 길이쌓기, 다음 켜는 마구리쌓기를 하고, 끝부분에 칠오토막(3/4토막)을 사용한다. 영식쌓기보다 덜 튼튼하고 모서리 끝에 세로줄눈의 상하가 맞지 않는 경우가 있으나, 쌓기가 편리하고 이오토막을 사용할 때보다 모서리가 견고하여 우리나라에서 가장 많이 사용하는 방법이다.

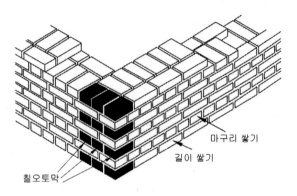

마구리 쌓기
길이 쌓기
칠오토막

그림 10-4 화란식쌓기

4) 불식쌓기(French bond)

길이쌓기와 마구리쌓기가 한 켜에 번갈아 나오도록 쌓는 방법으로 통줄눈이 많이 생겨 구조적으로 튼튼하지 못하지만 외관이 좋아 높은 강도가 요구되지 않는 벽체나 벽돌담에 쓰인다. 모서리 벽 끝에는 이오토막과 반토막 벽돌을 사용한다.

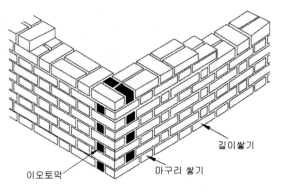

길이쌓기

마구리 쌓기

이오토막

그림 10-5 불식쌓기

5) 미식쌓기(American bond)

벽돌벽의 뒷면은 영식쌓기로 하고 앞면은 치장벽돌을 사용하여 앞면 5켜까지는 길이쌓기로 하고 그 위 한 켜는 마구리쌓기로 하여 뒷 벽돌에 물려서 쌓는다. 외부에 붉은 벽돌, 내부에는 시멘트벽돌을 사용하는 경우가 많으며, 가장 신속하게 벽을 쌓을 수 있는 방식이다.

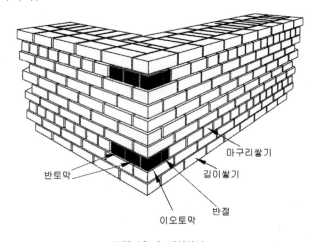

마구리쌓기

길이쌓기

반토막

반절

이오토막

그림 10-6 미식쌓기

(4) 부위별 벽돌공사

1) 기초쌓기

벽돌벽의 기초는 무근콘크리트의 줄기초(continuous footing)로 하는 경우가 대부분이다. 줄기초 윗면은 청소하고 물 축이기를 하며, 기초콘크리트면의 우묵한 곳은 세워 쌓는 것을 피하고 벽돌쌓기 하루 전에 모르타르나 콘크리트로 고름질하여 둔다.

기초쌓기는 1/4B씩 한 켜 또는 두 켜씩 내어 쌓는다. 기초 벽돌 맨 밑의 나비는 벽 두께의 두 배로 하고 길이쌓기로 하여 두 켜씩 쌓는 것이 좋다.

2) 내쌓기

벽돌 벽면 중간에서 벽을 내밀어 쌓아 상부의 멍에, 장선 등을 받게 하는 것을 말하며, 내쌓기를 할 때에는 두 켜씩 1/4B 또는 한 켜씩 1/8B 내쌓기로 하고 맨 위는 두 켜 내쌓기로 한다. 내쌓기는 마구리쌓기로 하는 것이 강도와 시공면에서 유리하다.

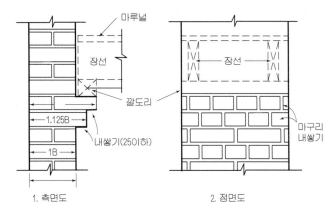

그림 10-7 내쌓기 구조

그림 10-8 내쌓기

3) 교차부쌓기

벽돌벽의 한 벽면을 먼저 쌓고 직교되는 벽을 나중에 쌓을 때에는 켜걸름 들여쌓기를 한다. 켜걸름 들여쌓기는 벽돌 물림자리를 벽돌 한 켜 걸름으로 1/4B를 들여쌓는 방법으로 좌측, 우측 및 옆은 정확하게 수직으로 하고 일정한 깊이로 들여 놓는다. 하루 일이 끝나면 들여쌓기 부분의 여분의 모르타르는 깨끗이 청소한다. 교차부 물려쌓기는 모르타르를 충분히 하고, 끼우는 벽돌에는 모르타르를 발라 끼우고 사춤 모르타르도 빈틈없이 채워 넣는다. 연속되는 벽면의 일부를 동시에 쌓지 못할 경우에는 층단떼어쌓기로 한다.

4) 모서리쌓기

벽돌벽의 끝모서리쌓기를 할 때에는 통줄눈이 생기지 않도록 주의하고, 토막벽돌이 적게 사용되도록 벽돌 나누기[3]를 하며 사춤 모르타르로 충분히 채운다.

벽돌벽의 끝 또는 모서리 선은 정확히 수직으로 일직선이 되게 한다. 예각 또는 둔각 교차부의 치장쌓기에는 마름질한 벽돌을 금강사(金剛砂) 숫돌 또는 모르타르 바닥에 갈아 평활하게 쌓는다.

5) 독립기둥, 붙임기둥, 부축벽 및 좁은벽 쌓기

독립기둥의 평면은 벽돌나비의 배수로 각 변을 정하고 벽돌 나누기를 잘 하여 통줄눈이 생기지 않도록 하고, 모서리선은 정확한 수직선이 되게 한다. 벽돌은 일정한 치수의 것을 선별하여 사용하고, 서로 잘 물려 쌓으며 사춤 모르타르도 매 켜마다 한다.

6) 아치쌓기

아치는 상부에서 오는 수직하중이 아치의 축선에 따라 좌우로 나누어져 밑으로 전달되게 하는 것으로 부재의 하부에 압축력만 작용하도록 한 구조로 축선에 수직방향으로 줄눈을 맞추어 쌓고, 줄눈의 방향이 모두 중심에 모이게 쌓는다. 아치쌓기는 그 축선에 따라 미리 벽돌 나누기를 하고 아치의 어깨에서부터 좌우 대칭형으로 균등하게 쌓아야 하며, 사춤 모르타르를 빈틈없이 채워 넣고 줄눈이 일매지고 모양 바르게 쌓는다. 아치를 쌓은 후에는 보행, 짐싣기 및 충격 등을 주지 않도록 하고 모르타르가 충분히 굳은 다음 그 윗벽을 쌓아야 하며, 환기구멍 및 층보 걸침 구멍 등의 작은 문꼴의 윗부분에는 아치쌓기로 하는 것이 좋다.

7) 공간쌓기

방음, 방한, 방서(防暑), 방습(防濕)및 결로방지 등을 목적으로 벽과 벽 사이에 공기층을 두거나 단열재를 두어 쌓는 방식으로 도면이나 시방서에 특별히 규정되어 있지 않으면 바깥쪽을 주벽체로 하고 안쪽은 반장 쌓기로 한다. 벽돌구조 주택의 경우 안벽은 시멘트벽돌 1.0B쌓기, 밖벽은 0.5B 붉은벽돌 치장쌓기로 마무리 하는 것이 보통이다. 철근콘크리트조의 외벽 공간쌓기는 안팎 모두 0.5B쌓기로 한다. 공간의 폭은 50~70mm 정도로 하고 바깥쪽에는 필요에 따라 물빠짐 구멍(weep hole, 직경 10mm 정도)을 설치한다.

---

3) 벽돌을 벽면에 맞춰 줄눈이 일정하고 토막벽돌을 쓰지 않도록 실제로 나란히 놓아 보는 것을 말하며 벽돌의 크기와 줄눈의 치수를 정확히 하여 벽체 각 부분의 치수·창문의 위치 등을 정하고 줄눈간격을 조절하여 가능한 온장을 사용하도록 나누기 계획한다.

안쌓기는 벽돌, 철물, 철선, 철망 등의 연결재(tie)를 사용하여 주 벽체에 연결한다. 연결재의 배치 및 거리 간격의 최대 수직거리는 400mm를 초과해서는 안 되고, 최대 수평거리는 900mm를 초과해서는 안 된다. 연결재는 위 아래층 것이 서로 엇갈리게 배치한다. 공간쌓기를 할 때에는 모르타르가 공간에 떨어지지 않도록 주의하여 쌓는다.

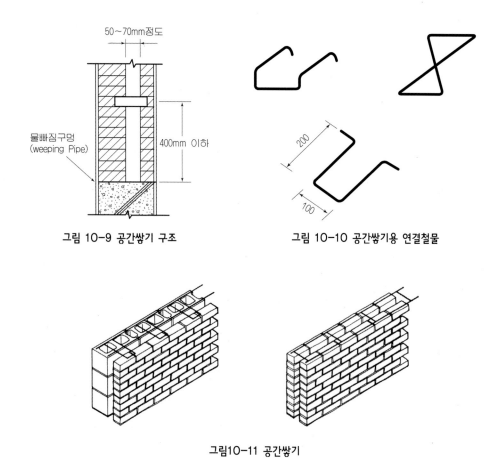

그림 10-9 공간쌓기 구조

그림 10-10 공간쌓기용 연결철물

그림10-11 공간쌓기

8) 창문틀 세우기

창문틀은 먼저 세우기와 나중 세우기가 있으며, 원칙적으로는 먼저 세우기로 하고 나중 세우기를 할 때에는 창문틀 주위에 가설 틀을 먼저 세워 대거나 나무벽돌, 연결철물 등을 묻어 둔다.

① 먼저 세우기

창문틀이 설치될 밑면까지 벽돌을 쌓고 24시간 경과한 후에 창문틀을 세워야 한다.

창문틀은 고임목, 쐐기 등을 사용하여 수평위치를 맞추고, 버팀대 및 연결대 등을 사용하여 수직위치를 정확히 유지하고 견고하게 설치한다. 버팀대 및 연결대는 창문틀 안쪽으로 대면 못자리가 나므로 치장면이 아닌 방향으로 고정하고 나중에 잘라낸다.

② 나중 세우기

가설 창문틀을 먼저 세우고 창문틀을 나중 세우기로 하거나 벽돌벽을 먼저 쌓으면서 나무벽돌, 볼트, 기타 연결 고정철물을 묻어 두고 나중에 창문틀을 세운다. 가설 창문틀을 사용하지 않고 벽돌을 먼저 쌓을 때에는 창문틀을 끼울 수 있는 여유를 두고 상하·좌우 벽돌면을 수평·수직이 되게 하며, 모서리는 일직선으로 정확한 치수로 쌓아 나중에 창문틀을 끼우는데 지장이 없게 한다.

③ 창대 쌓기

창대벽돌은 그 윗면을 15° 정도의 경사로 옆세워 쌓고 앞끝의 밑은 벽돌 벽면에서 30~50mm 내밀어 쌓는다. 창대벽돌의 위끝은 창대 밑에 15mm 정도 들어가 물리게 하고, 좌우 끝은 옆벽에 두 장 정도 물린다. 창문틀 주위의 벽돌줄눈에는 사춤 모르타르를 충분히 하여 방수가 잘 되도록 한다.

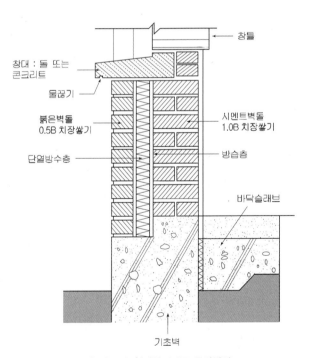

그림 10-12 창대와 1.5B 공간쌓기

그림 10-13 창대 쌓기

④ 창문틀 옆쌓기

옆벽을 쌓을 때에는 창문틀에 횡력을 가하여 선틀이 안으로 휘거나 각도가 일그러지지 않게 주의한다. 옆벽 쌓기는 좌우에서 같이 쌓아 올라가고 꺾쇠 및 못 등을 박을 때에는 모르타르가 진동으로 흘러내려 선틀이 안으로 휘지 않도록 주의한다. 창문틀이나 나무벽돌 또는 고정철물의 주위에는 모르타르를 빈틈없이 사춤하고, 창문틀 밑 또는 옆의 고임목, 쐐기 등은 반드시 빼내야 한다.

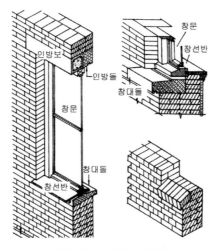

그림 10-14 창문틀 옆쌓기

9) 인방보 쌓기

기성 철근콘크리트 인방(lintel)보를 많이 사용하며 창문의 나비가 클 경우에는 창문 상부에는 인방보를 하부에는 창대(sill)를 설치한다. 인방보는 양단에서 벽체에 200mm 이상 물려서 상부의 하중을 충분히 전달할 수 있도록 한다. 좌우의 벽체가 공간쌓기일 때에는 콘크리트가 공간에 떨어지지 않도록 벽돌 또는 철판 등으로 막고 설치한다.

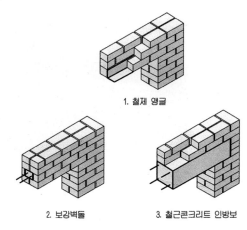

1. 철제 앵글

2. 보강벽돌

3. 철근콘크리트 인방보

그림 10-15 인방보 쌓기

10) 내화 벽돌쌓기

보일러, 굴뚝 등의 내부에 사용되는 내화 벽돌은 보통벽돌 쌓기에 준하여 쌓고, 통 줄눈이 생기지 않도록 한다. 줄눈나비는 가로, 세로 6mm를 표준으로 한다. 내화 벽돌은 기건성이므로 흙·먼지 등을 청소하고 물축이기는 하지 않는다. 내화 모르타 르는 덩어리진 것을 풀어 사용하고 물반죽하여 잘 섞어 사용한다.

11) 장식쌓기

장식적인 효과나 벽면에 무늬를 만들거나 음영 효과를 내기 위한 방법으로 엇모쌓 기, 영롱쌓기, 무늬쌓기 등이 있다. 엇모쌓기는 담이나 처마부분 등의 내쌓기를 할 때 45°로 벽돌의 모서리가 면에 나오도록 쌓아 벽면에 변화를 주어 음영효과를 내 는 방법이다. 영롱쌓기는 벽돌벽에 삼각형, 사각형, 일자형, 십자형 등의 구멍을 벽 면 중간에 규칙적으로 만들어 쌓는 방법이며, 무늬쌓기란 벽면으로부터 벽돌길이의 1/4 또는 1/8을 내밀거나 들어가게 하여 벽면에 음영이 생기도록 쌓는 방법으로 줄 눈에 변화를 주기 위해 통줄눈을 모양 있게 넣거나 부분적으로 변색벽돌을 끼워 쌓 는 방법도 있다.

그림 10-16 엇모쌓기

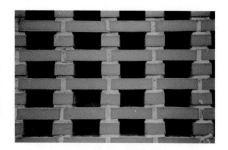
그림 10-17 영롱쌓기

(5) 벽돌공사시 주의사항

벽돌이나 블록구조는 횡력에 약하여 균열이 발생하기 쉽고 줄눈이 많아 백화가 발생할 가능성이 크므로 계획·설계 및 공사과정에서 철저히 대비한다.

1) 균열

벽돌벽의 균열은 계획·설계상의 미비나 시공상의 결함으로 발생하며 그 내용은 표 10-8과 같다.

■ 표 10-8 벽돌벽의 균열

계획·설계상의 미비	재료 선정 및 시공상의 결함
① 기초의 부동침하	① 벽돌 및 모르타르의 강도 부족
② 건물의 평면, 입면의 불균형 및 벽의 불합리한 배치	② 온도 및 습기에 의한 재료의 신축성
	③ 이질재와의 접합부 불완전 시공
③ 불균형 하중, 큰 집중하중, 횡력 및 충격	④ 콘크리트보 밑의 모르타르 다져넣기의 부족(장막벽의 상부)
④ 벽돌벽의 길이, 높이에 비해 두께가 부족하거나 벽체강도의 부족	⑤ 모르타르, 회반죽 바름의 신축 및 들뜨기
⑤ 문꼴 크기의 불합리 및 불균형 배치 (개구부 크기의 불합리)	⑥ 온도변화와 신축을 고려한 Control Joint 설치 미흡

벽돌벽의 균열을 방지하기 위해서는 벽돌·모르타르 자체의 강도를 증진시키고 계획·설계과정에서 구조적 안정성을 확보하고 공사과정에서 철저한 품질관리를 한다. 즉, 모르타르는 정확한 배합으로 시멘트와 모래를 잘 섞어 건비빔하고 사용시에 물을 부어 잘 반죽하되, 굳기 시작한 모르타르는 사용하지 말아야 하며 모르타르의 강도는 벽돌 강도 이상이어야 한다.

2) 백화(efflorescence)

벽표면에 빗물이 침투하여 모르타르 중 석회분이 유출되어 공기 중의 탄산가스와 결합하여 백색의 미세한 물질이 생겨 벽돌벽의 표면에 하얀 가루가 돋아나는 현상을 말한다. 백화를 방지하기 위해서는 흡수율이 작은 소성이 잘 된 벽돌을 사용하고 줄눈 모르타르에 방수제를 혼합한다. 표면에 방수 모르타르를 바르거나 실리콘을 뿜칠하고 물시멘트를 감소시키거나, 조립률이 큰 모래, 분말도가 큰 시멘트를 사용한다. 벽돌이 항상 건조상태가 될 수 있게 배수, 통풍을 잘 해주어야 하며, 벽면의 풍화와 창대 등 돌출부분에 빗물의 침투를 방지하기 위해 차양, 루버, 돌림띠 등을 설치하여 비를 막아준다.

그림 10-18 창문틀 상부의 백화현상

3) 신축줄눈

신축줄눈은 도면에 따라 설치하고 신축줄눈의 스트립(strip)은 탄성충전재, 신축성이 있는 기성 네오프렌이나 압출 플라스틱 등을 사용한다. 온도변화에 따라 팽창·진동 등에 대응하도록 설계하며 접착성, 내구성, 시공성을 고려하고, 건축용 실링재를 충전시켜 마무리한다.

벽돌벽체의 신축줄눈과 조절줄눈은 온도·습도·화학적 변화에 의해 일어나는 재료의 부피변화에 대한 신축에 대응할 수 있도록 수직방향으로 연속되게 설치해야 한다.

4) 치장줄눈

의장효과를 주기 위한 줄눈으로 벽돌벽면을 제물치장으로 할 때 모르타르로 줄눈을 바른다. 치장줄눈의 모양은 민줄눈·평줄눈이 많이 쓰이며, 외벽은 모르타르에 방수제를 넣어 빗물이 스며들지 않게 하여 백화를 방지한다.

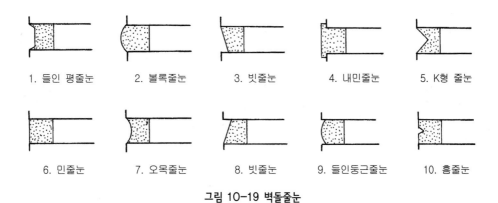

1. 들인 평줄눈   2. 볼록줄눈   3. 빗줄눈   4. 내민줄눈   5. K형 줄눈

6. 민줄눈   7. 오목줄눈   8. 빗줄눈   9. 들인둥근줄눈   10. 흠줄눈

그림 10-19 벽돌줄눈

10.4 블록공사

블록구조는 벽돌구조와 같은 방법으로 벽체를 형성하는 조적식 구조체로서 내구·내화·내풍·단열·차음 등의 성능이 있고, 공장에서 부재를 생산하여 현장에서 조립 또는 조적하므로 다량 공급이 가능하며 시공상 가설자재가 별로 필요하지 않아 공기단축 및 비용을 절약할 수 있다. 공사비가 벽돌구조나 철근콘크리트구조보다 저렴하여 주택, 공장 등 건물의 벽체로 많이 사용되지만 횡력에 약하고 균열발생의 우려가 있어 보강블록구조를 주로 사용한다. 블록구조는 블록의 처리 및 보강방법의 차이에 따라 단순조적 블록구조, 철근콘크리트 보강블록구조, 거푸집 블록구조 등으로 구분한다.

(1) 블록의 종류와 형태

건축물공사에 사용되는 블록의 종류와 형태는 그림 10-20과 같다.

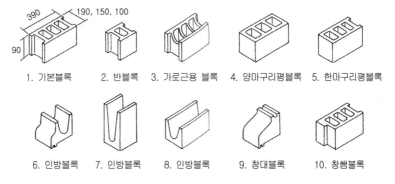

1. 기본블록   2. 반블록   3. 가로근용 블록   4. 양마구리평블록   5. 한마구리평블록

6. 인방블록   7. 인방블록   8. 인방블록   9. 창대블록   10. 창쌤블록

그림 10-20 블록의 종류

(2) 블록의 표준치수

콘크리트 블록의 치수는 표 10-9와 같다.

■ 표 10-9 콘크리트 블록의 치수 (단위 : mm)

형상	치수			허용치	
	길이	너비	두께	길이 및 두께	높이
기본블록	390	190	210 190 150 100	±2	
이형블록	길이, 높이 및 두께의 최소 크기는 90mm 이상으로 한다. 가로근 삽입 블록, 모서리 블록이 기본 블록 치수와 동일하다면 허용치도 기본 블록과 같다.				

(3) 단순조적 콘크리트블록공사

단순조적 콘크리트블록구조는 블록을 모르타르로 접착하여 쌓아 올리거나 수평줄눈에 철망을 넣어 보강한 구조이다.

1) 규준틀 및 준비

세로 규준틀은 견고하게 설치하여 블록 및 줄눈위치를 정확히 먹매긴다. 블록을 쌓는 밑바탕은 청소하고 물축임한다. 블록은 깨끗하고 건조한 상태로 저장되어야 하며 물축임을 해서는 안 된다. 블록에 붙은 흙, 먼지를 제거하고 모르타르 접착면은 적당히 물을 축여 모르타르의 경화수가 부족하지 않도록 한다.

물을 가해 비빈 후 모르타르는 2시간, 그라우트는 1시간을 초과하지 않은 것은 다시 비벼 쓸 수 있지만 반죽한 것은 될 수 있는 대로 빨리 사용하고 물을 부어 반죽한 모르타르가 굳기 시작한 것은 사용하지 않는다. 굳기 시작한 모르타르에 물을 부어 다시 비빔하는 것은 금한다.

2) 블록쌓기

기준틀 또는 블록 나누기의 먹매김에 따라 모서리, 중간요소 기타 기준이 되는 부분을 먼저 정확하게 쌓은 다음 수평실을 치고 먼저 쌓은 블록을 기준으로 수평실에 맞추어 모서리부에서부터 차례로 쌓아간다. 블록은 살두께가 큰 편을 위로 하여 쌓고, 하루 쌓기 높이는 1.5m(블록 7켜 정도) 이내를 표준으로 한다.

줄눈은 10mm로 하고, 모르타르 또는 그라우트의 사춤 높이는 3켜 이내로 한다. 보강근은 모르타르 또는 그라우트 사춤하기 전에 배근하고 움직이지 않게 고정한다. 피복두께를 20mm 이상으로 유지하며 이동 및 변형이 없게 한다.

그림 10-21 블록 벽체쌓기

3) 인방보와 테두리보쌓기

창문 위 또는 기타 개구부 상부를 인방블록으로 쌓고 그 속에 철근을 배근한 다음 모르타르 또는 콘크리트를 부어 넣거나 기성재 콘크리트 인방보를 사용한다. 인방 블록은 창문틀의 좌우 옆 턱에 200mm 이상 물리고, 도면 또는 공사시방서에 특별히 규정되어 있지 않으면 400mm 정도로 한다.

테두리보는 2층 바닥, 처마벽 상부에 철근콘크리트 보를 둘러 벽체를 보강하고 바닥판, 지붕틀의 하중을 균등하게 받도록 하며, 인방보와 마찬가지로 제자리 부어넣기 콘크리트 테두리보와 기성재 콘크리트 제품을 사용하는 경우가 있다.

(4) 보강 콘크리트블록공사

보강 콘크리트블록구조는 블록의 비어있는 속에 철근과 콘크리트를 부어 넣어 보강한 것으로 횡력에 강한 블록 벽체를 만드는 것이다.

1) 벽 세로근

세로근은 밑창 콘크리트 윗면에 철근을 배근하기 위한 먹매김을 하여 기초판 철근 위의 정확한 위치에 고정하여 배근하고, 구부리지 않고 설치한다. 원칙적으로 기초 및 테두리보에서 위층의 테두리보까지 잇지 않고 배근하며, 그 정착길이는 철근 직경(d)의 40배 이상으로 한다. 그라우트 및 모르타르의 피복두께는 20mm 이상으로 하고, 테두리보 위에 쌓는 벽체의 세로근은 테두리보에 40d 이상 정착하고, 세로근 상단부는 180°의 갈고리를 내어 벽 상부의 보강근에 걸치고 결속선으로 결속한다.

2) 벽 가로근

우각부, 역T형 접합부 등에서의 가로근은 세로근을 구속하지 않도록 배근하고 세로근과의 교차부를 결속선으로 결속한다. 가로근의 단부는 180°의 갈고리로 구부려 배근한다. 철근의 피복두께는 20mm 이상으로 하며 세로근과의 교차부는 모두 결속선으로 결속한다. 모서리에 가로근의 단부는 수평방향으로 구부려서 세로근의 바깥쪽으로 두르고 정착길이는 공사시방서에 특별히 규정되어 있지 않으면 40d 이상으로 한다.

가로근은 그와 동등이상의 유효단면적을 가진 블록보강용 철망을 대신 사용할 수 있다.

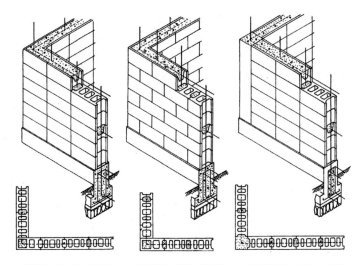

1. 통줄눈쌓기의 모서리   2. 막힌줄눈쌓기 모서리   3. 콘크리트 사춤 모서리

그림 10-22 보강블록쌓기 배근법

(5) 거푸집 콘크리트블록공사

거푸집 콘크리트블록구조는 L형, T형, U형의 콘크리트 블록을 사용하여 블록이 거푸집 역할을 하게 하고 그 안에 철근을 배근하여 콘크리트를 부어넣어 내력벽과 기둥, 보 등의 구조체를 만든 것이다. 기존의 거푸집을 사용할 때에 비해 공기가 단축되지만 충분한 다짐이 어렵고 강도가 좋지 않다.

거푸집 블록의 최소 살두께는 25mm 이상으로 하고, 뒤틀림, 갈라짐 기타 흠집이 없는 것으로 한다. 규준틀에 의하여 모서리 끝 또는 중간 요소에 먼저 규준이 되는 블록을 수직, 수평으로 높이와 면을 정확하게 쌓은 다음 수평실을 치고 이 블록을 기준으로 모서리부 또는 단부에서부터 차례로 쌓아 돌아간다.

거푸집 블록 속에 모르타르 또는 그라우트를 채워 넣을 때 버려지거나 이동 및 변형 등이 생길 우려가 있는 곳은 가는 철선 등으로 연결하여 변형을 방지한다.

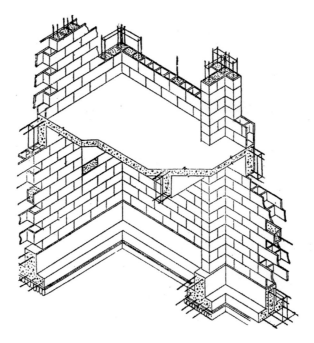

그림 10-23 거푸집블록공사

(6) ALC(Autoclaved Lightweight Concrete) 블록

강철제 탱크(autoclave) 속에 석회질 또는 규산질 원료와 발포제를 넣고, 고온(약 180℃)·고압(약 10기압)하에서 15~16시간 양생하여 만든 다공질의 경량 기포콘크리트를 총칭하여 ALC라 한다.

1) ALC의 특징

① 경량성 : 기건비중은 보통 콘크리트의 1/4 정도이다.
② 단열성 : 열전도율은 보통 콘크리트의 1/10 정도로 단열성능이 우수하다.
③ 내화성 : 지붕은 30분 내화, 바닥은 1~2시간 내화, 외벽은 2시간 내화가 가능하다.
④ 흡음성 : 흡음률은 10~20% 정도이다.
⑤ 내구성 : 건조수축이 작고, 균열발생이 적다.
　　　　　(다공질이므로 흡수율이 높기 때문에 방수, 방습처리가 필요하다)
⑥ 시공성 : 경량이며, 인력에 의한 취급이 쉽고, 현장 절단 및 가공이 용이하다.

제10장

2) ALC 블록의 물리적 성질

ALC 블록의 호칭 치수, 제작치수, 품질기준 및 구성재료는 각각 다음과 같다.

■ 표 10-10 ALC 블록의 호칭 치수   (단위 : mm)

길이	높이	두께
600	200 300 400	100 125 150 200 250

■ 표 10-11 ALC 블록의 제작치수 및 허용오차   (단위 : mm)

구분	제작치수	허용오차
길이	호칭 치수로부터 1~3mm를 뺀 값	±5
높이	호칭 치수로부터 1~3mm를 뺀 값	-3 ~ +1
두께	호칭 치수와 같음	±2

■ 표 10-12 ALC 블록의 품질기준

구 분	절건밀도(t/m³)	압축강도(N/mm²)
0.5품	0.45 이상 0.55 이하	3 이상
0.6품	0.55 이상 0.65 이하	5 이상
0.7품	0.65 이상 0.75 이하	7 이상

■ 표 10-13 구성 재료

석회질 재료	석회(CaO)	생석회, 공업용 석회
	시멘트	포틀랜드시멘트, 고로슬래그시멘트, 실리카시멘트, 플라이애시시멘트
규산질 원료(SiO₂)		규석, 규사, 고로슬래그 시멘트, 플라이애시시멘트 등으로 진흙, 먼지, 유기물 등 유해물을 함유하지 않은 것
기포제		AL분말 또는 페이스트, 표면활성제 등 균등한 기포가 얻어지는 것
혼화재료		기포의 안정, 경화시간 조정 등을 위하여 사용되는 재료로 그 품질 및 사용에 유해한 영향이 없는 것
철근		KS D 3503(일반구조용 압연강재), KS D 3504(철근콘크리트용봉강), KS D 3553(철선)등 이용

3) ALC 블록의 시공

① 준비작업

- 쌓기 전에 블록공사와 간섭되는 타 공정을 확인하여 공정순서를 정한다.
- 바탕면의 청소와 바닥 먹매김이 되어 있는지를 확인하고 개구부 위치를 확인한다.
- 안전장치를 갖춘 전동 톱 또는 수동 톱을 사용하여 블록의 접착면이나 노출되는 면을 평활하게 절단한다.
- 쌓기에 필요한 공구/도구 등을 준비한다.

② 모르타르 혼합

- 모르타르 반죽에 사용되는 물은 생활용수를 사용한다.
- 공장 생산된 분말형 조적 모르타르 1포(25kg)에 물 5~7리터를 혼합하여 용기에 넣은 후 전동 교반기를 사용하여 충분히 섞는다.
- 혼합된 모르타르는 2시간 이내에 사용한다.
- 혼합된 모르타르를 사용하는 도중에 모르타르나 물을 추가해서는 안 된다.

4) ALC 블록쌓기

- 블록 첫 단의 바탕에는 고름 모르타르를 깔아 수평을 맞추고 수직줄눈에는 조적용 모르타르를 바르면서 첫 단을 쌓는다.
- 조적용 모르타르 바르기에는 블록두께와 동일한 ALC 전용 흙손을 사용한다.
- 모르타르를 바를 줄눈 부분은 기름, 먼지 등의 오물을 제거한 후 수직줄눈부터 모르타르를 바르고 수평줄눈에 모르타르를 고르게 바른다.
- 수평 및 수직 줄눈의 두께는 1~3mm로 한다.
- 조적용 모르타르는 수직, 수평 줄눈에 충분히 채우고 조적 후 흘러나온 모르타르는 굳기 전에 제거한다.
- ALC 블록쌓기는 막힌 줄눈 쌓기로 하고 블록 상하단의 겹침 길이는 최소 100mm 이상 또는 상단 블록길이의 1/3 이상으로 한다.
- 블록은 각 부분이 균일한 높이가 되도록 쌓아가며 벽면의 일부 또는 국부적으로 높이 쌓지 않도록 한다.
- ALC 블록벽 최상부와 상부 구조체가 맞닿는 경우, 구조체의 처짐을 고려하여 15~20mm의 틈을 두어 쌓는다.
- ALC 벽과 구조체 벽이 만나는 수직부분은 우레탄 foam sheet나 기타 완충재로 신축줄눈을 만든다.
- 하루 쌓기 높이는 1.8m를 표준으로 하고 최대 2.4m 이내로 한다.

- ALC 벽이 교차되는 부위는 양방향이 교대로 겹치게 쌓는 것을 원칙으로 하며, 겹쳐쌓기를 할 수 없는 경우에는 교차부위에 wall-tie로 2단마다 보강한다.
- 창호 등 개구부 상부는 ALC 인방을 설치하며, 양단의 걸침 길이는 200mm 이상으로 한다.
- 창호 틀을 나중에 설치하는 경우에는 개구부(opening)를 창호 틀보다 상하·좌우 각기 10mm 정도 높게, 넓게 쌓는다.

아도비(adobe) 벽돌과 바벨탑

아도비란 햇빛에 말려 제작하는 벽돌에 사용되는 점토이다. 아도비는 석회질과 사질의 성질을 가지면서 모양을 마음대로 바꿀 수 있는 소성과 굳으면 딱딱해지는 성질을 가지고 있다. 아도비를 사용한 흔적은 몇 천년 전에 세계 여러 곳에서 나타났는데, 지역에 따라 그 제조기술은 바뀌었으나 모두 아도비가 지닌 특수한 성질을 이용하였다. 건축재로 아도비를 이용한 이유는 나무가 부족하고 아도비를 사용한 건축법이 용이하며 아도비의 단열특성 때문이다. 다음 그림은 아도비 벽돌을 사용한 건물이다.

1913년 바벨론을 발굴하던 중 도시 중앙에 있는 거대한 탑의 유적에서 기원전 229년에 제작된 것으로 보이는 점토판이 발견되었다. 점토판에 따르면 탑은 7층으로 그 위에 사당이 설치되어 있었고, 탑을 세우는데 모두 8천 5백만여 개의 벽돌이 사용되었다고 한다. 이 탑이 바벨탑으로 기원전 2300년 전후에 쌓아진 것으로 추정되고, 피라미드 구조와 유사한 구조로 가로와 세로, 높이가 약 90m에 달했다고 한다. 바벨탑은 기원전 479년 페르시아의 침공으로 완전히 파괴되었다. 다음 그림은 이러한 내용을 근거로 추정한 바벨탑의 모습이다.

【참고문헌】

1. 강경인 외 6명, 이론과 현장실무 중심의 건축시공, 도서출판 대가, 2004
2. 국가건설기준센터, 건설공사 표준시방서 및 전문시방서, 2020
3. 건축재료교재 편찬위원회, 건축재료, 보성각, 2005
4. 대한건축학회, 건축기술지침, 2017
5. 대한건축학회, 건축공사표준시방서, 2019
6. 송성진, 건축일반구조학, 문운당, 2007
7. 이찬식 외 8명, 건축재료학, 기문당, 2002
8. 주석중 외 3명, 새로운 건축구조, 기문당, 2003
9. 한국주택도시공사(LH), CONSTRUCTION WORK_SMART HANBOOK, 2019
10. 依田彰彦 외 2명, 建築材料 敎科書, 彰國社, 1994
11. Edward Allen, Fundamental of Building Construction - Materials and Methods, John Wiley & Sons, Inc., 1999

석공사

CHAPTER

11.1 개요

우리나라는 양질의 석재가 풍부하여 오래 전부터 기초, 돌담, 석축 등에 석제품을 폭 넓게 사용하였다. 오늘날에는 자동 가공기계의 사용과 건식붙임공법의 보급, 다양한 석재 가공공법의 개발 등으로 석재의 활용이 증대되고 있으며, 건축물이 고급화되면서 석재는 내벽, 외벽, 바닥 등에 장식용으로 많이 사용되고 있다. 석공사는 마감재료로 서 석재를 쌓거나 콘크리트 구조물 또는 조적구조물에 연결철물·모르타르 등으로 설 치 고정하는 돌붙임 공사를 말한다.

석재의 일반적인 특징은 다음과 같다.

- 압축강도가 크다.
- 내수성, 내구성, 내화학성이 풍부하다.
- 불연성이며 내마모성이 크다.
- 외관이 장중하고 치밀하며 갈면 광택이 우수하다.
- 다양한 외관과 색조의 표현이 가능하다.
- 동종의 석재라도 산지나 조직에 따라 다른 외관과 색조를 나타낸다.
- 장대재를 얻기 어려워 구조용으로는 부적절하다.
- 인장강도가 압축강도의 1/10~1/40로 매우 작다.
- 비중이 크고 가공성이 좋지 않다.
- 화재시 균열이 생기거나 파괴되어 재사용이 어렵다.

암석의 종류는 생성원인에 따라 크게 화성암계, 수성암계, 변성암계로 대별된다. 화성암계 석재에는 화강석(granite), 안산암, 현무암 등이 있으며 수성암계 석재에는 석회암(limestone), 사암(sandstone), 응회암(tuff), 점판암 등이 있고 변성암계 석재에는 대리석(marble), 사문석, 규암 등이 있다. 이 중 건축재료로 많이 사용되는 석재는 화강석, 대리석, 석회암, 사암 등이다.
이와같은 건축용 석재의 특징은 다음과 같다.

■ 표 11-1 건축용 석재의 종류와 특징

석재의 종류	건축적 특성
화강석 (granite)	경도·강도·내마모성·내구성·색채·광택 등이 우수하고, 흡수성이 적으며, 절리(節理)의 간격이 크고 돌결이 있어 가공이 쉽기 때문에 내·외장용 및 구조용이나 장식용으로 이용
대리석 (marble)	석회암의 변성작용으로 생성된 결정질 암석으로, 단단하고 연마하면 광택이 나며 빛깔과 무늬가 아름다워 화강암과 함께 장식용이나 조각용으로 많이 사용되고, 강도는 크지만 내화성이 떨어지고 풍화되기 쉬우므로 주로 내장용으로 사용
사암 (sandstone)	모래가 수중에 퇴적되어 압력을 받아 규산질, 석회질, 점토질 등에 의해 경화된 것. 규산질 사암은 외장재로 사용되며 나머지는 내장재로 사용
석회암 (limestone)	석회분이 물에 녹아 땅속으로 침전되어 퇴적, 응고된 것으로 주성분은 $CaCO_3$이다. 물에 약해 얼룩, 변색, 흠이 쉽게 발생되어 사용시에 발수제를 발라 사용한다.
인조대리석	산과 세정제등 화학약품에 쉽게 변색되어 화장실 등에 설치할 경우, 청소 등에 주의한다.

또한, 안산암은 산출량이 가장 많고, 화강암보다는 내구성이 떨어지고, 광택이 나지 않으며, 가공이 어려우나 내화력이 우수하여 구조용으로 많이 사용된다.

응회암, 석회암, 사암은 강도가 약하고, 흡수율이 높아 풍화나 변색되기 쉽다.

화강석-포천석

대리석-보티치노

석회암-아이보리

사암-레드

그림 11-1 석재의 종류

11.2 ● 석재의 가공

(1) 석재의 가공 및 마감

석재는 시공상세도와 돌나누기도를 기준으로 줄눈나누기 및 형상과 치수를 정한다. 경석(硬石)과 연석(軟石)은 가공 방법이 다르며 가공 및 마감의 종류를 구분하면 다음과 같다.

1) 돌쪼개기

돌쪼개기에는 부리쪼갬과 톱켜기가 있다. 부리쪼갬은 돌눈[1]에 따라 얕고 작은 구멍의 줄을 일렬로 파서 쐐기를 박아 쪼개는 것을 말하고, 톱켜기는 계단디딤돌, 외장 붙임돌 등에 사용할 화강암, 대리석 등을 톱[2]으로 켜는 것이다.

2) 다듬기 마감

다듬기 마무리 가공은 정이나 망치 등을 이용하여 석재의 거친 면을 다듬는 공법으로 사용 공구의 종류·다듬기 순서·횟수 등에 따라 구분하며, 손 연장으로 가공하는 것을 손다듬이라 하고, 공장에서 기계로 가공하는 것을 기계다듬이라 한다.

1) 돌눈은 석목(石目, rift)이라고도 하며 조암광물의 배열 등에 따라 생긴 갈라지기 쉬운 면으로 석재 쪼개기 시에 돌눈이 이용된다.

2) 갱쏘(gang saw) 또는 다이아몬드쏘(diamond saw)를 이용하여 가공한다.

① 혹두기

돌의 표면을 쇠메로 대강 다듬는 것으로 혹모양의 거친 요철상태로 가공한다.

② 정다듬

혹두기면을 정으로 쪼아 평탄하게 다듬는 것으로 그 정도에 따라 초벌다듬·중간다듬·정벌다듬으로 구분한다. 정자국의 거리간격은 균등하게 하고 깊이는 일정해야 하며 정다듬기는 보통 2~3회 정도로 한다.

③ 도드락다듬

도드락망치로 석재표면을 다듬어 요철을 없애 평활한 면으로 만드는 것으로 거친다듬·중다듬·고운다듬이 있다. 도드락다듬을 갈기 마무리면에 하면 금이나 흠자국이 생기므로 피하는 것이 좋다.

그림 11-2 화강석 마감

④ 잔다듬

날망치(외날망치, 양날망치)로 정다듬 또는 도드락다듬면 위를 일정 방향으로 평행하게 나란히 찍어 평탄하게 마무리하는 것으로 보통 3회 정도한다. 날망치 다듬의 평행선은 특별히 의장을 고려하지 않을 경우 전체를 한 방향으로 통일하고, 기둥벽면은 보통 수평으로 한다.

1. 외날망치   2. 도드락망치   3. 메   4. 정

그림 11-3 돌 다듬기용 연장

3) 갈기마감

잔다듬하거나 켜낸 면을 숫돌로 손갈기 또는 기계갈기 하여 마무리하는 것으로 공정에 따라 사용하는 숫돌의 입도를 작게 하여 표면의 평활도를 높인다. 물을 사용하는 경우 물갈기라 한다. 철사·금강사와 물을 뿌리며 거친갈기·물갈기를 하고 인조 숫돌로 본갈기를 2~3회 한 뒤, 정갈기로 마무리한다. 정갈기는 버퍼 회전 갈기 (buffer rotary machine) 또는 헝겊·펠트 등으로 광택이 나게 하는 것으로 광내기라고도 한다.

4) 가공정밀도

석재의 가공정밀도는 일괄적으로 결정하기 어려우며, 허용오차 범위내의 석재도 시공후 보기가 싫으면 불합격할 수 있고, 허용오차 범위를 벗어나도 시공후 미관상 문제가 없으면 합격할 수 있어 시공도를 따르되, 시공도가 없으면 아래 수치를 초과하지 않도록 한다.

■ 표 11-2 건축용 석재의 가공정밀도

두께(mm)	허용오차(±mm)	허용수량
T 10	1	1개 단위재로서 전체 시공수량의 10%이내의 수량
T 20	1.5	1개 단위재로서 전체 시공수량의 10%이내의 수량
T 30 이상	2	1개 단위재로서 전체 시공수량의 5%이내의 수량

5) 석재가공시 결함, 원인, 대책

석재를 가공하는 도중에 재료자체의 문제 외에 다음과 같은 원인에 의한 결함이 발생하며 이에 따른 대책은 다음과 같다.

제11장

■ 표 11-3 석재의 결함과 대책

결함	제작공정	원인	대책
-판 두께 부정형 -배부름현상	Gang Saw절단	과속의 절단속도	적정한 절단속도의 선정 및 유지
-얼룩, 녹(철분), 황변이 발생	Gang Saw절단 후 판재청소	절단후 물씻기 부족 연마제 물씻기 부족 세정제(인산, 초산등) 사용	세정제 미사용 및 고압수로 물씻기
-판재의 휨현상	버너가공후 청소	열을 가한후 물뿌리기	석재표면에 열을 가한후 물뿌리기 금지
-균열 및 깨짐	표면마감	판이 얇은 석재를 Jet Burner마감시 발생	두께 27mm 이상
-구멍뚫은 위치에 균열,깨짐	꽂음촉,꺽쇠, Shear Connector 구멍뚫기	깊이나 각도의 차이가 커서 유효두께 부족	-깊이나 각도를 측정기구로 검사 -가공 잘못된 석재 반출
-철분의 녹발생	포장	Steel Band에 의한 오염	옥내보관, 석재와 Band사이 완충재 사용
-포장재에 의한 오염	포장	Cushion재등 얼룩	Cushion재 오염시험
-얼룩무늬나 황변현상	시공	-인위적인 안료, 발수재 사용 -이면처리재료나 접착재료 도포시 석재에 얼룩발생	-안료, 발수제에 의한 표면처리 금지 -시방서 배합비준수 -오염현상 없는 접착제 선정 -바탕면을 완전 건조 후 접착제 도포
-백화현상	시공	-누수에 의한 수분이 석재배면에 침투 -줄눈균열에 의한 누수	-방수정밀 공사 -줄눈충전 검사 -석재배면용 발수처리 재료도포

(2) 석재 마무리의 특수공법

1) 분사법(sand blasting method)

고압의 공기로 모래를 석재면에 분출시켜 표면을 곱게 하거나 때나 녹을 벗겨내는데 사용하는 방법으로 돌출부·모서리 또는 조각물 등은 예각부의 마모가 심하여 적합하지 않다.

2) 버너마감(burner finish method)

액체산소(O_2)와 프로판가스(propane gas, LPG) 버너 등을 이용하여 화염온도 약 1,800~2,500℃ 불꽃으로 석재 면을 달군 다음 찬물을 뿌려 급랭시키면 석재의 표면층에 얇은 박리층이 형성되어 떨어져 나가서 약간 거친 면으로 마무리되는 방법이다. 경석을 두들김 마감으로 하는 경우 노력과 시간이 많이 필요하지만 버너마감은 조면(粗面)마감을 간단하게 만들 수 있다.

3) 착색돌(coloured stone) 마감법

석재의 흡수성을 이용하여 석재 내부까지 착색시키는 방법으로 염료나 물감에 석재를 담가 물감이 침투되게 한다. 짙은 색은 퇴색의 우려가 있다.

11.3 ● 돌붙임공법

화강석이나 대리석 등을 일정한 크기로 가공하여 붙이는 것으로 붙임돌공사 또는 돌붙임이라고 하며, 최근에는 돌붙임이 공간벽 쌓기, 커튼월 공사에도 이용되고 있다. 시멘트 모르타르를 사용해서 석재와 구조체를 접합시키는 습식공법과 구조체와 석재판을 앵커볼트·볼트·패스너(fastener, 연결철물)·꽂음촉(pin) 등을 사용하여 긴결시키는 건식공법으로 나뉜다.
석재 붙임공법의 종류에 따른 장·단점은 다음과 같다.

■ 표 11-4 석재의 붙임공법별 장·단점

특성 /공법	습식공법	건식공법 ·
장점	-공사비 저렴, 소규모공사에 적합 -시공용이성, 오랜경험, 고도기술불필요	-고층건물에 적합 -공기단축 및 공사비 절감 -모체사이의 공벽으로 결로방지효과 -공업화된 프레임으로 신기술개발
단점	-하중분산이 어려워 붙임면적,붙임높이가 큰건물이 불리 -장기공사에 부적합 -백화현상발생, 시공능률저하	-재료 손실이 많음 -강풍시 연결부의 파단으로 인한 석재 두께의 한계 -석재 특성에 따른 공법 채용여부

(1) 습식공법

석재의 상하좌우 맞댐 사이에 촉, 꺾쇠 등으로 안벽 구조물과 연결·고정시키고 모르타르로 채워 일체화시키는 방법이다. 공사비가 비교적 저렴하나 가설공사가 필요하고 안전상 결함이 발생할 우려가 있고, 백화, 모르타르 부착성, 층간변위 추종한계, 시공능률 측면에서 불리하여 잘 쓰이지 않으며, 주택이나 소규모 건축물에 적합한 방법이다.

1) 전체 모르타르 주입공법

벽면과 돌붙임 사이의 전 공간에 모르타르를 채워서 부착시키는 것으로 온(통) 사춤 공법이라고도 한다. 구조체에 밀착되어 변형·균열 등의 영향을 받고 모르타르가 불완전하게 주입되면 빗물이 침투되어 백화, 줄눈 갈라짐, 돌 균열 등이 생기기 쉽다. 벽체와 석재는 모르타르를 채울 때 측압으로 돌이 밀려나오지 않게 줄눈맞이에 상·하 2군데씩 구조체에 가는 철선으로 석재 표면에서 조인다.

시공시 유의사항으로는 줄눈에 실링재를 사용할 경우, 사춤모르타르에 의해 부식하거나 변색현상이 발생하므로 치장줄눈용 모르타르를 사용하여야 하며, 사춤모르타르 대신 마른 시멘트 가루를 채울 경우, 백화현상이 발생할 수 있다. 또한, 석재 설치시 물이 침투할 경우, 석재가 변색할 우려가 있으며 사전에 석재바탕면에 균열보수 또는 균열유도 줄눈의 작영여부를 검토하여야 한다.

2) 부분 모르타르 주입공법

석재를 긴결철물로 고정하고 가로줄눈에 줄띠 모양으로 사춤 모르타르를 채워서 고정하는 공법으로 줄띠 사춤공법이라 한다. 석재의 중공부에 침입하는 물을 빼기 쉽지 않아 외장용으로 사용하지 않고, 내장용의 대리석, 테라조판 등에 쓰인다.

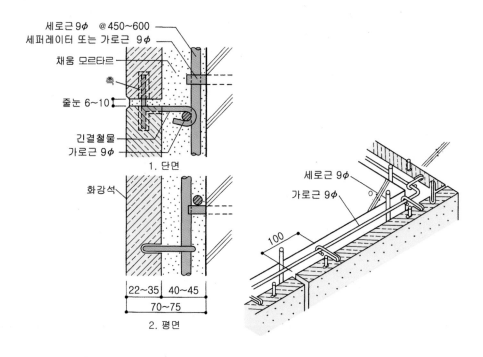

그림 11-4 습식공법의 예(전체 모르타르 주입공법)

(2) 건식공법

습식공법은 석재가 바탕면과 일체가 되어 외력에 대응하는 반면, 건식공법은 꽂음촉, 패스너(fastner), 앵커(anchor) 등으로 풍압력, 지진력, 층간변위를 흡수하는 형식으로 모르타르를 사용하지 않으므로 백화현상이 발생하지 않는다. 또한, 앵커에 의한 단위판재로 지지되기 때문에 상부의 하중이 하부에 전달되지 않는 구조이며, 석재 뒷면에 80~100mm의 공간이 형성되어 열류작용을 감소시켜 줌으로써 단열효과를 높일 수 있으며 벽체내부의 결로방지효과가 있다.

1) 앵커긴결공법

커튼월이나 벽에 석재를 붙일 때 모르타르를 사용하지 않고 앵커, 볼트, 패스너, 꽂음촉 등을 사용하여 고정하는 방법이다.

패스너는 석재의 중량을 하부 석재로 전달되지 않도록 하기 위해 지지강도가 필요하므로 내구성이 있는 스테인레스, 아연도금강재가 사용되며, 패스너에 녹막이 방청처리를 하고, 석재의 하부에는 지지용, 상부에는 고정용을 사용한다. 모르타르를 충전하지 않기 때문에 백화현상을 방지할 수 있으며 공기를 단축시킬 수 있다. 석재와 철재가 직접 접착하는 부분에는 적절한 완충재(kerf sealant, setting tape 등)를 사용하고, 줄눈에는 실링재를 사용하여 마무리한다.

패스너 형식은 그림 11-4에서와 같이 패스너와 벽체 사이의 그라우팅(grouting) 여부에 따라 그라우팅 방식과 논그라우팅(non-grouting) 방식으로 나누고, 패스너의 이음 개수에 따라 단독(single) 패스너 방식과 이중(double) 패스너 방식으로 구분한다.

그라우팅 방식은 에폭시수지 충진성 확보에 어려움이 있으므로 층간변위가 크거나 고층의 경우 부적합하다. 단독 패스너 방식은 패스너의 X, Y, Z 축 방향 조정을 한 번에 해야 하므로 정밀도 조정이 어렵고, 조정 가능 범위가 작아 정밀한 골조 바탕면이 요구되며 여러 종류의 패스너가 필요하다. 이중 패스너 방식은 패스너의 슬롯홀(slot hole)로 오차 조정이 가능하므로 비교적 작업이 용이하며, 건식 석공사에서 가장 많이 적용되고 있는 방식이다. 여기서 공통 촉방식이란 하나의 꽂음촉으로 상하의 돌을 함께 고정하는 방식이다.

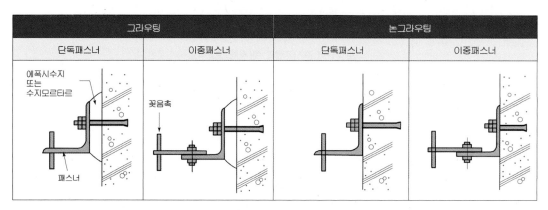

그림 11-5 패스너 형식(공통 촉방식)

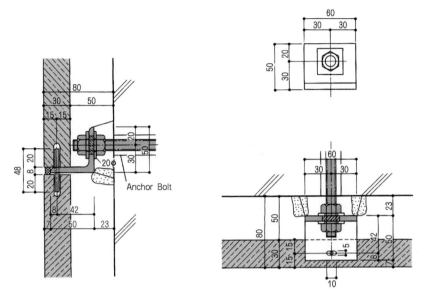

그림 11-6 건식공법의 상세도 예(그라우팅 단독 패스너 방식)

그림 11-7 건식 돌붙임 공법

제11장

2) 강재 트러스 지지공법(steel back frame system)

미리 조립된 강재 트러스에 여러 장의 석재를 지상에서 짜 맞춘 후 현장에서 설치하는 공법으로 물을 전혀 사용하지 않아 동절기에도 시공할 수 있다. 트러스는 타워크레인으로 양중하여 올리고 미리 구조체에 설치한 앵커에 연결시키거나 접합시키므로 설치작업이 신속하다. 대형 패널도 가능하여 한 장씩 설치하는 경우보다 균질한 외관을 갖출 수 있고, 시공속도도 빠르다.

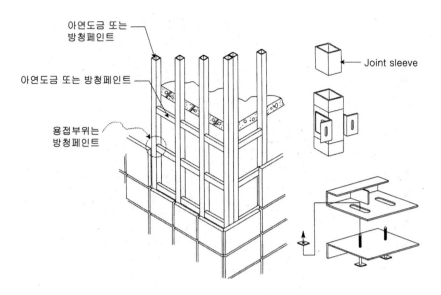

그림 11-8 강재트러스 지지공법의 시공

3) 화강석 선부착 PC판(GPC : Granite veneer Precast Concrete) 공법

화강석 뒷면에 철근을 조립한 후 콘크리트를 타설하여 일체화시킨 것으로 PC로 제작하여 건축물 외벽에 부착한다. 화강석을 채취하여 가공공장에서 판재로 자른 후 jet burner 등으로 표면을 처리하고, PC로 제작한다. 공장생산으로 공기가 단축되고, 석재의 두께가 얇게 시공되어 원가가 절감된다. 습식공법에 비해 석재를 얇게 할 수 있고 백화현상, 얼룩짐 등이 없지만 건식공법에 비해 설치기간이 길고 건물이 중량화되기 쉽다.

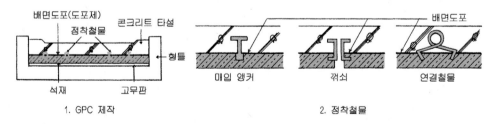

그림 11-9 GPC 공법

11.4 재료별 공법

(1) 대리석 공사

대리석은 색이 다양하고 무늬가 아름다우며 결이 고와 연마하면 아름다운 광택이 있어 장식용 건축석재로 사용한다. 산에 약하고 풍화되기 쉬워 외장용으로는 부적당하다.

대리석은 원석켜기, 깔기, 붙이기, 줄눈만들기, 보양의 순으로 붙이고, 창문틀이 완료되고 미장공사에 앞서 시공한다. 시멘트 모르타르를 사용하여 대리석을 붙일 경우 알칼리 성분에 의해 변색되기 쉬우므로 돌 뒷면은 비워두고, 줄눈맞이 부분만 석고 모르타르를 채워 시공한다. 촉·꺾쇠·연결철물 등은 황동선을 사용하고 대리석의 크기에 따라 2~4개의 연결철물을 가로 줄눈에 맞게 넣어 바탕에 연결한다. 대리석과 바탕면과의 거리는 25~30mm로 한다. 줄눈 모르타르가 경화되면 하드롱지(hard rolled paper)를 붙이거나 해초풀의 호분을 칠하여 오염을 방지한다.

대리석의 일종인 트래버틴(travertine)은 실내 장식에 많이 사용된다. 트래버틴은 탄산석회($CaCO_3$)를 포함한 물에서 침전되어 생성된 것으로 다공질이며 황갈색의 반문(斑紋)이 있고, 연마하면 광택이 난다. 이탈리아에서 생산된 것이 가장 우수하다.

(2) 모조석 공사

모조석은 외관을 자연석과 비슷하게 만든 시멘트제품으로 보통 인조석 바름 씻어내기·인조석 긁어내기 및 갈기·인조석 잔다듬이 있다.

인조석 잔다듬은 제조한 모조석을 습윤 보양하여 충분히 경화한 다음 잔다듬(날망치다듬)하여 마무리 한 것을 말하며, 금강석으로 갈아 낸 것을 인조석 갈기라 한다. 습윤 보양하기 전에 긁어내거나 분무기로 물씻기하여 거친 면으로 마무리 한 것을 인조석 긁어내기 또는 인조석 바닥 씻어내기라 한다.

모조석 마무리의 종류 및 가공공정, 물갈기 종류는 도면 또는 공사시방서에 따른다. 모조석은 거푸집에 된비빔 콘크리트를 다져 깔고, 그 위에 직경 4.2mm의 철선을 가로 세로 각각 150mm 내외의 간격으로 깐 후에 바탕 콘크리트를 부어넣고 충분히 다져 두께 약 35mm의 평탄한 바탕을 만들고, 이때 연결철물 접속용 철선을 미리 묻어 둔다. 바탕 위에 시멘트와 종석을 1 : 2의 용적비로 배합한 된비빔 모르타르를 두께 약 10mm로 바르고 종석 상호간에 밀착되도록 다진 다음 평평하게 마무리한다. 굳은 다음 거푸집을 떼어 내고 5일 이상 수중양생을 하고 일사를 피하면서 건조시킨다.

(3) 테라조(Terrazzo) 공사

테라조는 인조석의 일종으로 대리석 또는 화강석을 부수어 만든 종석(種石)을 혼입 가공하여 미려한 무늬와 광택이 나도록 마무리한 것을 말한다. 테라조는 색이나 모양, 크기를 자유롭게 만들 수 있고 천연산에 비해서 가격이 싸기 때문에 널리 이용된다. 주로 바닥에 쓰이며 줄눈대 대기, 바르기, 갈기의 순으로 시공하고, 줄눈의 간격은 최대 2m, 보통 90cm가 적당하다. 바닥 테라조는 밑바름을 모르타르로 하고, 정벌바름에는 대리석의 종석을 반죽하여 쓰고 기계갈기로 마무리한다.

테라조는 된비빔 모르타르를 소정 크기의 거푸집 내에 총 두께(15~25mm)의 1/2 두께로 바르고, 나머지 1/2두께는 직경 3.4mm의 철선을 가로세로 각각 200mm 내외의 간격으로 깐 다음에 모르타르를 다져 바르거나 진동기로 다지면서 흙손질하여 밑바탕을 만든다. 바탕을 만든 다음에 백색시멘트(안료 포함)와 종석(12mm 이하)을 두께 10~15mm로 눌러 바른다. 성형 후에는 표면의 급속한 건조를 방지하기 위하여 습윤양생한다.

11.5 ● 석재시공시 주의사항

(1) 석재 준비 및 조달시 주의사항

천연석재의 경우 색상이 대부분 균일하지 않으므로 선택시 주의하여야 하며, 색상 변화범위(color range)를 두어 전체적으로 자연스러운 색상과 문양이 나타날 수 있도록 붙임 위치를 배열하여야 한다. 외부 치장 석재의 경우 흡수율과 물리적 성능의 확인이 필수적이며 흡수율은 0.4% 이하, 비중은 2.56 이상이어야 한다.

석재를 조달할 때는 사전에 채석장을 확인하여 당해 공사에 필요한 충분한 물량의 공급이 가능한지 여부와 가공공장의 품질확보 여부를 확인하고 수송방법과 기간 등에 대하여 검토하여야 한다. 또한 석재의 붙임공법과 석재 나누기 상세도를 작성하여 가공 및 설치 이전에 설계자와 협의하여야 한다.

(2) 보양시 주의사항

석공사가 끝나면 특히 통로, 양중부위, 상부용접부위, 코너부위 등을 중점 보양하며 외벽에 석재를 부착할 때에는 외부, 바닥, 걸레받이 등이 비나 눈 등에 노출되지 않도록 덮개를 씌운다. 석공사의 보양은 파손에 대한 보양과 오염방지를 위한 보양으로 구분하며 목적에 따라 방법과 시기를 결정한다.

파손 방지를 위한 바닥부위에 대한 보양은 시공 후 즉시 청소하고 0.1mm 이상의 폴리에틸렌 필름을 먼저 깔고 그 위에 합판 또는 보양포를 깔며, 최소 3일간은 통행을 금지하고 1주일 정도 진동 및 충격을 방지한다. 벽과 기둥 부위는 폴리에틸렌 필름을 부착하고 기둥의 모서리부는 완충재 위에 합판으로 바닥에서 1.5m 정도의 높이로 보양한다.

석재는 흡수성이 있어 물 또는 기름에 용해되는 물질이 침투하면 제거가 거의 불가능하므로 특히 상부에 도장공사시는 오염방지를 위한 보양에 유의하여야 하고 바닥에 오염방지와 광내기를 위하여 왁스를 사용하는 경우에는 먼지 등이 부착하여 오염이나 변색이 발생하지 않도록 왁스 선택에 주의하여야 한다. 또한 산(酸)류는 석재를 붉게 변색시키거나 광택이 없어지기 쉬우며 보강철물을 부식시키므로 원칙적으로 사용하지 않는다. 부득이하게 사용할 경우에는 부근의 철물을 잘 보양한 후 사용하고, 석재면을 깨끗한 물로 씻어내서 산분이 남아있지 않게 한다.

외벽 공사시는 눈, 비에 접하지 않도록 덮개로 시공부위를 보양하여야 하며, 특히 동절기 공사의 경우, 모르타르의 동해 또는 경화 불량의 우려가 있는 추운 날씨에는 작업을 중지하거나 타설 후 24시간 동안의 기온이 4℃ 이상 유지되도록 보온조치를 한 후 시공하여야 한다.

【참고문헌】

1. 건축기술지침 2, (사)대한건축학회발행, 공간예술사, 2021
2. 국가건설기준센터, 건설공사 표준시방서 및 전문시방서, 2020
3. 대한건축학회, 건축기술지침, 2017
4. 대한건축학회, 건축공사표준시방서, 2019
5. 이찬식 외 8명, 건축재료학, 기문당, 2002
6. 주석중 외 3명, 새로운 건축구조, 기문당, 2003
7. 한국주택도시공사(LH), CONSTRUCTION WORK_SMART HANBOOK, 2019
8. Donald C. Ellison, W. C. Huntington, Robert E. Mickadeit, Building Construction – Materials and Types of Construction, John Wiley & Sons. INC., 1987
9. Edward Allen, Fundamental of building Construction – Materials and Methods, John Wiley & Sons, Inc., 1999

타일공사

12.1 ► 개요

타일공사는 구조체를 보호하고, 건물의 외관을 아름답게 하기 위해 콘크리트 등의 바탕면에 모르타르나 유기질 접착제를 사용하여 도자기질 타일(이하 타일)을 부착시켜 마감면을 구성하는 공사를 말한다. 타일은 무기질이며 내수성, 내열성, 내마모성을 가지고 있어 내구성이 우수하므로 건축물의 외장 및 내장재로 널리 사용된다.

타일은 소지(素地)의 질에 따라 자기질·석기질·반자기질·도기질·점토질 등으로 분류되고, 용도에 따라 내장타일·외장타일·바닥타일 등으로 구분할 수 있다.

유액의 사용 유무에 따라 시유타일과 무유타일로, 제법에 따라 건식타일과 습식타일로 구분한다. 형상은 보통 정방형·장방형·6각형·8각형이 주로 사용되며, 4cm 이하의 소형 타일은 모자이크 타일이라 한다.

12.2 ● 타일의 분류

타일은 재질 및 용도에 따라 다음과 같이 분류한다.

(1) 재료의 질에 따른 분류

1) 자기질(porcelain)

점토에 암석류를 다량 혼합하여 고온(1,250℃ 이상)에서 소성한 것으로 흡수율이 거의 없고, 단단하며 두드리면 금속성 청음이 난다. 주로 바닥용으로 사용되며 불소를 제외하고 다른 화학약품에는 오염되지 않는다.

2) 석기질

롤식 압출성형에 의한 습식법으로 만들며, 소성온도는 1,200~1,350℃이다. 바닥용으로 사용되고 내구성이 뛰어나다. 소지표면에 여러 가지 모양을 넣어 미끄러지지 않게 만들 수 있다.

3) 도기질(ceramic)

건식법을 사용하여 1,000~1,200℃로 소성하고 유약을 입힌다. 점토류를 주원료로 소량의 암석류를 배합하여 저온에서 소성한 것으로 다공질이며 흡수성이 크고, 내구성·내마모성이 떨어진다. 주로 내벽용으로 사용된다.

(2) 용도에 따른 분류

1) 내장타일

내벽에 사용하는 타일로는 자기질, 석기질, 도기질 등이 있으며 외벽용 타일보다 기후변화에 대한 저항력이 작아도 되지만, 미려하고 위생적이며 청소가 용이해야 한다.

2) 외장타일

외벽에 사용하며, 흡수성이 작고 외기의 기후 변화에 저항력이 강하고 단단해야 한다. 자기질, 석기질 타일이 많이 사용된다.

3) 바닥타일

바닥용 타일은 단단하고 마모에 강하며 흡수성이 작고, 유약을 바르지 않으며, 표면이 미끄럽지 않은 것이 좋다. 화장실 바닥에는 흡수성이 작은 자기질, 석기질 타일이 주로 사용된다. 외부 바닥용 타일은 내부 바닥용보다 강한 재질을 사용하고, 디딤대(stoop) 등에는 클링커타일이 주로 사용된다.

12.3 → 타일공사 준비

(1) 공사계획시 주의사항

타일과 벽체에 충분한 접착강도를 확보하고 박리사고 등이 발생하지 않도록 시공시 품질관리를 철저히 한다. 또한, 타일 종류·재질 등을 정확히 파악하고, 구조체와 타일 붙임 바탕조건을 검토·확인하며, 접착재료의 종류 및 배합의 결정 등에 주의한다.

(2) 타일나누기

타일은 미관에 직접적인 영향을 주므로 종류, 색깔, 치수, 형상 등을 결정한 뒤 실제 붙이는 부위의 치수를 실측하여 타일나누기를 한다. 전체에 온장을 사용하도록 계획하되 토막타일을 쓸 경우 반절 이하의 것은 쓰지 않도록 계획한다. 벽체는 중앙에서 양쪽으로 타일나누기를 하여 타일나누기가 최적의 상태가 될 수 있도록 조정한다. 벽타일이 시공되는 경우 바닥타일은 벽타일을 먼저 붙인 후 시공하며, 벽타일 붙이기에서 타일 측면이 노출되는 모서리 부위는 코너타일을 사용하거나 모서리를 가공하여 측면이 직접 보이지 않도록 한다.

줄눈은 통줄눈 또는 막힌줄눈으로 하거나 병용한다. 줄눈나비는 일반적으로 다음 표 12-1의 기준을 따른다. 다만, 창문선, 문선 등 개구부 둘레와 설비 기구류와의 마무리 줄눈나비는 10mm 내외로 한다.

■ 표 12-1 줄눈나비의 표준 (단위 : mm)

타일 구분	대형벽돌형(외부)	대형(내부일반)	소 형	모자이크
줄눈나비	9	5~6	3	2

(3) 모르타르 배합

모르타르는 건비빔 한 후 3시간 이내에 사용하며 물을 부어 반죽한 후 1시간 이내에 사용한다. 1시간 이상 경과한 것은 사용하지 않는다.

(4) 바탕만들기 및 처리

바탕고르기 모르타르를 바를 때에는 타일의 두께와 붙임 모르타르의 두께를 고려하여 2회로 나누어서 바른 후 타일을 붙일 때까지는 여름철은 3~4일 이상, 봄, 가을에는 1주일 이상의 기간을 두어야 한다. 타일붙임 바탕면은 평탄하게 하고, 바닥면은 물고임이 없도록 구배를 유지하며, 1/100을 넘지 않도록 한다.

타일을 붙이기 전에 바탕의 들뜸, 균열 등을 검사하여 불량한 부분은 보수하고, 불순물을 제거하고 청소한다. 여름에 외장타일을 붙일 경우에는 하루 전 바탕면에 물축이기를 한다. 타일붙임 건조 상태에 따라 뿜칠 또는 솔을 사용하여 물을 골고루 축이며 바탕의 습윤 상태에 따라 물의 양은 조정한다. 바탕의 흡수성이 높은 도기질 타일은 적당히 물을 축여 사용한다.

12.4 ● 타일 붙이기

(1) 벽타일 붙이기

내장 및 외장 벽타일 붙임공법별 타일의 크기와 붙임 모르타르의 바름두께는 다음 표 12-2를 기준으로 한다. 외벽 타일은 자기질 또는 석기질을 사용하고 내벽 타일은 자기질, 석기질, 도기질 타일 중 용도 및 환경에 맞게 선정하여 사용한다. 내벽 바탕면에 따른 타일 붙이기 적정 공법의 선정이 중요하며 이를 정리하면 다음 표 12-3과 같다.

■ 표 12-2 공법별 타일크기 및 바름두께 (단위 : mm)

공법구분		타일 크기	붙임 모르타르의 두께
외장	떠붙이기	108×60 이상	12~24
	압착 붙이기	108×60 이상	5~7
		108×60 이하	3~5
	개량압착 붙이기	108×60 이상	바탕쪽 3~6
			타일쪽 3~4
	판형 붙이기	50×50 이하	3~5
	동시줄눈 붙이기	108×60 이상	5~8
내장	떠붙이기	108×60 이상	12~24
	낱장 붙이기	108×60 이상	3~5
		108×60 이하	3
	판형 붙이기	100×100 이하	3
	접착제 붙이기	100×100 이하	–

■ 표 12-3 바탕면에 따른 내벽 타일 붙이기 적정 공법[1]

바탕＼공법	접착 붙이기	떠붙이기 개량 떠붙이기	압착 붙이기
콘크리트면	△	◎	△
모르타르면	◎	○	△
조적면	×	◎	×
ALC면	◎	○	×
보드면	◎	×	×

(범례) ◎ : 양호, ○ : 양호, △ : 보통, × : 나쁨

1) 떠붙이기

가장 기본적인 공법으로 타일 뒷면에 붙임 모르타르를 바르고 빈틈이 생기지 않게 바탕에 눌러 붙인다. 붙임 모르타르의 두께는 12~24mm를 표준으로 한다. 부착강도가 낮고, 붙임 모르타르 사이로 공간이 생기기 쉬워 외벽에 사용할 경우 우수 침투로 백화 및 동해가 발생하기 쉬우므로 주로 내벽에 사용된다. 박리를 막기 위해 가급적 뒷굽이 깊은 타일을 사용하고, 콘크리트 바탕에 요철이 있어도 붙임 모르타르의 두께 조절로 면을 평탄하게 조절 가능한 장점이 있지만 상당한 숙련을 요한다.

2) 개량 떠붙이기

기존 떠붙이기 공법의 단점을 보완한 것으로 평탄한 바탕 모르타르를 먼저 조성한 후 타일 뒷면 전체에 붙임 모르타르를 얇게 발라서 시공한다. 이때 바탕 모르타르의 표면은 나무흙손질을 하여 붙임 모르타르의 부착력을 강화시킨다. 떠붙이기에 비해 공극이 거의 생기지 않으며 백화 발생을 감소시킬 수 있다. 떠붙이기 공법만큼의 숙련기술을 요구하지 않으며 시공 편차가 적고 마감이 양호하다. 하지만 바탕 모르타르 바름에는 정밀도가 요구되며 압착붙이기에 비해서는 능률이 떨어진다.

3) 압착 붙이기

평탄하게 만든 바탕면에 붙임 모르타르를 고르게 바르고 그 위에 타일을 눌러 붙이는 공법으로 타일 뒷면에 모르타르의 공극이 생기지 않아 백화를 방지할 수 있고 혼화재가 포함된 모르타르를 사용하기 때문에 보수성(保水性)이 개선되고, 부착강도를 확보할 수 있어 작업능률도 향상된다.

제12장

---

1) • 욕조, 수영장, 욕실 등과 같이 상시 물과 접하는 장소는 접착붙이기 공법 사용 금지
   • 떠붙이기, 개량떠붙이기, 압착붙이기의 경우는 타일을 붙이기전에 충분히 물을 축여서 모르타르의 수분을 흡수하지 않도록 흡수조정 처리한다.(표면 건조, 내부 습윤상태)
   • ALC면에 떠붙이기, 개량떠붙이기 공법을 사용시에는 ALC면에 접착증강제를 사용한다.

타일의 1회 붙임면적은 모르타르의 경화속도 및 작업성을 고려하여 1.2m² 이하로 하고, 벽면의 위에서 아래로 붙여 나가며 붙임시간은 모르타르 배합 후 15분 이내로 한다. 붙임 모르타르의 두께는 타일두께의 1/2 이상으로 하고 5~7mm 정도를 표준으로 하여 바탕에 바르고 자막대로 눌러 표면을 평탄하게 고른다. 나무망치 등으로 두들겨 한 장씩 붙여 타일이 붙임 모르타르 속에 박히도록 하고, 타일의 줄눈 부위에 모르타르가 타일 두께의 1/3 이상 올라오도록 한다.

■ 표 12-4 압착붙임공법의 장단점

장점	단점
백화현상 발생이 적다. 시공속도가 빠르다. 타일과 바탕면사이 공극이 발생하지 않음. 외장타일에 적합하다.	오픈타임의 영향이 크다. 접착강도의 편차가 크다. 탈락, 박리의 우려가 있다. 바탕만들기 작업이 필요하다.

4) 개량압착 붙이기

압착 붙이기의 붙임시간(open time)[2]에 따른 접착력 부족의 단점을 보완하기 위한 방법으로 평탄하게 마무리한 바탕 모르타르면에 붙임 모르타르를 바르고 타일뒷면에도 붙임 모르타르를 발라 붙이는 방법이다. 작업속도가 약간 지연되나 부착강도를 높일 수 있으며, 잘 밀착하면 균열이 생기지 않고 오픈타임의 영향을 어느 정도 해소할 수 있다.

바탕면 모르타르의 1회 바름 면적은 1.5m² 이하로 하고 붙임시간은 모르타르 배합후 30분 이내로 한다. 바탕면에 붙임 모르타르를 4~6mm 정도 바르고, 타일뒷면에 붙임 모르타르를 3~4mm 정도 떠 붙이며, 나무망치 등으로 충분히 두들겨 타일의 줄눈부위에 모르타르가 타일두께의 1/2 이상 올라오도록 한다.

장점	단점
타일의 접착성이 좋고, 신뢰도가 높음 압착공법보다 오픈타임이 길어짐 백화의 발생이 적음 외장타일 붙임에 적합	압착붙임에 비해 작업속도가 느림

---

2) 모르타르나 접착제의 접착성능이 발휘될 수 있는 시간의 한계로 방치시간이라고도 한다. 모르타르의 경우 30분으로 규정되어 있고, 접착용 모르타르 또는 압착용 모르타르는 15분 이내에 사용하도록 한다. 압착공법이나 개량압착공법의 경우, Open Time을 고려하여 1회 바르는 면적을 1.2~1.5m², 높이는 1m 이하로 한다.

5) 접착제 붙이기

압착 붙이기와 붙임방법은 같으나 모르타르 대신 유기질 접착제 또는 수지 모르타르(resin mortar)를 사용하는 것으로 모르타르 콘크리트 바탕면 뿐만 아니라 합판·석고보드·슬레이트판에도 붙일 수 있다. 시공이 간단하며 짧은 시간에 충분한 접착강도를 낼 수 있지만, 내수성과 내구성이 떨어져 내장공사에만 적용한다. 붙임 바탕면을 여름에는 1주 이상, 기타 계절에는 2주 이상 건조시킨 후 시공하며, 접착제의 1회 바름 면적은 2m² 이하로 한다.

6) 판형 붙이기

여러 장의 타일이 뒷면 망상에 의해 한 장의 모양을 갖춘 유닛타일을 압착 붙이기 방법으로 붙인다. 작업속도가 빠르며, 타일 이면에 공극이 적어 백화현상이 방지된다. 줄눈 고치기는 타일을 붙인 후 15분 이내에 실시한다.

7) 밀착 붙이기(동시줄눈 붙이기)

건축물이 고층화, 대형화되면서 외장타일을 붙일 경우 탈락에 의한 사고와 보수교체비의 증가를 해결하기 위해 개발된 공법이다. 압착 붙이기의 붙임 모르타르의 건조현상을 방지하기 위해 타일을 붙인 후 진동기로 진동 밀착시켜 솟아오르는 모르타르로 줄눈 부분을 시공하는 방법이다. 붙임 모르타르와 타일간의 공극을 없애 주므로 충분한 접착으로 백화현상을 방지할 수 있다. 타일 1회 붙임 면적은 1.5m² 이하로 하며 붙임시간은 모르타르 배합후 20분 이내로 한다. 타일은 한 장씩 붙이고 반드시 타일면에 수직하여 충격공구(진동기)로 좌·우·중앙 등 3점에 충격을 가해 붙임 모르타르 안에 타일이 박히도록 하며 타일의 줄눈 부위에 붙임 모르타르가 타일두께의 2/3 이상 올라오도록 한다.

제12장

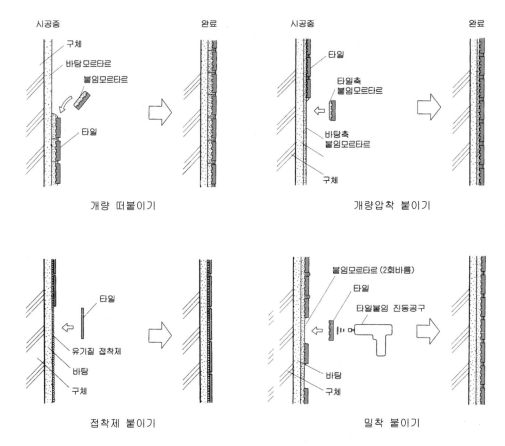

그림 12-1 벽타일 붙이기

8) 거푸집 선부착공법

건물의 외벽·기둥 등에 타일을 붙일 때 거푸집에 미리 타일 또는 유닛 타일을 부착한 후 철근배근을 하고 거푸집을 조립하여 콘크리트를 타설하는 방법으로 구조체와 일체화된 벽면을 구성할 수 있다. 타일과 콘크리트가 일체화되어 접착성이 좋고, 콘크리트 공사와 동시에 마무리되기 때문에 공기단축 효과가 있으나, 콘크리트 타설 시 유동을 방지하기 위한 고정방법이 필요하며, 균열유발 줄눈의 설정, 줄눈부의 처리 방법에 주의가 필요하다.

9) 타일 선부착 PC판 공법(TPC : Tile Precast Concrete)

공장에서 PC판 제조시 PC 패널의 몰드에 타일을 선부착하고 콘크리트를 부어넣은 후 증기 양생하여 PC판과 타일을 일체화하여 만드는 방법이다. 골조와 타일이 일체되어 접착성이 좋고 타일 이면에 공극이 없어 백화현상 및 동결을 방지할 수 있다. 공장에서 생산되며 균일하게 시공되므로 공기 단축 및 성력화가 가능하지만 부재가 무거워 수송, 양중이 어렵다.

(2) 바닥타일 붙이기

바탕처리는 된비빔한 모르타르를 약 10mm 두께로 깔며 필요에 따라 물매를 잡는다. 붙임 모르타르의 1회 깔기 면적은 6~8m²로 하고, 타일을 붙일 때에는 타일에 시멘트 페이스트를 3mm 정도 발라 붙이고 가볍게 두들겨 평평하게 한다. 타일붙임 면적이 클 때에는 2~2.5m²내외의 규준타일을 먼저 붙이고 이에 따라 붙여 나간다.

(3) 치장줄눈 및 신축줄눈

1) 치장줄눈

타일을 붙이고 3시간 정도 경과한 후 줄눈파기를 하여 줄눈부분을 깨끗이 청소하며, 24시간 경과한 뒤 붙임 모르타르의 경화 정도를 보아, 치장줄눈 작업 직전에 줄눈 바탕에 물을 뿌려 습윤하게 한다. 치장줄눈의 폭이 5mm 이상일 때는 고무흙손으로 충분히 눌러 빈틈이 생기지 않게 시공한다.

2) 신축줄눈

신축줄눈에 대하여 도면에 명시되어 있지 않을 때에는 이질바탕의 접합부분이나 콘크리트를 수평방향으로 이어붓기한 부분 등 수축균열이 생기기 쉬운 부분과 붙임면이 넓은 부분에는 그 바탕에까지 닿는 신축줄눈을 약 3m 간격으로 설치하여야 한다. 신축줄눈과 조절줄눈, 시공줄눈, 그리고 분리용 줄눈을 포함하여 실링재를 충전시켜 만든 줄눈위치를 나타내도록 하여야 하며, 모르타르 바탕, 타일 부속재료 설치시 줄눈의 위치를 설정한다. 타일을 붙이고 줄눈 시공 후에는 줄눈 나누기를 하기 위해 톱 등으로 자르지 말아야 하며, 타일의 신축줄눈은 구조체의 신축줄눈, 바탕 모르타르의 신축줄눈의 위치가 가능한 일치하도록 줄눈을 맞추고 줄눈의 실링재는 타일씻기 완료 후 건조상태를 확인하고 설치한다.

(4) 보양 및 청소

외부 타일 붙임인 경우에 직사광선 또는 풍우 등으로 손상을 받을 염려가 있는 곳은 시트 등 적절한 것을 사용하여 보양한다. 외기의 기온이 2℃ 이하일 때에는 타일작업장 내의 온도가 10℃ 이상이 되도록 임시로 가열·보온 등의 방법으로 보양한다. 타일을 붙인 후 3일간은 가능하면 진동이나 보행을 피하도록 하고, 줄눈을 넣은 후 경화 불량의 우려가 있거나 24시간 이내에 비가 올 우려가 있는 경우에는 폴리에틸렌 필름 등으로 차단·보양한다. 치장줄눈 작업이 완료된 후 타일면에 붙은 불결한 것이나 모르타르, 시멘트 페이스트 등을 제거하고 손이나 헝겊 또는 스펀지 등으로 물을 축여 타일면을 깨끗이 씻어 낸 다음 마른 헝겊으로 닦아낸다.

12.5 ● 타일시공시 주의사항

(1) 타일공사 하자 종류

타일공사시 주의해야 할 사항은 하자가 발생하지 않도록 다양한 하자원인에 대한 관리가 필요하다. 타일공사에서 발생할 수 있는 하자의 종류는 아래와 같다.

1) 균열

- 바탕골조와 바탕 모르타르의 신축과 균열로 타일 표면에 생기는 균열
- 바탕 모르타르의 건조 수축으로 인한 타일 균열 발생
- 타일 뒷면 공극으로 인한 동결에 의해 부풀음 및 균열발생

2) 들뜸

- 골조면과 바탕 모르타르 사이에 생기는 박리현상
- 온습도 변화로 인한 팽창수축
- 오픈타임 경과에 따른 부착력 부족
- 철의 녹 등에 의한 부식팽창, 균열부분의 풍화

3) 박리, 박락

- 바탕모르타르를 포함한 타일, 마감층 및 타일이 박리에 의해 낙하하는 현상
- 오픈타임을 오래두어 부착력이 부족

- 불량타일 사용, 접착제 부착강도 부족, 양생 미비 등 부적절한 시공에 의한 부착력 저하
- 신축줄눈 미설치

4) 백화

- 타일 표면과 줄눈사이에 모르타르 석회성분이 유출
- 사용재료의 불량
- 균열 또는 줄눈 부실에 의한 빗물의 침투
- 타일뒷면의 공극

(2) 타일붙임 모르타르의 오픈타임(open time)

타일공사시 접착제나 타일 붙임용 모르타르를 발라 타일붙임시 부착강도를 얻을 수 있는 한계까지의 시간. 즉, 타일공사에서 바탕면이나 타일면에 바른 모르타르가 대기중에 노출되어 유동성이 적정 부착강도를 확보하지 못할 정도까지의 허용시간을 의미한다.

오픈타임이 길어지면 타일의 들뜸, 박리, 박락의 원인이 되므로 붙임공법 별 오픈타임압착공법은 15분 이내, 개량압착공법은 30분 이내로 하여 시공한다.

붙임모르타르의 부착강도 저해요인은 다음과 같다.
- 오픈 타임이 길어지면 부착강도 저하
- 타일의 뒷발모양
- 타일의 함수율
- 모르타르의 두께
- 모르타르의 배합비
- 타일붙임공법의 종류

(3) 타일박리 원인과 대책

이와같은 타일하자인 박리가 발생할 가능성이 높은 부위는 탈락된 타일주위, 백화발생부위(특히 상부), 이질재와 접하는 부위, 균열부의 양측, 개구부주위, 돌출부위 두겁대, 강우에 젖은 상태에서 색상이 변한 부위이며 박리는 다음과 같은 원인에 의해 발생하며

① 붙임시간 불이행(내장 10분, 외장 20분 이내)
② 바름두께 불균형

③ 붙임 모르타르 자체의 접착강도 부족

④ 붙임 후 보양불량, 바탕재와 타일의 신축, 팽창의 정도에 따른 차이

이를 방지하기 위해서는

① 붙임시간(open time)을 준수.

② 모르타르 배합비를 정확히 한다.(적절한 접착제 선택)

③ 줄눈을 수밀하게 한다.

④ 바름두께를 균일하게 실시한다.

⑤ 적절한 보양을 실시한다.

⑥ 접착면적이 넓은 타일을 사용한다.

이외에 타일공사의 하자를 예방하기 위서는 흡수율이 높은 도기질 타일은 물기가 있는 곳과 외부에 사용하는 것은 피하고, 기온이 3℃ 이하에서는 타일의 시공을 지양하며, 일광, 바람 등의 변화가 심한 곳은 차양막을 치고 공사한다.

또한, 백화현상(efflorescence)을 방지하기 위해서는 모르타르를 충분히 반죽하고, 타일과 구조체 사이에 공극이 생기지 않게 견고하게 붙인다.

박리현상을 줄이기 위해서는 줄눈을 확실하게 충전하여 구조체와 타일 사이에 물이 침투하지 않게 한다. 붙임용 모르타르의 두께를 5~7mm 정도로 충분히 도포한 후 20분 이내에 시공하고, 타일은 뒷굽이 잘 형성되어 있는 것을 선택·사용한다. 타일시공시 일반적으로 많이 발생하는 주요 하자사항인 박리와 박락의 원인을 적절히 관리하고 조치하여 하자를 사전에 방지하여야 한다.

12.6 ▶ 검사

(1) 두들김 검사(타음법)

붙임 모르타르가 경화한 후 검사봉으로 두들겨 들뜸, 균열 등의 부위를 발견하고 하자가 있는 부분은 줄눈 부분을 잘라 타일을 떼어내고 다시 붙인다. 가장 일반적인 방법이나 숙련도가 필요하다.

(2) 접착강도 시험

시험할 부위의 줄눈부분을 콘크리트 면까지 절단하여 주위의 타일과 분리시킨 후 접착강도를 측정하는 시험으로 타일공사 완료 후 4주 후에 실시한다. 시험은 600m²당한 장씩하며 40mm 미만의 타일은 4매를 1개조로 하여 시험한다. 시험결과의 판정은 타일 접착강도가 0.39N/mm² 이상을 기준으로 한다.

(3) 주입시험 검사

박리되었다고 판단되는 타일내부에 에폭시 수지 및 폴리머시멘트를 주입하여 범위와 두께를 판단하는 검사방법

(4) 코아채취법

타일 붙임 벽체의 단면을 원통형태로 직접 채취하여 조사하는 방법

타일의 역사

라틴어 '테굴라(tegula)', 그리고 프랑스어 '튈(tuile)'은 모두 진흙으로 구운 지붕 타일을 뜻한다. 영어의 '타일(tile)'은 다소 부정확한데, 건물의 외장재로 쓰이는 도자 전반에 사용할 수 있는 단어이기 때문이다. '세라믹(ceramic)'은 도기를 뜻하는 그리스어 '케라모스(keramos)'에서 비롯된 말로, '연소하다, 태우다'라는 산스크리트 고어에 뿌리를 두고 있으며, 주로 '연소물(burnt stuff)'을 의미한다.
역사적으로 인류는 아름답고 편안한 주거 공간을 꿈꿔왔다. 약 4천년의 역사를 지닌 세라믹 타일은 건물의 장식재로 오랫동안 사랑받았다. 고대 이집트의 피라미드 그리고 바빌로니아, 그리스 도시국가들의 유적지에서 아름다운 문양의 타일들이 발견된다. 타일이 건축에 본격적으로 사용되기 시작한 것은 이슬람교의 영향이 크며 타일 장식 기법은 페르시아에 이르러 집대성되었다.
반면 유럽의 경우, 12세기 후반까지 장식 타일은 거의 발견되지 않는다. 무어인이 스페인을 지배했던 시기 잠시 등장했을 뿐이다. 그러나 곧 스페인과 포르투갈에서 모자이크 타일이 등장했고, 르네상스 시기 이탈리아의 마졸리카풍 바닥 타일이나 앤트워프의 파이앙스(faience : 투명 유약을 바른 채색도기), 영국과 네덜란드에서 등장한 성상화 타일과, 독일의 세라믹 타일 등 획기적인 타일이 잇달아 등장했다.
오늘날, 타일의 발상지인 이집트나 이슬람 등은 쇠퇴해버렸지만, 한국과 일본 뿐아니라 인도네시아, 대만, 중국 등이 주요 타일 제조국이 되었고, 유럽은 디자인과 기술력으로 이태리와 스페인이 세계 타일 시장을 주도하고 있다.

그림이 그려진 유광타일
(B.C. 880년경, 아시리아)

유광처리된 벽돌로 만든 부조
(B.C. 518년경, 이란 페르세폴리스궁전)

【참고문헌】

1. 강경인 외 6명, 이론과 현장실무 중심의 건축시공, 도서출판 대가, 2004
2. 국가건설기준센터, 건설공사 표준시방서 및 전문시방서, 2020
3. 김영수, 타일공사핸드북, 대한전문건설협회 미장방수공사업협의회, 1997
4. 건축기술지침 2, (사)대한건축학회발행, 공간예술사, 2021
5. 대한건축학회, 건축기술지침, 2017
6. 대한건축학회, 건축공사표준시방서, 2019
7. 이찬식 외 8명, 건축재료학, 기문당, 2002
8. 한국주택도시공사(LH), CONSTRUCTION WORK_SMART HANBOOK, 2019
9. 大岸佐吉 외 1명, 建築生産(第3版), オーム社, 1998

목공사

13.1 ● 개요

순수 목조 건축물의 주체, 조적조 건축물의 바닥, 철근콘크리트조 건축물의 지붕 및 창문틀, 건축물의 수장, 창호, 내장공사 등에 나무가 사용될 때 목공사라고 한다.

최근에는 딱딱한 콘크리트 건축물보다 부드럽고 정취가 있으며 습도조절도 가능한 목조 건축물에 대한 선호도가 높아지고 있다. 목재는 화재와 부식에 약해서 철저한 대책이 필요하다.

목재는 수종에 따라 침엽수와 활엽수로 구분할 수 있는데 침엽수는 잎이 바늘침같이 뾰족한 것이고 활엽수는 잎이 넓은 나무를 말한다. 침엽수는 가볍고 가공이 용이하며 곧고 긴 재료를 얻을 수 있고 활엽수는 단단하고 가공이 어려우나 미관이 좋다. 구조용재는 강도가 크고 곧으면서 긴 재료로서 변형 및 수축이 적고 목재의 흠(옹이, 썩음, 갈램, 송진구멍, 혹 등)이 적고 목질이 좋아야 하며 공작이 용이하면서 충해에 저항하는 성질이 필요하다. 목재는 200℃ 이하에서도 장기간 가열하면 서서히 분해되고 내부온도가 상승하여 불이 붙는다.

목재의 일반적인 특징은 다음과 같다.

- 무게가 가볍고 공작 및 가공이 용이하다
- 색채 및 무늬가 미려하여 가구 및 장식재로 주로 사용한다.
- 비중에 비하여 강도와 탄성이 크므로 구조용재로도 이용된다.
- 절단, 구멍뚫기, 마감질 등이 용이하며 다양한 형상으로 제작할 수 있다.
- 열전도율이 낮으므로 보온, 방한, 방수성이 뛰어나고 차음성, 흡음성이 높다.
- 가연성이 높아 화재에 대해 취약하다. 목재는 250℃에서 인화되고 450℃에서 자체 발화되는 성질을 갖고 있다.
- 고층이나 장 스팬의 건축물에는 사용하기 어렵다.
- 흰개미(termite) 등 충해(蟲害)에 약하며 기초 토대, 흙에 접하는 부분은 부패하기 쉽다.
- 흡수성 및 흡습성이 커서 건습에 의한 신축 변형이 심하다.

13.2 목재의 종류 및 특성

(1) 목재의 종류 및 용도

1) 목재의 종류

건축 및 구조용 목재로는 침엽수가 주로 쓰이고, 활엽수는 수장재·가구재로 많이 쓰인다. 침엽수로는 소나무, 잣나무, 삼나무, 낙엽송, 전나무, 측백나무, 편백나무, 회나무 등이 있고 활엽수(광엽수)로는 느티나무, 떡갈나무, 박달나무, 은행나무, 감나무, 밤나무, 참나무, 단풍나무, 물푸레나무, 호두나무, 벚나무, 자작나무 등이 있다.

제13장

또한 목재는 가공형태에 따라 벌목하여 가지를 친 후 수피를 제거한 원형단면의 통나무인 원목과 원목을 제재하여 정사각형 또는 직사각형의 단면을 갖도록 가공한 제재목으로 구분할 수 있다. 제재목은 다시 두께가 75mm 미만이고 너비가 두께의 4배 이상인 판재와 두께와 너비가 75mm 이상이거나 두께가 75mm 미만이고 너비가 두께의 4배 미만인 각재로 나눈다.

2) 용재의 용도

목재는 용도에 따라 구조재·수장재(치장재)로 구분하며, 수장재는 일반 건축용 수장재·창호재·가구재 등으로 분류할 수 있다.

① 구조재
- 적당히 건조된 것으로 옹이·썩은 곳·엇결·죽·기타 흠이 심하지 않는 것으로 강도가 크고 직대재를 선택해야 한다.
- 건조수축 변형이 적고 부패와 충해에 저항이 커야 하고, 큰 응력을 받는 인장재 및 접합부용에는 결함이 적은 것을 써야 한다.
- 침엽수로는 소나무(적송·흑송)·낙엽송·삼송·잣나무·전나무·삼나무 등이 사용되고, 활엽수로는 밤나무·느티나무 등이 사용되며 최근에는 주로 외국산 소나무를 수입하여 사용한다.

② 수장재(factory and shape lumber)
- 수장재는 치장이 되는 부분에 사용되는 것으로서 치장재라고도 하며, 곧은 결재가 가장 좋다.
- 수축변형을 최소화하기 위해서 기건(氣乾) 상태(함수율 약 15%)로 건조시켜 사용한다.
- 침엽수로는 적송·홍송·낙엽송 등이 사용되고, 활엽수로는 느티나무·단풍나무·박달나무·참나무·가래나무 등이 사용된다.
- 외국산으로는 나왕재가 가장 많이 사용되며 티크·마호가니·자단·흑단·화류 등은 외국산으로 고급재이다.

③ 창호재·가구재
- 창호재와 가구재는 수장재보다 더욱 곧은결이어야 하며, 결함이 없고 잘 건조된 것을 사용한다.
- 창호재로는 나왕·전나무·졸참나무·느티나무·뽕나무·벚나무·감나무·티크 등이 사용된다.
- 가구재로는 나왕·호두나무·티크·마호가니·자단·흑단 등이 사용된다.

(2) 목재의 수축변형, 함수율

목재의 수축변형은 재질과 함수상태의 변화에 의하여 일어나며 이를 방지하기 위해 목재를 건조하여 사용한다.

1) 목재의 건조수축

① 목재는 건조 수축하여 변형한다. 연륜 방향의 수축은 연륜에 직각방향보다 약 2배가 된다.

② 나무의 바깥부분(변재부)은 중심부(심재부)보다 수축이 크며 나무의 중심부는 조직이 경화되고, 바깥부분은 조직이 여리고 함수율도 크고 재질도 무르다.

2) 함수율

함수율은 목재의 무게에 대한 목재 내에 함유된 수분 무게의 백분율(%)로서 함유수분의 양을 목재의 무게로 나누어서 백분율로 구하며, 기준이 되는 목재의 무게를 구하는 시점에서의 함수율에 따라 다음과 같이 두 가지로 구분할 수 있다.

• 건량기준 함수율(%): 함유 수분의 무게를 목재의 전건무게로 나누어서 구하며 일반적인 목재에 적용되는 함수율

• 습량기준 함수율(%): 함유 수분의 무게를 건조 전 목재의 무게로 나누어서 구하며 펄프용 칩에 적용되는 함수율

건조가 불충분한 목재는 강도저하·건조수축·변형·부식 등의 원인이 되고, 중량도 무거우므로 될 수 있는 대로 건조한 것을 쓴다.

목재의 수축·팽창은 어떠한 목재에서도 그 함수율이 섬유포화점[1]인 30% 이상의 범위에서는 증감이 거의 없으나, 그 이하가 될수록 직선적으로 감소하므로 용재는 기건상태로 건조하여 사용하면 신축이 극히 적어진다. 또한 섬유포화점 이상에서는 강도가 일정하나 섬유포화점 이하에서는 함수율의 감소에 따라 강도가 증대된다. 그러므로 목재를 섬유포화점인 30% 이하로 건조하여 사용하면 수축·팽창에 따른 하자와 강도 부족의 문제를 예방할 수 있다.

---

1) 생목은 40~100%의 수분을 포함하고 있으며, 이 부분은 목질공극에 있는 자유수, 세포막을 포화시키고 있는 흡착수 및 세포강 내의 생리수로 구별된다. 생목을 건조하면 우선 자유수가 발산하고 다음에 생리수가 세포막을 투과하여 소실되고 최후에 흡착수가 소실된다. 흡착수만이 최대한으로 존재하고 있는 상태를 섬유포화점(fiber saturation point)이라 하며, 이때의 함수율은 중량비의 약 30%로 수종이나 수령에 관계없이 거의 일정하다.

목재는 가능하면 대기 중에서 건조한 목재를 사용하는 것이 좋다. 기건상태의 함수율은 15% 내외로 수장재의 함수율은 13~18%, 구조재는 18~24% 정도를 사용하고, 활엽수는 인공건조시키고 함수율은 13~18% 정도로 사용하며 특히 플로어링·얇은 널재·치장재·창호재 등은 천연 건조하여 사용한다.

건축공사 표준시방서에서는 공사에 사용되는 목재의 함수율은 설계도서에 별도의 명시가 없는 경우 다음 표의 함수율을 따르도록 하고 있다. 내장 마감재로 사용되는 목재의 경우에는 함수율 15% 이하로 하고 필요에 따라서 12% 이하의 함수율을 적용하며, 한옥, 대단면 및 통나무 목조공사에 사용되는 구조용 목재 중에서 횡단면의 짧은 변이 900 mm 이상인 목재의 함수율은 24% 이하로 하도록 하고 있다.

■ 표 13-1 건축용 목재의 함수율

종별	건조재 12	건조재 15	건조재 19	생재	
				생재 24	생재 30
함수율	12% 이하	15% 이하	19% 이하	19 % 초과 24% 이하	24% 초과

※ 목재의 함수율은 건량기준 함수율을 나타낸다.

(3) 목재 건조의 목적과 효과

소나무 원목을 기초말뚝으로 사용하는 경우를 제외하고는 일반적으로 목재는 가능한 한 건조시켜 사용한다, 목재 건조의 목적과 효과는 다음과 같다. 단 가공성은 일반적으로 생목시의 유연한 상태가 유리하다.

• 중량의 경감
• 강도의 증진
• 사용 후의 수축균열, 반곡, 부정변형 등의 방지
• 균류 발생의 방지
• 도료·주입제 및 접착제 등의 효과 증대

(4) 목재의 건조 방법

목재는 대기건조법·침수법·인공건조법 등으로 건조시키는데 대기건조법·침수법은 오랜 기간이 소요된다.

1) 대기건조법

① 대기 중에서 건조시키는 방법으로 통풍이 잘 되고, 직사광선을 받지 아니하는 그늘에서 건조시켜야 한다. 직사광선에서 건조시키면 뒤틀림·갈램 등이 생긴다.

② 기후가 건조하고 통풍이 잘 되면 두께 3cm 이하의 널은 1개월 정도면 함수율 15% 정도에 도달할 수 있으나, 각재(角材)는 수개월이 필요하며, 해수에 젖은 것은 더 오랜 시일이 걸린다.

2) 침수건조법

생목을 약 3~4주 수중(깨끗하고 흐르는 물이 좋음)에 담가두면 수액이 빠져나가게 되는데, 그 이후에 대기건조를 하게 되면 건조가 용이하게 된다.

3) 인공건조법

인공적으로 단시일에 재의 수액(樹液)을 추출하여 수분을 배제하는 방법으로 증기실이나 열기실(熱氣室)에서 건조한다.

(5) 목재의 방부

목재는 잘 썩고, 충해에 약하며, 불에 잘 타는 성질을 가지고 있다. 목재를 썩지 않게 하기 위해서는 건조재를 쓰고 통풍, 채광이 잘되어 습기가 차지 않게 하며, 목재 자체에 방부제를 처리해야 한다.
방부제에는 유성 방부제, 수용성 방부제, 유용성 방부제가 있다.

1) 유성 방부제

① 크레오소트 오일(creosote oil) : 방수성이 우수하고 가격이 싸다. 침목, 전주 등에 사용한다.

② 콜타르(coaltar), 아스팔트(asphalt) : 가열 도포하면 방부성은 좋으나 목재를 흑 갈색으로 착색하고 페인트칠도 불가능하므로 보이지 않는 곳에 사용한다.

2) 수용성 방부제

① 염화 아연 : 방부효과는 좋으나 목질부를 약화시키고 전도율이 증가되고 비내구성이다.

② 황산 동 : 방부성은 좋으나 인체에 유해하다.

③ 불화 소다 : 방부효과가 우수하며 철재나 인체에 무해하다. 내구성이 부족하고 값이 비싸다.

3) 유용성 방부제

PCP(Penta Chloro Phenol) : 무색이며 방부력이 가장 우수하지만 고가이고 자극적인 냄새가 난다. 석유등의 용제로 녹여 사용하며 그 위에 페인트칠을 할 수 있다.

13.3 ● 목재의 가공

목재는 가공, 대패질, 철물 조이기 등의 순으로 가공한다.

(1) 목재의 가공

구조재는 뼈대의 하부에서부터 상부 즉 지붕틀 순으로 가공해가며 마름질, 먹매김, 바심질한다. 수장재는 설치 순서대로 가공하여야 하므로 재료공급, 건조처리 등에 착오가 없도록 한다.

1) 먹매김

마름질[2]과 바심질을 할 때에는 먼저 먹매김을 해야 하며 재의 축방향에 심먹을 치고 절단부, 가공부(구멍·이음·맞춤자리) 등은 먹매김 번호를 표시한다.

2) 바심질

먹매김, 자르기와 이음·맞춤 장부 등의 깍아내기, 구멍파기·볼트구멍 뚫기·홈파기·대패질 등의 바심질이 끝나면 관리 번호·기호 등을 그 재의 감춘 입면에 기입한다. 가공에 있어 주의할 점은 다음과 같다.

---

2) 목재를 제작 또는 가공하기 위해 치수에 맞추어 자르는 일이다.

- 엇결·옹이·갈램·기타 홈의 정도를 살펴 그 위치가 이음·맞춤재를 피하고 구부림·인장·압축·전단 등이 작은 곳에 오게 한다.
- 이음·맞춤의 바심질 정도는 공사시방서에 따라 하며 휨·압축 등은 각 접합면이 밀착되도록 한다.
- 끌구멍·볼트구멍 등은 정밀한 수직·수평면이 되게 하고 깊이도 일정하게 한다.
- 볼트 구멍은 볼트지름보다 3mm 이상 커서는 안 된다.
- 허리댐자리, 연귀면 등은 정밀하게 가공하여 틈새가 생기지 않게 한다.
- 치장부분은 먹줄이 남지 않게 대패질 한다.

3) 톱질

나뭇결 방향에 따라 가로톱(자르기용)과 세로톱(켜기용)을 사용하며, 나무의 재질과 요구하는 톱질면에 따라 작은 톱·큰톱을 가려 사용한다.

톱질은 먹줄에 따라 정확히 자르고, 도려내는 톱질은 가로로 자르고 세로로 켜되 지나치지 않게 하며 때에 따라서는 끌로 마지막 손질을 한다.

4) 대패질

마무리면은 치장면이 되므로 옹이·죽·갈램·기타 흠이 나지 않는 재면을 잘 선택하여 대패질 한다.

① 막 대패질(거친 대패질) : 제재 톱자국이 간신히 없어질 정도
② 중 대패질 : 제재 톱자국이 완전히 없어지고 평활한 정도
③ 마무리 대패질(고운 대패질) : 완전평면·미끈하게 된 것

목공사의 여건에 따라 세 종류를 각각 마무리로 할 수 있으며 기계 대패질은 거친 대패질로 본다. 대패질은 먼저 1면에 먹줄을 치고 정확히 뒤틀림 바로잡기 대패질을 한 다음, 옆면이 직각으로 되게 대패질하고, 나머지 각 면에 정확한 치수로 금긋기 또는 먹줄을 치고 뒤틀림잡기를 한다.

5) 모접기·쇠시리

대패질한 재는 모두 모접기를 하고, 필요에 따라 개탕·쇠시리(moulding) 등을 한다. 모접기는 그림 13-1과 같이 여러 가지가 있으나 공사시방서에 규정되어 있지 않으면 실모접기 정도로 한다. 모접기·개탕·쇠시리 등은 원척도에 의하여 모양·치수·크기 등을 정한다.

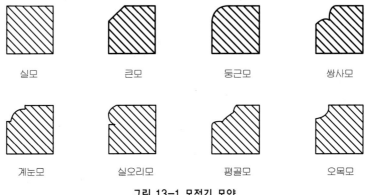

그림 13-1 모접기 모양

(2) 철물 조이기

1) 못치기

못의 길이는 박아 대는 재 두께의 2.5~3.0배로 하고 재의 마구리 등에 박는 것은 3.1~3.5배로 한다. 못은 약간 기울게(15°) 박는 것이 수직으로 박는 것보다 빠지지 않는다.

2) 나사못 및 코치 스크루(coach screw) 조이기

나사못은 쇠·구리·놋쇠 등으로 만들고 처음에는 가볍게 박고 나사 드라이버로 돌려 죄거나 먼저 송곳 뚫기를 하고 틀어 박으며 다시 망치로 깊이 박고 적어도 나사못 길이의 1/3은 틀어박아야 한다.

3) 꺾쇠 치기

꺾쇠는 두 부재를 걸어 매는 간단한 기구로서, 보통 꺾쇠·엇꺾쇠·주걱 꺾쇠가 있다. 꺾쇠의 길이는 보통 9~12cm이고, 엇꺾쇠의 길이는 4.5cm이다. 꺾쇠를 박을 때는 양편을 번갈아 쳐서 짝 달라붙게 하고, 한 편을 칠 때 다른 편이 빠져나오지 않게 하며, 중간이 휘지 않게 쳐야 한다.

4) 볼트 조이기

볼트는 두 부재를 당겨죄는 기구로서, 볼트와 와셔(washer)로 구성된다. 볼트는 실용길이를 정확히 주문해야 하며, 나사가 모자라서 나무를 파고 너트를 넣거나, 길어서 패킹(packing)하는 일이 없도록 한다.

5) 듀벨

두 재의 접합부에 힘이 작용하면 볼트가 파고들게 되는데 이를 막기 위해 보강철물의 일종인 듀벨을 설치한다. 듀벨은 전단력에, 볼트는 인장력에 작용시켜 접합재의 이음을 보강하는 것이다. 듀벨은 목재의 산지와 같은 역할을 한다.

가락지 듀벨은 양 접합재의 사이에 홈을 파서 끼우고 듀벨 중앙에 볼트를 채운다. 주철재 또는 강판제품 듀벨은 압입식과 타입식이 있으며 압입식 듀벨은 타입식 듀벨의 쳐 박는 과정에서 발생할지도 모르는 균열을 피하기 위한 것이다.

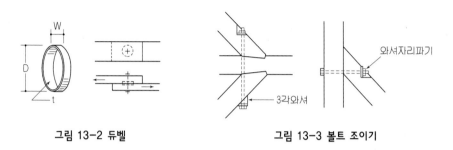

<table>
<tr><td>그림 13-2 듀벨</td><td>그림 13-3 볼트 조이기</td></tr>
</table>

6) 접착제

수장재·창호재·가구재의 조립에 있어서 장부나 쪽매 등으로 접착한 것을 더욱 확고하게 굳히기 위해 사용하는 것이다.

① 아교

동물성 유지로서 끓여 녹여 재의 양면에 칠하고 압착하여 건조시킨다.

② 카세인 풀

우유제품의 찌꺼기에서 생산한 접착제로 물에 녹는 성질을 가지고 있으며 아교풀과 같은 방법으로 사용하며 내수성은 합성수지 접착제보다 못하다. 합판에 많이 쓰인다.

③ 합성수지계 접착제

초산 비닐계, 요소계, 멜라민계, 포르말린계 에테르수지로서 모두 접착력이 우수하다.

13.4 목재의 이음과 접합

두 부재를 선형으로 길게 접합하는 것을 이음이라 하고, 두 부재를 경사 또는 직각으로 접합하는 것을 맞춤이라 한다.

이음과 맞춤위치는 구조상 취약하므로 충분히 보강하며, 주의사항은 다음과 같다.

• 이음 및 맞춤의 접착면은 필요 이상의 끌파기·깎아내기 등을 억제한다.

• 이음과 맞춤의 위치는 응력이 작은 곳으로 하고, 국부적으로 큰 응력이 작용하지 않도록 하며, 이음의 위치는 엇갈리게 함을 원칙으로 한다.

• 한 부재의 부분적인 약점은 전체를 약화시킬 수 있으므로 각 부재는 약한 단면이 없게 한다.

• 이음·맞춤 부분에 생기는 응력의 종류·성질·크기에 따라 적당한 이음과 맞춤을 선택한다.

• 공작이 간단한 것을 쓰고, 큰 응력이 작용하는 곳에는 철물로 보강하며, 모양에 치중하지 않아야 한다.

• 이음과 맞춤의 단면은 응력의 방향에 직각이 되게 한다.

• 이음과 맞춤의 면은 정확히 가공하여 서로 밀착되고 빈틈이 없도록 한다.

(1) 이음

1) 맞댄이음

두 부재를 맞대어 잇는 것이고, 철판 또는 나무 덧판을 대고 큰 못을 박거나 볼트 조임 한다. 두 부재 사이에 듀벨을 사용하면 더욱 튼튼해진다. 맞댄이음은 큰 압력이나 인장력을 받는 부재에 사용된다.

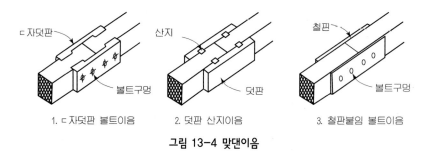

그림 13-4 맞댄이음

2) 겹친이음과 반턱이음

2개의 부재를 단순히 겹쳐대고 산지·큰못·듀벨 등으로 보강하는 방법이며, 볼트와 듀벨을 쓰면 긴 경간사이(span)의 트러스(truss)에도 사용할 수 있다.

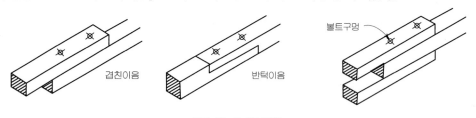

그림 13-5 겹친이음

3) 따낸 이음

두 부재가 서로 물려지도록 따내어 맞추는 이음으로 산지를 사용하여 보강하는 것이 보통이며, 다음과 같은 종류가 있다.

① 주먹장 이음

한 부재의 끝을 주먹 모양으로 만들어 다른 부재에 내리 물리면 빠지지 않게 되는 이음으로 가장 간단한 방법이다. 큰 휨응력을 받는 곳에는 사용할 수 없고 토대·멍에·도리·마룻대 등의 이음에 쓰인다.

② 메뚜기(대가리)장 이음

주먹장이음보다 약간 튼튼한 이음이며, 용도는 주먹장이음과 같다. 인장력을 받는 곳에 쓰이나 효과가 크지 않다.

③ 엇걸이 이음

산지 등을 박아 더욱 튼튼하게 하는 이음이며, 휨에 대하여 가장 효과적이므로 중요한 가로재의 낸이음은 이 방법을 이용한다. 엇걸이 이음은 통나무 보의 이음에 쓰이고, 기둥·도리 또는 벽개보 위에서 심이음으로 한다.

이음 길이는 부재 춤(depth)의 3.0~3.5배로 하며, 그 종류는 그림 13-6과 같다.

④ 빗걸이 이음(빗턱 이음)

통나무 보에 쓰이며, 기둥·보·칸막이 도리 등의 받침이 있는 보를 잇는 데 사용한다. 빗걸이가 2단으로 되어 있고, 턱이 있으며 보의 방향이 이동되는 것을 방지하기 위하여 촉·꺾쇠 등으로 보강한다.

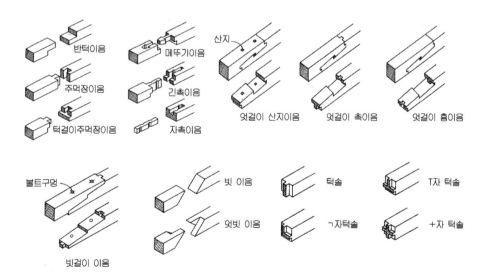

그림 13-6 이음의 종류

제13장

4) 이음의 위치

① 심이음 : 두 개 이상의 부재를 이을 때 지지재의 중심부에서 잇는 방법이다.

② 낸이음 : 이음자리에 직교하는 부재의 맞춤자리를 피해서 잇는 이음이다.

③ 벼개 이음 : 수직재 위에 칸막이도리 또는 보를 걸고 그 위에서 잇는 이음이다.

1. 심이음 2. 낸이음 3. 벼개이음

그림 13-7 이음의 위치

(2) 맞춤

1) 반턱맞춤

가장 간단한 직교재의 맞춤이고, 일반적으로 많이 사용한다.

2) 걸침턱

지붕보와 도리·층보와 장선 등의 맞춤에 쓰이고, 지지재 위에 직교하는 가로재는 대개 이 방법으로 한다.

3) 통넣기

큰 재에 구멍을 파고 가는 재가 통으로 맞추어지는 것이다.

4) 가름장맞춤·인장맞춤

작은 재를 두 갈래로 중간을 오려내고 큰 재의 쌍구멍에 끼워 맞추는 맞춤이다. 가름장은 한식중방과 기둥의 맞춤에 쓰이고, 안장맞춤은 평보와 ㅅ자보에 쓰인다.

5) 주먹장맞춤

두 재가 주먹장으로 맞추어지는 것이고 인장에도 쓰인다. 두겹주먹장·내림주먹장·턱솔주먹장(주먹장맞춤 통넣기) 등이 있다.

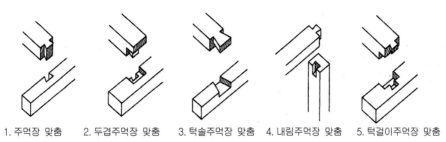

1. 주먹장 맞춤   2. 두겁주먹장 맞춤   3. 턱솔주먹장 맞춤   4. 내림주먹장 맞춤   5. 턱걸이주먹장 맞춤

그림 13-8 주먹장맞춤

6) 장부맞춤

장부맞춤은 목재의 끝을 가늘게 가공하여 다른 재의 구멍에 끼이게 촉을 낸 것으로 가장 튼튼하게 맞출 수 있는 방법이다.

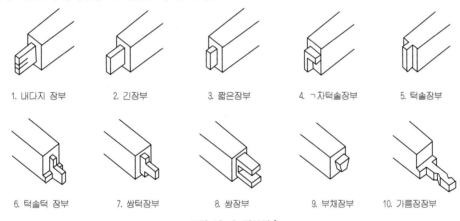

1. 내다지 장부   2. 긴장부   3. 짧은장부   4. ㄱ자턱솔장부   5. 턱솔장부

6. 턱솔턱 장부   7. 쌍턱장부   8. 쌍장부   9. 부채장부   10. 가름장장부

그림 13-9 장부맞춤

7) 연귀맞춤

연귀맞춤은 마구리가 보이지 않게 하기 위하여 귀를 45°로 접어서 맞추는 방법이다. 모서리, 구석 등에 쓰이고, 창호·수장재 등의 표면 마구리를 감추는데 쓰인다.

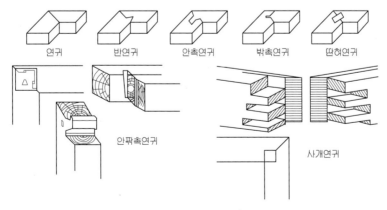

연귀   반연귀   안촉연귀   밖촉연귀   딴혀연귀

안팎촉연귀

사개연귀

그림 13-10 연귀맞춤

제13장

8) 쪽매

두 재를 나란히 옆으로 대어 맞춤하는 것을 쪽매라 한다. 접합부에 신축, 파손 등이 생기기 쉬우므로 쪽매 솔기에 틈이 생기지 않도록 강력한 접착제를 사용하거나 미리 줄눈을 두는 것이 좋다. 보통 틈서리가 깊이 보이지 않게 반턱 또는 세홈을 파 넣는다. 쪽매는 마루널이나 양판문의 제작에 많이 사용한다. 마루널의 경우 제혀쪽매를 주로 사용한다.

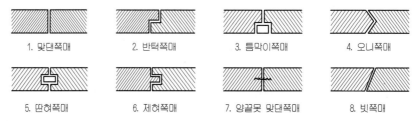

1. 맞댄쪽매　　　2. 반턱쪽매　　　3. 틈막이쪽매　　　4. 오니쪽매

5. 딴혀쪽매　　　6. 제혀쪽매　　　7. 양끝못 맞댄쪽매　　　8. 빗쪽매

그림 13-11 쪽매의 종류

13.5 ● 세우기

가공이 완료된 목재는 도면과 대조하면서 바심질의 과오 또는 가공이 안된 재료가 있는지를 확인해야 하며, 세우기 순서대로 운반하여 정리하고, 양식 지붕틀은 지상에서 완전히 조립하여 빨리 세울 수 있게 한다.

목조건물의 뼈대 세우기는 토대, 1층 벽체 뼈대(기둥, 샛기둥, 인방, 층도리, 큰보), 2층 마루틀, 2층 벽체 뼈대, 지붕틀의 순서로 한다.

(1) 토대

기초 콘크리트가 완료된 후, 앵커볼트가 기둥 위치에 정확히 설치된 것이 확인되면 토대를 번호순으로 기초 위에 놓고 기설치된 앵커볼트의 위치에 맞추어 볼트 구멍을 뚫고 토대와 기초를 맞대어 연결시킨다. 토대 밑 부분에 방부제를 2회 정도 칠해야 하며, 토대의 심먹은 기초의 심먹과 일치해야 한다.

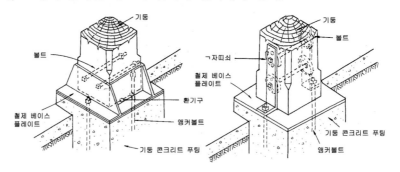

그림 13-12 고정철물에 의한 기둥고정

(2) 기둥, 벽 및 층보

기둥은 모서리 또는 중간 규준이 되는 통재기둥으로부터 수직으로 세워 움직이지 않게 가설가새, 버팀대 등으로 고정하고 이것을 기준으로 하여 샛기둥, 벽선, 창대, 인방, 가새 버팀대, 귀잡이 등 나중에 짜 맞추기가 곤란한 부재는 공정순서대로 짜 나간다. 기둥은 토대에 세우고 층도리에 걸어 나가지만 통재기둥에서는 층도리가 빗턱장부맞춤이 되므로 순서 있게 해야 한다.

(3) 보강재

목조뼈대는 사각구조체이므로 모양이 일그러지기 쉬운데 이것을 막기 위하여 대각선 방향으로 보강재인 가새(brace)를 대어 세모구조로 하면 안정한 구조체가 된다. 가새를 댈 수 없을 때에는 그 모서리에 짧게 수평으로 빗대기도 하는데 이것을 귀잡이라 하고 수직으로 빗댄 것은 버팀대라고 한다.

1) 가새

모조벽체를 수평력에 안전하게 하기 위해 사용에 지장이 없는 수직부에 대각선상으로 X자형으로 건물 전체에 대칭적으로 배치한다. 그 각도는 수평에 대하여 60° 이하가 좋다. 인장력을 받는 가새는 기둥의 5등분 이상으로 하고 압축력을 받는 것은 기둥의 3등분 이상으로 한다.

가새는 따내서 내력상 지장이 생겨서는 안 되고 그 상하단부는 기둥 단부에 근접하여 빗턱통넣기, 큰못치기 또는 꺾쇠치기로 한다.

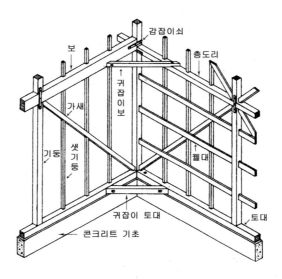

그림 13-13 가새·귀잡이

제13장

2) 버팀대

버팀대는 뼈대의 모서리를 고정시키기 위해 빗대는 재이며, 수평력에 대하여 가새
보다는 약하지만 가새를 지를 수 없는 곳 또는 실내 사용에 지장이 있을 때 기둥상
부 45° 경사로 대어 수직귀를 굳히는 것이다.

3) 귀잡이

귀잡이는 수평으로 댄 버팀대와 같은 역할을 하는 것으로서 가로재와 같은 치수 또
는 반쪽 정도로 하며 맞춤은 빗턱통 넣고 장부꽂기, 볼트조임으로 한다.
귀잡이 설치는 내부기둥을 세우고, 간막이 도리·층보를 걸고, 수직 정확히 각도를
바로잡아 귀잡이를 설치하고 나무메 등으로 쳐서 이음 맞춤장부 등의 허리댐이 밀
착되게 한다.
1층 벽체와 보걸기가 완료되면 수직 수평 줄바름 등을 검사하고, 2층 벽체 세우기
를 1층과 같은 순서로 한다.

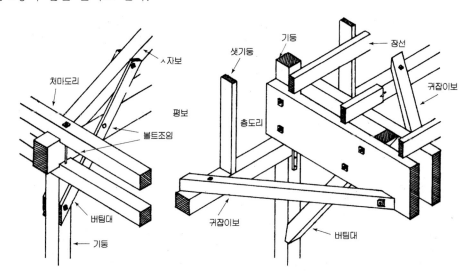

그림 13-14 버팀대·귀잡이

(4) 도리 및 지붕틀

1) 층도리(　　 : girth)

2층 이상의 상층바닥 부근의 기둥 상호간을 연결하고 통재기둥의 경우에는 층도리가
빗턱장부 맞춤이 된다. 층도리의 크기는 기둥재와 같은 것을 사용하거나 춤(depth)
이 약간 큰 것을 사용하기도 한다.

2) 깔도리(一道里 : wall plate)

상층기둥 위에 가로대어 지붕보 또는 약식 지붕틀의 평보를 받는 도리이다.

3) 처마도리(pole plate)

변두리 기둥에 얹히고 처마서까래를 받는 도리이다. 양식 지붕틀에서는 깔도리와 처마도리를 볼트로 연결하는 데 평보 옆에 위치하며, 한 쪽 또는 양쪽에 쓰기도 한다.

4) 지붕틀

지붕을 받는 뼈대를 구성하는 틀을 말하며, 한식 지붕틀·절충식 지붕틀·양식 지붕틀 등이 있다. 한식 또는 절충식 지붕틀은 지붕보와 처마도리를 걸고 그 위에 동자기둥과 대공을 세우며 층도리와 용마루대를 걸어 고정하고 서까래를 중도리 위에서 빗이음 또는 맞댄이음으로 하고 못을 박아 고정한다.

양식 지붕틀은 될 수 있는 대로 지상에서 완전히 조립하여 크레인 등으로 달아 올려 깔도리 위에 걸고 처마도리·중도리·용마루대·가새·대공밑잡이 등으로 연결하며, 버팀대·당김줄 등을 사용하여 고정한다.

13.6 ▸ 수장

목조의 뼈대세우기 작업이 완료되면 수장작업에 들어간다. 수장작업에는 창문틀 및 창문·반자틀·마루틀 짜기·계단·벽장·반침 등이 있다. 수장공사는 건축공사의 마무리 단계로서 미장공사 등 다른 공종이 함께 진행되므로 철저하게 계획을 세워 공사한다. 수장 작업시 주의할 사항은 다음과 같다.

• 전기·급수·기타 배관 작업은 목수 일에 맞추어 진행하고, 기구설치는 미장공사가 완료되기 전에 실시한다.
• 1층 마루틀을 짜기 전에 흙바닥고르기·동바릿돌 설치·마루 밑 배관 등을 한다.
• 수장재는 손상 우려가 있는 것은 널·종이·거적 등으로 보양하고 미장공사로 오염되었을 때에는 바로 청소한다.
• 수장재는 수축·변형이 없도록 사전에 충분히 건조한 것을 사용한다.
• 수장재의 접착부분은 사후에 틈이 생기지 않도록 정교하게 작업한다.

제13장

(1) 홈대 및 창문틀

1) 홈대

홈대는 내부 심벽이 되는 벽체의 기둥 또는 샛기둥 사이에 수평으로 건너댄 창문틀을 말한다. 홈대는 윗홈대·중간홈대·밑홈대로 구성되고 필요시에는 벽선을 세워 기둥·샛기둥과 같이 수직문틀의 부재가 될 수 있다. 설치 시에 고려할 점은 다음과 같다.

- 홈대의 치수는 기둥의 1/2 치수로 하고, 나비는 기둥보다 약간 작게 하여 기둥면에 맞물리게 한다.
- 윗홈대의 스팬은 1.8m 이상 또는 상부 벽체의 하중이 크게 실릴 때에는 춤을 하중에 맞춰 크게 한다.

2) 창문틀

창문틀은 선틀, 윗틀, 중간틀, 밑틀(출입문 문지방)로 구성되며, 필요시에는 중간선틀을 세울 때도 있다. 창문틀에 사용하는 재료는 충분히 건조한 곧은 결재를 사용하고 나왕·미송·삼송·낙엽송·소나무·백지목 등을 많이 사용한다.

3) 창문선

창문선은 미장과 미관 등 마무리를 위하여 설치하고 있으나 근래에는 이 작업이 복잡하여 창문선 없이 창문틀대만으로 할 때가 많다.

(2) 반자

반자는 지붕 밑 또는 마루 밑을 감추어 미관과 흡음·보온·기류를 차단하기 위해 설치한다. 반자에는 회반죽 반자·널반자·텍스판 반자·얇은 판반자·우물반자·층단 반자 등이 있다. 반자는 지붕틀·평보 또는 장선·보 등에 직접 댈 때도 있으나, 마루널의 진동·중도리의 처짐 등의 영향을 받지 않게 하기 위하여, 평보 또는 층보 위에 통나무 달대받이를 따로 걸쳐대고 달대로 반자틀을 달아댄다.

반자틀의 간격은 일정하게 우물자형을 짜며 시공은 달대받이[3], 반자돌림대, 반자틀받이, 반자틀[4] 및 달대 순으로 이루어진다.

---

3) 달대(반자틀을 매다는 것)를 잡아 주는 부재

4) 천장 중앙부의 처짐을 방지하고 미관성을 높이기 위해 중앙부를 간사이(span)의 1/200 정도 치켜 올린다.

(3) 마루

멍에는 마루널 방향으로 수평 줄 바르게 평행으로 배치하고 간격은 보통 120cm 정도로 한다. 장선의 간격은 45cm 정도로 하고 멍에 위에 직각으로 배치한다.

2층 마루는 충도리 또는 기둥 위에 충보를 걸고 그 위에 장선을 걸친 다음 마루널을 깔아 나간다. 간 사이가 작을 때는 보를 사용하지 않고 충도리와 간막이 도리에 직접 장선을 걸쳐댄 것을 홑마루(장선마루), 보 또는 큰 보와 작은 보를 걸고 그 위에 장선을 거쳐댄 것을 보마루, 큰 보위에 작은 보를 걸고 그 위에 장선을 걸쳐댄 것을 짠마루(조립식 마루틀)라고 한다.

마루널은 평행되게 시공해야 하므로 깔기 전에 장선 윗면에 수평실을 치고 높낮이를 점검하여 약간 높은 것(5mm 정도)은 깍아내고, 낮은 것은 마루널을 깔 때에 밑을 받쳐 높이도록 한다. 마루널은 밀착하기 위해 꺾쇠·끌 등을 써서 죄어 대고, 장선맞이 마다 제혀 위에서 숨은 못치기로 한다. 실의 갓둘레에 오는 마루널에는 걸레받이홈을 파두고, 각도를 정확히 하여 줄바르게 깔아댄다.

(4) 판벽

목조판벽은 방향에 따라 가로판 벽과 세로판 벽의 구별이 있으나, 화재의 위험으로 도시 건축물에서는 사용하지 않는 것이 좋으나 사용할 때에는 내화 처리한 목재를 사용하거나 불연재로 목재를 감싸야 한다.

1) 가로판 벽

가로판 벽 및 비늘 판벽은 기둥·샛기둥에 널을 직접 못박아 댄 것으로 겹쳐진 부분이 빗물막이가 된다. 비늘판은 비교적 얇은 널을 그냥 겹쳐대는 방법과 반턱 개탕하여 물리는 방법으로 하며 영식 비늘 판벽, 턱솔비늘 판벽, 누름대 판벽 등이 있다.

2) 세로판 벽

기둥·샛기둥 또는 벽돌벽에 띠장을 가로대고 널은 반턱쪽매 또는 제혀쪽매로 하여 세워대고 쭈그린 못치기로 한 것이며, 주로 내부벽에 사용되고 빗물을 직접 맞는 곳은 비아무림이 좋지 않으므로 그다지 사용되지 않는다.

내부판벽은 건조·수축·우그러짐·쪽매·솔기 등의 결점이 눈에 띄기 쉬우므로 면밀한 시공을 해야 한다.

3) 징두리 판벽

징두리벽은 바닥에서 걸레받이 위 1m 정도의 벽을 말하며 벽체와 동일재를 사용하지 않는다. 실내벽 하부에서 높이 1~1.5m 정도로 널을 대고, 이 널은 띠장에 못박아 대고 밑은 걸레받이에, 위는 두겁대에 홈을 파 넣는다. 이 외에도 내부벽에는 코펜하겐 리브 등 음향효과를 내기 위해 특수한 단면으로 몰딩하여 쓰거나, 용도에 따라 섬유판, 판석, 타일 등을 쓰기도 한다.

13.7 목재 가공품의 종류와 특성

최근 천연목재의 보호 측면과 물성 강화 및 경제성 측면에서 장점을 살릴 수 있도록 목재를 활용한 2차 가공품들의 사용이 증가하고 있다. 특히 천연목재는 재질이 불균일하고 목질섬유가 동일방향을 하고 있기 때문에 방향에 의해 강도, 탄성계수, 수축률에 큰 차이가 있고 큰 이방성을 나타낸다. 이 결점을 보완하기 위하여 개발된 대표적인 목재 가공품으로 합판(ply wood), MDF(Medium Density Fiberboard, 중밀도섬유보드), 파티클보드(PB: Particle Board), 오에스비(OSB: Oriented Strand Board) 등이 있다. 일반적으로 목공사에 많이 사용되고 있는 이러한 목재 가공품들의 특성 파악이 중요하며, 이를 바탕으로 용도에 따른 자재 선정과 적용에 주의하여야 한다. 대표적인 목재 가공품의 재질상의 특성과 장단점 및 용도를 정리하여 비교하면 표 13-2와 같다.

■ 표 13-2 목재 가공품의 특성 비교

종류 특성	합판	MDF	파티클보드
장점	•나무결을 직교로 적층함으로써 수축, 팽창, 뒤틀림이 원목에 비해 적음 •내수성, 내압성이 우수함 •작은 목재로 넓은 판재를 생산할 수 있어 경제적이며 곡면판 제작도 용이함 •목재의 결점인 흠, 갈라짐, 옹이 등이 제거	•천연목재보다 강도가 크고 변형이 적음 •표면가공이 우수함 •합판에 비해 가격이 저렴함 •단열, 흡음성이 우수함 •입자가 미세하여 도장제품, 표면가공제품의 바탕자재로 많이 사용됨	•나무결에 방향성이 없어 가공 편리함 •부식, 비틀림 등의 목재 결점 해결 •저가의 원료(wood chip)을 사용하므로 합판, MDF에 비해 가격 저렴함
단점	•원목 상태에 따라 품질의 편차가 큼 •단판의 완전 접착이 어려움 •파티클보드, MDF에 비해 가격이 고가	•파티클보드에 비해 고가 •내수성이 약함 •일반 못으로 작업하기 곤란	•성형시 부스러지거나 오염 발생 가능 •내수성이 약함
용도	•거푸집공사용 •주방가구 상판의 바탕재	•문짝(문양부위) 바탕재 •인테리어 장식판	•가구용 부재(주방가구 상판으로는 부적합)

(1) 합판

원목을 길이 방향으로 회전식 절삭기를 이용해 박판(veneer)으로 깎아 내고, 이를 일정한 규격으로 절단하여 섬유방향에 서로 직교하게 접착하여 만든 적층의 판상재로 일반적으로 홀수 매로 구성된다. 1매의 박판을 단판이라 하고, 3매 이상의 단판을 적층한 것을 합판이라 한다. 단판의 수에 따라 3매(ply), 5매, 7매, 9매 합판으로 분류한다. 합판은 주로 거푸집 공사용으로 많이 사용되며 세부 용도에 따라 내수합판, 방수합판, 우레탄코팅합판, 데코합판 등이 있다.

(2) MDF, 파티클보드, 오에스비

천연목재의 결점을 보완하고 소편 등의 재활용성을 높이기 위해 목재를 일단 세분화한 후 다시 결합시키는 방법으로 개선한 것이 MDF와 파티클보드이다.

MDF는 목질재료를 주원료로 하여 고온에서 잘게 분할하여 얻은 목섬유(wood fiber)를 합성수지 접착제와 내수제 등을 넣고 결합시켜 성형, 열압하여 만든 중밀도[5]의 판상 제품이며 3mm에서 30mm 두께까지 생산이 가능하다. 전체적으로 섬유 분배가 균일하고 치밀하여 복잡한 기계가공 작업을 면이나 측면의 파열 없이 수행할 수 있다. 따라서 MDF는 측면 몰딩이나 표면가공을 하는 테이블의 상판, 문짝, 서랍 정면 등의 바탕자재로 많이 사용된다.

파티클보드(PB)는 목재의 소편(particle)에 합성수지 접착제를 첨가하여 성형, 열압한 판상의 제품이다. 표면의 상태에 따라 양면이 모두 바탕 상태인 바탕 파티클보드, 양쪽 표면에 단판(veneer)을 부착한 단판붙임 파티클보드, 표면에 치장 단판 또는 합성수지시트를 부착하거나 합성수지 도료를 도장한 치장 파티클보드가 있다.

오에스비(OSB)는 파티클보드의 일종으로 얇고 가늘고 긴 직사각형 모양의 목재 조각 스트랜드를 각 층별로 동일한 방향으로 배열하되 인접한 층의 섬유방향이 서로 직각이 되도록 하여 홀수의 층으로 압착 제작한 가공판재이다. 파티클보드 보다는 크기가 큰 조각을 사용한다. 벽체나 지붕, 바닥 등 주로 목조주택의 구조용 판재로 사용되고 있으며 최근에는 인테리어 자재로도 활용되고 있다.

제13장

---

5) $0.4 \sim 0.8 \text{g/cm}^3$

【참고문헌】

1. 국가건설기준센터, 건설공사 표준시방서 및 전문시방서, 2020

2. 대한건축학회, 건축기술지침, 2017

3. 대한건축학회, 건축공사표준시방서, 2019

4. 이찬식 외 8명, 건축재료학, 기문당, 2002

5. 주석중 외 3명, 새로운 건축구조, 기문당, 2003

6. 한국주택도시공사(LH), CONSTRUCTION WORK_SMART HANBOOK, 2019

7. Edward Allen, Fundamental of Building Construction - Materials and Methods, John Wiley & Sons, Inc., 1999

CHAPTER

방수 및 단열공사

14.1 ▶ 개요

　　방수(waterproofing)공사의 목적은 외부로부터 빗물이나 지하수의 침입을 방지하고 방습(dampproofing)하여 시설물을 보호하고, 건축물의 가치가 떨어지지 않도록 하기 위함이다. 방수의 역할은 누수[1]의 방지·방습 외에, 구조물의 주재료인 강재, 콘크리트, 철근콘크리트가 외기, 지하수로 인해 부식, 침해되는 것을 방지하여 재료 본래의 내구성을 충분히 발휘할 수 있도록 하는 것이다.

---

1) 누수는 물, 틈새, 압력차가 공존할 때 발생하며, 이중 한 가지 요인만 제거해도 발생 억제 가능하다.

방수공법은 사용 재료에 따라 아스팔트 방수, 시트 방수, 도막 방수, 시멘트 모르타르계 방수, 금속판 방수 등으로 구분할 수 있으며, 공사 부위에 따라 지하실 방수, 옥상 방수, 외벽 방수 등으로 분류하기도 한다.

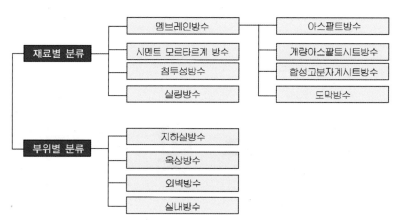

그림 14-1 방수공법의 분류

단열(thermal insulation)공사의 목적은 건축물의 바닥, 벽, 천정 및 지붕 등 외기와 접하고 있는 부위에서 열의 이동을 막아 건축물 내부의 쾌적한 열 환경을 확보하고 열 손실방지를 통한 에너지를 절감하는데 있다. 단열공사는 대류(convection), 전도(conduction), 복사(radiation)에 의한 열의 이동을 건축용 단열재료를 적용하여 감소시키거나 차단하는 것이다. 건축물 단열공사 방법은 단열층 설치 위치에 따라 구조체 실내측에 설치하는 내단열, 중공이나 공간 내부에 설치하는 중단열, 구조체 실외측에 설치하는 외단열로 나눌 수 있다. 특히 단열이 약화되거나 끊김으로 인하여 생기는 취약부위의 열교 / 냉교(heat/cold bridge) 현상에 의해 결로(condensation)[2] 하자가 발생할 수 있으므로 이를 방지해야 한다.

---

2) 결로는 수분을 포함한 공기의 온도가 이슬점(노점) 이하로 떨어져 공기가 함유한 수분이 물체 표면에 물방울로 맺히는 현상으로, 건축물 내부의 따뜻하고 습한 실내공기가 주로 외부에 면한 벽체나 창호의 저온부에 접촉해 발생한다.

14.2 ► 방수공사 준비

(1) 방수의 기본 개념

물이 고이게 되면 누수될 수 있으므로 구배를 주어 자연스럽게 물이 흐르도록 하며, 들어온 물은 신속히 배수하도록 유도한다. 방수의 품질은 모체의 품질에 크게 좌우되므로 모체의 품질 확보에 유의하고, 방수 시공 전 바탕 처리 및 결손 부위에 대한 보강, 보수를 완료한다.

이질재의 접합부위에는 틈이 생기기 쉬우므로 접합상태를 반드시 확인한 후 취약부위는 방수턱 등으로 보강하며, 방수층 단말부 처리에 유의한다. 특히 방수층은 후속공정에 의해 훼손되기 쉬우므로 방수 시공 후에는 보양조치를 취하여 주의하도록 하고 후속공정 공사중이나 이후에는 손상여부를 확인한다. 또한 방수층 상부에 마감공사 시공 전에는 누수 시험(담수 테스트)을 반드시 실시한다.

(2) 방수공사 시공계획

1) 적정 공사 환경

같은 공법이라도 작업 당시의 온도, 습도 상황에 따라 품질의 차이가 있으므로 적정 환경에서 시공될 수 있도록 준비한다.

① 강우시

강우·강설 중 또는 예상될 때는 외부작업을 금지한다. 콘크리트 표면은 건조하더라도 내부의 수분이 잘 발산되지 않으므로 유의하여야 하며 함수율 검사 후 방수시공을 실시한다.

② 고온시

바탕에 복사열을 받아 온도 상승으로 인한 내부 수분의 기화·팽창에 의해 부풀림 우려가 있으므로 유의한다. 반응성 재료는 반응이 빨라지고, 에멀션형은 건조가 빨라지므로 주의한다. 기온이 30℃ 이상일 때는 사용할 재료의 준비량을 조절하여 재료의 손실을 예방한다.

③ 저온시

기온이 낮으면 바탕 표면의 온도가 저하되므로 아스팔트 온도 저하에 따른 접착불량, 접착제 건조지연에 의한 접착불량, 도막의 경화지연에 의한 피막형성 불량 등의 하자 발생 가능성이 높으므로 주의한다. 따라서 기온이 5℃ 이하일 경우에는 작업 중지를 고려한다.

④ 결로시

방수 바탕에 결로가 발생하였을 때는 표면을 반드시 건조시키고 작업을 개시하여야 하며 결로 발생의 원인을 파악하여 적절한 대책을 검토하여야 한다.

2) 시공 계획

방수공사 시공계획시는 충분한 사전검토가 중요하며, 공법 및 재료의 선택, 상세부위의 처리방법은 전·후 타공정과의 관계를 고려하여 검토한다. 일반적인 방수공사 시공계획 수립 절차는 다음 그림 14-2와 같다.

그림 14-2 방수공사 시공계획 절차

(3) 방수 바탕 준비 및 재료 관리

방수층의 성능을 제대로 발휘하기 위해서는 방수층의 균일한 두께, 균열로 인한 파손 방지, 적당한 구배가 필요하다. 이를 위해서는 방수 바탕의 적절한 처리가 우선되어야 한다. 바탕면은 평활도를 유지하여야 하며 시방서에서 요구되는 적정한 구배[3]를 확보하여야 한다. 또한 바탕면에 돌출물이 있으면 제거하고 균열이나 홈이 있으면 반드시 보수하여야 하며, 구체 표면에 레이턴스나 이물질을 제거한다.

방수 재료의 품질 유지를 위해 기상 작용으로부터의 재료의 보호가 중요하므로 직사광선, 습기, 온도 등에 의한 재료의 변형 및 변질을 예방할 수 있도록 보관에 유의한다.

---

3) 방수층의 필요한 구배를 누름층에서 잡으면 누름층이 두꺼워져 하중이 증가하고, 방수시공전 바닥에 물이 고이므로 건조가 불량해지는 등 하자 요인이 되므로 가능하면 구체에서 구배를 확보하여야 한다.

14.3 부위별 방수공법

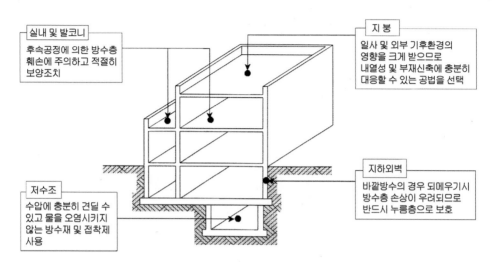

실내 및 발코니
후속공정에 의한 방수층 훼손에 주의하고 적절히 보양조치

지붕
일사 및 외부 기후환경의 영향을 크게 받으므로 내열성 및 부재신축에 충분히 대응할 수 있는 공법을 선택

지하외벽
바깥방수의 경우 되메우기시 방수층 손상이 우려되므로 반드시 누름층으로 보호

저수조
수압에 충분히 견딜 수 있고 물을 오염시키지 않는 방수재 및 접착제 사용

그림 14-3 부위별 방수공사의 고려사항

(1) 지하실 방수

지하실은 항상 수압을 받아 누수의 우려가 많기 때문에 방수재료와 공법을 신중하게 선정해야 한다. 지하실 방수는 안방수공법과 바깥방수공법이 있고, 아스팔트 방수와 시멘트 액체 방수가 주로 사용된다. 지하실이 깊으면 수압이 커지므로 방수층은 방수성능 뿐만 아니라 충분한 내력을 가져야 한다.

1) 바깥방수공법

깊은 지하실에 사용되는 공법으로 구조체가 방수층 안에 있으므로 수압의 처리가 유리하고 방수의 확실성이 있으나, 기초파기 및 말뚝지정이 완료되면 방수층의 바탕을 축조하여야 하므로 시공시기에 제한이 따른다.

지하용수는 계속 배수하고, 잡석 또는 자갈다짐을 한 다음 와이어 메시나 콘크리트로 밑창판을 평탄히 만들고 방수층을 시공한다. 시트 방수나 아스팔트 방수일 때에는 바닥방수층과 벽체의 조인트부분에서 벽체부위로 치켜올림을 고려하여 밑창 콘크리트는 나비 60cm 이상의 여유를 갖도록 하고, 방수층도 지하실 벽체로 접어 올릴 여유를 갖게 한다.

2) 안방수공법

수압이 작고 얕은 지하실에 사용되는 공법으로 건물의 지하 구조체가 완성되면 자유로이 시기를 택하여 시공할 수 있고, 방수층 시공이 바깥방수보다 용이하나 수압처리가 어렵다.

방수 대상 부위에 튀어 나온 부분이나 접속되는 부분, 중간기둥, 계단실 등의 주위는 연속적으로 일관성 있게 감싸주고, 어느 한 부분이라도 단절되지 않도록 칸막이벽이나 창문틀 등의 설치는 방수공사 완료 후에 하는 것이 좋다.

■ 표 14-1 안방수와 바깥방수의 비교

내 용	안방수	바깥방수
적용개소	수압이 적고 얕은 지하실	수압이 크고 깊은 지하실
바탕처리	따로 만들 필요가 없다	따로 만들어야 한다
공사시기	자유롭다	본공사에 선행해야 한다
시공성	용이하다	곤란하다
경제성	싸다	고가이다
수압처리	곤란하다	용이하다
보호누름	필요하다	없어도 무방하다
하자보수	용이하다	곤란하다

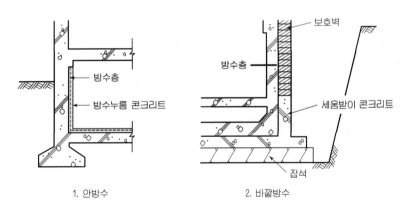

1. 안방수   2. 바깥방수

그림 14-4 지하실 방수

(2) 옥상 방수

평지붕, 차양 등의 방수공사는 아스팔트 방수, 시멘트 액체 방수, 시트 방수가 많이 쓰인다. 옥상 방수의 바탕은 물흘림 경사를 두어 물이 빨리 드레인(drain)으로 흘러 내려가도록 하고, 충분한 개수와 크기의 드레인을 설치해야 한다.

옥상 방수층은 외기온도의 변화, 실내온도와 외기온도의 차이, 직사일광 등에 의한 신축, 박리 등에 안전하도록 시공하며, 방수층의 보호누름을 잘 설치하여 노후(老朽), 마모, 파손, 신축 등에 대비한다.

시트 방수나 아스팔트 방수층은 끝마무리를 잘해야 하며, 가장자리 치켜올림 등은 부착이 잘 되고 신축에 강력하여 손상되지 않게 한다. 옥상 평지붕의 경우 드레인 주위는 누수되기 쉬우므로 동판으로 방수층 내에 깊이 물리고 드레인과 접촉도 수밀하게 한다.

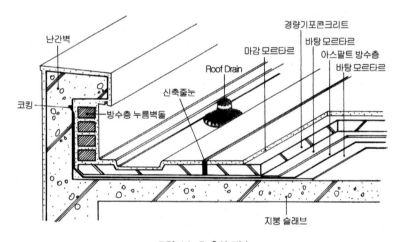

그림 14-5 옥상 방수

(3) 외벽 방수

빗물이 장시간 흘러내리면 벽체의 내부로 물이 스며들게 되므로 빗물이 고이는 건물의 외벽이나 빗물이 많이 흘러내리는 벽, 방수가 되지 않은 벽에는 방수처리를 해야 한다.

벽체의 방수처리는 보통 방수 모르타르 또는 시멘트 액체 방수로 하고 중요한 곳은 도막 방수로 한다. 외벽은 비를 맞거나 흘러내리지 않도록 차양, 처마돌림띠 등을 길게 내밀어 두는 것이 효과적이고, 벽을 두껍게 하거나 공간을 두어 이중으로 하면 어느 정도 방지할 수 있다. 바깥면 치장은 타일, 세라믹 패널 등의 수밀재를 붙이면 효과가 좋다.

(4) 실내 방수

실내에서 방수를 요하는 곳은 항상 물을 쓰는 욕실, 세탁실, 샤워실 등의 바닥 또는 벽이며, 이 곳은 수압도 없고 천후의 영향도 받지 않으므로 시멘트 액체 방수나 도막 방수로 한다.

14.4 ● 멤브레인 방수

콘크리트 구조물의 피할 수 없는 균열 및 시공상의 결함부분에 대하여 구조물의 외부 또는 내부에 여러 층의 피막을 형성하여 물이나 습기를 차단시키는 방법을 멤브레인 (membrane, 피막식) 방수공법이라 한다. 멤브레인은 불투수성의 피막을 형성시키는 것으로 균열에 견딜 만큼의 신축성을 가진 재료이어야 한다.

멤브레인 방수공사는 공법 및 사용재료의 특성에 따라 아스팔트 방수, 개량 아스팔트 시트 방수, 합성고분자계 시트 방수, 도막 방수 등으로 구분할 수 있다.

14.4.1 아스팔트 방수

(1) 개요

아스팔트 방수는 콘크리트 면이나 벽돌 면에 아스팔트를 침투시킨 펠트·루핑 등을 용융 아스팔트로 접착하여 방수층을 형성하는 방수방법이다. 방수가 확실하고 보호 처리를 잘하면 내구적이지만 결함부의 발견이 쉽지 않고 작업시에 악취가 발생하는 단점이 있다. 옥상·평지붕·지하실 등에 많이 쓰인다.

(2) 재료

1) 아스팔트

아스팔트는 천연 아스팔트(natural asphalt)와 석유 아스팔트(petroleum asphalt)가 있으며, 석유 아스팔트는 스트레이트 아스팔트(straight asphalt)와 블로운 아스팔트(blown asphalt)의 2종류로 구분된다.

① 스트레이트 아스팔트

원유를 건류 또는 증류한 잔유물로 제조한 것으로 신축·접착·방수성능이 좋으나 연화점이 낮고 내구성이 다소 떨어지므로 건축공사에는 잘 쓰이지 않는다.

② 블로운 아스팔트

적당히 증류한 잔류유를 다시 장기간 저온 증류하여 제조한 것으로 온도변화에 따른 변동이 적으며 연화점이 높고 안전하여 건축공사에 많이 사용한다.

2) 아스팔트 프라이머(asphalt primer)

블로운 아스팔트를 휘발성 용제로 녹인 흑갈색 액체로 콘크리트 또는 모르타르 방수층의 바탕에 도포하여 바탕과 방수층의 부착이 잘 되게 하는 것이다.

3) 아스팔트 컴파운드(asphalt compound)

블로운 아스팔트에 동식물 유지와 광물질 분말을 혼합하여 내열성·내구성·탄성·접착성 등을 개량한 것으로, 아스팔트 중 가장 신축이 크며 최우량품이다.

4) 펠트(felt), 루핑(roofing) 류

① 아스팔트 펠트

동식물성 섬유를 섞은 펠트원지에 가열 용융한 스트레이트 아스팔트를 침투시킨 방수지이다. 루핑 재료에 비해 물성이 취약하기 때문에 주로 바탕으로 사용한다.

② 아스팔트 루핑

아스팔트 펠트와 같이 원지에 아스팔트를 침투시킨 다음, 그 양면에 아스팔트를 도포하고, 밀착을 방지하기 위하여 광물질 분말(활석, 석회석, 규조토, 운모분말 등)을 뿌려 마무리한 것이다.

③ 특수 아스팔트 루핑

펠트나 루핑의 원지 대신 마포·면포 등을 쓴 것이고 망형 루핑이라고도 한다.

■ 표 14-2 방수 공사용 아스팔트의 품질

종 류	1 종	2 종	3 종	4 종
연화점(℃)	85 이상	90 이상	100 이상	95 이상
침입도 25℃, 100 g, 5 sec	25~45	20~40	20~40	30~50
침입도[4] 지수	3 이상	4 이상	5 이상	6 이상
증발량(%)	1 이하	1 이하	1 이하	1 이하
인화점(℃)	250 이상	270 이상	280 이상	280 이상
사염화탄소 가용분(%)	99 이상	99 이상	97 이상	95 이상
취화점(℃)	−5 이하	−10 이하	−15 이하	−20 이하
흘러내린 길이(mm)	−	−	8 이하	10 이하
가열안정성(℃)	합 격	합 격	합 격	합 격

(3) 시공

1) 바탕처리

방수층의 바탕은 견실하고 평활해야 하므로 청소·정리하고 돌출부는 제거하며 결손부분은 보수한다. 구석, 모서리, 치켜올림 부분은 방수층이 잘 부착되도록 둥글게 3~10cm 면 접어두고, 방수층 시공은 바탕 모르타르가 완전히 경화 건조한 다음 시공한다.

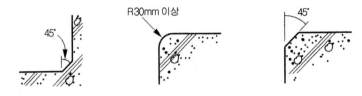

그림 14-6 바탕처리(구석, 모서리접기)

2) 아스팔트 용해

아스팔트를 적당한 크기로 깨뜨려 가마솥에 넣고 가열 용융하는데 그 용융온도는 아스팔트의 연화점에서 140℃를 더한 것을 최고한도로 한다. 용융아스팔트는 운반할 때나 도포하기 전에 온도가 저하되지 않도록 하고 아스팔트를 녹이는 솥은 시공장소와 가까운 곳에 설치한다. 콘크리트 슬래브 또는 완성된 방수층 위에 위치할 때는 자갈이나 벽돌 등을 25cm 이상의 두께로 깔고 이미 방수층이 시공된 부분에 열이 전달되지 않도록 한다.

3) 방수층 시공

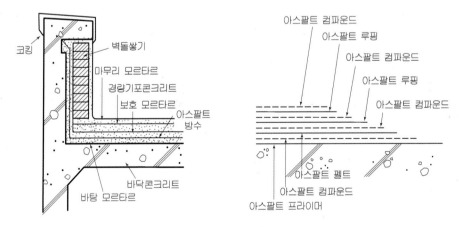

그림 14-7 아스팔트 방수

---

4) 침입도란 아스팔트의 양·부를 판정하는데 가장 중요한 아스팔트의 경도를 나타내는 기준으로 25℃의 시료를 유기 용기 내에 넣고, 100g의 표준침을 놓아 5초 동안 관입하는 깊이를 말하며, 단위는 0.1mm를 1로 한다. 침입도가 클수록 침입도 지수가 커지므로 우수한 아스팔트이다.

① 아스팔트 프라이머 바름

바탕이 충분히 건조된 후 솔 또는 롤러 등으로 전면에 균일하게 바르고 건조시킨다. 프리캐스트판에 시공할 때에는 조인트 사이로 아스팔트 프라이머가 침투되지 않도록 한다.

② 아스팔트 바름

아스팔트가 바탕층 조인트, 틈 등에 침투되지 않게 하고, 조인트나 굳은 아스팔트에 칠을 할 경우에는 조인트에서 5cm 이상 떨어져서 칠한다.

③ 아스팔트 루핑 붙이기

아스팔트 루핑은 사용하기 전에 안팎에 묻은 먼지, 흙 등을 청소한다. 루핑의 이음새는 엇갈리게 하고 90mm 이상 겹쳐 붙인다.

④ 모서리 치켜 올림

방수층 치켜 올림의 끝부분에는 물끊기 등을 만들고 뒷면에 우수가 침투하지 않도록 한다.

그림 14-8 아스팔트 방수공사 장면

4) 단열재 및 절연용 시트 깔기

단열재는 최상층의 아스팔트 바름이 끝난 후 아스팔트로 부분적으로 붙여 깐다. 절연용 시트는 방수층 완성 후의 검사가 끝난 다음, 겹침폭 100mm 정도로 깔고 접착 테이프로 고정한다.

5) 방수층 보호누름

아스팔트 방수층을 노출시키면 온열(溫熱)에 대한 신축, 자연 또는 인위적 파손 등의 우려가 있으므로 그 표면을 피복하여 보호한다. 수평부는 모르타르, 경량기포콘크리트, 보도블록, 클링커타일, 자갈깔기 등으로 하고, 수직부는 벽돌쌓기로 하며 방수 모르타르 바름으로 마무리한다.

6) 신축줄눈

지붕 마무리면의 팽창·수축 등에 의한 균열을 방지할 목적으로 신축줄눈을 설치한다. 줄눈의 간격은 누름 콘크리트 두께의 30배 이내를 원칙으로 하며, 일반적으로 3~5m 정도로 한다. 줄눈의 폭은 20~25mm 정도로 하고, 깊이는 누름 콘크리트의 바닥까지 완전히 분리될 수 있도록 해야 한다. 신축줄눈재를 모르타르로 고정하는 경우, 고정모르타르의 높이는 누름 콘크리트 두께의 2/3 이하로 하고 형상은 삼각형보다는 원형으로 하는 것이 좋다.

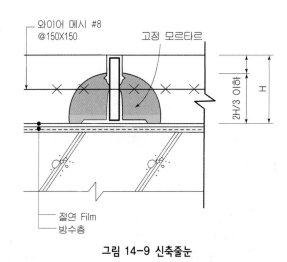

그림 14-9 신축줄눈

14.4.2 개량 아스팔트 시트 방수

(1) 개요

개량 아스팔트 시트 방수는 두꺼운 루핑의 표면을 토치로 용융하여 바탕면에 밀착시키는 공법으로 아스팔트 방수공법의 장점을 가지면서 용융 아스팔트를 사용하지 않으므로 아스팔트 냄새, 화상 등의 염려가 없다. 공정이 단순하며 아스팔트의 냉각이 빨라 기존 아스팔트 방수에 비해 공기 단축이 가능하다.

대체로 1겹의 방수층으로 시공하며 방수지는 4mm 정도의 두꺼운 루핑을 사용한다. 루핑이 두꺼워 드레인 주위, 모서리와 같이 좁고 복잡한 부분의 시공이 어려우며, 루핑 끝부분의 접착 신뢰도가 떨어진다. 대표적인 재료로는 기존의 아스팔트에 고분자 폴리머를 첨가하여 내후성, 감온성, 바탕균열 추종성 등을 크게 향상시킨 폴리머 개량 아스팔트가 있다.

(2) 시공

그림 14-10 개량 아스팔트 시트 방수의 시공순서

바탕 접착의 정도에 따라 전면밀착공법, 부분밀착공법, 부분절연공법으로 구분된다. 전면밀착공법은 루핑 이면의 피복층을 전면 바탕에 밀착한다. 부분밀착공법은 최하층의 루핑에 구멍 뚫린 루핑과 바탕을 부분적으로 밀착시킨다. 부분절연공법은 ALC판 등을 바탕에 부착하고, 움직임(movement)이 집중하는 접착부에 절연 테이프를 붙여서 그 부분만 접착되지 않도록 한다.

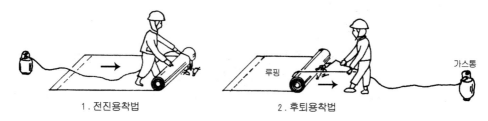

그림 14-11 개량 아스팔트 시트 방수의 시공

14.4.3 합성고분자계 시트 방수

(1) 개요

합성고분자계 시트(sheet) 방수는 합성고무계, 합성수지계, 고무화 아스팔트계의 시트를 접착제로 바탕면에 붙여서 방수층을 형성하는 공법이다. 아스팔트 방수의 펠트와 구별하기 위하여 합성고분자 시트 또는 시트 방수라 부른다. 차수성은 뛰어나나 겹친이음 부분의 시공시에는 세심한 주의가 필요하며 하자부위 발견 및 보수가 어려운 문제점이 있다. 지하철 및 건축물의 지하 방수공법으로 널리 사용되고 있다.

(2) 재료

1) 시트 방수재

시트재 성능은 주재의 성질, 배합제의 종류, 비율에 따라 달라진다. 방수재의 신장률, 인장강도, 견고성, 내후성, 내열성, 열팽창성 등을 고려하여야 한다.

2) 접착제

합성고무계 또는 합성수지계의 것으로 프라이머 및 시트의 품질을 저하시키지 않는 것을 선정한다.

3) 프라이머

솔 또는 뿜칠로 도포하는데 지장이 없고, 건조시간이 20℃±3℃에서 3시간 이내인 것을 사용한다.

4) 접착용 테이프

방수재 접착 후 모서리의 수밀을 확보하고, 충분한 접착력이 있는 것으로 한다.

5) 실링재

코킹 건(caulking gun)이나 주걱으로 시공하는데 지장이 없고, 방수재의 접착부 수밀을 확보할 수 있는 것으로 해야 한다.

6) 신축줄눈재

누름층이 줄눈시공에 적합하고, 누름층 등을 열화시키지 않는 것으로 한다.

7) 마감도료

솔 또는 뿜칠기구로 도포하는데 지장이 없고, 방수층과 충분히 접착하며 양호한 탄성도막을 형성하는 것으로 한다.

(3) 시공

1) 바탕처리

바탕은 요철이 없도록 쇠흙손으로 마무리하고 충분히 건조시킨다. 모서리는 30mm 이상 면접기 한다.

2) 프라이머 도포

청소 후 프라이머를 바탕면에 충분히 도포한다. 프라이머는 접착제와 동질의 재료를 녹여서 사용한다.

3) 시트 접착

시트 방수재료를 붙이는 방법은 전면접착, 줄접착, 점접착, 들뜬 접착으로 하며, 시트 상호간 이음부의 겹침나비는 겹친이음은 50mm 이상, 맞댄이음은 100mm 이상으로 한다. 시트가 두껍거나 겹쳐 접착하는 경우에는 빈틈이 생겨 누수의 위험이 높아지므로 시트재에 경사를 두거나 실링재 또는 고무테이프를 병용하여 보강한다.

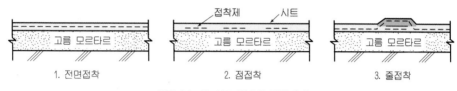

그림 14-12 시트 방수의 접착방법

그림 14-13 시트 방수의 접착이음

4) 보호층 바름

① 보행용 방수층 : 방수층의 유지보수나 옥상부분을 활용하기 위하여 사람의 보행을 허용하는 방수층으로, 방수층 위에 경량 콘크리트나 보호 모르타르 또는 보도 블록 등을 시공한다.

② 비보행용 방수층 : 사람의 보행을 허용하지 않는 방수층으로, 내후성이 좋은 방수재료를 사용하여 대기 중에 노출시키는 노출형과 가볍게 모르타르층 등으로 방수층만을 보호하는 비노출형으로 구분된다.

14.4.4 도막 방수

(1) 개요

합성고무나 합성수지의 용액을 여러 번 칠하여 소요 두께의 방수층을 형성하는 공법이다. 방수층의 두께는 보통 3~6mm 두께를 표준으로 하고 있다. 주로 노출공법에 사용되므로 보행하지 않는 부위나 간단한 방수 성능이 필요한 부위에 사용된다. 곡면이 많은 지붕도 시공이 용이하고 고무의 탄력성으로 균열이 생길 염려가 적으며 냉간 시공이라는 이점이 있으나, 바탕면에 대한 피막의 연속성, 피막 두께의 균일성 유지의 문제점이 있다.

(2) 공법 분류

1) 우레탄고무계 도막 방수공법

바탕에 프라이머를 도포하고 건조상태를 확인한 다음, 흙손·솔·롤러·뿜칠기 등을 이용하여 우레탄고무계 방수재를 소정의 두께가 될 때까지 여러 번 도포하여 이음매가 없는 연속적인 방수층을 형성하는 공법이다. 이때 균열저항성을 보강하기 위한 합성섬유 부직포를 방수층 중간에 삽입한다. 방수재를 도포할 때에는 바탕면에 함수상태가 10% 이하의 건조된 상태이어야 하며, 그 이상의 상태에서는 방수층이 들떠 오르는 현상이 많이 발생하므로 주의한다.

2) 아크릴고무계 도막 방수공법

아크릴레이트를 주원료로 한 아크릴 고무에멀션에 충전제, 안정제 및 착색제 등을 배합한 방수재를 사용하며 시공방법은 우레탄고무계 도막 방수공법과 같다. 아크릴고무계 방수재는 수용성 용액 상태로 사용되기 때문에 바탕재의 함수상태가 30% 정도에서도 시공이 가능하며, 도포한 후 방수재료에 포함된 수분이 증발·건조되면서 도막 방수층을 형성한다.

3) 고무아스팔트 도막 방수공법

우레탄고무계 도막 방수공법과 같이 프라이머를 도포하고 프라이머의 건조상태를 확인한 다음, 흙손·솔·롤러·뿜칠기 등을 이용하여 고무아스팔트계 방수재를 소정의 두께가 될 때까지 여러 번 도포하여 이음매가 없는 연속적인 방수층을 형성하는 공법이다. 고무아스팔트계 방수재는 아스팔트와 합성고무를 수중에 유화 분산한 에멀션으로 용제류는 포함하지 않는다.

4) FRP(Fiber Reinforced Plastics) 도막 방수공법

연질 폴리에스텔수지와 유리섬유를 기본 재료로 하며 시공방법은 다음과 같다.

① 바탕콘크리트의 표면 조정 후 청소(콘크리트 표면 건조가 필수조건)

② 프라이머 도포

③ 폴리에스텔 수지(1차) 도포

④ 보강섬유 붙이기

⑤ 폴리에스텔 수지(2차) 도포

⑥ 폴리에스텔 수지(3차) 도포

⑦ 표면연마

⑧ 폴리에스텔 수지(마감재) 도포

■ 표 14-3 도막방수층의 종류

종류 공정	우레탄 전면접착	아크릴 전면접착	아크릴 외벽용	고무 아스팔트 전면접착	고무 아스팔트 지하외벽용
1층	프라이머 (0.3kg/㎡)	프라이머 (0.3kg/㎡)	프라이머 (0.3kg/㎡)	프라이머 (0.3kg/㎡)	프라이머 (0.3kg/㎡)
2층	우레탄고무계 방수재 (0.8kg/㎡)	아크릴고무계 방수재 (1.0kg/㎡)	수직면용 아크릴 고무계 방수재 (1.7kg/㎡)	고무 아스팔트계 방수재 (1.5kg/㎡)	고무 아스팔트계 방수재 (1.5kg/㎡)
3층	보강포	보강포	–	보강포	고무 아스팔트계 방수재 (1.5kg/㎡)
4층	우레탄고무계 방수재 (1.0 kg/㎡)	아크릴고무계 방수재 (1.0 kg/㎡)	–	고무 아스팔트계 방수재 (1.5 kg/㎡)	고무 아스팔트계 방수재 (1.5kg/㎡)
5층	우레탄고무계 방수재 (1.7 kg/㎡)	아크릴고무계 방수재 (1.5 kg/㎡)	–	고무 아스팔트계 방수재 (1.5 kg/㎡)	–
6층	–	아크릴고무계 방수재 (1.5 kg/㎡)	–	–	–
보호 및 마감	도장, 모르타르 또는 우레탄 포장	도장 또는 모르타르	도장	현장타설콘크리트, 콘크리트 블록, 시멘트 모르타르, 도장	

(3) 시공

1) 바탕처리

쇠흙손으로 평활하게 마감하고 레이턴스, 기름, 녹 등을 제거한다. 균열, 흠집, 구멍은 보수 후 건조시킨다.

2) 프라이머 도포

제조회사의 시방서에 준하여 바탕에 프라이머를 도포한다.

3) 방수층 시공

방수제를 2~3회 칠한다. 모서리, 구석부분은 보강메시를 사용하고 보행용 지붕에는 보호 모르타르를 시공한다.

4) 보양

동결하지 않도록 주의하고 강우에 대한 대비 및 보양이 필요하다.

14.5 ● 시멘트 모르타르계 방수

(1) 개요

시멘트 모르타르와 방수제를 혼합하여 시공하는 시멘트 모르타르계 방수에는 시멘트 액체 방수와 방수 모르타르 바름이 있다. 시멘트 액체 방수는 콘크리트 면에 시멘트 방수제를 도포하거나 침투시키고 방수제를 혼합한 모르타르를 덧발라 방수층을 형성하는 방법이다. 방수층 자체의 수축성으로 인해 균열이 발생하기 때문에 외기의 영향을 많이 받는 옥상 등의 부위에는 적당하지 않지만 지하실 방수나 소규모의 차양 등에는 많이 사용하며 결함 발생시 보수가 용이한 편이다.

(2) 재료

방수제는 액상, 분말상, 반죽상이 있고, 성분상으로는 무기질계, 유기질계, 폴리머계로 구분될 수 있다.
① 액상방수제는 순도, 소정 사용량, 사용법 등이 명시되고 방수성능이 보장되는 것으로 한다.

② 분말방수제는 입도, 순도, 소정 사용량 및 사용법 등이 명시되고 방수성능이 보장되는 것으로 한다.

③ 호상(糊狀) 방수제, 반죽상 방수제 또는 시멘트에 배합하는 각종 방수제의 품질, 규격, 종류 등은 방수성능이 보장되는 것으로 한다.

(3) 시공

1) 바탕처리

시멘트 방수층은 아스팔트 방수층에 비해 신축성이 거의 없어 모체에 균열이 발생하면 방수가 되지 않으므로 모르타르나 콘크리트 바탕은 밀실·견고·평활해야 한다. 바탕에 물흘림 경사를 잡기 위해 낙수구 또는 배수구로 향하여 1/200 정도의 물흘림 경사를 두고 구석, 모서리 등에는 물이 고이지 않게 한다.

모르타르나 콘크리트 바탕면에 부착된 흙, 먼지, 모래, 자갈 및 레이턴스 등은 정, 와이어 브러시 또는 솔 등으로 제거하고, 지푸라기, 못, 철선 등이 모체에 깊이 박힌 부분은 충분한 깊이까지 파내야 한다. 모체에 균열이 생긴 부분, 부실한 부분은 제거하고 부배합 모르타르 또는 콘크리트로 보수하여 충분한 강도가 있는 견실한 모체로 만든 다음 방수층을 시공한다.

■ 표 14-4 시멘트 모르타르계 방수층의 종류

공정＼종류	시멘트 액체방수층		폴리머시멘트 모르타르방수층		시멘트 혼입 폴리머계 방수층
	바닥	벽	1종	2종	
1층	바탕면 정리 및 물청소	바탕면 정리 및 물청소 불필요	폴리머 시멘트모르타르	폴리머 시멘트모르타르	프라이머 (0.3kg/m²)
2층	방수시멘트 페이스트 1차	바탕접착재 도포	폴리머 시멘트 모르타르	폴리머 시멘트모르타르	방수재 (0.7kg/m²)
3층	방수액 침투	방수시멘트 페이스트	폴리머 시멘트모르타르	–	방수재 (1.0kg/m²)
4층	방수시멘트 페이스트 2차	모르타르	–	–	보강포
5층	방수모르타르		–	–	방수재 (1.0kg/m²)
6층			–	–	방수재 (0.7kg/m²)

2) 방수층 시공

① 바탕면을 깨끗하게 정리하고 물청소한다.

② 시멘트·물·방수제를 배합 반죽한 방수 시멘트 페이스트를 균등히 도포한다.

③ 액체방수 원액을 5~10배 정도로 물에 타서 밑바름층에 균등히 도포하여 침투시
킨다. 특히 굴곡부, 우묵진 곳, 구석, 모서리 등에는 면밀히 도포한다.

④ 방수용액칠의 경화시기를 보아 ②의 작업을 반복한다.

⑤ 시멘트·모래·물·방수제를 배합 반죽한 방수 모르타르를 쇠흙손으로 표면이 평
활하고 치밀하게 마감한다.

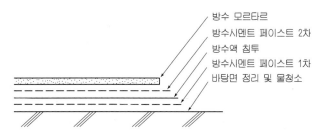

그림 14-14 시멘트 액체 방수층

(4) 방수 모르타르 바름공법 및 방습층

1) 방수 모르타르 바름공법

방수를 하고자 하는 구조체의 표면에 방수제를 혼합한 모르타르를 발라 간단히 방
수목적을 달성하고자 하는 공법으로 방수액이 많이 들어가면 모르타르의 강도는 다
소 떨어지나 방수능력은 커진다. 방수 모르타르는 보통 모르타르보다 바탕과의 접
착력이 작으므로 콘크리트 붓기 직후 모르타르 바름을 하여 두거나 바탕면을 깨끗
하고 거칠게 하여 부착을 좋게 한다.

방수 모르타르 바름은 두껍게 한 번 바름으로 마무리하는 것이 보통이나, 상당한
두께가 필요할 때에는 2~3회로 나누어 바르고, 바름 면은 매회 거칠게 해야 한다.
배합은 1 : 2~1 : 3의 모르타르에 방수제 제조회사의 지정 배합량을 혼입하고, 충분
히 비빈 것을 매회 6~9mm로 바르고 총 두께는 12~25mm 정도로 한다.

2) 방습층

콘크리트조, 벽돌조, 블록조, 석조 등의 벽이 지반에 접촉되는 부분은 지중습기를
흡수하여 상승하므로 이를 방지하기 위하여 지상 10~20cm 정도 위에 수평으로 방
습층을 설치한다.

방습층은 동판, 아스팔트칠, 아스팔트 펠트나 루핑, 방수 모르타르 등으로 할 수 있
으나, 일반적으로 모르타르 공법에 준하여 두께 1.5cm 내외의 방수 모르타르를 1회
바름한다.

14.6 ▶ 침투성(규산질계 도포) 방수

(1) 개요

콘크리트, 조적조, 석재 및 미장 표면에 방수제를 침투시켜 방수층을 형성하는 공법이다. 침투 방수를 적용하기 위해서는 밀실한 콘크리트 구조체가 필수적이며 구조적 균열이 없어야 한다. 시공성이 좋고 공기단축이 가능하며 적용범위가 넓으나, 방수성능에 대한 신뢰성이 떨어진다.

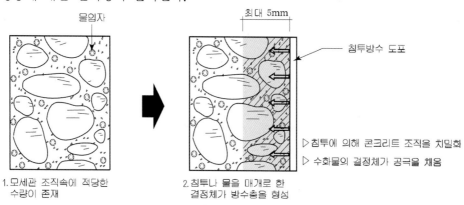

그림 14-15 방수층 형성 메커니즘

(2) 재료

무기질계, 유기질계 또는 무기·유기질계 혼합의 규산질계 방수제가 사용되는데 주로 시멘트 및 입도가 조정된 규사, 규산질 미분말 등으로 구성되어 있으며 소정량의 물 또는 전용의 폴리머 분산제와 혼합하여 사용한다.

■ 표 14-5 침투성 방수의 종류별 특징

구 분	방수층 형성 방식	특 성
무기질계	•시멘트와 화학적 반응(수화작용)으로 독특한 수화물을 형성	•경년변화가 적다 •높은 수압에 유리 •도포에 의해 두께가 거의 없음 •습윤면에 적용 가능
유기질계	•아크릴이나 실리콘수지를 주성분으로 콘크리트 내부의 모세관 조직에 침투, 겔(gel)층의 방수막 형성	•백화현상 감소 •노출 외벽면에 적용 가능 •건조상태 유지 필요 •동결융해와 풍화방지 가능
무기·유기질계	•무기질계의 분말에 유기질계의 폴리머나 고무 라텍스를 혼합한 재료 •직접 도포로 콘크리트 표면에 발수성을 갖는 방수막 형성 •모세관 조직 침투의 내부 방수 효과도 얻을 수 있음	•높은 수압의 장소에 사용 가능 •내외부 방수가능 •습윤면 시공가능 •마무리 재료로 사용가능

(3) 시공

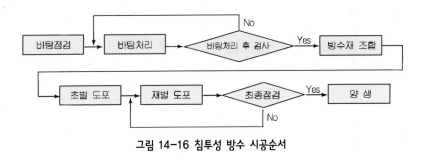

그림 14-16 침투성 방수 시공순서

1) 바탕처리

① 콘크리트의 이음부, 구멍은 물로 청소하여 폴리머 시멘트 모르타르를 충전하거나 방수재 도포 후, 폴리머 시멘트 모르타르를 충전한다.

② 바탕처리 후 충전재의 들뜸, 흘러내림 등을 점검하여 방수재 도포에 지장이 없도록 한다.

③ 방수재 도포면의 오염상태를 점검하고, 청소 및 물 뿌리기를 한다.

④ 방수재 도포면에 손을 대어 수분이 묻어날 정도이면 송풍기 등으로 표면을 건조시키거나 헝겊 또는 스펀지 등으로 물을 닦아낸다.

⑤ 방수재의 비빔은 기온 5~40℃의 범위내에서 전동비빔기 또는 손비빔으로 균질해질 때까지 비빈다.

2) 방수층 시공

① 방수재는 솔, 흙손, 뿜칠 및 롤러 등으로 콘크리트 면에 균일하게 도포한다. 솔로 바를 경우에는 바름방향이 일정하도록 한다.

② 도포한 방수재가 손가락으로 눌러 묻어나지 않는 상태가 되었을 때 다음 공정의 도포를 시작한다.

③ 도포 후 24시간 이상의 간격을 두고 다음 공정의 도포를 시작할 경우에는 물 뿌리기를 한다.

④ 도포한 방수재가 완전히 건조하여 손가락으로 눌러 하얗게 묻어 나오거나 백화현상과 유사한 상태로 되었을 때는 방수층을 철거하고 재시공한다.

3) 양생

① 도포 완료 후 48시간 이상 양생한다.

② 직사일광이나 바람, 고온 등에 의한 급속한 건조가 예상되는 경우에는 살수, 시트 등으로 보호하여 양생한다.

③ 폐쇄장소 등에서 결로 발생이 우려될 경우에는 환기, 통풍 및 제습 등의 조치를 취한다.

④ 저온에 의한 동결이 예상되는 경우에는 보온, 시트 등으로 보호하여 양생한다.

14.7 ● 실링 방수

(1) 개요

실링(sealing) 방수공법이란 퍼티, 가스켓, 코킹 및 실런트 등의 실링재를 접합부에 충전하여 수밀성·기밀성을 확보하는 공법이다. 실링재는 방수재로서 역할 뿐만 아니라 콘크리트의 각종 줄눈, 커튼월의 조인트, 유리공사, 석공사 등의 접착제 또는 마감재로 사용되고 있으며, 수밀성·기밀성 확보는 물론 신축성, 내구성, 시공성 등의 성능도 요구된다.

(2) 재료

1) 실링재

건설공사에 사용되는 실링재는 주로 부정형과 정형으로 구분할 수 있으며, 각각 탄성과 비탄성이 있다. 부정형 실링재는 1액형과 2액형이 있다.

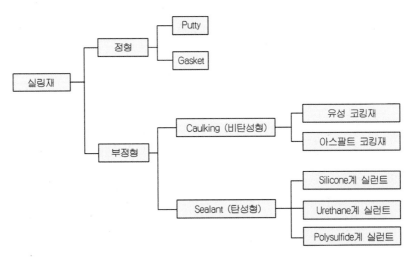

그림 14-17 실링재의 분류

① 정형 실링재

- 퍼티(putty)

  탄성복원력이 적거나 거의 없으며 일정 압력을 받는 새시의 접합부 쿠션 겸 실링재로 과거에 많이 사용되었으나 현재는 거의 사용하지 않는다.

- 가스켓(gasket)

  H형, Y형, U형 등 필요한 단면 형상으로 성형된 것으로 피부착재에 항상 압축 상태로 부착된다.

② 부정형 실링재

- 코킹(caulking)

  광물 충전제(탄산칼슘 등)와 전색재를 혼합한 것으로 피착물의 손상이 없고 오랫동안 점성을 유지하며 균열이 없다. 코킹 건(caulking gun)과 주걱칼로 시공한다.

- 실런트(sealant)

  사용시에는 페이스트(paste)상으로 유동성이 있으나 공기 중에서 시간이 경과한 후에는 고무상태의 탄성체로 변한다. 접착력, 기밀성이 커서 커튼월, 새시 등의 접합부에 부착 또는 충전재로 적당하다.

- 1액형(液型)

  제품 형태가 하나의 포장으로 되어 있어 그대로 시공할 수 있는 상태로 조정되어 있는 부정형 실링재를 말한다. 경화속도가 빠르고 안전하다.

- 2액형

  제품 형태가 기제(基劑)와 경화제의 2가지로 포장되어 있어 시공 직전에 정해진 양을 혼합하여 사용하는 부정형의 실링재를 말한다. 주로 코킹재로 많이 사용한다.

2) 프라이머(primer)

피착제와 실링재의 부착성을 증진시키기 위해 사전에 피착제 표면에 도포하는 바탕처리 재료이다.

3) 백업(back-up)재

줄눈 형상을 유지하고 3면 접착을 방지하기 위해 줄눈 바닥에 삽입하는 성형재료이다. 합성수지 또는 합성고무 등으로 만들어지는 독립된 기포체로 유연한 것이 좋다. 형상은 각형, 둥근형으로 접착제가 있는 경우에는 줄눈 폭보다 약간 작은 것으로 하고, 접착제가 없는 것은 줄눈 폭보다 3~4mm 큰 것으로 한다.

4) 본드 브레이커(bond breaker)

줄눈의 3면 접착을 방지하여 실링재료에 응력이 생기지 않게 피착면에 붙이는 테이프를 말한다.

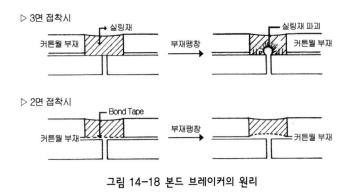

그림 14-18 본드 브레이커의 원리

5) 마스킹 테이프(masking tape)

실링재의 충전 부위 이외를 오염시키는 것을 방지하고 줄눈 선을 마무리하기 위한 테이프를 말한다.

6) 양생 테이프

마스킹 테이프 및 실링재료의 오염·손상 등을 방지하기 위한 테이프를 말한다.

(3) 시공

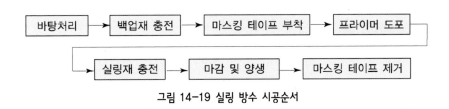

그림 14-19 실링 방수 시공순서

1) 바탕처리

피착면의 결손·오염 및 습윤 정도를 점검하여 시공에 지장이 없도록 피착면을 청소한다.

2) 백업재의 충전 및 본드 브레이커 바름

백업재는 줄눈깊이가 소정의 깊이가 되도록 충전한다. 본드 브레이커는 줄눈바닥에
일정하게 붙인다.

3) 마스킹 테이프 부착

줄눈주변 구성재의 오염을 방지하고 실링재를 선에 맞추어 깨끗하게 시공될 수 있
도록 붙인다.

4) 프라이머 도포 및 실링재 충전

피착면에 프라이머를 솔 등으로 균일하게 바른다. 실링재는 프라이머의 건조시간이
경과한 다음에 틈새, 타설 남김, 기포가 생기지 않도록 충전한다. 이음 부위는 줄눈
의 교차부, 코너부를 피하고 경사이음으로 한다.

5) 마감 및 양생

충전된 실링재가 피착면에 잘 접착될 수 있도록 주걱으로 눌러 평활하게 마감한 후
마스킹 테이프를 제거한다. 실링재 표면이 오염되거나 손상되지 않도록 양생시킨다.

14.8 방수공법 비교 및 하자 요인

(1) 방수공법의 특성 비교

방수공법별 특성을 파악하여 가장 적합한 공법을 선택하여야 한다. 일반적으로 많
이 사용되는 방수공법들의 장단점을 포함한 특성과 적정용도부위를 비교하면 다음
표 14-6과 같다. 공법별 방수성능, 공사기간, 시공용이도, 경제성 등을 종합적으로
고려하여 방수 부위 및 위치에 적합한 방수공법을 선정하는 것이 중요하다.

■ 표 14-6 방수공법의 비교

내 용	아스팔트 방수	시트 방수	도막 방수	시멘트모르타르 방수
외기에 대한 영향	비교적 적다	적다	민감하다	민감하다
방수층의 신축성	크다	매우 크다	비교적 크다	작다
시공용이도	번잡하다	용이하다	매우 용이하다	매우 용이하다
공사기간	길다	짧다	짧다	보통이다
경제성	비싸다	매우 비싸다	조금 비싸다	싸다
성능신뢰성	보통이다	비교적 좋다	보통이다	낮다
재료취급	복잡하다	간단하다	보통이다	보통이다
결함부 발견	어렵다	보통이다	용이하다	어렵다
방수층 끝마무리	불확실하다	접착제 후 Sealing	간단하다	간단하다
바탕면 평활도	다소 거친면 가능	완전 평활면 요구	완전 평활면 요구	다소 거친면 가능
바탕면 습윤상태	완전 건조상태	완전 건조상태	완전 건조상태	보통 건조상태
적정 용도부위	지붕, 지하주차장	지붕, 지하주차장	지붕, 화장실	화장실, 내부발코니

(2) 하자 요인 및 주의 사항

방수의 하자원인 특성 및 누수 매커니즘을 숙지하여 방수하자요인을 사전에 제거하여야한다. 주요 하자원인은 설계, 재료, 시공 측면에서의 불량 요인으로 분류할 수 있으므로 각각에 대한 사전 검토와 주의를 통해 방수 하자를 방지하여야 한다.

1) 설계 요인

주요 부위의 상세 누락, 설계도의 방수표시 부정확 등의 도면상의 요인과 방수공법 선정 부적절, 설계자의 방수 관심 부족 및 검토 미흡 등 설계검토상의 요인이 있다.

2) 재료 요인

기준미달 제품의 사용, 재료 배합비 및 규정량 미준수, 용도 부적합 자재 사용 등의 품질기준상의 요인과 자재검수 미비, 보관시 부주의(직사광선, 습도, 온도) 등의 재료관리상의 요인이 있다.

3) 시공 요인

시공시에는 적정한 품질관리 인원을 확보하고 하자사례를 충분히 활용하여 하자요인을 사전에 제거하여야 한다. 작업 전에는 바탕 처리와 청소에 유의하여야 하고, 작업 중에는 숙련공의 확보와 적정 시공속도를 준수하고 방수공의 경험에만 의존하지 않도록 작업기준을 명확히 한다. 작업 후에는 후속 작업에 의한 손상을 방지할 수 있도록 적절히 보양한다.

14.9 누수 시험

방수층 시공 완료 후 누수의 유무를 검사하여, 소정의 방수 성능이 달성되었는지 확인한다. 소규모의 평지붕, 실내방수, 수조 등에 대해서는 담수 테스트를 실시하고, 박공지붕, 규모가 큰 평지붕, 지하구조물 등은 살수 테스트 또는 강우시 검사한다. 모서리, 콘크리트 이음 부위, 부재접합부, 매설물 주위 등은 집중하여 누수 시험을 실시한다.

(1) 담수(湛水) 테스트

드레인 또는 배수구를 밀봉하고 수심이 얕은 곳에서도 깊이가 5cm 이상 되도록 물을 채운 뒤 24시간 이상 담수하여 누수 발생 여부를 확인한다. 시트 방수의 경우는 이음 부위, 드레인 주위, 코너 부위에 기포 발생여부를 확인한다.

(2) 살수(撒水) 테스트

시험 용수의 공급, 배수 처리 등을 사전에 고려하여 살수는 해당지역의 최대 강우강도 이상으로 하며 모서리, 돌출부 등 하자 다발 부위를 위주로 실시한다.

14.10 단열공사

14.10.1 단열재의 종류

건축공사용 단열재의 종류는 형상과 특성에 따라 판상형, 모포형, 현장발포형, 모르타르형, 반사형 등으로 나눌 수 있다. 단열재는 국가에서 규정한 건축물 에너지절약 설계기준[5)]에 따라 지역 및 부위별 열관류율을 만족하는 등급과 인체에 유해하지 않은 재료를 사용한다.

---

5) 국토교통부 고시 : 건축물의 에너지절약설계기준

■ **표 14-7 단열재 등급 분류 규정**

등급 분류	열전도율의 범위 (KS L 9016에 의한 20±5℃ 시험조건에서 열전도율)		관련 표준	단열재 종류
	W/mK	kcal/mh℃		
가	0.034 이하	0.029 이하	KS M 3808	– 압출법보온판 특호, 1호, 2호, 3호 – 비드법보온판 2종 1호, 2호, 3호, 4호
			KS M 3809	– 경질우레탄폼보온판 1종 1호, 2호, 3호 및 2종 1호, 2호, 3호
			KS L 9102	– 그라스울 보온판 48K, 64K, 80K, 96K, 120K
			KS M ISO 4898	– 페놀 폼 Ⅰ종A, Ⅱ종A
			KS M 3871-1	– 분무식 중밀도 폴리우레탄 폼 1종(A, B), 2종(A, B)
			KS F 5660	– 폴리에스테르 흡음 단열재 1급
			기타 단열재로서 열전도율이 0.034 W/mK (0.029 kcal/mh℃) 이하인 경우	
나	0.035 ~0.040	0.030 ~0.034	KS M 3808	– 비드법보온판 1종 1호, 2호, 3호
			KS L 9102	– 미네랄울 보온판 1호, 2호, 3호 – 그라스울 보온판 24K, 32K, 40K
			KS M ISO 4898	– 페놀 폼 Ⅰ종B, Ⅱ종B, Ⅲ종A
			KS M 3871-1	– 분무식 중밀도 폴리우레탄 폼 1종(C)
			KS F 5660	– 폴리에스테르 흡음 단열재 2급
			기타 단열재로서 열전도율이 0.035~0.040 W/mK (0.030~ 0.034 kcal/mh℃)이하인 경우	
다	0.041 ~0.046	0.035 ~0.039	KS M 3808	– 비드법보온판 1종 4호
			KS F 5660	– 폴리에스테르 흡음 단열재 3급
			기타 단열재로서 열전도율이 0.041~0.046 W/mK (0.035~0.039 kcal/mh℃) 이하인 경우	
라	0.047 ~0.051	0.040 ~0.044	기타 단열재로서 열전도율이 0.047~0.051 W/mK (0.040~0.044 kcal/mh℃) 이하인 경우	

※ 단열재의 등급분류는 단열재의 열전도율의 범위에 따라 등급을 분류한다.

■ 표 14-8 단열재의 종류

유형 구분	종류	세부 종류(KS 규정)	비고
판상형 (board)	발포폴리스티렌(PS)	비드법 보온판 1종, 2종	
		압출법 보온판	
	폴리우레탄폼	경질 폴리우레탄폼 보온판	
	폴리에스테르	폴리에스테르 흡음 단열재	
	페놀폼	페놀폼 단열재	
	목재 섬유	셀룰로오스 폼 단열재	충전형 가능
모포형 (flexible blanket)	인조 광물섬유	그라스울(유리면) 단열재	판상형 가능
		미네랄울 단열재	
현장발포형 (spray foam)	폴리우레탄폼	분무식 중밀도 폴리우레탄폼	
모르타르형 (mortar)	단열모르타르	단열모르타르	

비드법 보온판 1종, 2종   압출법 보온판   경질 폴리우레탄폼 보드   폴리에스테르 흡음 단열판

그라스울 블랭킷   미네랄울 블랭킷   셀룰로오스 단열재

그림 14-20 단열재 예시

(1) 판상형 단열재

1) 발포폴리스티렌 단열재

① 비드법 보온판

구슬(bead) 모양의 폴리스티렌 원료를 미리 가열하여 1차 발포시키고 이것을 적당한 시간 숙성시킨 후, 판 모양의 금형에 채우고 다시 가열하여 2차 발포에 의해 융착 성형한 제품이 비드법 1종이고, 비드법 2종은 1종 제조 방법과 유사하나 첨가제 등에 의하여 개질된 폴리스티렌 원료를 사용하여 발포 성형한 제품으로 1종에 비해 단열 성능이 좋다. 흡수에 의한 단열성능 저하와 휨 현상 발생에 유의해야 한다.

② 압출법 보온판

폴리스티렌 원료를 가열 용융하여 연속적으로 압축 발포시켜 성형한 제품으로 비드법 단열재에 비해 단열 성능과 강도가 우수하다. 시간경과에 따른 단열성능 저하를 유의해야 한다. 내흡수성이 좋아 흙과 접하는 지하나 물과 접하는 부위에 사용 가능하다.

2) 경질 폴리우레탄 폼 단열재

폴리이소시아네이트, 폴리올 및 발포제를 주제로 하여 발포 성형하여 표면재가 없이 판 모양으로 생산한 1종과 표면재 사이에서 발포시켜 자기 접착에 의해 샌드위치 모양으로 성형한 2종으로 구분한다.

3) 폴리에스테르 흡음 단열재

폴리에스테르 섬유를 적층하여 열로 융착한 제품으로 단열 및 흡음재로 사용한다. 단열 성능(열전도율)에 따라 1급, 2급, 3급으로 구분한다. 1급이 2급보다 단열 성능이 좋다.

4) 셀룰로오스 폼 단열재

목재나 식물의 섬유소를 의미하는 셀룰로오스를 활용한 단열재로 목재로부터 얻은 종이를 재활용하거나 목재를 섬유화하여 난연재 등을 첨가하여 제조한다. 이를 판상형으로 성형 가공한 것이 셀룰로오스 폼 단열재이다. 또한 섬유소를 공간에 불어넣어 채우는 분사 충전형으로 사용 가능하다. 흡수 또는 압축에 의한 단열성능 저하와 처짐 등 변형에 유의해야 한다.

(2) 모포형 단열재

1) 글라스울 단열재

규사 등 유리 원료를 고온에서 용융한 후 고속 회전력을 이용해 섬유화한 뒤 일정 형태로 성형한 무기질의 인조 광물섬유 단열재로 유리면이라고도 한다. 글라스울 (glass wool)을 두루마리 형태로 성형한 모포형과 접착제를 사용하여 판상형으로 성형한 보온판 등이 있다. 내열성과 흡음성이 우수하나 흡수 또는 압축에 의한 단열 성능 저하와 처짐 등 변형에 유의해야 한다. 특히 수분 접촉시 제품 내 성형 결합재의 화학작용으로 인한 악취가 발생하지 않아야 한다.

2) 미네랄울 단열재

자연광석과 고로슬래그 등의 석회질 및 규산질을 주성분으로 하는 광물을 고온에서 용융하여 고속 회전력을 이용해 섬유화한 뒤 일정 형태로 성형한 무기질 섬유소와 열경화성 수지를 결합한 인조 광물섬유 단열재로 암면(rock wool)이라고도 한다. 미네랄울을 두루마리 형태로 성형한 모포형과 접착제를 사용하여 판상형으로 성형한 보온판 등이 있다. 내열성과 흡음성이 우수하나 흡수 또는 압축에 의한 단열성능 저하와 처짐 등 변형에 유의해야 한다.

(3) 현장발포형 단열재

분무식 중밀도 폴리우레탄폼 단열재는 현장에서 벽체나 천장에 직접 분무 발포하여 시공하는 대표적 현장발포형 단열재로 폴리이소시아네이트와 폴리하이드록실 화합물을 촉매 반응시키고 발포제로 팽창시켜서 독립 기포를 형성하는 제품이다. 1종은 자체로 지지된 상태에서 단열성이 확보되는 벽면 단열, 천장 단열 또는 유사한 용도에 적용하되 외부 환경에 노출되지 않고 하중을 받지 않는 곳에 적합하다. 2종은 압축 크리프 강도가 요구되고 다소 높은 온도가 발생할 수 있는 보행 바닥 및 복도 또는 유사용도에 적용하되 외부 환경에 노출, 비노출되고 하중을 제한적으로 받는 곳에 적합하다.

(4) 단열 모르타르

단열성능 뿐만 아니라 미장성능이 요구되는 부위에 현장 바름 시공하는 모르타르로서 무기질계의 펄라이트 또는 질석을 경량 골재로 하거나 유기질계의 지름 5mm 이내 발포폴리스티렌을 경량 골재로 하여 포틀랜드 시멘트, 재유화형 분말수지 등의 결합재와 혼화재료, 섬유보강재 등을 혼합하여 제조한다. 일정한 부착강도와 길이변화율이 요구되며 주로 결로 방지를 위한 건축물 단열공사에 사용한다. 시공방법은 미장공사의 단열 모르타르 바름을 참조한다.

14.10.2 단열 시공 및 결로 방지

(1) 단열 시공 개요

1) 시공 일반사항

설계도서에 명시된 단열 재료, 시공법, 시공도와 공정계획 등을 검토하여 요구하는 품질이 확보될 수 있도록 하며 다음과 같은 사항을 준수한다.

① 작업을 착수하기 전에 선행공정 완료상태를 확인하고 작업상의 문제점을 검토한다.

② 작업공간 및 안전한 작업환경을 사전 확보하고 후속 공정을 준비한다.

③ 단열재의 두께는 설계도서에 명시한 부위별 열관류율에 적합한 두께를 유지하며 연속하여 설치하고 이어지는 부위는 단열 성능이 확보될 수 있도록 겹치거나 밀착 시공하고 틈새는 단열재로 치밀하게 메운다. 특히 실외에 면한 벽체의 경우 단열재를 바닥과 천장까지 밀착하여 틈새 없이 설치한다.

④ 비교적 밀도가 낮은 판상형이나 모포형 단열재 시공의 이음 부위와 바닥, 벽체, 천장이 만나는 부위는 약간 밀어붙여 틈새가 발생하지 않도록 밀착 시공한다. 밀도가 높고 단단한 판상형 단열재 시공의 이음 부위는 반턱 형상으로 겹침이음 하거나 폴리우레탄 폼 등으로 밀실하게 시공한다.

⑤ 투습에 의한 단열재의 성능 저하와 표면 결로를 방지하기 위한 방습층은 결로점 온도보다 높은 단열재의 실내측에 설치한다.

⑥ 방습층 시공이 요구되는 개소는 도면 또는 공사시방에 따라 연속되게 설치하고 방습필름 접착부는 150 mm 이하 50 mm 이상 겹쳐 접착제 또는 내습성 테이프를 붙인다. 또한 방습시공시 방습필름에 찢김, 구멍 등의 하자가 생겼을 경우에는 보수 후 다음 공정을 진행한다.

⑦ 벽체에 설치된 전기 설비 배관 등에 의해 단열재가 압축되어 두께가 감소할 우려가 있는 경우 여유 공간을 확보하거나 배관을 벽체에 매입하여 시공한다.

2) 현장 준비사항

단열재를 설치할 바탕면에 존재하는 이물질, 유해 물질 또는 단열재와 방습층의 성능을 저해하는 제반 요소를 제거한다. 또한 단열재 설치에 장애가 되는 불필요한 돌출물은 제거하고, 바탕면이 패이거나 움푹한 곳은 평탄하게 메우고 습식 콘크리트, 조적벽 및 미장마감 부분은 단열재를 설치하기 전에 완전히 양생한다.

(2) 벽체 단열 시공

1) 중단열 공법

① 판상형 및 모포형 단열재 시공

조적 벽체를 공간쌓기할 때는 단열재를 설치하는 면에 모르타르가 흘러내리지 않도록 주의하고, 단열재 설치에 지장이 없도록 흐른 모르타르를 쇠흙손질하여 평탄하게 한다. 단열재는 내측 벽체에 밀착시켜 설치하되 단열재의 내측면에 도면 또는 공사시방에 따라 방습층을 두고, 단열재와 외측 벽체 사이에 쐐기용 단열재를 600 mm 이내의 간격으로 끼워 단열재가 움직이지 않도록 고정한다. 공간벽쌓기를 위하여 벽체 공간 내부에 설치한 결속선 및 기타 돌출물의 배열 형태와 단열재 배열이 일치되도록 설치한다.

② 발포형 또는 분말형 단열재 분사 시공

중공벽을 쌓은 뒤 직경 25 mm~30 mm의 단열재 주입구를 줄눈 부위에 수평·수직 각각 1~1.5 m 간격으로 설치하고 단열재의 유실을 방지하도록 주입구 이외의 개구부와 줄눈 및 틈새는 미리 밀봉하고 아래에서부터 주입한다. 벽체 내부에 설치되는 배관, 배선, 그리고 기타 장비와 기기의 설치가 완료된 후에 작업하고 창호 및 기타 장비와 기기는 분사된 단열재에 의한 오손을 방지하도록 테이프 등으로 보양하며 단열재가 건조될 때까지 3~4일간 충분히 환기시킨다. 현장에서 분사 시공하는 단열재는 필요시 시공후 시료를 채취하고 소정의 시험을 실시하여 열전도율, 밀도 및 물리적 성질 등의 품질을 확인한다.

2) 내단열 공법

① 띠장 고정 시공

바탕벽에 목재 띠장을 소정의 간격으로 설치하고 단열재를 띠장 간격에 맞추어 정확히 재단하여 띠장 사이에 꼭 끼도록 설치하되 띠장의 춤은 수장재를 붙였을 때 단열재가 눌리지 않을 정도가 되도록 한다. 모포형 단열재는 단열재가 눌리지 않도록 나무벽돌을 벽면에서 단열재 두께만큼 돌출되도록 설치하고, 나무벽돌 주위의 단열재를 칼로 재단하여 단열재가 나무벽돌 주위에 꼭 맞도록 한 후 띠장을 설치한다.

② 지지부재 부착 시공

지지부재와 공법은 단열재의 물성과 두께에 따른 적정규격, 간격, 바탕면 부착 및 접착력, 고정덮개 결속력 등을 고려하여 선정한다. 접착제로 지지부재를 콘크리트 바탕면에 설치하는 경우 표면의 레이턴스에 의한 부착강도 저하로 지지부재가 탈락할 수 있으므로 이를 제거한다. 단열재 규격을 고려한 나누기 시공도를 작성하여 현장 절단을 줄이고 지지부재의 부착 위치와 적정 간격 확보를 위해 바탕면에 먹줄을 놓는다. 창호, 모서리, 전기콘센트 및 스위치, 배관구 등은 기밀 시공이 되도록 정밀하게 시공하고 특히 창호 주변은 단열재 처짐을 방지하기 위해 지지부재를 추가하거나 보강한다.

③ 본드 접착 시공

접착제는 단열재의 물성과 두께에 따른 적정규격, 부착 간격 등을 고려하여 소요 접착 강도에 접합하게 선정한다. 본드 접착 시공은 주로 밀도가 높고 단단한 판상형 단열재를 부착할 때 적용하며 단열재 규격을 고려한 나누기 시공도를 작성하여 현장 절단을 줄이고 본드 접착 위치와 적정 간격 확보를 위해 바탕면에 먹줄을 놓는다. 현장 절단시는 열선이나 예리란 칼로 정교하게 절단하여 이음 부위의 틈새를 방지한다.

④ 단열모르타르 시공

단열 모르타르는 접착력을 증진시키기 위하여 프라이머를 균일하게 바른 후 6~8 mm 두께로 초벌 바르기를 하고, 1~2시간 건조 후 정벌 바르기를 하여 기포 및 흙손자국이 나지 않도록 마감한다.

3) 외단열 미장마감 공법

외단열 공법 중에서 구조체의 외벽에 단열재를 설치하고 미장재로 마감하는 외단열 미장마감 공법의 시공 절차와 유의사항은 다음과 같다.

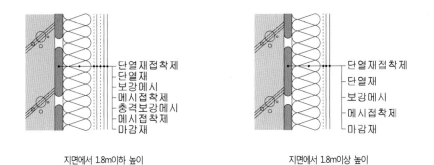

지면에서 1.8m이하 높이   지면에서 1.8m이상 높이

그림 14-21 외단열 미장마감 공법 예시

① 단열재 부착

단열재의 긴 변이 수평이 되도록 시공벽면의 하부에서 상부로 붙여 나가되, 수직방향의 이음은 통줄눈이 생기지 않도록 하고, 각 이음 부위는 밀착되게 정밀 시공한다. 평활하지 않은 면은 연마처리하며 부착 후 최소 24시간 동안 경화시켜야 하는데, 이때 단열재가 움직이지 않도록 한다. 단열재 바탕면 접착 모르타르의 경우 단열재 중앙 부위는 패스너와 겹치지 않게 적정한 간격으로 바르고 가장자리 둘레는 빠짐없이 바른다. 단열재 패스너는 단열 성능을 가지는 재료를 사용하고 단열재 하부의 바탕 벽면에 도달할 때까지 눌러서 바탕면에 단열재 $600 \times 1,200 \, mm$를 기준으로 5개소 타정한다. 단열재가 손상된 경우 접착 모르타르로 채워서는 안되며 단열재로 보강하여야 한다. 접착 모르타르 및 단열재 시공시 시공 바탕면을 별도의 가열 및 보온조치를 하지 않는 경우는 주위온도가 5도 이상인 경우에 한하여 시공한다. 외단열재의 부착력 확보 및 탈락방지를 위하여 단열재를 콘크리트 타설전에 선부착하는 공법도 가능하다. 관련 법규에 의해 필요시 난연 또는 불연 단열재를 적용한다.

② 보강 메시 부착

균열 및 충격 보강용 메시 시공시 쇠흙손을 사용하여 최소 $1.6 \, mm$의 두께 이상으로 접착 모르타르를 바른 후 마르지 않은 상태에서 메시가 모르타르에 합침될 때까지 흙손으로 표면을 평활하게 고른다. 메시의 이음은 최소 $100 \, mm$ 이상 겹침이음으로 하고, 지면에서 상부로 $1.8 \, m$ 높이까지의 벽면은 일반 보강 메시를 시공한 후 충격보강용 메시를 겹치지 않고 맞댄이음으로 추가 시공한다.

③ 마감재 시공

마감재는 보강메시 및 접착 모르타르 시공 후 24시간 이상 경화시킨 후에 시공하고 사용 전에 재료가 분리되지 않도록 잘 섞어 주어야 하며, 표면의 질감은 기 제출 및 승인된 견본과 일치하도록 한다. 이질 부재와의 접합부는 실링재로 충전하되, 시공부위의 조인트 양측은 테이프로 처리를 하여 오염되지 않도록 한다.

(3) 바닥, 천장, 지붕 단열 시공

1) 콘크리트 바닥 단열

별도의 방습 또는 방수공사를 하지 않은 경우에는 콘크리트 슬래브 바탕면을 깨끗이 청소한 다음 방습필름을 깐다. 방습층 위에 단열재를 틈새 없이 밀착시켜 설치하고, 접합부는 내습성 테이프 등으로 접착·고정한다. 그 위에 도면 또는 공사시방에 따라 누름 콘크리트 또는 보호 모르타르를 소정의 두께로 바르고, 마감재료로 마감한다.

2) 목재 마룻바닥 단열

동바리가 있는 마룻바닥에 단열시공을 할 때는 동바리와 마루틀을 짜 세우고, 장선 양측 및 중간의 멍에 위에 단열재 받침판을 못박아댄 다음 장선 사이에 단열재를 틈새 없이 설치한다. 단열재 위에 방습필름을 설치하고 마루판 등을 깔아 마감한다. 콘크리트 슬래브 위의 마룻바닥에 단열시공을 할 때는 설치된 장선 양측에 단열재 받침판을 대고 장선 사이에 단열재를 설치한 다음 그 위에 방습시공을 한다.

3) 지붕층 단열

① 지붕 윗면의 단열

철근 콘크리트 지붕 슬래브 위에 설치하는 단열층은 방수층 위에 단열재를 틈새 없이 깔고, 이음새는 내습성 테이프 등으로 붙인 다음 단열재 윗면에 방습시공을 한다. 다만, 단열재 누름 콘크리트 또는 보호 모르타르의 자중 및 기타 하중에 의하여 누름 콘크리트 또는 보호 모르타르에 균열이 발생하거나 손상되지 않을 정도의 강도를 가지는 것을 사용해야 한다. 방습층 위에 누름 콘크리트를 소정의 두께로 타설하되, 누름 콘크리트 속에 철망을 깐다. 목조지붕 위에 설치하는 단열층은 지붕널 위에 방습층을 펴서 깐 다음 단열재를 틈새 없이 깔아 못으로 고정시키고 그 위에 기와, 골슬레이트 등을 잇는다. 이때 단열재는 지붕 마감재 및 기타 하중에 견딜 수 있도록 해야 한다.

② 지붕 밑면의 단열

지붕 슬래브 밑면을 고르고 불순물을 제거한 다음 벽체의 내단열 공법에 준하여 시공한다. 철골조 또는 목조 지붕에는 중도리에 단열재를 받칠 수 있도록 받침판을 소정의 간격으로 설치하여 단열재를 끼워 넣거나 지붕 바탕 밑면에 접착제로 붙인다. 공동주택의 최상층 슬래브 하부에 발포 폴리스티렌 보온재를 설치하는 경우에는 보온재를 거푸집에 부착하여 콘크리트 타설시 일체 시공되도록 하며, 단열재 설치 전 마감재 부착을 위한 인서트, 앵커 플레이트, 목심 등을 정확히 설치하고 단열재 훼손이 최소화되도록 시공한다. 거푸집을 해체할 때에는 단열재가 손상되지 않도록 주의하여야 한다. 거푸집을 제거한 후 단열재의 이음부, 틈, 못자국, 훼손부위 등의 보수용 재료는 분말상태로 보수가 용이하고 단열재의 열전도율 성능 이상을 가진 자재로서 현장에서 물과 혼합하여 시공하되, 물배합량은 보수용 재료의 2.2~2.3배(중량비)로 한다.

(4) 결로 방지

건축물 단열공사는 원칙적으로 단열재를 연속하게 설계 및 시공한다, 하지만 구조체의 형상에 따른 제약으로 단열이 약화되거나 끊어지는 취약 부위에 열교 현상이 나타날 수 있다. 이러한 열교로 인해 결로가 발생한 부위는 습기로 마감재가 탈락하거나 곰팡이 및 미생물이 발생하여 마감재 및 실내 환경이 오염되고 미관을 저해할 수 있으므로 결로방지재 등을 설치하여 이를 방지한다.

1) 설계시 유의사항

구조체 형상에 따른 제약으로 인해 단열이 취약한 열교 부위의 예시는 다음 그림과 같으며 별도의 결로방지재를 적용하여 보강한다.

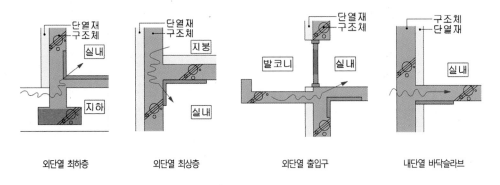

그림 14-22 단열 취약 부위 예시

① 외단열 공법의 결로
- 최하층 외벽의 외단열과 바닥 슬라브가 접하는 부위
- 최상층 지붕 파라펫 벽체 외단열과 지붕 바닥슬라브 외단열이 접하는 부위
- 최상층 벽체 외단열과 지붕 바닥슬라브 하부 내단열이 접하는 부위
- 외부에 면한 출입구, 창호 등 개구부 주위

② 내단열 및 중단열 공법의 결로
- 외벽의 내단열 및 중단열과 내부 수평 슬라브가 접하는 부위
- 외벽의 내단열과 내부 수직 칸막이 벽체가 접하는 부위
- 외부에 면한 출입구, 창호 등 개구부 주위

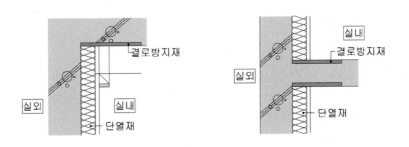

14-23 결로방지재 적용 상세 예시

2) 시공시 유의사항

① 결로방지재는 도면에 명시된 재료와 규격으로 사용하고, 경질 판상형 단열재 또는 모르타르형 단열재 등 부위별로 마감을 고려하여 적합한 자재로 시공한다.

② 거푸집 형틀 계획시 결로방지재의 사전 매입설치 방법을 고려한다.

③ 형틀 해체시 결로방지재의 박리, 파손, 찍힘 등 주의한다.

④ 거푸집과 결로방지재의 밀착 불량으로 인한 콘크리트 페이스트 유입 및 오염이 발생하지 않도록 한다.

⑤ 구조체와 창호틀의 여유폭을 최소화 하여 틈새를 줄이고 틈새는 단열재로 메우고 실내측 단열재와 연속되게 하거나 결로방지재를 설치한다.

【참고문헌】

1. 국가건설기준센터, 건설공사 표준시방서 및 전문시방서, 2020

2. 대한건축학회, 건축기술지침, 2017

3. 대한건축학회, 건축공사표준시방서, 2019

4. 오상근 외 2명, 방수공사 핸드북, 대한전문건설협회 미장방수공사업협의회, 1997

5. 이찬식 외 8명, 건축재료학, 기문당, 2002

6. 주석중 외 3명, 새로운 건축구조, 기문당, 2003

7. 한국주택도시공사(LH), CONSTRUCTION WORK_SMART HANBOOK, 2019

8. Edward Allen, Fundamental of Building Construction - Materials and Methods, John Wiley & Sons, Inc., 1999

15
CHAPTER

지붕공사

15.1 ● 개요

지붕은 우수의 흐름이 좋고, 폭풍우 등에도 누수되지 않게 해야 하며, 진동이나 충격 등으로 떨어지지 않도록 안전하게 이어야 한다. 지붕공사를 시작하기 전에 지붕 잇기 재료의 분할과 의장에 대한 검토 및 처마의 처리법 등을 충분히 계획해야 하며, 방수 성능은 지붕 잇기재의 잇기방법(배치방향의 겹침방법)에 따라 검토한다.

지붕 잇기재는 강풍에 충분히 견딜 수 있도록 긴결선을 사용하거나 고정철물을 많이 설치한다.

지붕재에는 기와·슬레이트(slate)·금속판·아스팔트 싱글(asphalt shingle) 등 여러 가지가 있으며, 각기 그 특징을 고려하여 건물의 성질·용도·구조·환경조건, 지붕의 물매 (slope) 및 지붕면의 길이, 지붕재의 중량·내구성·외관 등에 적합한 것을 선택한다.

지붕재료에 요구되는 조건은 다음과 같다.

- 수밀·내수적일 것
- 가볍고 내구성이 크고 내풍적일 것
- 방화적이고 내한, 내열적이며 차단성이 클 것
- 단열·차음성과 시공성이 좋을 것
- 자외선 및 오존에 견디는 성능과 내산성(산성비)이 있을 것
- 보수·교체가 용이할 것
- 미관이 수려할 것

15.2 지붕공사

지붕 잇기재의 표면결로로 생기는 수분의 침투, 강풍이 불 경우 빗물의 역류현상에 의한 누수를 방지하기 위해 바탕재(roof boarding)를 시공해야 한다. 지붕 잇기재는 바탕재(지붕널)의 윗면에 덮여진다. 바탕재는 못 보정력, 평활면처리, 방수층 보호, 단열효과, 분진발생 억제 등의 성능을 가져야 한다. 바탕재로는 널판재와 수피(樹皮) 등이 사용되며, 최근에는 아스팔트 펠트 및 합성수지계 시트 등 비투수성의 시트류가 주로 사용된다.

15.2.1 점토 및 시멘트 기와 잇기

점토 및 시멘트 기와는 내후·방화·방수·차음·단열성능이 우수하고, 공사가 쉽고 수리도 간단하여 예전에는 주택의 지붕에 널리 사용되었지만, 다른 재료에 비하여 무겁고 내진상 불리하여 최근에는 별로 사용되지 않는다. 점토소성품과 시멘트제품이 있으며, 형식에 따라 한식기와, 일식기와, 양식기와로 분류된다.

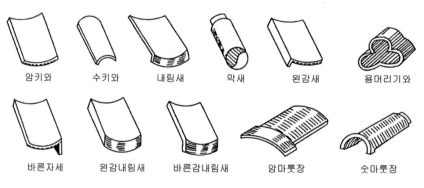

암키와   수키와   내림새   막새   왼감새   용머리기와

바른자세   왼감내림새   바른감내림새   암마룻장   숫마룻장

1. 한식기와

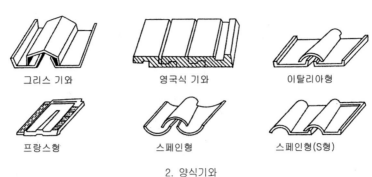

| 그리스 기와 | 영국식 기와 | 이탈리아형 |
| 프랑스형 | 스페인형 | 스페인형(S형) |

2. 양식기와

그림 15-1 기와의 종류

(1) 한식기와

점토소성품이 많이 쓰이며, 암키와와 수키와로 구성된다. 바탕은 지붕널 대신에 싸리 깨비·대나무 등의 산자(橵子)를 가는 새끼로 엮어 알매흙으로 바르고 물매를 잡아 바탕을 만든 다음 기와를 잇고, 그 밑은 치받이 흙을 발라 제치장반자 또는 지붕 속을 꾸민다. 알매흙을 바르지 않고 짚·대패밥 등을 위에 펴고 보통의 흙을 깔 때도 있다. 지붕물매를 잡기 위해 죽데기·통나무 등의 적심[1]으로 채워 메운다.

1) 암키와

알매흙 위에 진흙을 채워가며 줄바르고 이음새가 일매지게 마루턱까지 깔아 비가 새지 않게 한다. 처마끝, 물매가 심한 곳은 암키와를 못이나 철사로 지붕 바탕에 고정하며, 철사를 사용하지 않을 때에는 찰진 진흙으로 기와가 흘러내리지 않게 한다. 내림새나 처마끝장 및 박공 처마끝장 밑에는 받침장을 덧대고, 내림새·처마끝장·받침장은 연암골에 잘 맞는 것에 대어 서로 밀착되게 한다.

2) 수키와

마구리가 서로 잘 물려 기왓골이 줄바르고 이음이 일매지게 덮고, 암키와에 닿을 정도로 내리눌러 홍두깨흙이 수키와 밑에 가득 차도록 한다. 홍두깨흙은 수키와 속에 가득 차고 남지 않게 되어야 하며, 너무 높이 채우지 않도록 한다.

처마 끝에 막새를 쓰지 않을 때에는 수키와의 반지름만큼 처마 끝 암키와 끝에서 들여 놓아 아귀토를 물릴 여유를 두며, 막새를 쓸 때에는 내림새에 밀착되고 기왓골에 일정하게 깔며 필요에 따라 기와못·결속선 등으로 고정한다.

---

1) 한옥에서 지붕의 물매를 잡기 위하여 마루·서까래의 뒷목에 눌러 박은 큰 원목

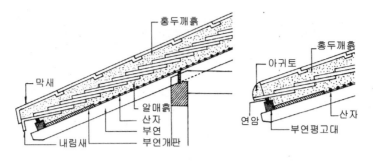

그림 15-2 한식기와 잇기

(2) 일식기와

암키와와 수키와를 한 장으로 붙여 만든 것으로 평기와 또는 걸침기와라고 한다. 주로 시멘트로 제작되며 잇기가 편리하고 경제적이다. 서까래 위에 판재 지붕널 또는 내수합판을 덮고 아스팔트 펠트를 깔며, 이 위에 기왓살을 기와의 길이에 맞는 간격으로 평행 줄바르게 배치하여 양끝 및 중간 서까래에 못 박는다. 기와는 쪼개어 사용할 수 없으므로 지붕 물매 길이를 기와장의 정수배로 나누어 기왓살을 박아야 한다.

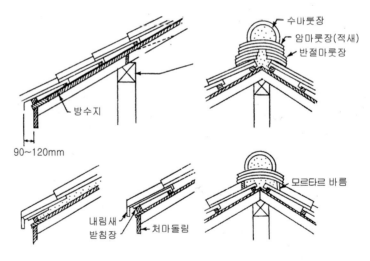

그림 15-3 일식기와 잇기

(3) 양식기와

양식·특수기와의 수치와 형상은 여러 가지가 있으며, 나라의 이름을 붙이거나 산지의 명칭으로 부르고, 재료 및 공법은 도면이나 공사시방서에 따른다.

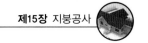

15.2.2 천연슬레이트 잇기

판형 석재를 소요 형태와 치수로 가공하여 만든 지붕재료로 모양과 크기에 따라 잇는 모양이 다양하다. 흡수율이 적으며, 흑색·회색의 얇은 두께의 판으로, 잘 쪼개지는 성질이 있고, 바탕을 평탄히 하지 않으면 지붕 위에 적은 중량을 가해도 깨질 우려가 있다.

슬레이트는 윗장과 밑장의 줄눈 사이로 빗물이 새기 쉬우므로 겹침길이는 깊게 하고 옆은 밀착시켜야 하며, 1장마다 못 2개로 고정한다. 일자잇기와 마름모잇기가 있으며, 바늘무늬·귀갑무늬·마름모무늬로 잇는 방법도 있다.

15.2.3 금속판 잇기

지붕잇기에는 함석판(아연도금 철판), 동판, 알루미늄판, 스테인레스 강판 등이 사용된다. 금속판 지붕은 다른 재료에 비해 가볍고, 시공이 쉽다. 겹침의 두께가 작으며, 물매를 완만하게 할 수 있다. 급경사의 지붕이나 뾰족탑 등과 같이 기와나 슬레이트를 사용할 수 없는 곳에도 자유롭게 이을 수 있는 장점이 있지만, 열전도가 크고 온도변화에 의한 신축이 크기 때문에 바탕재와의 연결에 주의한다. 대기 중에 장기간 노출되면 산화하며, 염류나 가스에 부식되기 쉽다.

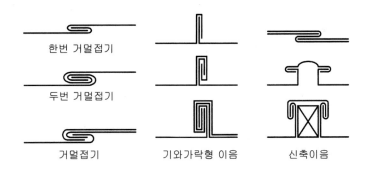

그림 15-4 함석 이음새

(1) 함석판 잇기

함석판은 철의 부식을 방지하기 위해 표면에 아연을 도금한 것으로 비를 맞으면 아연이온이 빗물에 용해되어 철판이 노출되고 부식되므로 2~3년마다 도장을 해주어야 한다.

1) 절단·가공

함석의 절단과 가공은 손으로 하거나 절단기·함석가위·땜인두 등을 사용한다. 함석판은 작은 판일수록 내풍적이기 때문에 온장을 그대로 잇지 않고, 길이방향을 정수로 등분 절단하여 사용한다. 함석판의 접합은 주로 거멀접기(걸어감기와 겹쳐감기)를 하며, 튼튼하고 누수의 우려가 없게 하기 위해 2중 거멀접기를 한다.

2) 평판 잇기

금속판 잇기는 판의 신축을 자유롭게 하기 위해 납땜이나 못의 사용을 피하고 판과 판의 이음자리를 겹쳐서 절곡하는 거멀접기 방법을 사용한다. 거멀접기는 지나치게 조일 경우 모세관 현상을 일으키므로 주의해야 하며, 금속판과 바탕판의 긴결을 위해 거멀쪽이라 부르는 금속조각을 달아 한끝을 금속판에 말려 들어가게 하고 다른 끝은 바탕판에 못으로 고정한다. 평판 잇기에는 일자 잇기와 마름모 잇기가 있다.

3) 기와가락 잇기

서까래 모양의 각재를 바탕판에 붙이고 그 사이에 U자형으로 절곡한 금속판을 깔아나가는 방법이다. 종·횡방향 접합부의 복잡함을 해소하고, 바탕판에 단단하게 고정시킬 수 있다. 기와가락으로 쓰이는 목재는 건조하고 곧은 소재로 죽이나 뒤틀림이 없는 것을 사용한다.

(2) 함석골판 잇기

지붕널 위에 방수지를 깔고 잇지만, 목재나 철재 중도리에 직접 잇는 경우가 많다. 중도리의 배치 간격은 함석골판 겹치기를 고려하여 정한다. 골판을 사용하며 겹친 이음으로 후크 볼트(hook bolt)나 스크류 네일(screw nail) 등을 사용하여 바탕에 고정한다.

(3) 동판 잇기

동판은 내구력이 뛰어나다. 가공이 자유롭고, 곡면 만들기도 쉬우며, 내식성과 내후성이 강하다. 재활용이 가능하고 경제적이다. 동판 잇기는 함석평판 잇기와 같지만 거멀쪽·거멀띠 등은 동판을 사용한다. 동판은 시간이 경과함에 따라 색상이 변화하는 특성이 있다. 산화 동판은 특수공정을 거쳐 수년에서 수십년 이상 외기에 노출하여야 얻을 수 있는 색상을 시공시점부터 산화된 것처럼 고풍스러운 색상을 얻을 수 있는 동판으로 녹청색, 밤색 산화 동판이 있다.

(4) 알루미늄판 잇기

알루미늄판은 경량이며, 가공이 쉽고, 내구력도 뛰어나다. 열반사가 잘되고, 부식에도 강하여 벽이나 지붕재로 많이 쓰인다. 그러나 산과 알칼리에 약해 이질재와 접촉을 피해야 하며, 습기·염분 등으로 부식되기 쉬우므로 바탕재와 절연해야 하고, 이종(異種) 금속끼리의 접촉에 의해 부식될 수 있으므로 주의해야 한다.

또한 목재나 모르타르 및 콘크리트에 직접 접촉하는 부분도 부식되기 쉬우므로 아스팔트 등으로 도장한다. 못·볼트 등으로 고정할 때에는 볼트 구멍을 타원형으로 하거나, 구멍 모양에 여유를 두어 온도변화에 따른 신축에 대비한다.

알루미늄은 경질이지만 철판과 같이 모를 세우거나 세게 구부리면 접은 부분이 찢어지므로 둥글게 구부린다. 경금속판은 납땜질이 되지 않으므로 모두 거멀접기한다.

(5) 스테인레스 강판 잇기[2]

일반 강이나 알루미늄에 비해 내식성이 우수하며, 추가적인 도장이 필요 없고 온도변화에 따른 열팽창률이 적은 것이 특징이다. 최근 넓은 내부공간을 형성하는 공항이나 컨벤션 센터 등의 지붕재로 사용되고 있으나 가격이 고가이므로 경제성에 대한 검토가 필요하다. 또한 마감은 반사에 의한 눈부심 방지를 위해 무광택 마감을 적용하는 것이 좋다.

15.2.4 아스팔트 싱글 잇기

아스팔트 싱글은 아스팔트 펠트에 아스팔트를 함침·도포하고, 표면에 착색 모래를 부착·재단하여 만든 모래부착 루핑(roofing)이다. 적외선 및 태양열의 투과를 차단할 수 있으며, 방수성과 내구성이 뛰어나다. 유연성이 좋아 복잡한 형상의 지붕에도 적용할 수 있다.

아스팔트 싱글은 바탕재 위에 못으로 고정하거나, 아스팔트계 접착제를 이용하여 추녀처마에서 용마루 방향으로 겹쳐 잇기를 한다. 지붕널의 바닥에 바탕깔개로 사용되는 바탕재는 주로 아스팔트 펠트를 사용하며 1/3 이상의 경사를 가진 지붕에는 외겹으로 설치하고 경사가 1/6 내지 1/3 미만의 지붕에는 두 겹으로 설치한다.

싱글 설치용 못은 알루미늄 또는 용융아연도 제품이나 동등 이상의 재료를 사용한 제품으로 직경 8~9mm 이상인 원형 또는 이형 몸통 평머리못을 사용한다. 못의 길이는 지붕널을 관통하거나 바탕면에서 최소 20mm 이상 박힐 수 있는 것을 사용하며 못의 사용량은 싱글 형태와 관계없이 싱글 한 장에 4개씩 사용한다.

---

2) 지붕재료로서 스테인레스 강은 오스테나이트계(니켈크롬) STS 304, 316(KS)을 일반적으로 사용한다.

싱글의 부착에 사용하는 아스팔트계 접착제는 방습 및 방수용 역청질 제품으로 0℃에서 균열 현상이 없이 유연성을 가지며 상온에서 접착력을 유지하고 흙손을 사용하여 도포할 수 있는 점도를 가진 제품을 사용한다.

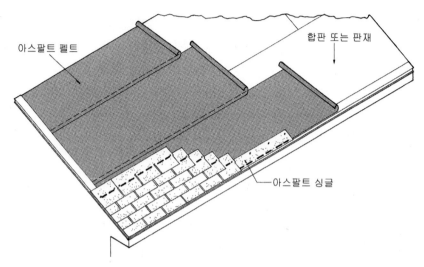

그림 15-5 아스팔트 싱글 잇기

15.2.5 유리 및 합성수지 골판 잇기

채광천창이나 소규모, 특수한 건물에 사용된다. 판유리 지붕에는 고무 쿠션 붙임, 특수판 걸쇠 철물, 누름대, 비막이대 등을 사용한다. 합성수지 골판과 유리 골판 등을 병용하는 경우는 신축정도가 달라 파손되어 누수될 우려가 있으므로 고정시에는 신축을 자유롭게 하기 위해 가장자리를 자른다.

15.2.6 공사계획 및 시공시 유의사항

(1) 공사계획시 유의사항

지붕 공사계획시에는 입지 및 기후조건, 건물의 용도 및 규모, 지붕의 형상, 구체구조의 종류, 지붕재료의 종류, 형상, 치수 및 성질, 지붕에 요구되는 차음, 단열 등의 성질, 법령에 의한 경관, 방풍, 내화 등의 규제 사항 등에 대해 검토하고 재료 및 공법을 계획한다. 특히 고소 작업에 따른 안전사고 예방과 자재 양중 계획을 면밀히 세워야 한다.

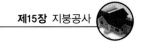

(2) 시공시 유의사항

아스팔트 싱글 지붕은 바탕면처리가 시공의 정밀도를 좌우하므로 콘크리트면의 경우에는 표면처리를 고르게 하고 각진 모서리나 코너 부위는 둥글게 처리하며 충분히 양생한 후에 시공한다. 경량철골 위 합판지붕인 경우에는 내수 합판 위에 아스팔트 시트 1겹으로 방수 처리하여 누수에 대비한다. 금속판 잇기 지붕은 재료가 직접 지면에 닿지 않도록 시트를 보양하고 이종 금속재와 접촉하지 않도록 한다.

볼트 이음 부위는 패킹(packing) 및 실링(sealing) 작업을 철저히 하여 누수나 습기 침입에 따른 결로로 인한 하자를 방지한다. 특히 지붕공사는 고소(高所) 작업이 대부분이므로 추락 등의 공사 중 안전사고 예방에 유의한다.

15.3 홈통공사

홈통의 종류에는 처마홈통·선(세로)홈통·흘러내림홈통·골홈통·물끊기·비막이대 등이 있으며, 지붕에 내린 빗물의 처리 역할을 한다.

홈통의 재료는 부식성이 적은 금속판이나 합성수지제를 사용한다. 홈통의 지름과 단면은 지붕면의 크기, 물매 및 그 지역의 최대 강우량을 고려하여 정한다.

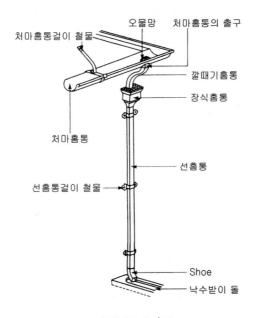

그림 15-6 홈통

(1) 처마홈통(eaves gutter)

지붕의 빗물을 처마 끝에서 받는 홈통이며 반원형 또는 상자형으로 물흘림 경사를 1/200 이상으로 한다. 겹침은 2~3cm로 하고 20~30m마다 신축이음을 둔다. 홈걸이는 90cm 간격으로 설치하며, 홈통이 뒤틀림·기울음이 없게 걸치고, 철선을 두 줄씩 홈통걸이 구멍에 걸어 매고 고정한다.

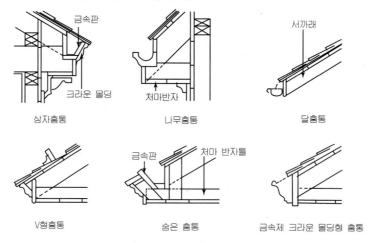

그림 15-7 처마홈통의 종류

(2) 선홈통(down pipe, downspout)

처마홈통에 모인 물을 수직으로 땅바닥까지 흐르게 하는 홈통이다. 선홈통에 쓰이는 함석판의 두께와 종별은 처마홈통과 동일한 것으로 한다. 선홈통의 맞붙임은 거멀접기로 하고, 이음은 위통을 밑통 안에 3cm 이상 꽂아 넣어 납땜한다. 선홈통의 접합부는 안쪽으로 가게 하고, 홈걸이 간격은 1.2m 내외로 하여 벽면에서 빠져나오지 않게 홈통걸이 철물에 고정한다.

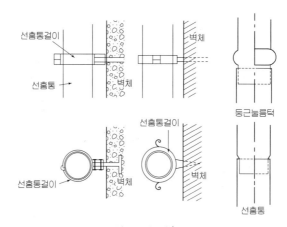

그림 15-8 선홈통

(3) 깔때기홈통 및 장식홈통

1) 깔때기홈통(leader head)

처마홈통에서 선홈통까지 연결하는 홈통으로 기울기는 약 15°로 한다. 깔때기 상부는 처마홈통의 지름에 맞추어 자르고, 처마홈통 또는 안홈통의 양 갓에 걸어 감아 접는다. 깔때기 하부는 선홈통 지름의 1/2 내외를 선홈통 속에 꽂아 넣는다.

2) 장식홈통

선홈통의 상부에 대어 깔때기 홈통과 연결하여 유수방향을 돌리거나 집수의 넘쳐흐름을 방지하고, 장식적으로 한다. 접합은 10mm 내외의 거멀접기로 하고, 선홈통에 6cm 이상 꽂아 넣는다.

(4) 골홈통(valley gutter)

지붕의 골부분에 만들어지는 홈통이다. 누수의 위험이 크기 때문에 깊고 폭을 넓게 하며, 물매를 충분히 하고, 부식성이 적은 금속판을 사용한다.

(5) 흘러내림 홈통

상하지붕의 선홈통을 연결하기 위해 만들며, U형 홈통을 지붕면에 따라 부착시킨다.

【참고문헌】

1. 국가건설기준센터, 건설공사 표준시방서 및 전문시방서, 2020

2. 대한건축학회, 건축기술지침, 2017

3. 대한건축학회, 건축공사표준시방서, 2019

4. 이찬식 외 8명, 건축재료학, 기문당, 2002

5. 한국주택도시공사(LH), CONSTRUCTION WORK_SMART HANBOOK, 2019

6. 井上司郎, 建築施工入門, 実教出版, 2000

7. Edward Allen, Fundamental of Building Construction - Materials and Methods, John Wiley & Sons, Inc., 1999

금속공사

→ 개요

금속공사는 기성 철물이나 가공 제작한 철물을 장식·도난 및 손상 방지 등을 위해 다른 부분에 고정하는 공사를 말한다. 설치방법에는 선 설치와 후 설치 방법이 있다. 선 설치할 때에는 위치를 정확히 하여 이동이 생기지 않도록 견고하게 붙여야 하며, 후 설치할 경우에는 올바른 위치에 가설치하고 붙임용 철물, 용접 등으로 고정시키고 다른 공사에 지장이 없도록 한다.

금속공사에 사용되는 재료는 광택을 가지고 있으며 비중이 크고, 전성(展性, malleability)과 연성(延性, ductility)이 풍부하며 대체로 다음과 같은 특징을 갖고 있다.

- 강도 및 탄성계수가 크고 균질한 재료의 대량생산이 가능하다.
- 재질, 형상 등이 다양하다.
- 불연재료이다.
- 전연성이 크고 가공 성형이 용이하다.
- 녹이 슬기 쉬워 녹막이 도장이 필요하다.
- 불에 가열시 연화되기 쉽다.
- 비중이 높고 색상이 다양하지 못하다.

16.2 금속재료의 종류

금속공사에 사용되는 재료는 철강재, 비철금속재 및 2차 금속재 등으로 나뉜다.

(1) 철강재

강은 철과 탄소를 주성분으로 하는 탄소강 또는 보통강과 그 외의 다른 합금 원소를 첨가한 합금강이나 특수강이 있다. 스테인레스강은 대표적인 합금강이다.

1) 탄소강(보통강)

강은 탄소함유량이 증가함에 따라 비중, 팽창계수, 열전도율이 떨어지고 비열, 전기저항 등은 커지는 특성을 가지고 있다.

탄소함유량에 따른 강의 구분과 용도는 표 16-1과 같다.

■ 표 16-1 탄소함유량에 의한 강의 구분

탄소량(%)	구 분	용도
0.12 이하	극연강	박판, 못, 리벳, 새시 등
0.12 ~ 0.20	연 강	철골, 교량, 조선용 형강, 철근, 강판 등
0.20 ~ 0.30	반연강	레일, 차량, 기계용 형강, 강판 등
0.30 ~ 0.40	반경강	볼트, Sheet Pile 등
0.40 ~ 0.50	경 강	공구, 축류, 피아노선 등
0.5 이상	최경강	용수철, 기타

강재는 가설용, 구조용, 접합용, 철선용 등으로 사용되고 있으며, 강재의 단점인 부식(녹)[1] 방지를 위해 내식성이 강한 아연·크롬도금 등으로 방식(防蝕)처리하여 사용된다.

① 부식방지를 위한 사용상 대책

- 이종(異種) 금속을 인접 또는 접촉시켜 사용하지 않는다.
- 균질한 것을 선택하고 사용시 큰 변형을 주지 않도록 한다.
- 큰 변형을 준 것은 풀림(annealing)[2]하여 사용한다.
- 표면을 평활하고 깨끗이 하며 건조상태로 유지한다.
- 부분적으로 생긴 녹은 즉시 제거한다.

② 방식방법

- 페인트, 바니시, 아스팔트 등 경질고무, 합성수지 등으로 도포한다.
- 인산염 용액에 금속을 담가서 금속 표면에 피막을 입힌다.
- 철재의 표면에 SiO_2를 주성분으로 하는 유약을 바른다.
- 철판 표면을 황산으로 씻고 아연 또는 주석 용액에 담가서 도금한다.
- 모르타르 또는 콘크리트로 피복한다.

2) 스테인레스강(stainless steel)

공기중, 수중 등에서 비교적 녹이 슬지 않는 것을 스테인레스강이라 하며, 탄소 이외에 일정 비율의 크롬과 니켈 등의 원소를 함유한 특수강이다. 저탄소인 것 일수록 녹이 잘 슬지 않지만 연질이고, 고탄소인 것은 약간 녹이 슬기 쉽지만 강도는 크다. 또한 크롬강(크롬 18~20%), 니켈크롬강(크롬 18%, 니켈 8% 등)은 연질이나 거의 녹이 슬지 않으므로 건축장식, 전기기구, 식기 등에 널리 사용된다. 최근 건축공사용 자재로서 지붕재, 난간대 등에 적용이 점차 늘어가고 있으며 다른 금속재료에 비해 가격이 고가이다. 건축 외장재로는 내식성이 상대적으로 우수한 오스테나이트계 니켈크롬강(STS 304, 316 등)을 일반적으로 사용한다.

(2) 비철금속재

비철금속재에는 알루미늄 및 알루미늄 합금, 동 및 동합금, 아연, 주석, 납 등이 포함된다.

---

1) 금속의 부식원인 중 가장 많이 거론되는 것은 이종(異種) 금속간의 접촉에 의한 부식이다. 이종 금속을 접촉시켜 부식 환경(습기)에 두면 전위가 낮은 쪽의 금속이 전자를 방출하게 되고 용해되어 부식한다(전해작용). 철은 단독으로 사용해도 수분 중의 수소이온과 전해작용을 일으켜 녹이 발생한다.

2) 강을 적당한 온도(800~1,000℃)로 일정한 시간 가열한 후에 노(爐) 안에서 천천히 냉각시켜 조직을 균질하게 만드는 것을 풀림이라 한다.

1) 알루미늄(aluminum)

비중이 철에 비해 가벼우며, 열·전기의 전도성 및 반사율이 뛰어나다. 대기 중에서 표면에 자연산화피막을 형성하므로 내식성이 우수하고, 연질이기 때문에 가공성이 뛰어나 창호재 및 커튼월, 지붕재 등에 사용된다. 그러나 산, 알칼리 및 해수에는 침식되기 쉬워 콘크리트나 모르타르에 직접 접하거나 흙 속에 매몰되는 경우에는 부식된다.

2) 동(copper)

동[3]은 가공성과 내식성이 우수하고 색상이 미려하여 지붕재, 장식철물, 창호철물 등의 건축재료로 많이 사용된다. 합금으로는 황동과 청동이 많이 사용되는데, 황동(brass)은 동과 아연이 주성분으로, 가공이 용이하고 내식성이 뛰어나 계단 논슬립, 창문의 레일, 장식 철물 등에 쓰인다. 청동(bronze)은 동과 주석을 주성분으로 하며, 황동과 비교하여 내식성이 좋고, 주조성이 우수하며, 청록색을 띠고 있어 건축 장식물 및 미술공예품에 많이 사용되고 있다.

3) 아연(zinc)

아연은 대기나 수중에서 표면에 염기성 탄산염의 안정된 막이 형성되어 부식이 거의 진행되지 않고, 동보다 내식성이 뛰어난 장점이 있으나 이온화 경향이 크고, 산·알칼리·철 등에 의해 침식된다. 아연은 철제의 내식(耐蝕)도금이나 도료로 사용된다.

4) 주석(tin)

주석은 미관·방청 및 방습을 목적으로 사용된다. 주조성이 양호하여 각종 금속과 합금화가 용이하다. 공기 중이나 중성 수용액에서 내식성이 풍부하지만 주석 표면을 보호하는 산화피막이 불완전하게 되면 공식(孔蝕)을 일으킨다.

---

3) 상온의 건조공기 중에서는 변화하지 않으나 습기가 있으면 광택을 소실하고 점점 녹청색으로 되며 내부 침식은 적어지므로 박판으로 지붕재로 많이 사용된다. 그러나 알칼리에 약하고 화장실 주위와 같이 암모니아가 있는 장소나 시멘트, 콘크리트 등 알칼리에 접하는 경우에는 빨리 부식하기 때문에 주의해야 한다.

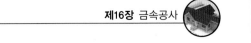

16.3 ▸ 기성제 철물

기성제 철물은 건축물 공사에 사용하기 전에 견본품을 제출하여 재질, 모양, 치수, 색깔, 마무리 정도 및 구조, 기능 등을 승인받아야 한다.

(1) 논슬립(non-slip, 미끄럼막이)

계단 디딤판의 끝에 설치하여 미끄러지지 않게 하는 철물로 황동제, 타일 제품, 석재, 접착 시트(sheet) 등이 있다. 연결철물은 미끄럼막이와 동질의 것을 사용한다. 미끄럼막이 밑에 직접 발을 달아 모르타르 속에 고정하는 방법과 정착철물을 미리 묻어두고 고정하는 방법이 있다. 수평을 정확하게 유지하고 상하로 줄바르게 설치하여 뜨지 않게 하여야 한다.

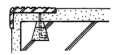
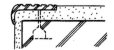

그림 16-1 황동제 계단 논슬립

(2) 계단난간(hand rail)

스테인리스제·철제 파이프·각관 등을 용접 또는 소켓(socket)으로 접합한다. 난간기둥은 도면에 따라 간격을 나누고, 두겁대 및 연결재 용접, 납땜, 소켓 접합, 나사, 볼트를 사용하여 고정한다. 각 접합부 납땜 부분이 치장되는 곳은 그라인더(grinder), 줄, 연마지나 버프(buff) 문지르기 등으로 평활하게 마무리한다.

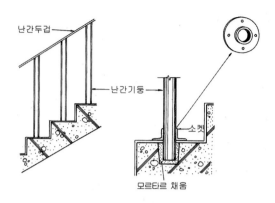

그림 16-2 계단난간

(3) 줄눈대(joiner)

1) 바닥용 줄눈대(황동 줄눈대)

인조석갈기, 테라초 현장갈기에 쓰이는 황동 압출재로 I자형이다. 두께 4mm, 높이 9mm, 길이 90cm의 줄눈대를 많이 사용한다. 테라조와 인조석갈기 등의 일반적인 줄눈거리와 간격은 벽에서 일정 간격의 테두리(150~200mm)를 남기고 900mm 내외로 한다.

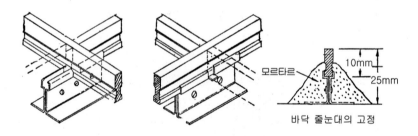

그림 16-3 바닥 줄눈대

2) 벽, 천장, 바닥용 줄눈대

아연도금 철판제, 경금속제, 황동제의 얇은 판을 프레스한 길이 1.8m 정도의 줄눈 가림재로, 이질재와 접촉부에 사용한다.

(4) 코너비드(corner bead)

기둥, 벽 등의 모서리에 대어 미장 바름을 보호하는 철물이다. 다림추를 사용하여 수직으로 세우고, 콘크리트 못을 상·하·중간에 박아 임시로 고정한 후 모르타르를 발라 고정한다.

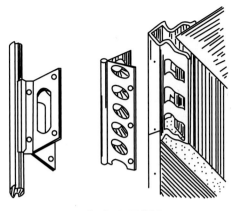

그림 16-4 코너비드

(5) Plaster Stop Bead

미장바름과 다른 마감재의 접촉부에 설치하는 줄눈대를 말한다.

(6) 와이어 라스, 메탈 라스, 와이어 메시

1) 와이어 라스(wire lath)

아연도금한 굵은 철선을 엮어 그물같이 만든 것으로 벽, 천장의 미장 바탕 공사의 접착력 강화 목적으로 주로 쓰인다. 원형, 마름모형 등이 있다.

2) 메탈 라스(metal lath)

얇은 강판에 동일한 간격으로 펀칭하여 잡아 늘려 그물처럼 만든 것으로 천장·벽·처마둘레 등의 미장 바탕에 접착력 강화 목적으로 주로 사용한다.

3) 와이어 메시(wire mesh)

연강철선을 전기 용접하여 정방형이나 장방형으로 만든 것으로 콘크리트 바닥·콘크리트 포장 등에 인장 또는 건조수축 균열 방지 목적으로 주로 쓰인다. 판은 1.2m×2.4m, 1.5m×3.0m이고 나비는 최대 4m까지이다.

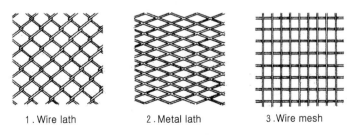

1. Wire lath   2. Metal lath   3. Wire mesh

그림 16-5 와이어 라스·메탈 라스·와이어 메시

16.4 · 고정철물

(1) 인서트(insert)

콘크리트 슬래브 밑에 반자틀, 덕트, 파이트 등을 달아매고자 할 때 달대(hanger)를 매달기 위한 철물로 콘크리트 바닥판에 미리 묻어 놓는다. 거푸집 바닥에 배치간격을 확정하고 정확히 설치하여 콘크리트 부어넣기를 할 때 이동·변형이 없게 한다.

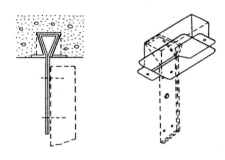

그림 16-6 인서트

(2) 익스팬션 볼트(expansion bolt) · 스크류 앵커(screw anchor)

콘크리트·벽돌 등의 면에 띠장·문틀·판석·달대 등의 부재를 고정하기 위해 사용하며, 바탕면을 콘크리트 드릴로 뚫고 철제 실드(shield)를 넣은 후 나사못을 채워 넣는다.

스크루 앵커도 익스팬션 볼트와 같은 원리이나 인발력이 50~115kg으로 익스팬션 볼트(270~500kg)보다 작다.

(3) 타정 총(concrete gun) · 드라이브 핀(drive pin)

소량의 화약을 사용하여 콘크리트·벽돌 벽·강재 등에 드라이브 핀을 순간적으로 박는 기계이다. 드라이브 핀에는 콘크리트용과 철재용이 있으며, H형과 T형이 있다.

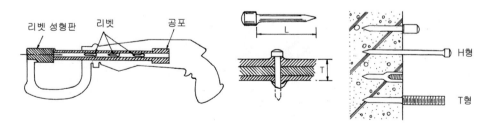

그림 16-7 타정 총과 드라이브 핀

582

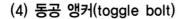

(4) 동공 앵커(toggle bolt)

시멘트블록·경량칸막이에 사용하는 고정철물로 바탕을 드릴로 뚫고 공구를 사용하여 볼트가 블록 살이나 경량 칸막이판을 붙잡을 수 있도록 한다.

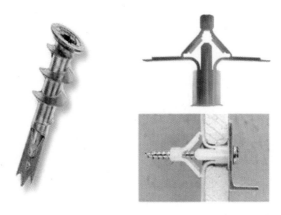

그림 16-8 동공 앵커

(5) 타이(tie)와 클램프(clamp)

타이는 이중벽을 쌓을 때 내벽과 외벽을 연결해주는 철물이며, 클램프는 구조적으로 힘을 많이 받는 벽과 벽의 연결, 벽과 판석 등을 연결하기 위한 두꺼운 꺾쇠형 철물이다.

(6) Slotted Angle·Shim

Slotted Angle(구멍이 뚫린 앵글)과 Shim은 판석을 외벽에 건식공법으로 붙일 때 사용하거나 PC외벽 패널을 콘크리트 구체에 연결 고정할 때 Level과 줄눈 조정을 위해 사용하며, Shim은 높이를 조정하고 수평·수직을 잡기 위한 받침철물이다.

16.5 장식용 철물

철제·황동제·청동제·알루미늄제·스테인리스강제 등이 있으며, 도장제품과 도금제품이 있다.

(1) 장식용 줄눈대

장식용으로 사용되는 줄눈대를 의미하며, 천장과 벽에 보드·합판을 붙이고 그 이음새를 감추는데 사용되거나 바닥에서 이질재와의 접합부에 쓰인다. 경금속제·스테인리스제·황동제의 얇은 판이나 합성수지 제품 등이 있다.

(2) 펀칭메탈(punching metal)

얇은 강판에 여러 가지 모양의 구멍을 뚫은 것을 말하며 아연도금판, 알루미늄판, 동판 등이 있고 환기용 라디에이터 커버 등에 사용한다.

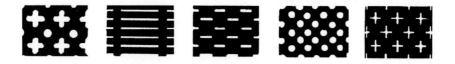

그림 16-9 펀칭메탈

(3) 금속벽판, 금속반자판

아연도금 철판에 각종 무늬 모양을 만든 것으로 벽판이나 천장재로 쓰인다. 벽판은 표면 타일 형식으로 줄눈을 넣고, 각종 타일을 모방하여 벽돌형, 모자이크형 등으로 만든다.

16.6 금속공사의 시공

(1) 일반 및 주의사항

1) 일반사항

금속 공사에 사용되는 제품들은 수직과 수평이 맞게 하여 관련 공사에 적합하도록 설계도면에 따라 위치를 정확하게 설치하며, 필요한 곳에는 앵커를 사용하고, 판을 보호하고 튼튼한 이음을 하기 위해 볼트에 맞는 납이나 황동 등으로 된 와셔를 사용한다. 노출된 이음 부위는 상호간 정확히 맞도록 설치하고 눈에 보이는 곳이나 개구부에는 실란트와 이음 충전재를 사용한다. 기성제품의 이음에 필요한 절단이나 용접, 납땜, 연마 과정에서 손상된 마감은 보수하여야 하며, 교정 자국이 남지 않도록 한다.

특히 중량이 무거운 경우 또는 위험방지를 목적으로 설치하는 금속물에 대해서는 필요시 사전에 구조 및 설치공법을 검토 및 확인 후 승인을 받는다. 설계도면에 따라 설치 위치를 측정하여 표시하고, 가설 나무벽돌은 제거하여 구멍을 청소한다. 앵커 볼트는 위치와 각도 등이 어긋나지 않게 하며, 기타 부분도 정확하게 조정하여 금속물 설치에 지장이 없도록 한다. 제품 설치는 위치 표시에 따라 끼움목과 쐐기, 고임 및 지주 등을 사용하여 움직이지 않도록 한 후 정확하게 설치한다.

2) 부식 및 누수 주의

콘크리트나 석재 또는 두꺼운 역청 페인트로 코팅된 표면에 다른 금속이 닿는 경우에는 부식이나 전기분해작용 등으로부터 표면이 보호되도록 조치해야 한다. 비철금속 제품으로 이와 접하는 타 재료에 의해 부식이 될 우려가 있는 경우에는 설계도서에 의거 방식처리를 한다. 강철제 금속제품의 녹막이처리는 도금처리한 것을 제외하고는 녹막이 도료를 2회 칠한다.

방수층과의 접합부, 외벽으로부터 누수의 결함이 염려되는 부분, 진동, 충격 등을 받는 부분에 묻는 제품 또는 준비재를 설치할 때에는 공사시방에 따라 코킹재를 사용하거나 필요시 그 설치공법을 나타내는 시공도를 작성하여 그에 따라 설치한다.

(2) 설치 공법

1) 선설치 공법

구조체 시공 이전이나 구조체 시공 시 철물의 일부나 전부를 미리 설치하는 공법으로, 제품의 설치는 미리 위치를 정확하게 심먹매김하고, 금속물의 모양과 치수, 중량 등에 따라 가설틀과 지지대, 발판, 지주, 고임 등이 지장이 없도록 설치하며, 받침목과 쐐기 등으로 수직, 수평이 정확하도록 조절한다. 또한 매입철물 및 연결철물을 사용하여 철골과 철근 등에 용접, 볼트 또는 리벳조임으로 움직이지 않도록 견고하게 설치한다. 콘크리트를 부어넣기 전에 앵커볼트를 매입할 때에는 볼트의 직경에 따라 헐겁지 않게 형틀에 구멍을 뚫고 볼트를 끼워 넣으며, 표면에는 설치한 금속물의 두께에 따라 가설받침을 대고 너트를 조인다. 볼트 묻힘부의 끝 부분은 90°로 구부리고, 앵커의 깊이는 설치 금속물의 크기와 무게에 따라 콘크리트 구조설계 기준을 참고하여 정한다. 고정은 부근의 철근에 직접 또는 연결철물을 이용하여 용접하거나 0.88 mm (#20)의 철선 2~3줄로 조여 매며, 콘크리트면과는 설계도면에 지정된 각도를 유지하도록 하며, 콘크리트 부어넣기 및 기타 작업 시 설치물이 이동하지 않도록 주의한다.

2) 후설치 공법

구조체 공사 완료 후에 철물을 후설치하는 경우에는 설치용 준비재의 위치와 간격 등을 설계도면에 따라 정확하게 심먹매김한다. 연결철물 주변의 사춤 모르타르는 배합비(용적비)를 시멘트 1 : 모래 3의 된비빔으로 하여 빈틈이 없도록 주의해서 채워 넣는다. 철물을 후설치하기 위한 설치용 준비재의 종류는 나무벽돌, 인서트, 앵커볼트, 앵커 스크루, 소형매입연결철물, 드라이브 핀 등이 있으며 그 사용 목적에 적합한 형상과 치수로 하고, 시공전에 견본으로 재질과 지지력을 확인한다. 수직하중을 받는 준비재에 대해서는 미리 수직하중의 3배 이상의 하중으로 지지력을 시험하여 안전 여부에 따라 사용 가부를 결정한다.

① 나무벽돌

나무벽돌은 소나무, 삼나무, 낙엽송 등을 방부처리한 것을 주로 사용하며, 모양은 주먹장형 또는 막대형으로 하고, 금속물의 받침면에 적합한 크기로 제작하여 바탕에 깊이 50 mm 이상 묻어 넣는다. 콘크리트에 묻을 경우에는 형틀에 고정설치하고, 속빈 시멘트 블록일 때에는 금속물 설치에 지장이 없도록 소정의 부분에 콘크리트 또는 모르타르를 채워 경화한 후 설치한다. 막대형 나무벽돌은 움직이지 않도록 정확한 위치에 고정하고 주위에 콘크리트 또는 모르타르를 채워 넣는다. 가설용 나무벽돌은 주먹장형으로 하여 밖으로 빼낼 수 있게 설치한다.

② 인서트(insert)

콘크리트 거푸집 내면의 정확한 위치에 못 등으로 고정시키고 인서트의 빈속에는 헝겊조각 등을 채워 콘크리트 풀이 흘러 들어가지 않도록 한다.

③ 앵커볼트

콘크리트 부어넣기 완료 후 앵커볼트를 묻을 경우에는 미리 소정의 위치에 앵커볼트의 직경과 길이에 따라 상자형 틀을 짜 넣고 콘크리트 부어넣기를 한다. 다음으로 형틀을 제거한 후 볼트를 꽂아 넣고, 그 주위를 된비빔 모르타르로 빈틈없이 채워 고정한다. 상자형 틀을 사용하지 않고 나중에 직접 콘크리트면에 구멍을 파고 묻을 경우에는 가능한 한 주먹장형으로 한다.

④ 스크루 앵커 등

석재와 콘크리트, 벽돌 면에 스크류 앵커 및 롤 플러그, 익스펜션 볼트 등을 사용하여 금속물을 설치할 때에는 그 위치를 명확하게 표시하고 직경과 깊이를 정확하게 뚫어 부착 면과 직각을 유지하도록 한다.

⑤ 소형 매입연결철물

콘크리트와 시멘트 블록, 벽돌, 석재 면에 소형 연결철물을 묻을 때에는 직경에 적합한 구멍을 파묻어 넣고 주위에는 틈이 없도록 모르타르로 채운다. 단, 앵커 구멍이 작아 모르타르를 채울 수 없을 때에는 에폭시 등 접착제를 주입하여 고정한다.

⑥ 드라이브 핀(drive pin)

바탕면에 금속제품 또는 준비재를 설치하기 위해 앵커볼트 대용으로 드라이브 핀을 설치할 때에는 총구의 중심을 설치 위치에 정확하게 일치시킨다.

건축시공학

【참고문헌】

1. 강경인 외 6명, 이론과 현장실무 중심의 건축시공, 도서출판 대가, 2004

2. 국가건설기준센터, 건설공사 표준시방서 및 전문시방서, 2020

3. 김무한 외 3명, 건축재료학, 문운당, 2000

4. 김성일, 최신 건축시공학, 도서출판 서우, 2004

5. 대한건축학회, 건축기술지침, 2017

6. 대한건축학회, 건축공사표준시방서, 2019

7. 신현식 외 6명, 건축시공학, 문운당, 1998

8. 이찬식 외 8명, 건축재료학, 기문당, 2002

9. 정상진 외 16명, 건축시공 신기술공법, 기문당, 2002

10. 최산호 외 2명, 신기술·신공법 건축시공학, 도서출판 서우, 2003

11. 한국주택도시공사(LH), CONSTRUCTION WORK_SMART HANBOOK, 2019

12. 小野博宣 외 10명, 建築材料, 理工圖書, 1989

13. 依田彰彦 외 2명, 建築材料 敎科書, 彰國社, 1994

14. 日本建築學會, 建築材料用 敎材, 1987

15. 現代 建築施工用語事典 編集委員會, 現代 建築施工用語事典, 彰國社, 1991

16. Edward Allen, Fundamental of Building Construction - Materials and Methods, John Wiley & Sons, Inc., 1999

커튼월공사

17.1 ▸ 개요

건축물의 외벽은 외부공간과 내부공간을 구획하는 차단재의 역할을 하는 것으로서 건축물이 고층화됨에 따라 더욱 우수한 성능이 요구된다. 최근에는 고층 건축물의 외벽에 규격화된 공장제품의 커튼월(curtain wall)이 많이 사용되고 있는데, 커튼월은 본래 하중을 받지 않는 벽체를 의미하는 것이지만, 오늘날에는 보다 좁은 의미로서 공장 생산된 부재를 현장에서 조립하여 구성하는 외벽을 가리키고 있다. 다시 말하면 비구조재로서 외벽을 형성하는 구법(構法)을 뜻한다.

커튼월은 1890년대 시카고의 고층 건축물에서 그 기원을 찾을 수 있다. 철골조라고 하는 새로운 구조체의 출현과 자유로운 파사드(facade)를 만든다는 근대건축의 이념이 결합하여 커튼월이 탄생되었는데, 그 후 제2차 세계대전 이후 공업제품화된 외주벽(外周壁)으로서 급속하게 발전하게 되었다. 커튼월의 특징과 장점은 다음과 같다.

- 콘크리트나 블록, 벽돌 등의 외장재에 비하여 경량이기 때문에 건축물의 자중을 감소시킬 수 있고 따라서 건축물의 고층화에 적합하다.
- 현장시공과 함께 외벽체의 공장제작(prefabrication)이 동시에 진행되므로 공기단축과 생산성 향상에 유리하다.
- 공업제품화된 부재를 사용하므로 품질의 균질화, 고급화가 가능하다.
- 공업제품화된 부재를 외벽에 설치하므로 위험한 고소(高所)작업의 양을 줄일 수 있어 가설(假設)발판이 불필요하고 현장의 안전성을 향상시킬 수 있다.
- 커튼월공사를 전문적으로 담당하는 업종이 나타남에 따라 지속적으로 기술이 축적되고 있으며, 그 결과 커튼월은 다른 외주벽에 비하여 성능이 많이 향상되었다.

17.2 커튼월의 분류

커튼월은 재료의 종류, 외관의 형태, 구조 방식, 조립 공법에 따라 다음과 같이 분류할 수 있다.

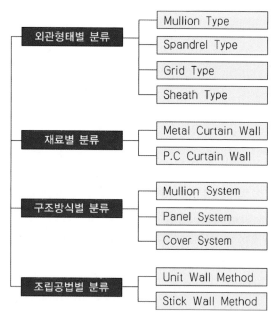

그림 17-1 커튼월의 분류

17.2.1 외관 형태에 따른 분류

(1) 멀리언 방식(mullion type)

수직 부재인 멀리언을 노출시키고 그 사이에 창호나 스팬드럴 패널을 끼우는 방식으로 외관상 수직을 강조한다.

(2) 스팬드럴 방식(spandrel type)

수평을 강조하는 창과 스팬드럴[1]의 조합으로 이루어지는 방식이다.

(3) 격자 방식(grid type)

수직, 수평의 격자형 외관을 보여주는 방식을 말한다.

(4) 피복 방식(sheath type)

구조체가 외부에 노출되지 않도록 패널로 은폐시키고 새시는 패널 안에서 끼워지는 방식이다.

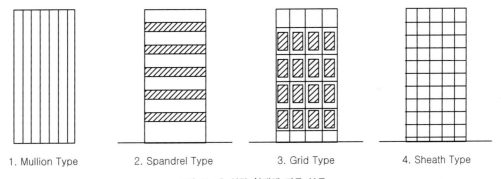

1. Mullion Type   2. Spandrel Type   3. Grid Type   4. Sheath Type

그림 17-2 외관 형태에 따른 분류

17.2.2 재료에 따른 분류

벽체 부분의 주 구조재료에 의해 커튼월을 분류하면 다음과 같다.

(1) 금속 커튼월

1) 강제 커튼월

다른 금속재료에 비해서 가격이 저렴하나 녹이 발생하기 쉬운 단점이 있다. 녹이 슬지 않도록 불소수지로 도장을 하거나 금속제 표면에 유리질 유약을 입힌 법랑 형태로 만들어 사용한다.

---

1) 커튼월에서 스팬드럴이란 상하층의 창 사이에 있는 벽부분을 말한다.

2) 알루미늄 커튼월

얇은 알루미늄판 사이에 단열재 등을 끼워 넣은 복합패널의 형태로 만들어 진다. 알루미늄은 가볍고 조립 가공이 쉬우며 부식에 강하기 때문에 커튼월에 많이 사용된다.

3) 스테인레스 커튼월

고가이나 내후성이 좋고 외관이 미려하여 독특한 외벽의 디자인을 표현할 수 있다.

(2) 프리캐스트 커튼월

콘크리트를 주재료로 프래캐스트 공법으로 제작하며 자유로운 형상으로 제작할 수 있다. 재질적으로 구조체의 변형 또는 변위에 대응할 만큼 신축성이 없으므로 패널 자체에 변형이 생기지 않는 부착방법을 사용하여 파손·탈락되는 것을 방지한다.

1) GPC(Granite Precasted Concrete) 커튼월

콘크리트 커튼월을 공장에서 제작하면서 석재를 부착한 PC 커튼월

2) TPC(Tile Precasted Concrete) 커튼월

콘크리트 커튼월을 공장에서 제작하면서 타일을 부착한 PC 커튼월

(3) 기타 커튼월

이외에 금속제와 콘크리트제를 병용한 복합 커튼월, 섬유보강 콘크리트, 플라스틱, 석재, 유리 등의 재료를 사용한 커튼월이 있다. 이중 특히 유리 소재는 일반적인 창호 소재로서 뿐만 아니라 투명성을 강조하는 건물의 커튼월에 활용되는 사례가 많아지고 있으며, 최근에는 멀리언을 설치하지 않는 SGS(Suspended Glazing System), SSG(Structural Sealant Glazing System), SPG(Special Point Glazing System) 공법 등이 유리 커튼월 설치에 활용되고 있다.

17.2.3 구조 방식에 따른 분류

(1) 멀리언 방식(mullion system)

멀리언을 먼저 슬래브나 보 등의 구조체에 구축하고, 그 사이에 새시 및 스팬드럴 패널 등을 조립하는 방식이다.

(2) 패널 방식(panel system)

층높이 정도의 대형 패널 부재를 구조체에 부착하여 벽면을 구성하는 방식이다.

(3) 커버 방식(cover system)

기둥형, 보형, 스팬드럴 패널, 새시 등을 구조체에 개별적으로 부착해 가는 방식이다.

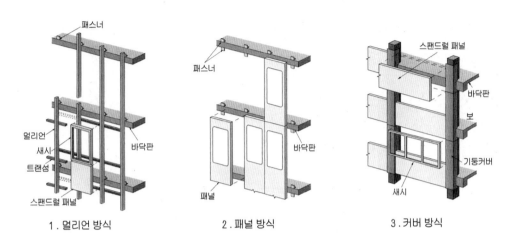

1. 멀리언 방식   2. 패널 방식   3. 커버 방식

그림 17-3 구조 방식에 따른 분류

17.2.4 조립 공법에 따른 분류

(1) 유닛월 공법(unit wall method)

커튼월 구성 부재를 공장에서 완전히 유닛화하여 현장에 반입·시공하는 방법으로 외국에서는 유리 끼우기 작업까지 함께하는 경우가 일반적이다.

(2) 스틱월 공법(stick wall method)

멀리언, 트랜섬, 스팬트럴 패널 등을 공사현장에 반입해서 부착 위치에 조립하여 세우는 방식으로 녹다운 공법(knock down method)이라고도 한다.

최근의 커튼월공사에는 자재 측면에서 금속제 커튼월이 가장 많이 사용되고 있으며 공사여건에 따라 유닛월 또는 스틱월 공법을 채택하거나 이 두 가지 공법을 복합적으로 사용하기도 한다.

■ 표 17-1 스틱월 공법과 유닛월 공법 비교

구분	스틱월 공법	유닛월 공법
설계	비교적 설계가 용이함	설계가 복잡하고 어려움
가공	현장에서 조립되므로 문제점 발생 시 현장 조정이 가능하나 품질이 떨어질 우려가 있음	공장에서 조립되므로 가공시 발생하는 문제점이 사전에 파악되며 현장시공의 품질이 확보됨
조립 및 설치	현장 작업이 주를 이루므로 조립과정이 복잡하고 품질관리에 유의하여야 함	공장 제작된 유닛을 현장에서 바로 설치하므로 작업 품질과 성능향상, 공기단축 등에 유리
성능 (수밀, 기밀, 단열 등)	조립설치가 현장 기능공의 현장작업에 의존하므로 설계의도대로 조립, 시공되기가 어려우며 이에 따라 제 성능을 발휘하기가 어려움	공장에서 조립되는 관계로 품질이 우수하므로 이에 따라 수밀, 기밀, 단열 성능 등이 우수해짐
운반	공장에서 가공한 구성부재를 현장에 운반, 조립하므로 운반이 용이하고 저렴	공장에서 완전 조립되어 운반되므로 운반 부피가 커지고 주의가 요구되며 운반비용이 비교적 많이 소요됨
시공성 및 공기	모든 구성부재가 현장에서 조립되므로 시공이 번거로우며 공사기간이 길어질 우려가 있음	현장의 구체공정과 관계없이 공장에서 부재제작이 완성되므로 공기단축에 유리하나 부재 하역 및 양중 등 현장사정에 따라 시공성이 달라질 수 있음
경제성	구성부재의 형태, 크기, 현장여건, 운송방법 등에 따라 좌우됨	

17.3 ● 커튼월 구성부재

17.3.1 커튼월 부재

커튼월 부재로는 커튼월 본체를 구성하는 단면부재와 각종 패널을 들 수 있다. 사용하는 재료, 가공방법, 표면마감 등은 그 종류가 다양하다.

(1) 멀리언(mullion)

건물의 층과 층 사이에 수직으로 설치되어 커튼월에 가해지는 풍하중 등을 슬래브에 전달하는 커튼월의 주 구조부재이다.

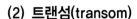

(2) 트랜섬(transom)

수평부재로 멀리언과 멀리언을 수평으로 연결하는 부 구조부재이다.

(3) 스팬드럴 패널(spandrel panel)

커튼월의 창호와 창호 사이에 조망이 필요하지 않은 부분에 설치되는 패널로 주로 알루미늄 복합 패널 또는 석재 등의 재료가 설치되고 내부는 뒤판(back panel)이 설치된다.

(4) 비젼(vision)

채광과 전망 등의 역할을 하는 유리가 설치되는 부분이다.

(5) 새시(sash)

패널 시스템, 또는 기둥커버 스팬드럴 시스템에서 비젼부분에 설치하는 창호를 말한다.

(6) 스택 조인트(stack joint)

커튼월의 수직부재 연결은 슬래브 위 약 1m 높이에서 하는데, 그 부분을 스택 조인트라고 한다. 스택 조인트를 설치함으로써 정모멘트와 부모멘트가 비슷한 크기가 될 수 있으므로 수직부재를 경제적으로 설계할 수 있다.

17.3.2 패스너

패스너(fastener)는 외벽 커튼월과 골조를 긴결하는 중요한 부품으로서 커튼월에 가해지는 외력을 지탱하므로 충분한 강도를 가져야 한다. 골조에 직접 설치되는 1차 패스너와 커튼월 본체와 1차 패스너 사이에 현장시공 오차를 조정하기 위하여 설치하는 2차 패스너가 있다.

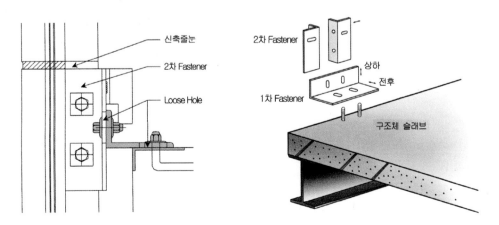

그림 17-4 패스너 설치 상세

패스너는 층간변위[2]가 큰 철골조에서 횡력(지진, 태풍 등)이 작용할 때 건물의 변형에 추종할 수 있어야 하며, 현장공사의 오차와 부재의 열팽창 등을 흡수할 수 있어야 한다. 패스너의 접합방식은 슬라이드 방식, 회전 방식, 고정 방식 등이 있다.

(1) 슬라이드(slide) 방식

커튼월 유닛 상부를 지지단(일단은 고정단, 일단은 루즈단)으로 하고 하부는 상하좌우 자유인 슬라이드단으로 하여 변위에 추종하는 방식이다.

(2) 회전(locking) 방식

커튼월 유닛 상부(지지단)에 핀 패스너를 채용하고 하부는 상하자유인 루즈단 방식이며, 비교적 시공이 간단하다.

(3) 고정(fixed) 방식

모든 패스너를 고정하고 변위는 커튼월 유닛의 변형으로 흡수하는 방식이다. 이 방식의 장점은 유닛간의 줄눈재에 무리한 변형이 거의 없으며 슬라이드 방식에서 필요한 다양한 패스너를 필요로 하지 않는다는 점이다.

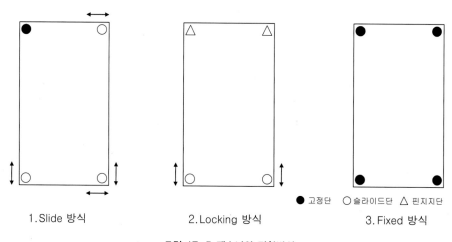

그림 17-5 패스너의 접합방식

패스너는 슬래브에 매입한 철물(embeded anchor)에 고정하는데, 매입철물은 커튼월에 작용하는 풍압, 자중, 지진력 등의 하중을 구조체에 전달하는 역할을 하므로 이에 적합한 재료를 선택하고 엄격한 구조검토를 시행하여야 한다.

---

2) 풍압력 및 지진력 등에 의해 생기는 건물 구조체의 서로 인접하는 상하 2층 사이의 상대변위를 말한다.

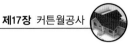

17.3.3 실링재

실링재는 접합부의 수밀성과 기밀성을 확보하기 위해 사용하는 것으로 정형 실링재와 부정형 실링재가 있다. 정형 실링재는 탄성이 큰 고무질계로 만들며, 반발 탄성으로 커튼월의 움직임이나 물의 침투를 방지한다. 부정형 실링재는 백업(back-up) 재[3], 매스킹 테이프(masking tape), 청소재, 프라이머 등의 부자재를 사용한다.
실링재는 2면 접착으로 하며 깊이는 폭의 1/2~2/3로 한다. 줄눈 폭은 커튼월 부재의 정밀도 및 거동을 고려해서 20mm 이상으로 한다.

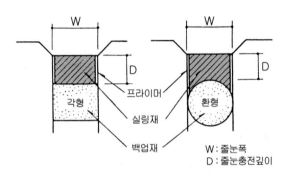

각형 / 프라이머 / 실링재 / 백업재 / 환형
W : 줄눈폭
D : 줄눈충전깊이

그림 17-6 조인트부의 실링

17.3.4 기타

본체의 각부에 부착하는 부속재로는 끼움재, 클립, 핀, 걸레받이, 커튼박스 등이 있다. 유리는 벽면의 주요한 구성부재이지만 끼워 넣을 때에는 독립된 유리공사로 취급되어 커튼월공사의 범위 외로 취급된다. 기타 자재로는 단열재, 내화피복재, 화염방지용 재료 등이 있다.

17.4 · 커튼월의 설계 및 제작

17.4.1 커튼월 공사의 프로세스 개요

커튼월 공사는 크게 설계, 실물모형 시험(mock-up test), 커튼월 부재 생산 및 제작, 시공 등의 단계로 진행되며 이 과정에서 수많은 관련 업체들이 관여하게 된다.
커튼월의 설계는 건축설계와 커튼월 설계로 나누어지는데 먼저 건축물에 대한 기본설계를 건축설계사무소에서 실시하고, 이 설계안을 바탕으로 커튼월 전문업체가 커튼월의 종류, 자재, 구조 등을 고려하여 시공도(shop drawing)를 작성한다. 이 시공도는 커튼월의 성능을 결정할 뿐만 아니라 커튼월 부재의 제작, 시공에 가장 중요한 도면이 된다.

---

3) 실링재의 시공시에 줄눈깊이 조정 및 줄눈바탕에 부착방지를 목적으로 사용되는 재료를 말한다.

실물모형실험은 커튼월 부재를 본격적으로 생산하기 이전에 설계된 커튼월 부재가 요구성능을 만족하고 있는지 판단하기 위해 실시하는 것으로 주로 전문 시험기관을 통해 실시하며, 커튼월 전문업체 외에 건축주, 감리자, 설계자, 구조설계자, 건설업체 등이 참여하여 실험결과를 확인한다.

실물모형실험 결과 커튼월 설계가 적합한 것으로 판정되면, 부재제작, 즉 공장생산에 들어간다. 부재제작은 커튼월 전문업체가 책임을 지며, 커튼월의 종류에 따라 여러 협력업체와 부품공급업체가 협업하여 진행한다. 그림 17-7은 금속 커튼월을 중심으로 한 커튼월공사의 작업 흐름도로써 프리캐스트 커튼월의 경우, 공장에서 형틀제작 및 조립, 철근 가공 및 조립, 긴결에 필요한 매입철물 설치, 마감재 설치, 콘크리트 타설 및 양생, 탈형과 마감, 보수 등의 순서로 작업을 진행한다.

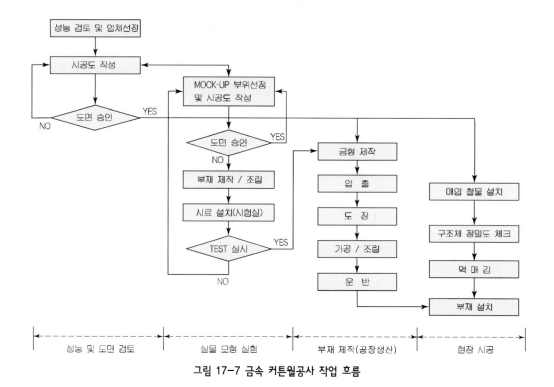

그림 17-7 금속 커튼월공사 작업 흐름

생산된 부재는 현장으로 운송되어 커튼월 전문업체가 시공하며, 원도급자에 해당하는 건설업체가 이 시공과정을 관리 감독한다.

17.4.2 커튼월의 성능 및 도면 검토

커튼월의 설계과정에서 검토해야 할 사항은 주로 풍압, 단열, 시스템, 구조 등이며 초고층 건물의 경우에는 수직재의 수축(shortening)과 횡변위를 추가로 검토해야 한다. 커튼월 생산 및 설치업체 선정은 커튼월의 생산, 제작, 설치, 유리공사로 구분하여 검토한다. 커튼월의 생산, 제작, 설치공사는 엔지니어링 능력과 생산량을 고려하여 설계, 생산, 시공을 함께 처리할 수 있는 업체를 선정하는 것이 유리하다. 유리공사의 경우 별도로 시공업체를 선정하는 경우도 있지만 커튼월 시공업체에 포함하여 발주하는 것이 관리하기에 용이하다.

■ 표 17-2 커튼월의 설계 요구 성능

구 분	고려 요소
설계하중	• 설계풍압 　　• 적설하중 • 지진하중 　　• 기타하중
구조 요구 성능	• 설계 풍압 및 기타 하중들에 대한 • 주요 부재 재질의 허용응력 • 커튼월 부재의 처짐 허용치 • 패널의 처짐 허용치 • 유리의 처짐 허용치 • 실링재의 물림 치수 및 두께 • 긴결류 및 고정철물 • 열에 의한 수축팽창 • 구조체의 변형 및 오차 • 내충격 성능
기밀·수밀 및 단열 요구 성능	• 기밀 성능 　　• 수밀 성능 • 단열 성능 　　• 차음 성능 • 결로 방지 　　• 복사열
내화, 소음 방지 및 기타 요구 성능	• 내화성능 • 내구성능 • 소음방지 • 열안전성 • 마찰음 방지 • 접촉 부식 방지 • 부재 단면의 최소 치수 • 배연에 대한 고려 • 건조수축 균열의 제어 • 클리어런스에 의한 성능저하 방지 • 인양용 철물에 대한 고려 • 부대공사 부재설치용 매입 철물에 대한 고려 • 보수·청소작업에 대한 고려

제17장

17.4.3 커튼월 조인트 설계

커튼월은 접합부의 누수방지가 매우 중요하므로 정밀한 설계와 시공으로 접합부의 구조적 안전과 기밀성 및 방수성을 확보해야 한다. 건축물 준공 후 커튼월의 하자보수는 사실상 어려우므로 우수한 실링재의 개발의 도입·시공의 정밀도 확보 등으로 접합부 처리를 철저히 하여야 한다.

(1) 누수의 발생 원인

누수 발생의 3대 요소는 물(water), 접합부의 틈새(gap), 틈새로 물을 이동시키는 힘(force)이며, 이 중 한 가지 요소라도 없으면 누수되지 않는다. 누수요소 중 물은 자연적인 요인이어서 통제하기가 어렵지만, 틈과 힘은 적절한 설계 및 시공관리로 제어할 수 있다.

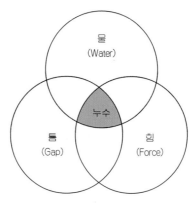

그림 17-8 누수의 3대 요소

누수의 원인에는 중력, 운동에너지, 표면장력, 모세관 현상, 공기의 흐름, 압력차 등이 있으며 설계도서를 보고 대체로 누수 여부를 예측할 수 있으나 압력차에 의한 누수는 판단하기 어렵다. 수밀설계의 핵심은 외부의 압력과 커튼월 시스템 내부의 압력차를 해소하여 외부의 물이 커튼월 시스템 내부로 침투되는 것을 방지하고, 시스템 내부로 침투한 물은 외부로 배출될 수 있도록 하는 것이다.

시공적인 측면에서 누수의 원인은 접합부 처리 불량, 부적절한 실런트 사용, 실런트 및 가스켓의 기밀성 부족 등이 대부분이다. 누수를 방지하기 위해서는 시공과정에서 보다 철저한 시공관리 및 품질관리가 요구된다.

(2) 커튼월 조인트의 유형

1) 클로즈드 조인트(closed joint) 방식

커튼월의 접합부를 부정형 실링재로 충전해서 완전히 밀폐하는 방식으로 누수 원인 중의 하나인 틈새를 없애는 것을 목적으로 한다. 1차 실링이 파손되어 침입한 빗물을 2차 실링으로 막고, 중간부에 설치된 물받이에 의해 외부 또는 내부측에 준비된 파이프 등을 통해서 배수한다. 이 경우 안쪽의 2차 실링은 커튼월 부재에 미리 세팅한 정형 실링재(가스켓 등)가 사용된다.

최근 성능이 우수한 실링재의 보급으로 많은 건물에 적용되고 있으나 실링재는 시간이 흐름에 따라 자외선, 열, 온도, 신축 등의 여러 가지 요인에 의하여 물성의 변화를 피할 수 없으므로 누수가 되는 예가 많다.

2) 오픈 조인트(open joint) 방식

투수를 일으키는 힘을 제거함으로써 기압차에 의한 물의 이동을 막는 방식이다. 이 방식에서는 클로즈드 조인트 방식과는 달리 1차측에 외기 도입구를 설치하고 동시에 2차측에 기밀재를 이용하여 기밀성을 유지함으로써, 조인트 내부와 외기의 압력을 거의 동등하게 유지하여 기압차에 의한 물의 이동을 막는다.(등압이론)

이 방식은 빗물처리, 등압개구, 기밀처리의 3가지 요소에 의해 등압공간을 형성하는 것으로 수밀성능을 장기간 유지할 수 있다.

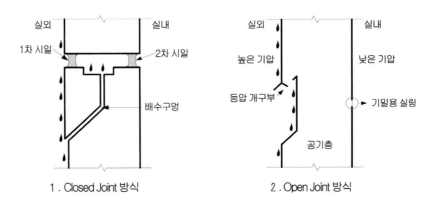

그림 17-9 커튼월의 조인트 설계

■ 표 17-3 빗물침입의 원인 및 대책

구 분	빗물침입의 원인		대 책	
중력	이음부 틈새가 하부로 향하면 물의 자중으로 침입한다.		틈새, 이음의 방향을 위로 향하게 한다. 물 차단 턱을 세운다.	상향조정 물턱
표면장력	표면을 타고 물이 흘러 들어온다.		물 끊기 턱을 설치한다.	물 끊기
모세관 현상	폭 0.5mm 이하의 틈새에는 물이 흡수되어 젖어든다.		이음부 내부에 넓은 공간을 민든다. 틈새를 크게 한다.	에어포켓 틈새를 넓게
운동에너지	풍속에 의해 물이 침입한다.		운동에너지가 소멸되도록 미로를 만든다.	미로
기압차	건물 내외에 생기는 물이 이동하여 빗물이 침입한다.		외부벽에 면한 틈새의 기압차이를 없앤다.	

17.4.4 커튼월의 검사 및 시험

커튼월 제조업체는 제조과정과 최종제품에 대하여 정해진 각종 검사를 하여, 품질수준을 확인하고 불량품을 없애야 하고 필요한 경우에는 실물모형 시험을 통하여 성능시험을 한다. 일반적인 시험항목에는 내풍압강도, 수밀성, 기밀성, 층간변위에 대한 추종성 등이 포함되며, 시험에는 많은 비용과 기간이 소요되므로 설계자는 사전에 시험의 필요성, 목적, 시험항목 등을 명기하여야 한다.

커튼월의 성능시험은 통상 다음과 같은 내용과 방법으로 실시한다.

(1) 풍동 시험(wind tunnel test)

건물 준공 후에 나타날 수 있는 문제점을 파악하고 설계에 반영하기 위해서 실시하며 빌딩풍(building wind)의 방지를 위해 꼭 필요하다. 방법은 건물 주변 600m 반경의 지형 및 건물배치를 축척모형으로 만들어 원형 턴테이블(turntable)의 풍동 속에 설치한 후 과거 10~50년 또는 100년 간의 최대풍속을 가하여 풍압 및 영향시험을 한다. 이 시험에서는 외벽풍압, 구조하중, 고주파응력, 보행자에 대한 풍압영향, 빌딩 풍 등을 측정한다.

(2) 실물모형 시험(mock-up test)

풍동시험을 근거로 설계한 기준척도의 실물(實物)모형 3개를 만든 뒤 건설예정지에서 최악의 기후조건으로 시험한다. 예비시험·기밀시험·수밀시험·구조시험 등을 실시하며, 그 결과에 따라 건축물의 각 부위를 수정·보완하여 안전하고 경제적인 커튼월 설계 및 시공이 가능하도록 한다.

1) 예비시험

설계풍압력의 50%를 일정시간(30초)동안 가압하여 시험장치에 설치된 시료의 상태를 일차적으로 점검하여 시험실시 가능 여부를 판단하고자 실시하는 예비시험이다.

2) 기밀시험

지정된 압력차(공사시방서에 정한 바가 없을 때에는 1.57 P.S.F(시속 40km, 7.8kgf/m²) 아래서 유속을 측정한 뒤 시험체에서 발생하는 공기 누출량을 측정하고, 설계기준의 기밀성능을 만족하는지 확인한다.

3) 정압 수밀시험

설계풍압력의 20 % 압력 아래에서 3.4ℓ/min·m²의 유량을 15분 동안 살수(water spray)하여 실시하며, 시험장치에 설치된 시료의 바깥에서 누수상태를 관찰하여 누수가 발생하지 않아야 한다.

4) 동압 수밀시험

규정된 압력의 상한값까지 1분 동안 정압으로 예비로 가압한 뒤에 시료의 이상 여부를 확인하고, 시료 전면에 $4\ell/\min\cdot m^2$의 유량을 균등히 살수하면서 규정된 압력에 따라 맥동압[4]을 10분 동안 가한 상태에서 누수가 없어야 한다.

5) 구조시험

① 설계풍압력의 100%를 단계별로 증감(대개 50%, 100%, -50%, -100%의 4단계로 구분함)하여 설계풍압력 ±100% 아래에서 구조재의 변위와 유리의 파손 여부를 확인하고, 설계기준을 만족하는지 확인한다.

② 설계풍압력의 150%에 대해 ①항과 같이 실시하며, 잔류 변형량을 측정하기 위해 $0kg/m^2$로 압력을 제거한 때의 변위를 측정하여 L/1000(L : 지점간의 거리)이하인지 확인한다.

17.4.5 커튼월 부재의 제작

주문생산인 경우가 대부분이므로 제작계획을 입안할 때는 사전에 설계, 시공, 제작 담당자들과 면밀하게 협의하여야 한다. 주요한 계획으로는 자재계획, 생산설비계획, 작업순시계획, 공징계획, 검사계획 등이 있다. 특히 제조공정의 경우, 부재의 취급순서와 사용개소, 건축물의 전체적인 공정과 공사계획을 고려하여 출하계획을 작성함으로써 출하지연에 의한 작업중단이 생기지 않도록 한다.

(1) 금속 커튼월 부재의 제작

금속 커튼월 부재의 제작과정은 금형제작, 압출, 도장, 가공 및 조립, 보양 및 포장, 출하의 순서로 이루어진다. 부재의 가공 및 조립작업 과정에서는 압출 성형된 부재의 절단, 구멍뚫기, 곡면가공, 부분조립, 표면처리, 본조립, 실링, 단열·방음·내화피복재 시공 등의 단계를 거치며 제작된 부재는 규정된 각 부분의 허용치수 요구를 만족시켜야 하고, 외관에 영향을 미칠 만한 비틀림·손상·변색 등이 없도록 주의하여야 한다. 이종(異種)재료를 조합할 때에는 접촉부식이나 상호 부착성을 충분히 고려하여 적절한 재료를 선택함과 동시에 절연처리 등의 대책을 마련하여야 한다.

---

4) 주기성이 있는 압력으로 1초당 최대압력의 1~10% 사이에서 변동하는 압력을 말한다.

압출

가공

조립

유리 끼우기

실물모형 시험

출하

그림 17-10 금속제 커튼월의 공장제작 과정

(2) 프리캐스트(PC) 커튼월 부재의 제작

부재 제작은 프리캐스트 콘트리트 부재의 제작방법과 거의 비슷하지만 제품의 두께가 얇고 복잡하며 부재치수의 허용오차도 작기 때문에 형틀작업, 철근 배근, 콘크리트 타설 및 양생 등, 생산과정 전반에 걸쳐 엄격한 품질관리가 요구된다.

특히 구조용 가스켓(gasket)[5]을 사용하는 경우에는 그 접착부에 대한 정밀도 관리를 철저히 할 필요가 있다.

17.5 ● 커튼월의 시공

17.5.1 시공계획의 수립

커튼월의 현장시공에 앞서 커튼월의 재료 및 구조방식, 현장 작업가능일수, 작업량, 반입방법 및 양중방법, 설치기계 및 방법, 인원계획, 타 공사와의 관련성 등을 사전에 파악하여 시공계획을 수립한다. 시공계획에 포함되어야 할 주요내용은 아래와 같다.

• 공사시방서에서 요구되는 공정표 및 공정계획
• 사용부재와 부재설치계획
• 품질 검사 및 시험계획

---

5) 커튼월 부재의 지지 접합부의 실링재로 사용하는 고무탄성을 가진 성형재료

•안전관리 계획

•보호, 보양, 양생 및 청소계획

•공사시방서에서 지정한 시공도면, 기술자료, 커튼월과 기타 창호 및 관련 긴결재에 대한 구조계산서 등의 제출 자료

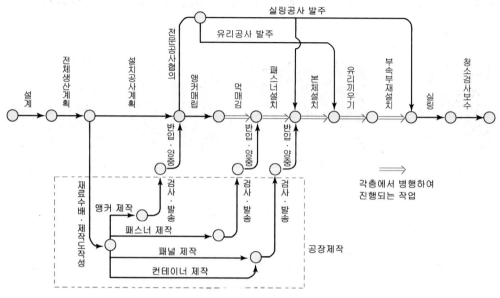

그림 17-11 커튼월공사의 흐름도

17.5.2 운반, 양중 및 보관

공장에서 제작된 커튼월 부재는 포장되어 현장에 반입되며, 설치작업이 시작될 때까지 스톡야드(stock yard)에 보관된다. 현장에서 불필요한 포장재나 운반용 컨테이너 등은 작업을 방해하므로 빨리 제거한다.

(1) 운반

공장에서 제작된 커튼월 부재는 설치공사의 진척상황에 따라 적시에 현장에 반입시킨다. 반입 시기는 매입 앵커와 같이 구조체의 거푸집 공사 때 반입해야 하는 부재가 있고, 패스너와 같이 본체부착 직전에 필요한 것도 있다. 커튼박스 등의 부속 부재는 본체부착 후에도 가능하다. 부재 운반 수단이나 경로가 제품의 형상과 치수를 제약할 수 있으므로 사전에 충분히 검토한다. 제품 보호를 위해 포장하여 운반하고 대규모 공사의 경우는 전용 컨테이너를 사용하여 포장의 간이화와 운반의 효율화를 도모한다.

(2) 양중

현장에 반입된 부재는 하역, 현장내 소운반, 양중을 거쳐 설치 위치와 가까운 장소에 보관한다. 양중에 많이 사용하는 리프트, 크레인 등의 현장 양중기계는 다른 공사와 공용(共用)하는 경우가 많으므로 관리자와 협의하여 사전에 조정한다. 양중 및 설치방법은 다음과 같이 구분할 수 있다.

1) 직접양중 동시설치 방식

크레인 또는 모노레일 등의 양중설비를 설치하여 외부로부터 설치 위치까지 직접 양중하고 그대로 설치하는 방식이다.

2) 집중양중 분리설치 방식

부품 또는 패널을 각 층으로 모아 양중하고 이것을 그 층의 특정 위치에 수평 운반하여 별도의 설비로 설치하는 방식으로 일반적으로 많이 사용된다.

3) 외부양중 방식

크레인, 리프트 등을 건축물 외부에 설치하여 양중하는 방식이다. 기후의 영향을 받기 때문에 작업 불가능일을 고려하여야 한다.

4) 내부양중 방식

건물내부의 개구부 등에 리프트 또는 가설 엘리베이터 등을 설치하여 운영하는 방식이다. 기후의 영향을 덜 받고 양중계획을 세우기 쉬운 이점이 있지만, 개구부 등이 남게 되고 대형 양중기계는 사용하기 어려운 단점이 있다.

(3) 보관

보관 장소는 다른 작업에 방해가 되지 않고 손상을 입을 위험이 없는 장소를 택하고 부착 순서를 고려하여 정리·보관한다. 보관방법은 손상이나 변형이 생기지 않도록 직접 저장하는 것을 피하고 침목 위에 세워 두거나 혹은 눕혀 두며, 특히 높은 곳에서는 강풍 등에 의해 비산(飛散)되지 않도록 고정한다.

17.5.3 먹매김 및 패스너 설치
(1) 먹매김

커튼월은 건축물의 외장으로서 성능을 가져야 하기 때문에 정밀하게 설치해야 한다. 먹매김은 건축 기준 먹매김, 커튼월 기준 먹매김, 커튼월 설치 먹매김의 순으로 이루어진다.

1) 건축 기준 먹매김

마감공사용 기준 먹을 표시하기에 가장 적절한 층(통상 Bench Mark가 잘 보이는 1층 또는 2층)에 철근콘크리트공사에서 실시하는 것처럼 건축 기준 먹을 놓는다.

2) 커튼월 기준 먹매김

커튼월을 각 층에 표시된 기준 먹에서 개별적으로 설치하면 먹매김 오차에 의해 커튼월 설치 오차가 누적되어 상하층에서 어긋남이 생기므로, 피아노선을 사용해서 커튼월 기준층을 5~6층마다 설정하여 수직·수평으로 연속한 기준을 설정한다.

3) 커튼월 설치 먹매김

기준층의 먹을 토대로 중간층의 기준 먹을 놓고 이에 맞추어 커튼월 설치 먹을 놓는다.

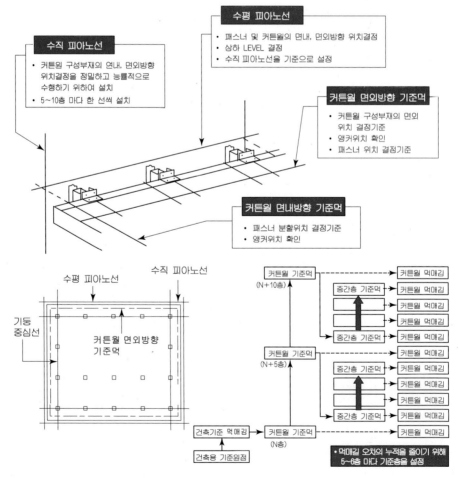

그림 17-12 커튼월의 먹매김

(2) 패스너 설치

1) 앵커 설치

매입 앵커는 골조공사와 병행하여 설치하는 선설치 앵커와 골조공사 완료 후에 설치하는 후설치 앵커로 나눈다.

① 선설치 앵커

구조체 콘크리트를 타설하기 전에 철근에 용접하거나 거푸집에 못 등으로 고정하고 콘크리트를 타설하여 구조체에 완전하게 고정하는 방식이다. 후설치 앵커보다 구조적으로 유리하나 시공정밀도의 확보가 어렵고 파손이 발생할 수 있으므로 콘크리트 타설시 보양하며 콘크리트가 앵커 주위에 완전히 충전되도록 한다.

② 후설치 앵커

골조공사 완료 후에 앵커볼트를 설치하는 방법으로 용접, 캐미칼 앵커 등이 이용된다. 선설치 앵커와 비교하여 시공정밀도의 확보는 용이하지만 골조에 고정상태 및 강도면에서 불안하므로 시공 중의 관리 및 시공 후의 강도 검사에 세심한 주의가 필요하다.

2) 패스너의 설치

기준먹 및 피아노선을 근거로 패스너를 소정의 위치에 설치한다. 패스너의 설치 위치는 외주부 안쪽 방향으로는 설치 먹으로부터 계측하여 결정하며 바깥 방향은 수평 피아노선으로부터 계측하여 결정한다. 수직방향은 레벨을 측정하여 설치한다.

그림 17-13 앵커 및 패스너 설치

17.5.4 본체 설치

설치층의 보관장소로부터 설치하는 위치로 운반한 부재는 상층에 설치된 양중기로 설치층 및 직상층의 작업원들과 협동작업으로 패스너 혹은 기설 부재에 부착한다. 중량이 큰 프리캐스트 콘크리트 유닛, 대형 패널 등은 지상 혹은 지상과 설치층의 중간층 외벽면에 준비한 보관장소로부터 양중하여 작업하는 경우가 많다.

유닛 및 멀리언을 패스너에 부착할 때에는 일단 가조립하고 나서 부착 먹에 따라 최종 위치를 정하고 볼트로 본조임하거나 용접하여 고정시킨다.

멀리언 방식의 커튼월에서는 멀리언 부착 후 스팬드럴 패널을 멀리언에 부착한다. 본체 부착이 완료되면 유리를 끼워 넣고 실내측 부속 부재를 부착한다.

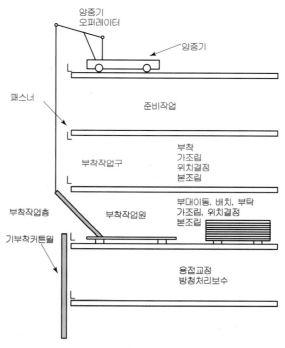

그림 17-14 커튼월 부착공사의 작업원 배치 및 작업내용

그림 17-15 커튼월의 본체설치

17.5.5 실링공사

실링공사의 품질은 커튼월의 수밀·기밀성을 좌우하므로 특히 세심한 시공이 요구된다. 가스켓(gasket)이나 끈으로 된 정형 실링재는 미리 부재의 단부에 설치하여 인접부재를 설치할 때 압밀하거나 나중에 줄눈 내에 삽입한다.

부정형 실링재의 시공은 줄눈 부위의 청소, 건조, 백업(back-up)재 채우기, 매스킹테이프 붙이기, 프라이머 도포, 실링재의 충전, 마감의 순으로 작업을 진행한 후 매스킹 테이프를 제거하고 청소한다.

충전작업은 줄눈에 맞는 노즐을 가진 코킹 건으로 공극이나 갈라짐이 생기지 않도록 실시한다. 실링작업을 위한 비계는 곤돌라와 같은 달비계를 주로 사용한다.

1. 백업작업　　　　　　2. 코킹작업

그림 17-16 커튼월의 실링공사

17.5.6 청소 및 검사

(1) 청소

실링공사 완료 후 커튼월 외부 및 내부 청소를 한다. 현장상황에 따라 설치 도중이나 준공 직전에 청소를 실시하는 경우도 있으며 부착물, 오염물질의 종류, 얼룩의 정도, 커튼월 표면마감의 재질 등을 고려해서 적절한 청소방법을 선택한다. 청소시에는 표면 오염상태를 확인해서 부식·상처 등이 발견될 경우에는 즉시 보수한다.

(2) 검사

검사는 공사의 최종단계에서만 실시하는 것이 아니라 중간과정에서도 실시한다. 검사의 내용은 각 부재의 설치 위치, 시공정밀도, 부착강도, 외관, 우수·결로수의 배출기능, 실링재의 시공상태, 부속철물의 상태와 작동, 청소상황 등이 있다.

검사방법은 계측결과와 견본과의 대조, 시료 채취, 육안검사 등이 있고 그 결과를 바탕으로 사전에 정해진 검사기준에 맞추어 판정한다. 문제점이 발생한 경우는 신속하게 대책을 강구하고 수정결과에 대해서도 반드시 확인한다.

■표 17-4 커튼월 시공과정의 검사

검사항목	검사방법	판정기준
1. 설치기준 먹매김	철제자 등으로 실측	커튼월 시공도면에 의함
2. 구체 설치 철물의 위치	부착기준 먹매김에서 실측	커튼월 시공도면에 의함
3. 줄눈의 폭·중심간격·단차	켈리퍼스 등으로 실측	커튼월 시공도면에 의함
4. 주요 부재 설치 위치	설치기준 먹매김에서 실측	커튼월 시공도면에 의함
5. 설치용 철물 설치 상황	철제자 또는 육안검사	커튼월 시공도면에 의함
6. 유리설치 상황	평활도, 파손 등 육안검사	공사시방서에 의함
7. 부속부품 설치 상황	유격, 소음, 누수 등 육안검사	공사시방서에 의함
8. 실링공사	누수, 외관 등 육안검사	공사시방서에 의함
9. 표면마감(현장시공의 경우)	훼손, 파손 등 육안검사	공사시방서에 의함
10. 연기투과 방지층	틈새 등 육안검사	공사시방서에 의함

17.6 ● 커튼월 공사의 단계별 문제점 및 대책

커튼월은 건물의 외피를 형성하여 건축물의 외관과 성능을 좌우하는 중요한 건축요소일 뿐만 아니라, 전체 공사비와 공정에 미치는 영향이 매우 큰 공사이므로 시공과정에서 발생할 수 있는 모든 문제점들을 사전에 파악하고 적절히 대처하는 것이 필요하다. 커튼월 공사의 흐름은 크게 전문업체를 선정하고 계약에 이르는 착공 전 단계와 사전 성능검증 단계, 제작 및 운반 단계, 현장설치 및 시공 단계 등으로 구분할 수 있으며, 각 단계별 문제점과 대책은 표 17-5와 같다.

■ 표 17-5 커튼월공사 리스크 대책방안

단 계	문제점	대책	세부 대책	
			수 행 시 점	요 구 정 보
설계도서, 특기시방 조건검토	1. 부적격 외장시스템 (계약조건)	외장공법 검토(시공성, 경제성, 공기 단축을 고려한 최적 디테일 도출방안)	개설초기	외장시스템 개선안
	2. 도면/시방기준 미흡	계약도서의 불합리성, 구체성 부족 문구 / 디테일에 대한 수정 보완	개설초기	계약도서 설계변경방안
현장설명 (업체선정 계획서)	1. 구체적 입찰조건 미흡	정확한 입찰기준제시를 위한 도면 / 시방서 구체화(부위별 풍압기준 등)	현장설명 2개월 전	보완 도면/ 시방서
	2. 일정미준수/품질결함에 대한 페널티 기준 미흡	공기 및 품질관련 계약불이행에 대한 구속력을 갖는 구체적 기준 제시	현장설명시	구체적 기준
전문업체 선정/계약	1. 실행예산 한계 내 발주가능여부	대안공법 검토 / 시방서 조정	개설초기	대안적용사례 / 변경시방서
	2. 적정 품질관리 가능 업체선정 여부	사전 기술발표회 / 기술역량 검증을 위한 PQ 방안	현장설명 1개월 전	업체별 기술 역량 평가서
사전 성능 검증	1. 발주처 승인기간 지연	계약서에 승인기간 명시 실물 / 샘플 준비 등으로 사양 조기 결정 유도	도급계약시/ 외장착공초기	승인조건/ 샘플 종류
	2. 최적 시스템 여부	성능검증을 위한 실물모형시험	외장착수후 3~6개월이내	실물모형시험 절차/일정계획
	3. 롱 리드(long lead) 제작 아이템 관리에 관한 문제	초기 샘플승인 방안	공사착공초기	제작 리스트 및 소요일정계획
	4. 동절기 작업지연	공장제작 방식으로 설계변경 현장 보양방안	외장공사 시공계획단계	동절기 작업 영향 요소
	5. 해외 시험의 경우 추가공기소요	추가소요조건을 고려 사전 여유 공기 확보(2개월)	외장공사 시공계획단계	해외시험관련 추가소요공기
	6. 시험 실패에 따른 추가공기소요	시험실패를 고려한 여유공기 확보(1~2개월)	외장공사 시공계획단계	Mock-up재 시험소요공기

제작/ 운반	1. 제작가공기계 불량으로 인한 결함	사전정도관리 제작오차를 고려한 가공기계 선정	하도계약시/ 외장착공초기	조립기계 정밀도한계
	2. 조립라인미비(노천가공/저온조건 양생불량)	사전 제작 품질관리 기준 설정	외장공사 시공계획단계	제작계획/ QC 기준
	3. 검수시스템 미비	제작 체크리스트준비	외장공사 시공계획단계	제작 검수 시트
	4. 제작단계에 마감재 보양 미흡	사전 계획 단계에 고려	외장공사 시공계획단계	보양항목/ 보양기준
	5. 업체 제작 능력 초과로 인한 제작지연	업체 작업 부하를 고려한 복수업체 활용안	하도계약시/ 외장착공초기	업체제작부하/제작일정
	6. 중도 설계변경	사전 여유공기 확보	문제발생시점	설계변경항목 예측리스트
	7. 부속자재 조달지연 / 사양승인 지연	부속 엑세서리류 승인 아이템관리 / 여유 준비일정 확보	외장공사 시공계획단계	부속자재항목/승인일정
	8. 설계변경 인정 관련한 고의적 태업	사전업체 평판 확인을 통한 현설 참여 승인	현장설명전/ 문제발생시점	적격업체 리스트
설치	1. 자재운송보양 미비로 인한 커튼월 변형 및 재제작 공기	착공전 계획단계에 보양대책 / 보수대책 수립	외장공사 시공계획단계	운송계획서 / 변형파손사례
	2. 현장 적재방법 불량으로 인한 변형 및 파손	착공전 자재 적재계획 / 보수대책 수립	외장공사 시공계획단계	야적계획서 / 변형파손사례
	3. 검수 불합격으로 인한 제작품 수정작업	수정 작업을 고려한 공정계획 / 존(zone)별 검수계획	외장공사 시공계획단계	예상수정작업 / 보수계획
	4. 외벽 측량선 오차 한계 초과로 인한 골조수정 / 앵커 브라켓(anchor bracket) 제작	골조 정도관리 기준 설정 / 한계치이상 오차에 대응 가능한 브라켓 제작	외장공사 시공계획단계	골조오차한계 / 대표수정사례
	5. 적정 시공인력 조달문제	사전 시공능력 평가단계에서 확인	시공계획시 / 문제발생시	설치팀 운영 계획
	6. 현장 커튼월 작업 품질관리 미흡으로 인한 하자발생(누수, 결로)	반복성 하자 설계변경 / 작업 불량부위는 보수작업 처리	시공계획시 / 문제발생시	예상하자사례 / 보수계획
	7. 현장 오차관리 기준 초과로 재작업(평활도, 조인트, 치수, 이색문제)	사전 비주얼 목업(visual mock-up) 등을 기준 재확정	시공계획시 / 문제발생시	정도관리기준 / 보수계획
	8. 동절기 습기가 많은 외기 조건에서 실런트(sealant) 시공에 의한 접착불량/누수하자발생	사전교육 등을 통한 품질 관리 방안 수립 / 시공불량부위의 보수 대책	시공계획시 / 문제발생시	동절기품질 관리계획 / 보수계획
	9. 불량 보양재 적용/장기간 보양 필름 외기노출에 따른 도장 마감 손상으로 인한 재시공	외기 노출조건을 감안한 적정 보양재 선정	시공계획시 / 문제발생시	보양품질 관리계획 / 보수계획

【참고문헌】

1. 강경인 외 6명, 이론과 현장실무 중심의 건축시공, 도서출판 대가, 2004

2. 구태서, PC외장재의 설계와 시공, 탐구문화사, 1994

3. 국가건설기준센터, 건설공사 표준시방서 및 전문시방서, 2020

4. 권태웅, 커튼월 계획과 시공, 도서출판 세웅, 1993

5. 김성일, 최신 건축시공학, 도서출판 서우, 2004

6. 대한건축학회, 건축기술지침, 2017

7. 대한건축학회, 건축공사표준시방서, 2019

8. 삼성중공업건설, 초고층 요소기술 시공가이드북, 기문당, 2002

9. 송도헌, 초고층건축 시공, 기문당, 2002

10. 이찬식 외 8명, 건축재료학, 기문당, 2002

11. 정상진 외 16명, 건축시공 신기술공법, 기문당, 2002

12. 주석중 외 3명, 새로운 건축구조, 기문당, 2003

13. 포스코, 강건재의 활용 – 강재 커튼월 편, 1997

14. 포스코건설, 건축시공기술표준서, 2002

15. 한국주택도시공사(LH), CONSTRUCTION WORK_SMART HANBOOK, 2019

16. 小野博宣 외 10명, 建築材料, 理工圖書, 1989

17. 依田彰彦 외 2명, 建築材料 敎科書, 彰國社, 1994

18. 日本建築學會, 建築構造用 敎材, 1985

19. 日本建築學會, 建築材料用 敎材, 1987

20. 現代 建築施工用語事典 編集委員會, 現代 建築施工用語事典, 彰國社, 1991

21. Edward Allen, Fundamental of Building Construction – Materials and Methods, John Wiley & Sons, Inc., 1999

22. R. C. Smith, C. K. Andres, Materials of Construction, McGraw-Hill Book Co., 1998

미장공사

18

CHAPTER

개요

미장공사란 모르타르·석고 플라스터 등의 재료를 혼합하여 건물의 내·외벽, 바닥, 천장을 마무리하는 공사를 말한다. 미장공사는 배합·바름 작업 등이 주로 수작업으로 진행되고, 시공된 부분은 대부분 노출되어 내벽 또는 외벽의 마감이 되거나 다른 재료마감의 바탕을 조성하기 때문에 특별히 품질확보에 유의하여야 한다. 미장공사의 품질에는 미장공의 기술력 외에도 선행 공정의 공사결과가 많은 영향을 미치며, 시공 후에는 균열·박리 현상 등으로 인한 안전문제가 발생하지 않도록 하여야 한다. 또한 일반적으로 미장공사의 시공과정은 단계가 많고 복잡해 일손이 많이 들며 양생기간이 필요하기 때문에 이를 고려한 공사계획과 일정관리가 필수적이다.

18.2 ─● 미장공사의 재료

미장공사의 재료는 크게 최종 마감면을 이루는 결합재와 마감면의 성능을 향상시키기 위해 첨가하는 혼화재, 골재, 보강재 등으로 구분되며, 시공시 재료의 종류와 규격은 시방서와 KS규격 등을 따른다.

(1) 결합재

시멘트, 플라스터, 소석회, 벽토, 합성수지 등과 같이 잔골재, 종석, 흙, 섬유 등 다른 미장재료를 결합하여 경화시키는 재료로서 공기 중의 탄산가스와 작용해 경화하는 기경성과 가수(加水)에 의해 경화하는 수경성으로 구분된다. 토벽·소석회·돌로마이트 플라스터(dolomite plaster) 등은 기경성 미장 재료에 속하고, 시멘트 모르타르·석고플라스터·무수 석고플라스터 등은 수경성 재료이다. 미장재료는 현장에서 배합해서 사용하는 것이 일반적이며, 가격은 조금 높으나 현장시공을 단순화하기 위해 기배합된 재료를 사용하기도 한다.

(2) 혼화재료

혼화재료는 주재료 이외에 반죽할 때 필요에 따라 첨가하는 재료로서 작업성을 높이고 강도 증대·균열 방지·시공연도 개선 등 성능향상을 위해 사용한다. 크게 소석회, 돌로마이트 플라스터, 플라이애시, 고로슬래그 분말, 포졸란 등의 광물질계 혼화재와 폴리머 분산제, 수용성 수지 등과 같은 합성수지계 혼화재, AE제, 감수제, 유동화제 등의 화학 혼화제로 구분된다. 이외에 방수제나 회반죽용 풀, 외벽용 풀, 안료 등도 혼화재료에 속한다.

(3) 골재

미장공사의 골재로는 모래, 펄라이트, 질석, 소성 플라이애시, 경량발포 골재, 종석, 쇄석, 색모래, 아스팔트 모르타르용 부순골재 및 석분, 색 흙 등이 사용된다.

(4) 보강재료

보강재료는 미장면의 성능을 높이기 위한 재료로서 식물성 여물, 종이여물, 섬유여물과 청마, 종려털과 같은 수염, 기타 무기질 및 유기질 섬유류가 사용된다.

18.3 ● 미장공사시 주의사항

미장공사에 앞서 시공자는 시방서에 따라 적용범위, 공사개요, 작업조 편성, 작업공정 바탕조건, 작업용 가설설비, 보양 방법 및 안전관리 등에 대한 작업계획서를 작성하여야 하며, 시공조건과 작업 준비 상황을 점검하여야 한다.

작업장소는 미장공법의 종류와 공정에 따라 채광, 조명 및 통풍이 적절히 이루어지도록 하여야 하고 사용하는 기계나 도구에 필요한 전기 설비와 급·배수 설비를 준비한다.

미장공사 시에는 자재의 이동이 빈번하고 고소에서 이루어지는 경우가 많으므로 공사용 가설 통로와 안전기준에 따라 작업 발판을 설치하여야 하고, 특히 비계 위에서 작업할 때는 바름면과 작업 발판 사이의 간격을 마감재와 시공 방법을 고려해 적절히 유지하여야 하며, 추락의 위험이 있는 고소 작업에는 적절한 추락 방지 설비를 설치해야 한다.

작업을 준비하거나 시공 시에는 바름면의 급격한 건조를 방지하기 위하여 거적 덮기나 살수 등 필요한 조치를 강구해야 하고 작업 면이 오염이나 손상되지 않도록 적절하게 보양한다. 또 외부 작업이나 고소 작업 시, 강우, 강풍 혹은 기타 공사로 지장이 있는 경우 작업을 중지한다.

18.4 ● 바탕 만들기 공사

미장공사의 바탕 만들기는 요철 또는 변형이 심한 곳을 고르게 손질하여 마감두께가 균등하게 되도록 조정하는 공사이다. 바탕면이 지나치게 평활할 때에는 표면을 거칠게 하여 미장 바름의 부착력을 높인다. 미장공사의 바탕에는 콘크리트와 같이 구조체의 표면이 직접 바탕이 되는 경우와 메탈 라스(metal lath), 와이어 라스(wire lath), 목모시멘트판, 석고보드 등을 바탕으로 하는 경우가 있다.

미장공사의 바탕처리 시 유의할 사항은 다음과 같다.

- 바탕면은 평탄하고 깨끗하게 처리하여 미장재료가 쉽게 부착되도록 해야 한다.
- 살붙임 바름은 한꺼번에 두껍게 바르지 않고 얇게 여러 번 바른다.
- 기둥 옆, 보 밑 등 이질재와의 접합부에는 모르타르를 밀실하게 채워 넣고 건조 후 바른다.
- 바탕면은 모르타르 등 미장재의 부착이 용이하도록 거칠게 한다.
- 바탕면은 흡수성이 작아야 하고 접착력이 좋아야 한다.
- 강성이 커서 변형이 잘 생기지 않아야 한다.

(1) 콘크리트 바탕

거푸집을 제거한 콘크리트면은 유해한 잔류물질과 균열, 오물, 과도한 요철 등이 없어야 하고 다듬질할 필요가 있는 곳은 다듬고 적절히 보수해야 한다. 거푸집 공사 잘못이나 설계변경 등으로 콘크리트면이 고르지 못해 바름 두께가 25mm를 초과 할 때는 용접철망 등을 고정하고 콘크리트를 덧붙여 발라 바탕면을 평활하게 만든다. 미장바름에 지장을 주는 철근·간격재 또는 이물질 등은 제거하고 구멍은 모르타르 등으로 메운다. 콘크리트의 이어치기 부분은 누수의 원인이 될 수 있으므로 적절한 방법으로 미리 방수처리한다. 콘크리트 바탕면이 요철이 없고 너무 매끄러우면 부착력이 떨어지므로 철솔(wire brush), 정 등으로 표면을 거칠게 한다. 프리캐스트 콘크리트(PC 패널) 부재를 바탕으로 할 경우에도 기본적으로 위와 동일한 방법에 의해 시공한다.

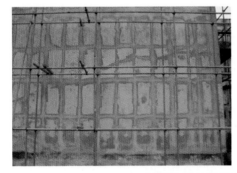

그림 18-1 콘크리트의 바탕공사 예

(2) 벽돌 및 블록 바탕

벽돌바탕의 경우 벽돌이 밀려나거나 떨어져나가기도 하고 줄눈 모르타르 미충전, 설비 배관 및 배선공사로 인하여 생긴 틈이 있을 수 있으므로, 이런 부분들은 모르타르로 확실히 메워준다. 바탕처리는 콘크리트 바탕처리와 같은 방법으로 하되 콘크리트 바탕 보다는 흡수율이 크므로 충분한 물축임[1]을 하고 바탕바름을 해야만 급속한 경화로 인한 균열 발생을 막을 수 있다.

---

1) 모르타르, 플라스터 등의 응결경화에 필요한 물이 벽돌 등의 바탕으로 과도하게 흡수되지 않도록 바탕에 미리 물을 뿌리는 것이다.

(3) 고압증기양생 경량 기포콘크리트(ALC : Autoclaved Light Weight Concrete) 패널 바탕

ALC 패널 접합부의 물매, 턱솔 및 주입 모르타르의 흘러내림 등을 적절히 보정 또는 제거하고, 특히 철골부위에 ALC 패널을 내화피복재로 사용할 경우, 갈고리 볼트나 기타 붙임 철물, 내화 접착제 등을 활용해 턱솔 및 줄눈 차이를 없앤다. 외벽 접착부의 줄눈, 새시 둘레 등은 지정된 실링재를 충전해 간극을 없애도록 한다.

(4) 메탈 라스(metal lath) 바탕

이질재에 바름벽을 형성하기 위해 사용하는 바탕재료로서 구체(졸대, 널)와 긴결을 시켜주며 부착성을 강화시켜 균열을 방지한다. 메탈 라스는 시멘트 모르타르 뿐만 아니라 회반죽, 석고 플라스터 등의 바름벽 바탕에도 사용되며 건물의 내외벽은 물론 처마 밑, 차양 밑 등 널빤지로 된 부위에 바르는 모르타르의 탈락방지 용도로도 쓰인다. 메탈 라스를 붙이기 전 내·외벽이 습기에 젖는 것을 방지하기 위해 방수지를 붙이며 방수지로는 아스팔트 루핑이나 아스팔트 펠트 등을 사용한다.

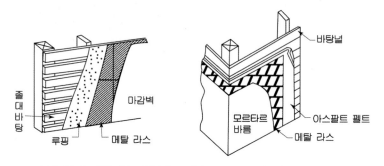

그림 18-2 메탈 라스 바탕(좌―졸대면 메탈 라스, 우―널면 메탈 라스)

(5) 와이어 라스(wire lath) 바탕

메탈 라스 바탕과 같이 졸대 바탕 위나 널 바탕 등의 미장바름 벽체를 구성하기 위해 사용하는 바탕재료이다. 원형, 마름모형 등이 있으며 졸대 바탕위에 방수지를 치고 와이어 라스를 붙인다.

(6) 석고보드 바탕

석고보드는 석고를 원료로 하여 양면에 내열성이 강한 두꺼운 종이를 대고 압축시킨 판으로 내화성이 크고 경량이며 신축성이 거의 없다. 종류로는 내장용을 겸한 일반 석고보드와 주로 바름바탕에 쓰이는 석고 라스보드가 있으며 두께는 9.5mm 이상의 것을 사용한다.

(7) 목모시멘트판 및 목편시멘트 바탕

좁고 길게 오려낸 대팻밥을 시멘트로 고착·압축하여 만든 목모시멘트판은 시멘트 페이스트에 의해 목모의 연소가 억제되어 방화 모르타르 바름용 바탕재로 쓰이며 두께가 15mm 이상이 되는 것을 사용한다. 목편시멘트는 목편과 시멘트를 원료로 하여 압축·성형한 것으로 두께 30mm 이상의 것을 사용한다.

18.5 ● 미장 공법

미장공법은 최종적으로 마감면을 형성하는 재료에 의해 구분되며, 마감재료로는 가장 일반적인 시멘트 모르타르에서부터 최근에 개발된 셀프 레벨링재까지 다양한 재료가 사용되고 있다. 주요 재료별 미장공사의 시공방법은 다음과 같다.

18.5.1 시멘트 모르타르 바름

시멘트 모르타르 바름은 미장공사에서 가장 널리 사용되는 공법으로 외벽, 내벽, 바닥 등 건축물의 모든 부위에 사용한다. 시멘트 모르타르 바름은 경화 후 내구성이 좋고 시공이 용이하며 자재를 구하기 쉽지만 균열·박리·백화 등의 결함도 많아 시공 품질에 유의하여야 한다.

시멘트 모르타르 바름은 바탕처리, 바탕청소, 재료비빔, 초벌바름 및 라스먹임[2], 고름질, 재벌바름, 정벌바름, 마무리, 보양 순으로 이루어진다.

(1) 재료

- 모르타르 배합은 초벌바름의 경우 시멘트 단위량이 큰 부배합을, 재벌 및 정벌바름에는 그 반대의 빈배합을 적용하여 부착력을 확보한다.
- 정벌용으로 소석회를 혼합하여 시공성을 향상시킨다.

---

2) 메탈 라스, 와이어 라스 등의 바탕에 모르타르 등을 최초로 발라 붙이는 것이다.

- 모래는 시공성이 허용하는 한 거친 입자의 것을 사용한다.
- 가수 후 3시간 이상 경과된 모르타르는 사용하지 않고, 작업시간 내에 최종 바름이 완료될 수 있는 양만을 비벼서 사용한다.

■ 표 18-1 모르타르의 배합(용적비)

바 탕	바르기 부분	초벌바름 (시멘트:모래)	라스먹임 (시멘트:모래)	고름질 (시멘트:모래)	재벌바름 (시멘트:모래)	정벌바름 (시멘트:모래: 소석회)
콘크리트, 콘크리트 블록 및 벽돌면	바닥	-	-	-	-	1:2:0
	안벽	1:3	1:3	1:3	1:3	1:3:0.3
	천장	1:3	1:3	1:3	1:3	1:3:0
	차양	1:3	1:3	1:3	1:3	1:3:0
	바깥벽	1:2	1:2	-	-	1:2:0.5
	기타	1:2	1:2	-	-	1:2:0.5
각종 라스바탕	안벽	1:3	1:3	1:3	1:3	1:3:0.3
	천장	1:3	1:3	1:3	1:3	1:3:0.5
	차양	1:3	1:3	1:3	1:3	1:3:0.5
	바깥벽	1:2	1:2	1:3	1:3	1:3:0
	기타	1:3	1:3	1:3	1:3	1:3:0

(2) 바탕처리

- 바탕면의 평활도는 3m당 6mm를 표준으로 하며 덧붙임 손질이 필요할 경우 바탕바름 모르타르로 요철을 조정하고 바탕면을 긁어 놓은 뒤 최소 2주 이상 방치한다.
- 개구부의 모서리와 배관부위 등 균열이 쉽게 발생하는 부위는 메탈 라스로 보강한다.
- 바탕면의 취약부를 깎아내고 너무 평활한 부분은 빗살흙손 등으로 접착모르타르를 훑어 접착면적을 늘린다.
- 모르타르 부착이 어려울 경우, 혼화제를 넣은 시멘트 페이스트를 미리 얇게 바르고 모르타르를 바르고, 콘크리트나 불록, 벽돌 바탕에 직접 바를 때는 바탕면을 물로 축이거나 산성용액으로 문지른 후 세척한 뒤 바름 작업을 한다.
- 바탕의 오염물질이나 기름 등은 물(고압) 또는 중성세제로 씻어 철저히 제거한다.
- 방수면인 경우 접착에 필요한 조치(라스 설치)를 취하고 바탕면의 훼손에 주의한다.
- 큰 벽면에는 적당한 크기의 줄눈(외벽 5m, 내벽 10m 이내)을 만들어 준다.
- 바탕면은 물축임 후 1일 동안 건조 양생한다.

(3) 바름두께

- 바름은 두께를 얇게 하고 잘 건조시킨 뒤 바른다. 바름두께의 표준은 표 18-2와 같으며, 1회의 바름두께는 6mm를 표준으로 한다.
- 마무리 두께는 공사시방서에 따르며 천장, 차양은 15mm 이하, 기타는 15mm 이상 으로 한다.

■ **표 18-2 바름두께의 표준**

바 탕	바름부분	바름두께(단위 : mm)					
		초벌	라스먹임	고름질	재벌	정벌	합계
콘크리트, 콘크리트블록 및 벽돌면	바 닥	–	–	–	–	24	24
	내 벽	7	7	–	7	4	18
	천 장	6	6	–	6	3	15
	차 양	6	6	–	6	3	15
	바깥벽	9	9		9	6	15
	기 타	9	9	–	9	6	24
각종 라스바탕	내 벽	라스두께보다 2mm 내외 두껍게 바른다.			7	7	4	18
	천 장				6	6	3	15
	차 양				6	6	3	15
	바깥벽				0~9	0~9	6	24
	기 타				0~9	0~9	6	24

(주) 1) 작업여건이나 바탕, 부위, 사용용도에 따라서 담당원과 협의하여 배합을 변경할 수 있다
　　 2) 바탕면의 상태에 따라 ±10 %의 오차를 둘 수 있다.

(4) 공법

- 시멘트와 모래를 혼합한 후 물을 첨가해 비비고 분말의 혼화재료는 비빔시 그대로 혼입하며 액상의 합성수지계 혼화제, 방수제 등은 미리 물과 섞은 뒤 혼입한다.
- 비빔은 기계로 하는 것을 원칙으로 하고 1회 비빔량은 2시간 이내에 사용할 양으로 한다.
- 초벌바름 시 바탕이 지나치게 평활하거나 경량 콘크리트 블록 등으로 흡수가 지나친 것은 시멘트 페이스트에 혼화제를 혼입하거나, 접착제를 발라 접착력을 확보한다.
- 초벌 모르타르를 바른 뒤에는 흙손으로 충분히 눌러주어 빈틈을 없애고 쇠갈퀴 등 으로 전면을 거칠게 긁어 놓도록 하며, 초벌바름 또는 라스먹임은 2주일 이상 방 치해 바름면에 생길 수 있는 균열이나 처짐 등의 흠을 충분히 발생시킨 뒤 심한 틈새가 생기면 다음 층바름 전에 덧먹임을 한다.

- 초벌바름의 두께가 너무 두껍거나 얼룩이 심할 때는 고름질을 하고 초벌바름과 같은 방치기간을 둔다. 고름질 후에는 다시 쇠갈퀴 등으로 전면을 거칠게 긁어 놓는다.

- 재벌바름을 할 때는 구석, 모퉁이, 인방 또는 문틀 주위 등에 규준대를 대고 평탄한 면으로 바르고, 다시 규준대 고르기를 한다. 재벌바름을 한 다음에는 쇠갈퀴 등으로 전면을 거칠게 긁어 놓은 후 초벌바름과 같은 방치기간을 둔다.

- 정벌바름은 재벌바름의 경화 정도를 보아 얼룩, 처짐, 돌기, 들뜸, 빈틈 등이 생기지 않도록 시공하며 마무리는 공사시방서에 따른다.

- 바탕에 심한 요철이 없고 마무리 두께가 15mm 이하의 천장, 벽, 바닥을 제외한 기타 부위에는 초벌바름 후 재벌바름을 하지 않고 정벌바름을 할 수 있으며(2회 바름 공법) 이 경우는 초벌바름 위에 정벌 밑바름을 하여 수분이 빠지는 정도를 보아서 윗바름을 하고, 규준대 고름질 후 지정된 마무리를 한다.

- 평탄한 바탕면으로 마무리 두께 10mm 정도의 천장, 벽, 바닥을 제외한 기타 부위에는 정벌바름만으로 마무리할 수 있으며(1회 바름 공법) 이 경우 바탕면에 시멘트 페이스트를 바르고 거기에 정벌바름의 배합으로 밑바름을 한 뒤 수분이 빠지는 정도를 보아 윗바름하고 규준대 고름질 후 지정된 마무리를 한다.

그림 18-3 시멘트 모르타르 초벌바름과 정벌바름

(5) 바닥미장

일반적으로 공동주택 실내 바닥미장(일명 '방통')은 기포 콘크리트 위에 온수난방 배관을 한 후 시멘트 바닥미장을 한다. 시멘트 모르타르 바닥 미장은 건조수축으로 인해 균열이 발생하기 쉬우며, 이 경우 상부 마감재(장판 등)의 변형(불룩 튀어나옴)이나 골조 바닥과 분리되는 현상이 발생된다. 시공시 유의사항은 다음과 같다.

- 건조기(4~6월)에는 소성균열이 빈번히 발생하므로 물시멘트비를 높이거나 AE제를 첨가한다. 기포 콘크리트면에는 작업 하루 전에 물을 뿌려둔다.
- 쇠흙손 마감은 4회 이상 실시한다.
- 최소 3일간 충격 및 보행을 억제하고 필요시 살수 양생을 실시한다.
- 모르타르 펌프의 압송시 가수를 하지 않는다.
- 보통콘크리트를 팽창하게 하여 수축을 완화시키는 팽창제(팽창성 혼화재)를 사용한다. 현장여건에 따른 팽창 정도를 확인한다.

그림 18-4 공동주택의 바닥미장

(6) 줄눈

모르타르가 경화되면서 수축하면 홈, 균열 등이 발생할 수 있으므로 바름면적의 크기를 고려하여 적당한 간격으로 줄눈을 설치한다. 줄눈의 종류와 시공방법은 공사시방서를 따르도록 하며 줄눈대를 사용할 경우 미리 줄눈 나누기를 하고 설치한다.

18.5.2 석고 플라스터 바름

플라스터(plaster)란 석고 또는 석회, 물, 모래 등의 성분으로 이루어진 풀 모양의 미장재료로서, 마르면 경화하는 성질을 이용해 벽·천장 등의 마감에 사용한다. 소석고(燒石膏, $CaSO_4 \cdot 1/2H_2O$)나 경석고(硬石膏 또는 無水石膏, $CaSO_4$) 등을 주재료로 골재를 혼합해 만들며, 건조가 빠르고 건조에 따른 수축이 거의 없어 균열발생의 위험이 작다. 다만 경화된 후라도 물에 젖으면 연화되는 성질이 있으므로 외벽이나 수분이 많은 지하실·욕실·부엌 또는 상시 고온을 받는 덕트 주변에는 사용하지 않는다.

(1) 바탕

석고플라스터 바름은 시멘트 모르타르, 콘크리트, 프리캐스트 콘크리트, 콘크리트 블록, 고압증기양생 경량 기포콘크리트 패널, 강제 철망, 라스 시트, 석고 라스보드, 목모 시멘트판, 목편 시멘트판, 목재 라스 등의 바탕에 시공할 수 있으며, 기타 바탕에 적용하는 경우 공사시방서에 따른다.

(2) 초벌바름 및 라스 먹임

바탕면의 건조과정을 보고 필요에 따라 물축이기를 하고 흙손으로 충분히 문질러 바르고 쇠갈퀴 등으로 전면을 거칠게 긁어 놓는다. 개구부 주변, 보드의 이음새, 기타 균열이 생길 우려가 있는 곳에는 초벌바름 시 종려털, 종려잎 또는 방청 처리한 메탈 라스 등을 넣어 바르거나 초벌 바름면에 뿌려 바른다.

(3) 고름질 및 재벌바름

고름질은 초벌바름의 수분이 빠지는 정도를 보아 바로 시공할 수 있다. 재벌바름은 초벌바름면에 접착을 충분히 하고, 표면은 정벌바름을 위해 평탄하게 만들되 적당히 거친면이 되도록 한다. 바를 때는 얼룩이 생기지 않도록 주의하고 나온 모서리, 들어간 구석, 개딩 주위는 규준대를 대고 징확하게 바른 다음, 굳기의 정도를 보아 나무흙손으로 문질러 평탄하게 한다.

(4) 정벌바름

정벌바름은 재벌바름이 반건조된 후 밑바르기와 위바르기로 나누어 흙손으로 충분히 눌러 바른 뒤, 물걷히기 정도를 보아 마무리 흙손으로 흙손자국이 없도록 평활하게 마무리 한다.

(5) 시공시 유의사항

- 혼합석고 플라스터, 보드용 플라스터는 물을 가한 후, 초벌바름과 재벌바름은 2시간 이상, 정벌바름은 1시간 30분 이상 경과한 것은 사용할 수 없다.
- 바름작업 중에는 되도록 통풍을 방지하고, 작업 후에도 석고가 굳어질 때까지는 심한 통풍을 피하여야 하며, 그 후는 적당한 통풍으로 바름면을 건조시킨다.
- 실내온도가 5 ℃ 이하일 때는 공사를 중단하거나 난방하여 5 ℃ 이상을 유지한다.
- 정벌바름 후 난방할 때는 바름면이 오염되지 않도록 주의하고, 실내를 밀폐하지 않은 상태에서 가열과 동시에 환기하여 바름면이 서서히 건조되도록 한다.

18.5.3 돌로마이트 플라스터 바름

돌로마이트(dolomite, $CaMg(CO_3)_2$)는 백운석(白雲石) 또는 고회석(苦灰石)이라고도 하며 여기에 모래·여물을 섞어 반죽한 바름재료를 돌로마이트 플라스터라 한다. 종종 시멘트를 혼합하여 사용하기도 하며 콘크리트면·목모 시멘트판·목편 시멘트판·ALC 패널(Panel) 등의 벽 또는 천장에 사용된다. 돌로마이트 플라스터 바름 시공은 초벌바름 및 라스먹임, 고름질, 재벌바름, 정벌바름 순으로 이루어지며, 바름 작업 중에는 통풍을 피하는 것이 좋으나 초벌바름, 고름질, 정벌바름 후 적당히 환기하여 바름면이 서서히 건조되도록 한다. 공법과 시공시 유의사항은 석고플라스터 바름과 유사하며 사용재료와 공법 등은 공사시방서에 따른다.

18.5.4 인조석 바름 및 현장 테라초(terrazzo) 바름

인조석 바름과 현장 테라초 바름은 종석과 모르타르를 배합하여 석재와 같은 분위기의 미장면을 완성하는 것으로, 벽이나 바닥, 계단 등에 시공이 가능하며 바닥의 마감 방법(인조석 갈기, 테라초 갈기)으로 주로 사용된다. 두 가지 바름 공법은 종석의 종류와 배합, 공법의 순서 등에서 차이가 나는데, 인조석 바름의 경우 종석은 백색 또는 흑색의 암석을 깨뜨려 만들고 현장에서 종석, 돌가루, 안료 등을 배합해 초벌 모르타르 바름을 하고 종석을 섞은 모르타르를 바른 다음 인조석 갈기, 인조석 씻어내기, 인조석 잔다듬 등으로 마무리 한다.

테라초 바름의 종석은 대리석 및 기타의 암석을 깨뜨려 만든 돌알로서 굳고 미려한 것을 사용하며 갈아내기로 마감할 경우 주로 백시멘트에 종석을 반죽하여 바르고 숫돌로 갈아 내는 방법으로 시공한다.

인조석과 테라초 바름의 배합 및 바름두께의 표준은 표 18-3을 고려하여 결정한다.

■ **표 18-3 배합 및 바름두께(용적비)**

종별		바름층	배합비				바름두께 (mm)
			시멘트	모래	시멘트, 백색시멘트 또는 착색시멘트	종석	
인조석 바름		정벌바름	–	–	1	1.5	
바닥 테라초 바름	접착공법	초벌바름	1	3	–	–	20
		정벌바름	–	–	1	3	15
	유리공법	초벌바름	1	4	–	–	45
		정벌바름	–	–	1	3	15

(1) 인조석 갈기

인조석을 정벌바름한 후 시멘트 경화 정도를 판단하여 숫돌로 갈고(초벌갈기), 다시 시멘트 페이스트를 바르고 갈아주기를 반복한다.(재벌갈기, 정벌갈기)

• 인조석 바름이 굳기 전에 분무기로 표면의 시멘트 페이스트를 씻어내어 종석을 노출시키며 마무리 한다. 정벌바르기 직후 물손질을 2회 이상한다.
• 보통 3회 갈기로 하며 거친 숫돌로 초벌갈기·재벌갈기를 한다.
• 연마과정 사이에서 시멘트 페이스트를 칠하여 홈을 메꾼다.
• 부족한 물기를 보충하여 수산(알칼리성의 시멘트를 중화)을 살포하고 펠트로 문질러 광택을 낸다.
• 필요에 따라 왁스를 바르고 마포, 모포 등으로 광택을 낸다.

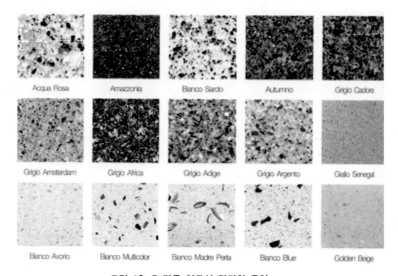

그림 18-5 각종 인조석 갈기의 문양

(2) 테라초 현장갈기

1) 줄눈 나누기

• 기준 바닥 레벨에 맞춰 되도록 좁게 나눈다.
• 황동제 줄눈대로 줄눈 나누기는 $1.2m^2$ 이내로 하며, 최대 줄눈 간격은 2m 이하로 한다.
• 갓둘레 너비 15~20cm 정도, 간격 90cm 정도로 한다.
• 레벨을 맞춰 지정물매를 유지한다.

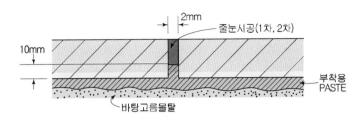

그림 18-6 테라조 현장갈기 단면

2) 초벌바르기

- 바탕 처리 후 물 축이기 : 시멘트 페이스트를 문질러 바른 후 된비빔 모르타르를 쇠흙손으로 눌러 바르고 표면을 긁는다.
- 밀착공법 : 바탕에 부배합 모르타르를 덧발라서 정벌바름면과의 접착성 증대를 유도한다.
- 절연공법 : 바닥면에 루핑을 깔아 테라초와 바닥면을 완전히 절연하는 공법이다.

3) 정벌바르기

- 정벌바름은 갈아내기 두께를 고려, 줄눈 보다 2mm 높게 바른다.
- 시공 중 인부의 보행 등에 의해 종석이 가라앉지 않도록 주의한다.

4) 양생

- 테라초를 바른 후 시공시기, 배합에 따라 손갈기일 때는 2일 이상, 기계갈기 일 때는 5~7일 이상 양생한다.
- 초벌갈기가 너무 빠르면 종석이 분리되고, 너무 느리면 갈기가 어렵다.

5) 갈기

- 초벌갈기는 종석의 배열이 균등하게 될 때까지 1.5mm 정도로 갈아낸다.
- 잔구멍, 돌알, 구멍 등은 된비빔의 시멘트 페이스트를 바르고 4~5일 정도 방치 한다.
- 재벌갈기는 0.5mm 정도 갈아 줄눈 부위가 완전히 노출되도록 한다.

18.5.5 회반죽 바름

회반죽 바름은 소석회에 여물, 해초풀, 모래 등을 섞어서 물로 비빈 것을 반죽하여 시공한다. 소성이 크고, 시공 후 표면이 공기에 접하게 되면 탄산칼슘으로 변해 단단한 피막을 형성하게 된다. 외관이 부드러우며 재료가 저렴하여 경제적이다.

회반죽 바름은 초벌바름, 고름질, 덧먹임, 재벌바름, 정벌바름 순으로 이뤄진다. 초벌바름은 바탕면에 충분히 부착되도록 바르고, 표면에 거친면을 만들고, 고름질, 재벌바름은 초벌바름 후 10일 이상 두고 초벌바름면이 건조한 후에 평탄하게 바른다. 재벌바름시 나온 모서리, 들어간 구석, 개구부 주변은 규준대를 대고 개탕 주위에 정확히 바른다.

또한 덧먹임 및 재벌바름시에는 개구부, 모서리, 기타 틈새의 갈라지기 쉬운 곳에는 종려털 또는 종려잎 등을 혼합하여 바른다. 정벌바름은 반드시 밑바르기를 하고 나서 바르기 하며 흙손자국이 생기지 않도록 마무리한다. 바름작업 중에는 될 수 있는 대로 통풍을 피하는 것이 좋지만 초벌바름 후와 고름질 후 특히, 정벌바름 후 적당히 환기하여 바름면을 서서히 건조시킨다.

18.5.6 바닥강화재 바름

시멘트계 바닥의 내마모성, 내화학성, 분진방지성 증신을 복적으로 금강사·철분·마그네슘·광물성 골재·시멘트 등을 주재료로 하여 바름마감을 하며 하드너 마감이라고도 한다. 분말상 바닥강화재나 침투식 액상 바닥강화재를 사용하며 분말상 바닥강화재의 경우, 미경화 콘크리트 바탕의 물기가 완전히 표면에 올라올 때까지는 시공을 금지하고, 물과 레이턴스를 깨끗하게 제거한 후 사용한다. 마무리작업이 끝난 후 24시간이 지나면 타설 표면을 물로 양생하거나 수분이 증발하지 않도록 양생용 거적이나 비닐 시트 등으로 덮어 주고, 7일 이상 충분히 양생한다. 수축 및 팽창에 의한 마무리 면의 균열을 방지하기 위하여 4~5m 간격으로 조절줄눈을 설치한다. 침투식 액상 바닥강화재는 적당량의 물로 희석하여 사용하며, 2회 이상으로 나누어 도포하는 것이 바람직하고, 도포할 표면이 완전히 건조된 후 부드러운 솔이나 고무 롤러, 뿜기 기계 등을 사용해 바닥강화재가 최대한 골고루 침투되도록 도포한다. 1차 도포분이 콘크리트 면에 완전히 흡수되어 건조된 후(보통의 기후조건에서 1일 정도)에 2차 도포한다.

18.5.7 단열 모르타르 바름

건축물의 바닥, 벽, 천장 및 지붕 등의 열손실을 방지하기 위해 외벽, 지붕, 지하층 바닥면의 안과 밖에 기존의 성형 단열재 대신에 경량 단열 골재를 주재료로 한 단열 모르타르를 발라 마감한다. 단열 모르타르는 낮은 열전도율, 부착강도 및 내화성 또는 난연성이 있는 재료로서, 외부마감용의 경우는 내수성 및 내후성이 있어야 한다.

단열 모르타르 바름은 바탕처리, 단열 모르타르의 접착력 증진을 위한 프라이머 도포 또는 접착 모르타르 바름, 재료비빔, 보강재 설치, 초벌바름, 정벌바름, 보강 모르타르 바름, 보양 순으로 이루어진다. 외기온이 5 ℃ 이하인 경우는 작업을 중지하고, 필요시에는 난방 보정하며, 보양은 7일 이상, 바름층별 양생시간은 지정된 경과 시간을 준수한다. 바름이 완료된 후에는 급격한 건조, 진동, 충격, 동결 등을 피하고 외장마감의 경우 정벌바름재가 완전히 건조될 때까지 먼지, 매연 또는 기상에 의한 손상으로부터 보호한다.

18.5.8 셀프 레벨링(self leveling)재 바름

셀프 레벨링재는 스스로 편평한 표면을 만드는 자체 유동성(liquidity)을 가진 재료를 말하며 바닥 바탕 모르타르의 대용으로 사용된다. 셀프 레벨링재는 석고나 시멘트에 모래, 유동화제 등을 혼합하여 만들고, 석고계 셀프 레벨링재는 물이 직접 닿지 않는 실내에서만 사용해야 한다.

바닥 콘크리트의 레이턴스, 유지류 등을 완전하게 제거하고, 깨끗이 청소한 후, 지정된 합성수지 에멀션 실러를 1~2회 바르고 실러가 완전히 건조되면 셀프 레벨링재를 시공면의 수평에 맞게 부어 시공한다. 필요시 고름도구 등을 이용하여 마무리하고 시공 중이나 시공완료 후 기온이 5℃ 이하가 되지 않도록 주의해야 하며 표면에 물결무늬가 생기지 않도록 창문 등은 밀폐하여 통풍과 기류를 차단한다.

■ 표 18-4 미장 종류와 바탕의 적응성(田村恭, 2000)

미장종류 (표면마감재료)	바탕면								
	콘크 리트	콘크리 트블록	ALC 패널	PC 패널	라스 바탕	석고 보드	목모 시멘 트판	시멘트 모르 타르	석고 플라 스터
시멘트 모르타르	◎	◎	△	○	◎	×	◎	◎	×
석고 플라스터	○	◎	○	○	×	◎	○	○	◎
돌로마이트 플라스터	◎	○	◎	○	○	△	○	◎	○
회반죽	○	○	×	○	×	×	○	○	△
흙벽	○	△	△	△	×	×	○	○	×

[범례] ◎ : 적합   ○ : 사용가능   △ : 적절한 조치로 사용가능   × : 불가

18.6 ● 미장 부속공사

미장공사 부분은 공사의 완공과 함께 그대로 노출되어 사용되기 때문에 공사부분에 균열이나 파손이 발생하지 않도록 사전에 적합한 부속공사를 계획하여 시공하여야 한다. 대표적인 부속공사로는 줄눈시공과 비드철물의 시공이 있다.

(1) 줄눈 시공

미장공사에서는 바탕재료의 거동 또는 수축팽창에 대비하여 각종 줄눈을 시공해주어야 하며, 미장공사를 시작하기 전에 줄눈의 종류와 위치 등을 사전 계획한다. 줄눈 시공은 주로 미장면의 균열을 방지하는 데 목적이 있는데, 예를 들어 콘크리트 벽체와 시멘트 벽돌이 만나는 부위, 모르타르 미장면과 창호가 만나는 부위 등, 이질재간의 접합부와 미장면이 길거나 넓을 경우 미장면에 발생할 수 있는 균열을 억제 또는 유도하기 위해 시공한다.

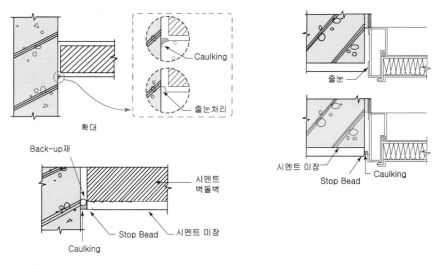

그림 18-7 이질재간의 Joint 부위

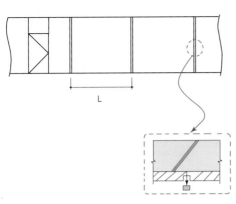

그림 18-8 미장벽이 길 경우 줄눈 처리

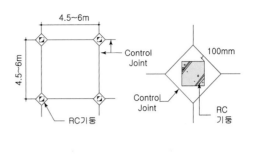

그림 18-9 주차장 바닥의 Control Joint

(2) 비드(bead)철물의 시공

비드는 주로 시멘트 모르타르의 각진면, 모서리면, 구석진면 등의 파손을 방지하고 품질향상을 위해 설치하는 제품을 말하며 황동, 알루미늄, 아연도금, 스테인레스 스틸 제품이 많이 사용된다. 비드의 설치는 공사시방에 따르도록 하며 줄눈 계획에 의해 각 부위별로 적합한 형태의 비드를 선택하여야 한다. 시공 전에는 수직, 수평 기준선을 정확히 잡고 공사도중 충격에 의한 위치변경이나 변형이 발생하지 않도록 주의하여야 하고, 특히 비드의 파손은 국부적인 파손이 아닌 전체적인 미장 탈락의 원인이 되므로 미장면을 시공한 후에도 보양에 유의하여야 한다. 미장공사에 사용되는 주요 비드의 종류와 용도는 다음과 같다.

① 코너비드 : 기둥, 벽체, 난간, 보 등에서 코너부분의 각을 잡아주기 위한 비드. 구체 재료가 바뀌는 부분이나 코너, 모서리 부분에는 해당되는 비드를 사용하지 않는 것이 크랙방지, 모서리 보호 등에 유리하다.
② 걸레받이 비드 : 베이스 비드라고도 하며 걸레받이용으로 사용되는 비드
③ 익스팬션 조인트 비드 : 미장면이 넓어 균열이 예상되는 부분에 사용하는 비드
④ 깊이척도 비드 : 미장면적이 넓을 때 벽면의 마감 두께가 일정하도록 조절하는 비드
⑤ 문틀용비드 : 처마도리 비드라고도 하며 창틀이나 문틀과의 접합부에 설치하는 비드
⑥ 스톱비드 : 모르타르와 이질재와의 접합부분에 쓰이는 비드
⑦ 건식용 코너비드 : ALC공법이나 석고보드의 모서리에 사용하는 비드

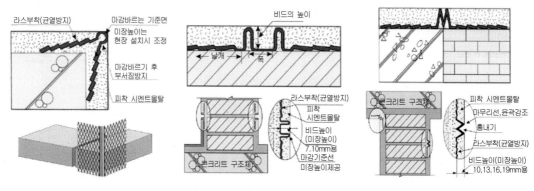

코너비드   걸레받이 비드   익스팬션 조인트 비드

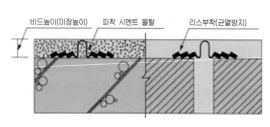

깊이 척도 비드   문틀용 비드

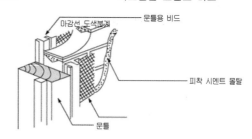

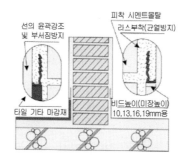

스톱비드

그림 18-10 대표적인 비드의 유형

【참고문헌】

1. 길정천, 建築構造와 施工學, 야정문화사, 2000

2. 김성일, 최신 건축시공학, 도서출판 서우, 2004

3. 김정현 외 5명, 최신 건축시공학, 기문당, 2003

4. 국가건설기준센터, 건설공사 표준시방서 및 전문시방서, 2020

5. 대한건축학회, 건축기술지침, 2017

6. 대한건축학회, 건축공사표준시방서, 2019

7. 이찬식 외 2명, 미장공사 핸드북, 한국미장방수공사업협의회, 1997

8. 이찬식 외 8명, 건축재료학, 기문당, 2002

9. 정상진 외 16명, 건축시공 신기술공법, 기문당, 2002

10. 주석중 외 3명, 새로운 건축구조, 기문당, 2003

11. 최산호 외 2명, 신기술·신공법 건축시공학, 도서출판 서우, 2003

12. 한국주택도시공사(LH), CONSTRUCTION WORK_SMART HANBOOK, 2019

13. 依田彰彦 외 2명, 建築材料 敎科書, 彰國社, 1994

14. 田村恭, 建築施工法-公私計劃, 第 2版, 東京;丸善株式會社, 2000

제18장

창호공사

19.1 • 개요

창호(窓戶)란 건축물의 문과 창을 총칭하여 일컫는 말로, 창호공사는 개구부에 채광과 조망·환기·통풍 및 출입 등을 위해 창, 문 및 유리를 설치하는 공사를 말한다. 창호는 기본적으로 기밀성·수밀성·차음성·단열성·내구성·내풍압성을 갖추어야 하며, 방화문의 경우는 관련 법규에서 규정하고 있는 내화성능을 가져야 한다. 창호는 사용빈도가 많아 고장이나 파손되기 쉬우므로 견고하게 제작하여 뒤틀림과 파손이 없도록 해야 한다.

유리는 창호에 부착되는 대표적인 재료로 건물의 채광, 통풍, 일조 등의 역할을 하며 경도가 높고 강도가 크지만 충격에 의해 손상되기 쉬워 작업시 유의해야 한다. 유리공사에는 개구부와 창호 등에 사용하는 판유리 끼우기 공법, 채광방음벽의 유리블록 조적공법, 바닥용 덱글라스 설치공법 등이 있고, 유리를 새시에 끼우거나 유리를 사용하는 벽체에 직접 끼우며, 철물을 사용하여 건물에 직접 설치한다.

19.2 ● 유리공사

19.2.1 유리의 종류

(1) 판유리(sheet glass)

가시광선의 투과율이 크고 자외선 영역을 강하게 흡수하는 성질이 있어 채광투시용 창문에 많이 사용된다. 표면의 가공 상태에 따라 제조된 상태 그대로의 투명판유리와 투명판유리의 한 면을 샌드블라스트로 하거나 부식 등의 방법으로 광택을 없앤 흐린판 유리로 구분된다. 두께는 보통 2~6mm이며 두께에 따라 박판(2mm, 3mm)과 후판(5mm 이상)으로 나뉘며, 후판의 경우 채광용보다는 차단, 칸막이벽, 특수문 등에 사용한다.

(2) 강화유리(tempered glass)

판유리를 열처리한 후 급랭시키면 표면의 수축으로 내응력이 생겨 보통 유리의 3~5배 정도의 강도를 낼 수 있다. 파괴시 파편이 없어 안전하므로 고층건물의 창, 테두리 없는 유리문, 계단난간 등에 주로 사용한다. 재가공이 어려워 제작 전에 소요 치수에 맞게 정확히 가공해야 한다.

(3) 망입유리(wire glass)

유리내부에 철, 알루미늄 등의 망을 넣어 압착 성형한 판유리로 파손을 방지하고, 도난이나 화재를 예방하기 위해 쓰인다.

(4) 접합유리(laminated glass)

두 장의 유리를 탄성율이 높은 유기접착필름(polyvinyl butyral film)로 접합시키고 가압, 가열하여 하나의 판유리로 만든 유리로, 유리가 파손되더라도 필름이 충격을 흡수해 파손으로 인한 사고를 방지할 수 있다. 자동차, 선박, 수족관, 진열장 등과 같이 도난방지가 요구되는 곳에 주로 사용된다.

(5) 복층유리(pair glass)

두 장 이상의 판유리를 스페이서로 일정한 간격을 유지시켜주고 그 사이에 건조 공기를 채워 넣은 후 그 주변을 유기질계 재료로 밀봉·접착하여 제작한다. 밀폐된 공기층의 열저항에 의해 단열 효과를 갖게 된다. 보통 공기층 두께는 보통 6mm나 12mm이다. 복층 유리는 일반 판유리의 보온, 방음, 단열 측면의 결점을 보완한 유리로 이중유리라고도 한다.

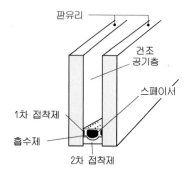

두께 mm	두께구성 외판+공기층+내판	최대크기 mm×mm	평균무게 kg/m³
12	3+6A+3	1,129×1,829	15.3
16	5+6A+5	1,829×2,438	25.3
18	6+6A+6	2,438×2,743	30.3
22	5+12A+5	1,829×2,438	25.5
24	6+12A+6	2,438×2,743	30.5
28	8+12A+8	2,438×3,353	40.5

그림 19-1 복층유리의 단면과 종류

(6) 열선반사유리(solar reflective glass)

판유리의 표면에 금속산화물의 얇은 막을 코팅하여 반사막을 입힌 유리이며, 태양광선을 반사하여 냉방부하를 줄일 수 있다. 밝은 쪽을 어두운 쪽에서 볼 때 거울을 보는 것과 같이 보이는 경면효과가 발생하며 이것을 하프미러(half mirror)라고 한다.

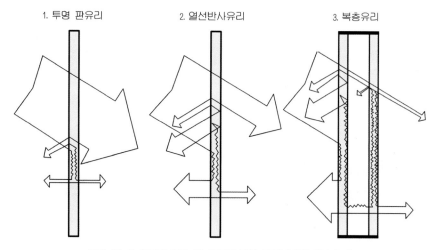

그림 19-2 유리의 종류 및 구조에 따른 태양광선의 흡수효과

(7) 열선흡수유리(heat absorbing glass)

판유리에 소량의 산화철, 니켈, 코발트 등을 첨가하면 가시광선은 투과하지만 열선인 적외선이 투과되지 않는 성질을 갖는다. 일사 투과율이 거의 일정하므로 사무소 건축에 유용하지만, 유리에 흡수된 열로 인해 응력집중이 생길 수 있기 때문에 파손될 우려가 있다.

(8) 로이유리(low emissivity glass)

판유리를 사용하여 이온 스퍼터링 공법(ion sputtering process)으로 한쪽 면에 얇은 은막을 코팅하여 에너지를 절약할 수 있도록 개발된 것이다. 가시광선을 76% 넘게 투과시켜 자연채광을 극대화하여 밝은 실내 분위기를 유지할 수 있다. 겨울철에는 건물 내에 발생하는 장파장의 열선을 실내로 재반사시켜 실내 보온성능이 뛰어나고, 여름철에는 코팅막이 바깥 열기를 차단하여 냉방부하를 저감시킬 수 있다. 유리의 안쪽 표면에는 엷은 금속막이 코팅되어 밖에서는 엷은 하늘색으로 거울의 질감이 나고 안쪽에서는 자연경관이 투명하게 보여 커튼월, 수영장, 주상복합건물 등에 많이 사용된다.

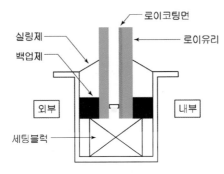

그림 19-3 로이유리 설치 창호의 단면

(9) 유리블록(glass block)

사각상자 모양의 성형유리 두개를 가열 용융하여 접합한 후 내부에 건조공기를 채운 중공 유리제품으로 불투명하며 보온, 채광, 의장 효과가 있다.

19.2.2 유리공사의 시공

(1) 유리공사의 시공순서

유리공사에 사용되는 유리 제품의 성능에는 내하중 성능, 유리설치 부위의 차수성, 배수성, 내진성, 내충격성, 열깨짐 방지성, 단열성, 태양열 차폐성, 에너지 효과성, 등이 포함되며 특히 설계풍압에 대한 구조적인 성능과 건축물에 요구되는 단열성능, 지역별, 용도별, 위치별 성능 및 조건 등을 고려하여 최적의 제품을 선정한다.

유리공사를 위한 설계도서에는 유리의 사양과 종류, 규격, 두께 등을 기입한 일람표를 작성하며, 이를 바탕으로 유리공사 및 관련공사의 일정계획과 유리생산업체, 시공법에 따른 구조계산서, 시공상세도면, 청소 및 안전관리계획, 운반 및 양중계획 등을 포함한 시공계획서를 작성한다.

공장에서 제작된 유리는 미리 견본품을 받아 검사하고 제작이 완료되어 현장에 반입되면 설치 이전에 다시 검사절차를 거친다. 공장에서 제품을 제조하는 동안 현장에서는 일부 현장가공이 필요한 유리의 가공과 설치작업 준비를 수행하고 현장에 유리가 반입되면 공사일정을 고려하여 적재 보관하였다가 정해진 위치에 설치한다. 설치된 유리에 대해서는 수평 수직검사를 실시하고 청소 및 보양한다.

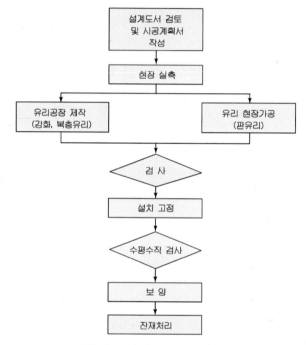

그림 19-4 유리공사의 시공 흐름도

(2) 유리의 가공 및 보관

공사의 규모가 크면 공장에서 절단하여 현장에 반입하지만, 소규모 공사일 경우에는 현장에서 절단하기도 한다.

판유리는 선단에 공업용 다이아몬드를 부착한 유리칼을 사용하여 절단한다. 절단면은 흠이 생기지 않도록 클리어 컷으로 하며, 절단면이 큰 경우에는 샌더를 사용하여 연마하고, 망입유리는 절단해도 망이 남으므로 자를 때 유리단면에 흠이 생기지 않도록 한다.

유리가 목재 상자, 팔레트로 운반되어 현장에 반입되었을 경우 지정된 장소에 그대로 보관하고 목재 상자, 팔레트가 없는 경우 벽과 바닥에 고무판, 나무판을 대고 세워서 보관하며, 파손을 방지하기 위해 유리와 유리 사이에 코르크판 등 완충제를 끼워준다. 유리의 보관 장소는 그늘지고 건조하며 통풍이 잘 되는 곳이어야 하고 직사광선이나 비에 맞을 우려가 있는 곳은 피한다. 즉시 사용하지 않을 유리는 비닐이나 방수포로 덮어주고, 상자로 보관되어있을 때에는 상자 내의 열집적 방지를 위해 상자 사이에 공기가 잘 순환되도록 유의한다.

(3) 유리설치공법

1) 가스켓(gasket)

알루미늄 새시 등에는 고무나 합성수지 제품의 가스켓을 유리홈에 끼워 유리를 고정하며 가스켓 내부의 물고임을 방지하기 위해 결로수 배출구를 두어야 한다. 가스켓을 이용한 설치방법에는 글레이징 비드(glazing bead)식과 글레이징 채널(glazing channel)식, 지퍼 가스켓(zipper gasket)식이 있다. 그레이징 가스켓은 네오프렌 고무 제품으로 단면이 작은 알루미늄 규격 새시에 주로 사용하며, 경제적이고 시공이 편리하지만 기밀성, 수밀성이 부족하다. 지퍼 가스켓은 클로로프렌 고무를 요구하는 형상으로 만든 것으로 시공이 용이하며 그레이징 가스켓식보다 기밀성과 수밀성이 우수하고, 고정창에 유용하다.

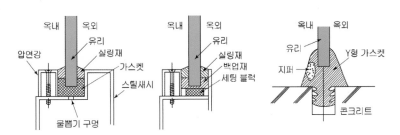

그림 19-5 가스켓 고정법

2) 실링재

금속, 플라스틱, 나무 등의 U형 홈이나 누름고정형 홈에 유리를 끼우는 경우 탄성 실링재를 사용한다. 고무의 신축성으로 온도변화에 의한 신축을 조정하여 유리의 파손을 방지한다. 탄성코킹공법은 세팅블록과 라이너로 유리를 고정하고 양측을 실링재로 덮는 것으로 글레이징 비드와 실링공법을 병용하기도 한다.

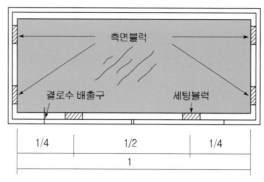

그림 19-6 실링재를 사용하는 유리설치와 세팅블록의 설치

3) SGS(suspended glazing system) 공법

벽 전체에 금속 클램프로 두꺼운 대형 유리를 매달아 설치하는 방법으로, 자중에 의해 완전한 평면을 유지하고, 유리 내부에 응력이 발생하지 않아 굴곡이 생기지 않는다. 유리 상단부에 부착된 테이프를 달철물에 고정시켜 보 또는 슬래브에 설치된 달철물 받이에 연결한다. 리브 유리 사용시에는 전면 유리 상호간의 접합부에 유리를 직각으로 조합하여 보강재 역할을 하게 하고, 금속제 사용시 멀리언(mullion)을 설치하여 보강재 역할을 하게 한다. 최근 대형사무소 건축물 등에 사용되고 있다.

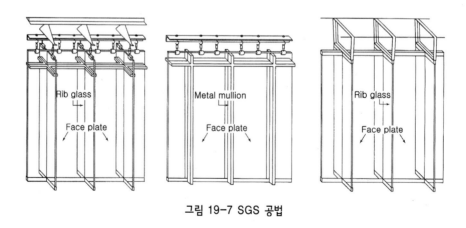

그림 19-7 SGS 공법

4) SSG(structural sealant glazing system) 공법

실링재로 내측 지지틀에 유리를 접착시켜 설치하는 방법이다. 유리를 지지하는 변의 수로 1변·2변·3변·4변 SSG라고 칭하며 2변지지 공법과 4변지지 공법을 많이 사용한다. 2변지지 공법은 판유리의 상하 또는 좌우를 새시로 지지하고, 다른 두 변을 실리콘 실링재를 이용하여 금속 멀리온(metal mullion)에 부착하며, 4변지지 공법은 판유리의 4변을 모두 실링재로 금속 멀리온에 부착한다.

새시가 외부에서 보이지 않아 의장적으로는 우수하지만, 유리를 접착제로 지지하기 때문에 오랜 기간 사용하게 되면 탈락될 우려가 있으므로 실링재를 보호하기 위해서 고성능 열선반사유리를 사용하는 것이 바람직하다. 열선반사유리를 사용하면 구조 실링재(structural sealant)를 자외선으로부터 보호하고 접착성과 내구성을 향상시킬 수 있다.

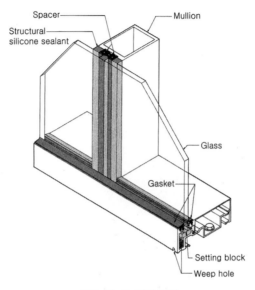

그림 19-8 SSG 공법

5) SPG(special point glazing system) 공법

알루미늄 프레임 등을 사용하지 않고, 강화 유리판의 네 구석에 구멍을 뚫어 특수 가공한 시스템 볼트를 삽입하여 유리를 고정하는 방법으로 4점지지 유리 시공법이라고도 한다. 구조적인 측면과 시각적 디자인을 모두 만족시킬 수 있어 대형 유리벽면의 구성이 가능하고 개구부 등의 설치가 간편하며 건물 내의 채광효과가 우수하다.

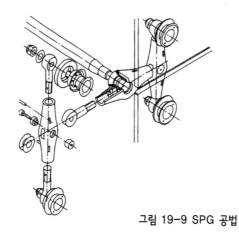
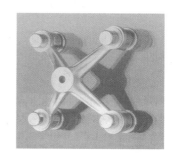

그림 19-9 SPG 공법

그림 19-10 SGS, SPG 공법 설치 예

(4) 보양 및 잔재처리

유리공사 후에는 유리면을 용제로 세척을 하고 즉시 깨끗한 물로 닦아내어 2차 오염을 방지하며 표면에 종이를 붙여 타 작업으로 인한 유리의 파괴와 안전사고를 예방한다. 중앙부와 주변부의 온도차이로 인한 팽창성의 차이가 응력을 발생시켜 유리가 파손될 수 있는데 이를 방지하기 위해서는 판유리와 차양막(커튼, 블라인드) 사이 간격을 최소한 10cm 이상 유지하고 냉난방된 공기가 직접 유리표면에 닿지 않도록 한다.

(5) 유리블록의 시공

유리블록은 모르타르의 접촉면에 염화비닐계 합성수지도료를 1회 칠한 후 모래를 뿌려 부착시키고 설계도면에 따라 줄눈 나누기를 하고, 방수제가 혼합된 시멘트 모르타르를 사용하여 쌓는다. 시멘트 모르타르는 가로 줄눈에 펴바르고 유리블록을 내리 눌러쌓고, 세로 줄눈에 빈틈없이 모르타르를 채워 넣는다. 이때 유리블록이 턱지지 않게 주의하고 나비를 일정하여 줄바르게 쌓는다. 줄눈은 두께 10mm로 균등하게 한다. 줄눈 마무리는 줄눈 모르타르가 굳기 전에 줄눈 흙손으로 눌러주고, 유리블록 표면에서 깊이 8mm 내외의 줄눈파기를 한 다음, 치장줄눈 마무리를 한다. 콘크리트벽에 직접 묻을 때는 유리블록의 갓둘레 테두리 안에 백색시멘트 모르타르로 유리블록을 붙여 댄 것을 지정한 위치에 설치하고 콘크리트를 부어 넣는다.

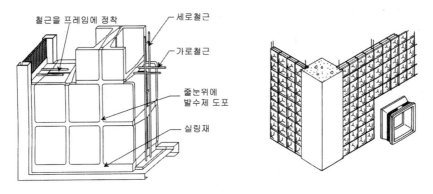

그림 19-11 유리블록

그림 19-12 유리블록 설치 예

19.3 창호공사

창호는 재료에 따라 목재 창호, 알루미늄 창호, 합성수지 창호, 철재 창호 등이 있다. 개폐방식에는 여닫이, 미서기, 미닫이, 오르내리기, 회전 등이 널리 사용된다.

창호의 표기 방법

설계도면 상에서 창호는 울거미(창호 틀)의 재료, 창호의 종류, 개폐 방법, 면 구성의 종류 등을 조합해 약속된 기호로 나타낸다. 창호기호의 표시 방법은 원내를 수평으로 2등분하고, 위쪽에는 정리번호를, 아래쪽에는 창호 구별 기호를 표시하며, 울거미 재료의 종류별 기호는 필요에 따라 원의 아래쪽 좌측에 표시한다. 또는 아래쪽을 세로 2등분하여 우측에 창호 구별 기호를, 좌측에는 울거미 재료의 종류별 기호를 표시한다.

울거미 재료의 종류별 기호

기 호	재료의 종류
A	알루미늄
G	유리
P	플라스틱
S	강철
SS	스테인레스
W	목재

창호별 기호

기 호		창문 구별
한 글	영 문	
ㅁ	D	문
ㅊ	W	창
ㅅ	S	셔터

창호기호의 표시방법

구 분	창	문
목 제	1 / WW	2 / WD
철 제	3 / SW	3 / SD
알루미늄제	5 / AW	6 / AD

창호기호의 표시방법(개폐방법별)

보 기	해 설
3 / W / D	창 호 번 호
	쌍 여 닫 이
	문

보 기	해 설
4 / ⇄ / W	창 호 번 호
	미 서 기
	문

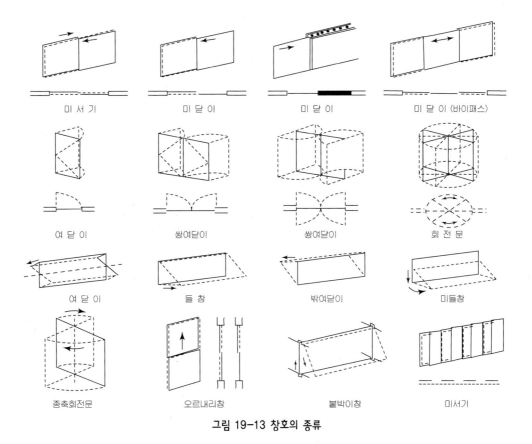

그림 19-13 창호의 종류

19.3.1 목재 창호

목재는 변형과 수축이 생기고 강도가 저하되기 쉬우므로, 결이 좋고 옹이가 없는 건조재(함수율 12~15% 이하)를 사용한다.

(1) 목재 창호에 사용되는 목재의 종류

목재 창호에 사용되는 목재의 수종, 품질등급, 마름질 방법에 의한 종별은 표 19-1과 같고 그 종별의 공사시방서가 정하는 바에 따른다. 일반적으로 목재는 수심이 없어야 하고 함수율은 18% 이하로 하며 플러시문의 울거미재는 라왕류, 소나무류, 삼나무류, 낙엽송류 및 잣나무류 등으로 한다.

■ 표 19-1 수종, 품질등급, 마름질 방법에 따른 목재의 종별

종별	종류	A종	B종	C종
수종	침엽수	홍송, 회나무	삼송, 삼나무, 미송	미송, 적송
	활엽수	공사시방서에 따른다.	삼나무, 추목, 라왕	라왕
품질	등급	1등	2등	3등
마름질 방법	울거리재 띠장재	4방 또는 3방 곧은결	2방 곧은 결	백변재가 있는 2방 곧은결
	판재	곧은결재	널결재	백변재가 있는 곧은결 또는 널결재

(2) 목재 창호의 구성

출입구나 창문을 다는 개구부를 문꼴이라 하고, 문꼴에 달아서 개폐하게 만든 것을 문 또는 창이라 한다. 개구부는 문틀, 문선, 문선굽, 문으로 구성되며, 문선과 문선굽은 생략되는 경우가 많다. 목재창호의 문틀은 위틀, 중간틀, 문지방의 수평부재와 선틀의 수직부재로 구성되며, 규모에 따라 중간선대, 중간선 틀 부재가 이용된다. 장부, 촉 등의 맞춤이나 교착제를 사용하여 조립하며 못, 나사못 등은 피하고 강도가 부족할 경우에 숨은 볼트나 철물을 장식적으로 사용한다.

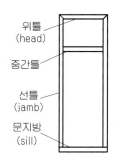
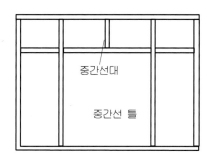

그림 19-14 문틀의 구조

(2) 목재 창호의 설치

창호는 공장에서 제작하고 현장에서 설치한다. 공장가공과 조립이 완료된 창호는 현장 반입시 변형, 손상을 방지하고 파손, 변색, 오손이 없도록 한다. 문틀과 창문은 설치하기 전에 미리 세워보고 개폐방향 등을 확인하여야 하고 문틀이 수직으로 바로 서지 않으면 사용이 불가능하므로 주의한다.

골조공사나 조적공사가 완료된 후에는 창호의 위치나 창호 설치를 위한 개구부의 크기 등을 수정하는데 어려움이 있으므로 동시에 계획하는 것이 좋다. 미장 및 조적공사를 착수하기 전에 틀을 설치하고, 창호를 설치한다. 틀은 필요한 곳에 쐐기를 치고 철물을 사용하여 구조체에 고정시킨다. 철근콘크리트구조에 설치하는 창호틀은 미리 묻어둔 나무벽돌에 고정시켜 설치한다.

19.3.2 강재 창호

강재 창호는 스틸 새시(steel sash)와 스틸 도어(steel door)로 구분하며, 강재 및 알루미늄 합금재 새시, 경량셔터, 방화셔터, 건축용 방화문 등이 포함된다. 강재 창호는 목재나 알루미늄보다 강도가 크고 용융점이 높아 내화성이 좋으나, 녹슬기 쉽고 무거우며 기밀성과 수밀성이 낮은 것이 있으므로 주의하여야 한다.

(1) 강재 창호의 설치

강재 창호는 공작 및 여닫음 시공상세도를 작성하여 이를 기반으로 공장에서 제작, 방청처리, 방청도료칠을 한 뒤에 현장으로 반입한다. 강재창호는 나중 세우기나 먼저 세우기 공법으로 설치한다. 손상을 받기 쉬운 곳에 설치한 창문틀은 보양하여 통행이나 재료를 취급할 때 변형이 생기지 않게 한다.

(2) 설치공법

1) 나중 세우기 공법

벽체를 먼저 시공하고 창문틀을 나중에 설치하는 것으로 대부분 이 방법을 사용한다. 개구부에 해당하는 콘크리트를 남겨 놓은 뒤 정확한 위치에 설치하고, 설치 후에 콘크리트와 창호틀 사이를 모르타르로 충전한다. 공법은 간단하나 빗물이 침투할 수 있으므로 완전하게 실링한다.

2) 먼저 세우기 공법

거푸집 조립에 앞서 매입앵커를 구조체의 철골에 용접하여 정확한 위치에 고정하고, 거푸집을 조립하여 콘크리트를 타설하는 방법이다. 빗물을 잘 막을 수 있고 틀을 견고하게 설치할 수 있으나, 콘크리트의 압력으로 거푸집이 휘면 재설치해야 한다.

제19장

(3) 모르타르 사춤

앵커 철물을 고정한 모르타르가 경화된 후에 가설받침·고임·버팀대 등을 빼내고 시멘트 모르타르를 틀의 안팎에 밀실하게 다져 넣고 틈이 생기지 않게 한다. 필요할 때에는 방수 모르타르나 코킹재로 채워 방수성능을 갖도록 한다.

(4) 마감도장

현장에서 창호의 도장이 필요할 경우 일반적으로 문틀의 정벌칠은 바닥마감 전에, 문짝의 정벌칠은 바닥마감 후에 실시하고 재벌칠은 벽마감 전에, 철물설치는 재벌칠 후에 한다.

19.3.3 알루미늄 창호

알루미늄은 비중이 철의 1/3로 가벼워 건물의 자중을 감소시키고, 녹슬지 않아 내구연한이 길며, 가공이 쉽다. 알루미늄 창호는 기밀성과 수밀성이 우수하고 개폐가 경쾌하지만, 강재 창호에 비해 내화성이 약하다.

알루미늄 새시(aluminum sash)재는 압출식으로 섬세한 요철부도 정확히 만들 수 있어 기밀성이 높지만, 시멘트를 사용하는 부위는 얼룩지기 쉽고 알칼리에 약하므로 콘크리트나 모르타르 등에 직접 접촉해서는 안 된다.

새시 바(sash bar)의 내구성을 향상시키기 위해서는 표면에 양극 산화 피막을 만들고, 다시 합성수지도막을 한다. 알루미늄 새시 바의 조립은 그림 19-15를 참조한다.

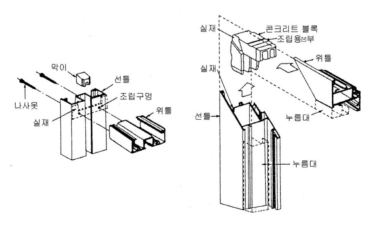

그림 19-15 알루미늄 새시 바의 조립

알루미늄 창호를 설치할 때는 먼저 설치 위치나 개폐방법 등을 고려하여 쐐기 등의 방법으로 수평, 수직을 정확히 하여 가설치한다. 철근콘크리트 구조의 경우, 앵커를 미리 콘크리트에 매입된 철물에 용접하고 창호를 설치하며 앵커 용접 시에는 용접불꽃에 의하여 알루미늄 또는 유리의 표면에 손상이 가지 않도록 주의하여야 한다.

가설치가 끝나면 창틀 주위에 쐐기를 제거하고, 틀의 내·외면에 형틀을 대고 모르타르로 충전하여 창호를 고정한다. 철골구조의 경우에는 앵커를 철골에 나사로 고정하거나 클립 고정 또는 용접 방법을 사용한다.

19.3.4 합성수지 창호

합성수지 창호에는 플라스틱 창호(하이새시 등), 아코디언 커튼이나 아코디언 도어의 비닐, 무테 아크릴문의 아크릴 등이 포함된다. 열전도율이 매우 낮아 단열성이 좋고 밀폐성이 우수하여 방수·방음이 되지만, 알루미늄 창호보다 무겁다.

합성수지 창호 설치 시에는 수평·수직을 정확히 하여 위치의 이동이나 변형이 생기지 않도록 고임목으로 고정하고 창틀 및 문틀의 고정용 철물을 벽면에 구부려 콘크리트용 못 또는 나사못으로 고정한 후에 모르타르로 고정철물을 씌운다. 고정철물은 틀재의 길이가 1m 이하일 때는 양측 2개소에 부착하며, 1m 이상일 때는 0.5m마다 1개씩 추가로 부착한다.

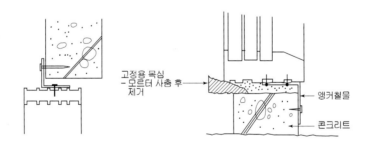

그림 19-16 합성수지 창호의 앵커철물 고정

19.3.5 유리문

유리전체를 넣은 통유리문과 문 하부에 널을 댄 징두리널(굽널) 유리문이 있으며, 유리를 끼울 때는 울거미에 가스켓 등을 면에서 끼우는 방법과 윗막이에 홈을 파고 내려 끼우는 방법이 있다.

19.3.6 특수 창호

(1) 무테 문

1) 무테 강화 유리문

울거미 없이 강화 판유리나 투명 아크릴판을 강력접착제나 볼트 등을 사용하여 설치하는 문으로 출입문에 플로어 힌지(floor hinge)를 달고, 자동개폐장치로 많이 사용된다.

2) 무테 플라스틱문

메타크릴수지·폴리에스테르수지 및 경질염화비닐(PVC)수지 문은 강도가 크고, 경량이며, 투광성·착색성·미관이 좋아 많이 사용된다. 무테 문은 상하에 테를 대어 힌지나 자물쇠 장치를 설치한다.

(2) 홀딩 도어(holding door)

실의 크기 조절이 필요한 경우에 칸막이 기능을 하기 위해 만든 병풍 모양의 문으로 신축이 자유롭다. 철제 프레임에 철판을 댄 문짝에 천, 벽지 등을 붙이고, 상부는 행거 레일(hanger rail)에 달바퀴(hanger roller)로 매달아 접어 여닫게 한다. 철판 사이에 유리면(glass wool) 등의 흡음재를 넣고 문짝 모서리는 스트립(strip) 등을 붙여 방음처리를 해야 한다.

(3) 주름문

문을 닫았을 때는 창살처럼 되고, 열면 주름이 접히는 문으로 도난방지를 위해 사용된다. 선살과 마름모살로 구성되고 선살 위에 설치된 문바퀴를 줄였다 늘였다 하여 여닫을 수 있게 만든다.

(4) 셔터(steel shutter)

셔터는 감아올려 개폐하는 오르내리 또는 여닫이의 철재 문을 말하며, 주로 연강판 스트립(strip)을 연속시켜 커튼처럼 면을 구성해 방범·방화·차연·투수방지·내풍압의 목적으로 사용된다. 감아올리는 장치는 수동식, 체인식, 전동식이 있다.

(5) 방음문

방송실, 음향실 등에서 구성부재와 구조체의 틈새로 소리가 새지 않도록 만든 문으로, 유리섬유나 암면 등을 문의 내부에 채우고 외부에 흡음재를 부착하기도 하며, 문틀과 문 사이에 2중 패킹 처리 등을 통해 방음 및 흡음성능을 높인다.

(6) 회전문

일반적으로 대형건물 및 호텔, 백화점, 병원 등 사람의 출입이 많은 곳에 설치하며 건물 내에 환경을 보다 쾌적하게 유지하기 위해 사용한다. 원통형 또는 타원형의 드럼 안에 4개의 유리문을 설치하고 자동 또는 반자동으로 회전하게 하여 외기의 유입과 실내공기의 유출을 막아 주고, 실내환경을 먼지, 소음 등으로부터 보호하는 데에도 효과적이다.

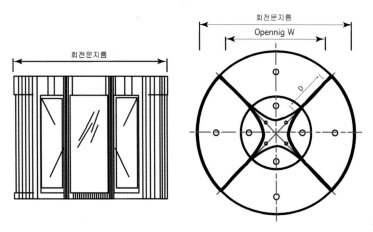

그림 19-17 회전문의 구조

(7) 자동문

자동문은 감지기(sensor)이나 스위치를 적용해 문의 개폐를 자동화한 문으로 사람의 출입이 많은 건축물이나 상점에 주로 사용한다. 감지기는 상부에 부착하거나 매트(mat)식이 사용되며 스위치식 자동문에는 푸시 버튼(push button), 카드 리더(card reader) 등이 사용된다.

19.3.7 창호철물

목재 창호용과 강재 창호용이 있으며 형식·치수 등은 거의 같다. 창호철물은 기능을 잘 발휘하고 편리하며 미적이어야 한다.

(1) 여닫이 창호철물

1) 보통 정첩(또는 경첩, butt hinge)

정첩을 접었을 때 돌쩌귀 암쇠(knuckle)만이 밖으로 보이는 일반적인 정첩으로, 주철제·판철제·황동제 등이 있다.

2) 자유 정첩

축받이 관 속에 스프링을 장치하여 안팎으로 개폐할 수 있으며, 외자유 정첩과 양 자유 정첩이 있다.

3) 레버토리 힌지(lavatory hinge)

자유정첩의 일종으로 공중화장실·공중전화박스 출입문 등에 쓰이며, 저절로 닫혀지지만 15cm 정도 열려 있어 비어있는 것을 판별할 수 있고, 사용할 때에는 안에서 닫아 잠그게 되어 있다.

4) 플로어 힌지(floor hinge)

자유정첩과 같이 문을 자동으로 닫히게 하는 힌지를 말하며, 유압식으로 되어 있고 중량이 큰 문짝에 사용한다. 문짝은 안팎으로 90°나 135° 등 필요한 위치에서 정지시킬 수 있지만 정첩처럼 한쪽으로 180° 정도로 열 수는 없다.

5) 피벗 힌지(pivot hinge)

바닥에 플로어 힌지를 설치한 후 문장부를 끼우고 지도리를 축대로 한 문장부 돌쩌귀이며, 스프링을 쓰지 않고 문장부식으로 되어 있다. 중량문에 사용하며, 중심축 달이와 내밀이달이가 있다. 무거운 문짝에는 중심축 달이로 하며 볼 베어링이 들어 있는 것을 사용한다.

6) 도어 클로저(door closer, door check)

문 위틀과 문짝에 설치하여 문을 열면 자동적으로 조용히 닫히게 하는 장치로 피스톤 장치가 있어 개폐 속도를 조절할 수 있다.

7) 함자물쇠

출입문 등에 붙이는 작은 상자에 장치한 자물쇠로 자물통·손잡이·밑판 등이 한 조로 되어 있으며 손잡이를 돌리면 스프링에 의해 열리는 래치볼트(latch bolt : 전자물쇠)와 열쇠의 회전에 의해 잠기는 데드볼트(dead bolt : 본자물쇠)가 있다.

8) 실린더 자물쇠(cylinder lock)

자물통이 실린더로 된 것으로 데드볼트의 출입 장치인 실린더의 고정부와 회전부를 뚫어 여러 개의 핀 텀블러(pin tumbler)를 장치하여 작동된다. 안에서 누름버튼으로 손잡이를 고정시키고 바깥에서는 열쇠로 손잡이를 돌리는 방식과 손잡이 속에 실린더를 장치한 것이 있다.

(2) 미서기·미닫이 창문용 철물

1) 레일(rail)

단면형태에 따라 둥근 레일과 각 레일이 있고, 강철제·주철제·플라스틱제 등이 있다. 심한 뒤틀림이나 구부림 등이 없게 일직선으로 깔아야 한다.

2) 문바퀴(floor roller)

볼 베어링이 들어 있는 주철제가 많이 사용되며, 구멍깊이·뒤틀림·경사·밑파기 등의 수정을 고려하여 나사못으로 견고히 고정하고, 여밈대에 잘 맞게 달아야 한다.

3) 도어 행거(door hanger)

도어 행거에는 행거 레일 및 바퀴를 쓰고 철물의 크기는 창호의 크기와 두께에 적당한 것을 사용한다. 행거 레일은 여닫음이 잘 되도록 조절한 후 설치한다.

(3) 오르내리창용 철물

오르내리창은 도르래(고패, 바퀴), 달끈, 추, 손걸이로 구성되어 있다. 도르래와 테는 헐겁지 않아야 하며, 그 사이에 달끈이 끼이거나 갈려서 끊어지지 않는 기구와 재질로 된 것을 사용한다. 크레센트(crescent)는 오르내리창의 여밈막이에 대는 잠금장치로 상하 창이 잘 채워지도록 손걸이와 같이 적당한 위치에 단다.

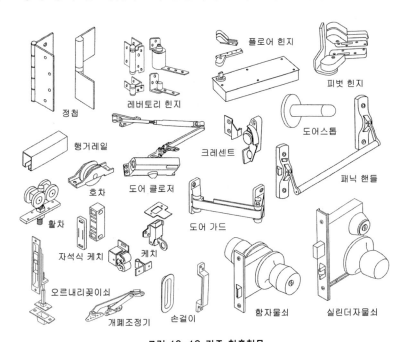

그림 19-18 각종 창호철물

제19장

19.3.8 창호의 시공

창호를 시공할 때는 우선 설계도서에서 요구하는 창호의 재질과 종류, 크기, 성능 등을 검토하고 시공계획서를 작성한다. 시공계획서는 골조공사나 조적공사 등 창호공사와 관련된 공종을 고려하여야 하고 시공오차, 이질접합부와의 처리, 구성재료의 접합방법, 표면마감 처리, 여유치수 등을 검토한다.

시공계획서가 작성되면 이를 바탕으로 시공상세도를 작성하고 창호의 제작을 발주한다. 창호가 제작되는 동안 현장에서는 창호설치를 위한 먹매김과 앵커 매입을 실시하고 공장에서 제작된 창호가 현장에 반입되면 수량과 품질 검사를 실시한 후 지정된 위치에 설치한다. 창호 설치 시에는 문틀의 사춤, 수직과 수평의 조정, 설치 후 마무리 등에 특히 유의하고 창호 설치가 완료되면 창호가 오염되거나 시공부위가 파손되지 않도록 보양처리 한다.

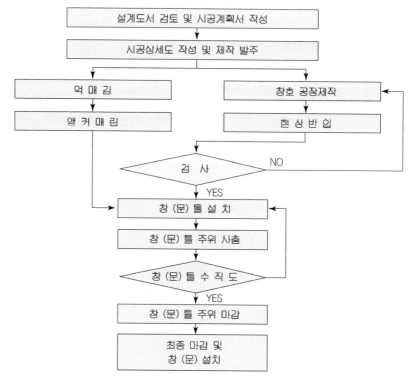

그림 19-19 창호공사의 시공 흐름도

【참고문헌】

1. 강경인 외 6명, 이론과 현장실무 중심의 건축시공, 도서출판 대가, 2004

2. 김성일, 최신 건축시공학, 도서출판 서우, 2004

3. 국가건설기준센터, 건설공사 표준시방서 및 전문시방서, 2020

4. 대한건축학회, 건축기술지침, 2017

5. 대한건축학회, 건축공사표준시방서, 2019

6. 이찬식 외 8명, 건축재료학, 기문당, 2002

7. 주석중 외 3명, 새로운 건축구조, 기문당, 2003

8. 한국주택도시공사(LH), CONSTRUCTION WORK_SMART HANBOOK, 2019

9. 建築施工教科書硏究會編, 建築施工教科書, 彰國社, 1994

10. 井上司郞, 建築施工入門, 実教出版, 2000

11. Edward Allen, Fundamental of Building Construction – Materials and Methods, John Wiley & Sons, Inc., 1999

제19장

도장공사

20.1 개요

도장공사는 건물의 내외부 표면에 도료를 칠하여 건축공사를 마무리하는 공종으로 미관을 아름답게 할 뿐만 아니라, 방부·방습·방청 및 노화 방지 등을 목적으로 한다. 또 최근에는 도장을 통해서 구충·내열·내유·내산·내알칼리·방음·방수·발광·전기 절연의 목적을 달성하기도 한다. 도장공사에 사용되는 도료는 화학제품이므로 재료의 성질과 목적이 다양하며, 따라서 도장의 목적에 맞는 적합한 재료를 선택하여야 하고 바탕재의 특성 또한 잘 이해하여야 한다. 시공과정에서는 각 도료의 특성에 적합한 시공방법을 따라야 함은 물론이고 도장의 품질조건과 작업환경, 기후조건, 경제성 등을 함께 고려하도록 한다.

20.2 도료의 구성과 종류

도료는 수지, 경화제, 용제, 첨가제, 안료 등의 성분으로 되어 있고 이 중 수지, 경화제, 용제를 총칭해서 전색제 또는 비히클(vehicle)라고 한다.

수지(resin)는 도장 후에 도막을 이루는 주성분으로 경화제와 반응해 도막의 물리적, 화학적 성질이 결정하며 용제(solvent)는 도료의 유동성을 증가시키고 도장을 용이하게 하는 목적으로 사용된다.

안료(pigment)는 도료의 색상을 나타내고 도막성능의 향상을 보강하기 위해 사용되는 재료로서, 안료를 포함하지 않은 도료를 투명 도료, 착색 안료를 포함한 도료를 에나멜 도료라고 한다. 마지막으로 첨가제는 도료의 제조, 저장, 도막형성 과정에서 필요한 성능을 향상시키기 위해서 사용되는 것으로 분산제, 침전방지제, 증점제, 광안정제, 건조제, 소광제, 방부제, 동결방지제 등이 포함된다.

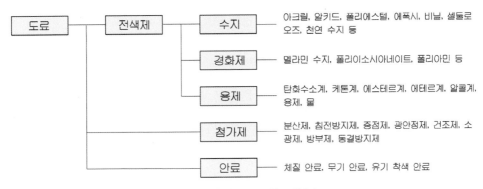

그림 20-1 도료의 구성요소

도료의 분류방법은 분류의 관점에 따라 여러 가지가 있는데, 도장 방법, 건조 조건, 도막의 성상 및 성능, 피도장물, 도장 장소, 도장 공정, 용도, 도료의 상태, 도료의 유통경로 등에 따라 이를 분류할 수 있다. KS에서는 주로 도료를 구성하고 있는 주성분(도막 주요소)에 의해 도료를 분류하고 이에 대한 규격들을 제시하고 있다.

■ 표 20-1 도료의 분류방법

분류법	대표적인 종류의 명칭 예
성분(도막 주요소)에 의한 분류	유성 도료, 프탈산 수지 도료, 염화비닐 수지 도료, 에폭시 수지 도료 등
안료의 종류에 의한 분류	알루미늄 페인트, 그라파이트 페인트, 광명단 페인트 등
도료의 상태에 의한 분류	조합 페인트, 분체 도료, 2액형 도료 등
도막의 성상에 의한 분류	투명 도료, 무광 도료, 백색 도료 등
도막의 성능에 의한 분류	내산 도료, 내알칼리 도료, 방화 도료, 방부 도료, 내열 도료, 전기절연 도료 등
도장방법에 의한 분류	붓 도장용 도료, 롤러 도장용 도료, 스프레이 도장용 도료, 정전 도장용 도료, 전착 도료, 침전 도장용 도료 등
피도장물에 의한 분류	콘크리트용 도료, 경합금속용 도료, 플라스틱용 도료 등
도장 장소에 의한 분류	내부용 도료, 외부용 도료, 바닥용 도료, 지붕용 도료 등
도장 공정에 의한 분류	하도용 도료, 중도용 도료, 상도용 도료 등
도료의 경화·건조성상에 의한 분류	자연 건조형 도료, 저온 소부형 도료, 가열 건조형 도료, 자외선 경화 도료, 전자선 경화 도료 등
용도에 의한 분류	선박용 도료, 중방식용 도료, 건축용 도료, 자동차용 도료, 목공용 도료, 캔용 도료 등
도료의 유통 경로에 의한 분류	일반 범용 도료, 가정용 도료, 공업용 도료 등

20.3 바탕만들기 공사

도료가 견고하게 부착되고 도장표면이 고르게 되기 위해서는 바탕을 평활하게 해야 하며, 도장 결함을 유발시킬 수 있는 모든 물질을 표면에서 제거해 도장표면을 깨끗이 한다.

(1) 목재면 바탕만들기

목재는 충분히 건조(함수율 13~18%)시키고, 표면은 평활해야 하며, 먼지, 오염, 부착물은 제거·청소한다. 대패자국 등은 바탕의 재질에 따라 연마지로 닦아 제거하고, 평탄히 연마한다. 송진이 많은 부분(옹이의 갓 둘레)은 인두로 가열하여 송진을 녹아 나오게 하여 휘발유로 닦는다.

옹이땜은 옹이 갓둘레와 송진이 나올 우려가 있는 부분에 셸락 바니시(shellac varnish)를 1회 붓도장하고, 건조 후 다시 1회 더 도장한다. 나무의 갈라진 틈, 벌레구멍, 홈, 이음자리 및 쪽매널의 틈서리, 우묵진 곳 등에는 퍼티를 써서 표면을 평탄하게 한다.

(2) 철재면 바탕만들기

1) 기계적 방법

스크레이퍼(scraper)·와이어 브러시(wire brush)·연마지(sandpaper) 등을 사용하거나 모래·철강 등의 입자를 분사(sandblasting)하여 충격과 마찰로 녹과 오염물을 제거한다.

2) 화학적 방법

휘발유, 벤졸, 솔벤트, 나프타 등의 용제를 사용하여 씻어 내거나 알칼리성 수용액(가성소다, 메탄규산소다, 이산소다 등의 수용액)에 담가 70~80℃로 열처리한 후 더운물 씻기를 하여 알칼리분을 제거하거나 휘발유, 벤졸, 트리크렌 등의 용제로 씻어낸다.

철에 인산피막염을 만들어 녹막이를 하거나 인산을 활성제로 하여 비닐 부틸랄수지·알코올·합성액제·물·징크로메이트 등을 배합하여 금속면에 칠해 인산피막과 비닐 부틸랄수지 피막을 형성해 녹막이와 표면을 거칠게 처리한다.

(3) 아연도금면의 바탕만들기

표면의 유지분은 용제로 닦아주어야 하며, 오래 노출된 표면에는 백색의 아연염이 생성되어 있으므로 비눗물로 제거하거나 깨끗한 물로 세척해야 한다. 2~3 % 염산으로 세정하거나 인산염 피막처리를 할 경우 밀착이 우수하다.

(4) 경금속, 동합금면의 바탕만들기

경금속의 바탕면은 도료의 부착이 불량하고, 풍화되기 쉽다. 철재에 비해 표면이 평활하여 화학 처리하는 것이 좋다. 탈지는 트리크렌 증기나 알칼리액을 사용하고 부착이 우수한 인산염 피막처리를 한다.

(5) 플라스터, 모르타르, 콘크리트면의 바탕만들기

콘크리트나 시멘트 모르타르면은 수분과 알칼리성을 함유하고 있어 도막의 변색이나 박리 등을 일으킬 수 있으므로 도장하기 전 충분히 건조시켜야 한다.

바탕재는 20℃를 기준으로 약 28일 이상 충분히 건조시켜야 하며(표면함수율 10% 미만), 알칼리도는 pH 9 이하의 상태가 이상적이다. 오염, 부착물을 제거할 때 바탕을 손상하지 않도록 주의한다.

20.4 · 도장공사의 시공

(1) 도료의 선정과 보관

도장재료는 친환경 제품을 우선적으로 사용하고 설계도서에서 정하는 바가 없을 경우 그 제조회사 제품 등에 대해 사전승인을 받아 선정한다. 도료는 상표가 완전하고 개방하지 않은 채로 현장에 반입하여야 하고 가연성 도료는 전용 창고에 보관하는 것을 원칙으로 한다. 도료를 보관할 때는 적절한 온도를 유지하도록 하고 특히 화재에 주의하여야 하며, 창고 주변에서는 화기 사용을 엄금한다. 도료창고 또는 노료 보관 장소는 독립한 단층건물로서 주위 건물에서 1.5 m 이상 떨어져 있게 하거나 건물 내의 일부를 저장장소로 이용할 때는 내화구조 또는 방화구조로 된 구획된 장소를 선택한다.

(2) 도장작업의 조건

도장공사의 품질확보를 위해서는 다음과 같은 조건에 유의하여야 한다.

1) 적정한 온도

도장작업은 일반적으로 −4℃~49℃의 온도에서 수행할 수 있지만 고온에서 도장작업을 할 경우 도막이 너무 빨리 건조하여 핀홀이 생기거나 박리현상 발생할 수 있고 10℃미만의 저온에서의 작업은 건조가 지연되거나 경화가 완전하게 되지 않을 수 있으므로 도료의 종류별로 온도에 의한 하자가 발생하지 않도록 유의하여야 한다.

2) 풍속

옥외도장 작업시 풍속이 40km/hr 이상이 되면 도장표면이 과잉 건조되거나 오염될 우려가 있으므로 작업을 중단하고 별도의 보양조치를 취해야 한다.

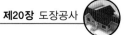

3) 환기조건

경화과정이나 건조기간 중에는 청정한 공기의 지속적인 공급이 이루어져야 한다.

4) 습도

도장작업 시에는 작업면의 온도가 이슬점보다 최소 2.7℃ 이상 높아야 한다. 특히 건조가 느린 도료의 경우에는 작업면의 온도상태에 큰 영향을 받지 않으나 건조가 빠른 도료의 경우 표면온도를 저하시키는 성질이 있어 금속표면과 이슬점 온도가 2.7℃ 이상 차이가 나지 않을 경우 작업면에 수분응축이 발생하여 부착력이 현저히 저하된다.

5) 바탕 만들기 및 바탕면 처리

도장을 시작하기 전에 바탕면에 남아있는 녹, 유해한 부착물(먼지, 기름, 타르분, 회반죽, 플라스터, 시멘트 모르타르) 및 노화가 심한 낡은 구도막은 완전히 제거하고, 면의 결점(흠, 구멍, 갈라짐, 변형, 옹이, 흡수성이 불균등한 곳 등)을 보수하여 도장하기 좋은 상태로 한다. 필요에 따라 수분, 기름, 수지, 산, 알칼리 등이 배어나오거나 녹아나오는 작용을 방지하는 처리를 하고 도장의 부착이 잘 되도록 연마 등의 필요한 조치를 한다. 비도장 부위는 바탕면 처리나 칠하기에 앞서 보양지 덮기 등 도료가 묻지 않게 조치해야 한다.

6) 인화가능성

휘발성 용제를 사용할 경우 화기나 전기스파크 등에 의해 화재가 발생하거나 폭발할 위험성이 크므로, 특히 인화성이 높은 도장재료로 작업하는 경우 인접한 위치에서의 용접작업은 금지시킨다. 또한 밀폐된 공간에서의 도장작업은 화재발생 위험성이 높으므로 적절히 환기를 시켜 발화위험성을 사전에 차단한다.

(3) 도장방법별 시공방법

1) 붓도장

붓에 도료를 충분히 묻혀 손이 갈 수 있는 범위 내에서 평행·균등하게 하고 이음새·틈서리·경계·구석 등을 먼저 바르고 중간을 대강 바른 다음 가로·세로로 세게 눌러 칠한다. 도료량에 따라 색깔의 경계, 구석 등에 특히 주의하며 도료의 얼룩, 도료 흘러내림, 흐름, 거품, 붓자국 등이 생기지 않도록 평활하게 한다. 붓칠은 위에서 아래로, 왼편에서 오른편으로 한다.

2) 롤러도장

스폰지나 털이 깊은 롤러를 사용하여 일정하게 눌러 칠하고 균일하게 넓혀 칠한다. 벽·천장같이 평활하고 넓은 면을 칠할 때 유리하다. 롤러도장은 붓도장보다 도장속도가 빠르지만 일정한 도막두께를 유지하기 어려우므로 표면이 거칠거나 불규칙한 부분에는 주의한다.

3) 뿜도장

스프레이건을 사용하여 도료를 압축공기로 뿜어 분무하여 칠하는 방법으로 큰 면적을 균등하게 도장할 수 있다. 뿜도장 거리는 뿜도장면에서 300mm를 표준으로 하고 압력에 따라 가감한다. 뿜도장할 때에는 매끈한 평면을 얻을 수 있도록 하고, 항상 평행이동하면서 운행의 한 줄마다 뿜도장 너비의 1/3정도를 겹쳐 뿜는다. 각 회의 뿜도장 방향은 전 회의 방향에 직각으로 한다. 매 회의 에어 스프레이는 붓도장과 동등한 정도의 두께로 하고, 2회분의 도막 두께를 한 번에 도장하지 않는다. 뿜칠 압력이 낮으면 거칠고, 높으면 칠의 유실이 많다. 래커타입의 도료일 경우 노즐구경 1.0~1.5mm, 뿜도장의 공기압은 $0.2{\sim}0.4\,N/mm^2$를 표준으로 하고 사용 재료의 묽기 정도에 따라 적절히 조절한다.

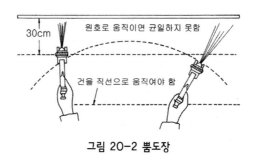

그림 20-2 뿜도장

(4) 도장재료별 시공방법

1) 유성페인트 도장

유성페인트는 건성유와 안료를 희석재에 섞은 것으로 목재에 칠하면 견고한 도막을 형성하므로 방수성과 방부성이 생긴다.

① 목부 유성페인트 도장

페인트칠하는 목부는 대패질을 하여 평활하게 하고 건조시킨 뒤 칠하고, 보통 3회 칠한다. 칠하기는 바탕만들기, 초벌칠하기, 나무결 메우기, 연마작업, 재벌칠하기, 정벌 2회 칠하기의 순서로 한다.

초벌칠은 흡수를 방지해야 하고, 완전한 피막을 형성하여 재벌·정벌칠의 부착이 잘 되도록 한다. 초벌작업 후 목재용 프라이머를 사용하여 나무결을 메운다.

② 철부 유성페인트 도장

바탕만들기, 2회 녹막이칠, 구멍충전, 연마작업, 재벌칠하기, 연마작업, 정벌칠하기의 순으로 진행되며, 녹막이칠은 공장작업을 하며, 칠작업 후 48시간 이상 건조시켜야 한다. 낮은 온도(10℃ 이하)에서는 건조지연으로 흘림이 발생하기 쉬우며, 높은 온도에서는 조기 건조로 핀홀(pinhole)이 발생하기 쉬우므로 작업시 온도를 고려한다.

2) 바니시 도장

휘발성 바니시와 기름 바니시가 있고, 주로 목부에 사용하여 나뭇결이 아름답게 마무리되도록 한다. 기름 바니시칠의 공정은 바탕만들기, 초벌칠하기, 연마작업, 재벌칠하기, 연마작업, 정벌칠하기, 마무리의 순으로 한다.

바니시 솔을 써서 나뭇결에 따라 평행이동 해야 하고 같은 자리를 되풀이하여 붓칠하거나 되돌리는 붓칠을 해서는 안 된다. 붓칠의 끝자리에 남은 도장은 가볍게 솔로 훑어 낸다.

바니시 도장은 습도 85% 이상일 경우에는 용제가 급격히 증발하여 도장면이 냉각될 때 생기는 결로로 인해 도장표면이 백색으로 변색되는 백화현상이 발생하므로 도장을 중지해야 한다. 밀폐된 공간에서 도장할 경우에는 중독의 우려가 있으므로 보호장구를 착용하고 적절한 방법으로 환기한다.

3) 에나멜페인트 도장

에나멜페인트는 기름 바니시에 페인트용 안료를 조합한 것이다. 유성페인트보다 내구성이 좋고, 광택이 잘 나고 피막이 두껍다. 보통 페인트보다 건조가 빠르기 때문에 솔을 사용하면 얼룩질 우려가 있으므로 뿜칠로 하는 것이 좋다. 두껍게 도장하면 건조가 더디므로 1회 도장시 최적 막 두께는 $20{\sim}30\mu m$ 정도가 이상적이다. 에나멜페인트 조합시 래커 신너를 사용하면 광택이 죽고 백화현상이나 초벌도장이 일어나기 쉽다.

4) 래커(lacquer) 도장

래커는 섬유소 유도체를 용제에 용해하여 수지·가소제·연화제 등을 넣은 도료를 말하며, 질산섬유소를 많이 사용한다. 래커에 안료를 넣은 것을 래커 에나멜(lacquer enamel)이라 하고, 안료를 넣지 않아 투명한 것을 클리어 래커(clear lacquer)라 한다.

내수·내유·내마모성이 크고, 내구성이 좋지만 건조가 빠르며 도막두께가 얇고 부착력이 작기 때문에 뿜칠로 한다. 바니시 도장과 공정이 동일하지만 도막두께가 얇아 재벌·정벌칠을 2~3회 나누어 칠한다. 래커칠은 습도가 높으면 백화현상이 우려되므로 습도 85% 이상에서는 도장을 중지한다.

5) 합성수지 페인트 도장

합성수지는 천연수지와 비슷하고 천연수지보다 높은 성능을 가진 인공 화합물이다. 유성 페인트나 바니시보다 건조시간이 빠르고 피막도 단단하며, 내산·내알칼리성이 있어 콘크리트나 플라스틱면에 바를 수 있다. 피막은 인화(引火)할 염려가 없어 방화(防火)성이 있다.

6) 수성 페인트 도장

안료를 적은 양의 물로 용해하여, 수용성 교착제와 혼합한 분말상태의 도료를 말하며, 취급이 간단하고, 건조가 빠르며, 내알칼리성 및 내수성도 좋으나 광택은 없다. 바탕 만들기, 초벌칠하기, 퍼티먹임, 연마작업, 재벌칠하기, 정벌칠하기의 순으로 진행된다. 초벌칠을 하면 바탕솔질 또는 균열부가 명료히 나타나고, 이 부분은 흡수가 커서 얼룩질 우려가 있다. 또한 벽면 건조가 균일하지 않아도 얼룩이 생기므로 칠은 보통 2~3회로 하고 솔칠한다.

실내 플라스터·회반죽·모르타르·벽돌·블록·석고보드 또는 텍스 등에 쓰이며, 근래에는 수성페인트에 합성수지와 유화제를 섞은 합성수지 에멀션 페인트가 많이 사용된다. 합성수지 에멀션 페인트는 5℃ 이하의 온도에서 도장시 균열 및 도막형성이 되지 않으므로 도장을 피한다. 부착성을 고려하여 과다한 희석은 피하고, 시멘트 모르타르면의 양생을 충분히(pH 9 이하) 해야 한다.

7) 알루미늄 페인트 도장

알루미늄 페인트(은분 페인트)는 알루미늄의 미세한 분말을 안료로 사용한 것으로 분말이 기름의 표면장력으로 부유되어 물질의 표층에 얇은 알루미늄막을 형성시켜 광선 및 열선을 반사시킨다. 알루미늄 페인트는 내수·내식·내열·방열성이 우수하며 녹막이 도장에도 사용된다. 옥내와 옥외에서 사용이 가능하고 재벌칠과 정벌칠은 붓칠과 뿜칠이 모두 가능하다. 알루미늄 페인트의 알루미늄 가루와 바니시와의 혼합 비율은 제조자가 지정한 비율로 한다. 혼합량은 1일분으로 하고 잘 휘저으면서 혼합한다. 2액형 알루미늄 페인트는 혼합했을 때 장시간 방치하면 은분색깔이 검게 되므로 주의한다.

8) 녹막이 도장

철재의 내구연한(耐久年限) 증대와 바탕 처리를 위해 실시하며, 첫번째 녹막이칠은 공장에서 조립 전에 칠하고, 화학처리를 하지 않는 것은 녹떨기 직후에 칠한다. 녹막이칠의 종류로는 광명단(red lead), 산화철 녹막이 도료, 징크로메이트 도료, 아연분말 도료, 연분 도료, 알루미늄 도료, 그라파이트 도료, 역청질 도료, 이온교환수지 도료 등이 있다.

9) 본타일 도장

모르타르면에 스프레이를 이용한 뿜칠 작업에 의해 요철모양을 형성한 후 롤러로 누름작업을 한 후 도료로 마감처리한다. 다채무늬 페인트 마감과는 달리 타일형 입체감만을 표현하며, 단일 색상으로 도장함으로써 다양한 색상을 느낄 수는 없지만 부착성이 좋고, 강도가 뛰어나며, 고내후성, 광택 등의 특성이 있다. 콘크리트 마감 대형건물 외벽이나 복도, 벽 등에 많이 적용된다.

내수성, 은폐력, 내알칼리성이 우수한 아크릴 공중합체 에멀션을 주성분으로 한 수성 본타일과 색상 보유력 및 내오염성이 우수한 아크릴수지를 주성분으로 한 아크릴 본타일이 있으며, 에폭시 에멀션을 주성분으로 한 중도무늬형의 에폭시 본타일, 탄성과 내충격성이 우수하고 균열에 대한 방수 효과가 있는 탄성 본타일이 있다. 틈새나 흠은 수성퍼티 혹은 에폭시 퍼티, 탄성 퍼티 등으로 메워주고 조정 후 작업한다. 물을 사용하는 뿜도장 도재는 주위온도가 5℃ 이하에서는 작업시 균열이 발생하기 쉬우므로 작업을 피해야 한다.

제20장

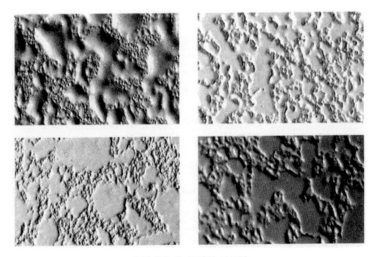

그림 20-3 본타일 시공면

10) 특수 도장

① 목재 방부재 도장

목재는 습윤·건조가 반복되는 부분이 잘 썩으므로 흙에 묻히는 부분이나 벽돌·콘크리트 등에 접하는 부분은 목재 방부재를 칠한다. 보통 목재 방부재는 콜타르(coal tar), 크레오소트(creosote) 등이 쓰이고, 1~2회 솔칠하거나 침지법(dipping process)으로 처리한다. 지중에 묻히는 부분은 표면을 태워 탄화(carbonization)시키는 방법도 사용한다.

② 방화용 도장

가연성 물질에 칠하여 인화·연소를 방지 또는 지연시키기 위해 사용하며, 금속·콘크리트에 칠하는 불연성 및 난연성 도장과 목재·천 등에 칠하는 발포성 도장이 있다.

③ 옻 도장

옻나무 껍질에 상처를 내어 채취한 유상액(乳狀液)을 불순물을 제거한 후 적당히 수분을 제거한 도료로 칠막의 경도·부착성·광택 등이 뛰어나고, 내구·내산·내수·전기절연·장식효과 등이 있다.

■ 표 20-2 도료의 적용부위와 적용 페인트

적용부위/용도	적용 페인트	특징
콘크리트면 및 모르타르면 유성도료	자연건조형 불소수지 페인트	•도장시방 : 에폭시 초벌도장+에폭시 퍼티+불소수지 초벌도장+불소수지 정벌도장 •초내후성 도료로 해안지역, 공해지역 등의 오염지역에 사용되며 현존하는 도료 중 가장 내후성이 뛰어난 도료로 주로 외부용으로 사용
	아크릴우레탄 페인트	•도장시방 : 에폭시 초벌도장+아크릴 우레탄 정벌도장 •내후성도료로 해안지역, 공해지역 등의 오염지역에 사용
콘크리트면 및 모르타르면 수성도료	외부용 수성 페인트	•도장시방 : 클리어 실러+KS M 6010 1종 1급 규격 제품
	내부용 수성 페인트	•도장시방 : 클리어 실러+KS M 6010 2종 1급 규격 제품

콘크리트면 및 모르타르면 수성도료	수성 침투성 실러 (클리어 실러)	•수성 페인트의 초벌도장으로 사용되며, 콘크리트의 백화 현상 방지와 모르타르면의 강도를 보강해 주며, 정벌도장 수성 페인트와의 부착력 강화 •수성 페인트의 절감에 기여하는 경제적인 초벌도장
	실리콘 페인트	•도장시방 : 클리어 실러+실리콘 페인트 •실리콘수지의 강력한 실록산 결합으로 내후성, 내구성, 내수성, 내오염성 우수
	무기질 실리케이트 페인트	•콘크리트 성분과 물리, 화학적 결합을 이루는 무기질계 포타슘 실리케이트수지를 사용하여 난연성, 방균성, 콘크리트 강도보강, 환경친화성 등의 물성이 우수한 내·외부용 수성 페인트
	친환경 페인트	•도장시방 : 클리어 실러+친환경 페인트 •low VOCs 및 low HCHO, 중금속이 함유되어 있지 않은 페인트
외부 철재 구조물	아크릴우레탄 페인트	•도장시방 : 에폭시 방청 프라이머+아크릴 우레탄 정벌도장 •내후성, 내마모성, 방청성, 내수성 등 물리·화학적 물성 우수
	조합 페인트	•도장시방 : 광명단 방청 페인트+조합 페인트 •가격이 경제적이고 작업성, 유연성, 살오름 우수
내부 철재 구조물 (방화문, 난간등)	에폭시 페인트	•도장시방 : 에폭시 방청 프라이머+에폭시 정벌도장 •자외선 노출시 변색, 초킹이 발생하므로 내부용으로 사용 •내산성, 내알카리성 등의 화학적 물성은 우레탄보다 우수
	알키드수지 에나멜 페인트	•도장시방 : 광명단 방청 페인트+에나멜 페인트 •조합 페인트보다 건조는 빠르나 내후성, 황변성이 떨어지므로 주로 내부용으로 사용 •에폭시 페인트보다 가격이 경제적이나 내구연수가 2~3년으로 짧음
목재 부위	목재용우레탄 페인트	•도장시방 : 목재용 우레탄 초벌도장+목재용 우레탄 정벌도장 •래커 페인트보다 건조는 느리나 내·외부용으로 유색/투명, 유광/무광/반광 선택 가능
	목재용 래커 페인트	•도장시방 : 래커 서페이서+유색 래커 정벌도장/래커 샌딩 실러+래커 투명 정벌도장 •연마가 용이하고 건조가 빠른 내부용으로 유색/투명, 유광/무광/반광 선택 가능
	목재용 방염 래커 투명	•도장시방 : 래커 샌딩 실러+방염 래커 정벌도장 •한국소방검정공사 성능합격 인증제품으로 화재발생 초기에 목재의 연소 방지, 지연 효과
옥상 방수 도장	☞ 방수공사 참조	•에폭시 페인트 : 균열 저항성이 없고 자외선 노출시 변색, 초킹 현상 발생으로 적용 불가 •아크릴 페인트 : 균열 저항성이 없고 후 도막 도장이 불가능하여 적용 불가

헬리포트 바닥	탄성우레탄 페인트	•도장시방 : 탄성우레탄 초벌도장+탄성우레탄 경질+탄성우레탄 정벌바름 •방수 기능과 강도를 고려하여 2액형 탄성우레탄 경질 제품을 사용
다채무늬 형성도장	인테리어용 펄무늬 페인트	•도장시방 : 수성 유광 페인트+메탈릭 펄 도료+수용성 정벌도장 투명 •수용성 메탈릭 펄을 이용한 도료로 바탕색 및 펄의 색상 조정을 통해 다양한 효과 •상업용 건축물의 로비, 홀 등 인테리어용 도장을 요하는 부위에 사용
	일반 다채무늬도료	•도장시방 : 내부용 수성 페인트+무늬 코트+수용성 정벌도장 투명 •무늬 코트라 불리며 아파트, 빌딩 등의 복도, 계단 등에 주로 사용
	고급 다채무늬도료	•도장시방 : 내부용 수성 페인트+고급 다채무늬 도료+수용성 우레탄 투명(필요시) •무늬 코트보다 무늬 입자가 고급스럽고 다양
	수성 다채무늬도료	•도장시방 : 내부용 수성 페인트+수성 무늬 코트+수용성 정벌도장 투명 •무늬 코트의 유성 무늬 입자를 수성화한 환경친화형 도료
입체무늬 형성도장	고탄성 본타일	•두장시방 : 고탄성 본타일 초벌도장+고탄성 본타일 재벌도장+고탄성 본타일 정벌도장 •도막(두께 1~2mm)의 신축성으로 크랙 저항성 및 방수성 우수
	외부용 에폭시 본타일	•도장시방 : 에폭시 초벌도장+에폭시 본타일 재벌도장+아크릴 우레탄 정벌도장 •단단한 도막을 형성하여 내수성, 내후성이 우수
	내부용 아크릴 본타일	•도장시방 : 내부용 수성 페인트+아크릴 본타일 재벌도장+아크릴 본타일 정벌도장 •단단한 후 도막을 형성, 올록볼록한 무늬 형태 때문에 먼지가 쌓이기 쉬운 단점
발코니 및 습기가 많은 부위	결로 방지용 페인트	•도장시방 : 클리어 실러+결로 방지 페인트 •도막의 단열효과 및 습기 흡수를 통하여 습한 곳에서 결로 및 곰팡이 생성을 예방
	단열 페인트	•도장시방 : 클리어 실러+단열 페인트 •낮은 열전도율을 통한 단열효과를 이용하는 페인트로, 온도 차가 심한 곳에서 발생하는 결로 및 곰팡이 예방
	방균 페인트	•도장시방 : 방균 클리어+방균 수성 페인트 •수성 페인트에 방균제를 첨가, 결로는 예방하지 못하지만 습기로 인한 곰팡이는 억제

낙서 방지용 도장	고광택 수성 페인트	•도장시방 : 클리어 실러+고광택 수성 정벌도장 •높은 광택과 치밀한 도막으로 내오염성을 강화시킨 수성 페인트 •수성 타입으로 중독이나 화재의 위험이 없고 악취가 나지 않아 실내도장에 적합
	유성 낙서 방지용 페인트	•아크릴 페인트로 건축물 내부의 오염되기 쉬운 곳이나 낙서가 심한 곳에 도장함 •고광택 수성 페인트보다 내오염성이 우수하나 중독, 화재, 악취의 우려 내제 •사인펜, 크레용, 볼펜, 연필 등의 낙서를 물, 석유, 합성세재 등으로 세척
걸레받이	내부용 고광택 수성도료	•도장시방 : 클리어 실러+고광택 수성 정벌도장 •유성도료의 희석제에 의한 중독, 화재, 악취가 나는 단점을 보완한 수성 타입의 도료
	유성 걸레받이용 페인트	•내수성, 내오염성이 우수한 아크릴 페인트
전기실 기계실바닥	에폭시 코팅	•도장시방 : 에폭시 투명 초벌도장+에폭시 정벌도장 •내마모성, 부착성, 작업성이 우수하며 부분보수 도장이 용이 •에폭시 라이닝보다 경제적이나 소재 표면의 요철을 모두 도장 불가
	플로어 스테인 (아크릴계)	•에폭시계 도료보다 물성은 떨어지나 가격이 경제적이며 방진 기능 내제
물탱크, 저수조	수용성 에폭시 페인트	•도장시방 : 수용성 에폭시 초벌도장+수용성 에폭시 정벌도장 •내수성, 내약품성, 내마모성, 부착성 등의 물성은 일반 에폭시 페인트와 동등 •수용성으로 밀폐된 장소에서의 도장시 질식이나 중독을 방지 가능
도로표지	도장된 바닥면 위	•바탕도료와 같은 계통의 도료를 사용하여 표시
	콘크리트 아스팔트면 위	•도로 표시용 도로(KS M 5322)를 사용하여 표시
안전 페인트	형광 페인트	•도장시방 : KS M 6020 4종 백색 초벌도장+형광 페인트 +아크릴 투명 정벌도장 •빛에 의한 반사 효과가 매우 뛰어나서 야간에 안전표지용으로 사용됨, 가격 고가
	안전표시용 유성 아크릴 페인트	•반사 효과는 떨어지나 가격이 저렴하여 많이 사용

(5) 도장 하자의 원인과 대책

도장공사는 사용되는 도료의 종류가 다양하고 각 도료별 특성과 도장부위, 도장횟수, 건조시간, 기후조건 등에 따라 여러 가지 하자가 발생할 우려가 있다. 그러므로 적절한 도료의 저장과 시방에 의한 시공, 시공 후 건조과정 등에 걸쳐 각종 하자발생의 위험요소를 인지하고 대처하여야 한다.

■ 표 20-3 도장공사의 각종 하자와 방지대책

하자 유형	하자 원인	방지대책
들뜸	•바닥에 유지분이 남아 있는 경우 •초벌칠 단계에서의 연마 불충분	•유류 등 유해물을 닦아내고 휘발류, 벤졸 등으로 청소 •목부일 경우 면을 평활하게 연마
흘림, 굄, 얼룩	•불균등한 두께의 도장 •바탕처리 미흡	•얇게 여러 차례 도장 •바탕면의 녹, 흠집 등을 제거하고 퍼티를 채운 후 연마
오그라듬	•지나치게 두꺼운 도장 •초벌칠 건조 불충분	•얇게 여러 차례 균등하게 도장 •건조시간 내에 겹쳐바르기 금지
거품	•용제의 증발속도가 지나치게 빠른 경우 •솔질을 지나치게 빨리 했을 경우	•신중한 도료의 선택 •솔질이 뭉치거나 거품이 일지 않도록 천천히 시공
백화	•도장시 온도가 낮을 경우 공기 중 수증기가 응축, 흡착되어 발생	•기온이 5℃ 이하이거나 습도 85% 이상, 환기가 불충분할 경우 작업 중지
변색	•바탕 건조 불충분	•충분한 바탕 건조와 도료의 현장배합 금지
부풀어 오름	•도막 중 용제가 급격하게 가열되거나 물과 접촉하여 가열성 물질이 용해될 때 발생 •초벌, 정벌칠 도료질이 다른 경우	•도장 후 직사광선이 직접 닿지 않게 보양 •바탕에 녹물 등 유해물질 제거 •도료의 질이 같은 동일회사 제품 사용 •초벌칠 후 충분한 건조 후 재벌칠
균열	•초벌칠 건조 불충분 •초벌칠, 재벌칠 도료질이 다른 경우 •바탕물체가 도료를 흡수할 경우 •기온차가 심한 경우	•초벌칠 후 건조 시간 준수 •도료의 종류, 배합률 등 도료질이 같은 도료 사용 •바탕면은 퍼티 등으로 연마 후 도장 •기온이 5℃ 이하이거나 습도 85% 이상, 환기가 불충분할 경우 작업 중지

하자 유형	하자 원인	방지대책
곰팡이 발생	•도막에 균열이 생긴 부분, 소지와 하도의경계면에서 잘 발생함. 한번 발생한 부위에서 재발하기 쉬움	•고온다습한 장소에는 방균, 방미성능이 있는 도료를 사용하고 통풍에 유의
솔자국, 겹침자국	•도료의 유전성 불량 •희석 부족으로 인한 두꺼운 칠 발생	•적절하게 희석함 •충분히 균일하게 되도록 솔을 바꾸고 칠을 넓힘
광택불량	•흡유, 흡수량이 많은 재료, 분산 불충분 •습도, 대기오염, 먼지 •바탕의 흡입 •신너부족, 희석 과다	•투명한 도료의 덧칠, 같은 종류의 겹침 •환경의 정비 •바탕의 충분한 건조 •신너의 적절한 희석
초벌칠이 정벌칠에 배어 나옴	•초벌칠에 유기용제에 녹기 쉬운 타르나 레이크 안료를 사용할 경우 정벌칠 신너의 용해성이 큼 •칠간격 불충분	•정벌칠에 침식하지 않는 초벌도장재의 선택 •신너의 변경 •적절한 도장 간격

【참고문헌】

1. 강경인 외 6명, 이론과 현장실무 중심의 건축시공, 도서출판 대가, 2004

2. 김성일, 최신 건축시공학, 도서출판 서우, 2004

3. 김정현 외 5명, 최신 건축시공학, 기문당, 2003

4. 국가건설기준센터, 건설공사 표준시방서 및 전문시방서, 2020

5. 대한건축학회, 건축기술지침, 2017

6. 대한건축학회, 건축공사표준시방서, 2019

7. 이찬식 외 8명, 건축재료학, 기문당, 2002

8. 정상진 외 6명, 건축시공학, 기문당, 2000

9. 최산호 외 2명, 신기술·신공법 건축시공학, 도서출판 서우, 2003

10. 한국주택도시공사(LH), CONSTRUCTION WORK_SMART HANBOOK, 2019

11. 依田彰彦 외 2명, 建築材料 敎科書, 彰國社, 1994

수장공사

21.1 개요

수장공사(修粧工事)는 건축물의 바닥, 벽, 천장 등에 대한 최종 마무리 공사를 말하며 거주자의 눈에 직접 띄는 부분이고 마무리 정도가 건물 전체의 평가에 영향을 미치므로 신중한 설계 및 시공이 요구된다. 내장마무리에 요구되는 성능은 건축물의 성격, 각 실의 유형, 사용되는 환경조건 등에 따라 다르다. 또한 수장 재료는 그 종류가 많고 성능도 다르므로 주어진 환경조건을 세밀히 분석하고 건물이 요구하는 성능 등급을 평가한 후에 재료가 갖는 성능을 비교·검토하여 최적의 재료를 선택한다.

대부분의 공사가 단일 재료만 사용되기 보다는 다른 재료와 복합적으로 구성되기 때문에 이종재료와의 접합부분을 깨끗이 마무리하는 것이 중요하다.

■ 표 21-1 수장공사의 분류와 주요 재료

공사 분류	공사별 주요 재료
바닥공사	시멘트 모르타르, 인조석 갈기, 테라초 바름, 나무널판, 타일, 벽돌, 아스타일, 시트, 온돌마루, 엑세스 플로어, 카펫 등
벽체공사	시멘트 모르타르, 회반죽, 플라스터 반죽 바름, 벽지, 합판, 섬유판, 목모판, 합성수지 재료판, 시멘트판, 석고보드, 하드보드, 발포 플라스틱, ALC, 코펜하겐 리브 등
천장공사	합판, 섬유재 보드, 시멘트판, 석고보드, 금속판, 회반죽, 시멘트 모르타르, 석고바름 등

21.2 · 바닥공사

바닥은 사람·가구·설비기기 등의 연직하중을 지지하고 풍하중·지진력 등의 수평력에 저항하는 기능을 가지며, 공간을 수직방향으로 구획하는 역할을 한다.

바닥은 바닥구조체, 바탕판, 표면마감재 및 충전재로 구성된다. 바닥의 성능은 바닥판의 성능과 표면 마감재의 성능이 복합된 결과로 나타나므로 하중 조건에 따른 충분한 강도와 강성을 갖고, 단열성·차음성·방수성을 지녀야 한다.

바닥 마감재는 재료의 일반적 성질과 표면의 성질, 미관, 보수 및 관리의 편리성, 마모·충격·온도변화에 대한 저항력, 신축성, 가공 및 시공의 용이성, 색채의 변색 및 오염성 등을 고려하여 선정한다.

(1) 바름바닥

시멘트 모르타르, 인조석 갈기, 현장 테라초(terrazzo) 바름 등을 바닥마감에 적용할 수 있다. 콘크리트 바닥면에 모르타르를 바를 때에는 바탕 표면의 레이턴스, 오물, 부착물 등을 제거하고 잘 청소한 뒤 시공한다. 바닥바름은 시멘트 페이스트를 충분히 도포하고 잘 고른 다음, 수분이 아주 적은 된비빔 모르타르를 나무흙손으로 발라 표면에 수분이 충분히 스미어 나오게 하고, 수분이 빠지는 정도를 보아 잣대로 고름질하며 최종적으로 물매에 주의하면서 쇠흙손으로 고르게 바른다.

(2) 붙임바닥

나무널판, 타일, 벽돌 등을 바탕 위에 고정철물, 접착제로 붙여 마감한다. 타일은 목조바탕이나 콘크리트 바탕에 깔아 붙이며, 바닥용 클링커 타일 및 모자이크 타일을 사용한다. 아스팔트 타일과 고무타일은 내수성은 강하나 내유성이 낮고, 아스팔트계 타일은 난연성이 떨어진다. 리놀륨(linoleum) 시트류는 고무시트, 플라스틱 바닥용 시트류 등이 있고, 탄성감과 내구성·내마모성·방음성·내화성, 색감 등이 좋다.

(3) 깔기바닥

1) 온돌마루

목재의 조직이 함유하고 있는 수분 및 공기를 완전히 제거하고 그 공간에 고분자 특수물질을 투입하여 경화 처리한 재료로, 강도와 내구성이 떨어지는 일반 목재의 단점을 보완하며 주거용 공간의 거실바닥에 많이 사용한다.

2) 액세스 플로어(access floor)

액세스 플로어는 전산실이나 크린룸 등에 사용되는 이중바닥재를 말한다. 기존 사무공간에서의 케이블 관리는 미관상 좋지 않고, 케이블이 손상을 입을 수 있으며, 기기 이동시 콘센트 박스 등을 재이동해야 하는 단점이 있다. 이때 액세스 플로어를 설치하면 바닥슬래브와 바닥재 사이에 공간이 형성되고 이 공간에 각종 전기 및 통신배선·배관 등을 설치할 수 있으므로 미관향상은 물론 사무실 공간 내부의 자리배치·경량 칸막이벽의 변경 등에 따라 업무공간을 효율적으로 변경할 수 있다.

액세스 플로어는 마감재, 패널, 스트린저, 지주대로 구성되며, 벽체 및 천장공사 등이 완료되면 바닥의 이물질, 분진 등을 깨끗이 정리한 뒤 바닥에 먹매김을 하고 지주를 고정한다. 이때 지주는 용도에 따라 10~30cm 정도 높이로 조정하고 바닥의 수평을 유지할 수 있도록 한다. 지주를 고정한 뒤에 패널시공과 함께 레이아웃에 의한 전기, 통신 등 배선작업을 실시한다.

패널 시공 후에 철재, 목재, 알루미늄 등을 사용하여 마감처리를 한다. 철재 패널은 앞뒤 패널이 강판으로 제작되어 강도가 매우 뛰어나고 내구성, 저소음, 견고성 및 안전성 등이 우수하여 OA사무실, 중앙제어실, 연구실, 전산실 등에 가장 적합한 반영구적인 재료이며, 목재 패널은 나무 특유의 특성을 그대로 유지한 패널로 가격이 저렴하고, 흡음성이 우수하여 진동 및 소음을 감소시킬 수 있어 시청각 교육실, 방송실, 병원 수술실 등에 적합하다. 알루미늄 패널은 고순도의 알루미늄 합금 패널로서 경량이고, 내부식성, 청결성, 정밀성이 우수하므로 무균, 정밀성이 요구되는 반도체 공장, 광학기기실, 정밀기기실 등에 주로 사용된다.

최근에는 액세스 플로어와 같은 개념의 다양한 바닥재가 생산되고 있는데, 일반 사무실 공간에도 쉽게 설치할 수 있고 하부공간의 높이를 낮춰 최대한 천장고를 확보할 수 있도록 한 OA 플로어 등이 대표적인 예이다. OA 플로어의 마감은 근무환경의 쾌적성을 위해 카펫 타일을 주로 사용한다.

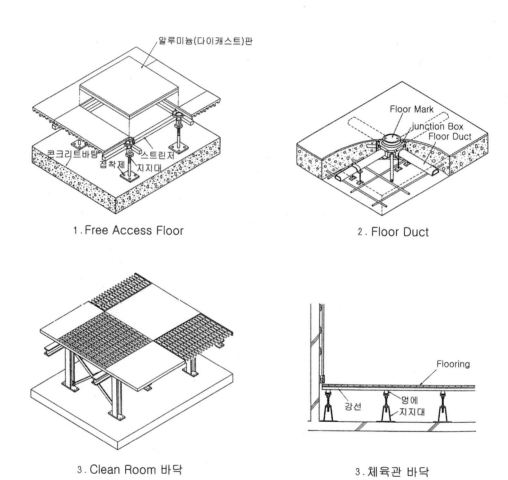

1. Free Access Floor

2. Floor Duct

3. Clean Room 바닥

3. 체육관 바닥

그림 21-1 액세스 플로어 설치 예

바닥청소	먹줄작업	지지대 시공
지지대 시공완료	패널시공	패널수평잡기
배선작업	패널 시공완료	마감재 시공

그림 21-2 액세스 플로어의 설치 과정

(4) 걸레받이

청소시 걸레와 맞닿게 되어 더렵혀지는 것을 방지하고, 바닥재와 벽재의 연결을 매끄럽게 하기 위해 설치한다. 걸레받이의 높이는 12~20cm 정도로 벽면보다 1~2cm 정도 내밀거나 들여 설치한다.

21.3 **벽체공사**

벽에는 건물의 안과 밖을 구획하는 외벽과 내부 공간을 구획하는 칸막이벽이 있다. 외벽은 빛·열·공기·소리 등의 환경 인자를 제어하여 쾌적한 실내 환경을 만들며, 사람들의 무단 침입을 막고 거주자의 프라이버시를 보호할 수 있어야 한다. 불연재료로 마감하여 방화성능을 가져야 하고, 강우시 빗물이 실내로 유입되는 것을 막아야 하며 비바람이나 태양광선에 장기간 노출되어도 성능저하가 최소화되어야 한다.

구조적으로는 내력벽과 비내력벽으로 나뉜다. 내력벽은 벽식 콘크리트구조나 조적구조의 벽처럼 지붕, 벽, 바닥을 지지하는 것을 말하고, 기둥과 보의 사이에 끼워져 외력을 부담하지 않는 벽을 비내력벽이라 한다.

벽은 각각 요구성능과 기능이 다르므로 서로 다른 공법과 마감이 필요하다.

(1) 바름벽

1) 시멘트 모르타르벽

콘크리트, 벽돌, 블록, 라스 등의 바탕 위에 초벌바름하고, 고름질, 재벌바름, 정벌바름의 순서로 시공한다.

2) 회반죽벽

소석회를 주원료로 하고 섬유재로써 여물 등을 쓰며, 점도 조절재로 모래와 해초(물풀)로 반죽한다.

3) 플라스터 반죽 바름

플라스터는 석고 또는 석회, 물, 모래 등의 성분으로 이루어져 있으며, 마르면 경화하는 성질을 응용하여 벽·천장 등에 바른다.

플라스터 바름은 석고 플라스터, 돌로마이트 플라스터바름이 있다. 석고 플라스터는 물과 빠른 속도로 경화하고 팽창성이 있으며, 돌로마이트 플라스터는 공기 중의 탄산가스와 화학적으로 결합하여 경화하며, 경화속도가 느리고 수축률이 크다.

4) 벽지바름

종이나 천, 플라스틱 자재를 벽, 천장, 바닥 등에 접착제를 사용하여 부착한다. 전체면의 상, 하, 좌, 우의 무늬 및 색상이 일치해야 하고, 맞댄이음을 하여 벽지 이음부의 선이 나타나지 않아야 한다. 자르기선은 수직을 유지해야 하며, 도배면은 평활해야 한다.

종이에 풀칠하여 붙이는 방법에는 온통바름(온통 풀칠)·봉투바름(갓둘레 풀칠)·비늘바름(한쪽 풀칠)이 있으며, 색깔과 무늬가 잘 맞게 붙인다.

(2) 붙임벽

합판, 섬유판, 목모판, 합성수지계, 금속판 등 가공재를 벽마감재로 사용한다. 건식 공법으로 공기를 절감할 수 있다.

1) 합판

접착제를 사용하여 바탕에 부착하거나 못으로 고정한다. 마감용 합판은 가공한 상태에 따라 기계가공 합판·오버레이 합판·장식가공 합판·프린트 합판·경량합판 등 다양하다.

못으로 고정하는 경우, 못길이는 판두께의 2.5~4배로 한다. 종이, 천류의 붙임 바탕이 되는 합판을 못박기 하는 경우에는 녹막이 처리한 못을 사용하고, 기타 바탕 붙임용은 보통 못으로 한다. 이음은 맞댄 이음으로 하고, 턱지지 않게 한다. 접착제를 사용하는 경우에는 판 또는 받이재에 필요한 양을 바른다.

2) 섬유판

나무조각·톱밥·수피·짚·종이조각·펄프 등으로 만들어진 식물질 섬유판과 암면·유리섬유·광재면 등을 시멘트, 합성수지 등으로 고결하여 판상으로 성형한 광물질 섬유판으로 분류된다.

벽의 중앙 부분부터 붙이기 시작하여 순차적으로 사방으로 붙여 나가며, 두드러짐, 턱솔 등이 없도록 줄 바르게 붙인다. 고정용 철물류는 줄 바르게 동일한 간격으로 고정한다.

3) 목모판

시멘트와 목모 또는 나무 조각을 혼합 압축하여 판상으로 성형한 것이다. 단열, 흡음용으로 사용되며, 난연 내장 재료로도 사용된다.

4) 합성수지 재료판

합성수지를 재료로 하여 독특한 문양이나 요철의 형태를 갖춘 리브를 형성하여 벽마감재로 사용한다.

(3) 특수벽

1) 경량 칸막이벽

내부공간의 벽을 공장에서 제작하여 조립공구로 조립, 설치한다. 작업을 단순화시키며 인력 절감과 공기 단축을 도모하고, 내벽을 경량화할 수 있다. 패널형식과 스터드(stud) 형식을 사용하여 필요에 따라 설치 및 철거가 가능한 이동식 경량 칸막이구조와 압축 시멘트판, 스틸파이버 보강시멘트판, ALC 등을 사용하는 고정식 경량 칸막이벽구조로 분류된다.

① 경량철골 칸막이벽

상하 구조체에 철제의 러너(runner)를 설치하고 러너 사이에 경량형강의 스터드를 세워 벽틀을 구성한다. 벽체는 메탈라스나 리브라스, 석고보드 등을 붙이고 모르타르나 플라스터로 미장하여 마감하는 습식공법과 직접 석고보드를 붙이는 건식공법으로 만든다.

건식공법은 석고보드의 방화성과 차음성을 이용해 경량의 단열벽을 시공하는 것으로 습식공법에 비해 경제적이며 미장효과가 우수하여 거실, 침실, 복도벽 등의 비내력벽에 적합하다.

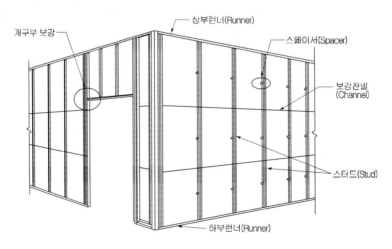

그림 21-3 경량 철골칸막이벽의 구조

② 가동 칸막이벽

가동 칸막이벽은 천장면 아래에 매달려 설치되어 다른 칸막이벽과는 다르며 설치와 이동이 자유로워 사용자의 다양한 요구에 대응하기 쉽다. 차음효과는 좋지 않으므로 높은 차음성능이 요구되는 경우 사용을 피한다.

1. ALC판 칸막이

2. 압축 시멘트판 칸막이

3. 스틸파이버 보강시멘트판 칸막이

그림 21-4 고정식 경량 칸막이벽

2) 방음벽

흡음벽 표면재에 따라 합판, 하드보드, 석고보드, 목모판, 발포 플라스틱 등이 있으며 건축물에 적합한 공법과 특성을 지닌 재료를 선택한다. 흡음판재의 절단은 나이프 등을 이용해서 정확하게 자르고, 판의 절단면이 부정형인 경우에는 목공용 톱 또는 사포를 이용하여 평활하게 한다.

석고보드 붙임바탕은 바탕 줄눈과 흡음판 줄눈이 중첩되지 않도록 고정한다. 판은 줄눈이 일치하도록 고정하고, 접착제는 점점이 도포하며 가까운 쪽부터 겹치지 않게 소정의 위치에 붙이고 못치기 또는 스테이플로 고정한다. 금속판을 피스, 볼트를 이용해서 반자틀에 붙인 뒤 보호시트를 제거하고 마른걸레로 청소한다.

벽의 음향효과를 내기 위해 의장성이 좋은 코펜하겐 리브(copenhagen rib)를 많이 사용하고 있다.

제21장

건축재료로서의 석면의 사용과 폐해

석면(石綿, asbestos)의 어원은 그리스어의 "불멸의, 끌 수 없는"이라는 말에서 유래한 것으로, 고대에는 신전 등불의 심지를 만드는 재료로 사용하였는데, 기술의 근대화가 이루어지면서 다양한 용도로 널리 사용되어왔다. 석면은 마그네슘이 많은 함수규산염(含水硅酸鹽) 광물로, 광물 조성상 가장 널리 사용되는 백석면(크리소타일 : Chrysotile)등의 사문석 군과 청석면(크로시도라이트 : Crocidolite)과 갈석면(아모사이트 : Amosite), 양기석석면(악티노라이트 : Actinolite), 투각섬석면(트레모라이트 : Tremolite), 직섬석석면(안소필라이트 : Anthophylite)등의 각섬석 군으로 구분된다.

석면은 내화성, 내열성, 불연성, 전기 절연성, 단열성, 탄력성, 유연성 등이 뛰어나고 비교적 가격이 저렴하여 거의 모든 경제 분야에 사용되어왔으며, 석면을 이용한 제품은 3,000여 개가 넘는 것으로 알려져 있다. 특히 건축분야는 방음재, 흡음재, 보온·단열재, 내화재, 방화재 등으로 석면을 가장 많이 사용해온 산업분야에 해당된다. 그러나 1970년대 이후 석면이 인간에게 나쁜 영향을 끼친다는 보고가 나오기 시작하였고 석면 가루가 폐암을 포함한 각종 폐질환과 악성중피종(惡性中皮腫) 등을 일으키는 것으로 알려지면서, 석면사용을 금지하거나 과거 사용된 석면재료까지 해체·제거하는 국가들이 늘어나고 있다.

우리나라 역시 '산업안전보건법'에서 석면을 인체에 유해한 재료로 규정하고 있으며, 석면이 함유된 설비 또는 건축물을 해체하거나 제거하는 작업을 행할 때에는 작업자들의 건강장해를 예방하기 위해 작업절차, 작업방법, 근로자 보호조치, 해체재료의 폐기방법 등을 철저하게 규정하고 있다.

21.4 ● 천장공사

천장은 지붕틀, 바닥틀, 보틀의 구조재를 감추고 방진, 차음, 단열을 위해 설치되며, 에어 덕트(air duct), 설비용 배관 및 전선관을 설치하는 공간이다. 마감면의 반사율을 조절하여 빛과 소리를 제어하고, 내화재로 시공하여 철골조 바닥이나 보의 내화피복 역할을 하기도 한다. 적절한 강도와 내구성, 내진성을 지녀야 하며, 부엌이나 처마밑 천장에는 불연성이 요구되고 욕실에서는 내습성이 좋아야 한다.

천장을 가리워 댄 구조체를 반자라고 하며, 달반자와 제물반자가 있다. 달반자는 위층의 바닥틀 또는 지붕틀에 달아 맨 천장으로 주로 목조건축에서 많이 쓰이지만 철근콘크리트 건축에서도 바닥판 밑에 냉난방용 배관을 위해 반자를 만들기도 한다. 반자를 붙여대는 반자틀은 반자돌림대·반자틀·반자틀받이·달대·달대받이로 구성되며 목조반자틀과 철재반자틀로 나눌 수 있다. 제물반자는 바닥판 밑을 직접 바르는 반자이다.

(1) 달반자

1) 판반자

합판, 섬유제 보드류, 시멘트판, 석고판, 금속판 등을 대는 반자를 말한다. 반자틀은 반자판과 방의 크기에 따라 일정한 거리 간격으로 나누어 우물반자틀과 같이 네모격자로 짠다. 잘 나누어지지 않을 때에는 판을 모두 약간씩 줄여 쓰거나, 가장자리 주위의 것을 균등하게 줄여 방 전체가 균형 있고 모양 좋게 맞추어 댄다.

2) 널반자

반자틀을 짜고 그 밑에 널을 치올려 못을 박아 붙여 대는 것을 치받이 널이라 하고 살대반자, 우물반자 등이 있다.

그림 21-5 반자틀과 천장시공

(2) 제물반자

회반죽이나 모르타르 등을 마감재로 이음부분이 없는 연속된 반자면을 형성할 수 있고, 모양도 자유롭게 할 수 있으며, 바를 재료를 천장의 내화 목적으로도 이용할 수 있다.

1) 모르타르반자

콘크리트바닥판 밑을 모르타르로 직접 바르는 반자로 철근콘크리트 건축물의 마감재로 주로 사용한다.

2) 도장반자

솔칠, 롤러칠이나 뿜칠을 하여 초벌칠, 재벌칠하고 줄눈은 똑바르고 티가 없게 바른다. 공해, 변색, 부식을 막거나 광택이나 색채에 의해 반자구성을 아름답게 보이기 위해 사용된다.

(3) 경량 철골 천장틀 설치공사

반자틀을 경량 형강재로 배치하고 달대, 반자틀받이 등도 경량 형강재나 볼트를 사용한다. 경량천장공사용 인서트는 거푸집 조립시 배치하여 콘크리트 내에 매설한다. 인서트에 연결시키는 행거볼트(달볼트)의 길이는 보통 90cm 정도로 하고, 철골조의 경우 달볼트는 철골에 용접한다.

1) M Bar 공법

경량천장공사에서 가장 많이 사용되며 나사못으로 각종 천장재 및 벽재를 고정한다. 매립형으로 구조적으로 가장 견고하며 자유스러운 공간을 연출할 수 있고, 천장판 이음이 밀착되어 우수한 방음 효과를 얻을 수 있다.

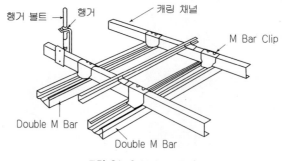

그림 21-6 M Bar 공법

2) I Bar, T Bar 공법

시스템 천장이라고도 하며, 건축물의 고층화 및 대형화로 인한 복잡한 천장마감 및 설비를 명쾌하게 처리하고, 공정을 합리화하기 위해 사용된다. I bar 공법은 크로스 I Bar를 사용하여 천장보드를 끼우는 공법이다. T Bar 공법은 캐링 채널(Carrying Channel), Minor Channel 등을 사용하지 않아 부품이 간단하고 시공이 용이하며, 천장 내 공간부위에 대한 유지관리에도 유리하다. 일반적으로 알루미늄이나 철재의 T Bar를 살대와 평행으로 배열하고 조명, 공기 취출구(diffuser), 스프링클러 (sprinkler) 등의 기기를 한줄로 배열하여 설치한 후 암면 흡음판을 부착한다.

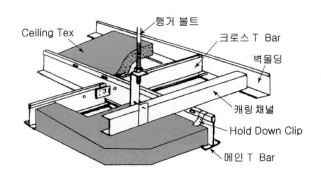

그림 21-7 T Bar 공법

3) 천장재 부착공사

경량철골 천장틀이 설치된 후에 천장재를 부착한다. 석고보드, 아스칼, 뉴 아스칼, 아스텍스, 아미텍스, 마이톤, 아마톤, 지바트, 파이버 글라스 천장판, 나무라이트 흡음판, 알루미늄 스팬드럴, 암면 스프레이 등을 사용한다.

제21장

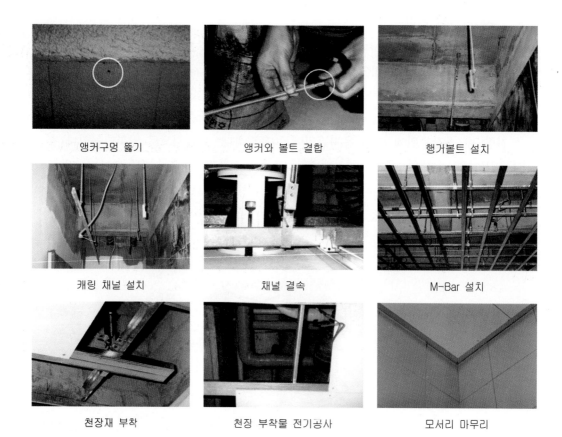

앵커구멍 뚫기	앵커와 볼트 결합	행거볼트 설치
캐링 채널 설치	채널 결속	M-Bar 설치
천장재 부착	천징 부착물 전기공사	모서리 마무리

그림 21-8 천장공사의 시공

21.5 ● 도배공사

도배공사란 내부치장을 목적으로 종이나 천, 플라시트 자재를 벽, 천장, 바닥 등에 접착제를 사용하여 부착하는 공사로, 실내의 분위기를 좌우하기 때문에 특히 품질시공에 유의하여야 한다. 도배공사는 도배지의 종류에 따라 시공순서에 차이가 있으나, 일반적으로 자재발주 및 검사, 1차 바탕면 만들기, 초배지 바르기, 2차 바탕면 만들기, 정배지 바르기, 보양의 순으로 진행하며, 특히 바탕처리가 도배품질을 좌우하므로 면밀한 시공이 요구된다.

(1) 도배의 기본원칙

- 벽지의 이음부는 맞댄이음을 하여 이음선이 나타나지 않도록 한다.
- 전체면의 상하좌우의 무늬 및 색상을 통일한다.

- 도배지의 자르기선은 수직을 유지하여야 한다.
- 도배면은 평활하여야 하며 이를 위해 철저한 바탕처리가 요구된다.

(2) 도배공사의 시공

1) 자재발주, 검사 및 시공계획

도배지에 대한 제품자료를 검토하여 본공사에 맞도록 시공계획을 수립한다.

2) 도배공사의 준비

도배지 보관 장소의 온도는 항상 5℃ 이상으로 유지되도록 하고 도배공사를 시작하기 72시간 전부터 시공 후 48시간이 경과할 때까지는 적정온도를 유지하도록 한다. 도배지의 보관은 일사광선이 닿거나 습기가 많은 장소를 피하고 콘크리트 위에 직접 놓지 않도록 하며 두루마리로 된 종이나 천은 세워서 보관한다.

3) 1차 바탕면 만들기

도배공사를 시작하기 전에 바탕면의 평활상태, 벽체 모서리의 수직상태, 각종 매입박스의 마감상태, 못머리 등의 처리 상태 등을 점검하고 문제가 있을 경우 이를 수정한다. 시공 전에 조명 기구 등 설비관련 기기류가 지장을 주는 경우에는 이를 제거하고 필요에 따라서 먹줄치기를 하거나 벽지 나눔, 돌출되는 부분 등을 정한다.

4) 초배지 바르기

초벌바름에 쓰이는 종이는 한지나 양지 등으로 하고 질기며 풀을 발라 붙이기가 용이한 것으로 선택한다. 초배지는 10mm 이상 겹치게 이어 붙이고, 바탕재료의 종류에 따라 1, 2회 바른다. 벽, 천장의 가장자리와 문틀 주위에는 정배지가 말리거나 떨어지는 것을 방지하기 위해 10cm 정도 초배지를 붙이지 않는다. 동절기에 골조온도가 낮을 경우 초배지 시공을 금하며 정배지를 맞붙여 시공할 때는 이음주위에 초배를 보강하기 위해 심(芯)을 대고, 이음새의 요철이나 틈새는 작은 폭의 하드롱지나 초배지로 줄눈을 메운다.

5) 정배지 바르기

정배지로는 종이류, 합성수지류, 섬유류, 기타 기능성 벽지 등이 사용되며 초배지가 완전히 건조된 후에 바르고 천장, 벽의 순서로 시공한다. 두꺼운 도배지는 풀칠한 후 어느 정도 시간이 경과한 후에 붙이고, 외부 쪽에 결로가 예상되는 부위에는 풀 대신 접착제를 사용해 들뜸을 방지한다.

6) 보양

도배가 끝나면 급속한 건조로 도배면에 터짐이 발생하지 않도록 서서히 건조시켜야 하며, 이를 위해 되도록 완전히 건조될 때까지 창문을 열지 않도록 한다. 통행이 빈번한 장소의 벽 모서리 또는 훼손이나 오염이 우려되는 부위에는 부분적으로 물초배지로 보양한다.

■ 표 21-2 초배지 종류

종류		특징	용도
한지	참지	•닥나무 심재를 쩌서 만든 종이 •수작업, 백색 •최상급지	최고급 인테리어
	피지	•닥나무 껍질을 쩌서 만든 종이 •수작업, 기계작업, 누런색 •다양한 품질 등급이 있음	최고급 주택 (아파트 제외)
양지	갱지	•쇄목펄프를 주원료로 소량의 화학펄프를 배합한 하급지	공동주택에서는 닥나무를 사용한 초배지는 고가이므로 거의 사용하지 않으며 주로 재생양지를 사용함
	백상지	•표백화학펄프만으로 만든 고급지 •주로 정배지의 배접지로 사용	
	초배지	•크라프드지를 수거하여 재생한 양지에 마를 첨가하여 한지처럼 얇고 질기도록 만든 종이 •현재는 마대신 폐섬유를 사용	
	운용지	•최초 출시한 상표명 •모조지의 일종으로 얇으면서도 인장력이 강해 심박기 또는 고급 초배용으로 사용	
	하드롱지	•크라프드지를 수거하여 재생한 양지 •두꺼우면서 인장력이 강해 장판의 초배, 석고보드 이음매 등에 사용함	
화학지	부직포	•재직이나 편성공정을 거치지 않고 폴리프로필렌과 폴리에스터로부터 곧바로 만들어진 포 •인장력이 좋아 벽체 불량한 초배로 사용	

■ 표 21-3 정배지 종류

종류		특징
종이류	옵셋인쇄 벽지	•원지 위에 옵셋 인쇄로 무늬를 나타낸 벽지 •옵셋인쇄 　– 평판 인쇄법으로 인쇄면의 질감이 없으며, 가장 일반적인 인쇄법임
	그라비아 인쇄벽지	•원지 위에 그라비아 인쇄로 무늬를 나타내는 벽지 •그라비아 인쇄 　– 평판이 아닌 오목판 인쇄법 　– 오목판임으로 약간의 질감이 있음
	엠보스 벽지	•벽지 표면에 요철무의로 질감을 나타낸 벽지
합성 수지류	발포벽지	•원지 위에 PVC Sol과 발포제를 혼입 도포한 벽지 •발포의 크기에 따라 고발포, 중발포, 소발포로 구분 •쿠션감, 방음, 보온효과 등이 있으며, 바탕면 상태가 벽지 위에 나타나지 않음 •재시공이 불편하고 질감아 나도록 처리된 벽지는 실크벽지라 부르기도 함
	케미컬 벽지	•표면처리시 통기성 약품을 첨가하여 벽지의 통기성을 향상시킨 벽지
섬유류	일반	•화학섬유를 종이에 배접하여 만든 벽지
	비단	•원지위에 실크를 배접시키거나, 실크 원단을 벽지로 사용 •질감 등은 양호하나, 작업성이 떨어지며 고가임
	갈포	•무명 또는 명주와 칡을 사용하여 제작 •표면이 거칠고 자연미가 있다. •오염시 물로 닦아 낼 수 없고, 디자인과 색상이 단순하다.
	지사	•염색한 종이실로 제작한 벽지 •자연스러운 분위기를 연출함
기타	기능성 벽지	•벽지의 숯, 옥, 방염물질, 형광물질 등을 혼입시켜 벽지의 2차 기능을 향상시킨 제품

제21장

【참고문헌】

1. 강경인 외 6명, 이론과 현장실무 중심의 건축시공, 도서출판 대가, 2004

2. 김성일, 최신 건축시공학, 도서출판 서우, 2004

3. 김정수 외 5명, 最新 建築一般構造學, 문운당, 2002

4. 김정현 외 5명, 최신 건축시공학, 기문당, 2003

5. 국가건설기준센터, 건설공사 표준시방서 및 전문시방서, 2020

6. 대한건축학회, 건축기술지침, 2017

7. 대한건축학회, 건축공사표준시방서, 2019

8. 이찬식 외 8명, 건축재료학, 기문당, 2002

9. 주석중 외 3명, 새로운 건축구조, 기문당, 2003

10. 한국주택도시공사(LH), CONSTRUCTION WORK_SMART HANBOOK, 2019

11. 井上司郎, 建築施工入門, 実敎出版, 2000

리모델링 공사

개요

리모델링(remodeling)이란 건축물의 노후화를 억제하거나 기능 향상 등을 위하여 대수선하거나 일부 증축하는 행위로 정의된다[1]. 공사현장에서는 창호의 교체나 인테리어의 변경과 같이 대수선 또는 증축에 해당하지 않는 공사도 리모델링으로 불리고 있다.

---

[1] 건축법 제2조 제10호

외국에서는 리노베이션(renovation)이라고도 부르는데, 손상되거나 구식이 되어버린 건축물을 개선하는 공사를 의미한다. 리모델링 공사의 목적은 건축물의 기능향상 및 수명연장이라고 할 수 있으며, 이를 통해 건축물의 자산가치도 높일 수 있다.

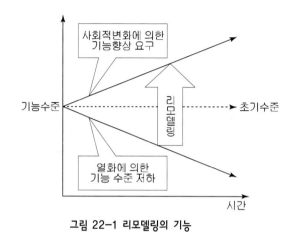

그림 22-1 리모델링의 기능

현행 건축법 및 주택법에 따른 리모델링의 정의는 아래 표 22-1과 같다.

■ 표 22-1 리모델링 법적 정의

구분		내용	비고
건축법	리모델링	- 건축물의 노후화를 억제하거나 기능향상 등을 위해 대수선하거나 일부 증축하는 행위	건축법 제2조제10호
	대수선	- 건축물의 기둥, 보, 내력벽, 주계단 등의 구조나 형태의 수선, 변경 또는 증설	건축법 제2조제9호
		- 내력벽을 증설 또는 해체하거나 그 벽면적을 30m² 이상 수선 또는 변경 - 기둥, 보를 증설 또는 해체하거나 세 개 이상 수선 또는 변경 - 주계단, 피난계단 또는 특별피난계단을 증설 또는 해체하거나 수선 또는 변경 - 다가구주택의 가구 간 경계벽 또는 다세대주택의 세대 간 경계벽을 증설 또는 해체하거나 수선 또는 변경하는 것 - 건축물의 외벽에 사용하는 마감재료를 증설 또는 해체하거나 벽면적 30제곱미터 이상 수선 또는 변경하는 것	건축법 시행령 제3조의2

주택법	리모델링	– 건축물의 노후화 억제 또는 기능향상 등을 위하여 대수선하거나 대통령령으로 정하는 범위에서 증축하는 행위	주택법 제2조제25호
	증축범위	– 사용검사일 또는 사용승인일로부터 15년 이상 경과한 공동주택을 각 세대의 주거전용면적의 30% 이내에서 증축하는 행위(주거전용면적 85m² 미만인 경우 40%, 공용부분은 별도 증축) – 증축 가능 면적 범위 내에서 기존 세대수의 15% 이내에서 세대수를 증가하는 증축 (세대수 증가형 리모델링) – 최대 3개층 이하로서 대통령령으로 정하는 범위 내에서 수직으로 증축 (수직증축형 리모델링)	주택법 제2조제25호
	수직증축 리모델링 범위 및 요건	– 기존 건축물의 층수가 15층 이상: 3개층 수직증축 가능 – 기존 건축물의 층수가 14층 이하: 2개층 수직증축 가능 – 요건: 기존 건축물의 신축 당시 구조도를 보유하고 있을 것	주택법 시행령 제13조

(1) 리모델링과 재건축

리모델링은 준공 후 15~20년의 연한을 가지며 안전진단 A~D등급의 건축물을 대상으로 노후화 정도가 심하지 않아도 추진 가능하며 사업절차도 사업인가, 관리처분, 분양 등의 과정이 없어 재건축에 비해 간단하다. 재건축은 경과년수가 최소 30년~40년 이상 되고 안전진단 등급이 D, E등급인 노후 주택을 대상으로 하며, 사업절차도 리모델링에 비해 다소 복잡하다.

리모델링은 『주택법』, 재건축은 『도시 및 주거환경 정비법』을 따르도록 되어있어, 각각 적용 받는 법과 원칙을 구분하고 있다. 리모델링과 재건축은 세대수 증가 허용 여부에 큰 차이가 있으며, 이것은 도시계획에 미치는 영향의 여부와 관련되므로 사업 절차상 차이가 생기며, 사업을 허용하는 조건에도 차이가 있다.[2] 리모델링은 도시계획 변화에 대하여 고려하지 않으므로 건설비율이나 임대주택에 대한 별도의 규정이 없다.

---

2) 윤영호 등, 공동주택 리모델링 세대증축 등의 타당성 연구, 국토해양부, 2010.12

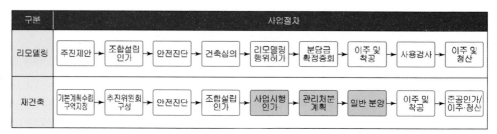

그림 22-2 리모델링과 재건축 사업절차비교 (출처 : KB 금융지주 경영연구소)

(2) 리모델링의 분류

리모델링은 개선되는 성능에 따라 다음과 같이 분류된다.

1) 구조적 성능개선

건물의 구조적 성능은 건물의 안전을 위해 가장 우선적으로 고려해야 할 사항이다. 건물의 노후화에 따라 발생할 수 있는 구조적 성능저하는 물론 건물의 기능변화와 사용패턴의 변화 및 주변 환경의 변화 등에 대응하기 위한 구조성능의 개선이 필요하다. 최근에는 지진이나 화재 등 재해에 대비하기 위한 기준의 강화에 따라 구조적 성능개선이 요구되기도 한다.

2) 기능적 성능개선

건물의 각종 기능은 건물의 노후화됨에 따라 저하된다. 특히, 건축설비시스템은 다른 건축요소에 비해 성능저하가 빠르게 발생하므로 건물 성능개선의 주요 대상이 된다. 또한 건물의 기능적 성능은 사회적 요구의 변화와 기술발달에 따라 빠르게 변화할 수 있다. 특히 최근에는 정보통신기술의 발달과 이에 따른 건물의 지능화에 따라 기능적 성능개선이 필수적이다. 또한 사회적 환경변화에 따라 건물의 용도를 새롭게 바꾸는 기능적 성능개선도 필요하다.

3) 미관적 성능개선

건물의 미관적 성능은 건물의 가치를 판단하는 일차적 요소로서, 재료의 노후화에 따라 질적으로 저하될 뿐만 아니라 시대적 성향의 변화에 따라 사용자나 건물주의 선호가 바뀔 수 있다. 미관적 성능에는 건물의 외관 뿐 아니라 건물내부의 형태 및 마감상태 등이 포함된다.

4) 환경적 성능개선

기존건물에 있어서 열환경, 빛환경, 공기환경 및 음환경의 개선은 쾌적성 및 건강에 직결되어 사용자의 생산성 향상에 기여할 뿐만 아니라, 건물의 에너지소비절약에도 기여하게 된다. 한편, 건물의 환경적 성능개선은 건축물의 내외부의 환경개선은 물론 지역적 환경이나 지구 환경의 개선과도 연관된다.

5) 에너지 성능개선

건물 성능개선의 주요 목적 중 하나가 경제성 향상이라고 본다면, 에너지소비는 건물의 Life Cycle Cost를 결정하는 가장 중요한 요소가 되므로 에너지 성능개선은 건물 성능개선의 분야 중에서 가장 비중이 크고 보편적인 분야이다. 한편, 에너지 성능개선은 위에서 설명한 환경적 성능개선과도 밀접한 관련을 가지므로, 에너지 성능개선에 있어서는 비용적 측면과 함께 환경적 측면도 복합적으로 고려되어야 한다.

(2) 리모델링 공사의 구성

건축물을 리모델링하기 위해서는, ①기존 건축물의 일부를 철거하기 위한 해체공사, ②필요에 따라 기존 구조물의 구조적 성능을 개선하기 위한 보수 및 보강공사, 그리고 ③새롭게 증축되는 부분에는 신축공사 등이 수행되어야 한다. 신축공사의 내용은 이 책의 공종별 내용을 참고하면 되고, 이 장에서는 해체공사와 보수 및 보강공사를 중점적으로 살펴본다.

22.2 리모델링 공법 및 사례

(1) 구조물 해체공법

해체공법에는 여러 종류가 있으며, 개별 공법이 단독으로 사용되는 경우도 있으나 해체 건물의 종류에 따라 여러 종류의 공법을 조합하여 사용할 수 있다

1) 브레이커(breaker) 공법

핸드 브레이커를 사용하는 공법과 대형 브레이커를 사용하는 공법이 있다. 콘크리트 구조물 등을 깨뜨려서 해체하는 방식이다.

그림 22-3 핸드 브레이커

그림 22-4 대형 브레이커

2) 절단기(cutter) 공법

회전 톱(circular saw)를 사용하는 공법과 와이어 톱(wire saw)를 사용하는 공법이 있다. 콘크리트 구조물 등을 잘라내는 방식이다. 와이어 톱은 다이아몬드 와이어 톱 (diamond wire saw)이 늘리 사용되고 있으며, 선형의 톱을 대상물에 감아서 절단 하는 방식이다.

그림 22-5 회전 톱

그림 22-6 와이어 톱

3) 압쇄기(cracker) 공법

유압으로 작동하는 압쇄기를 사용하는 공법이다. 콘크리트 구조물을 눌러서 부서뜨 리는 방식이다.

그림 22-7 압쇄기

4) 로봇(robot) 공법

정밀한 작업이 가능한 구조물 해체 장비도 활용되고 있는데[3], 이러한 장비는 정교한 해체 작업을 수행할 수 있기 때문에 리모델링 공사 시 부분 해체 공사에 적합하다. 원격 조종이 가능한 이 장비는 콘크리트를 부수고 철근을 잘라낼 수 있으며, 바닥 타일을 훼손하지 않을 정도로 가볍고, 일반 출입문을 통과할만큼 작다. 콘크리트 철거장비는 시간당 90m²의 콘크리트 슬래브를 해체할 수 있는 드롭해머, 쇠파이프 및 철제 빔 절단기 등을 교체하여 활용할 수 있다. 또한 일반 굴삭기에 장착된 무한궤도 시스템이 장착되어 있으며, 이와 동시에 4개의 전자동 다리를 갖고 있어 평탄하지 않은 위치에서도 작업을 할 수 있는 장비이다.

그림 22-8 F16 데몰리션 로봇 (출처 : ENR)

4) 기타 공법

강구(대형 쇠구슬)에 의한 공법, 유압식 확대기에 의한 공법, 잭에 의한 공법, 전도에 의한 공법, 화약/가스 폭발력에 의한 공법, 제트력에 의한 공법 등이 있다.

(2) 구조물 해체 순서

1) 건축설비

전기설비는 다음의 순서대로 분별해체[4]한다.
①형광램프, HID램프 ②소형 2차전지 ③기기류 ④단열재 ⑤배관류 ⑥전선, 케이블류 ⑦기타 전기설비 등
기계설비는 다음의 순서대로 분별해체한다.
①배관 및 덕트 ②기기류 ③보온재 ④정화조, 조립식 욕조 ⑤위생도기류 ⑥기타 기계설비 등

---

3) 미국에서 개발된 F16 Demolition Robot으로 불리는 무인 원격조종이 가능한 장비〈출처: Demolition Robots Break New Ground, ENR, 2011.03.〉

4) 분별해체: 건설폐기물의 재활용을 고려하여 구조체의 해체 이전에 내·외장재, 창호, 문틀, 각종 설비 등을 성상별, 종류별로 나누어 해체하는 작업을 말한다.

2) 내외장재

내외장재는 다음의 순서대로 분별해체한다.

①목재 ②강제 창호, 알미늄제 창호 및 스텐레스제 창호 ③석고보드 ④ALC패널 ⑤벽, 천정재 등의 금속 바탕재 ⑥기타 내외장재 등

커튼월 등 외장재의 해체는 접합부 등의 상황을 파악하여야 하며, 전도파괴 또는 낙하방지에 대한 필요한 조치를 강구한 후 해체공사를 진행한다.

3) 지붕이음재 및 옥상방수재

지붕이음재는 다음의 순서대로 분별해체한다.

①금속판재 ②점토기와 및 시멘트 기와 ③지붕이음재의 금속바탕재 ④기타 지붕이음재 등

옥상방수재는 다음의 순서대로 분별해체한다.

①방수층 보호 콘크리트 및 기와 ②단열재 ③아스팔트 방수재 ④기타 방수재 등

4) 구조체

구조체는 다음의 순서대로 분별해체한다.

①콘크리트 ②철근 ③철골 ④목재 ⑤기타 구조재

구조체의 해체는 시공계획에 따르며, 구조체의 안정성을 항상 확인하면서 진행하여야 한다. 해체 시 중장비 등을 사용하는 경우에는 바닥과 보 등을 적절히 보강하여 장비의 중량 및 진동, 해체 후 콘크리트의 중량, 각종 충격 등에 대한 안정성을 확보하여야 한다.

구조체 해체 시 주요 관리요소는 다음 표 22-2과 같다.

■ 표 22-2 구조체 해체 시 주요 관리요소

위층부터의 작업에 의한 파쇄해체	(가) 구체는 상층부터 순서대로, 한 개 층씩 해체한다. (나) 장스팬의 경우에는 과하중을 피하기 위하여 복수의 중기 등이 집중되지 않도록 한다.
지상 외주부 해체	(가) 캔틸레버보 등이 돌출되어 있는 외주부는 외측에의 전도를 방지하기 위하여 돌출된 부분을 먼저 해체하든지 또는 적절히 지지한다. (나) 외주부를 자립상태로 하는 경우에는 그 높이를 2개 층 이하로 하여 안전성을 확인한다.
지상 외주부 전도해체	(가) 높이는 1개 층 이하로 한다. (나) 1회의 전도해체 부분(이하, 전도체라 함.)은 기둥 2본 이상을 포함하여 폭을 1~2스팬 정도로 한다. (다) 전도체의 벽체의 끝부분 절단 및 기둥의 전도지점 결함설치 등을 실시할 때에는 사전에 전도방지를 위한 조치를 강구한다.
부재해체	(가) 해체범위는 부재단위 또는 블록단위로 형상, 치수 및 중량 등을 충분히 검토하고, 낙하 및 전도방지를 위하여 임시로 매달아 놓거나 지지를 하여 분리시킨다. (나) 분리시킨 부재 또는 블록은 낙하 및 전도에 충분히 주의하고, 크레인 등으로 지상 또는 작업대 위에 내려서 분별해체한다.

22.3 보수 및 보강 공법

기존 건축물의 구조체를 보수 또는 보강하는 것은 리모델링 공사의 가장 핵심적 분야 중 하나이다. 구조물의 보수는 구조물에 작용한 유해 요인에 의해 발생된 구조물의 손상을 치유하여 원래 성능수준으로 회복시키는 것을 의미하며, 보강은 구조물의 부족한 구조내력을 증진시켜 원하는 수준으로 구조성능을 끌어올리는 것을 의미한다. 한편, 근래 내진성능의 중요성이 부각되면서 내진성능 보강 공법도 주목받고 있다.

(1) 구조물 보수 공법

구조물에 작용하는 대표적인 유해 요인의 종류에 따른 보수 공법을 정리하면 아래와 같다.

1) RC부재의 균열 보수 공법

콘크리트는 재료 특성상 균열이 발생하며 이는 심미적 영향 뿐만 아니라 구조 내력에도 큰 영향을 미칠 수 있으므로 보수 보강이 필요하다. 따라서 표면처리공법, 주입공법, 충전공법으로 콘크리트 균열을 보수하며, 이는 콘크리트 보수보강 시방서에 따라 균열폭 기준으로 공법을 결정하게 된다.

■ 표 22-3 균열폭에 따른 균열보수 공법(출처: 국토교통부)

균열폭 (mm)	보수공법		
	표면처리공법	주입공법	충전공법
0.2 미만	○		○
0.2 이상~0.3 미만	○	○	○
0.3 이상~1.0 미만		○	○
1.0 이상			○

주입공법은 경질 혹은 연질형 에폭시수지를 주입하여 콘크리트의 균열사이를 메꾸어 접착력을 향상시켜 보수하는 공법으로, 균열부위에 경질/연질형 에폭시수지를 주입기구에 넣고 공기압 등으로 주입하여 보수하는 공법이다. 충전공법은 유연성 에폭시수지를 사용하며, 균열부위를 U형 혹은 V형으로 커팅한 후 프라이머를 도포한 후 균열부위에 유연성 에폭시수지를 충전하여 보수하는 공법이다. 표면처리 공법은 균열부위에 퍼티형 에폭시수지 또는 폴리머시멘트페이스트 등의 마감재료를 발라 표면에서 처리하는 공법으로, 표면의 오염물질을 제거한 후 표면처리재를 주걱 등을 활용하여 바르는 공법이다.

2) RC부재의 중성화 보수 공법

중성화는 공기 중의 수분 및 이산화탄소 등과 콘크리트의 성분이 반응하여 나타나는 현상이다[5]. 콘크리트는 원래 알칼리성을 가지며 이때 최적의 성능을 발휘하지만, 이산화탄소 등과 반응하면 중성화가 진행되면서 내구성이 저하된다. 따라서 중성화된 콘크리트 부재에 대해서 단면복구공법과 표면보호공법이 복합적으로 사용되는데, 단면복구공법은 중성화된 콘크리트의 깊이를 파악한 후 중성화된 콘크리트를 제거하고 새로운 콘크리트로 복구하는 공법이다. 그 후에 표면보호공법을 통해 표면의 방청처리 또는 재알칼리화를 위해 알칼리성 표면도포재를 도포하여 중성화를 방지한다.

---

5) $CO_2 + Ca(OH)_2 \rightarrow CaCO_2 + H_2O$

3) RC부재의 염해 보수 공법

중성화 발생과 마찬가지로 바다 또는 바다 근처에 설치되는 콘크리트 구조물은 바닷물에 포함되어 있는 염분에 의해 콘크리트가 부식될 염려가 있다. 특히 염화물(Cl^-)이 콘크리트 내부로 직접 침투하여 철근을 부식시킬 경우 철근콘크리트 구조물의 성능이 저하된다. 따라서 시공 초기에 염분을 제거 혹은 차단하여 염해를 방지해야 하지만, 시공품질저하로 인해 충분히 염해 방지가 되어있지 않은 부위에 부식이 발생할 우려가 있다. 따라서 콘크리트 표면에 접착재와 차염성이 높은 도포재를 바르는 보수 공법으로 방지한다. 우선 콘크리트 표면을 청소 및 정리한 후 콘크리트와 도포재의 부착성을 향상시키는 프라이머를 도포한다. 후에 초벌 도포재를 바른 후 프라이머를 한번 더 도포한 후 마지막으로 덧칠 도포재를 발라 염해로부터 콘크리트를 보호한다.

4) 철근부식 보수 공법

철근콘크리트 구조물에서 콘크리트에 매입되어 있는 철근은 외기와 접촉하면 녹이 발생하게 되고, 이에 따라 구조성능을 저하시키게 된다. 따라서 철근 부식을 보수할 수 있는 공법으로 방청보수 공법과 단면복구 공법을 활용한다. 방청보수 공법은 철근의 발청(부식화)로 인해 구조물의 내구성이 저하된 경우 내구성을 향상시키기 위해 철근의 피막 재생 및 방청처리한 후 보강하는 것을 말한다. 녹이 발생한 철근의 녹을 먼저 제거하고 알칼리 회복제를 도포하여 산성화된 철근의 부식을 막는다. 이후 철근 방청 모르터를 도포하여 철근을 보호 및 보강하는 방법이다. 단면복구 공법은 철근을 방청보수 한 후 탈락된 콘크리트 단면을 복구하는 공법으로, 탈락된 부위를 청소한 후 수성표면강화제를 도포하여 접착력을 향상시킨다. 그 후 콘크리트 단면을 방청단면 수복제를 발라 철근의 방청을 꾀한다. 마지막으로 콘크리트 메꿈을 실시한 후 표면에 방청표면 피복재를 발라 마감하여 구성한다. 다음 그림은 철근 부식 보수공법 예시이다.

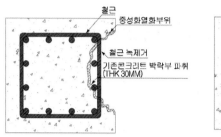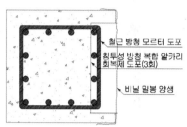

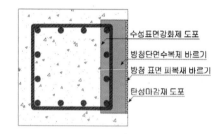

그림 22-9 철근부식 보수공법 예시 (출처 : 한국시설안전공단)

(2) 구조물 보강 공법

1) 단면 증설 공법

단면 증설 공법은 철근이 노출되어 있거나 단면이 부족하여 부재의 부재력이 저하
되었을 때, 콘크리트를 증타하여 단면을 증가시키는 공법이다. 일반적으로 취약부위
를 보수하는 개념이나 구조물의 증축시에 발생하는 추가적인 하중에 대비하기 위해
단면 증설을 주로 실시한다. 기존 부재와의 부착력을 높이기 위해 단면 증설이 요구
되는 부분에 접착제를 바르며, 증설 부분에 철근을 추가적으로 배근하여 시공하는
것이 보통이다.

2) 강판 보강 공법

강판 보강 공법은 콘크리트 구조물의 취약한 인장력을 보강하기 위한 공법으로 강
판을 접착시켜 일체화시킴으로써 내력 향상을 도모하는 공법이다. 철근콘크리트에서
철근과 콘크리트와의 관계에서 착안하여 인장력이 취약한 콘크리트의 강판을 철근
의 일환으로 보강하는 개념이다. 내력이 부족한 것으로 판단되는 부위에 강판을 철
물을 이용하여 고정한다.

3) 탄소섬유 보강 공법

탄소섬유시트는 경화형 에폭시수지로 구성되어 있으며 구조내력이 부족한 콘크리트 단면에 부착되어 구조물의 강도를 증가시킬 수 있다. 가공하기 쉬우며 뛰어난 강도를 갖고 있으므로 국부보강에 주로 사용된다. 따라서 내력부족이 야기될 수 있는 슬래브에 보강섬유시트를 사용함으로써 구조물의 안전성을 높일 수 있다.

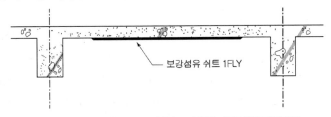

그림 22-10 탄소섬유시트 보강개요도 (출처 : 한국시설안전공단)

그림 22-11 탄소섬유시트 보강사례 (출처 : www.metrotnc.co.kr)

4) 외부 프리스트레싱 보강 공법

외부 프리스트레싱 공법은 프리스트레스를 기존의 구조물에 도입하여 내력증진 효과를 얻는 방법으로써 미리 설계된 하중을 가한 프리스트레스 부재를 구조물에 설치하여 내력증진 효과를 꾀할 수 있다. 보통 인장력이 취약한 콘크리트를 보강하는 방법으로 강선에 프리스트레스를 주고 이것을 콘크리트 보나 슬래브 측면에 부착 시공하여 콘크리트의 인장력을 향상시키는 방법을 일컫는다.

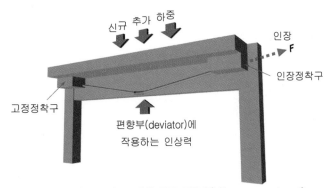

그림 22-12 외부 프리스트레싱 보강 공법 (출처 : www.vsl.net)

22.4 ● 리모델링 사례

(1) 근린생활시설 외피 리모델링 사례

OO시립 미술관은 2002년부터 방치되어 온 방송국 건물을 리모델링하여 현대적 미술관으로 탈바꿈할 계획을 가지고 있었다. 기존의 건축물인 방송국 건물은 오랜 시간 방치되어 여러 가지 부재들이 미흡한 상태였다. 따라서 건축, 구조, 설비, 전기 등 전체적인 개보수가 요구되었으며 그린리모델링을 위한 시범사례로 선정되어 리모델링이 실시되었다. 그린리모델링 범위로, 건축부문에서는 중앙홀과 천창을 계획하여 실내의 채광과 환기를 극대화하고자 하였으며 로이복층유리를 활용하여 개구부가 많은 단점을 해결하고자 하였다. 또한 압출법 보온판을 활용한 외단열 시스템을 적용하여 건물의 전체적인 단열성능을 제고하고자 하였다. 설비부문에서는 전반적인 덕트나 전기설비 등을 교체하기로 결정하였고 고효율의 LED 조명장치를 활용하기로 하였다. 또한 기존의 냉난방설비를 전체 철거하여 모두 새것으로 교체해야 하였으며 에너지 절약을 위한 고효율의 설비를 꾀하였다. 에너지 생산 부문에서는 지열시스템을 추가로 적용하여 탄소배출을 줄이기 위한 신재생 에너지 활용을 계획하였다.

■ 표 22-4 그린리모델링 OO시립 미술관 공사개요(출처 : 한국시설안전공단)

공사 종류	구분	그린리모델링 공사내용	
		기존상태	변경안
건축	단열		– 벽체 : 압출법 보온판 100mm – 지붕 : 압출법 보온판 250mm – 바닥 : 압출법 보온판 100mm (1층) – 압출법 보온판 250mm (4층)
	창호	– 복층유리 – 알루미늄 단창	– 일반창 : 42mm 로이복층유리(삼중) – 천 창 : 50mm 로이복층유리(삼중) – 폴리아미드(Polyamide)단열창호
기계/ 전기	난방	없음(철거됨)	지열 히트 펌프
	냉방	없음(철거됨)	시스템 에어컨 + 지열 히트 펌프
	실내등	없음(철거됨)	LED 조명기기
신재생에너지			냉난방용 지열히트펌프

이와 같이 낙후되고 미사용되는 건물에 에너지 효율 향상을 꾀하며 친환경적 시스템을 도입하는 그린리모델링 사업은 향후 지속적으로 관련 기술에 대한 연구개발이 수행중이며 이를 통한 저비용 고효율의 리모델링을 수행할 수 있고 나아가 국가 에너지 정책에 이바지할 수 있는 사업이다.

(2) 공동주택 수직증축 리모델링 사례[6]

리모델링 시 수직 및 수평증축에 따라 추가하중에 대한 구조 안전성 및 내진성능에 대해 추가적인 분석이 필요하다. 다시 말해서 리모델링을 위해 기존 구조물의 철거 작업과 부재에 대한 하중, 신설구조체와 접합부 등을 검토해야 안전한 수직증축을 달성할 수 있다. 마포 ○○아파트는 수직증축 리모델링을 계획하였는데, 수직증축에 필요한 부재들이 기존 건축물의 부재들에 비해 하중이 크기 때문에 여러 가지 방안들을 고려하였다.

■ 표 22-5 수직하중 경량화 방안(출처: 쌍용건설)

구분	기존안(단위:kN/m²)		리모델링안(단위:kN/m²)		증감
고정 하중	모노륨 깔기	0.05	사운드제로플러스	0.12	3.28kN/m² 감소
	판넬히팅 (t=120)	2.40	온돌+모르터(t=50)	1.00	
	콘크리트슬래브 (t=120)	2.88	콘크리트슬래브 (t=120)	2.88	
	천장	2.10	천장+마감	0.15	
	조직벽체	3.40	ALC벽체	2.20	1.20kN/m² 감소
활하중	1989년 준공	1.30	2.0×8.0=1.60		0.30kN/m² 증가

또한 내력벽식 아파트이기 때문에 보강범위를 예측하여 사업성을 고려한 리모델링 안을 설계하였다. 이때 리모델링에 주요한 요소로 첫째, 하중 경량화를 위한 경량벽체와 경량마감재 사용, 둘째, 리모델링에 효과적인 내진보강을 위한 제진범퍼사용 등 2가지 주요한 핵심 목표를 토대로 수직증축 리모델링을 계획하였다. 따라서 표 6과 같이 슬래브, 보, 벽체, 기초 등의 부재 보강 안을 도출하였으며 이를 토대로 성공적인 수직 리모델링을 수행하였다.

---

6) 장동운, 공동주택 리모델링 수직 및 수평증축을 위한 내진보강 기법과 사례, 건설기술/쌍용, 2013

■표 22-6 기존 부재 보강방안(출처: 쌍용건설)

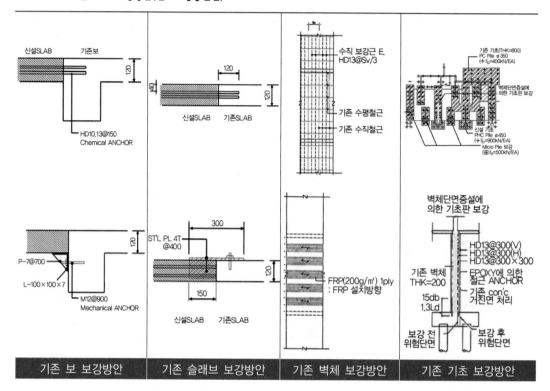

| 기존 보 보강방안 | 기존 슬래브 보강방안 | 기존 벽체 보강방안 | 기존 기초 보강방안 |

(5) 재실 리모델링 사례

리모델링은 거주자가 머무르는 상태에서 공사가 진행되는지의 여부에 따라 재실 리모델링과 이주 리모델링으로 구분할 수 있다. 재실 리모델링 공사는 가설공사, 공정관리, 안전관리, 환경관리 등의 측면에서 매우 난이도가 높으므로, 이에 대한 충분한 계획을 가지고 공사를 수행하여야 한다.

다음은 K사 사옥 재실 리모델링 사례이다. 이 건물은 지하 4층, 지상 23층으로서, 건물의 골조는 그대로 유지하면서 내부의 모든 것을 모두 바꾸는 공사계획을 수립하였다. 재실 리모델링을 수행하기 위해 분진, 냄새 등에 대비한 실내 공기질 오염 방지 설비 설치, 저소음&저진동 공법 사용, 야간 및 휴일 공사 등의 치밀한 계획을 수립하였다. 예를 들면 최상층 4개 층에 입주한 업체만 다른 곳으로 이전시켜 비우고, 한 층의 공사가 마무리되면 다른 층에 있는 입주업체가 그곳으로 옮기는 순환 방식으로 사용자의 이동을 최소화하는 계획을 수립하였다. 4개 층 중에서 맨 아래 층은 소음과 분진 등을 완충할 수 있는 완충층(buffer층)으로 두었으며 이에 따라 리모델링에 따른 업무 지장을 최소화하였다. 이러한 방법으로 3개월에 한 개 층의 내부공사를 완성하는 사이클로 리모델링을 실시하였다.

안전관리 측면에서는 재실자 및 작업자, 보행자의 동선을 구분하여 가설시설물을 설치하는 등 사용자를 공사 현장으로부터 완전히 분리시켰으며, 공정관리 측면에서는 사용자의 이주/입주 일정을 공정에 반영하였고 야간 및 휴일작업에 집중하였다. 이처럼 여러 가지 제약조건에 따른 공사 리스크와 이로 인한 공사비 상승이라는 단점에도 불구하고, 재실 리모델링은 임대료 수익을 중단하지 않고 공사를 진행할 수 있으며 공사 후에는 임대료 상승에 따른 추가 이윤을 기대할 수 있기 때문에 건물주 입장에서는 경제적 효과가 큰 방법이다.

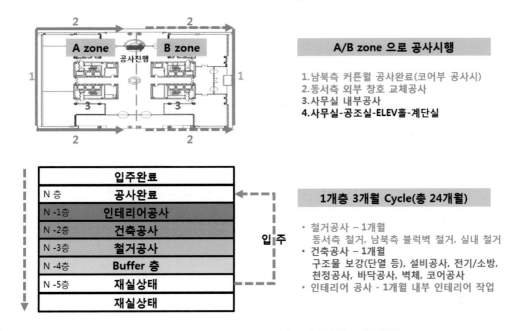

그림 22-13 재실리모델링 시공 사이클 사례(출처 : 대림산업)

【참고문헌】

1. 건설교통부, 교량 유지관리 기술자를 위한 강교의 구조적 취약부 소개, 2003.12

2. 국가건설기준센터, 건설공사 표준시방서 및 전문시방서, 2020

3. 국토교통부, 전단벽식 공동주택 리모델링을 위한 구조설계 기준 마련 연구, 2011

4. 김형근, 리모델링 수직증축을 위한 기술현황 소개 및 정책 제언, 제9회 리모델링 국제기술 세미나, 한국리모델링협회, 2012

5. 대한건축학회, 건축기술지침, 2017

6. 대한건축학회, 건축공사표준시방서, 2019

7. 서울특별시 도시계획국, 서울특별시 알기 쉬운 도시계획 용어, 2012.1,

8. 윤영호 외, 공동주택 리모델링 세대증축 등의 타당성 연구, 국토해양부, 2010.12

9. 이홍일, 2030 건설시장 미래전망 : 신축에서 유지보수시장으로 변화, 한국건설산업연구원, 2011

10. 장동운, 공동주택 리모델링 수직 및 수평증축을 위한 내진보강 기법과 사례, 건설기술/쌍용, 2013

11. 정원용 외, 외부 프리스트레싱을 이용한 보강공법, 콘크리트학회지 16(1), 2004.1

12. 한국시설안전공단, 건축물 보수·보강사례, 철골구조물의 Wall Bracing 보강사례, 2011

13. 한국시설안전공단, 건축물 보수·보강사례, 천장달대 접합부 보강사례, 2011

14. 한국시설안전공단, 건축물 보수·보강사례, 탄소섬유시트 보강사례, 2011

15. 한국시설안전공단, 건축물 보수·보강사례, 기둥 철거부위 보강사례, 2011

16. 한국시설안전공단, 건축물 보수·보강사례, 사이로 띠 강판 보강사례, 2011

17. 한국시설안전공단, 시설물의 보수보강 방법 및 수준결정에 관한 연구, 2011.12

18. 한국시설안전공단, 그린리모델링 시공지침 및 콘텐츠(백서) 개발연구용역, 2013.11

19. 한국주택도시공사(LH), CONSTRUCTION WORK_SMART HANBOOK, 2019

20. KB금융지주 경영연구소, KB daily 지식 비타민: 공동주택 리모델링 제도의 특징 및 현황, 2013

21. 도심지 지하공간 건설공법 개발, 아시아투데이, 2015.07.29.

22. Frej, Anne B., editor. Green Office Buildings: A Practical Guide to Development. Washington, D.C.: ULI-The Urban Land Institute, 2005.

23. Demolition Robots Break New Ground, ENR, 2011.03.

24. 대림산업, http://www.daelim.co.kr

25. VSL, http://www.vsl.net

PART Ⅲ

최신 건축기술

그린빌딩

그린빌딩(green building)은 건물에서 사용하는 에너지, 물, 자재 등 자원의 효율성 향상을 추구하는 건물로서, 건물의 사용기간 동안 인간의 건강과 환경에 미치는 영향을 줄일 수 있도록 설계, 건설, 운영, 보수, 관리하는 건물을 일컫는 용어이다. 그린빌딩은 최근 이슈가 되고 있는 환경문제를 개선하기 위한 접근방법 중 하나이며, 개인과 공동체 그리고 이를 둘러싼 환경 뿐만 아니라 생애주기비용 측면에서도 유리하다.

또한 그린빌딩은 '지속가능한 개발'이라는 개념의 일부이기도 한데, 이는 세계환경 개발위원회(World Commission on Environment and Development : WCED)의 '인류 공통의 미래 (Our Common Future)' 보고서에서 제시한 '인간은 미래 세대에 현 세대의 삶을 물려주기 위해 지속가능한 개발을 할 의무를 가진다'라는 모토를 충실히 이행하기 위한 개념이다. 그린빌딩의 구현을 위해서 여러 가지 친환경시스템 및 친환경 자재, 공법 등이 적용되고 있으며, 환경을 보전하려는 인류의 노력에 따라 앞으로도 지속하여 중요한 건축 분야의 이슈가 될 것이다.

세계적으로 지구온난화에 대한 우려가 확대되면서 주요 국가를 중심으로 건물의 에너지 효율이 주목받기 시작하였으며, 그 결과 그린빌딩 인증 제도가 출현하였다. 미국의 LEED (Leadership in Energy and Environmental Design), 영국의 BREEAM (Building Research Establishment Environmental Assessment Methodology), 호주의 Green Star, 일본의 CASBEE (Comprehensive Assessment System for Built Environment Efficiency) 등이 있으며, 우리나라에는 G-SEED (Green Standard for Energy and Environment Design)이 있다.
우리나라 G-SEED의 목적은 건축물의 자재생산, 설계, 건설, 유지관리, 폐기 등 전 과정을 대상으로 에너지 및 자원의 절약, 오염물질 배출감소, 쾌적성, 주변 환경과의 조화 등 환경에 영향을 미치는 요소에 대한 평가를 통해 건축물의 환경성능을 인증함으로써 친환경 건축물 건설을 촉진하는 것이다. 인증을 위한 세부평가기준은 건축물의 종류에 따라 다소 차이가 있으나, 토지이용 및 교통 부문, 에너지 및 환경오염 방지 부문, 재료 및 자원 부문, 물순환 관리 부문, 유지관리 부문, 환경오염 부문, 실내환경 부문 등으로 구성되어 있다.

23.2 그린빌딩의 구성요소 및 사례

(1) 그린빌딩 구성요소의 종류

그린빌딩은 건물에서 사용되는 에너지를 줄이는 것을 기본으로 하며, 이를 실천하기 위한 여러 가지 친환경 공법 및 시스템, 자재 등이 포함된다. 그린빌딩은 건물이 에너지를 얻는 방식이 수동적인가 혹은 능동적인가에 따라 패시브 빌딩(passive building) 또는 액티브 빌딩(active building)이라는 용어를 사용하고 있다.

패시브 빌딩은 건물의 위치 및 방향, 단열 등 수동적 방법을 통해 기계적 냉난방 설비의 가동을 없애거나 줄이면서 여름철과 겨울철에 쾌적한 실내 환경을 제공하는 것으로, 자연 에너지와 실내에서 발생하는 열에너지를 적극 활용함으로써 에너지를 최대한 절약한다는 의미를 갖는다. 액티브 빌딩은 패시브 빌딩과 대조되는 개념으로서 능동적으로 에너지를 생산하여 활용하고자 하는 빌딩을 의미하는데, 여기서 에너지 생산이란 태양열, 태양광, 지열, 풍력 등 자연에너지를 기계적 시스템을 통해 빌딩에서 사용할 수 있는 에너지로 변환하거나 생산하는 것을 말한다. 에너지를 기계장치를 통해 생산하기 때문에 친환경적이지 않다고 생각할 수 있으나, 에너지 생산 과정에서 자연에너지를 활용하여 전기에너지로 변환하는 과정을 거치기 때문에 친환경적인 에너지 생산 시스템이라고 할 수 있다. 다음에서 소개하고 있는 공법 및 시스템은 국내 친환경 건물에서 일반적으로 사용되고 있는 내용으로서, 이외에도 친환경 건축물의 에너지 효율을 위한 여러 가지 공법 및 시스템들이 개발되고 있다.

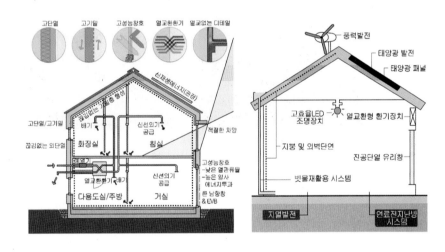

그림 23-1 제로에너지하우스 개념도 (출처 : 한국패시브건축협회, 녹색성장위원회)

(2) 그린빌딩 에너지 시스템

액티브 빌딩에 적용되는 친환경 에너지 시스템을 에너지원에 따라 구분하면 태양열, 태양광, 풍력, 지열 등으로 구분할 수 있다.

1) 태양열 시스템

태양열 시스템은 온수급탕 및 난방 등에 주로 활용되고 있다. 태양열 시스템은 크게 집열부, 축열부, 이용부 등으로 구성된다. 집열부는 태양열 집열이 이루어지는 부분으로 집열온도는 집열기의 열손실율과 집광장치의 유무에 따라 결정된다. 집열부의 핵심은 집열장치인데, 그 종류로는 평판형 집열기, 진공관형 집열기, 선집광형 집열기, 점집광형 집열기 등이 있다. 여기서 평판형 또는 진공관형 집열기는 집광장치가 별도로 없는 경우이고, 선집광형 및 점집광형은 집광장치가 추가된 경우이다.

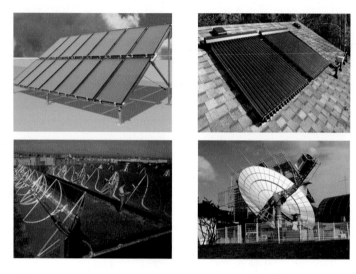

그림 23-2 (왼쪽부터 순서대로)평판형, 진공관형, 선집광형, 점집광형(출처 : 한국에너지기술연구원)

축열부는 집열(집열시점 및 집열량)과 이용(이용시점과 이용량)이 일치하지 않기 때문에 필요한데, 일종의 버퍼역할을 할 수 있는 열저장 탱크로 이해할 수 있다. 태양열 축열은 현열축열과 잠열축열에 의한 방법이 있으며, 현재는 주로 물을 축열매체로 하는 현열축열방법이 상용된다. 현열축열방법은 축열재가 가지고 있는 열용량을 이용하여 열을 저장하는 방식으로 물, 자갈, 벽돌 등과 같은 것을 이용하며 태양열뿐만 아니라 폐열 또는 심야전략을 이용한 축열시스템에서도 많이 사용되고 있다. 외국에서는 이 외에도 태양열 연못(solar pond), 지하 대수층 이용, 암반축열, 건물 지하 토양축열, 건물 벽체축열 등이 태양열 축열을 위하여 시도되거나 이용되고 있다.

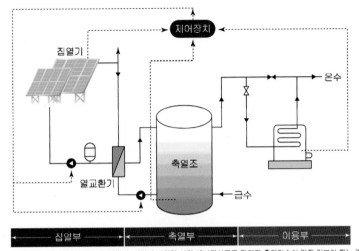

그림 23-3 태양열 시스템의 구성 (출처: 한국에너지관리공단 신재생에너지센터)

이용부는 난방 또는 온수급탕부로서 태양열 축열조에 저장된 태양열을 공급하여 사용하며, 부족할 경우 보조열원에 의해 열에너지를 보충하게 된다. 제어장치는 태양열을 효과적으로 집열 및 축열하고 공급하도록 전체 태양열 시스템의 성능 및 신뢰성을 확보하기 위한 장치이다.

2) 태양광 시스템

태양광 시스템은 태양전지(solar cell)의 광전효과를 이용하여 태양의 빛에너지를 변환시켜 전기를 생산하는 시스템이다. 태양광 시스템은 태양전지로 구성된 모듈과 축전지 및 전력변환장치 등으로 구성된다. 태양전지는 광전지로서 금속과 반도체의 접촉면 또는 반도체의 PN접합에 빛을 조사(照射)하면 광전효과에 의해 광기전력이 일어나는 원리를 이용한 것이다. 태양광 시스템의 장점으로는 에너지원이 청정하고 무제한이라는 점, 유지보수가 용이하다는 점, 수명이 20년 이상으로 길다는 점 등을 들 수 있으며, 단점으로는 전력생산량이 지역별 일사량에 따라 다르다는 점, 에너지밀도가 낮아 큰 설치면적이 필요하다는 점, 초기투자비가 높다는 점 등을 들 수 있다. 근래에는 건물 일체형 태양광 시스템이 많이 시도되고 있는데, 태양전지 모듈을 건물 외피에 설치하는 방식으로서 외관의 디자인 요소로도 활용되고 있다.

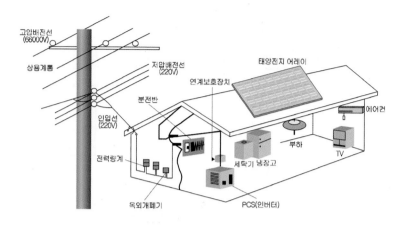

그림 23-4 태양광발전 시스템 구성도(출처: 한국에너지관리공단 신재생에너지센터)

또한 태양광을 이용한 전기의 생산은 아니지만, 자연채광을 위해 태양광을 이용하는 광덕트시스템도 활용되고 있다. 광덕트시스템은 낮시간의 조명에 사용되는 전기에너지를 절약할 수 있으며, 주광이 주는 쾌적함을 느낄 수 있다.

그림 23-5 광덕트를 활용한 태양광 조명 시스템 예시
(출처 : ABM Greentech)

3) 풍력 시스템

풍력 시스템 또는 풍력 에너지 발전 시스템은 자연으로부터 오는 바람에 의해 돌아가는 날개에 터빈을 설치하여 전기 에너지를 얻는 시스템이다. 효과적으로 에너지를 얻기 위해서는 상당히 큰 크기의 날개와 바람이 많이 부는 대지가 필요한데, 근래에 와서 이를 소형으로 개발하여 주택 등에 적용 가능할 수 있도록 구현하였다.

풍력 시스템은 초기 투자비용이 높고 기상조건에 따라 출력의 변동이 크다는 단점이 있으나, 청정에너지라는 장점으로 인해 활용실적이 점차 증가되고 있는 추세이다.

그림 23-6 가정용 소형 풍력발전기
(출처 : http://www.n-tv.de)

4) 지열 시스템

지열 시스템은 물, 지하수 및 지하의 열 등의 온도차를 이용하여 냉/난방에 활용하는 기술이다. 태양으로부터 오는 열에너지 중 약 47%가 지표면을 통해 지하에 저장되며, 이렇게 태양열을 흡수한 땅속의 온도는 지형 및 기후에 따라 약간의 차이가 있지만, 대략 10℃~20℃ 정도 유지되기 때문에 이를 이용한 히트펌프를 활용하여 냉난방에 이용하는 시스템이다. 우리나라 일부지역의 심부(지중 1~2km)의 지중온도는 대략 80℃ 정도로서 직접 냉난방에 이용 가능할 정도로 효율적이다.

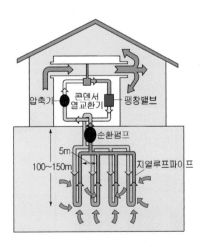

그림 23-7 지열 시스템 개념도
(출처: 한국에너지관리공단 신재생에너지센터)

지열시스템의 종류는 지열을 회수하는 파이프(열교환기) 회로구성에 따라 폐회로 (closed loop)와 개방회로(open loop)로 구분된다. 일반적으로 적용되는 폐회로는 파이프가 폐회로로 구성되어 있는데, 파이프 내에는 지열을 회수(열교환)하기 위한 열매가 순환되며, 파이프의 재질은 고밀도폴리에틸렌이 사용된다. 폐회로 시스템은 루프의 형태에 따라 수직루프시스템과 수평루프시스템으로 구분되는데 수직으로 100~150m, 수평으로는 1.2~1.8m정도 깊이로 묻히게 되며 상대적으로 냉난방부하 가 적은 곳에 쓰인다. 개방회로는 온천수, 지하수에서 공급받은 물을 운반하는 파이 프가 개방된 것으로, 풍부한 수원지가 있는 곳에서 적용될 수 있다. 폐회로에서는 파이프내의 열매(물 또는 부동액)와 지열 에너지원(earth energy source, 지하토층 등) 간에 상호 열교환이 발생하는데, 개방회로에서는 파이프내로 직접 지열 에너지 원(지하수, 온천수 등)이 유입되므로 열전달효과가 높고 설치비용이 저렴한 장점이 있으나 폐회로에 비해 유지보수가 필요한 단점이 있다.

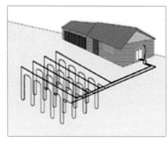 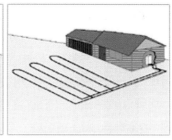

a. 수직형(Vertical Type) b. 수평형(Horizontal Type)

그림 23-8 폐쇄형 지열원 열교환 시스템
(출처: 한국에너지관리공단 신재생에너지센터)

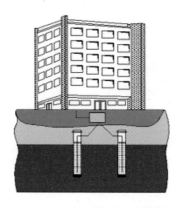 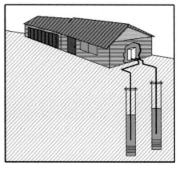

그림 23-9 개방형 지열원 열교환 시스템
(출처: 한국에너지관리공단 신재생에너지센터)

(3) 그린빌딩 외피 시스템

건물의 에너지소비 중에서 가장 큰 비중을 차지하는 것은 외피를 통한 열손실이며, 이는 대체로 건물의 냉난방 부하의 40% 이상을 차지한다고 알려져 있다.[1] 따라서 건물 외피의 단열성능 향상은 건물 전체의 단열성능을 향상시킬 수 있으며, 이를 통해 에너지 절감 및 쾌적한 실내 환경을 조성할 수 있다. 우리나라의 경우 '에너지절약설계기준'에서 건물 외피의 단열성능을 규정하고 있는데, 건물 외피 시스템의 성능 향상을 위해서는 고성능 단열재료, 외벽 단열공법, 고성능 창호시스템, 이중외피 시스템, 옥상녹화 시스템 등에 대한 고려가 필요하다.

1) 고성능 단열재료

건물에 일반적으로 사용되는 단열재로는 발포폴리스티렌(EPS: Expanded Polystyrene, 비드법 보온판으로 불림), 압출발포폴리스티렌(XPS: Extruded Polystyrene, 압출법 보온판), 폴리우레탄(PUR: Polyurethane) 등이 있다.

비드법 보온판은 폴리스틸렌을 발포시켜 '비드'를 만든 후 압착시켜 제작한다. 발포된 비드 내부에 생긴 공극을 통해 열차단효과를 가지며 작은 물질을 압착시켜 제작하기 때문에 가공성이 뛰어난 장점이 있다. 두께 235mm일 경우 0.036W/mk의 열관류율을 가진다.

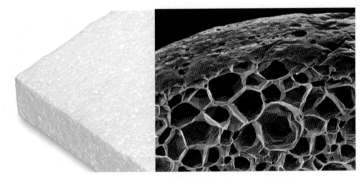

그림 23-10 비드법 보온판(좌)과 입자 확대사진(우)
(출처 : 한국패시브건축협회)

압출법 보온판은 폴리스틸렌 입자를 압착 성형하여 제작되며 폴리스틸렌 입자가 갖는 미세한 입자를 통해 단열성능을 발휘한다. 압출방식으로 단열재가 생산되며 아이소핑크라고 주로 불리지만 이는 특정기업의 상표명이므로 도면과 같이 공적인 용도로 사용해서는 안 된다.

---

[1] 국토해양부, 가정에서 에너지를 절약하는 50가지 방법, 2010.06

두께 175mm일 경우 0.027W/mk의 열관류율을 가지며 비드법 보온판에 비해 뛰어난 단열성능을 가지고 있다.

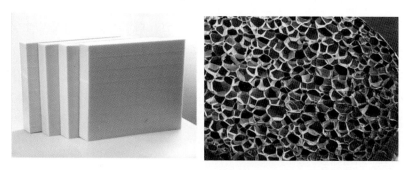

그림 23-11 압출법 보온판(좌)과 입자 확대사진(우)
(출처 : 한국패시브건축협회)

폴리우레탄폼은 우레탄 형성반응을 통해 형성된 우레탄폼을 가공하여 제작되며, 형성된 미립자의 공극을 통해 단열성능을 발휘한다. 폼 형성이 자유롭기 때문에 스프레이 형태의 우레탄폼도 주로 사용된다. 두께 150mm일 경우 0.023W/mk의 열관류율을 가진다.

그림 23-12 폴리우레탄폼 단열재(좌)와 입자 확대사진(우)
(출처 : 한국패시브건축협회)

그 외에 그린빌딩의 건축을 위해 여러 가지 고성능 단열재료가 활용되는데, 일반적으로 알려진 고성능 단열재료로 에어로젤(Aerogel)과 진공단열재(VIP: Vacuum Insulation Panel)이 있다.

■ 에어로젤

에어로젤은 주로 실리카로 만들어져 수십 nm의 세공을 가지는 다공질 구조를 가지고 있다. 실리카 에어로젤의 경우 용적 비율의 99.8%가 공극이고 0.2%가 실리카로 구성되어 있어, 부피 밀도는 공기의 약 3배인 초저밀도 상태로 세상에서 가장 가벼운 고체로 알려져 있다. 젤 내부의 기체가 열전달이 일어나는 대류, 전도, 복사를 효과적으로 차단하기 때문에 단열성능이 매우 높다. 두께 100mm일 경우 0.015W/mk의 열관류율을 가진다.

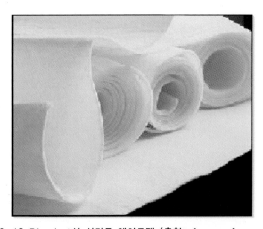

그림 23-13 Blanket상 실리콘 에어로젤 (출처: Aspen Aerogel)

■ 진공단열재

진공단열재는 가장 높은 단열성능을 가진 재료인데, 진공상태에서는 열의 이동이 거의 차단(약 95%)된다는 원리를 활용하여 개발되었으며, 두께 15mm일 경우 0.0020W/mk 정도의 열관류율을 가진다. 진공단열재의 외피재와 심재로 구성된다. 외피재는 내부 진공상태를 위지해 주는 가스차단 필름으로서 폴리머(polymer) 필름과 알루미늄 포일(aluminum foil)이 여러겹으로 적층시켜 구성한다. 심재는 내부 진공공간을 만들어주는 다공성 소재로서, 글라스울(glass wool)이나 흄드실리카(fumed silica)등이 사용된다.

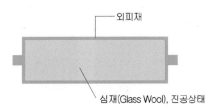

외피재

심재(Glass Wool), 진공상태

그림 23-14 진공단열재 심재 구성도

2) 단열공법

외피 단열시스템은 단열성능을 갖춘 재료를 건물의 외피 구조물에 설치하여 건물 내외부간 불필요한 열 유출과 유입을 차단시키기 위한 것이다. 건물에 있어서 단열 시스템 적용의 목적은 결로방지 등에 따른 쾌적한 실내 환경 조성뿐만 아니라, 냉난방 부하의 저감으로 인한 에너지의 효율적 이용, LCC(life cycle cost)관점에서 유지관리비 저감과 건축물의 경제성 제고 등에 있다. 외피 단열시스템을 구성하는 방식으로는 크게 내단열, 중단열, 외단열 방식이 있다.

■ 내단열 방식

일반적으로 시공상의 편의성과 공사비 절감 등의 이유로 내단열 방식이 가장 널리 사용되고 있다. 하지만 내단열 방식의 경우 보와 슬래브 부위에 단열재를 설치할 수 없기 때문에 필연적으로 열교현상이 발생하게 된다.

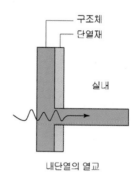

그림 22-15 내단열 방식에서의 열교 (출처: 한국건축패시브협회)

■ 외단열 방식

이러한 내단열 방식의 단점을 보완하기 위해 외단열 방식이 적용되고 있으나, 시공하기 까다롭고 공사비용이 상대적으로 많이 소요되며, 화재 발생 시 불길이 단열재를 타고 확산될 우려가 있다.

그림 22-16 외단열 방식의 결함(출처 : 한국건축패시브협회, 연합신문)

■ 중단열 방식

중단열 방식은 내단열 방식과 외단열 방식의 문제점을 적절히 해결하기 위해 등장한 방법으로써 단열재를 벽체 내부에 설치함으로써, 개념적으로 외단열 방식의 단열효과를 얻으면서 단열재를 화재나 외력으로부터 보호할 수 있는 시스템이다.

그림 22-17 중단열 벽체 샘플(좌) 및 시공사진(우) (출처 : Thermomass)

3) 창호 시스템

건물의 외피에서 창호가 차지하는 비중이 높아지면서, 창호의 열적성능 향상이 중요해지고 있다. 특히 고층 건물에서의 유리 커튼월이 일반화되면서, 건물 에너지 성능에 미치는 창호의 영향은 더욱 커지고 있다. 창호는 크게 유리와 프레임부분으로 나누어 생각할 수 있는데, 유리 관련 내용은 유리공사에서 살펴보는 것으로 하고, 여기서는 프레임에 대해서 살펴보도록 한다.

창호 프레임은 재료에 따라 크게 PVC 제품과 알루미늄 제품으로 구분할 수 있다. 그리고 알루미늄 제품은 재료의 특성 상 열교가 크게 발생하게 된다. 따라서 알루미늄 프레임을 사용하는 창호에서는 프레임의 단열성능을 향상시킬 필요가 있으며, 아래 예시 그림에서와 같이 폴리우레탄 또는 폴리아미드를 이용한 단열바를 설치하여 열교를 차단하고 있다.

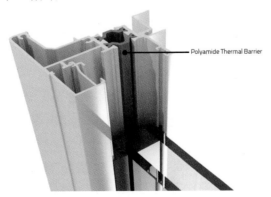

그림 22-18 polyamide thermal barrier (출처 : Fletcher)

제23장

(4) 그린빌딩 설비 시스템

그린빌딩을 구성하는 설비시스템의 대표적 요소는 고효율 LED 조명장치와 열회수형 환기장치를 들 수 있다.

1) LED 조명장치

광원으로 LED(Light Emitting Diode)를 이용한 조장치를 말하며, 광원인 LED와 이를 구동하기 위한 제어기, 광학기구 등으로 구성된 장치를 말한다. LED 조명은 전기 조명에 비해 빛 효율이 높으며 전기사용량이 적으므로 에너지 절감효과가 크다. 또한 수명이 일반적으로 5만~10만 시간 정도로 길고, 형광등, 백열등에서 사용되는 수은을 사용하지 않기 때문에 친환경 제품으로 각광받고 있다. LED 조명의 종류로는 다운라이팅 조명장치, 평판형 조명장치, 교류구동형 조명장치 등이 있다. 다운라이팅 조명장치의 경우 백열등, 할로겐 등 다양한 기존 조명장치들을 대체할 수 있는 천정 설치 형태의 주 조명이다. 평판형 조명장치는 기존에 사무실 등지에서 주로 사용되는 형광등을 대체할 수 있는 조명장치로 넓은 범위의 조명을 계획할 때 사용될 수 있다. 교류구동형 조명장치는 소켓형태로 전원이 공급되는 교류 구동형 장치로 교류전기를 조명에 바로 사용할 수 있는 조명형태로 직류 전기에서 구동해왔던 기존 조명방식을 전류변환 부품 필요없이 구현 가능한 방식이다.

그림 22-19 LED 조명장치(좌부터 다운라이팅, 평판형, 교류구동형) (출처 : 대경엘이디)

2) 열회수형 환기장치

건물의 기밀성이 높아지면 침기로 인한 에너지 손실을 줄일 수 있고, 벽체 결로현상도 감소될 수 있지만, 환기량이 부족해져서 공기의 질이 나빠질 수 있다. 따라서 기밀성을 향상시킨 건물에서는 기계식 환기장치를 사용하게 된다. 이때, 들어오는 공기와 나가는 공기의 열을 서로 교환하여 그 열을 재활용하고자 하는 것이 열회수형 환기장치(폐열회수환기장치)를 사용하는 목적이다.

따라서 열회수형 환기장치는 별다른 열의 생산없이 외기의 온도를 실내의 공기온도에 가깝게 맞추어서 공급한다는데 장점이 있다. 즉 환기를 위해 창문을 열었을 경우에 그냥 버려지는 에너지 손실을 최소화한다는데 의미가 있다.

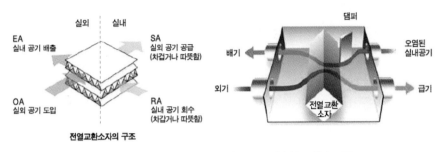

그림 22-20 열회수형 환기장치 개념도 (출처 : 하이그룹)

23.3 그린빌딩 향후 전망

그린빌딩은 궁극적으로 에너지를 전혀 소비하지 않는 제로에너지 빌딩으로 발전될 것이다. 현재 이미 제로에너지 하우스 등의 이름으로 시험적인 주택이 건설되고 있는데, 아직까지는 경제성 측면에서 보편적으로 확산되기는 어려운 실정이다. 하지만, 에너지비용의 지속적 상승과 탄소배출량 등 환경적 영향의 최소화에 대한 부담이 커질수록 제로에너지 빌딩에 대한 필요성이 커질 것이다. 현재 시험적으로 건설된 제로에너지 하우스의 사례를 살펴보면 다음과 같은 요소기술로 구성되어 있다.

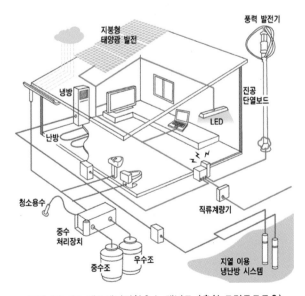

그림 22-21 제로에너지하우스 개념도 (출처:그린투모로우)

제로에너지 하우스의 경우 전력은 건축물에 설치된 여러 가지 시스템을 통해 생산하게 된다. 지붕에 설치된 태양광 발전패널을 통해 전력을 생산하고 건물 근처에 설치된 풍력발전의 터빈을 통해 진류전류를 생산한다. 또한 조명시스템으로는 전류를 거의 사용하지 않는 LED 조명장치를 활용한다. 건물 지붕으로 흐르는 우수를 수집하여 중수처리장치를 통해 청소용수나 화장실 세면대, 변기 등에 사용한다. 마지막으로 에너지 소비를 줄이기 위한 냉난방 시스템으로 지열을 활용한 냉난방 시스템을 활용한다. 이처럼 제로에너지하우스는 자가적인 전기 생산 뿐만 아니라 저전력 고효율의 여러 가지 친환경 시스템을 차용하여 에너지 사용량 제로에 도전하는 건축물로 현재는 모델하우스를 통한 홍보수준으로 제작되어 시공되고 있으나, 향후 기술발전과 더불어 규모가 큰 건축물에도 적용 가능한 제로에너지 시스템들이 등장할 것이다.

【참고문헌】

1. 강재식, 환기와 건물에너지를 고려한 친환경 자연환기 창호시스템, 한국그린빌딩협의회지 8(1), 2007.03

2. 국가건설기준센터, 건설공사 표준시방서 및 전문시방서, 2020

3. 국토해양부, 가정에서 에너지를 절약하는 50가지 방법, 2010.06

4. 김학건 외, 국가별 친환경 건축물 인증제도의 비교를 통한 운영체계 제안, 대한건축학회논문집, 28(6) 2012

5. 대한건축학회, 건축기술지침, 2017

6. 대한건축학회, 건축공사표준시방서, 2019

7. 박철용, 건축물 외단열 공법 적용현황 및 연구동향, 건축 및 산업용 단열재 기술세미나, 2015.03

8. 이남수, 고성능 진공단열재 적용기술 및 개발동향, 건축 및 산업용 단열재 기술세미나, 2015.03

9. 전승호, BIM기반의 친환경 건축시뮬레이션 시스템에 관한 연구, 한국건설관리학회 학술발표대회 논문집, 2008

10. 정학근, 스마트 그린빌딩의 요소기술 개발현황 및 적용전망, Journal of the Electric World, 2014

11. KB금융지주 경영연구소, KB daily 지식 비타민: 그린빌딩 인증제도의 이해, 2013

12. 창문 부착형 하이브리드 환기창, 건설기술신문, 2014.01

13. Frej, Anne B., editor. Green Office Buildings: A Practical Guide to Development. Washington, D.C.: ULI-The Urban Land Institute, 2005.

14. 그린투모로우, http://news.samsung.com/kr/617

15. 대경엘이디, http://dkled.kr/

16. 하이그룹, http://www.higroup.co.kr/

17. 한국에너지공단, http://www.knrec.or.kr

18. 한국인공지반녹화협회, http://www.ecoearth.or.kr

19. 한국주택도시공사(LH), CONSTRUCTION WORK_SMART HANBOOK, 2019

20. 한국패시브협회, http://www.phiko.kr

21. ABM Greentech, http://www.abmarch.co.kr

22. ASPEN Aerogels, http://host.web-print-design.com/aerogel/index.html

23. Fletcher, http://www.fwds.co.nz

24. Thermomass, http://thermomass.com

제23장

BIM/VR/AR

24.1 ● **개요**

건축물 정보는 1900년대 중반까지 사람이 직접 종이 위에 작도하는 방법으로 표현되었으나, 1963년에 미국 MIT에서 처음으로 CAD(Computer-Aided Design) 프로그램이 발명되어 컴퓨터를 활용한 건축물 정보의 표현방법이 지금까지 전 세계적으로 널리 활용되고 있다. 하지만, 2D CAD 프로그램 기반의 이차원적인 표현방법으로는 방대한 양의 건축물 정보 및 비정형요소가 많이 포함되어 있는 건축물 정보를 표현할 때 업무 생산성이 크게 저하될 수 밖에 없다.

또한, 건축물의 개별 구성 요소에 대한 다양한 속성정보의 표현이 제한적이라는 기술적 한계로 인하여, 2D 기반의 건설정보관리는 설계정보의 부정합성 또는 불일치, 누락, 오기 등의 문제가 발생하고 있다. 결국 이러한 설계정보의 문제점은 원가계획, 공정계획, 자재조달계획 등에 대한 신뢰성을 떨어뜨릴 수 밖에 없고, 실제 건축물의 시공과정에서 여러 문제가 현실로 드러나게 된다. 이에 따라 2000년대 초부터 건축물의 정보 나아가 건설 프로젝트 정보관리에 대한 패러다임이 2D에서 BIM(Building Information Modeling)으로 전환되고 있다.

미국의 NBIMS(National BIM Standard)에서는 "BIM이란 한 시설물이 가지는 물리적 · 기능적 특성의 디지털화된 표현이다. 또한 BIM이란 한 시설물 관련 정보에 대한 공유 지식 자원을 의미하며, 이는 시설물 생애주기 동안에 행해지는 여러 의사결정을 위한 신뢰할 만한 근간이 된다[1]"라고 정의하고 있다. 또한 빌딩스마트코리아에서는 "BIM이란 초기 개념설계에서 유지관리 단계까지 건물(프로젝트)의 전 수명주기 동안 다양한 분야에서 적용되는 모든 정보를 생산하고 관리하는 기술이다"라고 정의하고 있다. 한편, 터너(Turner Co.)사는 "BIM이란, 실제의 건설프로젝트와 연계하거나 또는 선행하여 3D 디지털 모델을 만드는 것을 의미한다. BIM은 건물을 두 번 짓는 것을 의미한다. 첫 번째는 컴퓨터에 짓는 것이고 두 번째는 현장에 짓는 것이다. BIM은 건설산업에서 많은 응용분야가 있지만, 가장 기본적인 것은 시각화(visualization) 수단으로 사용하는 것과 공종간 코디네이션(coordination) 도구로 사용하는 것이다[2]"라고 시공사의 관점에서 BIM이 개념을 정의하고 있다. 이러한 개념을 종합해보면, BIM에서 다루는 정보의 범위는 건물의 전 생애주기에 걸쳐 발생하는 정보에 해당하며, BIM에서는 이러한 정보를 컴퓨터로 작성되는 3차원 객체기반 파라메트릭(parametric) 모델 형식으로 관리하는 것이다.

BIM이 건설 프로젝트 정보를 기반으로 하여 건축시공을 지원해주는 플랫폼 기술이라면 여기에 적용기술이 결합되어 다양한 시공 분야에서 활용될 수 있다. 건축시공에 있어 대표적인 적용기술로는 VR(Virtual Reality, 가상현실)과 AR(Augmented Reality, 증강현실)을 꼽을 수 있다.

제24장

---

1) Building Information Modeling (BIM) is a digital representation of physical and functional characteristics of a facility. A BIM is a shared knowledge resource for information about a facility forming a reliable basis for decisions during its life-cycle; defined as existing from earliest conception to demolition.

2) Building Information Modeling (BIM) is the process of constructing a 3D digital model in conjunction with, or before embarking on a real-world construction project. BIM means building twice; first on the computer and then in the field. BIM has many applications in the construction industry but its primary uses are as a means of visualization and a tool for trade coordination

플랫폼 기술은 수집된 데이터를 저장하고 공유함으로써 데이터의 입력, 출력 전반의 프로세스를 지원해주는 기술이며, 적용기술은 수집된 데이터와 이들의 분석 과정을 통해 건축시공의 특정 목적을 달성하기 위해 개발되는 기술을 의미한다. VR은 실제 혹은 상상 속의 환경을 컴퓨터 속에 가상으로 구현한 것으로 인공현실(artificial reality), 사이버 공간(cyberspace), 가상세계(virtual world), 가상환경(virtual enviroment) 등 다양하게 통용되고 있다. 즉, BIM으로 작성된 건축물을 컴퓨터를 통해 시각화하여 현실 감과 이해도를 높이는 데 활용되며, 촉각, 소리 등을 제공하는 장치와 결합하여 사용될 수도 있다. AR은 실제 환경에 컴퓨터가 생성한 정보를 덧대어 입힌 것으로 실제 환경과 가상의 정보가 결합하여 보인다. BIM이 포함하고 있는 건설 프로젝트 정보를 사용자가 보고 있는 사물에 추가 제공함으로써 건축시공을 도울 수 있는 적용기술이라 할 수 있다.

(1) BIM의 개념과 건축시공

1) 설계업무 영역별 정보통합모델로서의 BIM

건축물을 설계하는 업무는 그 전문영역에 따라 건축설계, 구조설계, 기계설비설계, 전기설비설계, 배관설계 등 다양하게 구분되어 진행된다. 이러한 설계 및 엔지니어 링 업무는 각 전문가에 의해서 수행되며, 그 결과물로서 설계도서는 서로 상충되거 나 누락됨이 없이 조화롭게 작성되어야 한다. 하지만, 앞서 지적한 대로 설계도서간 부정합 또는 불일치 등의 상황이 자주 발생하는 것이 현실이다. 하지만, BIM에 의 해 정보관리가 진행된다면, architectural model, structural model, mechanical model, electrical model, plumbing model 등이 각각 3차원 객체기반으로 모델링 되고, 다시 하나의 모델로 통합하여 분석 및 검증과정을 거칠 수 있으므로, 각 설계 영역 간 불일치 또는 부정합의 문제를 사전에 확인하여 제거할 수 있다.

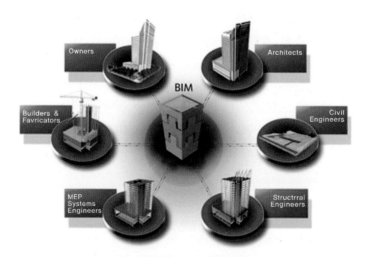

그림 24-1 설계업무 영역별 통합관리를 위한 BIM (출처: Autodesk)

2) 건설프로젝트 단계별 정보통합모델로서의 BIM

건설프로젝트에서는 초기 개념 및 기본설계 단계에서 실시설계를 거쳐 시공 및 유지관리단계에 이르기까지 각 단계마다 많은 정보가 생성된다. 이때, 앞 단계에서 생성된 정보가 다음 단계에서 효과적으로 활용될 수 있도록 정보의 원활한 전달이 보장되어야 한다. 하지만 각 단계별 참여주체가 정보를 생성하고 관리하는데 사용하는 방법과 도구에 차이가 있기 때문에, 정보의 전달이 프로젝트 단계별로 단절되어 여러 문제점이 발생할 수 있다. 하지만, BIM에 의해 정보관리가 진행된다면, 설계모델(건축/구조/설비/전기모델 등), 제작모델(설계모델 + 제작용 상세 모델 등), 시공모델(설계모델 + 비용/일정정보 모델 등), 유지관리모델(시공모델 + 유지관리정보 모델 등) 등이 상호 유기적으로 연계되어 관리될 수 있으므로, 각 단계별 정보전달이 원활히 이루어 질 수 있다.

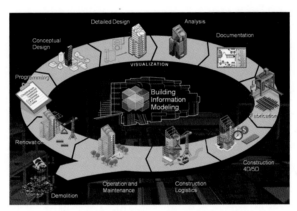

그림 24-2 건축물 전 생애주기에 적용될 수 있는 BIM기반 통합모델
(출처: Dispenza)

3) BIM 정보통합을 위한 국제표준

BIM 정보통합 관리의 효율성과 효과성을 극대화시키기 위하여, 표준화된 자료와 정보를 국제 표준에 의하여 상호 호환시킬 수 있는 BIM기반 파일 포맷인 Industry Foundation Classes(IFC)가 활용되고 있다. IFC 포맷은 국제적으로 공동 개발되고 있는 통합모델 파일 포맷으로서 건설산업에 참여하고 있는 다양한 이해관계자들이 활용하는 BIM 프로그램들이 상호 연동성을 가질 수 있도록 해준다. 즉, 건설프로젝트의 다양한 분야들 간의 정보유통, 정보통합을 위한 실용적 도구의 표준기반의 역할을 할 수 있다. 이는 설계분야에서는 설계모델로, 견적분야에서는 물량산출모델로, 구조분야에게는 구조분석모델로, 공사관리자에게는 공사관리 모델로, 유지관리자에게는 유지관리 모델로 활용될 수 있으며 이 모든 것을 하나의 파일 포맷으로 활용될 수 있도록 한다.

제24장

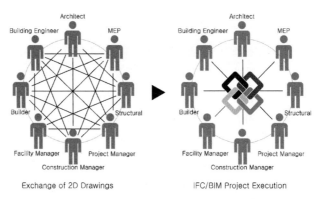

그림 24-3 건설사업 참여자간의 정보교환을 위한 파일포맷의 변화
(출처: BuildingSMART)

(2) VR/AR의 개념과 건축시공

VR은 크게 컴퓨터 속에 실제 크기로 구현되어 소리, 햅틱 등이 결합되어 현실감을 극대화한 몰입형(immersive) VR과 컴퓨터 화면 등을 통해 구현되어 현실감은 떨어지지만 가상 환경 속에서 조작감을 극대화한 비몰입형(non-immersive) VR로 구분될 수 있다. 데이터 장갑(data gloves), 조이스틱, 키보드, HMD(Head Mounted Display), 음성 등을 사용하여 VR 환경을 조작한다.

건축에서는 초기에 CAVE(Computer Assisted Virtual Environment)의 형태나 VR 룸의 형태로 BIM으로 구현된 건축물을 현실감 있게 표현하고 의사결정을 지원하기 위해 도입이 되었다. VR 기술은 하드웨어와 소프트웨어 처리기술의 지속적인 발전과 함께 계속 진화되고 있으며, 건축에서도 여러 사람들이 동시에 참여하여 상호작용할 수 있는 메타공간 VR 환경을 제공하거나 BIM을 기반으로 한 건축시공 시뮬레이션을 현실감 있게 표현하는 등 다양하게 활용되고 있다.

그림 24-4 CAVE의 설치 예시와 건축에서의 활용 예
(출처: Barco.com)

AR은 실세계에 있는 물체나 요소에 컴퓨터가 만든 감각 정보를 덧대어 증강 (augment)한다. 감각 정보로는 소리, 영상이나 그래픽 같은 시각정보, GPS 데이터 등이 있으며, 이렇게 덧대어진 정보를 통해 인간의 빠른 의사결정을 돕는다. 스마트폰이나 태블릿 PC의 카메라와 스크린을 이용하는 AR 장비 뿐만 아니라 마이크로소프트 홀로렌즈 등 헬멧형 AR 장비가 개발되면서 다양한 활용 시나리오와 애플리케이션이 생겨나고 있다.

건축 기획, 설계 단계에서 AR의 활용 예로는 실제 대지 위에 건축물이 지어진 모습을 미리 검토하는 것, 그리고 실제 주택공간 내에서 가구 배치를 달리 해보면서 의사결정을 할 수 있는 것 등을 들 수 있다. 건축 시공 단계에서는 실제 현장 전경 위에 공사진도가 늦거나 빠른 부분을 증강하여 보는 것, 그리고 실제 시공된 부위의 시공 품질을 도면에 덧대어 판단할 수 있도록 지원하는 것 등이 있다. 건축물 유지관리에서도 복잡한 설비 시스템 위에 작동 방법을 덧대어 봄으로써 작동을 용이하게 하는 등 AR의 활용 범위와 방법은 매우 넓다고 볼 수 있다.

그림 24-5 홀로렌즈와 건축에서의 활용 예
(출처: Trimble.com)

24.2 시공단계에서의 BIM 활용

(1) BIM 활용 범위

건설사업에 BIM을 적용하는 것은 단계별 및 분야별 다양한 업무에 자동화 및 정확성 확보를 통한 여러 이점을 얻기 위해서이다. 하지만 다양한 BIM기반 기술을 모든 단계나 분야에 적용하는 것은 많은 비용이 소요되므로 어려움이 있다. 그러므로 해당 건설프로젝트의 환경과 제약조건을 잘 파악하여 어떤 범위에서 어떤 수준으로 BIM을 적용할 지에 대한 결정이 필요하다. 연구자들은 BIM의 활용 범위를 3D에서부터 nD BIM[3]의 개념으로 설명하기도 하는데, 일반적으로 시공단계에서의 BIM의 활용은 3D부터 5D BIM의 개념으로 설명되고 있다.

3D BIM은 건축물을 구성하는 물리적 요소를 3차원 객체기반으로 표현하고 여기에 여러 속성정보를 추가적으로 연결시킴으로써 해당 설계정보의 상세도에 대한 가시화, 가상 mock-up 테스트, 공종 간 간섭체크 등이 가능하다. 4D BIM은 3D BIM 모델을 기반으로 시간에 대한 개념이 더해져서 건설공사에 대한 작업별 공정 계획 및 관리, 공정 시뮬레이션 등이 가능하다. 5D BIM은 4D BIM 모델을 기반으로 비용에 대한 개념이 더해져서 각 부재별 물량 및 공사비 산출, VE(Value Engineering), 비용분석 등이 가능하다. 그 밖에 6D BIM은 5D BIM 모델을 기반으로 지속가능성 개념이 더해져서 에너지 사용량 및 비용관리, 친환경 관련 분석과정이 포함되는 개념으로 사용되며, 7D BIM은 6D BIM 모델을 기반으로 유지관리성에 대한 개념이 더해져서 생애주기분석, 자산관리, 유지관리를 위한 각종 정보관리 등이 포함된다.

(2) 3D BIM

시공단계에서 공조덕트나 설비배관과 기둥이나 보가 서로 물리적으로 충돌하는 경우가 종종 발생한다. 이러한 결과는 시공 대상물이 되는 건물 구성요소들의 물리적 위치에 대한 상호 간섭검토가 설계도서를 통해 충분히 이루어지지 않은 상태에서 시공이 진행되었기 때문에 발생하는 것인데, 현실적으로 2D 기반의 도면으로는 복잡한 건물 구성요소들 간의 물리적 관계를 모두 검토하는 것이 매우 어려운 실정이다. 설계단계에서의 시공성 검토 또는 시공단계에서의 디지털 모형 시공(digital mock-up 시공)은 건물 구성요소 또는 부재 간 간섭검토(clash check)의 목적으로 가장 널리 적용되는 3D BIM 활용분야이다. 아래 그림에서 보는 바와 같이, 보와 덕트 간의 간섭 또는 파이프와 파이프 간의 간섭을 사전에 확인해 볼 수 있으며, Naviswork 등 간섭검토 전문 소프트웨어를 사용할 경우, 부재 간 간섭이 발생하는 경우의 리스트를 뽑아서 검토할 수 있다.

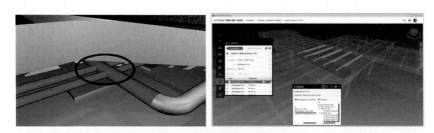

그림 24-6 BIM 도구를 활용한 부재 간 간섭체크 예시
(출처: BIM 360 GLUE, Autodesk)

---

3) 2000년대 초반에 영국의 Salford 대학교의 피터 바렛(Peter Barret)은 3차원 모델링과정에 시간 뿐만 아니라 비용, 지속가능성, 유지관리성등의 다양한 속성값을 정의하여 다양한 분석이 가능하도록 nD(n-Dimension)을 정의하였다.

간섭검토 외에 3D BIM 모델로 수행할 수 있는 기본적이면서도 중요한 업무 중의 하나는 수량산출이다. 3D BIM 모델에서 건물을 구성하는 각 부재는 3차원 객체기 반 파라메트릭 모델로 생성 및 관리되므로, 각 부재마다 그 위치를 알 수 있는 좌 표정보와 치수정보를 추출할 수 있고, 이를 이용하여 정확한 수량을 산출할 수 있 다. 예를 들어, 어느 벽체가 3D BIM으로 모델링되었다면, 그 벽체의 시작과 끝 위 치를 좌표정보로 알 수 있고, 그 벽체의 두께와 높이 정보를 알 수 있으며, 그 벽체 가 무슨 재료로 만들어지는가에 대한 재료속성 정보도 알 수 있다. 따라서 이러한 정보를 바탕으로 간단한 수학적 계산 과정을 통해 해당 벽체의 수량을 정확히 파악 할 수 있는데, 대부분의 BIM 전문 소프트웨어에서는 이러한 기능을 제공하고 있다.

(3) 4D BIM : BIM기반 공정관리

착공 후 일정 시간이 지났을 때 건물이 어느 정도 지어져 있는지 볼 수 있을까? 이 러한 물음에 대한 답을 제공해 줄 수 있는 것이 4D BIM 기반의 공정 시뮬레이션 기 술이다. 4D BIM은 3D BIM 모델에서 작성된 각 건물 구성요소 또는 부재를 공정표 의 작업(activity)에 연결시키고, 각 작업별 공정정보를 추가함으로써 시각화된 공정 시뮬레이션을 가능하게 한다. 부재와 작업은 일 대 일 혹은 일 대 다 혹은 다 대 일 형태로 연계될 수 있다. 각 작업에는 여느 공정표와 마찬가지로 작업별 소요시간 및 시작/종료 시점이 할당되며, 작업 간에는 선후행 관계가 설정된다. 이렇게 건축물의 물리적 정보를 작업정보 및 시간정보와 연계시킨 것을 4D BIM이라 한다.

그림 24-7 Navisworks S/W를 사용한 4D BIM 시뮬레이션(출처 : Navisworks, Autodesk)

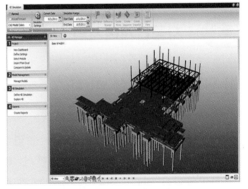

그림 24-8 VicoOffice S/W를 사용한 4D BIM 시뮬레이션 (출처 : Vico Office, Trimble)

(4) 5D BIM : BIM기반 원가관리

설계된 건물의 건설에 투입되어야 할 골조공사 원가는 얼마나 될까? 2층까지 완료되었을 때 공사비는 얼마나 지출될까? 착공 후 6개월 되는 시점에서 얼마만큼의 공사비가 소요될까? 이러한 물음에 답을 제공해 줄 수 있는 것이 5D BIM 기반의 원가관리 기술이다. 5D BIM은 4D BIM 모델에 비용정보가 추가된 것으로, 건물을 구성하는 각 부재 혹은 모델링되는 객체 단위마다 해당 작업의 종류가 연결되고, 작업 마다 그 비용정보(재료비, 노무비, 경비)가 연결되는 BIM 모델이다.

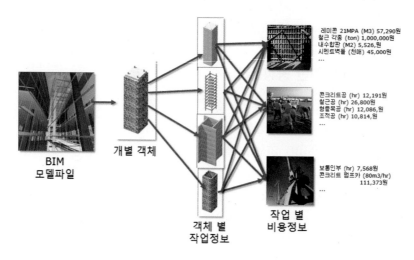

그림 24-9 5D BIM기반 원가정보의 구성 체계 예시

24.3 시공단계에서의 VR/AR 활용

(1) 현장 점검을 위한 VR/AR

건축물은 매우 복잡하고 정밀한 시공을 요구하며, 작업 위치가 시간에 따라 계속 변화하는 특징을 가지고 있다. 한번 작업을 하면 쉽게 고칠 수 없기에 현장관리자들은 설계도면을 가지고 다니면서 작업이 끝난 부분이 도면과 일치하는지 적시에 확인하여야 한다. 건축 도면에 대한 정보가 디지털화되고 BIM으로 만들어지고 이를 VR/AR 기술과 연계하면서 현장 점검은 점점 쉬워지고 있다. 현장관리자들은 태블릿PC와 같은 디지털기기를 통해 필요할 때 간단히 BIM에서 원하는 부분을 찾고 VR을 통해 실제 작업된 부분과 비교하거나 AR을 통해 작업된 부분에 도면 정보를 덧대어 현장 점검을 할 수 있다. 즉, 즉석에서 진행 상황을 점검하고 문제를 발견, 작업지시를 할 수 있고 여러 참여주체와의 현장 협업이 편리해졌다.

발주자의 입장에서도 마찬가지인데, QR 코드와 연계하여 해당 지점의 VR에 접속하게 함으로써 발주자는 건축물이 완전히 지어지기 전 해당 부분이 어떻게 지어질지 직접 볼 수 있다.

그림 24-10 VR/AR을 활용한 시공자의 현장 점검 예시
(출처: Autodesk, 서울연구원)

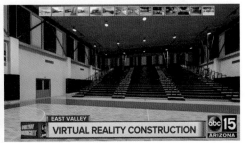

그림 24-10 VR/AR을 활용한 발주자의 현장 점검 예시
(출처: ABC 뉴스)

(2) 교육과 훈련을 위한 VR/AR

건설 작업자의 교육과 훈련은 건설산업에서 VR 기술이 가장 많이 쓰이는 분야 중 하나이다. 특히 3차원 모델링 및 컴퓨터 기술의 비약적인 발전에 기반한 현실감 있는 VR 안전사고 영상은 기능인력의 사고에 대한 심리적 거리를 줄임으로써 사고예방 교육에 효과적이다. 안전보건공단은 VR전용관[4]을 통해 동영상 기반의 VR 영상들과 컴퓨터 그래픽 기반의 VR 영상들을 제공하고 있으며, 이들 영상은 HMD를 통해 교육할 수 있다.

안전사고 예방 교육 외에도 VR은 작업자 기능 훈련에도 활용되고 있다. 의학 교육과 비행 교육 등 다양한 분야에서 VR에서 습득된 기술이 현실 세계의 기술 숙련도로 이전될 수 있음이 확인되면서, 건설 분야에서도 고위험 작업이나 기계 운전 등을 위한 기능 훈련에 VR이 속속 도입되고 있다. 예로 지게차 운전을 위한 여러 안전수칙들이 있지만 실제로 이런 안전수칙들을 운전자가 숙지하고 있는지, 숙지한 안전수칙을 충분히 내면화하여 기능으로 이어지고 있는지 종래의 교육 훈련 방법으로는 쉽게 알기 어려웠다.

---

4) https://360vr.kosha.or.kr

VR을 통한 교육은 시스템 내에서 다양한 상황을 연출하고 운전자가 수칙을 잘 지킬 수 있는지 확인하고 피드백을 제공할 수 있어 매우 효과적인 훈련 도구로 평가받는다.

그림 24-11 VR/AR을 활용한 작업자 안전교육 예시 (비계 사고 교육)
(출처: 한국산업인력공단 VR전용관)

그림 24-12 VR/AR을 활용한 작업자 훈련 예시 (지게차 운전 훈련)
(출처: 건설관리, 건설관리학회)

24.4 · BIM/VR/AR 향후 전망

핀란드, 노르웨이, 스웨덴, 이탈리아, 독일 등 여러 유럽 국가에서는 2000년대 중반에 이미 50% 이상의 건축 프로젝트에서 BIM을 활용하였고, 영국에서는 2011년부터 정부와 기업이 함께 BIM 프로그램을 시작하였으며 2016년까지 공공발주 건설사업에 BIM 적용을 의무화하였다. 미국에서도 2006년부터 연방 조달청에서 수행되는 모든 프로젝트에 BIM을 의무화했다. 국내의 경우 조달청이 2009년 공시한 BIM 도입 방침에 의거하여 2010년에는 1~2건의 대형공사에 BIM을 시범 적용하였고 2011년에는 3~4건 이상으로 확대 적용하였으며, 공공건축물의 경우 건축행정시스템에 제출('22~), 민간건축물의 경우 관계전문기술자 협력 대상 건축물('24~), 상주 감리 대상 건축물('27~), 연면적 500m² 이상 건축물('30~)로 BIM 적용을 의무화하는 등 단계적으로 확대되고 있다. 이러한 BIM 적용 범위 확대와 함께 인허가 디지털화 등 기술개발, 신규인력 양성 및 숙련도 향상으로 민간 BIM 활용률이 2030년까지 급속도로 증가할 것으로 전망된다.

6D와 7D BIM의 적용도 점차 일반화될 것이다. 에너지 사용량의 저감과 친환경성이 제고된 건물에 대한 관심이 건설산업에서 가장 중요한 이슈 중의 하나로 주목받고 있다. 건물의 에너지 부하량이나 소요량의 계산을 위해서는 공간의 크기, 건물 외피의 기하학적 정보, 건물을 구성하는 재료의 열저항값과 같은 물리적 속성정보 등이 필수적인데, 이러한 건물 관련 정보를 손쉽게 계산과정에 반영하는 수단으로서 BIM 모델을 활용하는 기술이 속속 개발되고 있다. 한편, 시설물 유지관리 단계는 전체 시설물의 전 생애주기에서 가장 큰 부분을 차지하고 있으며 이 단계에서 소요되는 비용은 전체의 약 85% 이상을 차지하고 있다. 이러한 시설물 유지관리 단계에서 시설물의 효율적인 활용과 지속적인 성능관리를 위한 유지 보수 계획을 수립하기 위해서는, 설계단계에서 계획되고 시공단계에서 확보된 시설물의 품질을 유지 및 향상시키기 위한 관련 정보를 지속적으로 관리해가는 것이 중요하다. 이러한 측면에서 BIM 모델을 유지관리 단계에 활용하기 위한 연구나 기술개발 또한 활발히 진행되고 있다.

작업자와 BIM정보간의 상호 데이터 교환을 지원하는 AR/VR 응용기술도 지속적으로 개발되고 있다. 페이스북에서 HMD 개발업체인 오큘러스(Oculus)를 인수하고 애플에서도 AR기반 글래스 개발에 착수하는 등 글로벌 대기업들도 기술의 가능성을 인지하고 시장에 적극 뛰어들고 있는 만큼 지속적으로 가격이 낮아지고 기술력은 높아질 것으로 전망된다. 특히, 마이크로소프트 홀로렌즈의 출시와 함께 기술에 대한 접근성이 높아지고 있으며, 향후 시공 시뮬레이션, 자재 트래킹 관리, 공정 관리와 비용 집행, 시공품질 검토, 시공 정보의 시각화를 통한 작업지시 지원 등 다양한 건축시공 분야에 활용될 전망이다.

BIM과 VR/AR 기술은 데이터의 입력과 출력을 담당하는 다른 첨단 기술들과 결합하여 더욱 발전할 것으로 보인다. 드론과 로보틱스와 결합하여 현장 정보를 더 빠르고 정확하게 스캔하고 이를 BIM 정보와 결합하여 새로운 정보를 만들어낼 수 있다. 예를 들어 레이저 스캐닝으로 만들어진 건설 부재 정보를 계획된 BIM 정보와 비교하여 정합성을 테스트하고, 어느 부분에서 오차가 있는지 현실에 있는 건설 부재에 프로젝트하여 보여줄 수 있다. 로봇이 실제 현장에서 위치 정보와 BIM (건축물) 정보를 결합하여 자동으로 먹매김을 할 수 있다. 데이터 수집 기술이 빠르게 진화하고 건축물의 복잡화, 다기능화가 진행됨에 따라 BIM과 VR/AR 기술은 건축시공 생산성 향상에 반드시 필요한 기반기술이 될 가능성이 높다.

건축시공학

【참고문헌】

1. 국가건설기준센터, 건설공사 표준시방서 및 전문시방서, 2020

2. 김가람 외, 증강현실과 BIM시멘틱웹 기술동향, 대한건축학회지, 59(5), 2015

3. 대한건축학회, 건축기술지침, 2017

4. 대한건축학회, 건축공사표준시방서, 2019

5. 서울연구원, 가상증강현실 기반 BIM 모델 건설현장 관리 활용 (프랑스), 세계도시동향, 432호, 2018

6. 안승준, 가상현실(VR) 기반 건설 작업자 안전훈련, 한국건설관리학회지, 21(1), 2020

7. 유정호 외, 온톨로지 기술을 이용한 BIM정보의 활용, 한국건설관리학회지, 14(1), 2013

8. 유정호 외, COBIE: 시설물 유지관리 정보교환체계, 한국건설관리학회지, 13(6), 2012

9. 정영수 외, 건설정보화와 BIM 및 건설자동화, 한국건설관리학회지, 2012

10. 한국주택도시공사(LH), CONSTRUCTION WORK_SMART HANBOOK, 2019

11. BuildingSMART alliance, NBIMS-US Version 3, National Institute of Building Sciences, 2015

12. Kristin Dispenza, The Daily Life of Building Information Modeling, 2010

13. Viktor V rkonyi, Next Evolution of BIM: Open Collaborative Design Across the Board, AECbytes Viewpoint, 2010

14. 안전보건공단 VR전용관, https://360vr.kosha.or.kr

15. ABC News, Virtual Reality Construction, https://abcnews.go.com

16. Autodesk, http://www.autodesk.com

17. Barco, http://www.barco.com

18. BIM 360 GLUE, http://www.autodesk.com/products/bim-360-glue/overview

19. BIM project, http://www.bimproject.es

20. BuildingSMART international, http://www.buildingsmart-tech.org

21. Mixed Reality, Trimble, http://www.mixedreality.trimble.com

22. Navisworks, http://www.autodesk.co.kr/products/navisworks/overview

23. Turner corp, http://www.turnerconstruction.com

24. Vico Office Suite, Trimble, http://www.vicosoftware.com/products/Vico-Office/tabid/85286/

모듈러 건축

25.1 ● 개요

모듈러 건축이란 공장에서 제작 및 생산한 건물 모듈을 현장에서 조립하여 설치하는 건축 시스템 및 시공방법을 의미한다. 표준화된 건축 모듈을 공장에서 제작하여 현장에서 조립하는 개념으로, 프리패브(prefabrication) 공법의 확장된 개념이라고 볼 수 있다. 모듈러 건축과 관련해서 다양한 용어가 혼용되어 사용되고 있으며, 전통적인 현장생산방식과 대비된다는 의미에서 사용되는 현장외시공 혹은 공장생산건축(Off-Site Construction, OSC), 공업화건축(industrial construction), 현대식건

축(Modern Methods of Construction, MMC) 등의 용어들이 사용되는데, 의미는 문헌마다 다소 다르게 사용되지만 모두 공장에서 사전제작한 건축시스템이라는 공통점이 있다.

모듈러 공법을 기존 공법과 비교하였을 때, 모듈러 건축은 이축이 가능하며 건축부재의 재사용율이 매우 높으며 수직, 수평방향의 증/개축이 용이하고 이로 인해 건축폐기물 양을 대폭 감소시킬 수 있다. 또한 지상작업이 가능하고 바람 등 날씨의 영향을 받지 않아 안전에도 유리한 면이 있다. 이러한 장점 때문에 영국, 미국, 중국, 일본, 싱가포르, 스웨덴 등 해외 뿐만 아니라 국내에서도 공사비 절감 및 공기단축 등의 목적을 달성하기 위해 모듈러 건축을 다양하게 적용하고 있다.

주요 구조재료에 따른 구분으로는 강구조(형강, 각형강관 등), PC조(precast concrete), 목조(경량목재 등) 등으로 구분할 수 있다. 모듈러 건축의 적용 용도는 기존 건축물이 적용되는 거의 모든 분야를 대상으로 할 수 있으나, 현재 국내에서는 군시설, 교육시설, 업무시설을 주요 적용대상으로 하고 있다. 모듈러 건축 시장이 크게 형성되어 있는 해외 시장에서는 이런 용도 이외에 주거시설, 의료시설, 판매시설, 감호시설 등에도 폭넓게 적용되고 있다. 구조형식에 따라서는 프레임식, 내력벽식, 비구조 모듈식 등으로 구분 가능하다. 프레임식은 기둥과 보의 프레임으로 구성되며, 여러 개의 모듈이 합쳐져서 대공간을 구성할 수 있다. 내력벽식은 모듈의 측면 벽체가 내력벽으로 구성되며, 기숙사와 같이 단위 모듈이 하나의 룸으로 구성되는 경우에 적합하다. 비구조 모듈식은 별도의 구조 프레임 내부에 비구조 모듈이 설치되는 방식이다.

그림 25-1 (좌로부터) 프레임식, 내력벽식, 비구조 모듈식 모듈러 건축물 예시

또한, 모듈러 건축물은 이동 및 재사용을 기준으로 구분할 수 있다. 이동 및 재사용을 고려하지 않은 정주형(permant) 건축물, 1~2회 정도 해체 후 재사용을 고려하는 이동 가능 정주형(re-locatable) 건축물, 임시 건축물로 적용되는 이동형(portable/mobile) 건축물로 구분할 수 있는데, 각 시스템의 특징은 아래 표 2와 같이 정리된다.

■ 표 25-1 이동 및 재사용 기준 모듈러건축 분류

정주형 (Permanent) 모듈러건축	이동가능 정주형 (Semi-Permanent or re-locatable) 모듈러건축	이동형 (Portable or Mobile) 모듈러건축
•영구건축물 용도로 사용 •외부마감 및 설비 등은 현장에서 설치 •공장제작율 : 50~60% •적용시장 : 고층주거, Office	•준 영구 건축물 •1~2회 정도 해체 후 재사용 가능 •공장제작율 : 60~80% •적용시장 : 중저층주거, 교육, 군시설	•여러번 재사용 가능 •마감재와 전기/설비 등 대부분을 일체화하여 공장제작 •공장제작율 : 80~100% •적용시장 : 해외수출, 재해복구

25.2 모듈러 건축의 접합방법과 시공순서

(1) 모듈러 건축의 접합방법

강재 프레임(steel frame)식의 모듈러 유닛의 접합은 크게 용접식 접합, 볼트체결식 접합, 접합부재체결식 접합으로 나뉠 수 있다. 용접식은 모듈러 유닛을 조립한 후 소정위치에 용접을 하여 모듈러를 고정하는 방법으로 용접공의 숙련도에 따라 품질이 좌우될 수 있다. 볼트체결식 접합은 모듈러 유닛을 서로 조립한 후 겹치는 구멍에 볼트를 체결하여 고정하는 방식이다. 이는 용접식에 비해 작업하기 쉬우나 볼트의 내력이 크지 않으므로 소규모 모듈러 건축에 적용될 수 있다. 접합부재체결식 접합은 접합부재에 모듈러 유닛을 조립한 후 볼트를 체결하여 접합하는 방식으로 접합부재를 통해 구조물을 튼튼하게 고정할 수 있고 중/고층 모듈러 건축에 사용될 수 있지만 시공하기 까다롭고 시공비용이 많이 소요된다.

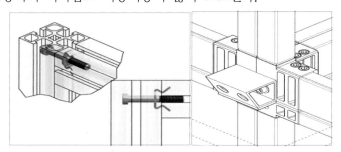

그림 25-2 볼트체결식 접합 및 접합부재체결식 접합 예시

(출처 : Vectorpraxis)

그림 25-3은 접합부재체결식 접합순서를 보여주는 예시로서, 먼저 접합부재에 모듈러 유닛 부재를 연결하고 바닥접합부재를 조립하고 볼트로 접합부재를 고정하여 연결하는 순서로 진행된다.

그림 25-3 접합부재체결식 접합순서 예시 (출처 : Vectorpraxis)

PC부재로 구성된 모듈러 건축은 일반적으로 PC부재의 접합방식에 따라 접합시공한다. PC공사 표준시방서에 따르면 PC부재의 접합은 습식접합과 건식접합으로 구분하고 있다. 습식접합은 현장에서 콘크리트 또는 모르터 등으로 PC부재들을 상호 접합하는 것을 의미하며 접합부의 철근을 용접한 후 접합부 콘크리트용 커푸집을 설치하고 접합부를 타설하여 연결한다. 건식접합은 접합에 콘크리트나 모르터 등을 사용하지 않고 부재간 용접 혹은 기계적 접합에 의해 응력이 전달되도록 상호 부재를 연결하는 것을 의미한다. 용접이나 볼트를 활용하여 부재를 접합한 후 피복두께 확보를 위한 모르터 바름 혹은 콘크리트 덧방을 하여 시공한다. 그림 25-4는 PC 벽체의 접합부를 보여주고 있는데, PC벽체를 도면과 같이 설치한 후 L형 플레이트를 활용하여 볼트로 고정하고 콘크리트로 매꾸어 벽체를 연결한다.

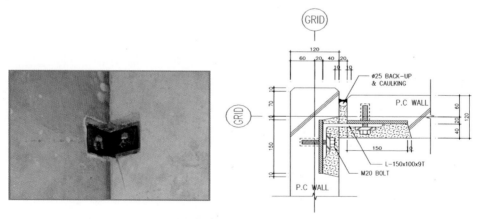

그림 25-4 PC벽체 조립사진(좌)과 도면(우)

그림 25-5는 PC 슬래브와 PC 슬래브를 접합하는 방법이다. 그림과 같이 PC 슬래브 부재를 서로 밀착시킨 후 슬래브의 상부근을 배근하고 토핑 콘크리트를 타설하여 슬래브를 완성시킨다.

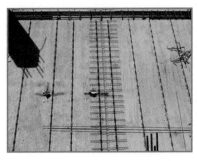
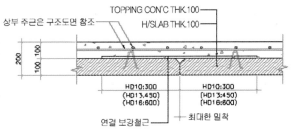

그림 25-5 PC 슬래브 접합사진(좌)과 도면(우)

그림 25-6은 PC 기둥부재를 연결하는 방법이다. 앵커를 매입한 후 기둥설치 레벨링을 하고 기둥의 수직도를 보정한 후 기둥 구멍에 무수축 모르타르를 충전하여 설치한다.

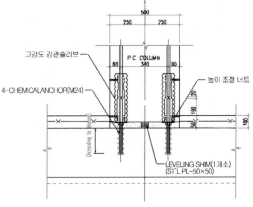

그림 25-6 PC 기둥부재 접합사진(좌)과 도면(우)

(2) 모듈러 건축의 시공순서

모듈러 건축의 시공 순서를 유닛모듈 공법의 예를 들어 살펴보면 〈그림 25-7〉과 같다. 우선 현장에서는 터파기 및 기초공사가 진행된다. 한편, 공장에서는 모듈 제작이 현장 기초공사와 동시에 시작될 수 있어, 그만큼의 공기 단축이 가능하다. 공장 제작과정은 크게 프레임설치 및 바닥 슬래브 타설, 벽/천장 패널 설치, 전기 및 통신 배선, 내부단열재 설치, 설비배관 및 바닥마감, 욕실공사, 수장공사, 가구설치, 검사 및 포장, 출하준비 등의 순서로 진행된다. 공장에서의 모듈 생산은 공장 내에 모듈이 정지되어 있고 자재와 인력이 움직이면서 모듈을 생산하는 고정 생산방식과 모듈이 움직이고 자재와 인력이 고정되어 연속 생산라인에서 모듈을 생산하는 이동 생산방식으로 나뉜다.

제25장

생산된 모듈들은 현장으로 운송, 반입되어 설치-적층-조립의 과정을 반복한 후 완공에 이르게 된다. 모듈 현장 운송 시에는 운송경로 파악 및 장애요인을 검토하고 상차시 모듈의 고정상태를 확인하여 안전성을 확보한다. 현장 반입시 자재 탈락 여부를 확인하고 바닥의 평활도를 확인한 후 필요에 따라 현장 야적한다. 모듈 설치를 위해서는 해당 사업 부지의 인접도로 및 양중 높이, 크레인 위치 등을 종합적으로 검토하여 시공계획을 수립하여야 하며, RC 구조체와 수직 수평 레벨을 확인하고 본조립전 모듈 위치의 정확도를 확인하여 설치한다. 볼트체결 상태는 매우 중요하므로 모듈 설치와 적층 후 확인하여야 한다. 외장공사와 마감공사는 모듈 접합부 상태와 성능을 잘 확인하여 누수나 마감 불량이 있지 않도록 확인한다. 또한, 비 모듈러 공사와의 간섭이 발생할 수 있으므로 마감공사 공종 간 간섭관리가 필요하다.

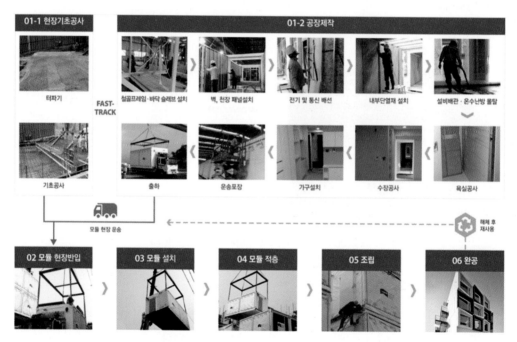

그림 25-7 모듈러 건축 시공순서(출처 : 포스코 A&C)

25.3 ► 모듈러 건축 사례

모듈러 건축은 시공하기 편리하고 좁은 공간에 활용하기 유리한 특징으로 인해 소규모 건축에 가장 많이 적용되고 있으며, 주로 주택시설, 학교시설, 군사시설에 많이 도입되고 있다. 서울시에서는 2014년 2월 모듈러 건축을 공공기숙사에 처음 적용하였다. 해당 부지는 교통이 혼잡하고 부지가 협소하여 RC구조를 적용하기 어려웠으며, 짧은 공기의 조건으로 인해 모듈러 건축을 적용하게 되었다. RC구조에 비해 상대적으로 경량이기 때문에 발생하는 층간소음은 모듈간 상·하접합시 완충재를 시공하여 층간소음 등급기준에 적합한 건축물을 시공하였다. 신학기 대학생의 입주를 위해 동절기인 11월에 착공하여 2월에 완공한 이 프로젝트는 모듈러 건축의 특징을 가장 잘 반영한 사례이며 소규모 주거건축의 보급 확대를 위한 모듈러 건축의 프로토타입 사례로 평가받고 있다.

■ 표 25-2 공릉동 공공기숙사 적용 모듈러 개요(출처 : (주)유창플러스)

구분	규격(단위:m)	실구성	수량	실수량
기본모듈러	2.3(W)×5.2(L)×3(H)	숙소, 화장실, 샤워실	42개	기본침실:21실
이형모듈러-1	3.2(W)×5.5(L)×3(H)	계단실	3개	계단실:3실
이형모듈러-2	1.9(W)×4.6(L)×3(H)	테라스, 휴게실	3개	테라스:2실 휴게실:1실
계			48개	

그림 25-8 공릉동 공공기숙사 (출처:서울시, KBS)

또한, 모듈러 건축은 고품질 건축물의 빠른 시공 및 사용을 가능하게 하므로 전염병 발생 등 재난 상황에 필요한 시설물을 빠르게 공급할 수 있다는 이점이 있다. 이러한 목적으로 지어진 모듈러 건축 사례로 경북 문경에 지어진 24병상(12실, 2인 1실)을 갖춘 음압격리병실을 들 수 있다[1]. 모듈 하나의 크기는 4.2m×12m이나 운반을 위해 절반을 접어 폭을 2.1m로 줄였으며, 현장에서 접어온 바닥을 펼치고 천장과 벽을 설치하여 온전한 모듈을 형성하여 시공하였다. 모듈에는 철판 사이에 봉강을 넣어 구조체의 하중을 지지하는 B-CORE 슬래브 기술이 적용되었다. 총 프로젝트 기간은 기획부터 시공까지 22일이 소요되었으며, 중국에 있는 공장에서 2주간 모듈을 생산하고 현장으로 운반하는 동안 현장에서는 가설공사, 페데스탈(기초 구조물) 설치, 기계와 전기, 통신 및 급배수시설 등의 외부 인프라 설치 작업을 수행하였다. 프로젝트 18일차에 현장 반입된 15개의 모듈을 설치하기 시작하여 외벽공사, 조경공사 등의 후속작업까지 만 4일만에 건축공사를 완료하였다. 이 사례는 재난 상황에 대응하는 급속 시공에서 모듈러 건축의 기여하는 바를 잘 보여주고 있다 하겠다.

(a) 페데스탈 거푸집 해체

(b) 모듈 현장 반입

(c) 모듈 본체 설치

(d) 모듈 외벽, 계단 등 마무리

(e) 내장, 외장, MEP 마무리 작업

(f) 완공 후 전경

그림 25-9 경북 문경 음압격리병실 (출처: 건설관리학회)

---

1) 2020년 COVID-19의 확산에 따른 빠른 진단과 즉각적 입원 치료를 위해 병실 내 공기흐름을 제어하는 음압격리병실을 건축하였다.

25.4 ● 모듈러 건축 향후 전망

모듈러 건축은 현재 국내에서 학교시설, 군시설 등의 4층 이하 건축물에 주로 적용되고 있으며 연간 1,000억원 규모의 시장을 형성하고 있다. 또한 향후 사회적 변화에 따른 가구 분화의 심화와 1인 가구 증가 등으로 인한 소형주택 수요 증가라는 경향에 맞추어 시장규모가 지속적으로 커질 것으로 예측되고 있다. 주택분야의 경우 재사용이 필요한 분야, 동일한 모듈의 반복 생산으로 경제성 확보가 필요한 분야, 도심지 소규모 주택 분야 등지에서 향후 시장이 확대될 것으로 전망하고 있다. 정부에서도 공공 모듈러 임대주택의 양을 지속적으로 늘려나갈 전망이다. 또한 사례에서 설명한 것과 같이 재난구호주택 등 임시주거시설 수요에 적합한 공법이라고 할 수 있다. 하지만 경량 구조물로서의 모듈러 건축물의 가치를 증가시키기 위해서는 층간소음 차단성능, 내화성능, 구조 안전성 등의 문제를 지속적으로 개선시켜 나가야 한다.

또한 모듈러 건축은 제조업의 특성을 잘 반영하고 있는 시스템으로서, 건설산업의 만성적인 낮은 생산성 개선에 기여할 수 있을 것으로 기대되고 있는데, 모듈 생산을 위한 초기 설비투자의 부담이 해소될 수 있다면 시장 잠재력은 커질 것으로 전망된다.

제25장

【참고문헌】

1. 국가건설기준센터, 건설공사 표준시방서 및 전문시방서, 2020

2. 국토교통부, 이동과 재사용이 가능한 모듈러 건축기술개발 및 실증연구 기획보고서, 2013

3. 김성아, 김도영, 모듈러 주택 디자인 프로세스의 제안. 건축 58(5), 2014

4. 김재영, 이종국, 모듈러 건축의 현황과 활용에 관한 기초연구, 한국주거학회지 25(4), 2014

5. 김정학, 조봉호, 국내외 주거용 모듈러 건축의 사례분석. 건축 58(5), 2014

6. 대한건축학회, 건축기술지침, 2017

7. 대한건축학회, 건축공사표준시방서, 2019

8. 문영아 외, 주거용 단일유닛 모듈러의 활성화를 위한 국내외 사례연구. 대한건축학회 논문집 29(10), 2013

9. 유영동, 김상호, 모듈러건축물의 해외사례 소개, 한국유아시설학회지 11(2), 2004

10. 조현철 외, OSC 공법을 사용한 음압병동 급속시공 건설사업관리(CM) 사례, 건설관리학회지, 2021

11. 포스코A&C, MODULAR, 2012

12. 한국주택도시공사(LH), CONSTRUCTION WORK_SMART HANBOOK, 2019

13. Vector Praxis, Tall Modular Building System, 2015, Vectorblog

14. 동민하우징, http://blog.daum.net/_blog/ProfileView.do?blogid=0JWVI&fvc=B0804

15. 서울톡톡, http://inews.seoul.go.kr

16. 유창플러스, http://www.yoochang.com

전문용어색인

가

나

다

라

사

아

차

카

하

영문 및 숫자

集 필 진

이 찬 식 교수

서울대학교 공과대학 건축학과 졸업
서울대학교 대학원 건축학과 공학석사, 공학박사
건축시공기술사, 건축사, 기술사 시험위원
에스아이그룹 건축사사무소 대표
한국공학한림원 원로회원
한국건설관리학회 회장 역임
현재 인천대학교 도시건축학부 명예교수

김 선 국 교수

서울대학교 공과대학 건축학과 졸업
서울대학교 대학원 건축학과 공학석사, 공학박사
건축시공기술사
대림산업㈜, ㈜대동, 석탑건설㈜ 근무
경희대학교 테크노경영대학원 원장 역임
현재 경희대학교 공과대학 건축공학과 명예교수

김 예 상 교수

연세대학교 공과대학 건축공학과 졸업
연세대학교 대학원 공학석사
미국 The University of Texas at Austin 공학석사, 공학박사
한국건설기술연구원 선임연구원
한국건설관리학회 회장 역임
현재 성균관대학교 공과대학 건설환경공학부 교수

집 필 진

고 성 석 교수

전남대학교 공과대학 건축공학과 졸업
서울대학교 대학원 건축학과 공학석사, 공학박사
국토해양부 중앙건축위원, 기술사 시험위원
부경대학교 교수(1995~2003)
한국건설관리학회 부회장 및 호남지회장 역임
현재 전라남도 건축위원회 위원장
현재 전남대학교 건축학부 교수

손 보 식 교수

서울대학교 공과대학 건축학과 졸업
서울대학교 대학원 건축학과 공학석사, 공학박사
대림산업 주택기술부 대리, 대동주택 견적팀 과장
희림종합건축사사무소 부설연구소 소장
기술사 시험위원
현재 남서울대학교 건축공학과 교수

유 정 호 교수

서울대학교 공과대학 건축학과 졸업
서울대학교 대학원 건축학과 공학석사, 공학박사
건축시공기술사
대우건설, 한미파슨스 근무
현재 광운대학교 공과대학 건축공학과 교수

김 태 완 교수

서울대학교 공과대학 건축학과 졸업
서울대학교 대학원 건축학과 공학석사
미국 Stanford University Dept. of CEE 공학박사
한미글로벌(전, 한미파슨스) 건설전략연구소 대리
홍콩 City University of Hong Kong 교수
현재 인천대학교 도시건축학부 교수

건축시공학

定價 32,000원

저 자	이찬식 · 김선국
	김예상 · 고성석
	손보식 · 유정호
	김태완

발행인 이 종 권

www.inup.co.kr
한솔아카데미

2005年	2月	28日	초판발행
2009年	8月	7日	2차개정1쇄발행
2010年	2月	18日	2차개정2쇄발행
2010年	2月	20日	2차개정3쇄발행
2013年	3月	25日	2차개정4쇄발행
2014年	10月	13日	2차개정5쇄발행
2016年	2月	16日	3차개정1쇄발행
2017年	2月	25日	3차개정2쇄발행
2019年	4月	17日	3차개정3쇄발행
2021年	3月	10日	4차개정1쇄발행
2023年	2月	23日	5차개정1쇄발행
2024年	9月	10日	6차개정1쇄발행

發行處 (주) 한솔아카데미

(우)06775 서울시 서초구 마방로10길 25 트윈타워 A동 2002호
TEL : (02)575-6144/5   FAX : (02)529-1130
〈1998. 2. 19 登錄 第16-1608號〉

※ 본 교재의 내용 중에서 오타, 오류 등은 발견되는 대로 한솔아
카데미 인터넷 홈페이지를 통해 공지하여 드리며 보다 완벽한
교재를 위해 끊임없이 최선의 노력을 다하겠습니다.

※ 파본은 구입하신 서점에서 교환해 드립니다.

www.inup.co.kr / www.bestbook.co.kr

ISBN 979-11-6654-559-7 93540